彩图1 可见光谱

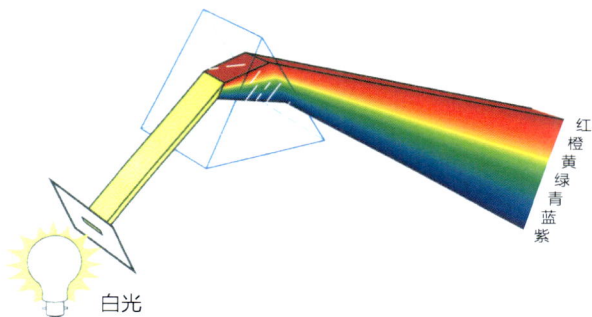

彩图2 棱镜的色散

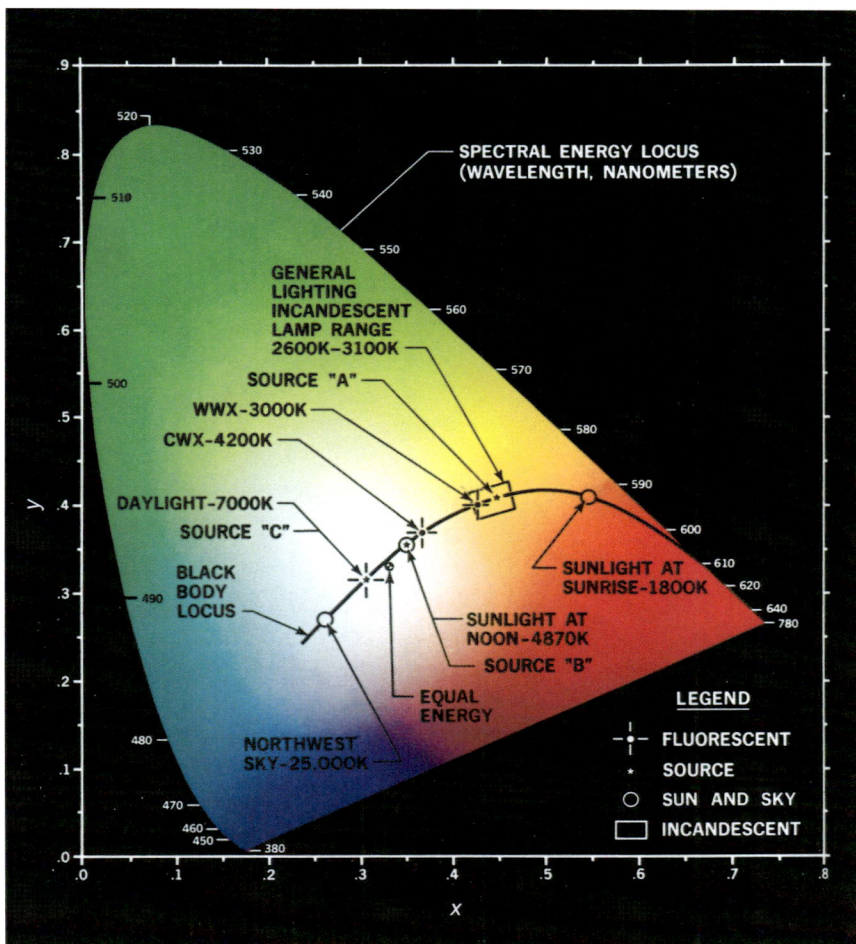

彩图3 CIE1931 XYZ标准色度系统色品图

彩图4　CIE光源显色性评价用试验色

彩图5　孟塞尔颜色立体

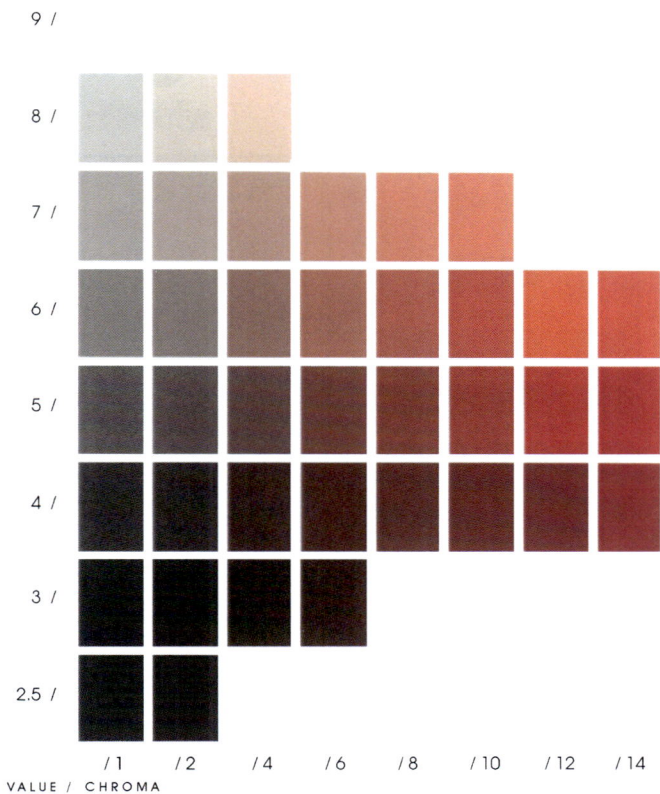

彩图6　孟塞尔色调页

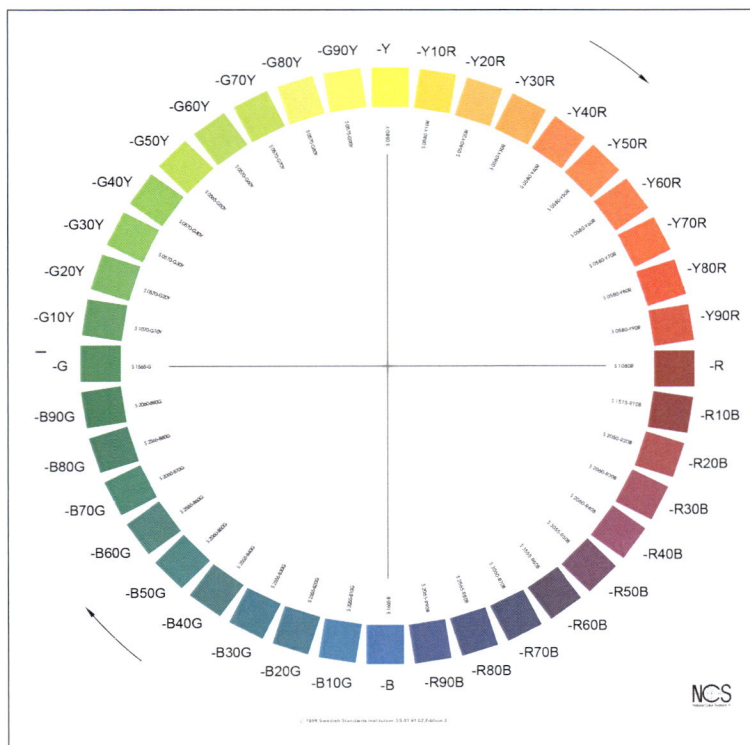

彩图7　NCS色调环

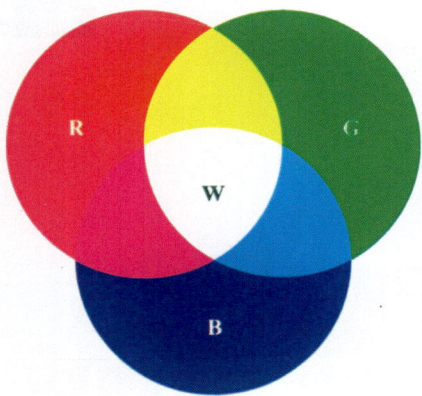

彩图8　加法混色

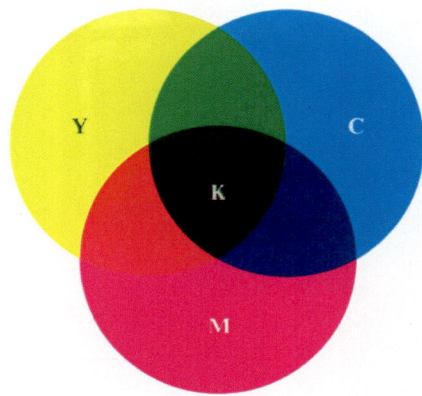

彩图9　减法混色

彩图10　Macbeth色卡

浙江省"十四五"普通高等教育本科规划教材

高等院校光电类专业系列规划教材

颜色信息工程

（第二版）

徐海松　编著

ZHEJIANG UNIVERSITY PRESS

浙江大学出版社

·杭州·

图书在版编目(CIP)数据

颜色信息工程 / 徐海松编著. —2 版. —杭州：浙江
大学出版社，2015.7(2025.7 重印)
ISBN 978-7-308-14799-6

Ⅰ. ①颜… Ⅱ. ①徐… Ⅲ. ①颜色—信息系统
Ⅳ. ①TQ620.1

中国版本图书馆 CIP 数据核字（2015）第 137275 号

颜色信息工程(第二版)

徐海松　编著

责任编辑	陈静毅(chenjingyi66@zju.edu.cn)	
责任校对	赵黎丽	
封面设计	续设计	
出版发行	浙江大学出版社	
	（杭州市天目山路 148 号　邮政编码 310007）	
	（网址：http://www.zjupress.com）	
排　　版	杭州林智广告有限公司	
印　　刷	浙江新华数码印务有限公司	
开　　本	787mm×1092mm　1/16	
印　　张	21.75	
彩　　插	2	
字　　数	557 千	
版 印 次	2015 年 7 月第 2 版　2025 年 7 月第 5 次印刷	
书　　号	ISBN 978-7-308-14799-6	
定　　价	45.00 元	

序

现代社会科技进步、经济发展的重要推动力之一是信息科学与技术学科的发展。光学工程学科是依托光与电磁波基本理论和光电技术,面向信息科学基本问题与工程应用的一门学科,是信息科学与技术一个重要的分支学科。自1952年浙江大学建立国内高校第一个光学仪器专业以来,我国光学工程学科的本科人才培养已经历了半个多世纪的发展,本科专业体系逐渐完善。为顺应光学工程学科和光电信息产业的不断发展,国内许多高校设立了光学工程相关本科专业,并在教育部教学指导委员会的重视和指导下,专业人才培养质量稳步提高。

但是目前在本科专业建设方面,还存在专业特色不突出、学生光学工程能力培养欠缺、优秀教材系列化程度不足等问题。为此浙江大学光电系和浙江大学出版社发起并联合多所高校、企业编著了一套"高等院校光电类专业系列规划教材",既包括光学工程教育体系的主要内容,又整合了光电技术领域的专业技能,突出实践环节,充分体现光学工程学科的数理特征、行业特征以及国内外光学工程研究与产业发展的最新成果和动态,增强了学科发展与社会需求的协同性。

"高等院校光电类专业系列规划教材"不仅得到了教育部高等院校光电信息科学与工程专业教学指导分委员会、中国光学学会、浙江大学、长春理工大学、西安工业大学等单位的大力支持,邀请了专业知名学者、优秀工程技术专家参与,由教指委专家审定,同时还吸取了多届校友和在校学生的宝贵意见和建议,是结合国际教学前沿、国内精品教学成果、企业实践应用的高水平教材,不仅有助于系统学习与掌握光学工程的理论知识,也与时俱进地顺应了光电信息产业对光学工程学科的人才培养要求,必将对培养适应产业技术进步的高素质人才起到积极的推动作用,为我国高校光学工程教育的发展和学科建设注入新的活力。

中国工程院院士

前　　言

　　颜色信息是现代信息领域中的一个大类,颜色科学作为一门与心理物理学相关的综合性学科,随着人类对自身视觉机理与心理科学的探索以及信息技术的持续进步而仍在不断发展和完善之中。颜色科学与信息技术的结合与互动日益紧密,因而颜色技术在科学研究和工业领域中的应用更为重要和广泛。

　　本教材是作者根据长期的科研实践和教学经验并参考了国内外大量的相关技术标准和科技文献,经过系统的整理和总结而编著的,旨在为颜色科学、影像技术、照明工程、色彩文化、色彩艺术及相关领域的高校师生、科技人员和色彩工作者提供全面准确和系统完整的专业知识及技术规范。本教材以习近平新时代中国特色社会主义思想和党的二十大精神为指导,牢记"教育是国之大计、党之大计",更快更好地推动我国的颜色信息技术研究与应用不断推陈出新,为"实施科教兴国战略,强化现代化建设人才支撑"做出贡献。

　　全书内容共分7章。第1章简要阐述光与颜色的基本原理,包括光源、光度学基本概念、物体的光谱特性、颜色的感知、颜色视觉等。第2章系统介绍各种CIE标准色度系统、色温、标准照明体和标准光源、CIE色度计算方法、主波长和色纯度等。第3章主要介绍CIE均匀颜色空间及色差评价方法,详细讨论了颜色差异评估的数学模型、同色异谱颜色及其评价方法、光源显色性的评价和计算方法等。第4章介绍国内外现有的主要色序系统,着重讨论了孟塞尔颜色系统和自然色系统及其比较。第5章论述了颜色的混合、色适应、颜色视觉模型、加色法和减色法等颜色再现的目标、方法及其评价等颜色预测与再现的基本原理。第6章详细讲述颜色测量的基本原理以及光电积分式和分光光度测色仪器的设计与校正方法,并简要涉及扫描仪和数码相机等现代测色手段,同时分析了荧光材料的颜色测量和色温的测量技术。第7章主要介绍颜色信息技术的应用,包括彩色电视、彩色摄影与彩色印刷、颜色灯光信号、计算机自动配色、颜色信息管理等工业和学术领域。

　　本次修订再版除了对上一版中的个别表述和有关图表数据的局部更正和完善之外,主要补充了CIE推荐的中间视觉系统光谱灵敏度函数和室内日光照明体及其光谱功率分布,更新了色度学中最根本的基础规范即CIE标准照明与测量几何条件及其表征方法,同时包含了相关测色技术的最新进展。

　　由于作者水平有限,书中难免存在不妥或疏漏之处,恳望专家和读者不吝批评指正。

徐海松

2024 年 1 月于求是园

目　　录

第 7 章　颜色信息技术的应用

第1章

光 与 颜 色

1.1 光与光源

1.1.1 可见光

光是一种电磁波。如图 1-1 所示,电磁波的波长范围从 1nm 以下一直延伸到 10^3 km 以

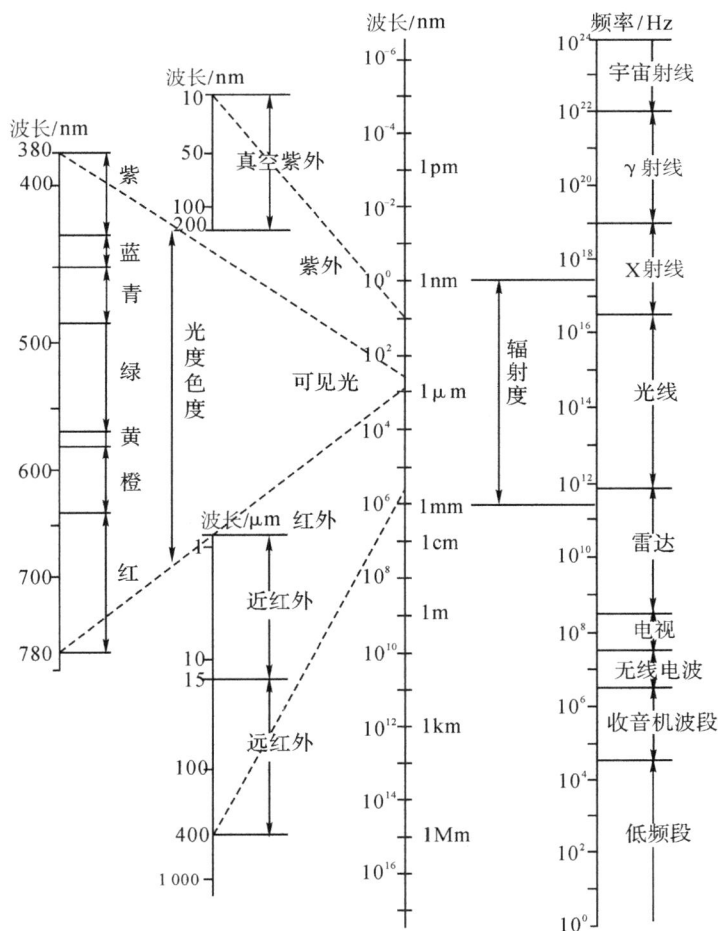

图 1-1 电磁辐射波谱及可见光谱

上,其辐射类型包括宇宙射线、γ射线、X射线、紫外线、可见光、红外线、雷达、电视广播和无线电等。在整个电磁波谱中,只有很小的一段进入人眼后能引起视觉感知,这部分光辐射称为可见光辐射,简称可见光(见书前插页彩图1)。可见光谱的短波长端为360~400nm,长波长端为760~830nm,一般认为可见光的波长范围在380~780nm。因此,广义上的光指的是包括X射线、紫外光、可见光、红外光等在内的光辐射,而狭义上的光通常就是指可见光。

不同波长的可见光辐射引起人们不同的颜色感觉,单一波长的光辐射表现为一种颜色,称为单色光或光谱色。牛顿(Newton,1643—1727)通过如图1-2所示的对太阳光的色散实验表明,白色阳光可分解成由红、橙、黄、绿、青、蓝、紫等光谱色组成的谱带(见书前插页彩图2),反之这些单色光又可以合成原来的白光。因此,白光是各种单色光的集合。

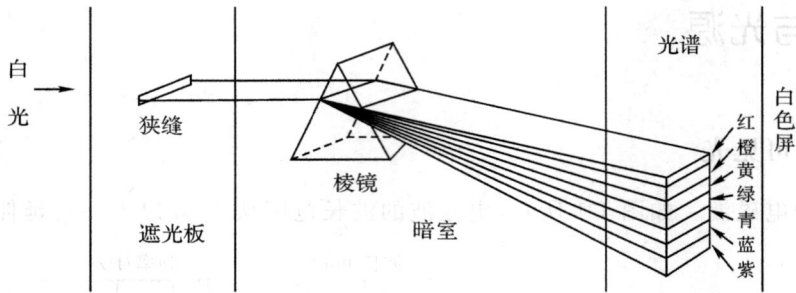

图1-2　棱镜产生的白光色散

一般来说,可见光谱可以分成多个不同色名的区域,并用颜色环来表示,如图1-3所示。这种划分只是给出大致的范围,实际上单色光的颜色是连续变化的,不存在严格的界限。同时,实验指出可见光区除了572nm、503nm和478nm这三个光谱点不受光强变化的影响外,其他各波长的单色光颜色感觉都会随着光强度的不同而变化。

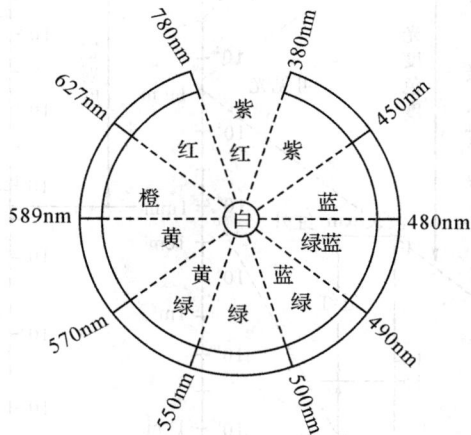

图1-3　颜色环

人们在日常生活中见到单色光的机会不多,一般接触到的都是如自然界中的太阳白光等所谓的复色光,这是由不同波长的单色光组合而成的混色光。复色光的不同波长辐射的相对功率分布决定了人们对它的颜色感觉。所以,一定成分的复色光对应一种确定的颜色;但是,一种颜色感觉并不只对应一种光谱组合,即两种成分完全不同的复色光有可能引起完全相同的颜色感觉,这就是颜色科学中很重要的同色异谱问题。

1.1.2　光源及其光谱分布

光是由光源发出的。凡能发射紫外线、可见光、红外线等各种电磁辐射的物质都可称为光源，其中又有自然光源和人造光源之分。常见的自然光源有太阳、昼空、夜空、月和星等，人造光源的范围很广，包括热辐射或温度辐射光源、气体放电光源、固体发光光源、激光器等各种类型，还有蜡烛、油灯、火焰、电弧等也属于人造光源。

不管是自然光源还是人造光源大都是由单色光组成的复色光。光源的辐射能按波长分布的规律随着光源的不同而变化。设以波长 λ 为中心的微小波长宽度 dλ 范围内的辐射量为 dX，则单位波长间隔所对应的辐射量称为光谱密度 X_λ，即

$$X_\lambda = \frac{\mathrm{d}X}{\mathrm{d}\lambda} \tag{1-1}$$

式中的辐射量可以是辐射通量、辐射强度、辐射亮度、辐射照度等。一般而言，波长不同，其对应的光谱密度也不同。将光源的光谱密度与波长之间的对应关系用函数来表示时，称此函数为该光源的光谱分布 $X_\lambda(\lambda)$。

光源的光谱能量分布或光谱功率分布常用直角坐标系的光谱功率分布曲线来表示。此时，横坐标表示波长 λ，纵坐标表示单位波长间隔内的辐射功率。在色度学研究中，常常关心的是各波长辐射功率的相对比例而非光源的绝对光谱功率分布。这时，可令光谱分布函数的最大值为 1，将函数的其他值进行归化，经过归化后的光谱分布称为相对光谱功率分布，其各波长对应值仍保持和绝对光谱功率分布相一致。

根据光谱功率分布的不同，光源的典型光谱大致可以分为以下几种情况，即线光谱、带状光谱、连续光谱和混合光谱，如图 1-4 所示。图 1-4(a) 只在某几个波长处发射狭窄的谱线，如低压汞灯和低压钠灯的光谱分布就是由若干条明显分隔的细线组成的，这种光谱称为线光谱。图 1-4(b) 则由一些分开的谱带构成，每个谱带又包含许多紧靠的细线，这种光谱称为带状光谱，如碳弧和高压汞灯的光谱就属于这种分布。图 1-4(c) 在整个光谱范围内，不同波长的光发射出强度不等的连续光谱，所有热辐射光源的光谱都是连续光谱，这是光源中最常见的一种光谱分布，如日光和白炽钨丝灯即属此类。图 1-4(d) 是前三种光谱的组合，称为混合光谱，如日常生活中常用的荧光灯就属于这种情况。

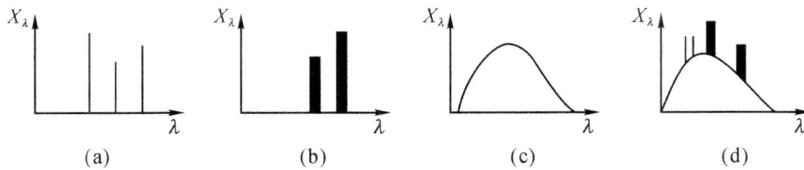

图 1-4　几种典型的光谱分布

光源的光谱分布不仅决定了其本身的光色参数，还将影响在其照明下观察物体时的颜色外貌。

1.1.3　黑体辐射及其光谱分布

黑体又称为普朗克辐射体或完全辐射体，属于热辐射（thermal radiation）或温度辐射（temperature radiation）类型。能够完全吸收任何波长的入射辐射，并且具有最大发射率的物体称为绝对黑体，可见黑体的光谱吸收比恒等于 1。

绝对黑体的光谱分布特性由普朗克公式给出：

$$M_{b\lambda} = \frac{c_1\lambda^{-5}}{e^{\frac{c_2}{\lambda T}} - 1} \tag{1-2}$$

式中，$M_{b\lambda}$ 为绝对黑体的光谱辐射出射度，单位为 $W \cdot cm^{-2} \cdot \mu m^{-1}$；$\lambda$ 为波长，单位为 μm；T 为绝对黑体的绝对温度，单位为 K（开尔文）；$c_1 = 2\pi hc^2 = 3.741844 \times 10^{-12} W \cdot cm^2$ 为第一辐射常数；$c_2 = ch/k = 1.438833 cm \cdot K$ 为第二辐射常数；$h = 6.626196 \times 10^{-34} W \cdot s$ 为普朗克常数；$k = 1.380622 \times 10^{-23} W \cdot s \cdot K^{-1}$ 为玻尔兹曼常数；$c = 2.997925 \times 10^{10} cm \cdot s^{-1}$ 为真空中的光速。

图 1-5 是不同温度时黑体的光谱辐射出射度 $M_{b\lambda}$ 与波长 λ 的关系曲线。从这组曲线中可以看出：①$M_{b\lambda}$ 随 λ 连续变化，且只有一个极大值；②温度 T 越高，黑体的 $M_{b\lambda}$ 也越大，不同温度的曲线永不相交；③随着温度 T 的升高，辐射极大值所对应的峰值波长 λ_m 向短波方向移动；④波长小于 λ_m 部分的能量占 25%，波长大于 λ_m 部分的能量占 75%。可见，黑体辐射的光谱分布完全取决于它的温度，而与其材料、尺寸和表面状态等无关。只要温度一定，黑体的光谱分布就可以计算出来。因此，黑体在辐射度学、光度学和色度学中具有十分重要的意义。在光辐射测量中，常用黑体作为原始标准来标定其他的辐射体，以用作测量标准。

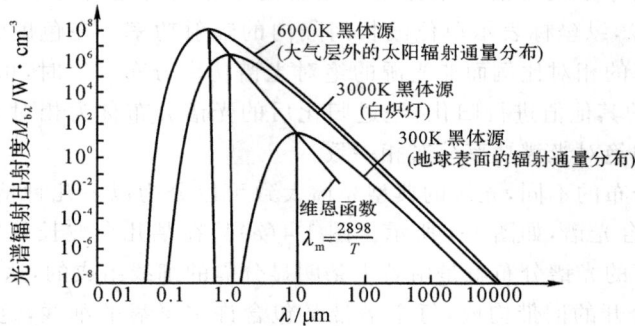

图 1-5　黑体辐射光谱能量分布曲线

绝对黑体是一个理想的概念，在自然界中并不存在，但是可以用人工的方法制造出接近于绝对黑体的人造黑体辐射源。如图 1-6 为开有小孔 B 的等温腔体 A，经小孔 B 射入容器 A 的光线在多次反射后才能由 B 射出。设腔体内表面的反射比为 ρ，当第 n 次反射时其反射的光能为入射光能的 ρ^n 倍。由于 ρ 小于 1，所以当 n 足够大时，ρ^n 就很小，即只有极少的光才能经过孔 B 反射出去，因此孔 B 的吸收比几乎等于 1。这时，孔 B 的辐射可以近似地看作一个绝对黑体的辐射。例如，在 A 的内表面涂上一层吸收本领很强的黑色涂料，设其吸收比为 90%，反射比为 10%，那么经过 3 次反射后，它就吸收了入射光的 99.9%，已非常接近于绝对黑体了。

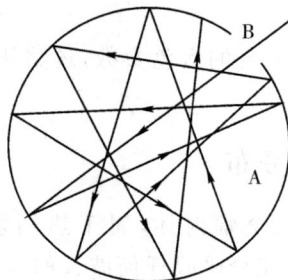

图 1-6　小孔黑体腔

温度为 T 的腔体 A 在吸收入射光辐射后，为了保持其温度 T 不变，根据能量守恒定律，它必然要从小孔 B 向外辐射出能量，这种辐射的波长分布就是处于温度 T 的普朗克辐射。但是，其入射辐射不一定是由温度为 T 的物体发出的，所以由小孔 B 辐射出的能量的波长分布就可能与入射辐射的分布不同。

1.2　光度学的基本概念

1.2.1　光度量的定义及其单位

日常生活中，所谓光的"明亮"这一用语是在不太严密的情况下使用的。如激光器发出的光很"亮"，但作为室内照明就不具有充足的明亮度；又如采用几支荧光灯作为室内照明可以得到明亮的环境，但用一支就不够亮。通常用单位体积的质量即密度来比较物质的轻重，同样光的明亮程度也有必要用立体角、面积等进行规格化后予以比较。我们把定量地测定光的明亮程度的科学称为光度学（photometry），由光度学得到的规格化的明亮度量称为光度量（photometric quantity）。

光度量都是用对应的辐射量乘以光视效能得到的，所以辐射量是其单位为焦耳（J）、瓦特（W）等的物理量，而光度量是由视觉心理来评价物理量时得到的量，称为心理物理量（psychophysical quantity）。在心理物理量中还有本书后面将要介绍的颜色的三刺激值等色度量。光度量包括光能量、光通量、发光强度、照度、光出射度、亮度等，每个物理量都有确定的含义和单位，下面将分别加以说明。

1. 光能量（*luminous energy*）Q

光能量定义为光通量与照射时间的乘积，其单位是流明秒（lumen second），符号为 lm·s。

如果光通量在照射时间之内是随时间而变化的，则其光能量为光通量对时间的积分，即

$$Q = \int \Phi(t) \mathrm{d}t \tag{1-3a}$$

如果在照射时间之内光通量恒定不变，则光能量应为

$$Q = \Phi t \tag{1-3b}$$

2. 光通量（*luminous flux*）Φ

光源在单位时间内发出的光能量称为光通量，用公式表达为

$$\Phi = \frac{\mathrm{d}Q}{\mathrm{d}t} \tag{1-4}$$

光通量是用光视效能评价辐射通量（Φ_e）时得到的量，即能够被人眼视觉系统所感受到的那部分辐射功率的大小的量度，单位是流明（lumen），符号为 lm。

3. 发光强度（*luminous intensity*）I

光源在指定方向上单位立体角内所包含的光通量定义为光源在此方向上的发光强度，即

$$I = \frac{\mathrm{d}\Phi}{\mathrm{d}\Omega} \tag{1-5}$$

式中，Ω 为立体角，其单位是球面度（steradian），符号为 sr。规定在半径 r 的球面上面积为 r^2 的面元对球心的张角为 1sr。因为球面的面积是 $4\pi r^2$，所以整个球面的立体角为 4π sr。

发光强度的单位是坎德拉（candela），符号为 cd，其定义的示意图如图 1-7 所示。

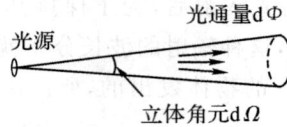

图 1-7　发光强度的定义

从以上的定义可知,发光强度 I 描述了光源在某一方向上发光的强弱程度,其中包含了光源发光的方向性。式(1-5)可以改写为

$$\Phi = \int_\Omega I \mathrm{d}\Omega \tag{1-6}$$

利用式(1-6)可以根据一个光源的发光强度对角度的分布函数,计算出这个光源在一定的立体角范围内发出的光通量。

如果要严格表征如图 1-8 所示的某一方向 (φ, θ) 上的发光强度,那么式(1-5)应表示成

$$I(\varphi, \theta) = \frac{\mathrm{d}\Phi(\varphi, \theta)}{\mathrm{d}\Omega} \tag{1-7}$$

式中,$\mathrm{d}\Omega$ 为某一方向上的立体角元,即

$$\mathrm{d}\Omega = \frac{\mathrm{d}A}{r^2} = \frac{r\sin\theta\mathrm{d}\varphi \cdot r\mathrm{d}\theta}{r^2} = \sin\theta\mathrm{d}\theta\mathrm{d}\varphi$$

所以

$$I(\varphi, \theta) = \frac{\mathrm{d}\Phi(\varphi, \theta)}{\sin\theta\mathrm{d}\theta\mathrm{d}\varphi}$$

则光源的总光通量应为

$$\Phi = \int \mathrm{d}\Phi(\varphi, \theta) = \int_0^{2\pi} \mathrm{d}\varphi \times \int_0^\pi I(\varphi, \theta)\sin\theta\mathrm{d}\theta \tag{1-8}$$

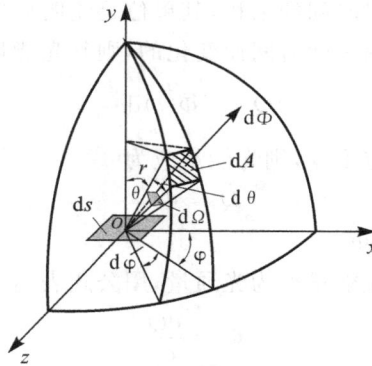

图 1-8　某一方向上的发光强度

如果光源的 $I(\varphi, \theta)$ 在各个方向上是相同的,则

$$\Phi = 2\pi I \int_0^\pi \sin\theta\mathrm{d}\theta = 4\pi I$$

或

$$I = I_0 = \frac{\Phi}{4\pi} \tag{1-9}$$

式(1-9)代表光源的平均发光强度,也可以看作点光源的一个属性。在照明工程或光源行业中,有时也使用"平均球面发光强度"这个术语,并以 I_0 表示。

　　在照明工程中，还会出现半球面发光强度这个光度量，其中分为"上方半球面平均发光强度"和"下方半球面平均发光强度"两种情况。这个发光强度在数值上等于该光源(包括灯具)向上方或下方半球内发出的总光通量($\Phi_\text{上}$ 或 $\Phi_\text{下}$)除以 2π，即

$$I_\text{上} = \frac{\Phi_\text{上}}{2\pi} \qquad \text{或} \qquad I_\text{下} = \frac{\Phi_\text{下}}{2\pi}$$

　　实际的光源在各个方向上的发光强度不是均匀分布的，应该按照发光强度的实际分布以极坐标的形式画出分布曲线，称为发光强度分布曲线或配光曲线。图 1-9(a)为钨丝灯泡的发光强度曲线，其中零线代表自灯垂直向下的方向，180°线代表由灯垂直向上的方向，20，40，60，80 等数值表示该光源在各个方向上的发光强度值。图 1-9(b)为 3000 W 超高压短弧氙灯的发光强度分布曲线，其中 1，2，3，4 等数值表示相应方向上的发光强度。这种氙灯具有发光效率高、寿命长和灯光颜色接近太阳光等特点，故被有效地应用于各种放映机中。

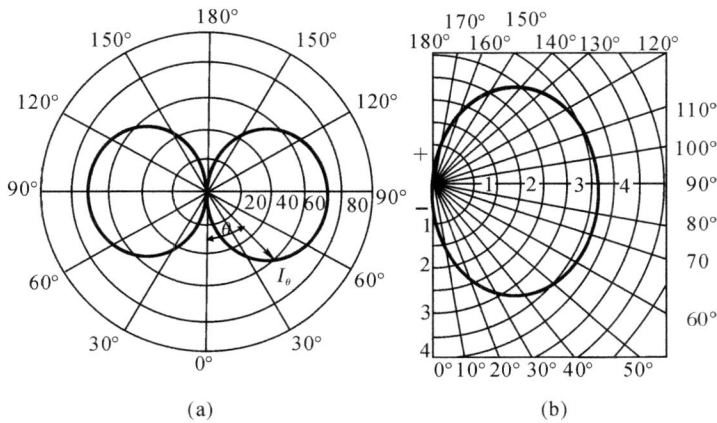

图 1-9　发光强度分布曲线

　　4. 光通量(面)密度(*luminous flux (surface) density*)
　　光源面上一点处单位面积上的光通量定义为该光源在这点处的光通量面密度。光源的光通量面密度分为以下两种情况。
　　(1) 照度(illuminance)E
　　在光接收面上一点处的光照度等于照射在包括该点在内的一个面元上的光通量 $\text{d}\Phi$ 与该面元的面积 $\text{d}S$ 之比，即

$$E = \frac{\text{d}\Phi}{\text{d}S} \qquad\qquad (1\text{-}10)$$

单位是勒克斯(lux)，符号为 lx。当 1 lm 的光通量均匀地照射在 1 m^2 的面积上时，这个面上的光照度就等于 1 lx，即 1 lx = 1 lm/m^2。照度定义的示意图如图 1-10 所示。

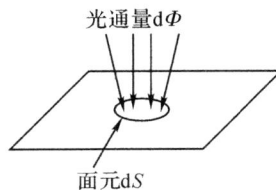

图 1-10　照度的定义

（2）光出射度(luminous exitance)M

光出射度是离开光源表面一点处的面元的光通量 $\mathrm{d}\Phi$ 与该面元的面积 $\mathrm{d}S$ 之比，即

$$M = \frac{\mathrm{d}\Phi}{\mathrm{d}S} \tag{1-11}$$

单位是流明每平方米($\mathrm{lm/m^2}$)。光出射度 M 在数值上等于单位面积光源所发射出的光通量，如图 1-11 所示。

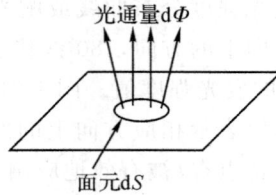

图 1-11　光出射度的定义

照度 E 与光出射度 M 的表达式完全相同，但含义不同。前者描述的是光接收面所接收的光度特性，而后者则是描述面光源向外发出光辐射的特性。

另外，这里所说的面光源不限于灼热固体的表面和实际光源的表面，也可以是这些自发光光源的像或自身不发光而在受照后成为光源的表面。对于受照后成为面光源的表面而言，其光出射度必然正比于其照度，因此可得

$$M = kE$$

式中，k 为小于 1 的系数，它与受照面的表面性质有关，当为光滑表面时则为反射系数，如是粗糙表面则为漫反射系数。

5. 亮度($luminance$)L

光源在某一方向上的发光能力可以用发光强度来表示，但当要比较两种不同类型光源的明亮程度时，就需要用到亮度这个光度量，它描述了光源在单位面积上的发光强度，即

$$L = \frac{\mathrm{d}I}{\mathrm{d}S} \tag{1-12}$$

亮度的单位是坎德拉每平方米($\mathrm{cd/m^2}$)。式(1-12)中的面积应该是一个面在观察方向上的正投影面积，所以当观察方向与该面的法线夹角为 θ 时，式(1-12)将变为

$$L = \frac{\mathrm{d}I}{\mathrm{d}S\cos\theta} \tag{1-13}$$

因此，光源的亮度应定义为在表面一点处的面元在给定方向上的发光强度与该面元在垂直于给定方向的平面上的正投影面积之比，如图 1-12 所示。将发光强度的定义式(1-5)代入式(1-13)，便可得到亮度的通用定义式，即

$$L = \frac{\mathrm{d}^2\Phi}{\mathrm{d}\Omega\mathrm{d}S\cos\theta} \tag{1-14}$$

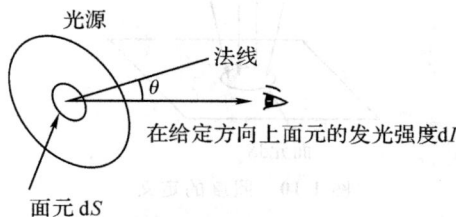

图 1-12　亮度的定义

由式(1-14)可知,亮度不仅可用来描述一个发光面,而且还可以用来描述光路中的任意一个截面,如一个透镜的有效面积、一个光阑所截的面积或一个像的面积等。此外,亮度也可以用来描述一束光,光束的亮度等于这个光束所包含的光通量除以它的横截面积和立体角。

为了对照度和亮度建立数值上的具体概念,表 1-1 和表 1-2 分别列举了一些实际情况下的照度近似值和一些实际光源的亮度近似值,以作参考。

表 1-1　一些实际情况下的光照度近似值

单位:lx

无月夜空光在地面上产生的光照度	3×10^{-4}
接近天顶的满月在地面上产生的照度	0.2
工作场所必需的照度	20~100
晴朗的夏日在采光良好时的室内照度	100~500
夏天太阳不直接照到的露天地面照度	1000~10000
正午露天地面的照度	100000

表 1-2　一些实际光源的光亮度近似值

单位:cd/m^2

在地球大气层外看到的太阳	190×10^7
在地面上看到的太阳	150×10^7
普通碳弧的喷火口	15×10^7
超高压球形水银灯	120×10^7
钨丝白炽灯	$500 \sim 1500 \times 10^4$
乙炔焰	8×10^4
煤油灯焰	1.5×10^4
距太阳为 75° 角的明朗天空	0.15×10^4
阳光照明的洁净雪面	3×10^4
地球上所看到的满月表面	0.25×10^4
无月的夜空	10^{-4}
与人眼的最小灵敏阈对应的物体	10^{-6}
1mW 氦氖激光器	16×10^7

1.2.2　光度基准及其发展

光度量之间可由简单的关系式相联系,确定了其中的一个量,其他的量都能由此求出。在国际单位制(SI)中,采用发光强度作为光度量的基准。SI 单位制是由 MKSA 单位制发展而来的,它由原来的 4 个基本单位[米(m)、千克(kg)、秒(s)、安培(A)]再加上热力学温度单位开尔文(K)、物质的量单位摩尔(mol)以及这里所述的发光强度单位坎德拉(cd)共 7 个基本单位组成。另外,作为辅助单位的还有平面角单位弧度(radian,记作 rad)和前面提到的立体角单位球面度(sr)。

作为光度基准的发光强度的标准,跟米单位一样随着时代的进步也越来越精确。最初,长度的标准是 1 尺、1 英尺等用人体的一部分的长度等具体的物来表示。后来,随着计量技术的进步而脱离了具体的物,使精度和普遍性大大提高。如把 1m 定义为地球子午线上两极到赤道间的距离的 1000 万分之一,也取作镉、氪等元素的谱线波长的倍数,进一步又把光在 1/299792458 秒内传播的距离定义为 1m。

同样,最初光度量的标准是用燃烧鲸油做成的规定大小的蜡烛得到的,因而其单位是烛光(candle)。1940 年采用了基于黑体辐射器的"新烛光"基准,1948 年以后国际照明委员会(CIE)给光度基准单位取了一个拉丁语名称坎德拉(candela),并一直沿用至今。

1967 年国际计量大会规定 1cd 为"在 101325Pa(即 1 个大气压)的压强下,处于铂凝固点温度 2042K 的黑体的 $1/600000\text{m}^2$ 的表面在垂直方向上的发光强度"。图 1-13 为按定义实现发光强度基准的黑体辐射标准器具的构造示意图。我国于 1971 年建立了铂凝固点黑体光度基准,其不确定度为 $\pm0.33\%$,铂不同次凝固时黑体光亮度起伏为 $\pm0.3\%$。同时,我国还建立了 2042K、2053K 发光强度副基准和 2856K 发光强度工作基准。

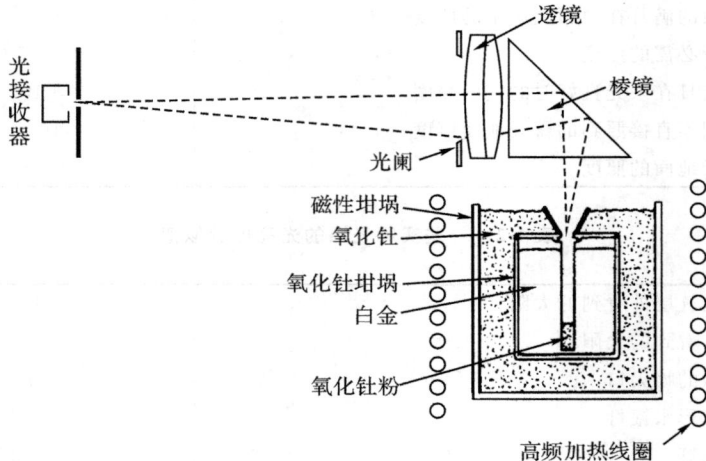

图 1-13　发光强度基准器

到 1979 年,美国、英国、德国、日本、苏联、加拿大、中国和意大利等 9 个国家先后建立了黑体基准。但是,历届国际对比表明,光度标准的差异始终较大,多年的努力并未显著改善光度基准的国际一致性。在坎德拉的原始定义中,把处于铂凝固点温度下黑体发出的总辐射亮度与总光亮度之间确立了一个数量关系。这个定义一方面依赖于温度,该温度值直接影响辐射量和光度量之间的比例常数,而铂的凝固点温度又难以准确测定;另一方面,在现代光辐射测量中迫切需要光谱辐射测量,这就要求通过一个准确的数学关系把能量单位(焦耳)与光度单位(坎德拉)联系起来。此外,该铂点黑体基准器对铂的纯度要求很高,而且为减少氧化钍细管黑体腔的温度梯度,要求管壁薄而均匀,这些在实际工艺中都很难达到。同时,以电替代辐射计为基础的辐射测量技术快速发展,有关国家分别对最大光谱光视效能进行了精确的测量。于是,在 1979 年 10 月第 10 届国际计量大会通过决议,重新定义光度基准:"坎德拉为发出单色辐射频率 $540.0154\times10^{12}\text{Hz}$ 的光源在给定方向上的发光强度,在该方向上的辐射强度为 $(1/683)\text{W/sr}$"。可见,人眼对频率为 $540.0154\times10^{12}\text{Hz}$(波长为 555nm)的单色辐射所呈现的光谱光视效能为 683 lm/W,即 $K_\text{m}=K(540.0154\times10^{12}\text{Hz})=683\text{ lm/W}$。这里采用频率而不用波长的原因是由于波长与介质的折射率有关,而频率与介质的折射率无关。

如上所述,光度量的标准也是从鲸烛这种具体的物出发到最终用单色光的辐射量进行严密定义的,应该强调的是这仍然是心理物理量。另外,作为发光强度的标准,在工业界要实现上述定义是困难的,因此各国的国家研究机构或标准计量单位提供了光度标准灯用于实际校正工作。

在工业界广泛使用的光度量主要是照度和亮度,并且在不同的场合有时会采用不同的单位。表 1-3(a)和表 1-3(b)列出了一些单位之间的变换关系,其中的等效(equivalent)单位是为了联系照度和亮度之间的关系而导入的,如照度为 1ph 的完全漫射面的亮度规定为 1eq·ph 或 1L。另外,在摄影用灵敏度测定中,习惯上使用米坎德拉(meter-candela,记作 mcd)作为照度单位,这就等于 1lx。

表 1-3(a)　照度的单位换算关系

照度	lux(lx)	phot(ph)	milliphot(mph)	footcandle(fcd)
1 lux(lm/m²)	1	0.0001	0.1	0.0929
1 phot	10000	1	1000	929
1 milliphot	10	0.001	1	0.929
1 footcandle	10.76	0.001076	1.076	1

表 1-3(b)　亮度的单位换算关系

亮度	nit(nt)	stilb(sb)	apostilb(asb)	Lambert(L)	milliLambert(mL)	footLambert(fL)
1 nit(cd/m²)	1	0.0001	3.142	0.0003142	0.3142	0.2919
1 stilb	10000	1.000	31420	3.142	3142	2919
1 apostilb	0.3183	0.00003183	1	0.0001	0.1	0.0929
1 Lambert	3183	0.3183	10000	1	1000	929
1 milliLambert	3.183	0.0003183	10	0.001	1	0.929
1 footLambert	3.426	0.0003426	10.76	0.001076	1.076	1
1 candela/ft²	10.760	0.001076	33.82	0.003382	3.382	3.142
1 candela/in²	1550	0.155	4869	0.4869	486.9	452.4

注：1. 表中 1candela＝1candle。

　　2. 表中的系数是取 π＝3.142.1ft＝0.3048m 时求出的。

　　3. 对于亮度,还使用下面的等效单位：

　　　　1equivalent ph＝1L;

　　　　1equivalent lx＝1blondel＝1asb;

　　　　1equivalent fcd＝1fL。

在生理光学范畴内,还有一个考虑了人眼瞳孔直径表示网膜面上照度的网膜照度(retinal illuminance),其单位为楚兰德(troland),符号为 td。设通过半径为 r(mm)的瞳孔看亮度为 L(cd/m²)的发光面时,网膜照度为

$$E_r = \pi r^2 L \tag{1-15}$$

如用 mL 表示亮度,由于 1mL＝10/π cd/m²,故对于 $r=1$mm 的瞳孔孔径,亮度为 1mL 的发光面,其网膜照度应为 10td。

1.2.3　光度学基本定律

1. 朗伯余弦定律

如前所述,一般面光源上各点的亮度都是其方向角 θ 的函数。如果某个面光源在各个方向上的辐射亮度都相同,则称该面光源为朗伯辐射体或理想漫射体。

图 1-14 表示一个面光源 S,由面元 dS 向各个方向辐射亮度。由式(1-13)可知,它在某一方向上的发光强度应与辐射角度的余弦成比例,即

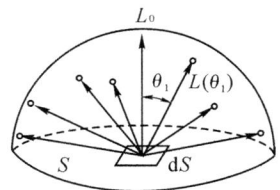

图 1-14　朗伯面光源

$$dI(\theta) = L(\theta)dS\cos\theta$$

如果 dS 向 2π 空间内所有方向辐射的亮度相同,即 $L_0 = L(\theta_1) = \cdots = L(\theta_n) =$ 常数 L,则

$$dI(\theta) = dI_0\cos\theta \tag{1-16}$$

式中,$dI_0 = LdS$ 为面元 dS 在法线方向($\theta = 0°$)上的发光强度。如果面光源 S 上的所有点都符合式(1-16),则式(1-16)可写为

$$I(\theta) = I_0\cos\theta \tag{1-17}$$

式(1-17)称为朗伯余弦定律。该定律表明,朗伯面光源在 2π 空间内各个方向上的发光强度分布形成一个球体,如图 1-15 所示。

实际上,只有黑体才完全符合朗伯定律,在现实中并不存在完全符合朗伯定律的辐射源,最接近朗伯辐射体的是开有小孔的空腔。有些辐射源如白炽灯丝的表面,或均匀受照后又反射和透射的物体如白墙、白纸、毛玻璃等,也只能在一定的立体角范围内接近朗伯体。

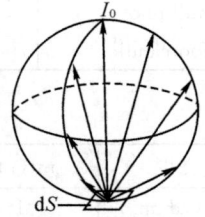

图 1-15 朗伯余弦定律

2. 光传播定律

如图 1-16 所示,dS_1 为朗伯面光源,它以相同的亮度向各个方向发出光辐射,面元 dS_2 为受光照表面,两者之间距为 r,则由 dS_1 向 dS_2 发出的光辐射通量为

$$d\Phi = LdS_1\cos\theta_1 d\Omega \tag{1-18}$$

式中,$d\Omega$ 为面元 dS_1 的中心对面元 dS_2 的投影面积所张的立体角,即

$$d\Omega = \frac{dS_2\cos\theta_2}{r^2} \tag{1-19}$$

将式(1-19)代入式(1-18),即可得光传播定律的表达式为

$$d\Phi = L\frac{dS_1\cos\theta_1 dS_2\cos\theta_2}{r^2} \tag{1-20}$$

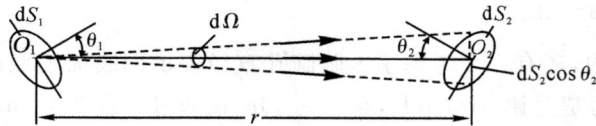

图 1-16 光传播定律

应该指出,式(1-20)假设在光通过介质时不发生光的反射、散射、吸收等损耗,这在实验室内进行光度测量时是可以适用的,因为其测试距离一般多在数米以内,故可以忽略介质的吸收和散射等情况。

当面光源与受照面互相平行时,由于 $\theta_1 = \theta_2 = 0°$,所以式(1-20)可改写成

$$d\Phi = L\frac{dS_1 dS_2}{r^2} \tag{1-21}$$

如果受照面 dS_2 为一光探测器的表面,则由式(1-21)可得到该探测器表面上的光照度为

$$E = \frac{d\Phi}{dS_2} = \frac{LdS_1}{r^2}$$

所以面光源 dS_1 的光亮度为

$$L = \frac{Er^2}{dS_1} \tag{1-22}$$

可见,只要用精密照度计测出与面光源相距 r 处的照度 E,便可由式(1-22)计算出该面光源的亮度 L。

3. 距离平方反比定律

（1）点光源的距离平方反比定律

点光源能向周围 4π 空间以相同的发光强度发出光辐射。图 1-17 中的面元 dS 接受相距 r 的点光源 S 的照射,并且点光源发出的元光束的光轴与面元法线 N 之间的夹角为 θ,则面元 dS 对点光源 S 所张的立体角为

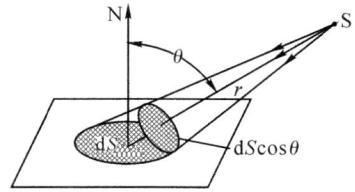

图 1-17　点光源的距离定律

$$d\Omega = \frac{dS\cos\theta}{r^2}$$

所以,在此立体角元内,点光源发出的光通量为

$$d\Phi = I\frac{dS\cos\theta}{r^2}$$

由于此光通量将全部投射到面元 dS 上,因此该面元上的照度为

$$E = \frac{d\Phi}{dS} = \frac{I}{r^2}\cos\theta \tag{1-23}$$

由此可见,点光源 S 在面元 dS 上所产生的照度与光源的发光强度成正比,与距离的平方成反比,并且与面元相对于光束的倾角有关。

当点光源位于面元的法线上时,式(1-23)变为

$$E_0 = \frac{d\Phi}{dS} = \frac{I}{r^2} \tag{1-24}$$

式(1-24)即为计算点光源照度的距离平方反比定律,它只适用于点光源的情况。

（2）有限尺寸光源的距离定律

实际的光源均有一定的尺寸或发光面积,因此点光源的距离定律关系式(1-23)或式(1-24)不适用。只有当光源的尺寸与受照物体表面到光源的距离 r 之比小于一定数值时,该有限尺寸光源才可视为点光源,并在一般精度的光度测试工作中方可应用式(1-24)来计算受照面的照度。

设图 1-18 中的圆盘形余弦辐射光源的半径为 R,面积为 S_0,亮度为 L,作为受照面的小面积 A_d 与光源相距 r,则该面光源上的面元 dS 沿 l 向 A_d 发射的光通量为

$$d\Phi = LdS\cos\theta d\Omega \tag{1-25}$$

式中,$dS = x d\varphi dx$,$d\Omega = A_d\cos\theta/l^2$,一并代入式(1-25),可得

$$d\Phi = L\frac{x d\varphi dx A_d\cos^2\theta}{l^2} \tag{1-26}$$

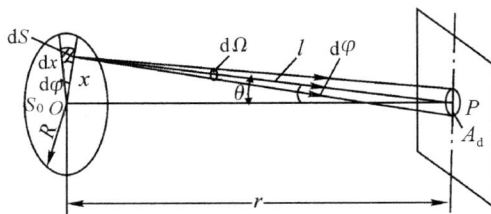

图 1-18　有限尺寸光源的距离定律

又由图 1-18 中的几何关系可知

$$\cos\theta = \frac{r}{l} = \frac{r}{\sqrt{x^2 + r^2}}$$

代入式(1-26)后,得

$$\mathrm{d}\Phi = LA_\mathrm{d}\frac{\mathrm{d}\varphi x \,\mathrm{d}r^2}{(x^2 + r^2)^2}$$

所以该面光源向小面积 A_d 发出的总光通量为

$$\Phi = LA_\mathrm{d}\int_0^{2\pi}\mathrm{d}\varphi\int_0^R \frac{xr^2}{(x^2 + r^2)^2}\mathrm{d}x \tag{1-27}$$

令 $x^2 + r^2 = u$,则 $\mathrm{d}x = \mathrm{d}u/2x$,代入式(1-27),得

$$\Phi = 2\pi LA_\mathrm{d}r^2\int_{r^2}^{R^2+r^2}\frac{\mathrm{d}u}{2u^2} = \pi LA_\mathrm{d}r^2\left|-\frac{1}{u}\right|_{r^2}^{R^2+r^2} = \pi LA_\mathrm{d}\frac{R^2}{R^2+r^2} \tag{1-28}$$

由式(1-28)可得面光源 S_0 在小面积 A_d 上产生的照度为

$$E = \frac{\Phi}{A_\mathrm{d}} = \pi L\frac{R^2}{R^2+r^2} = \pi L\sin^2\theta \tag{1-29}$$

如将式(1-29)改写成

$$E = \pi L\frac{R^2}{R^2+r^2} = \frac{L\pi R^2}{r^2}\frac{r^2}{R^2+r^2}$$

式中,πR^2 为面光源的面积 S_0,而 LS_0 正好为该面光源的发光强度 I_0,所以有

$$E = \frac{I_0}{r^2}\frac{r^2}{R^2+r^2} \tag{1-30}$$

式中,$\frac{I_0}{r^2} = E_0$ 可视为点光源在面积 A_d 上产生的照度。于是,式(1-30)可写为

$$E = E_0\frac{r^2}{R^2+r^2} \tag{1-31}$$

或

$$\frac{E_0}{E} = 1 + \left(\frac{R}{r}\right)^2 \tag{1-32}$$

式中,$\frac{r^2}{R^2+r^2}$ 称为修正系数。

由式(1-31)或式(1-32)可知,当光源为具有一定面积的面光源时,其在受照面上所产生的照度 E 与利用点光源的距离平方反比定律计算得到的照度 E_0 之间有差别,需要乘上修正系数 $r^2/(R^2+r^2)$ 才可得到面光源产生的实际照度。表 1-4 列出了不同的 R/r 比值所对应的 E_0/E 值。由表 1-4 中数据可见,当 $R/r = 1/10$ 时,应用点光源的距离平方反比定律来计算面光源的照度所引入的计算误差仅为 1%;当 $R/r = 1/30$ 时,引入的计算误差只有 0.1%。因此,在一般精度的光度测试工作中,采用 $R/r = 1/10$ 已足够。可见,在进行辐射测量或光度测量时,只要注意 R/r 的关系,就可将测量误差和计算误差控制在允许的范围之内。

表 1-4   不同 R/r 时对应的 E_0/E 值

R/r	1/2	1/4	1/6	1/8	1/10	1/20	1/30
E_0/E	1.250	1.062	1.028	1.016	1.010	1.0025	1.001

值得指出,在式(1-31)中的 R 可以是圆盘形光源的半径或方形光源对角线的一半,也可以

是光探测器的半径。在实际测量工作中,应根据所用光源和光探测器的具体尺寸而定,将其中较大者代入式中计算。另外还需注意的是,该面光源的距离定律只适用于辐射测量或光度测量,不能直接用于评价或计算光学仪器中的光源问题。

1.3　物体的光谱特性

自然界中的物体之所以呈现出各种不同的颜色外貌,其根本的原因就是物体对光具有选择吸收和反射的性质,即物体本身的光谱特性是物体产生不同颜色的主要原因之一。当光照射在物体上时,入射的光谱能量部分被反射,部分被吸收和散射,部分透过。因此,透明体的颜色主要由透过的光谱成分决定,不透明体的颜色则取决于它的反射光谱组成。

一般来说,非荧光性有色材料本身并不发光,所以在黑暗环境下是看不见的。由此可知,任何非荧光物质只有在光照下才显示出颜色,并且该颜色取决于物体对入射光的反射或透射光谱特性。例如,某种材料在太阳光照射下较多地吸收青色波长的光,则此材料呈红色;如果该材料对黄色波长的光吸收明显,则呈现蓝色。可见,物体的颜色是其对不同波长的光波具有不同的吸收特性的结果,其表现的颜色正是被吸收光的补色。假如某一物体对可见光全部吸收,没有反射光,则该物体将呈现黑色;如果该物体对各种波长的光平均地部分吸收,则使各波长的反射光均减弱而呈现灰色;如果对各波长均不吸收而将照明光全部反射,则该物体便呈现白色。

由于物体的颜色是其对照射光的吸收和散射、反射或透射的结果,所以采用不同的光源照明同一物体时,因光源的光谱能量分布不同将导致物体显示出不同的颜色外貌。例如,有一物体在太阳光下因为明显吸收了青光而反射了较多的红光,从而呈现红色;此时,如果用青光照明该物体,由于大部分青光被吸收,反射光很少,结果此物体不呈红色而显示黑色。同样,如果某种材料在太阳光下是黄色,因为它对蓝光有较强的吸收,所以当在白炽灯下观察该材料时,由于白炽灯光谱中蓝绿波段的能量本来就很少,结果此材料看起来近似白色。

根据材料光谱特性的不同,可以将材料分为反射材料(只有反射的材料,如平面镜、无光泽铝、漆和硫酸钡板等)、弱透射材料(透射较弱、以反射为主的材料,如彩色滤光片、光泽织物、纸张等)、强透射材料(如窗玻璃、毛玻璃、乳白玻璃等)等。在每一类中,根据其散射光的多少,又可分为无散射、弱散射和强散射等三种材料。

对于荧光材料,虽然由荧光产生的那部分辐射起光源的作用,但是其光谱特性的表示一般仍与非荧光材料相同。

1.3.1　光的透射和吸收

当光照射在物体上时,如果该物体是无色透明的,那么除了一小部分光从物体的两个表面反射以外,绝大部分光线将透射穿过物体而基本不发生改变,如图 1-19 所示。光除了透射以外,还被吸收或作为可见光消失(如果大量的光被吸收,则其中至少有一部分会转化为热能)。如果材料吸收了部分光,它就显示出某种颜色,但仍然是透明的;如果所有的光都被吸收,材料就是黑色而不透明的。对于透明材料(如图 1-20 所示),则需要研究其吸收性能随波长的变化关系来评估它们的颜色。

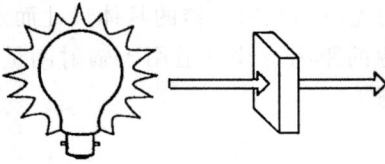

图 1-19　光线透射穿过透明物体　　　　图 1-20　透明有色物体对光的吸收

图 1-21 是厚度为 d 的均匀透明物体对光吸收和透射时的能量变化情况,其中 $\Phi_e(\lambda)$ 为入射到第一表面的光谱辐射通量,$\Phi_1(\lambda)$ 为从第一面进入透明物体的光谱辐射通量,$\Phi_2(\lambda)$ 为到达第二表面的光谱辐射通量,$\Phi_3(\lambda)$ 为从第二表面射出的光谱辐射通量,则其光谱透射比为

$$\tau(\lambda) = \frac{\Phi_3(\lambda)}{\Phi_e(\lambda)} \tag{1-33}$$

该物体的总透射比为

$$\tau = \frac{\Phi_t}{\Phi_i} = \frac{\int_0^\infty \Phi_e(\lambda)\tau(\lambda)V(\lambda)\,\mathrm{d}\lambda}{\int_0^\infty \Phi_e(\lambda)V(\lambda)\,\mathrm{d}\lambda} \tag{1-34}$$

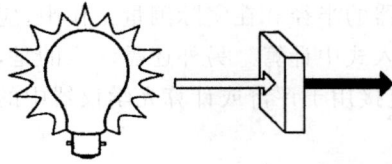

图 1-21　均匀透明物体对光的吸收和透射

式中,Φ_t 为透过被测物体的光通量,Φ_i 为被测物体的入射光通量,$V(\lambda)$ 为光谱光视效率函数,$\tau(\lambda)$ 为由式(1-33)求出的被测物体的光谱透射比,$\mathrm{d}\lambda$ 为波长元。

内光谱透射比为

$$\tau_i(\lambda) = \frac{\Phi_2(\lambda)}{\Phi_1(\lambda)} \tag{1-35}$$

吸收度(也称为密度,常用 D 表示)为

$$A(\lambda) = -\lg\tau_i(\lambda) \tag{1-36}$$

吸收系数为

$$\alpha(\lambda) = \frac{A(\lambda)}{d} \tag{1-37}$$

各向同性的均匀透明物体遵守朗伯定律,即

$$\tau_i(\lambda) = \tau_{0i}(\lambda)^{d/d_0} \tag{1-38}$$

式中,d 和 d_0 分别为透明物体的新厚度和原始厚度,$\tau_i(\lambda)$ 和 $\tau_{0i}(\lambda)$ 分别为对应厚度的内光谱透射比。由朗伯定律可见,只要知道物体某一厚度时的光谱内透射比便可求得该透明物体在任意厚度时的光谱内透射比。

光谱透射比可由光谱内透射比和物体表面的反射损失求出,并可近似地表示为

$$\tau(\lambda) = [1 - \rho(\lambda)]^2 \tau_i(\lambda) \tag{1-39}$$

式中,$\rho(\lambda)$ 为物体表面的光谱反射比,可由菲涅耳定律求出(假设照明光正入射物体表面):

$$\rho(\lambda) = \left(\frac{n_2 - n_1}{n_2 + n_1}\right)^2 \tag{1-40}$$

式中,n_1 和 n_2 分别是物体表面外介质(如空气)和物体表面内介质(即透明物体本身)的折射率。

如果透明物体是非均匀的,则透入光线在物体内部的传播方向会变得不规则,从各个方向透过物体,其中一部分光线沿原入射方向行进,称为正透射光;另一部分光线从各个方向穿过

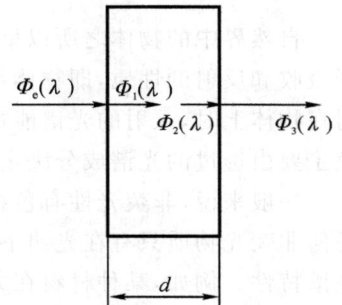

物体,称为漫透射光,如图 1-22 所示。图 1-22(a)表示测试积分球的样品口与被测物体相接,收集了透过物体的全部光能,这样测得的透射比称为全透射比。图 1-22(b)为测试积分球的样品口与被测物体有一定的间距,此时只有正透射光能进入积分球而被收集,如此测定的透射比称为正透射比。漫透射比可以从全透射比中减去正透射比而计算得到。

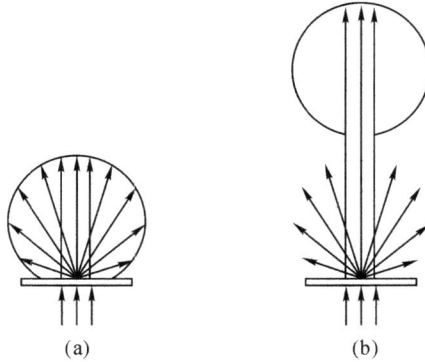

图 1-22　不均匀透明物体对光的透射

　　光谱透射比、内光谱透射比、吸收度和吸收系数都是波长的函数,不同的物体有不同的函数形式。空气是一种理想的透明介质,在整个可见光波段内的光谱透射比恒定为 1,因此空气常被用来作为透明物体光谱透射比测量时的参照标准。图 1-23 给出了几种常见物质的光谱透射比曲线,其中曲线 1~5 分别为窗玻璃、冕玻璃、火石玻璃、石英玻璃和蒸馏水的光谱透射比曲线。

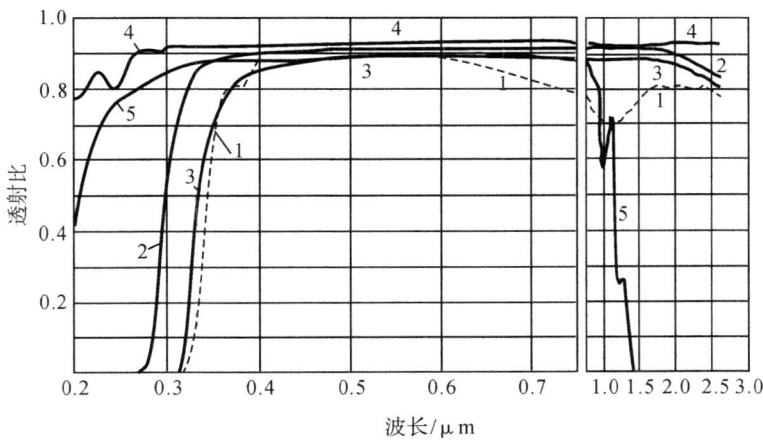

图 1-23　几种常见物质的光谱透射比曲线

1.3.2　光的反射

　　光照射到物体上时,部分光将被反射,其反射的光辐射通量与入射的光辐射通量之比称为反射比,即

$$\rho = \frac{\Phi_r}{\Phi_i} = \frac{\int_0^{\infty} \Phi_e(\lambda)\rho(\lambda)V(\lambda)\mathrm{d}\lambda}{\int_0^{\infty} \Phi_e(\lambda)V(\lambda)\mathrm{d}\lambda} \tag{1-41}$$

式中,Φ_i 为被测物体的入射光通量,Φ_r 为被测物体的反射光通量,$\Phi_e(\lambda)$ 为入射于被测物体的光谱辐射通量,$\rho(\lambda)$ 为被测物体的光谱反射比,$V(\lambda)$ 为光谱光视效率函数,$d\lambda$ 为波长元。

图 1-24 表示物体表面对光的几种反射情况。图 1-24(a) 的反射光遵守反射定律,从镜面反射方向射出,称为正反射光或镜面反射光,其正反射辐射通量与入射辐射通量之比即为正反射比。图 1-24(b) 是完全反射漫射面的反射特性,该漫射面能将入射的辐射通量无损地全部辐射出去,即其反射比为 1,而且在各个方向上具有相同的亮度。然而,实际的物体通常既不可能是理想的镜面,也不会是完全反射漫射面,而是正反射与漫反射同时存在,两者综合作用的结果,其反射特性为如图 1-24(c) 所示的各种特异形状。

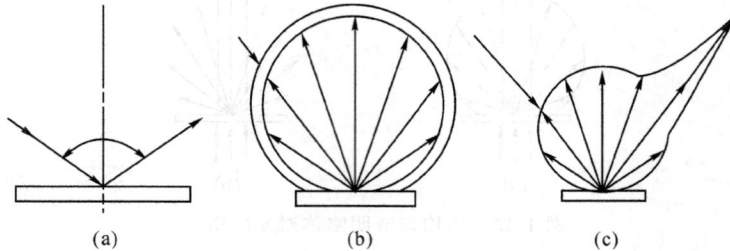

(a)   (b)   (c)

图 1-24   物体表面对光的几种反射情况

在一定的立体角内,反射通量的大小既与入射方向有关,又和测试方法有关,因此引入了光谱反射因数 $R(\lambda)$ 的概念,如图 1-25 所示。在特定的照明条件下,在规定的立体角所限定的方向上,从物体反射的波长为 λ 的光谱辐射通量 $\Phi_s(\lambda)$ 与在相同条件下从完全漫反射面反射的波长为 λ 的光谱辐射通量 $\Phi_n(\lambda)$ 之比定义为该物体的光谱反射因数 $R(\lambda)$。当给定的立体角 Ω 接近 2π 时测得的光谱反射因数就是光谱反射比 $\rho(\lambda)$。如果测量的是光谱辐射亮度,则光谱辐亮度因数 $\beta(\lambda)$ 的计算公式为

$$\beta(\lambda) = \frac{L_{e,s}(\lambda)}{L_{e,n}(\lambda)} \tag{1-42}$$

式中,$L_{e,s}(\lambda)$ 为波长 λ 处物体反射的光谱辐亮度,$L_{e,n}(\lambda)$ 是完全漫反射面在波长 λ 处反射的光谱辐亮度。

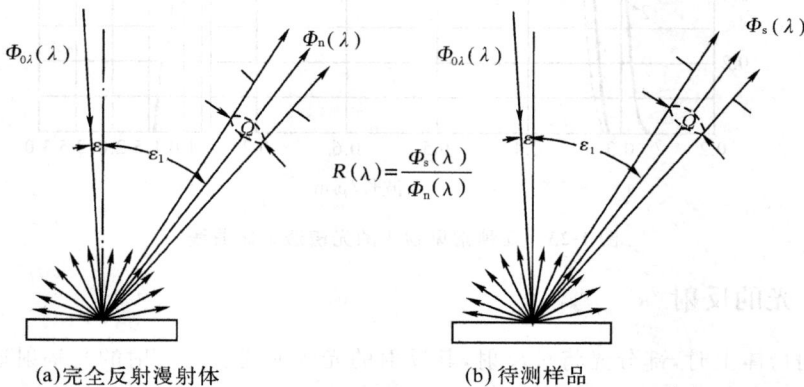

$$R(\lambda) = \frac{\Phi_s(\lambda)}{\Phi_n(\lambda)}$$

(a)完全反射漫射体   (b)待测样品

图 1-25   光谱反射因数 $R(\lambda)$

光谱反射比、光谱反射因数、光谱辐亮度因数都能反映物体对入射光谱选择反射的特性,只是测量时的几何条件不同。物体光谱反射特性的测试通常在分光光度计上进行。国际照明委员会(CIE)推荐采用完全反射漫射体作为测量光谱反射因数的标准。在现实世界中并不存

在理想的完全反射漫射体的材料,但可以找到性能接近的材料,如烟熏氧化镁、硫酸钡喷涂或压粉等。这些材料具有高的近似中性(无光谱选择性)的光谱反射比,接近完全漫反射体的特性,故常用来作为工作标准。表 1-5 列出了美国国家标准局(NBS)的优质氧化镁标准白板的光谱反射比数据,而由国产镁带制成的烟熏氧化镁的光谱反射比大约为 NBS 数值的 99%。图 1-26 给出了用于工作标准白板的常用材料的光谱反射比曲线(相对于氧化镁测得),图 1-27 则为一些常见物体的光谱反射特性。

表 1-5　优质氧化镁标准白板(NBS)的光谱反射比

波长/nm	反射比	波长/nm	反射比	波长/nm	反射比
380	0.987	520	0.992	655	0.990
385	0.988			660	0.990
390	0.988	525	0.992	665	0.990
395	0.988	530	0.992	670	0.990
		535	0.992		
400	0.989	540	0.992	675	0.990
405	0.990	545	0.992	680	0.989
410	0.990			685	0.989
415	0.990	550	0.992	690	0.989
420	0.991	555	0.992	695	0.988
		560	0.992		
425	0.992	565	0.992	700	0.988
430	0.992	570	0.992	705	0.988
435	0.992			710	0.987
440	0.992	575	0.992	715	0.987
445	0.992	580	0.991	720	0.987
		585	0.991		
450	0.992	590	0.991	725	0.987
455	0.992	595	0.991	730	0.987
460	0.992			735	0.987
465	0.992	600	0.991	740	0.987
470	0.992	605	0.990	745	0.987
		610	0.990		
475	0.992	615	0.990	750	0.987
480	0.992	620	0.990	755	0.987
485	0.992			760	0.987
490	0.993	625	0.990	765	0.987
495	0.993	630	0.990	770	0.987
		635	0.990		
500	0.993	640	0.990	775	0.987
505	0.993	645	0.990	780	0.987
510	0.993				
515	0.992	650	0.990		

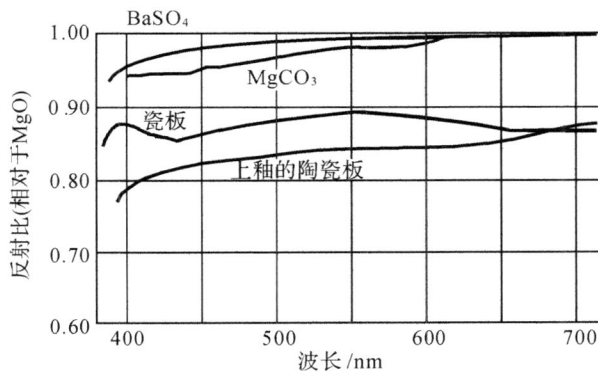

图 1-26　作为工作标准白板常用材料的光谱反射比曲线

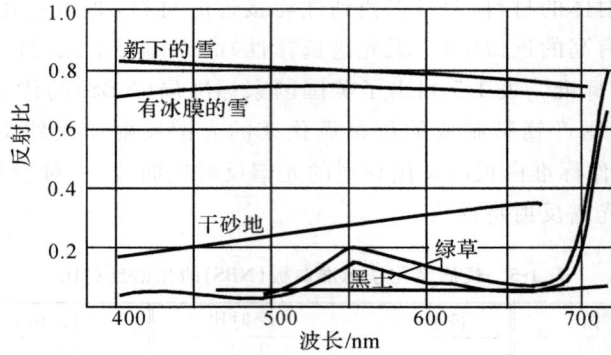

图 1-27　一些常见物体的光谱反射特性

　　从颜色的角度来讲,透明或不透明材料对光的影响可用其光谱透射比或光谱反射比曲线来描述,而对于半透明材料则两者都需要。图 1-28 为几种代表性印刷油墨的光谱反射比曲线。将这些曲线与其对应的光谱色调名进行比较,可以发现着色物质总是至少反射它们自身色调的光,而吸收补色调的光,因此人们可以方便地根据物体的反射比或透射比曲线用普通方法来识别颜色。当然,在颜色科学理论上,物体反射表面的颜色特性可由其光谱反射比与 CIE 标准色度观察者光谱三刺激值函数计算出来,所以物体反射特性的测量在色度学中具有十分重要的意义。

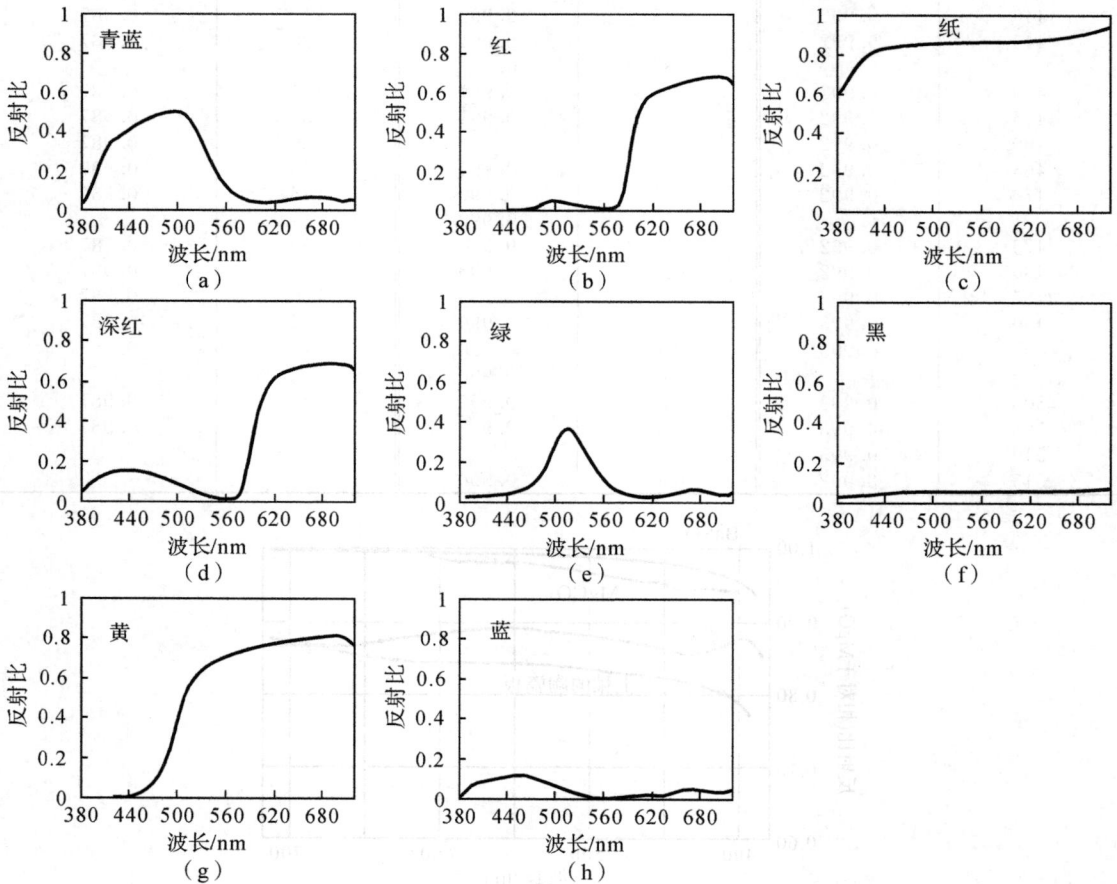

图 1-28　几种代表性印刷油墨的光谱反射比曲线

在近代彩色电视、彩色摄影、印刷、照明等行业进行色彩评价时,由于人的肤色的再现性明显影响银幕和画面的显示效果,因此需要对人类皮肤的光谱反射特性进行精确的测定和深入的研究,并且定出了标准的肤色反射特性曲线作为相关行业颜色再现检验的标准。不同人种的肤色光谱反射比曲线是有差别的,白种人的皮肤白,对光的反射比较高,黑种人的皮肤对光的反射比较低,黄种人的皮肤处于白人与黑人之间,他们的平均肤色光谱反射比曲线如图 1-29 所示。虽然

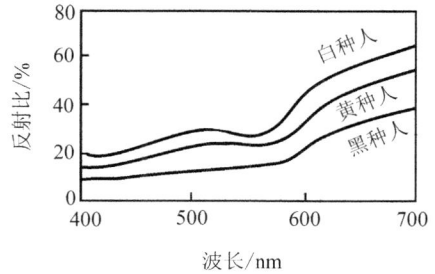

图 1-29　平均肤色光谱反射比曲线

不同人种的肤色光谱反射比曲线各有差异,但作为人类的自然肤色都具有其形状和变化规律的共同特点,即在短波范围内的反射比较低,随着波长的增大其反射比逐渐升高,在波长为 550～660nm 范围内有一个陡升。作为 CIE 评价光源显色性指数方法的试验色之一,第 13 号试验色就代表了白人妇女的肤色,其光谱辐亮度因数 $\beta(\lambda)$ 数值见附表 3-3b。

1.3.3　光的散射

光与物质作用时,除了有反射、透射和吸收外,被吸收的一部分光还会发生散射。当一些光被吸收以后,以相同的波长再发射出去,但是此时一部分光沿这个方向传播,另一部分光又沿另一个方向传播,结果这些光都将沿不同的方向传播,形成了所谓的光散射现象。空气中气体分子的光散射就是天空呈蓝色的原因,光从更大粒子表面的散射使云、烟、牛奶和许多颜料呈现出白色。

当光发生足够多的散射时,可以认为光从物体表面发生了漫反射,如图 1-30 所示。如果射入物体的光只有部分发生散射或部分发生透射,该物体就是透明的;如果散射非常强烈,没有光透过物体(通常存在一些光吸收),那么该物体是不透明的,如图 1-31 所示。实际上,前面提到的漫透射和漫反射现象就是光散射的结果和表现。

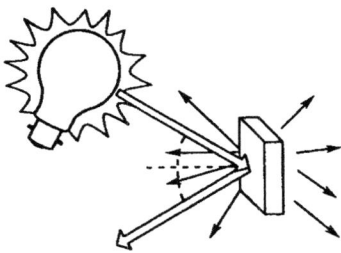

图 1-30　不透明或半透明材料的光散射

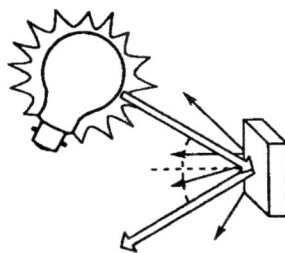

图 1-31　不透明材料对光不发生透射

当光照射到与其周围物体折射率不同的微小颗粒上时,就发生光散射。光的散射量极大地取决于两种物质的折射率之差,如图 1-32 所示。当两者折射率相同时,不发生光散射,这时该两种物质的界面是看不见的。同时,光的散射量还明显地受到散射粒子尺寸大小的影响,如图 1-33 所示。小粒子几乎不能散射光,随着粒子尺寸的增加其散射力很快增大,直至粒子尺寸与光波长相等,这之后粒子尺寸再增加其散射反而减弱。

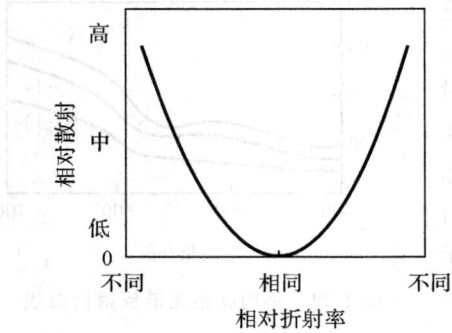

图 1-32　光散射与相邻介质相对
　　　　　折射率之间的关系

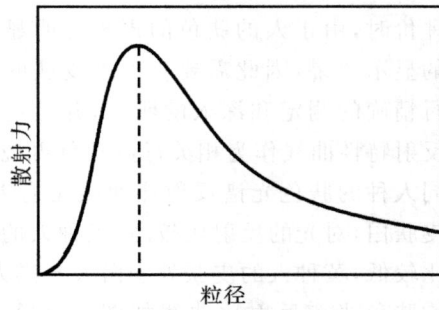

图 1-33　光散射随粒子尺寸的变化

1.3.4　荧光

　　荧光材料将吸收的光在更长的波长上以二次发射的形式发散出去，而且发射的光是漫射的。如一般用于增白纸张和纺织物的荧光增白剂（FWA）吸收波长在 $300\sim400$nm 的紫外辐射，然后在 $400\sim500$nm 波长上以可见光的形式二次发射出去，将不可见的辐射转变为可见光，所以发射出比入射光更多的可见光，从而使物体看起来比非荧光物质"更白"。如图 1-34 以一个黄色织物在加入 FWA 前后的理想反射比曲线来说明荧光增白剂的作用机理。FWA 吸收紫外光区短波长的能量（相对激发曲线），并在可见区释放（荧光曲线）。人们可以观察到从含 FWA 的织物上反射出来的光量（不含

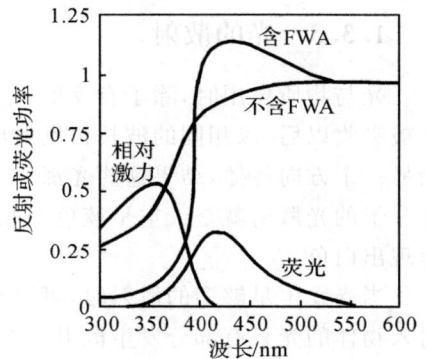

图 1-34　荧光增白剂（FWA）的作用机理

FWA 时的反射比曲线）加上被释放出来的荧光的总和（含 FWA 时的光功率曲线）。该总和光功率能超过单独的反射光量的 100%，此时该织物看上去就会更白更亮。

　　荧光着色剂既吸收又发射可见光，其荧光发射量取决于照射试样的光源的光谱特性。荧光材料特殊的发光机理使得对它们的准确测量变得复杂和困难。在理想情况下，仪器中用于测量荧光颜色的光源的光谱特性应该与用于照射该材料的观察环境的光谱性能相一致。

　　有些材料将吸收的光储存起来，然后在较长的一段时间里二次发射出去，这个过程称为磷光荧光。通常在荧光灯和阴极射线管（CRT）显示器中都采用荧光物质，当其中的荧光物质被电子束激发后，三类荧光物质分别发射红光、绿光和蓝光。

1.4　颜色的感知

　　能被人眼直接接收而引起颜色视觉的光辐射称为可见光，其波长范围为 $380\sim780$nm。物体的颜色不仅取决于物体辐射对人眼产生的物理刺激，而且还受到人眼视觉特性的影响。因此，有必要从生理学及心理学的角度来了解人眼的构造和颜色视觉的机理以及各种颜色感知现象。

1.4.1 眼睛的构造

人类的视觉系统与同样对光产生响应的照相系统有很多相似之处。人眼是一个直径约为 24mm 的近似球体,其构造很像一架装入胶片的照相机,如图 1-35 所示。为了便于理解,表 1-6 列出了人眼与照相机的构造之大致对应关系。

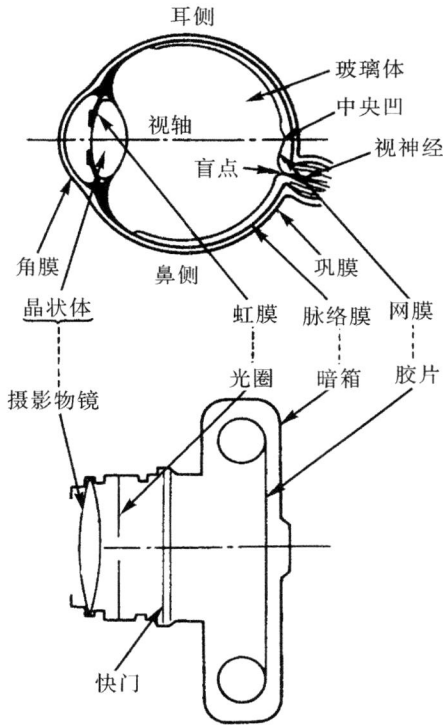

照相机	人眼
暗箱	巩膜和脉络膜
镜头	角膜和晶状体
快门	眼皮
光圈	虹膜
胶片	网膜

表 1-6 人眼与照相机的构造之对应关系

图 1-35 人眼构造与照相机的比较

射入人眼的光在相当于照相胶片的视网膜(retina)上产生光化学反应,由此产生的视神经脉冲传至大脑形成视觉。网膜覆盖了眼球内表面的 2/3,为一厚度约 0.3mm 的透明膜,具有由数种细胞组成的复杂内部构造,如图 1-36 所示。入射光沿图 1-36 中箭头方向射入,到达具有感光性能的视细胞。视细胞层的表侧是视神经层,它由水平细胞、双极细胞、无长突神经细胞、神经节细胞等组成,由视神经层处理来自视细胞的信号。因此,入射光是通过透明的视神经层后才到达视细胞层的。

具有感光性能的视细胞相当于照相胶片上具有感光性能的卤化银($AgCl$、$AgBr$、AgI)微粒。视细胞包括锥体细胞(cone)和杆体细胞(rod)两种视觉感光细胞,它们所含的感光物质不同,所以执行的视觉功能也不同。锥体细胞的感光灵敏度低,在亮度为约 $5 \sim 10 cd/m^2$ 以上的光亮条件下起作用,能够分辨颜色和物体的细节,称为锥体视觉或明视觉(photopic vision);杆体细胞只能在亮度为约 $0.001 \sim 0.005 cd/m^2$ 以下的黑暗条件下起作用,其感光灵敏度高,但仅能感知明暗,不能分辨颜色和物体的细节,称为杆体视觉或暗视觉(scotopic vision)。如果亮度介于明视觉与暗视觉所对应的亮度水平之间,视网膜中的锥体细胞和杆体细胞将同时起作用,称为中间视觉或介视觉(mesopic vision)。由于其受到视场内可见物体的大小和位置等

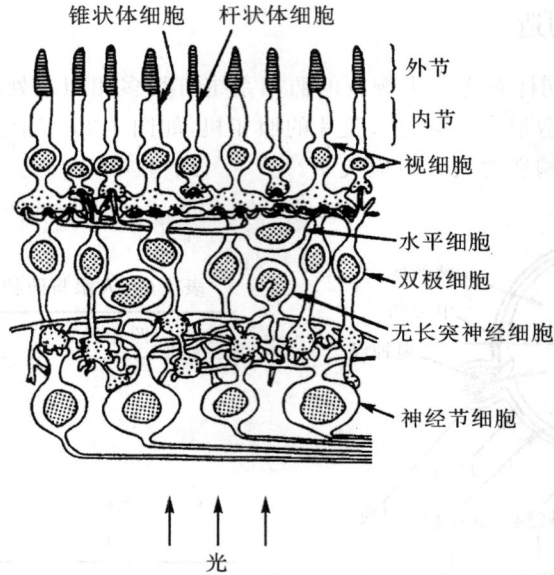

图 1-36　视网膜的构造

诸多因素的影响,所以仍难于准确限定中间视觉的亮度范围。锥体细胞和杆体细胞分别是因其形状为圆锥状和棒状而命名的。在锥体细胞中又含有分别对红、绿、蓝光有响应的三种细胞,其数量之比大约为 32：16：1。因此,可以形象地说人眼是由高灵敏度的黑白胶片和中等灵敏度的彩色胶片所组成的。

锥体细胞的总数约为 700 万个,杆体细胞的总数约为 1 亿个。这些视细胞的前端(图 1-36 中打水平横线的部分)称为外节,它含有感光性的视物质。锥状体细胞对应的外节直径为 $1\sim 5\mu m$,而杆状体细胞对应的外节其直径为 $1\sim 2\mu m$,这与照相用卤化银粒子的直径($0.05\sim 3\mu m$)大体相同。如对各种成像器件每 $1mm^2$ 所含的像素数进行比较,那么人眼视网膜中心处约为 6 万个,电子照相机约为 2 万个,彩色照相约为 3 万个。

网膜上视细胞的分布如图 1-37 所示,其中锥体细胞集中在视轴近旁(中央凹)。中央凹是直径约为 1.5mm 的极小区域,这里锥体细胞的分布非常密集,约有 10 万～15 万个,分辨能力最高;与此相反,杆体细胞在视轴近旁数量极少,而广泛分布在此区以外的部分。由于杆体细胞在暗视觉条件下起作用,所以用斜视眺望夜里的星星时会感到更明亮就是这个道理。

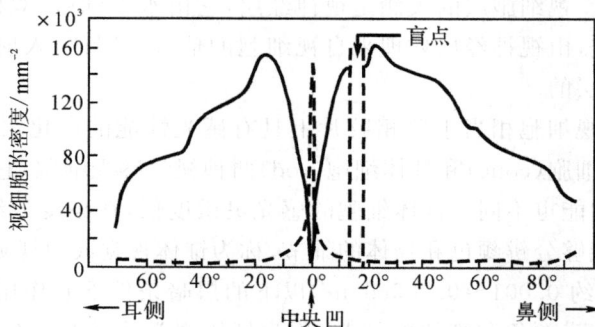

图 1-37　锥体细胞(点线)和杆体细胞(实线)的分布

　　视细胞感光产生的信号由如图 1-36 所示的各种细胞进行处理,再由约 100 万根视神经将其传送到大脑。在视神经穿过的网膜处没有视细胞,因而对光没有感知能力,该点称为盲点(blind spot)。盲点存在于视线外侧 15°约 5°的范围之内,这可以通过如图 1-38 所示的简单的视觉实验得到确认:闭上左眼,用右眼注视图中的十字,并使十字到眼睛的距离约为 20cm,这时就会发现●标记成像在盲点位置上而看不见了。

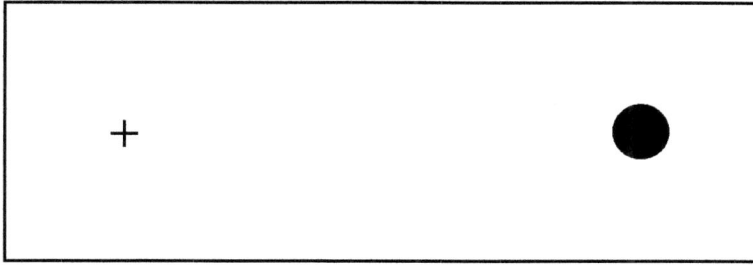

图 1-38　盲点的确认

1.4.2　人眼的适应性和光谱光视效率

　　日常生活中广泛使用的天然光源和人工光源的明亮程度都在很宽的范围内变化,如图 1-39 所示。人眼在照度为 10^5lx 的直射日光下和在照度为 0.0003lx 的没有月光的夜晚都能看到物体。为了适应如此宽广的照度范围,人眼可通过改变相当于照相机光圈的瞳孔大小来调节光量。瞳孔直径的变化范围为 2～7mm,可见由瞳孔实现的光量调节能力达到 12 倍。

图 1-39　各种光源下的照度范围

　　当然,仅靠瞳孔直径的调节是不够的。如前所述,锥体细胞和杆体细胞分别在明视觉和暗视觉条件下起作用,并具有不同的灵敏度和分辨能力,因此人眼通过锥体细胞和杆体细胞的分工协作使视网膜的灵敏度大幅度地改变。从暗处到亮处时,视觉由暗视觉经中间视觉转为明视觉,这种视觉状态转换约需 1 分钟,然后人眼就会习惯明亮的条件。相反,从明处进入暗处时,视觉由明视觉经中间视觉向暗视觉转移,这种变化要达到完全适应约需 30 分钟时间,可见人眼要达到暗适应状态是比较费时的。

　　在明视觉条件下,杆体细胞的光化学反应达到饱和,对光不再反应,只有锥体细胞工作。锥体细胞的光化学反应也有一个饱和上限,约为 10^6cd/m²,超过这一上限会产生刺眼的不快感。从亮适应向暗适应转移时人眼灵敏度的变化曲线如图 1-40 所示,图中纵轴为亮度的对数。白光照射时,人眼产生光感的最小亮度即灵敏度从曲线 A 变为曲线 B,其中在暗适应初期的 10 分钟内锥体细胞起作用,表现为曲线 A,接着是灵敏度高的杆体细胞起作用,且其随时间的变化如曲线 B 所示。但是,在红光下从亮适应向暗适应转移时,不出现杆体细胞起作用的曲线 B,这说明锥体细胞和杆体细胞对不同颜色的响应性能是不同的,杆体细胞对红色没有响应。

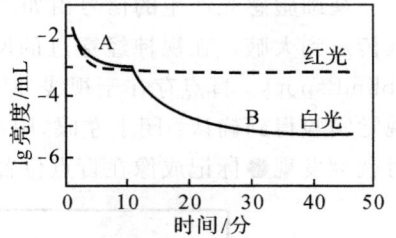

图 1-40 暗适应的时间灵敏度变化

在暗视觉条件下杆体细胞起作用,并且它对光响应的灵敏度非常高。但是,如果进一步降低亮度,则最终杆体细胞将不能感知光亮。这种不产生响应的极限亮度与实验条件有关,约为 10^{-6} cd/m^2,如考虑到人眼内部的光吸收和散射以及视网膜的吸收效率等因素,这个极限亮度相当于 5~14 个光子(photon)。同样,锥体细胞的感光也存在一个极限亮度,但它可达杆体细胞灵敏度的 1/100~1/1000。实际上,能使高灵敏度照相用卤化银微粒起反应并显出银像的极限亮度也至少需要 4 个以上的光子,因此可以说这与杆体细胞有大致相等的灵敏度。

不同波长的光引起人眼的感受程度是不同的,而且即使功率相同但波长不同的单色光,人眼感到的明亮程度也是不同的。如图 1-41 所示的曲线证实了人眼的这一特性,它们表明了人眼观察不同波长的可见光达到同样明亮度时所需的辐射能量。图 1-41 中的两条曲线分别通过两种照明条件下的实验获得:曲线 1 代表锥体细胞的光谱响应特性,这是在明视觉条件下由许多观察者调节不同单色光谱去匹配一个固定的白炽灯光所得到的平均实验结果;曲线 2 为杆体细胞的光谱响应特性,这是在暗视觉条件下重复同样的实验而测得的数据。可见,在明视觉条件下,用不同波长单色光匹配一固定亮度所需要的相对辐射能量在 400nm 波长附近有很大的值,在 555nm 处降到最小值,到 700nm 以后又增加到很大值。这说明人眼对红光及蓝光和紫光的感受性很低,对黄绿光最敏感;在暗视觉条件下,其单色光能量最低值位于 507nm 波长处,即杆体细胞对光谱的蓝绿部分最为敏感。

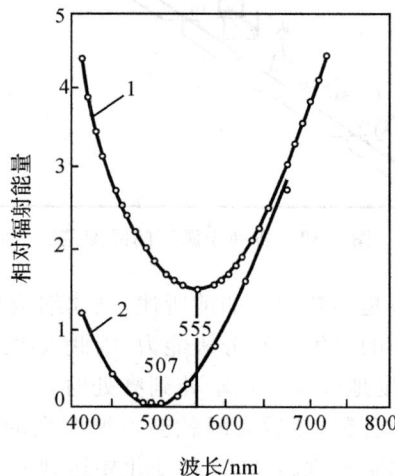

图 1-41 引起锥体视觉和杆体视觉的相对能量分布

为了获得人眼的光谱灵敏度,通常采用匹配(matching)的方法,即选定某波长作为参照光,任意波长 λ 的光为待测光,调节待测光的辐射能量使该待测光的明亮程度与参照光的明亮

程度（Φ）一致。设匹配好的待测光的辐射能量为 Φ_e，比例常数为 K，则

$$\Phi = K\Phi_e \tag{1-43}$$

因为灵敏度可用匹配的待测光的辐射通量的倒数 $1/\Phi_e$ 给出，所以比例常数 K 就与波长为 λ 的人眼的灵敏度相对应，并称 K 为光视效能（luminous efficacy）。改变波长并重复以上实验即可测得 K 作为波长的函数 $K(\lambda)$，称为光谱光视效能。进一步，将 $K(\lambda)$ 的最大值 K_m 称为最大光视效能，并称 $K(\lambda)$ 与 K_m 之比 $V(\lambda)$ 为光谱光视效率（spectral luminous efficiency）或视见函数。由于人眼有明视觉和暗视觉二重功能，所以光谱光视效率也有两种即 $V(\lambda)$ 和 $V'(\lambda)$，它们分别对应于明视觉和暗视觉，也可分别称为明视见函数和暗视见函数。因此，明视觉和暗视觉的最大光视效能 K_m、K_m' 和光谱光视效能 $K(\lambda)$、$K'(\lambda)$ 以及光谱光视效率 $V(\lambda)$、$V'(\lambda)$ 之间的关系式为

$$\left.\begin{array}{l} K(\lambda) = K_m V(\lambda) \\ K'(\lambda) = K_m' V'(\lambda) \end{array}\right\} \tag{1-44}$$

式中，$K(\lambda) \leqslant K_m$，$K'(\lambda) \leqslant K_m'$，所以 $V(\lambda)$ 和 $V'(\lambda)$ 的最大值被归化为 1.0。

不同人的视觉特性是有差别的，但为了能广泛地相互比较不同照明色光的明亮度，世界上必须采用共同的光谱灵敏度。1924 年国际照明委员会（CIE）采用了吉普逊（K. S. Gibson）等科学家对 7 组共 251 名具有正常颜色视觉者在明视觉条件下的测定结果的平均值作为明视觉的光谱光视效率 $V(\lambda)$。1951 年 CIE 又根据沃尔德（G. Wald）和格劳福德（B. H. Crawford）的实验结果规定了暗视觉的光谱光视效率 $V'(\lambda)$。标准的视见函数是在 $400 \sim 750\text{nm}$ 波长范围内每隔 10nm 用表格的形式给出的，其曲线如图 1-42 所示。表 1-7 列出了经过内插和外推后以 5nm 为间隔的 $V(\lambda)$ 和 $V'(\lambda)$ 标准数据，在大多数情况下表 1-7 所列数据已能满足各种高精度的光度计算。

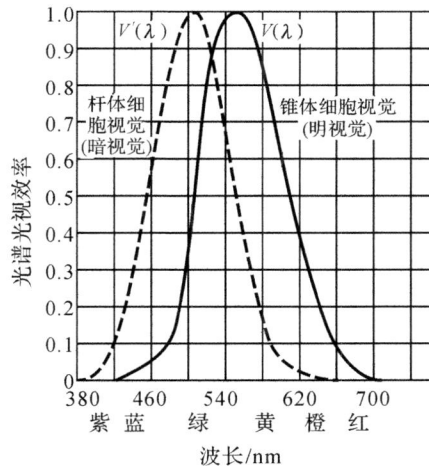

图 1-42　明视觉与暗视觉的光谱光视效率曲线

明视觉光谱光视效率的最大值在 555nm 波长处，而暗视觉光谱光视效率的最大值在波长为 507nm 处，可见暗视觉曲线比明视觉曲线向短波方向移动了 47nm。CIE 推荐采用明视觉的光谱光视效率 $V(\lambda)$ 和暗视觉的光谱光视效率 $V'(\lambda)$ 作为假设的光度观察者的光谱灵敏度，并称其为标准光度观察者（standard photometric observer）。需要说明的是，这些灵敏度曲线都是许多人的平均值，并不一定存在具有如图 1-42 所示光谱灵敏度的观察者。

表 1-7　明视觉与暗视觉的光谱光视效率

波长/nm	$V(\lambda)$	$V'(\lambda)$	波长/nm	$V(\lambda)$	$V'(\lambda)$
380	0.00004	0.00059	585	0.81630	0.0899
385	0.00006	0.00108	590	0.75700	0.0655
390	0.00012	0.00221	595	0.69490	0.0469
395	0.00022	0.00453	600	0.63100	0.0335
400	0.00040	0.00929	605	0.56680	0.02312
405	0.00064	0.01852	610	0.50300	0.01593
410	0.00121	0.03484	615	0.44120	0.01088
415	0.00218	0.0604	620	0.38100	0.00737
420	0.00400	0.0966	625	0.32100	0.00497
425	0.00730	0.1436	630	0.26500	0.00335
430	0.01160	0.1998	635	0.21700	0.00224
435	0.01684	0.2625	640	0.17500	0.00150
440	0.02300	0.3281	645	0.13820	0.00101
445	0.02980	0.3931	650	0.10700	0.00068
450	0.03800	0.455	655	0.08160	0.00046
455	0.04800	0.513	660	0.06100	0.00031
460	0.06000	0.567	665	0.04458	0.00021
465	0.07390	0.620	670	0.03200	0.00015
470	0.09098	0.676	675	0.02320	0.00010
475	0.11260	0.734	680	0.01700	0.00007
480	0.13902	0.793	685	0.01192	0.00005
485	0.16930	0.851	690	0.00821	0.00004
490	0.20802	0.904	695	0.00572	0.00003
495	0.25860	0.949	700	0.00410	0.00002
500	0.32300	0.982	705	0.00293	0.00001
505	0.40730	0.998	710	0.00209	0.00001
510	0.50300	0.997	715	0.00148	0.00001
515	0.60820	0.975	720	0.00105	0.00000
520	0.71000	0.935	725	0.00074	0.00000
525	0.79320	0.880	730	0.00052	
530	0.86200	0.811	735	0.00036	
535	0.91485	0.733	740	0.00025	
540	0.95400	0.650	745	0.00017	
545	0.98030	0.564	750	0.00012	
550	0.99495	0.481	755	0.00008	
555	1.00000	0.402	760	0.00006	
560	0.99500	0.3288	765	0.00004	
565	0.97860	0.2639	770	0.00003	
570	0.95200	0.2076	775	0.00002	
575	0.91540	0.1602	780	0.00001	
580	0.87000	0.1212			

　　由明视觉的光谱光视效率 $V(\lambda)$ 和暗视觉的光谱光视效率 $V'(\lambda)$ 的不同可以解说许多现象或规律。例如,为什么暗室作业者在亮处要戴红色眼镜,潜水艇中要用红光照明?因为在红光下只有锥体细胞工作,而杆体细胞则保持着较高的活性,所以摘下红色眼镜回到暗室或用潜望镜观察暗的海面时,杆体细胞可以很快开始工作而不会妨碍作业。

　　中间视觉的应用主要包括道路照明、航海和航空运输、应急照明以及安全和防范照明等。由于锥体细胞和杆体细胞的活性随着亮度水平而变化,所以人眼视觉系统在中间视觉亮度区间的光谱灵敏度也随亮度水平而改变,故在光度测量系统中,需采用多个光谱灵敏度函数。目前,基于视觉任务功效的评估实验,即识别、检测、反应时间等(而非明亮度匹配)视觉功效,已建立了适用于物理光度学系统的光谱灵敏度函数。

为了能够与当前的光度学系统相兼容,中间视觉的光谱灵敏度函数被定义为在中间视觉区间的亮度上限趋于明视觉光谱光视效率函数 $V(\lambda)$,而在其亮度下限则趋于暗视觉光谱光视效率函数 $V'(\lambda)$。同时,该系统仍满足物理光度学系统的加和性基本要求,即允许对加权光谱值进行积分。

CIE 推荐的中间视觉物理光度学系统将中间视觉的光谱光视效率 $V_{mes}(\lambda)$ 表征为 $V(\lambda)$ 与 $V'(\lambda)$ 的线性组合,即在中间视觉区基于其视觉适应条件而在 $V(\lambda)$ 与 $V'(\lambda)$ 之间确立了一种渐变的转换方式。CIE 推荐的该系统具体表达式为

$$M(m)V_{mes}(\lambda) = mV(\lambda) + (1-m)V'(\lambda) \tag{1-45}$$

及

$$L_{mes} = \frac{683}{V_{mes}(\lambda_0)}\int V_{mes}(\lambda)L_e(\lambda)\mathrm{d}\lambda \tag{1-46}$$

式中,m 为系数且 $0 \leqslant m \leqslant 1$,其值取决于实际的视觉适应条件;$M(m)$ 是归一化函数,以使 $V_{mes}(\lambda)$ 的最大值为 1;$V_{mes}(\lambda_0)$ 即为 $V_{mes}(\lambda)$ 在 $\lambda = 555\mathrm{nm}$ 处的值;L_{mes} 就是中间视觉亮度,而 $L_e(\lambda)$ 则为以 $\mathrm{W \cdot m^{-2} \cdot sr^{-1} \cdot nm^{-1}}$ 为单位的光谱辐亮度;如果 $L_{mes} \geqslant 5\mathrm{cd/m^2}$ 则 $m=1$,若 $L_{mes} \leqslant 0.005\mathrm{cd/m^2}$ 则 $m=0$。需要说明的是,尽管在 CIE 关于中间视觉光度学的研究中曾考虑过不同的中间视觉亮度范围,但是这里推荐的系统采用的上限和下限亮度值分别为 $5\mathrm{cd/m^2}$ 和 $0.005\mathrm{cd/m^2}$。

系数 m 和中间视觉亮度 L_{mes} 可采用如下的迭代步骤进行计算:

$$m_0 = 0.5$$

$$L_{mes.n} = \frac{m_{n-1}L_p + (1-m_{n-1})L_s V'(\lambda_0)}{m_{n-1} + (1-m_{n-1})V'(\lambda_0)} \tag{1-47}$$

$$m_n = a + b\lg(L_{mes.n}) \quad \text{且 } 0 \leqslant m_n \leqslant 1 \tag{1-48}$$

式中,L_p 和 L_s 分别为视觉适应场的明视觉亮度和暗视觉亮度,$V'(\lambda_0) = 683/1699$ 是暗视觉光谱光视效率函数在 $\lambda_0 = 555\mathrm{nm}$ 处的取值,参数 $a = 0.7670$,$b = 0.3334$,而 n 则为迭代步数。由上述公式计算得到的 L_{mes} 即为视觉适应场的中间视觉亮度,而在该视觉适应场中物体的中间视觉亮度便可由针对该适应场所确定的 m 值按照式(1-45)和式(1-46)来计算得到。

在该中间视觉物理光度学系统中,m 值和 L_{mes} 值均为明视觉亮度以及光源 S/P 比值 R_{SP} 的函数,其中 R_{SP} 定义为被测光源分别按照 CIE 暗视觉的光谱光视效率函数 $V'(\lambda)$ 和亮视觉的光谱光视效率函数 $V(\lambda)$ 评价得到的光输出量之比,即

$$R_{SP} = \frac{K_m'\int_0^\infty \Phi_e(\lambda)V'(\lambda)\mathrm{d}\lambda}{K_m\int_0^\infty \Phi_e(\lambda)V(\lambda)\mathrm{d}\lambda} \tag{1-49}$$

式中,$\Phi_e(\lambda)$ 为被测光源的光谱辐射分布。附表 1-1 和附表 1-2 分别给出了在不同明视觉亮度及一系列光源 S/P 比值下的适应系数 m 值和中间视觉系统的 L_{mes} 值。

值得指出的是,在中央凹观察条件(即视角小于 2° 的相对小目标物体的轴上观察)下已有的中间视觉光度学研究表明,明视觉光谱光视效率函数 $V(\lambda)$ 适用于所有亮度水平。而该中间视觉物理光度学系统是基于包含周边视觉的研究所建立的,故其锥体细胞和杆体细胞均对视觉响应有贡献。可见,目标物体与视轴的偏离程度对视觉功效的作用差异会影响诸如道路照

明设计等的应用,如在处理不同权重配比的轴上和周边视觉信息时可能需要不同的规范标准,因此相关规范组织(如公路机构等)需仔细考虑这些方面的各种因素。

1.4.3　光度量与辐射量之间的转换关系

按照 CIE 标准光度观察者 $V(\lambda)$ 和 $V'(\lambda)$ 来评价的辐射通量即为光通量,所以光通量与辐射通量之间存在关系式:

$$
\left.
\begin{aligned}
\Phi_v &= K_m \int_{380}^{780} \Phi_e(\lambda) V(\lambda) \mathrm{d}\lambda \\
\Phi_v' &= K_m' \int_{380}^{780} \Phi_e(\lambda) V'(\lambda) \mathrm{d}\lambda
\end{aligned}
\right\}
\tag{1-50}
$$

式中,Φ_v 和 Φ_v' 分别为明视觉和暗视觉条件下的光通量,$\Phi_e(\lambda)$ 为光谱辐射通量。

如前所述,明视觉的最大光谱光视效能 K_m 对应于标准光谱光视效率 $V(\lambda)$ 曲线的峰值波长 555nm。1977 年经国际计量委员会讨论通过,确定波长为 555nm(即频率为 540.0154×10^{12} Hz)、辐射强度为 1/683W 的单色光对应的光通量为 1lm,因此 $K_m = 683$ lm/W。而对于暗视觉来说,$\lambda = 555$nm 所对应的 $V'(555) = 0.40175$,但是 $V'(\lambda)$ 的峰值波长为 507nm,即 $V'(507) = 1.0$,所以暗视觉的最大光谱光视效能应为

$$
K_m' = 683 \times \frac{1.0}{0.40175} \mathrm{lm/W} = 1700 \mathrm{lm/W}
$$

因此,式(1-50)可具体地写成

$$
\left.
\begin{aligned}
\Phi_v &= 683 \int_{380}^{780} \Phi_e(\lambda) V(\lambda) \mathrm{d}\lambda \\
\Phi_v' &= 1700 \int_{380}^{780} \Phi_e(\lambda) V'(\lambda) \mathrm{d}\lambda
\end{aligned}
\right\}
\tag{1-51}
$$

式(1-51)为明视觉和暗视觉条件下辐射量转换为光度量的基本关系式。一般来说,在明视觉和暗视觉的光度量中,多采用明视觉光度量,因此以后都用明视觉符号来说明。在实际应用中,为使计算简单起见,通常采用求和法来代替式(1-51)中的积分计算,即

$$
\Phi_v = 683 \sum_{380}^{780} \Phi_e(\lambda) V(\lambda) \Delta\lambda
\tag{1-52}
$$

式中,$\Delta\lambda$ 为波长间隔,其值应根据明视觉光谱光视效率数据表中 $V(\lambda)$ 的波长间隔(有 10nm、5nm 和 1nm 三种)合理选取。如果要求的计算精度很高,则应该选用 $\Delta\lambda$ 为 1nm 的 $V(\lambda)$ 数据;但在一般精度的计算中,选用 $\Delta\lambda$ 为 10nm 就可以了。

1.5　颜色视觉

1.5.1　颜色视觉机理

人的视觉系统感受颜色的机理问题自古以来就是人们致力研究的目标,不同的学者提出了许多不同的假说,并且长期争论不休。然而,迄今所提出的假说中最具代表性也是最有说服力的主要有两种,即杨-亥姆霍兹(Young-Helmholtz)的三色学说和赫林(Hering)的对抗色学说。

1. 杨-亥姆霍兹的三色学说

三色学说(trichromatic theory)是 1802 年由 Young 提出,并于 1894 年由 Helmholtz 进行

定量地发展而形成的。该学说的主要论点是认为在视网膜上存在能感受红、绿、蓝色的光接收器(锥体细胞),一切颜色特性都由这些锥体细胞的响应量的比例来表示。例如,按照该学说的观点,黄色是由红色和绿色光接收器同时响应而产生的。在三色学说中的光接收器只有三种,较少且功能比较单一,因而易于理解,它们的光谱灵敏度如图 1-43 所示。三色学说的实验基础便是由红、绿、蓝三原色可以混合出几乎所有颜色的混色规律,它不是从理论推导出来的学说。但是,彩色电视、照相、印刷等都是基于三色学说研制出来的,而且其颜色的再现性能得到充分的满足,因此三色学说被认为是很现实且有说服力的学说。

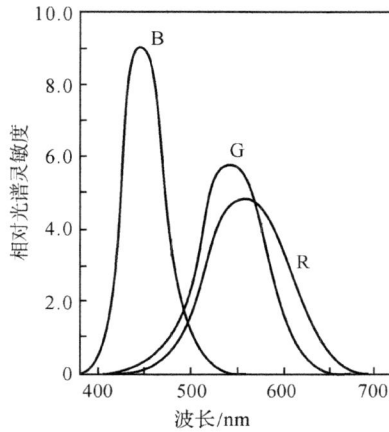

图 1-43　三色学说中的红(R)、绿(G)、蓝(B)光接收器的光谱灵敏度曲线

2. 赫林的对抗色学说

对抗色学说(opponent-color theory)是 1878 年由 Hering 基于这样的现象而提出的,即有带黄的红色而无带绿的红色,因而认为绿和红是一对对抗色;同理,黄和蓝、白和黑也分别是对抗色。该学说的主要观点认为在视网膜上存在响应红-绿、黄-蓝、白-黑等对抗颜色的三种光接收器,所有的颜色特性都由这些光接收器的响应量的比例来表示。图 1-44 为所推测的对抗色光接收器的光谱灵敏度曲线,其值的正负并无特殊含义,仅表示红色与绿色、黄色与蓝色分别是对抗色。在对抗色学说中认为有红、绿、黄、蓝四种颜色,因此也称为四色学说。

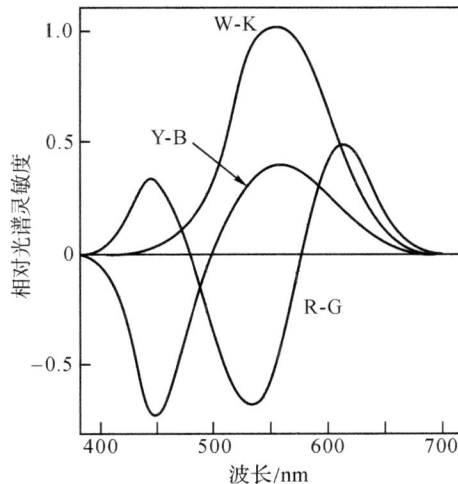

图 1-44　对抗色学说中的红-绿(R-G)、黄-蓝(Y-B)、
白-黑(W-K)光接收器的光谱灵敏度曲线

　　三色学说和对抗色学说(四色学说)都以经验事实为基础,都能说明一定的颜色视觉现象,但是都存在一些不能满意解释的情况。如三色学说不能很好地说明色盲现象;而四色学说可以满意地解释色盲现象,但是对于三原色能够混合出各种颜色这一规律却没有给予说明。那么究竟哪一个才是在视网膜上实际产生的现象呢?利用显微光谱测定法可以测定从人眼视网膜上取下的单个锥体细胞的吸收光谱,如图1-45所示。从图1-45中曲线可见,人眼视网膜上确实存在峰值波长分别约为 450nm、525nm 和 555nm 的三种锥体细胞。另外,采用与吸收光谱法完全不同的电生理学方法,将 $0.1\mu m$ 的微小电极刺入视网膜来研究其电响应,从而直接测定鲤鱼眼睛的锥体细胞对色光的响应,得到如图1-46所示的锥体细胞三原色响应,这与图1-45的吸收光谱一样验证了颜色视觉机理的三色学说。但是,后来当将微小电极插入视网膜中发现的被称为S电位的电位频谱响应所呈现出的亮度响应和对抗颜色响应又支持了对抗色学说。最初,S电位被看作锥体细胞的响应,但是经过科学家的详细测定,在离开锥体细胞几十

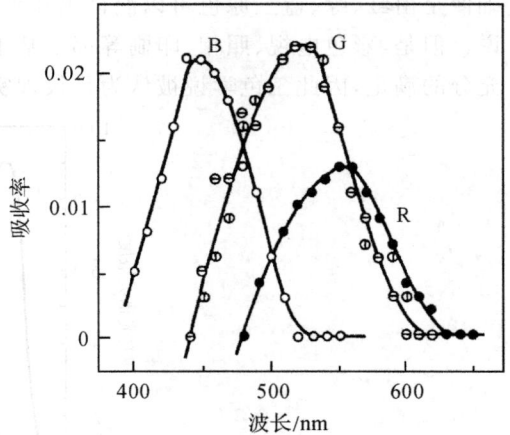

图 1-45　人眼锥体细胞的吸收光谱

微米的位置上测得了如图1-47所示的鲤鱼视网膜的S电位。由此可见,锥体细胞中确实存在红、绿、蓝三色响应,但其产生的电信号通过图1-36所示的含有水平细胞、双极细胞、无长突神经细胞的邻接层进行着如对抗色学说所指出的那种信号处理,然后通过神经节细胞传送到大脑。

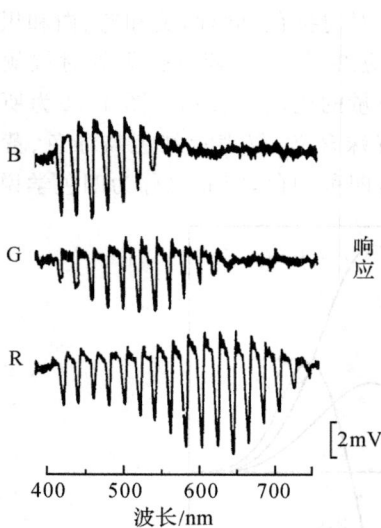

图 1-46　鲤鱼眼睛的锥体细胞三原色响应

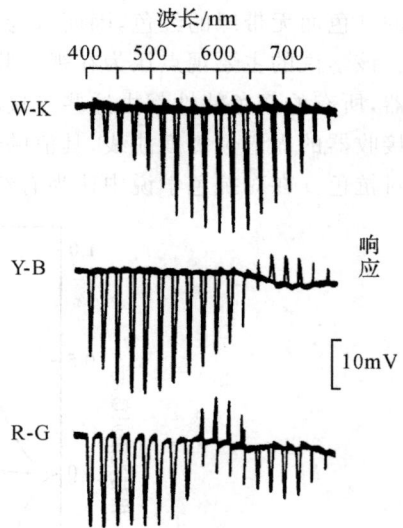

图 1-47　鲤鱼视网膜的 S 电位

　　此外,科学家还测定了暗视觉时杆体细胞的吸收光谱,如图1-48所示。不出所料,杆体细胞的吸收光谱与暗视觉光谱光视效率 $V'(\lambda)$ 很相似。综上所述,在视网膜上存在杆体细胞和三种锥体细胞,它们进行合理而有效的分工和协作,适应从 0.0003lx 到 10^5lx(约 10^8 数量级的作用范围)的明亮度及颜色变化,担负着视觉工作。

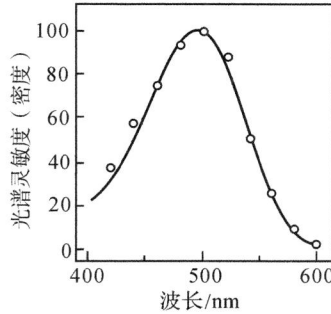

图 1-48　杆体细胞的吸收光谱(○)和暗视觉光谱光视效率 $V'(\lambda)$

三色学说和对抗色学说曾经长期处于对立状态,然而近代色觉理论的发展使这两种学说有趋于统一的迹象。事实上,每一种学说都只是对问题的一个方面获得了正确的认识,而必须通过两者的相互补充才能对颜色视觉达到较为全面的认识。根据心理学实验和显微光谱-电生理学测定的结果,由上述锥体细胞的三色响应和其后的对抗色响应所组成的一种被称为阶段学说(stage theory)的视觉模型逐渐得到认可和发展,如图 1-49 所示。该视觉模型分为两个阶段,第一阶段是杆体细胞对亮度的响应和锥体细胞对红(R)、绿(G)、蓝(B)的颜色响应;第二阶段是在神经兴奋由锥体细胞向视觉中枢的传导过程中,锥体响应 R 和 G 输出的一部分合成为黄色(Y)信号,然后进行各信号的减法运算,形成两种对抗色响应(R-G)和(Y-B),同时锥体响应 R、G、B 输出的适当组合产生明视觉亮度响应 $V(\lambda)$,它与由杆体响应直接形成的暗视觉亮度响应 $V'(\lambda)$ 组合成另一种对抗色响应(W-K)。可见,阶段学说将两种古老的对立学说统一了起来,比较满意地说明了颜色视觉的现象。

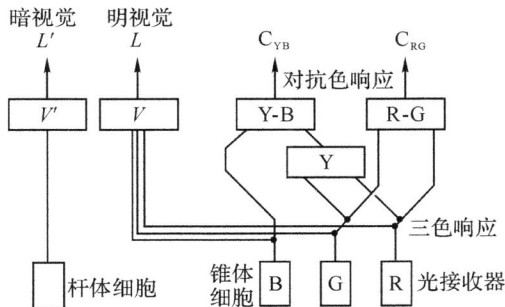

图 1-49　阶段学说的颜色视觉模型

值得指出的是,人们对颜色视觉机理的探索远没有结束,许多新的现象仍在不断出现,如原来认为在明视觉条件下杆体细胞不起作用,可是近来有报道指出杆体细胞在 $500cd/m^2$ 左右的亮度水平下仍有活性,因此有理由预测包括阶段学说在内的颜色视觉模型在未来必定会得到进一步的发展和完善。

1.5.2　颜色的表示与感知特性

1. 颜色的表示和分类

为了便于交流,需要有一些规定的方法来表征各种颜色的特性。定量地表示颜色称为颜色表征或表色(color specification),所表示的数值称为颜色表征值或表色值(color specification values）。为了表征颜色而采用的一系列规定和定义所形成的体系称为颜色系统（color system）。

颜色系统有色序系统（color order system）和混色系统（color mixing system）之分。色序系统基于如色卡等标准物体的颜色外貌（color appearance）的评价，所以也称为色貌系统（color appearance system）；而混色系统则是以通过光的混色（color mixing）达到与某一颜色相匹配所需要的色光混合量为基础，两者的比较如表 1-8 所示。

表 1-8　混色系统与色序系统的比较

颜色系统	混色系统	色序系统
颜色的区别	心理物理色	感知色
区别的基准	心理物理概念	心理概念
基础	颜色的感觉	颜色的感知
颜色表示的原理	光的混合	标准物体的色貌
表示对象	光色	物体的色彩
典型代表	CIE 色度系统	孟塞尔颜色系统
表色值	色度值（如三刺激值）	色貌值（如明度、色调、彩度）
表示方法	用配色函数将颜色刺激函数变换为心理物理量	由标准色卡进行视觉匹配或由色度值进行变换

色序系统中颜色的外貌是基于心理的（psychological）印象，是主观的感觉，称为颜色感知（color perception）。把作为对象的颜色称为感知色（perceived color），一般包含表面质感、距离感、周围状况等感知因素。根据对象的不同，感知色又可以分为物体色、光源色、孔径色等。物体色（object color）是属于物体本身并为人们感知的颜色，如反射光的表面色（surface color）和透射光的透过色（transmitted color）等；光源色（light-source color）是光源发出的光的颜色；孔径色（aperture color）包括如通过小的孔径看蓝色天空时看到的颜色以及未知发光物体所显示的颜色等。

在色序系统中，采用颜色的三种特征属性即明度、色调、彩度来对各种颜色进行顺序分类。明度（lightness）是人眼对物体的明暗感觉，光源色的亮度越高则其明度越高，物体色的反射比或透射比越高则其明度越高；色调（hue）是彩色彼此相互区分的特性，包括红、黄、绿、蓝、紫等，它们分别对应于不同波长的单色光，所以光源色的色调取决于其光辐射的光谱组成，而物体色的色调则由照明光源的光谱组成和物体本身的光谱（反射或透射）特性决定；彩度（chroma）表示颜色的鲜艳程度，可见光谱中各种单色光的彩度最高，所以物体色的反射或透射光谱带越窄则其彩度就越高。因此，在色序系统中采用与其三属性相对应的一系列数值来表示颜色，并称之为色貌值（color appearance values）。在这种颜色系统中，最典型的代表是采用色卡的孟塞尔（Munsell）颜色系统。

在混色系统中，把从感知色中除去物体特有的感觉因素后得到的颜色作为对象，因而这对于感觉来说是最单纯的，称之为颜色感觉（color sensation）。孔径色也可以说是颜色感觉，其他的感知色在一定的观察条件下也能得到颜色感觉。例如，使眼睛对小孔径调焦并看彩色纸时的感知就是颜色感觉。从孔径色等来的光进入人眼并产生颜色感觉，把这样的光称为颜色刺激（color stimulus）。前面已经提到，任意的颜色刺激都可以用等于三种锥体细胞的响应量的三种色光的混合与其匹配，所以可以用这三种色光的混合量来表示该颜色刺激。因此，基于颜色刺激这一性质的混色系统也称为三色系统(trichromatic system)，并把这三种色光的混合量称为三刺激值(tristimulus values)，对应该颜色刺激的光谱分布称为颜色刺激函数(color stimulus function)。三刺激值是由颜色刺激函数这种物理量和人眼的心理上的光谱响应之组合而得出的，所以是一种心理物理(psychophysical)量。通常将表示颜色刺激特性的三刺激值的三个数值称为色度值(colorimetric values)，并把用色度值表示的颜色刺激称为心理物理色(psychophysical color)。可见，色度值便是混色系统的表色值。

综上所述，色序系统是基于物体标准并以采用色貌值表示的具体的感知色为对象，而混色系统则以采用三刺激值等色度值表示的抽象的心理物理色为对象，它们所涉及的各种颜色的分类如表 1-9 所示。

表 1-9　颜色的分类

颜色 (color)	感知色 (perceived color)	心理物理色(psychophysical color)			
		孔径色(aperture color)			
		物体色 (object color)	发光色(luminous color)		
			非发光色 (non-luminous color)	表面色(surface color)	
				透过色(transmitted color)	

心理物理色是由抽象的颜色刺激函数来确定的，所以不管其颜色刺激是光源色还是物体色等。感知色可按照感知的对象进行分类，包括孔径色和物体色。根据 CIE 的规定，属于物体的可感知的颜色均为物体色，其中也包括发光体(光源)，因此这里的物体色是比较广义的，并由感知对象是否发光而将物体色再分为发光色和非发光色。看起来是发光的物体多数是光源，但并不一定是光源，如在暗背景下的明亮的颜色等看起来是发光的，所以也属于发光色；在非发光色中，由反射引起的颜色为表面色，而通过透射产生的颜色则为透过色。此外，还有将作为对象的颜色分为与其他颜色相关联而看到的相关色(related color)和与其他颜色相隔离而看到的非相关色(unrelated color)。

混色系统与色序系统的表色值都采用三个独立的值就已足够，并且在一定的条件下它们有大致的对应关系，所以三刺激值与明度、色调、彩度之间可以相互转换。另外，对于明暗的程度有明亮度(brightness)和明度(lightness)两种表示方法，其中明亮度是和单纯的明暗有关的视觉属性，主要用于非相关色；而明度是和相对明暗有关的视觉属性，主要用于相关色。例如，分别在照度低的照明下看反射比高的白色和在照度高的照明下看反射比低的灰色，尽管灰色的反射比低但仍感到其明亮度高，因此与明亮度对应的心理物理量是亮度。但是，如果将上述白色和灰色并排在一起在同样的照明下观察，从其相对关系来看必然感到白色比较亮，这种感觉就是明度，所以明度与反射比相对应。

2. 视网膜的颜色感知特性

当眼睛注视着某一点时，以这点为中心眼睛所看到的范围称为眼睛的视野。一般来说，垂直视野为 $140°$，单只眼睛的水平视野为 $150°$，双眼的水平视野为 $180°$。分辨色彩的视野称为色视野。视野的大小通常是通过旋转样品的注视点来测定的。

如前所述，视网膜的中央凹与边缘部位其锥体细胞和杆体细胞的分布不同，其中中央视觉主要由锥体细胞起作用，而边缘视觉则主要由杆体细胞起作用。因此，正常颜色视觉的人其视网膜中央能分辨各种颜色；由中央向边缘过渡，锥体细胞减少，杆体细胞增多，对颜色的分辨能力逐渐减弱,最后对颜色的感觉消失。与中央区相邻的外周区先丧失红色、绿色的感受性,再向外部,对黄色、蓝色的感受性也丧失,成为全色盲区。因此,人的正常色视野的大小随颜色而不同,在同一光亮条件下,白色视野的范围最大,其次为黄蓝色,而红绿色视野最小,如图 1-50 所示。即使在中央凹范围内,对颜色的感受性也不一样,在中央凹中心 15′视角的区域内对红色的感受性最高,但对蓝色和黄色的感受性丧失,所以在远距离观察信号灯光时常常发生误认现象。这是因为视网膜中央的黄斑区被一层黄色素覆盖,因而降低了光谱短波(如蓝色)的感受性。黄色素在中央凹处密度最大,向外逐渐减弱,会造成观察小面积和大面积物体时颜色的差异。当观察大于 4°视场的物体颜色时,在视场正中会看到一个略带红色的圆斑,称为麦克斯韦尔圆斑,此圆斑就是由中央的黄色素造成的。黄色素对人眼的颜色视觉有一定的影响,并且黄色素随着年龄的增长而变化,年龄大的人其黄色素变得越发黄,因此不同年龄的人其颜色感受性也会有差异。

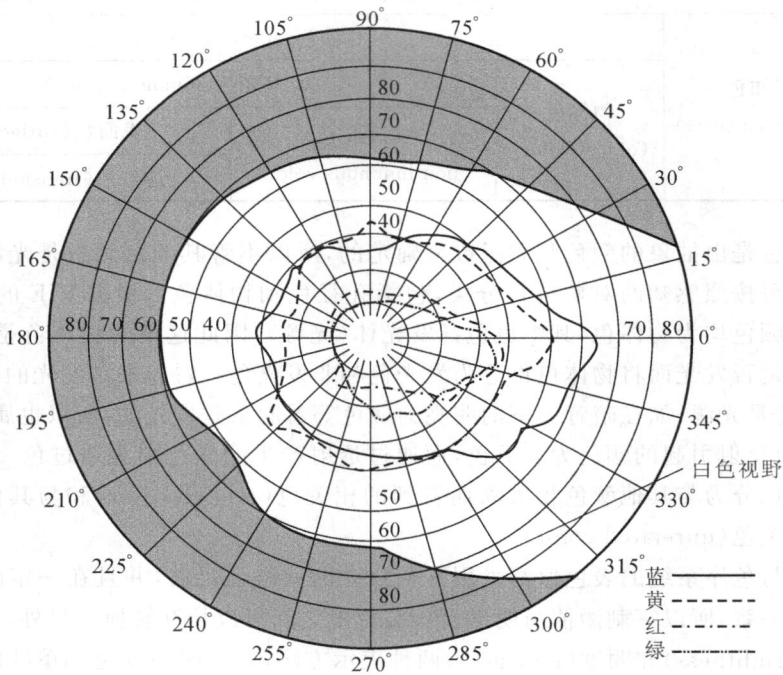

图 1-50 右眼视网膜的颜色区

1.5.3 颜色的对比

颜色视觉除了受被观察物体在视网膜上成像的区域大小影响外,还受到被观察物体周围环境的影响,同时也要受到观察者在此前(很短时间内)看过其他颜色的历史影响。色对比和色适应就是上述两种因素引起的颜色视觉现象。

1. 继时对比与后像互补色对

当在黑暗环境下凝视明亮的灯光片刻后,再注视环境中的黑暗部分时,仍能看到灯的影像,有时甚至在几分钟的时间内这个影像依然会随着观察者的目光而移动,并且当观察者看其他物体时这个影像会影响这些物体的色貌。这种刺激光消失后残留的视觉映象称为后像。可见,在正常的观察条件下,当眼睛注视一个色样一定时间后,转移视线注视另一个颜色样品时,在第二个色样的像上将感知到第一个色样的后像,即使目光移动缓慢,前一个色样的后像仍像一个浅色的光点影响对第二个色样的感知,这种现象称为继时对比。

一般来说,后像可以分为正后像和负后像两种。强烈的颜色刺激在射入眼睛的瞬间将产生正后像,它与原来所看到的颜色相同;随着刺激时间的延长将很快向负后像转移。通常,非发光物体的负后像呈现的色调与原来物体的感知色调互补,如在日光照明下以中性灰为背景的绿色块的负后像是其补色品红,而以黄色为背景时则发生加色法混色而产生橙色调的后像。

当注视以绿色为背景的灰色时,一般可能认为转而再看灰色背景时原灰色块的后像将没有色调,但是实际现象却是产生了绿色的后像。究其原因,当观察者注视绿背景上的灰色块时,由于后面将介绍的同时对比的作用使色块呈粉红色,而这个粉红色在灰色背景上则呈现其互补绿色的后像。同时,原绿色背景也同样由于同时对比而产生了粉红色负后像,与上述原灰色样的绿色负后像叠加而形成了最终的绿色负后像。可见,当人们欣赏绘画艺术作品时所感知到的颜色将受到观察者目光凝视状态的影响。

2. 同时对比

当注视绿色背景中心的一块灰色样时,会发现由于周围绿色的存在而使色样不再显现中性灰色而呈偏红色泽,这种同时呈现两种颜色的对比称为同时对比现象。这是一种心理学现象,艺术家和设计师经常利用这一现象来产生某种特殊的颜色效果。同时对比现象是由于视网膜的网络结构造成的,尽管感光细胞可以小到分辨物像的细节,但由于它们和神经细胞元的连接错综复杂,所以当光线成像在视网膜上的一点时,也影响到该点周围感光细胞产生的信号。同时对比有时也称为空间对比。在光线成像点处的响应称为焦点响应,而周围区域的响应称为诱导响应。

反过来,背景色的感知也会受到色样的影响,只是通常不易察觉,尤其当背景很大时这个效应不太被注意到。在一般情况下,当两个尺寸相同但颜色不同的色样并排放置时,它们的感知色表将发生变化。随着两个色样之间距离的增大,这种变化将逐渐减小。

颜色刺激之间的定量关系对于建立对抗色理论非常重要,由此可以定量预测在同时对比中颜色变化的幅度和焦区及其邻近的视网膜对于这种变化的响应,所以该现象与艺术、设计等也密切相关。

3. 边缘对比

在观察两个并排放置并具有相同色调但亮度因数稍有不同的颜色样品时,可以发现两个色块边界的相邻区域中原来较亮的颜色区域的明度略有增加,而原来较暗的颜色区域则变得更暗。这种现象可以用一系列并行排列的条状中性灰色样来演示,它们形成亮度因数(Y)和心理度量明度(L^*)逐渐均匀降低的光阶,如图 1-51 所示。图 1-51 中每一色块区域的均匀性都可以采用如黑色衰减屏等孔径色观察的方法来验证,其中曲线 a 是样品在 CIE 标准照明体 C 下的亮度因数;曲线 b 是没有边缘对比(如用黑线分隔相邻色样)时样品的明度;曲线 c 是有边缘对比时样品的明度,这是假想曲线,仅用来表示在相邻样品边界两侧明度的增强和减弱。

可以认为边缘对比和同时对比都是由于焦区对刺激

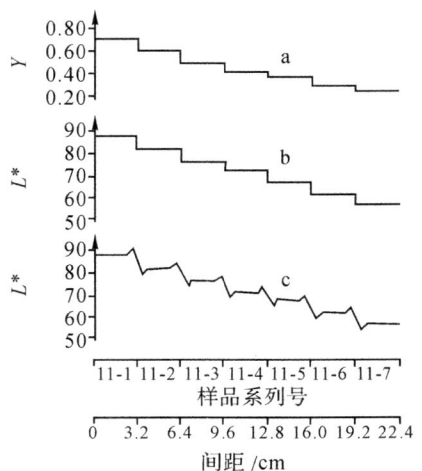

图 1-51　边缘对比现象

的响应受到相邻视网膜区域的影响所致。当存在亮度对比时,其相邻视网膜感光细胞的强刺激响应能够抑制焦区感光细胞的响应至低的水平。

4. 反转对比

画家有时会利用平均法混色现象来产生一些特殊的艺术效果,如在点彩派绘画中有选择地把色点排布在画面上,从远处观看是一幅完整的画面,这是空间平均混色的结果;当接近到一定距离观察时,看到的却是一个个模糊的色点,每个色点都向相邻的色点产生色移,所以在黄色背景上的红色点将呈现发黄的颜色,而在蓝背景上的红色点则呈现发蓝色,这可以认为是黄色和蓝色"扩散"到了红色里面。这种空间的色光混合现象称为同化,也被称为贝措尔德(Bezold)扩散效应或反转对比。反转对比与同时对比是不同的,因为在同时对比中被黄色包围的红色样看起来发蓝而不是发黄,而被蓝色包围的红色样则发黄而不是发蓝。

产生同时对比还是反转对比现象主要取决于投影到视网膜上的像的尺寸大小。在视网膜上存在许多不同大小的颜色刺激接收区,如果视网膜上的颜色接收区小于物像尺度,则对物像的分辨率很高因而发生同时对比现象;反之,当物像的尺度与颜色接收区相比小到一定程度时,不能识别物像的细节而产生一种对其平均效果的响应即为反转对比现象。这两种现象的存在使彩色图像既能有高的分辨率又能获得好的平均混光效果。

1.5.4　色适应与颜色恒常性

前面已经介绍过亮适应和暗适应等视觉现象,而对于颜色也同样存在颜色适应的现象,此时视网膜灵敏度的变化取决于光所含彩色量的多少而不是由照明水平的变化所引起的。例如,当从一间充满阳光的房间进入一间由钨丝白炽灯照明的房间时,被观察的物体在灯光下的色貌要受到白炽灯的浅橘黄色的色泽影响。几分钟以后当眼睛的灵敏度逐渐适应灯光时,物体的感知色貌将显得与日光照明下非常相似,当然仍会有所差别。对于上述由照明光源发生变化而引起的感知色移,科学家曾进行了许多的理论研究,作为例子,表 1-10 给出了四种颜色在不同色适应状态下呈现的色貌变化。

表 1-10　改变照明光源引起物体色貌的变化

时间	光源	眼睛的适应状态	感知色			
			颜色 1	颜色 2	颜色 3	颜色 4
起始时刻	CIE C	CIE C	品红	绿蓝	黄绿	黄偏红
1 分钟后	CIE A	CIE C	黄红	黄绿	橘黄	黄更偏红
5 分钟后	CIE A	CIE A	纯红	蓝绿	黄绿	黄偏红
彩度变化趋势			增加	稍增	减小	稍增

当照明条件发生变化时,虽然感知色貌总会有些差别,但是视觉系统有一种尽量使感知色的差别趋于最小的倾向,这种现象称为色觉恒常性或颜色恒常性。如表 1-10 中颜色 1 和颜色 2 的色觉恒常程度大于颜色 3,而颜色 4 则呈现最大的色觉恒常性。在 CIE 标准光源 C 和 A 照明下,白色和中性灰色表面呈现出几乎完全的颜色恒常特性。

在日常生活中,颜色恒常现象随处可见。在一天中,尽管中午时分的照度比日出和日落时大几百倍,同时日光的光谱分布也会发生较大的变化,但是人们看到的自然界中红花永远是红的,绿草始终是绿的。虽然白天阳光照射下的煤块反射出来的光量的绝对值比夜晚的白雪反射出来的光量还要大，但白雪永远是白色的，而煤块始终是黑色的。

物体的颜色是由光线在物体表面被反射和吸收的特性决定的，同时还受到光源照明条件的影响。当让被试者通过一小孔观察白纸的一小部分时，如果用红光照射该白纸则将被看成是红色的，而用绿光照射时又会看成是绿色的。这时的被试者看不到白纸的整体形状，也不知道是用什么光照射白纸，所以看到的是不受周围环境影响的孤立色或称为非相关色。但是，如果被试者能看到白纸的全部形状并了解光照的具体情况，那么该纸仍会被看成是白色的。可见，在一定条件下，颜色恒常性又可以受到破坏而发生很大的变化。因此，颜色恒常性是一个复杂的问题，其内在机理至今没有得到全面的解释。

1.5.5　记忆色与喜好色

当提到天空、草地、苹果时，人们自然会想到蓝色、绿色和红色，这就是记忆色。这些都是人们熟悉的物体在日光下的颜色，它们就像一系列参考色样留存在人的头脑中，形成一种相对固定的参照标准。一般来说，记忆色倾向于纯度增加，并且其他相关色彩属性的量值也都会增加。例如，对蓝天的记忆色会显得有些发青，同时其色纯度要高于实际的天空颜色。

记忆色通常会令人更愉快，所以在摄影和绘画中往往偏爱于这种被再现的颜色。同时，记忆色还会影响人们的颜色感知，如将一张黄纸上的香蕉图像剪下来后会觉得它和由同一纸上与该图像不相邻部分剪下来的纸的颜色不相匹配。这是由于对香蕉的记忆色影响了对图像的颜色感知，但是对于纸上其他部分的颜色感知却没有影响，因而产生了不匹配的感觉。

每个人的审美情趣都不相同，其中就包括对颜色的喜好也因人而异。有人认为人们喜爱的是饱和色而不是非饱和色，而另一些人却持相反的观点；还有人曾得出结论说，人们最喜欢的颜色是位于光谱两个极端的颜色即红色和蓝色，而黄色受到的欢迎程度就小一些。事实上，决定颜色喜好的因素很复杂，所以要想对这些观察作出公正的评价或结论是困难的。

相同的颜色对不同的国家、不同的民族会产生不同的情感。如白色的服装、花朵在西方国家象征着爱情的美好与纯洁，因此结婚时常穿白色礼服；可是在东方国家的传统中，白色往往出现在办丧事的场合，它象征着心理上的虚无和失落。从色光的加法混合规律来说，不同颜色的光谱混合起来可以合成白光，而这正是象征着生活的丰富多彩；但当人们注目于无色彩的白色时，又会联想到冷漠与终结。所以，白色既呈现了圆满的状态，又暗示着虚无的情结。然而，随着国家的开放和经济的发展，西方的白色观念已经逐渐在国内特别是年轻人中得到了认同和传播。可见，对颜色的喜好或厌恶不是固定不变的，而会随着社会环境和文化氛围的改变而转移和发展。

个人的喜好色还与其人生经历和个性有关联。例如，毕加索在他的绘画生涯中曾经历过"蓝色时期"和"玫瑰色时期"，这与他生活环境和性情的改变有着密切的关系。在 1901—1904 年毕加索生活贫困，所以他的绘画以冷色调蓝色为主，表现了饥饿与寒冷；此后随着毕加索生活境况的改善其绘画的主题从盲人、老人和乞丐转向舞蹈演员、女性美和马戏小丑等，同时他在画中也常使用以暖色调为主的粉红色。

1.5.6　色觉异常

世界上 90％以上的男性和 99％以上的女性都具有正常的颜色视觉，但是仍有近 2 亿人却由于其色觉存在缺陷而不能正确辨认和区分颜色，被称为色觉异常者或色盲。

根据颜色视觉理论，色觉正常者为三色觉者，能正确感知红、绿、蓝三原色，并据此匹配出几乎所有的颜色;而色觉异常者不能完整或正确地分辨可见光谱范围内的颜色,也不能正确匹配出各种不同的颜色。由于人与人之间的色觉感受无法彼此交流,所以色觉异常很难在日常生活中被发现,通常需要进行色觉检查才能判定出色觉的异常。色觉异常者中,男性的比例约为女性的 7~10 倍,欧美国家人口的色盲发生率大大高于东方人,而非洲人的色盲发生率极低。

色觉异常可分为 3 类 7 种,如表 1-11 所示。异常三色觉者(anomalous trichromatic)又称色弱患者,他们也有三色觉,但是对色觉正常者感觉相同的颜色他们会视为有差异,而对于色觉正常者感觉明确不同的一些颜色则发生混淆,主要是不易分辨不饱和的颜色。二色觉者(dichromat)又称部分色盲,他们对色觉正常者认为等同的颜色也能确认,对色觉正常者认为不同的颜色却容易混淆,在可见光谱中至少有一点对他们呈现为非彩色,他们的颜色空间是二维的从而导致了他们分辨色度的多样性是一维的。单色觉者(monochromat)也称全色盲,他们完全没有颜色分辨能力,只能区别明暗,所以他们看到的世界是一片灰色。

表 1-11 色觉异常的分类

类别	种别		
异常三色觉者	红色弱	绿色弱	蓝色弱
二色觉者	红色盲	绿色盲	蓝色盲
单色觉者	全色盲		

异常三色觉者又可分为红色弱(protanomaly)者、绿色弱(deuteranomaly)者和蓝(紫)色弱(tritanomaly)者。红色弱者不易分辨出不饱和的红色,其病因在于视网膜上的锥体细胞欠缺视红素。同样,绿色弱者欠缺视绿素,蓝色弱者欠缺视蓝素。在色弱患者中,绿色弱者居多,红色弱者较少,蓝色弱者极少。

二色觉者中又有红色盲(protan)或第一色盲、绿色盲(deutan)或第二色盲和蓝(紫)色盲(tritanopia)或第三色盲之分,他们分别不能辨认红色、绿色和蓝色。二色觉者的病因在于他们的视网膜上各有对应的一类锥体细胞缺失或不起作用。红色盲者看光谱时,感觉红端显著缩小而且呈中性灰色,对绿色的感觉也不正常;绿色盲者将绿色段看成中性灰色,也不能正常地辨别红色和绿色。红色盲与绿色盲是最常见的色盲类型,约各占男性人口的 1%;蓝色盲极为少见,约占人口的 0.001%~0.002%。理论上,人群中应该还存在黄色盲(色弱)者,但由于其比例更低,因此临床上大多没有也不必对此进行检查测试。

单色觉者有两种类型,一种是中央凹视敏度正常,颜色障碍不发生在视觉感受器水平;另一种则是视网膜中锥体细胞的种类和数量都少,中央凹视敏度低,有暗视觉光谱感受性,并有眼球震颤、惧强光等症状。单色觉者非常罕见,只占人口的 0.002%~0.003%。

第 2 章

CIE 标准色度系统

2.1 颜色匹配

颜色的定量表征涉及观察者的视觉生理与心理规律、照明与测量物理条件等诸多复杂的因素,因此世界各国的学术组织和科学家长期以来在国际照明委员会(CIE)的协调和指导下不断探索,致力于与人的颜色视觉特性趋于一致的颜色物理测量理论和技术的研究,以满足工业生产对颜色特性的定量化和标准化需要。在 1928 年的 CIE 第七届会议上由英国照明委员会承担了色度学术语、色度学标准日光以及正常色觉的平均人眼灵敏度曲线的研究,并于1931 年的 CIE 第八届会议上提出了包括 CIE1931 标准色度观察者和色标系统、三个标准光源(A,B 和 C)以及标准照明和观察条件等在内的若干建议,由此奠定了现代色度学的基础。

CIE 在 1931 年基于加混色定律而推荐的"CIE1931 标准色度观察者光谱三刺激值"数据适用于 1°~4°视场的颜色测量。为了弥补该标准在应用于视场大于 4°的颜色精密测量时不够精确的缺陷,CIE 于 1964 年采用了由斯底尔斯(Stiles)、勃须(Burch)和斯派兰斯卡耶(Speranskaya)在 10°视场条件下通过实验获得的一组数据,称为"CIE1964 标准色度观察者光谱三刺激值",它适用于大于 4°视场的颜色测量。因此,这两组标准数据是进行颜色测量和色度计算的最基本参数。

2.1.1 颜色匹配实验

三原色匹配或混合是 CIE 标准色度系统的物理基础。颜色的混合可以是色光的混合,也可以是染料的混合,这两种混合方法所得到的结果是不同的,色光的混合称为颜色相加混合,而染料的混合则为颜色相减混合。将几种色光同时或快速先后继时刺激人的视觉感官,便会产生不同于原来颜色的新色觉,这是颜色相加混合的基本方法。采用加色法进行颜色匹配的实验装置如图 2-1 所示,在白色屏幕的右边投射红(R)、绿(G)、蓝(B)三原色光,左边为待匹配的色光,左右两个半屏之间由一黑色分界屏隔开,由白色屏幕反射出来的光通过小孔射入观察者的眼睛,并且观察视场限制在 2°范围之内。在观察者位置的上方还有一束照明光,它投射在观察小孔周围的背景壁上作为视场背景光,而且这束光的颜色和强度都可以调节。

在图 2-1 的实验装置中,通过调节右边三原色光的强度来改变其混合的颜色,当视场中两部分光色相同时,视场中间的分界线消失,两部分合为同一视场,此时认为待配光与三原色混合的光色达到一致。这种把两个颜色调节到视觉上相同的方法称为颜色匹配,对不同的待配光达到匹配时三原色的光强度值也不同。在视场两部分的光色达到匹配后,如果改变背景光的明暗程度,就会发现视场中的颜色会发生变化,如在暗背景光照明下感知的视场颜色为较饱

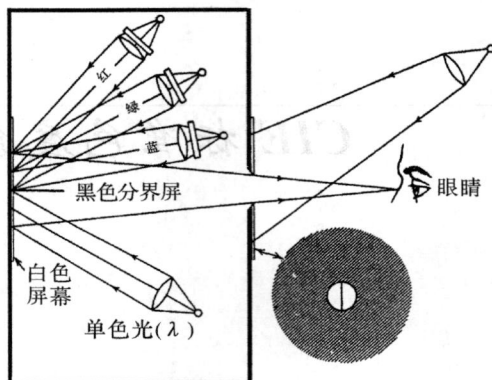

图 2-1　颜色相加混合匹配实验装置

和的橘红色,而在亮背景光时视场颜色变为暗棕色,但是两半视场的颜色仍然是匹配的。这个实验证明了一个被称为颜色匹配恒常律的基础定律,即不管颜色周围环境的变化或者人眼已对其他色光适应后再来观察,两个相互匹配的颜色仍始终保持匹配。

2.1.2　颜色的矢量表示与匹配方程

在加混色匹配实验中,假设参与混合的原色为红(R)和蓝(B)两种,并且以各占 50 的数量混合后的颜色与颜色 C_1 相匹配,则可将该混色匹配过程用代数方程表示为

$$C_1 = 50(R) + 50(B) \qquad (2\text{-}1a)$$

式中,等号"＝"表示颜色相互匹配,这种式子被称为颜色匹配方程或色方程。如果在混合色中红色的数量减小到 15,而蓝色的数量增大到 85,那么其混合色将与颜色 C_2 相匹配,即

$$C_2 = 15(R) + 85(B) \qquad (2\text{-}1b)$$

上述代数方程还可以用如图 2-2 所示的矢量图来表示,取原点 S 表示黑色,任意画两个矢量表示参混的原色方向和全额数量(100),C_1 和 C_2 在两个原色矢量的连线上,而且它们各自不同的方向取决于相应参混色成分在混合色中所占的数量。可见,采用作图法可以方便地表示两种颜色的混合匹配。

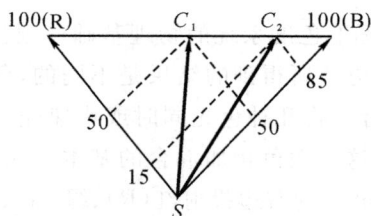

图 2-2　颜色混合的矢量表示

一般可把式(2-1a)和式(2-1b)统一地写成颜色匹配方程

$$C = r_c(R) + b_c(B) \qquad (2\text{-}2)$$

式中,r_c 和 b_c 分别为红色和蓝色参与混色的数量,并称为色值。

如果用三原色进行颜色的混合匹配实验,则同样可以用色方程来表示与其混合色匹配的颜色 C 为

$$C = r_c(R) + g_c(G) + b_c(B) \qquad (2\text{-}3)$$

也可以用如图 2-3 所示的空间矢量法来表示该颜色的混合过程,可见不同数量的色值 r_c、g_c 和 b_c 混合成的空间矢量有着不同的方向,所以不同方向的矢量代表了不同的颜色,而这些空间矢量组成的立体空间称为颜色空间。

当一定数量的红色(R)、一定数量的绿色(G)和一定数量的蓝色(B)混合后形成白色时,定义其为 1 个单位量,即 $R=1$,$G=1$,$B=1$。如果用图 2-4 所示的颜色空间立方体来表示 1 个单位量的三原色混合,那么 R,G,B 混色后可能形成的所有颜色都将包含在该空间中,并且可以用色方程(2-3)来表示其混合匹配色。当混合匹配色 C 的色值为 $r_c=g_c=b_c=1$ 时,该颜色为白色;如果 $r_c=g_c=b_c=0$,则为黑色。

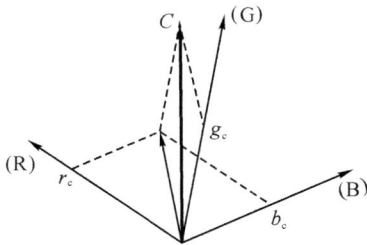

图 2-3　三原色混合的矢量表示法　　　图 2-4　颜色空间立方体

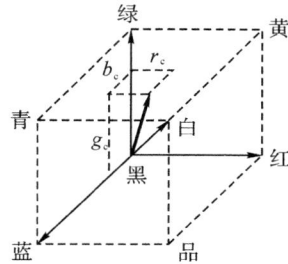

2.1.3　格拉斯曼颜色混合定律

根据颜色相加混合的现象,格拉斯曼(H. Grassmann)于 1854 年总结出几条基本定律,为颜色的测量和匹配奠定了理论基础。需要指出的是,格拉斯曼颜色混合定律只适用于各种色光的相加混合方法,下面具体阐述该定律的基本内容。

(1) 人眼视觉只能分辨出颜色的三种变化,即明度、色调和饱和度。

(2) 由几个成分组成的加混色中,如果一个颜色连续地变化,那么混合色的外貌也连续变化。由这个定律又导出了两个定律,即补色定律和中间色定律。

补色定律:如果某一颜色与其补色以适当的比例混色,便产生白色或灰色;若按其他比例混色,则产生近似于比重较大的颜色的非饱和色。

中间色定律:任何两个非补色相混合,便产生中间色,其色调取决于这两个颜色的相对数量,其饱和度则由该两颜色在色调顺序上的远近决定。

(3) 在加混色中,其混合色取决于参加混合的颜色的外貌,而与它们的光谱组成无关。换言之,凡是在视觉上相同的颜色都是等效的。该结论包含了两个简单法则,即比例法则(proportionality)和加法法则(additivity)。

比例法则:一个单位量的颜色 A 与另一个单位量的颜色 B 相同,那么当这两个颜色的数量同时扩大或缩小相同的倍数 n 时所得到的两个颜色仍然相同,即

若
$$A=B$$
则
$$nA=nB$$

加法法则:在视觉上相同的两个颜色 A 与 B 和另外两个相同的颜色 C 与 D 分别相加后得到的两个新的颜色仍然相同,即

若
$$A=B,C=D$$
则
$$A+C=B+D$$

由此又导出了颜色代替律：只要在感觉上是相同的颜色便可以在相同的条件下互相代替，所得到的视觉效果是相同的，因而可以利用颜色混合的方法来产生或代替所需要的颜色。如有颜色 A、B、C、X、Y，并设

$$A + B = C$$

而

$$X + Y = B$$

则

$$A + (X + Y) = C$$

由此通过代替所得到的颜色 C 与原来的混合色 C 在视觉上具有相同的效果。

（4）混合色的总亮度等于组成混合色的各颜色亮度的总和，称为亮度相加定律。

2.2　CIE1931 RGB 色度系统

实验证明，几乎所有的颜色都可以用三原色按某个特定的比例混合而成。利用如图 2-1 所示的实验装置，可以对不同波长的光谱线颜色在 $2°$ 观察视场范围内采用红（R）、绿（G）、蓝（B）三原色进行颜色匹配，并将三原色的单位调整到相等数量相加匹配出等能白色。如果在白色屏幕的左边投射波长为 λ 的单色光 C，适当调节三原色的投射能量，可在屏幕上获得两半视场的颜色匹配，其颜色匹配方程可以写为

$$C = \bar{r}(R) + \bar{g}(G) + \bar{b}(B) \tag{2-4}$$

在可见光 $380 \sim 780\text{nm}$ 范围内，每隔一定的波长间隔如 10nm，对各个波长的光谱色进行一系列匹配实验，可以得到相应的一组色方程：

$$\begin{cases} C_{380} = \bar{r}_{380}(R) + \bar{g}_{380}(G) + \bar{b}_{380}(B) \\ C_{390} = \bar{r}_{390}(R) + \bar{g}_{390}(G) + \bar{b}_{390}(B) \\ C_{400} = \bar{r}_{400}(R) + \bar{g}_{400}(G) + \bar{b}_{400}(B) \\ \qquad\qquad \vdots \\ C_{780} = \bar{r}_{780}(R) + \bar{g}_{780}(G) + \bar{b}_{780}(B) \end{cases}$$

经过这样的匹配实验可以得到如图 2-5 所示的一组曲线 $\bar{r}(\lambda)$、$\bar{g}(\lambda)$ 和 $\bar{b}(\lambda)$，它们表示在 $380 \sim 780\text{nm}$ 范围内当各光谱线的能量相同时，某一光谱线所对应的 $\bar{r}(\lambda)$、$\bar{g}(\lambda)$ 和 $\bar{b}(\lambda)$ 的混色结果与该光谱色相同，并称这三条曲线为光谱三刺激值曲线。

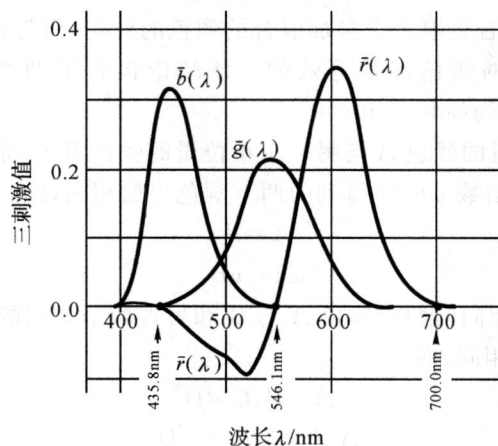

图 2-5　CIE1931 RGB 色度系统光谱三刺激值曲线

　　莱特(W. D. Wright)选择 650nm(红)、530nm(绿)和 460nm(蓝)三种单色光作为三原色进行光谱色匹配实验,其实验中对三色刺激值的单位规定为相等数量的绿和蓝原色匹配494nm 的蓝绿色,相等数量的红和绿原色匹配 582.5nm 的黄色,从而得出它们的相对亮度单位为 $l_R : l_G : l_B$。由 10 名观察者在他设计的目视色度计上进行实验,测得一组光谱三刺激值数据。

　　吉尔德(J. Guild)选用 630nm(红)、542nm(绿)和 460nm(蓝)作为三原色来匹配等能光谱的各种颜色,其三刺激值单位是以三原色相加匹配 NPL(National Physical Laboratory,[英国]国家物理实验室)白色光源的条件下,认为三原色的刺激值相等定出它们的相对亮度单位$l_R : l_G : l_B$。在他自己设计的目视测色计上由 7 名观察者完成了类似的颜色匹配实验,在 2°观察视场下也测得了一组独立的光谱三刺激值数据。

　　CIE 综合了上述两项实验结果,并将他们使用的三原色转换成红(700nm)、绿(546.1nm)、蓝(435.8nm)三原色,再使原色的单位调整到相等数量相加匹配出等能白光,然后重新比较两组实验数据,发现其结果非常接近。因此,CIE 于 1931 年采用了他们两人的实验结果的平均值来定出匹配等能光谱色的 RGB 三刺激值,并正式推荐了 CIE1931 RGB 系统标准色度观察者光谱三刺激值,其数据见附表 2-1。

　　选择 700nm、546.1nm 和 435.8nm 三个单色光作为三原色的原因是,700nm 处于可见光谱的红色末端,546.1nm 和 435.8nm 则是较为明显的汞谱线,三者都能比较精确地产生出来。在 CIE1931 RGB 系统中,匹配等能白光的三原色(R)、(G)、(B)亮度之比为 1.0000 : 4.9507 : 0.0601,其辐亮度之比为 72.0962 : 1.3791 : 1.0000。

　　由加混色实验可知,任何一个颜色可以用线性无关的三个原色以适当的比例相加混合与之匹配,所以色方程(2-4)可以改写成

$$C = \bar{c}(C) = \bar{r}(R) + \bar{g}(G) + \bar{b}(B) \qquad (2\text{-}5)$$

式中,$\bar{r}$、$\bar{g}$、$\bar{b}$ 是匹配颜色 C 所需要的三个原色的刺激量,称为颜色 C 的三刺激值。如果令

$r = \dfrac{\bar{r}}{\bar{r}+\bar{g}+\bar{b}}$,$g = \dfrac{\bar{g}}{\bar{r}+\bar{g}+\bar{b}}$,$b = \dfrac{\bar{b}}{\bar{r}+\bar{g}+\bar{b}}$,那么式(2-5)变为

$$\frac{\bar{c}}{\bar{r}+\bar{g}+\bar{b}}(C) = r(R) + g(G) + b(B) \qquad (2\text{-}6)$$

式中,r、g、b 称为颜色 C 的色品坐标。如果定义颜色 C 的一个单位为

$$1(C) = r(R) + g(G) + b(B)$$

即 $\bar{c} = \bar{r}+\bar{g}+\bar{b}$,而显然 $r+g+b=1$,所以可以用 r、g 作为直角坐标绘制出一个直角坐标图,它是所有光谱色的色品坐标点连接起来而形成的光谱轨迹,并称之为色品图,如图 2-6 所示,其中 W_E 代表等能白。

　　从图 2-5 和图 2-6 中可以看到,$\bar{r}$、$\bar{g}$、$\bar{b}$ 光谱三刺激值和光谱轨迹的色品坐标中均有很大一部分出现负值。负值出现的物理意义应从颜色匹配实验的过程来加以说明。对于如 500nm 等某些波长的光谱色,无论如何调整三原色的混合比例也始终不能达到与其匹配,这时如果把三原色中的一个原色加到待配的光谱色上去,则经过仔细的调节可以使两半视场匹配。假定在匹配某一光谱色时,红原色(R)要加到待配光谱色一边,即

$$C + \bar{r}(R) = \bar{g}(G) + \bar{b}(B) \qquad (2\text{-}7a)$$

所以这一原色在标准的颜色方程中为负值,即

$$C = -\bar{r}(R) + \bar{g}(G) + \bar{b}(B) \qquad (2\text{-}7b)$$

　　根据 CIE1931 RGB 系统光谱三刺激值、色品坐标和色品图就可以计算和表征任何一种颜

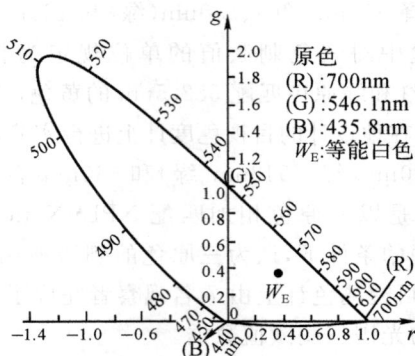

图 2-6　CIE1931 RGB 色品图

色。一般的颜色并不是简单的光谱色,而往往是由多种光谱色组成的。设待测光的光谱分布函数为 $\varphi(\lambda)$,而对应于各个波长的光谱三刺激值 $\bar{r}(\lambda)$、$\bar{g}(\lambda)$ 和 $\bar{b}(\lambda)$ 可以查表获得,则由混色原理按波长加权光谱三刺激值可以得出每个波长的三刺激值,然后进行相加混合就可计算出该待测光的三刺激值:

$$\left.\begin{array}{l} R = K \sum\limits_{380}^{780} \varphi(\lambda)\,\bar{r}(\lambda)\Delta\lambda \\[2mm] G = K \sum\limits_{380}^{780} \varphi(\lambda)\,\bar{g}(\lambda)\Delta\lambda \\[2mm] B = K \sum\limits_{380}^{780} \varphi(\lambda)\,\bar{b}(\lambda)\Delta\lambda \end{array}\right\} \tag{2-8}$$

或

$$\left.\begin{array}{l} R = K \int_{380}^{780} \varphi(\lambda)\,\bar{r}(\lambda)\mathrm{d}\lambda \\[2mm] G = K \int_{380}^{780} \varphi(\lambda)\,\bar{g}(\lambda)\mathrm{d}\lambda \\[2mm] B = K \int_{380}^{780} \varphi(\lambda)\,\bar{b}(\lambda)\mathrm{d}\lambda \end{array}\right\} \tag{2-9}$$

式中,R、G、B 分别为(R)刺激值的总和、(G)刺激值的总和及(B)刺激值的总和,K 为比例常数。再由式(2-6)可以求得该待测光的颜色在 CIE1931 RGB 系统中的色品坐标为

$$\left.\begin{array}{l} r = \dfrac{R}{R+G+B} \\[3mm] g = \dfrac{G}{R+G+B} \\[3mm] b = \dfrac{B}{R+G+B} \end{array}\right\} \tag{2-10}$$

2.3　CIE1931 XYZ 标准色度系统

在由 CIE1931 RGB 色度系统计算颜色的三刺激值时会出现负值,如在波长为 450nm 附近的红原色就出现了负值,这给大量的数据处理带来了不便。因此,国际照明委员会(CIE)推

荐了一组新的曲线，即 CIE1931 XYZ 色度系统。

　　在如图 2-7 所示的 CIE1931 RGB 系统中，某一颜色 A 位于色品图的左方，为匹配这一颜色则要求红原色(R)的色品坐标为负值。如果设想有另外一组三原色(X)、(Y)、(Z)，那么颜色 A 将被三角形 XYZ 所包围，所以当用这组三原色来匹配颜色 A 时就不会出现负的三刺激值。由于所有可用 RGB 系统匹配的颜色都在 YZ 轴的右边，因而以(X)、(Y)、(Z)为三原色的色度系统其三刺激值将全部为正值，给色度学的计算带来极大的方便，这是该新系统的最大优点，也便于国际上广泛推广应用。所设想的三原色(X)、(Y)、(Z)包围了(R)、(G)、(B)三原色，并在(R)、(G)、(B)包围的颜色区域之外，因此这是一组假想的颜色。

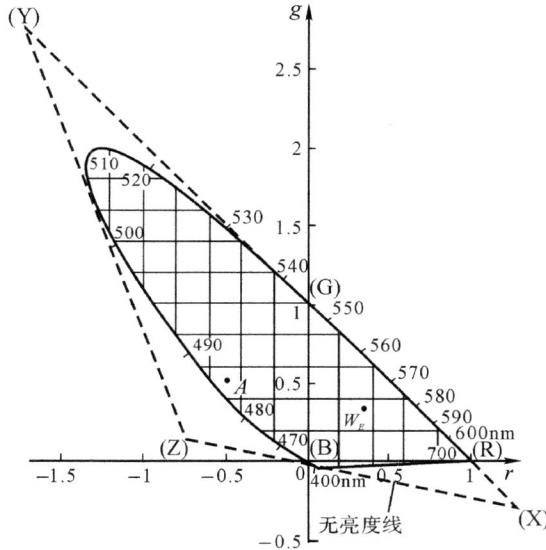

图 2-7　CIE1931 RGB 色品图上(X)、(Y)、(Z)的位置

2.3.1　色度系统的转换

　　由于三原色选择不同以及规定三原色刺激值单位的方法不一样，所以会出现许多不同的色度系统。例如，前述的由莱特和吉尔德的实验数据到 CIE1931 RGB 系统的提出，由 CIE1931 RGB 系统到这里的 CIE1931 XYZ 系统的建立，都遇到了色度系统的转换问题。基于数学方法和物理意义，任何两个色度系统都可以互相转换，其转换过程实质上是一个坐标转换的问题。

　　设(X)、(Y)、(Z)代表新系统的三原色，(R)、(G)、(B)为旧系统的三原色，那么根据格拉斯曼颜色混合定律可知，每单位新的原色可以由旧的三原色相加混合得到，即

$$\left.\begin{array}{l}(X) = R_x(R) + G_x(G) + B_x(B) \\ (Y) = R_y(R) + G_y(G) + B_y(B) \\ (Z) = R_z(R) + G_z(G) + B_z(B)\end{array}\right\} \tag{2-11}$$

式中，R_x、G_x、B_x 为匹配单位(X)原色所需要的旧三原色三刺激值，同理 R_y、G_y、B_y 以及 R_z、G_z、B_z 分别为匹配单位(Y)、(Z)原色所需要的旧三原色三刺激值。

　　某一颜色 C 在旧系统中的颜色方程为

$$C(C) = R(R) + G(G) + B(B) \tag{2-12}$$

在新系统中的颜色方程则为

$$C(\mathrm{C}) = X(\mathrm{X}) + Y(\mathrm{Y}) + Z(\mathrm{Z}) \qquad (2\text{-}13)$$

将方程组(2-11)代入式(2-13)并整理后,得

$$C(\mathrm{C}) = (R_x X + R_y Y + R_z Z)(\mathrm{R}) + (G_x X + G_y Y + G_z Z)(\mathrm{G}) + (B_x X + B_y Y + B_z Z)(\mathrm{B})$$

$$(2\text{-}14)$$

比较式(2-12)与式(2-14)可得到旧系统的三刺激值与新系统的三刺激值之间的关系为

$$\left. \begin{aligned} R &= R_x X + R_y Y + R_z Z \\ G &= G_x X + G_y Y + G_z Z \\ B &= B_x X + B_y Y + B_z Z \end{aligned} \right\} \qquad (2\text{-}15)$$

或用矩阵形式表示为

$$\begin{bmatrix} R \\ G \\ B \end{bmatrix} = \begin{bmatrix} R_x & R_y & R_z \\ G_x & G_y & G_z \\ B_x & B_y & B_z \end{bmatrix} \begin{bmatrix} X \\ Y \\ Z \end{bmatrix} \qquad (2\text{-}16\mathrm{a})$$

可见,只要知道 $R_x, G_x, \cdots, G_z, B_z$ 等 9 个系数则式(2-16a)中两系统三刺激值之间的转换矩阵就可以确定。

在通常情况下,新系统三原色在旧系统中的色品坐标是已知的,分别设为 (r_x, g_x, b_x),(r_y, g_y, b_y),(r_z, g_z, b_z),则式(2-16a)可改写为

$$\begin{bmatrix} R \\ G \\ B \end{bmatrix} = \begin{bmatrix} C_x r_x & C_y r_y & C_z r_z \\ C_x g_x & C_y g_y & C_z g_z \\ C_x b_x & C_y b_y & C_z b_z \end{bmatrix} \begin{bmatrix} X \\ Y \\ Z \end{bmatrix} \qquad (2\text{-}16\mathrm{b})$$

式中

$$\left\{ \begin{aligned} C_x &= R_x + G_x + B_x \\ C_y &= R_y + G_y + B_y \\ C_z &= R_z + G_z + B_z \end{aligned} \right.$$

在式(2-16b)中,只要求出 C_x、C_y、C_z 三个值,那么两系统之间三刺激值的转换式就确定了。如果知道一种颜色如参照白在新旧坐标系统中的三刺激值 R_0、G_0、B_0 和 X_0、Y_0、Z_0,则代入式(2-16b)就可以求得 C_x、C_y、C_z 之值。

求出式(2-16a)或式(2-16b)中转换矩阵的逆矩阵,便可得到 X、Y、Z 的表达式:

$$\left. \begin{aligned} X &= b_{11}R + b_{12}G + b_{13}B \\ Y &= b_{21}R + b_{22}G + b_{23}B \\ Z &= b_{31}R + b_{32}G + b_{33}B \end{aligned} \right\} \qquad (2\text{-}17)$$

或用矩阵形式表示为

$$\begin{bmatrix} X \\ Y \\ Z \end{bmatrix} = \begin{bmatrix} b_{11} & b_{12} & b_{13} \\ b_{21} & b_{22} & b_{23} \\ b_{31} & b_{32} & b_{33} \end{bmatrix} \begin{bmatrix} R \\ G \\ B \end{bmatrix} \qquad (2\text{-}18)$$

式中,$b_{11}, b_{12}, \cdots, b_{33}$ 是通过对式(2-16a)或式(2-16b)中的转换矩阵求逆而得到的。由式(2-15)和式(2-17)可看出新旧三刺激值之间的转换式是线性齐次变换。

进一步,根据色品坐标的定义式

$$\begin{cases} r = \dfrac{R}{R+G+B} \\[2mm] g = \dfrac{G}{R+G+B} \\[2mm] b = \dfrac{B}{R+G+B} \end{cases}$$

和

$$\begin{cases} x = \dfrac{X}{X+Y+Z} \\[2mm] y = \dfrac{Y}{X+Y+Z} \\[2mm] z = \dfrac{Z}{X+Y+Z} \end{cases}$$

将式(2-17)代入上述新系统色品坐标 x、y、z 的定义式中并考虑到旧系统色品坐标 r、g、b 的表达式,得

$$\left. \begin{aligned} x &= \frac{b_{11}r + b_{12}g + b_{13}b}{(b_{11}+b_{21}+b_{31})r + (b_{12}+b_{22}+b_{32})g + (b_{13}+b_{23}+b_{33})b} \\[2mm] y &= \frac{b_{21}r + b_{22}g + b_{23}b}{(b_{11}+b_{21}+b_{31})r + (b_{12}+b_{22}+b_{32})g + (b_{13}+b_{23}+b_{33})b} \\[2mm] z &= \frac{b_{31}r + b_{32}g + b_{33}b}{(b_{11}+b_{21}+b_{31})r + (b_{12}+b_{22}+b_{32})g + (b_{13}+b_{23}+b_{33})b} \end{aligned} \right\} \quad (2\text{-}19)$$

由于 $r+g+b=1$,$x+y+z=1$,所以可将式(2-19)简化为

$$\left. \begin{aligned} x &= \frac{\beta_{11}r + \beta_{12}g + \beta_{13}}{\beta_{31}r + \beta_{32}g + \beta_{33}} \\[2mm] y &= \frac{\beta_{21}r + \beta_{22}g + \beta_{23}}{\beta_{31}r + \beta_{32}g + \beta_{33}} \end{aligned} \right\} \quad (2\text{-}20)$$

其逆变换式为

$$\left. \begin{aligned} r &= \frac{\begin{vmatrix} x & \beta_{12} & \beta_{13} \\ y & \beta_{22} & \beta_{23} \\ 1 & \beta_{32} & \beta_{33} \end{vmatrix}}{\begin{vmatrix} \beta_{11} & \beta_{12} & x \\ \beta_{21} & \beta_{22} & y \\ \beta_{31} & \beta_{32} & 1 \end{vmatrix}} \\[6mm] g &= \frac{-\begin{vmatrix} \beta_{11} & x & \beta_{13} \\ \beta_{21} & y & \beta_{23} \\ \beta_{31} & 1 & \beta_{33} \end{vmatrix}}{\begin{vmatrix} \beta_{11} & \beta_{12} & x \\ \beta_{21} & \beta_{22} & y \\ \beta_{31} & \beta_{32} & 1 \end{vmatrix}} \end{aligned} \right\} \quad (2\text{-}21)$$

式中

$$\begin{cases} \beta_{11} = b_{11} - b_{13}, \beta_{12} = b_{12} - b_{13}, \beta_{13} = b_{13} \\ \beta_{21} = b_{21} - b_{23}, \beta_{22} = b_{22} - b_{23}, \beta_{23} = b_{23} \\ \beta_{31} = (b_{11} - b_{13}) + (b_{21} - b_{23}) + (b_{31} - b_{33}) \\ \beta_{32} = (b_{12} - b_{13}) + (b_{22} - b_{23}) + (b_{32} - b_{33}) \\ \beta_{33} = b_{13} + b_{23} + b_{33} \end{cases}$$

方程式(2-20)和方程式(2-21)表达了新坐标系 x、y 与旧坐标系 r、g 之间的转换关系。在方程式(2-20)中的色品坐标 x、y 的表达式具有相同的分母,而其分子与分母又均为线性函数,具有这样特点的转换形式在数学上称为平面的影射变换,并且其逆变换也为影射变换,它不同于三刺激值空间的线性变换。

由方程式(2-20)和方程式(2-21)可知,要求得新旧坐标系统之间的变换关系式,必须确定 β_{11}、β_{12}、$\cdots$、β_{33} 等 9 个系数。这 9 个系数中的 8 个是独立的,所以在计算时可以指定 9 个系数中的任意一个系数为某一常量,而其余 8 个系数随此常量大小同时扩大或缩小相同的倍数,不会影响颜色的色品坐标。因为两个方程中有 8 个未知量,故需要找到 4 个已知点在新旧坐标系统中的对应坐标值,从而列出 8 个方程,通过联立求解即可求出系数 β_{11}、β_{12}、$\cdots$、β_{33}。通常,4 个已知点可以选择 3 个原色点和参照白点。

2.3.2　CIE1931 RGB 系统向 CIE1931 XYZ 系统的转换

在建立新的色度系统时,首先要选定作为基准的三原色。在选择假想的(X)、(Y)、(Z)三原色时主要从以下三个方面进行考虑:

(1) 为了避免如 CIE1931 RGB 系统中的 $\bar{r}(\lambda)$、$\bar{g}(\lambda)$、$\bar{b}(\lambda)$ 光谱三刺激值和色品坐标那样出现负值,就必须在(R)、(G)、(B)三原色之外选择一组新的三原色,由此组成的三角形应能包围整个光谱轨迹。这组三原色(X)、(Y)、(Z)中的(X)代表假想的红色,(Y)代表假想的绿色,(Z)代表假想的蓝色。

(2) 在 CIE1931 RGB 系统中的光谱轨迹 $560\sim700\text{nm}$ 是一条直线,在这条直线上的两个颜色以不同的比例混合就能得到这两种颜色之间的各种光谱颜色,所以新三原色的 XY 边应选择与这一直线重合。

(3) 规定原色(X)和(Z)的亮度为零,所以 XZ 线称为无亮度线。在无亮度线上的各点均无亮度,仅代表色度,而原色(Y)则同时代表颜色的亮度和色度。

根据莱特和吉尔德的实验,三原色匹配成等能白时,它们的相对亮度比例关系为

$$l_{\text{R}} : l_{\text{G}} : l_{\text{B}} = 1.0000 : 4.5907 : 0.0601$$

因此当以(R)、(G)、(B)三原色匹配颜色 C 时,由格拉斯曼亮度相加原理可以写出颜色 C 的亮度方程为

$$l_{\text{C}} = rl_{\text{R}} + gl_{\text{G}} + bl_{\text{B}} = r + 4.5907g + 0.0601b \tag{2-22}$$

如果颜色 C 刚好处在无亮度线上,则 $l_{\text{C}} = 0$,于是式(2-22)成为

$$r + 4.5907g + 0.0601b = 0 \tag{2-23}$$

又因为 $r + g + b = 1$,故方程(2-23)可变换为

$$0.9399r + 4.5306g + 0.0601 = 0 \tag{2-24}$$

二元一次直线方程式(2-24)即为 XZ 无亮度线方程。如图 2-8 所示,在 XZ 线上各点的亮度均为零。这是组成以假想色(X)、(Y)、(Z)为三原色的色三角的第一条边。

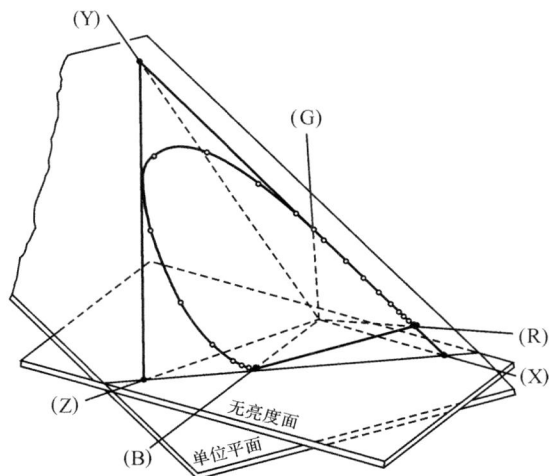

图 2-8　CIE1931 RGB 系统向 CIE1931 XYZ 系统的转换

选取 XYZ 色三角的第二条边 XY 与光谱轨迹上 700nm 和 560nm 两点连成的直线重合。根据光谱色 700nm 和 560nm 在 RGB 系统的色品坐标 (r, g, b) 可求出这一直线方程为

$$r + 0.99g - 1 = 0 \qquad (2\text{-}25)$$

XYZ 色三角的第三条边 YZ 是选取与光谱轨迹上波长为 503nm 点相切的一条直线，其方程为

$$1.45r + 0.55g + 1 = 0 \qquad (2\text{-}26)$$

求出上述三条直线 XY、YZ、XZ 的交点即为假想的 (X)、(Y)、(Z) 三原色在 RGB 系统色品图中的位置，它们的色品坐标 (r, g, b) 分别为

$$(X): (1.2750, -0.2778, 0.0028)$$
$$(Y): (-1.7392, 2.7671, -0.0279)$$
$$(Z): (-0.7431, 0.1409, 1.6022)$$

而这些假想的三原色在新的 XYZ 系统中的坐标 (x, y, z) 应该是

$$(X): (1, 0, 0)$$
$$(Y): (0, 1, 0)$$
$$(Z): (0, 0, 1)$$

解出了三个原色坐标之后，还必须选择一种参照白以确定三刺激值的单位。XYZ 系统是用相等数量的三原色刺激值匹配出等能白来规定各原色刺激值单位的，而等能白点在 RGB 系统色品图中的坐标 (r, g) 为

$$(0.3333, 0.3333)$$

同时，等能白点在新的 XYZ 系统中的坐标 (x, y) 也为

$$(0.3333, 0.3333)$$

在分别确定了上述三原色和等能白点在 RGB 系统和 XYZ 系统中的坐标值之后，按照前面介绍的色度系统转换方法，可以求得 XYZ 系统和 RGB 系统三刺激值之间的转换关系式为

$$\begin{bmatrix} X \\ Y \\ Z \end{bmatrix} = \begin{bmatrix} 2.7689 & 1.7517 & 1.1302 \\ 1.0000 & 4.5907 & 0.0601 \\ 0.0000 & 0.0565 & 5.5943 \end{bmatrix} \begin{bmatrix} R \\ G \\ B \end{bmatrix} \qquad (2\text{-}27)$$

同样经过坐标变换,可以确定光谱波长为 λ 的颜色刺激在两个系统中的色品坐标 $r(\lambda)$,$g(\lambda)$,$b(\lambda)$ 与 $x(\lambda)$,$y(\lambda)$,$z(\lambda)$ 之间的转换关系式为

$$\left.\begin{aligned} x(\lambda) &= \frac{0.49000r(\lambda) + 0.31000g(\lambda) + 0.20000b(\lambda)}{0.66697r(\lambda) + 1.13240g(\lambda) + 1.20063b(\lambda)} \\ y(\lambda) &= \frac{0.17697r(\lambda) + 0.81240g(\lambda) + 0.01063b(\lambda)}{0.66697r(\lambda) + 1.13240g(\lambda) + 1.20063b(\lambda)} \\ z(\lambda) &= \frac{0.00000r(\lambda) + 0.01000g(\lambda) + 0.99000b(\lambda)}{0.66697r(\lambda) + 1.13240g(\lambda) + 1.20063b(\lambda)} \end{aligned}\right\} \tag{2-28}$$

由 CIE 推荐的 RGB 系统三原色(R)、(G)、(B)的波长分别为 700nm,546.1nm,435.8nm,按照转换关系式(2-28)可以根据其在 RGB 系统中的坐标(r,g,b)计算出它们在 XYZ 系统中的色品坐标(x,y,z),如表 2-1 所示。

表 2-1　三原色(R)、(G)、(B)的色品坐标

CIE 三原色	CIE1931 RGB 系统			CIE1931 XYZ 系统		
	r	g	b	x	y	z
(R)	1	0	0	0.7347	0.2653	0.0000
(G)	0	1	0	0.2737	0.7174	0.0089
(B)	0	0	1	0.1665	0.0089	0.8246

可见,采用转换关系式(2-28)可计算出 CIE1931 RGB 系统中各波长的光谱在 CIE1931 XYZ 系统中相应的色品坐标,并将各波长谱线的坐标点连接起来就形成了如图 2-9 所示的 CIE1931 XYZ 系统色品图(见书前插页彩图 3)。

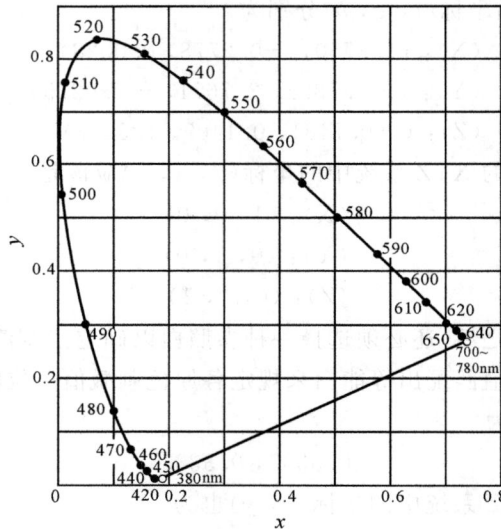

图 2-9　CIE1931 XYZ 系统色品图

在获得各光谱波长的色品坐标 $x(\lambda)$、$y(\lambda)$、$z(\lambda)$ 的基础上,可以进一步计算出 CIE1931 XYZ 色度系统中的光谱三刺激值 $\overline{x}(\lambda)$、$\overline{y}(\lambda)$、$\overline{z}(\lambda)$。由色品坐标的定义可知

$$\frac{\overline{x}(\lambda)}{x(\lambda)} = \frac{\overline{y}(\lambda)}{y(\lambda)} = \frac{\overline{z}(\lambda)}{z(\lambda)} = \overline{x}(\lambda) + \overline{y}(\lambda) + \overline{z}(\lambda)$$

另一方面,国际照明委员会规定 CIE1931 XYZ 系统的 $\overline{y}(\lambda)$ 与人眼的光谱光视效率 $V(\lambda)$ 一致,即 $\overline{y}(\lambda) = V(\lambda)$。因此,有

$$
\left.\begin{array}{l}
\overline{x}(\lambda) = \dfrac{x(\lambda)}{y(\lambda)} V(\lambda) \\[2mm]
\overline{y}(\lambda) = V(\lambda) \\[2mm]
\overline{z}(\lambda) = \dfrac{z(\lambda)}{y(\lambda)} V(\lambda)
\end{array}\right\}
\qquad (2\text{-}29)
$$

从 CIE1931 RGB 系统转换而来的 $\overline{x}(\lambda)$、$\overline{y}(\lambda)$、$\overline{z}(\lambda)$ 三条曲线称为"CIE1931 XYZ 标准色度观察者光谱三刺激值",附表 2-2 列出了其在 380～780nm 波长范围内以 5nm 为间隔的详细数据,这组数据对应的曲线如图 2-10 所示,它们分别代表匹配各波长等能光谱刺激所需的红(X)、绿(Y)、蓝(Z)三原色的量。在图 2-10 中的 $\overline{x}(\lambda)$、$\overline{y}(\lambda)$、$\overline{z}(\lambda)$ 曲线所包括的面积分别用 X、Y、Z 来表示,其中由于 $\overline{y}(\lambda)$ 曲线被设定为人眼的明视觉光谱光视效率 $V(\lambda)$,所以 Y 值既代表颜色的色度又代表颜色的亮度特性,而 X 和 Z 值只代表颜色的色度特性。

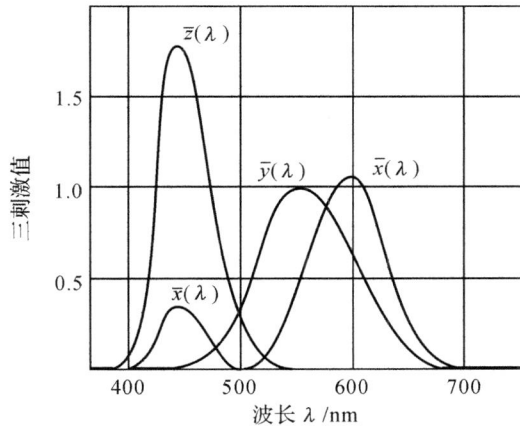

图 2-10　CIE1931 标准色度观察者光谱三刺激值曲线

CIE1931 标准色度观察者光谱三刺激值数据适用于 2°视场的中央视觉观察条件,主要是中央窝锥体细胞起作用,也可用于 1°～4°视场的颜色测量。对极小面积颜色的观察此数据不再有效,对于大于 4°视场的观察面积,需要采用 10°视场的 CIE1964 标准色度观察者数据(后面介绍)。

CIE1931 XYZ 标准色度系统是在广泛的实验基础上得到的平均人眼颜色响应,是国际上颜色测量和表征的统一标准,是几乎一切颜色计算和颜色测量仪器设计、制造的基本依据。因此,理解和掌握 CIE1931 XYZ 标准色度系统是学习和研究颜色信息技术原理的基础。

2.3.3　CIE1931 XYZ 色品图

在如图 2-9 所示的 CIE1931 XYZ 系统色品图中,由 CIE1931 RGB 系统转换而来的等能光谱色品坐标连成的曲线称为 CIE-xy 色品图的光谱轨迹。在光谱轨迹的红端波长到波长为 560nm 的区间内,光谱色轨迹接近于直线,然后光谱色轨迹形成弧形曲线直至光谱的短波区域,蓝紫色的波长被压缩在很小的范围之内。由该光谱轨迹曲线以及连接光谱的红端和蓝端的直线所构成的马蹄形内包括了一切物理上能实现的颜色,而假想的红(X)、绿(Y)、蓝(Z)三原色都落在光谱轨迹的外面,所以它们是物理上不能实现或不存在的颜色。

在 CIE1931 XYZ 色品图中,色品坐标 x 相当于红原色在某一颜色中所占的比例,色品坐标 y 相当于绿原色在同一颜色中所占的比例,而色品坐标 z 则可由 $x+y+z=1$ 求得。

在光谱末端波长为 700nm 以上的波段具有一对恒定的色品坐标值,即 $x=0.7347$,$y=0.2653$,$z=0$,所以在色品图上只由一个点来代表。

光谱轨迹 560～700nm 这一段接近于直线,在这段直线上的颜色其色品坐标满足 $x+y=1$,且与色三角的 XY 边重合,所以在这一光谱范围内的任何光谱色都可以用 560nm 和 700nm 两种波长的谱线以一定的比例相加混合产生。

光谱轨迹在 380～560nm 范围内是一段曲线,在此波段内的一对光谱色的混合不能产生两者之间位于光谱轨迹上的颜色,而只能产生光谱轨迹所包围面积内的混合色。在这一波段中,波长在 380～420nm 范围内的光谱色其 y 坐标接近于零,而 $y=0$ 的直线是无亮度线,所以这些光谱色在视觉上引起的亮度感觉很低。

因为由 400nm 附近的蓝色和 700nm 附近的红色刺激混合后会产生紫色,所以连接光谱轨迹红端与蓝端的直线称为紫线。在紫线上的颜色无法用光谱色代表,但这些颜色可以用光谱色的红端与蓝端混合而成。

2.4　CIE1964 $X_{10}Y_{10}Z_{10}$ 标准色度系统

多年的应用实践表明,CIE1931 XYZ 标准色度系统适用于 $1°～4°$ 的观察视场范围。研究发现,当视场增大到 $4°$ 以上时,$\bar{x}(\lambda)$、$\bar{y}(\lambda)$、$\bar{z}(\lambda)$ 在波长为 380～460nm 光谱区间内的数值偏低。这是由于在大面积视场观察条件下,杆体细胞的参与以及中央窝黄色素的影响,使颜色视觉发生了一定的变化。日常观察物体时的视野经常超过 $2°$ 范围,所以为了适应大视场颜色测量的需要,CIE 于 1964 年基于斯底尔斯(Stiles)与勃须(Burch)以及斯派兰斯卡耶(Speranskaya)在 $10°$ 视场条件下获得的两项实验数据,推荐了一组"CIE1964 标准色度观察者光谱三刺激值",这一系统称为 CIE1964 标准色度系统或 $10°$ 视场 $X_{10}Y_{10}Z_{10}$ 色度系统。

斯底尔斯和勃须的实验中使用了波长分别为 645.2nm(R)、526.3nm(G)、444.4nm(B)的三原色。同时,为了避免杆体细胞的参与,实验中采用了高亮度的颜色刺激。在此实验条件下,由 49 名观察者在 $10°$ 观察视场的目视色度计上进行颜色视觉实验,测出了匹配等能光谱的三刺激值。

斯派兰斯卡耶的实验中,采用了 18 名观察者(后来增加到 27 名),视场角也为 $10°$,但为了消除麦克斯韦圆斑的影响,将视场中心部分($2°$ 范围)遮住。该实验所用的颜色刺激亮度较低,约为斯底尔斯和勃须实验所用亮度的 1/30～1/40,故没有排除杆体细胞的作用。在此实验中使用的三原色分别是波长为 640nm(R)、545nm(G)、465nm(B)的单色光。在这样的实验条件下测出了大视场的光谱三刺激值,然后将实验结果转换成三原色波长分别为 645.2nm(R)、526.3nm(G)、444.4nm(B)的数据。

贾德(Judd)将上述两项实验数据进行了加权处理,按观察者人数给予斯底尔斯和勃须的结果以较大的加权量(3:1),并对斯派兰斯卡耶的数据作了杆体细胞参与的修正,从而确定了 CIE1964 $R_{10}G_{10}B_{10}$ 系统的标准色度观察者光谱三刺激值 $\bar{r}_{10}(\lambda)$、$\bar{g}_{10}(\lambda)$、$\bar{b}_{10}(\lambda)$,由此绘成的曲线如图 2-11 所示。

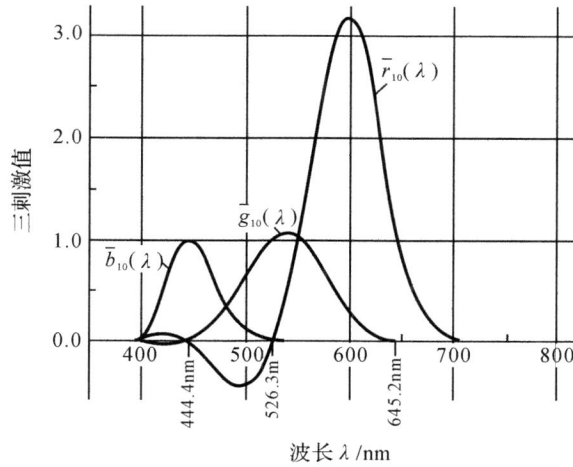

图 2-11　CIE1964 $R_{10}G_{10}B_{10}$ 系统标准色度观察者光谱三刺激值曲线

由图 2-11 可见,CIE1964 $R_{10}G_{10}B_{10}$ 系统的光谱三刺激值曲线中有一部分为负值。类似于 CIE1931 标准色度系统,采用前述的色度系统转换方法,可以将 $R_{10}G_{10}B_{10}$ 系统变换到 CIE1964 标准色度系统,即把光谱三刺激值 $\overline{r}_{10}(\lambda)$、$\overline{g}_{10}(\lambda)$、$\overline{b}_{10}(\lambda)$ 转换为 CIE1964 标准色度观察者光谱三刺激值 $\overline{x}_{10}(\lambda)$、$\overline{y}_{10}(\lambda)$、$\overline{z}_{10}(\lambda)$,其转换关系式为

$$\left. \begin{aligned} \overline{x}_{10}(\lambda) &= 0.341427\,\overline{r}_{10}(\lambda) + 0.188273\,\overline{g}_{10}(\lambda) + 0.390202\,\overline{b}_{10}(\lambda) \\ \overline{y}_{10}(\lambda) &= 0.138972\,\overline{r}_{10}(\lambda) + 0.837182\,\overline{g}_{10}(\lambda) + 0.073588\,\overline{b}_{10}(\lambda) \\ \overline{z}_{10}(\lambda) &= 0.000000\,\overline{r}_{10}(\lambda) + 0.037515\,\overline{g}_{10}(\lambda) + 2.038878\,\overline{b}_{10}(\lambda) \end{aligned} \right\} \qquad (2\text{-}30)$$

由此得到的 CIE1964 标准色度观察者光谱三刺激值 $\overline{x}_{10}(\lambda)$、$\overline{y}_{10}(\lambda)$、$\overline{z}_{10}(\lambda)$ 在 380～780nm 波长范围内以 5nm 为间隔的数据见附表 2-3,其对应的曲线如图 2-12 所示。当观测或匹配颜色样品的视场角度在 4°～10°时,采用这组标准数据;如果观测或匹配颜色样品的视场角在 1°～4°,则采用 CIE1931 标准色度观察者的数据。

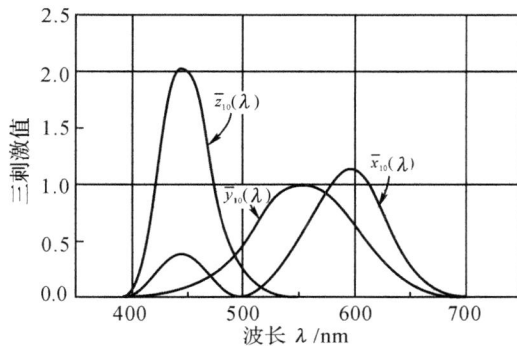

图 2-12　CIE1964 标准色度观察者光谱三刺激值曲线

由色品坐标与三刺激值的关系可以计算出光谱轨迹在 CIE1964 标准色度系统中的色品坐标为

$$x_{10}(\lambda) = \frac{\overline{x}_{10}(\lambda)}{\overline{x}_{10}(\lambda) + \overline{y}_{10}(\lambda) + \overline{z}_{10}(\lambda)}$$

$$\left.\begin{array}{l}y_{10}(\lambda) = \dfrac{\overline{y}_{10}(\lambda)}{\overline{x}_{10}(\lambda) + \overline{y}_{10}(\lambda) + \overline{z}_{10}(\lambda)}\end{array}\right\} \quad (2\text{-}31)$$

$$z_{10}(\lambda) = \frac{\overline{z}_{10}(\lambda)}{\overline{x}_{10}(\lambda) + \overline{y}_{10}(\lambda) + \overline{z}_{10}(\lambda)}$$

由此可以绘出 CIE1964 标准色度系统的色品图,如图 2-13 所示。图 2-13 中 W_E 点代表等能白光的色品坐标,即 $x_{10E} = 0.3333$,$y_{10E} = 0.3333$,$z_{10E} = 0.3333$。

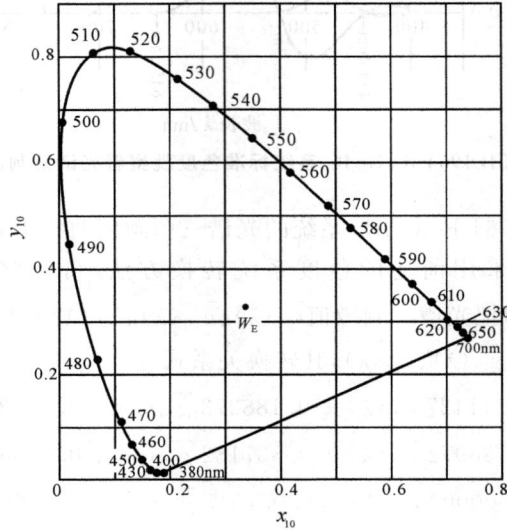

图 2-13　CIE1964 标准色度系统色品图

图 2-14 是 CIE1931 标准色度系统与 CIE1964 标准色度系统色品图的比较,可见两者的光谱轨迹在形状上很相似,但实际上即使相同波长的光谱色在各自光谱轨迹上的位置也有相当大的差异。例如,在 490～500nm 波段附近,两个光谱轨迹上的近似坐标值在波长上相差达

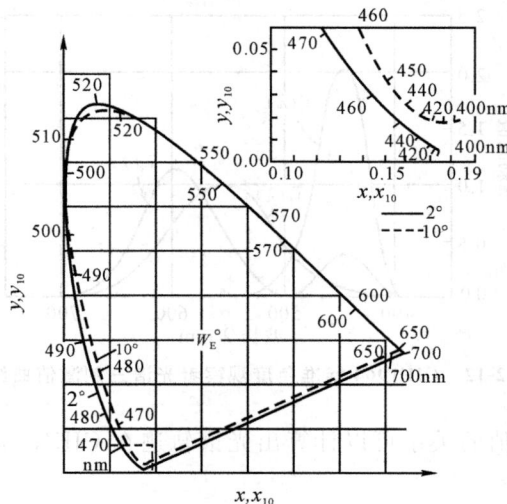

图 2-14　CIE1931 与 CIE1964 标准色度系统色品图的比较

5nm 以上。其他相同波长的坐标值也都有差异,只有在 600nm 处的光谱色坐标值大致相近。两个色品图上唯一重合的色品点就是等能白点 W_E。

如果将两个色度系统的光谱三刺激值曲线绘在同一坐标上进行比较,如图 2-15 所示,则更能清楚地看到它们的差异。由图 2-15 中曲线可以看出,$\overline{y}_{10}(\lambda)$ 在 400～500nm 光谱波段内的值高于 2°视场 $\overline{y}(\lambda)$ 的对应值,这表明视网膜上中央窝以外的区域对短波光谱具有更高的感受性。

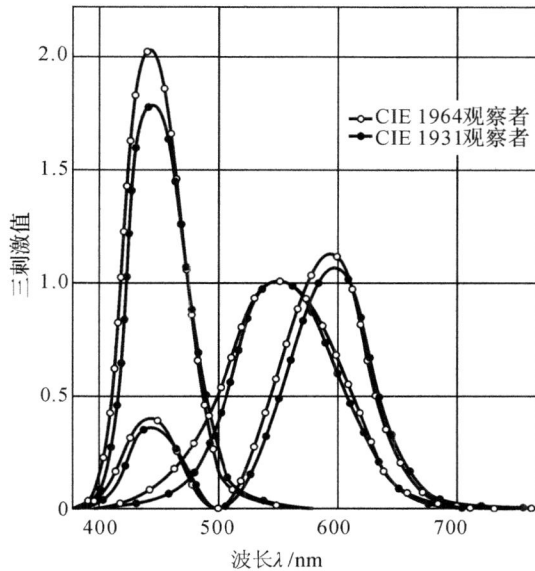

图 2-15　CIE1931 系统与 CIE1964 系统标准色度观察者光谱三刺激值曲线的比较

研究还表明,人眼用小视场观察颜色时,辨别颜色差异的能力较低;当观察视场从 2°增大到 10°时,颜色匹配的精度也随之提高;但如果再进一步增大视场,则颜色匹配精度的提高就不大了。因此,对于同一颜色,其色品坐标将随着观察条件的变化而不同。

2.5　色温与相关色温

第 1 章已经介绍过黑体辐射及其光谱分布,还有描述绝对黑体光谱分布特性的普朗克定律。由普朗克公式可以计算出黑体对应于某一温度的光谱分布,并由此应用 CIE 标准色度系统可获得该温度下黑体发光的三刺激值和色品坐标,从而在色品图上得到一个对应的色品点。因此,对不同温度的黑体可以计算出一系列色品坐标点,将这些对应点在色品图上连接起来,便形成一条弧形的温度轨迹,称为黑体(温度)轨迹或普朗克轨迹(Planckian locus),如图 2-16 所示。黑体轨迹上的各点代表不同温度的黑体光色,当温度由 1000K 左右开始升高时,其颜色由红向蓝变化,所以人们就用黑体的温度来表示其对应的颜色。

实际上,理想的黑体是不存在的,而常见的实际辐射体是非黑体,其辐射本领比黑体小,称为灰体。尽管理想的灰体也并不存在,但是在一定的波长范围内、在一定的近似程度下可以满足灰体的条件。非黑体辐射的某些特性常常可以用黑体辐射的相关性质来近似地表示,而为了描述一般光源的颜色特性,引入了分布温度、色温和相关色温等概念,它们的单位均为开尔文(K)。

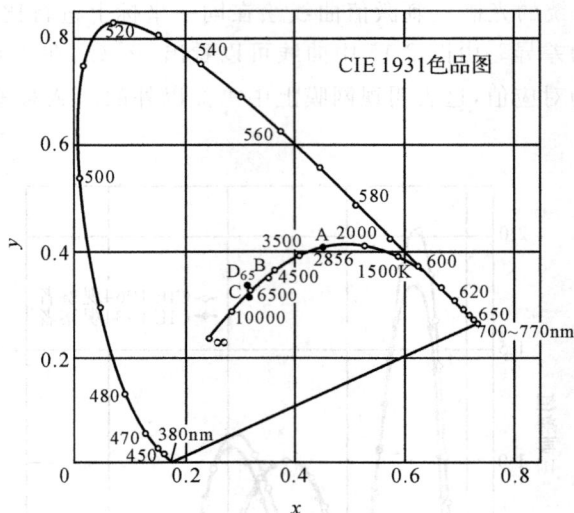

图 2-16　黑体温度轨迹

2.5.1　分布温度

当辐射源在温度 T 时的相对光谱辐射功率分布与黑体在某一温度 T_d 时的相对光谱辐射功率分布相同时,称该黑体的温度 T_d 为辐射源的分布温度(distribution temperature)。由于光谱分布相同的光其颜色必定相同,所以此时黑体与辐射源在 CIE1931 色品图上的色品坐标点一定是重合的。

当然,实际的非黑体辐射源的辐射不可能与黑体的相对光谱辐射功率分布完全一致,但当其误差小于±5%或两者的相对光谱辐射功率分布在很大部分上相同时,就可以用黑体的温度 T_d 来表征该辐射源的分布温度。

2.5.2　色　温

当辐射源在温度 T 时所呈现的颜色与黑体在某一温度 T_c 时的颜色相同时,则将黑体的温度 T_c 称为该辐射源的颜色温度,简称色温(color temperature)。例如,某光源的颜色与黑体加热到绝对温度 2500K 时所呈现的颜色相同,则此光源的色温便为 2500K,其在 CIE1931 色品图上的坐标是 $x=0.4770$,$y=0.4137$。

对于白炽灯等热辐射源而言,由于其光谱分布与黑体比较接近,所以它们的色品坐标点基本处于黑体轨迹上,可见色温的概念能够恰当地描述白炽灯的光色。一般来说,色温高表示蓝、绿光的成分多些,色温低则橙、红光的成分多些。

另外,由于分布温度对应于辐射源的光谱分布,而光谱分布相同的光其颜色必定相同,因此分布温度一定是色温。

2.5.3　相关色温

对于白炽灯以外的某些常用辐射源,其光谱分布与黑体相差较远,它们在温度 T 时的相对光谱功率分布所决定的色品坐标不一定准确地落在色品图的黑体温度轨迹上,而在该轨迹的附近。这时,不能用色温来描述其颜色,而需要采用相关色温的概念来表征和比较这类辐射源的光色特性。当辐射源的颜色与黑体在某一温度下的颜色最接近时,或者说两者在色品图上的坐标点相距最小时,就用该黑体的温度来表示此辐射源的色温,并称之为该辐射源的相关色温(correlated color temperature),通常用符号 T_{cp} 表示。例如,在图 2-16 中的光源 C 其色品坐标最接近于黑体加热到 6774K 时的色品坐标,所以光源 C 的相关色温为 6774K。

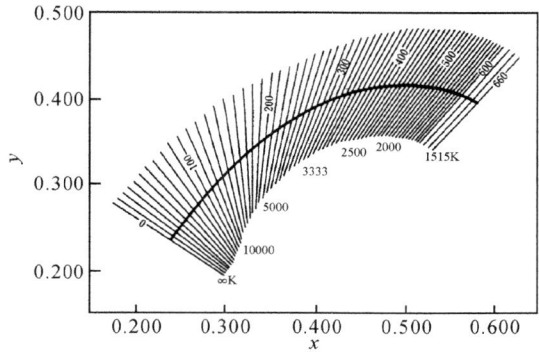

图 2-17　黑体轨迹(粗线)和等色温线(细线)[上方数字为倒数色温(麦勒德),下方数字则为相关色温]

为了确定辐射源的相关色温,可把色品图上的黑体轨迹分成许多等(色)温线(isotempera-ture line),如图 2-17 所示,用它来确定辐射源的相关色温比较方便和准确。表 2-2 列出了日常生活中常见的一些发光体的相关色温。

表 2-2　各种发光体的色温

发光体	色　温
发红的镍丝	800K
发黄的炉火	1000K
发白的炉火	1200K
石蜡烛的火焰,煤油灯火焰	1900K
20W 电灯,乙炔灯	2400K
40W 充气电灯	2740K
100W 充气电灯	2860K
500W 充气电灯	2920K
200W 以上的放映用电灯,闪光灯	3200K
炭弧,乙炔氧火焰	3700K
中型闪光灯	3800K
满月	4100K
日出后两小时的太阳	4400K
薄云白天来自太阳的光	5300K
晴朗白天高原上的日光	6000K
晴朗的蓝天光	20000~25000K

需要指出的是,色温和相关色温的概念主要用于描述辐射源的光色,所以色温或相关色温相同的辐射源只说明其光色相同,它们的光谱分布可能是不相似的,甚至可以有较大的差异。

此外,常把 10^6 被色温或相关色温除后得到的值称为倒数色温(reciprocal color temperature)或倒数相关色温(reciprocal correlated color temperature),单位采用微倒度(micro-reciprocal-degree)的英文字头 mired,称为麦勒德(μrd)。

2.6 标准照明体和标准光源

物体的颜色除了与该物体本身的光谱反射（或透射）特性以及观察条件有关之外，还和照明体或光源的光谱功率分布密切相关。同一物体在不同的照明体或光源的照明下呈现不同的颜色，这一因素给颜色测量与国际交流带来极大的困难。实际的照明光源种类繁多，其中最重要的是日光和灯光。日光随着天空云层、季节、时相、地点等的不同，其光谱分布会有显著的差别；灯光属于人工光源，不同的品种具有很大差异的光谱分布。因此，为了统一颜色评价的标准，便于比较和传递，国际照明委员会（CIE）针对颜色的测量和计算推荐了几种标准照明体和标准光源，包括标准照明体 A、B、C、D、E 和标准光源 A、B、C 等。

CIE 对"光源"和"照明体"作出了不同的定义："光源"是指能发光的物理辐射体，如灯、太阳等；"照明体"具有特定的光谱功率分布，而这种光谱功率分布不是必须由一个具体的光源直接提供，也不一定要某种光源来实现，它可以由表格的形式给出。

2.6.1 标准照明体

1. 标准照明体 A

标准照明体 A 代表了"1968 年国际实用温标"绝对温度为 2856K 的完全辐射体，它的色品坐标处于 CIE1931 色品图的黑体轨迹上。

2. 标准照明体 B

标准照明体 B 代表相关色温大约为 4874K 的直射日光，其光色相当于中午的日光，它的色品坐标紧靠黑体轨迹。由于标准照明体 B 不能正确地代表相应时相的日光，所以目前 CIE 已经废除了这一标准照明体，而采用后面将要介绍的标准照明体 D 来代表日光。

3. 标准照明体 C

标准照明体 C 代表相关色温大约为 6774K 的平均昼光，它的光色近似于阴天的天空光，其色品坐标位于黑体轨迹的下方。

4. 标准照明体 D

标准照明体 D 代表了各种时相日光的相对光谱功率分布，也称为典型日光或重组日光，它们的光谱数据主要是基于许多研究者在 1963 年对日光进行的两大组实验测量而获得的。

一组实验是对不同地区、不同时相的太阳光和天空光进行了 622 例光谱测定，测出了相应的光谱分布；另一组实验是对日光进行视觉色度测量，包括纳谷嘉信（Y. Nayatani）和威泽斯基（G. Wyszecki）对加拿大渥太华的北方天空日光的视觉观察，以及张伯伦（G. J. Chamberlin）、劳伦斯（A. Lawrence）和贝尔本（A. A. Belbin）等三人对英国南部的北方天空日光的视觉观察。通过对上述两组实验数据的综合分析，确定了与黑体轨迹类似的典型日光色品轨迹，称为日光轨迹（daylight locus），其位于黑体轨迹的上方，如图 2-18 所示的 D 线部分。在 CIE1931 xy 色品图上，该日光轨迹可用二次曲线表示为

$$y_D = -3.000x_D^2 + 2.870x_D - 0.275 \tag{2-32}$$

式中，x_D 的有效范围为 $0.250 \sim 0.380$。式(2-32)正是标准照明体 D 的色品坐标 x_D 与 y_D 之间的关系式，而 x_D 值与其相关色温 T_{cp} 有关，当标准照明体 D 的相关色温 T_{cp} 在 4000K 与 7000K

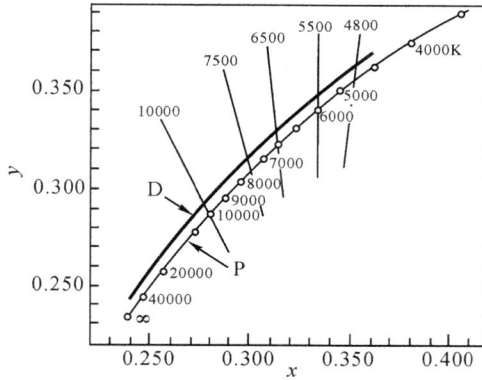

图 2-18　日光轨迹(D)和黑体轨迹(P)(细线为等色温线)

之间即 $4000\text{K} \leqslant T_{\text{cp}} \leqslant 7000\text{K}$ 时,标准照明体 D 的色品坐标 x_{D} 为

$$x_{\text{D}} = -4.6070\,\frac{10^9}{T_{\text{cp}}^3} + 2.9678\,\frac{10^6}{T_{\text{cp}}^2} + 0.09911\,\frac{10^3}{T_{\text{cp}}} + 0.244063 \tag{2-33a}$$

当 $7000\text{K} < T_{\text{cp}} \leqslant 25000\text{K}$ 时,标准照明体 D 的色品坐标 x_{D} 为

$$x_{\text{D}} = -2.0064\,\frac{10^9}{T_{\text{cp}}^3} + 1.9018\,\frac{10^6}{T_{\text{cp}}^2} + 0.24748\,\frac{10^3}{T_{\text{cp}}} + 0.237040 \tag{2-33b}$$

　　贾德、麦克亚当(D. L. MacAdam)和威泽斯基对 622 例光谱分布测量结果进行了统计学的特征矢量分析,得出了一组公式,用来计算已知相关色温的标准照明体 D 的相对光谱功率分布。换言之,用数理统计方法重新组合出了该相关色温时典型日光的相对光谱功率分布,这就是"重组日光"的含义。由此得到的任意相关色温 T_{cp} 下标准照明体 D 的相对光谱功率分布为

$$P_{\text{D}}(\lambda) = S_0(\lambda) + M_1 S_1(\lambda) + M_2 S_2(\lambda) \tag{2-34}$$

式中,$S_0(\lambda)$、$S_1(\lambda)$、$S_2(\lambda)$ 为特征矢量。$S_0(\lambda)$ 是从实测的不同相关色温的 622 例日光光谱分布曲线计算出的一条平均曲线;$S_1(\lambda)$ 作为第一特征矢量,它是对实测的不同曲线与平均曲线的偏离情况进行分析而得出的各条曲线偏离平均曲线的最突出特征;$S_2(\lambda)$ 为第二特征矢量,它是偏离平均曲线的第二突出特征。同理,还可以分析出第三、第四……特征矢量,但其影响较小,故在公式(2-34)中未予考虑。图 2-19 为三个特征矢量 $S_0(\lambda)$、$S_1(\lambda)$、$S_2(\lambda)$ 的曲线,对应

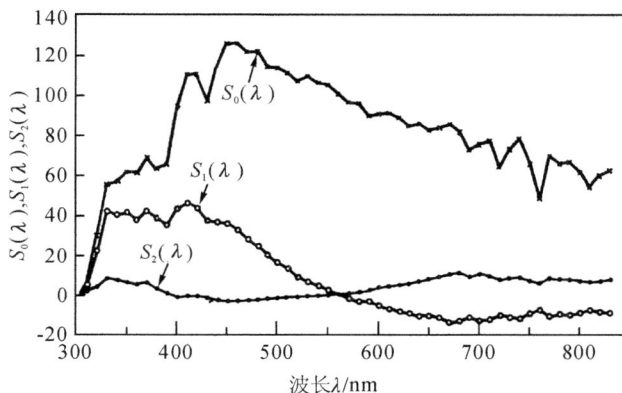

图 2-19　标准照明体 D 的三个特征矢量 $S_0(\lambda)$,$S_1(\lambda)$,$S_2(\lambda)$

的数据列于附表 2-4 中。

　　由图 2-19 中的曲线可知，特征矢量 $S_1(\lambda)$ 在光谱的紫外、紫色和蓝色波段有较高的值，而在红色区域则呈规律性下降直至较低的数值。将 $S_1(\lambda)$ 和增大的系数 M_1 的乘积叠加到 $S_0(\lambda)$ 曲线上，就可得到相关色温逐渐升高的日光光谱分布。日光由黄色向蓝色变化，相当于天空中有云到无云的变化，或者相当于测量时有直射阳光到无直射阳光的变化。特征矢量 $S_2(\lambda)$ 在 400～580nm 波段具有较低的数值，而在紫外和红色区域则有较高的值。随着系数 M_2 的增大，将其叠加到平均曲线 $S_0(\lambda)$ 上可得到相应偏粉红色的光色；若 M_2 减小，则得到偏绿色的光色。这种由粉红到绿色的变化相当于大气中水分的变化，故 $S_2(\lambda)$ 是与大气中水分的含量有关联的。

　　在公式（2-34）中的系数 M_1 和 M_2 可由标准照明体 D 的色品坐标计算得到：

$$\left.\begin{array}{l} M_1 = \dfrac{-1.3515 - 1.7703 x_{\mathrm{D}} + 5.9114 y_{\mathrm{D}}}{0.0241 + 0.2562 x_{\mathrm{D}} - 0.7341 y_{\mathrm{D}}} \\[4mm] M_2 = \dfrac{0.0300 - 31.4424 x_{\mathrm{D}} + 30.0717 y_{\mathrm{D}}}{0.0241 + 0.2562 x_{\mathrm{D}} - 0.7341 y_{\mathrm{D}}} \end{array}\right\} \tag{2-35}$$

式中，x_{D}、y_{D} 可由相关色温 T_{cp} 按照式（2-33a）、式（2-33b）和式（2-32）求出。

　　由于标准照明体 D 与实际日光具有很相近的相对光谱功率分布，并且比标准照明体 B 和 C 更符合实际日光的色品坐标，因此尽管由以上公式可以定义任意相关色温的标准照明体 D，但是 CIE 优先推荐采用标准照明体 D_{65}，在不能应用 D_{65} 时则建议尽量采用标准照明体 D_{50}、D_{55} 和 D_{75}。标准照明体 D_{50}、D_{55}、D_{65} 和 D_{75} 的相关色温分别为 5000K、5500K、6500K 和 7500K（准确地说，应该分别为 5003K、5503K、6504K 和 7504K），其相对光谱功率分布曲线如图 2-20 所示，对应的数据见附表 2-5，在该表中同时列出了 CIE 标准照明体 A 和 C 在 300～830nm 范围内按 5nm 波长间隔的相对光谱功率分布数据。

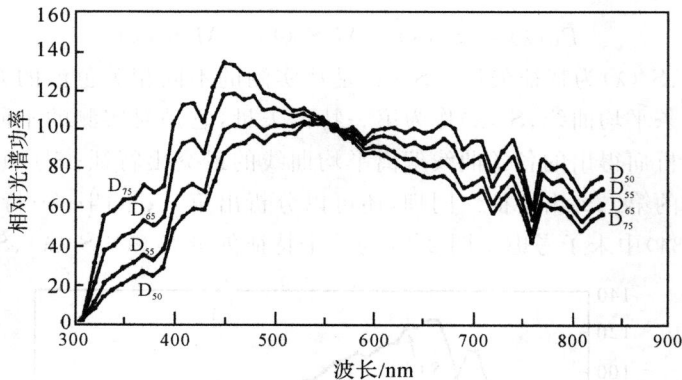

图 2-20　标准照明体 D_{50}、D_{55}、D_{65}、D_{75} 的相对光谱功率分布曲线

　　为了便于比较和分析，图 2-21 同时给出了 CIE 标准照明体 A、B、C 及 D_{65} 的相对光谱功率分布曲线。表 2-3 是根据 CIE1931 和 CIE1964 标准色度观察者在 380～780nm 范围内按 5nm 波长间隔计算得到的标准照明体 A、D_{65}、C、D_{50}、D_{55}、D_{75} 的三刺激值。

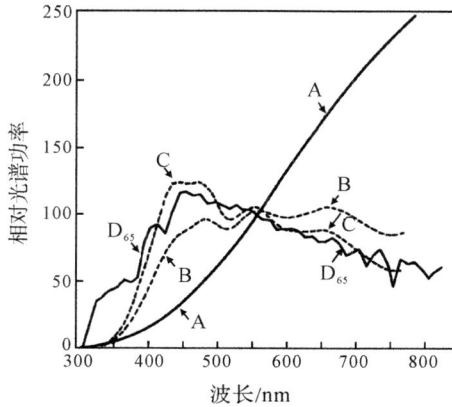

图 2-21　CIE 标准照明体 A、B、C 及 D$_{65}$ 的相对光谱功率分布曲线

表 2-3　根据 CIE1931 和 CIE1964 标准色度观察者计算的标准照明体 A、D$_{65}$、C、D$_{50}$、D$_{55}$、D$_{75}$

的三刺激值 X、Y、Z 以及色品坐标 x、y 和 u′、v′

（在 380～780nm 范围内按 5nm 波长间隔计算）

CIE1931	X	Y	Z	x	y	u'	v'
A	109.85	100.00	35.58	0.4476	0.4074	0.2560	0.5243
D$_{65}$	95.04	100.00	108.89	0.3127	0.3290	0.1978	0.4683
C	98.07	100.00	118.23	0.3101	0.3162	0.2009	0.4609
D$_{50}$	96.42	100.00	82.51	0.3457	0.3585	0.2092	0.4881
D$_{55}$	95.68	100.00	92.14	0.3324	0.3474	0.2044	0.4807
D$_{75}$	94.96	100.00	122.61	0.2990	0.3149	0.1935	0.4585
CIE1964	X_{10}	Y_{10}	Z_{10}	x_{10}	y_{10}	u_{10}'	v_{10}'
A	111.14	100.00	35.20	0.4512	0.4059	0.2590	0.5242
D$_{65}$	94.81	100.00	107.32	0.3138	0.3310	0.1979	0.4695
C	97.29	100.00	116.14	0.3104	0.3191	0.2000	0.4626
D$_{50}$	96.72	100.00	81.43	0.3477	0.3595	0.2102	0.4889
D$_{55}$	95.80	100.00	90.93	0.3341	0.3488	0.2051	0.4816
D$_{75}$	94.42	100.00	120.64	0.2997	0.3174	0.1930	0.4600

5. 室内日光照明体 ID

标准照明体 D 中包含在自然室外日光中存在的紫外辐射成分，所以其适用于紫外辐射激发下不发光或在室外观看时颜色样本的色度计算。当在室内看一张具有荧光增白剂的纸张时，没有像在室外观看时那么亮，其原因是室内日光对光学增亮剂的激发程度低于室外日光。因此，为了评价经光亮剂处理过的样本（如纸张、塑料、纺织品等），CIE 引入了两个室内日光照明体 ID50 和 ID65，对应的相关色温公称值分别为 5000K 和 6500K，其在 300～780nm 范围内以 5nm 波长间隔的相对光谱功率分布数据见附表 2-6。

CIE 推荐将室内日光照明体的光谱定义为 CIE 日光照明体与平均窗玻璃光谱透射比的乘积，而附表 2-7 列出了用于导出室内日光照明体的窗玻璃在 300～780nm 范围内按 5nm 波长间隔的光谱透射比数据。

6. 标准照明体 E

将在可见光区内光谱辐射功率为恒定值的光刺激定义为标准照明体 E，也称为等能光谱或等能白光。这是一种人为规定的光谱分布，在实际中并不存在具有这种光谱分布的现实光源。

2.6.2 标准光源

1. 标准光源 A

由于钨丝白炽灯的发射率与同一色温的完全辐射体的发射率差别较小,其在可见光范围内的差别小于 1%,在红外部分的差别约为 2%。因此,CIE 规定以色温为 2856K 的钨丝白炽灯作为标准光源 A。如果要求更准确地实现标准照明体 A 的紫外辐射相对光谱分布,则推荐使用熔融石英壳或玻璃壳带石英窗口的灯。

通常,白炽灯的钨丝不能工作于较高的温度,近年来研制的新型白炽灯即卤钨灯,其外壳由石英材料制成,灯内充入一定量的卤化物,通过卤化物与蒸发的钨产生化学反应可使钨重新回到钨丝上去,从而使灯可以工作在较高的温度,而且寿命较长,发光效率高。卤钨灯的相对光谱功率分布与完全辐射体更加接近,且在紫外部分的辐射也比常用的钨丝灯强,所以色温为 2856K 的卤钨灯可作为实用的标准 A 光源使用。

2. 标准光源 B

在标准光源 A 的前面加上一组特定的戴维斯-吉伯逊(Davis-Gibson)液体滤光器(又称 DG 滤光器),可以产生相关色温为 4874K 的辐射。用于实现标准光源 B 的戴维斯-吉伯逊液体滤光器的配方由表 2-4 中的溶液 B_1 和 B_2 组成,每种液层的厚度均为 1cm,并且装在由无色光学玻璃做成的液体槽内。

表 2-4 戴维斯-吉伯逊液体滤光器的配方

液 槽 1	B_1	C_1
硫酸铜($CuSO_4 \cdot 5H_2O$)	2.452g	3.412g
甘露醇[$C_6H_8(OH)_6$]	2.452g	3.412g
吡啶(C_5H_5N)	30.0cm³	30.0cm³
蒸馏水加到	1000cm³	1000cm³
液 槽 2	B_2	C_2
硫酸钴铵[$CoSO_4(NH_4)_2SO_4 \cdot 6H_2O$]	21.71g	30.580g
硫酸铜($CuSO_4 \cdot 5H_2O$)	16.11g	22.520g
硫酸(比重 1.835)	10.0cm³	10.0cm³
蒸馏水加到	1000cm³	1000cm³

3. 标准光源 C

类似于标准光源 B,在标准光源 A 的前面加上另一组特定的戴维斯-吉伯逊液体滤光器,可以产生相关色温为 6774K 的辐射。用于标准光源 C 的液体滤光器配方溶液由表 2-4 中的 C_1 和 C_2 两个厚度为 1cm 的液层组成,同样都装在由无色透明光学玻璃做成的液槽内。

4. 日光模拟器

对于标准照明体 D,目前 CIE 尚未推荐相应的标准光源,但是 CIE 的相关技术委员会正在积极进行日光模拟器的研究,并已经取得一定的进展。

由于工业生产中的精细辨色工作要求照明光源具有近似真实的日光光谱功率分布,而荧光材料的颜色测量又需要日光光谱中的紫外辐射成分,可是标准光源 B 和 C 中都缺少这部分光谱,日光模拟器已成为当前光源研究的重要课题之一。

从标准照明体 D 的光谱分布可以看到,日光具有锯齿形光谱分布,同时校正滤光器也只能在一定程度上近似模拟日光的光谱分布,因此要研制出精确的日光模拟器是很困难的。目前,正在研制的日光模拟器主要有三种类型,即氙灯日光模拟器、白炽灯日光模拟器和荧光灯日光模拟器,其中氙灯日光模拟器给出了最好的模拟效果。

（1）氙灯日光模拟器

高压氙灯能发射连续光谱,其石英外壳可以透过紫外波段,它工作时的相关色温约为5000K,所以如果用色温变换滤光片与氙灯组合,可以模拟 D_{65} 及其他标准照明体 D。但是,与所有气体放电光源一样,氙灯也发射线光谱,其波长在 475nm 附近,因此作为日光模拟器应用时会引入误差。为了减小这种误差,通常采用特殊的滤光片来抑制发射的线光谱,从而使氙灯发射的光谱与标准照明体 D 更为接近。由于氙灯日光模拟器具有较丰富的紫外辐射,如图 2-22所示,所以它在荧光材料的颜色测量中显现突出的优点。

为了满足颜色的精密测量和辨别的需要,贡特拉赫（Gundlach）专门设计了一种复杂的氙灯 D_{65} 模拟器,其结构原理如图 2-23 所示。氙灯的光辐射通过三个不同的光路会聚于硫酸钡板的表面,并由此表面的漫射照明样品。在模拟器的三个光路中分别设置了三组滤光片,并精确地设计这三组滤光片的光谱透射特性,这样可以使模拟器的相对光谱功率分布与标准照明体 D_{65} 非常接近。

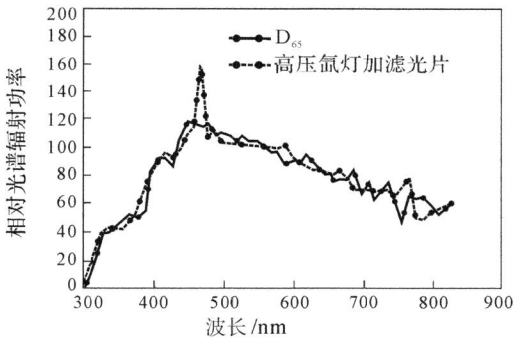

图 2-22　氙灯日光模拟器的相对光谱功率分布

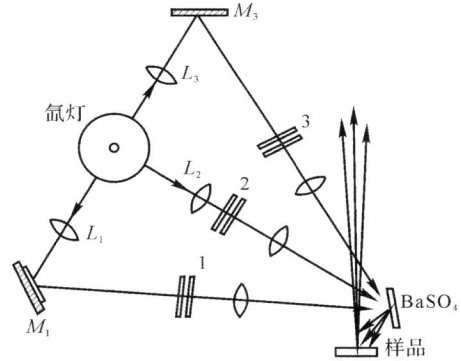

图 2-23　精密氙灯 D_{65} 模拟器的结构原理

（2）白炽灯日光模拟器

利用特殊的蓝滤光片与白炽灯组合,可使白炽灯的色温从 3000K 提高到 5500K、6500K 和 7500K,并可以通过调整蓝滤光片的厚度来改变组合光源的色温。图 2-24 为典型的白炽灯日光模拟器相对光谱功率分布。这种光源在短波区域的功率比标准照明体 D 在该波段的功率小,而且两者的误差较大。同时,为了较好地符合标准照明体 D 在可见光范围的光谱功率分布,需要抑制白炽灯的长波辐射。因此,这类组合光源的效率较低。

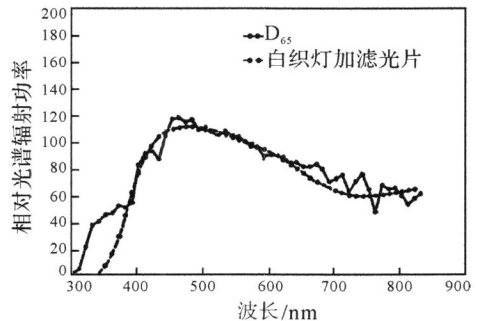

图 2-24　白炽灯日光模拟器的相对光谱功率分布

（3）荧光灯日光模拟器

随着对荧光灯白荧光发光材料研究的进步,各种功能和不同特性的荧光粉被不断地开发和应用,而特定的荧光粉被激发后可以产生一定范围的荧光发射,所以如果科学合理地组合各种荧光发射波长的荧光材料,就有可能在近紫外和可见光区域模拟 CIE 标准照明体 D。

图 2-25 是一种典型的荧光灯日光模拟器相对光谱功率分布,可见其在短波区域与标准照

明体 D 比较接近,但在某些波段发射了线光谱,而在长波区域与标准照明体 D 的符合程度劣于白炽灯日光模拟器。荧光灯日光模拟器的突出优点是具有较高的发光效率,产生较低的热量,故在纺织工业中有广泛的应用。此外,我国已经能够生产一般显色指数高达 97 的荧光灯,这为荧光灯日光模拟器的制造和普及创造了条件。

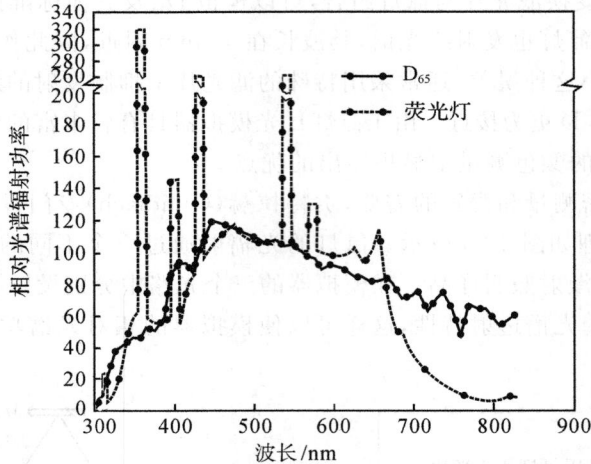

图 2-25　荧光灯日光模拟器的相对光谱功率分布

2.7　CIE 色度计算方法

2.7.1　CIE 三刺激值和色品坐标的计算

为了计算颜色的三刺激值和色品坐标,首先必须知道光源发出(光源色)或者光源经物体反射或透射后(物体色)进入人眼产生颜色感觉的光谱能量,并称之为颜色刺激函数,以符号 $\varphi(\lambda)$ 表示。根据 CIE 的规定,由该颜色刺激函数 $\varphi(\lambda)$ 引起的 CIE 三刺激值为

$$
\left.\begin{array}{l}
X = k\int_{380}^{780}\varphi(\lambda)\,\overline{x}(\lambda)\,\mathrm{d}\lambda \\
Y = k\int_{380}^{780}\varphi(\lambda)\,\overline{y}(\lambda)\,\mathrm{d}\lambda \\
Z = k\int_{380}^{780}\varphi(\lambda)\,\overline{z}(\lambda)\,\mathrm{d}\lambda
\end{array}\right\}, \quad
\left.\begin{array}{l}
X_{10} = k_{10}\int_{380}^{780}\varphi(\lambda)\,\overline{x}_{10}(\lambda)\,\mathrm{d}\lambda \\
Y_{10} = k_{10}\int_{380}^{780}\varphi(\lambda)\,\overline{y}_{10}(\lambda)\,\mathrm{d}\lambda \\
Z_{10} = k_{10}\int_{380}^{780}\varphi(\lambda)\,\overline{z}_{10}(\lambda)\,\mathrm{d}\lambda
\end{array}\right\} \quad (2\text{-}36)
$$

考虑到实际的颜色刺激函数 $\varphi(\lambda)$ 往往难以精确地表述为代数形式,因此实际色度计算中通常用求和的方式来近似地代替式(2-36)中的积分,即

$$
\left.\begin{array}{l}
X = k\sum_{\lambda=380}^{780}\varphi(\lambda)\,\overline{x}(\lambda)\,\Delta\lambda \\
Y = k\sum_{\lambda=380}^{780}\varphi(\lambda)\,\overline{y}(\lambda)\,\Delta\lambda \\
Z = k\sum_{\lambda=380}^{780}\varphi(\lambda)\,\overline{z}(\lambda)\,\Delta\lambda
\end{array}\right\}, \quad
\left.\begin{array}{l}
X_{10} = k_{10}\sum_{\lambda=380}^{780}\varphi(\lambda)\,\overline{x}_{10}(\lambda)\,\Delta\lambda \\
Y_{10} = k_{10}\sum_{\lambda=380}^{780}\varphi(\lambda)\,\overline{y}_{10}(\lambda)\,\Delta\lambda \\
Z_{10} = k_{10}\sum_{\lambda=380}^{780}\varphi(\lambda)\,\overline{z}_{10}(\lambda)\,\Delta\lambda
\end{array}\right\} \quad (2\text{-}37)
$$

式(2-36)和式(2-37)中,X、Y、Z 为 CIE1931 标准色度系统的三刺激值,X_{10}、Y_{10}、Z_{10} 为

CIE1964 标准色度系统的三刺激值：$\overline{x}(\lambda)$、$\overline{y}(\lambda)$、$\overline{z}(\lambda)$ 和 $\overline{x}_{10}(\lambda)$、$\overline{y}_{10}(\lambda)$、$\overline{z}_{10}(\lambda)$ 分别是 CIE1931 和 CIE1964 标准色度观察者的光谱三刺激值，其数据可查阅附表 2-2 和附表 2-3 得到。

1. 光源色

如果被测颜色是光源色，即光源发出的光谱能量直接射入观察者的眼睛，则颜色刺激函数 $\varphi(\lambda)$ 应为光源辐射的相对光谱功率分布 $P(\lambda)$，即

$$\varphi(\lambda) = P(\lambda) \tag{2-38}$$

2. 物体色

如果被测颜色是非自发光的物体色，则由于物体色与照明条件和物体本身的光谱特性有关，所以实际进入人眼的颜色刺激函数 $\varphi(\lambda)$ 应该是照明体的相对光谱功率分布与物体本身的光谱特性函数的乘积，即

$$
\begin{aligned}
&透射物体：\quad \varphi(\lambda) = \tau(\lambda)P(\lambda) \\
&反射物体：\begin{cases} \varphi(\lambda) = \rho(\lambda)P(\lambda) \\ \varphi(\lambda) = \beta(\lambda)P(\lambda) \end{cases}
\end{aligned} \tag{2-39}
$$

式中，$\tau(\lambda)$ 为透明物体的光谱透射比，$\rho(\lambda)$ 和 $\beta(\lambda)$ 分别是不透明物体的光谱反射比和光谱辐亮度因数，可根据实际测量时的几何条件等情况进行选择使用；$P(\lambda)$ 则为照明体的相对光谱功率分布，一般采用 CIE 标准照明体，具体由被测物体的实际情况决定，如物体是在日光下观察时可采用标准照明体 D_{65} 或 B、C 等，而在灯光下观察的物体则应采用标准照明体 A。

在计算三刺激值的式（2-37）中，常数 k 和 k_{10} 称为归化系数，其计算公式为

$$
\begin{aligned}
k &= \frac{100}{\sum\limits_{\lambda=380}^{780} P(\lambda)\,\overline{y}(\lambda)\Delta\lambda} \\
k_{10} &= \frac{100}{\sum\limits_{\lambda=380}^{780} P(\lambda)\,\overline{y}_{10}(\lambda)\Delta\lambda}
\end{aligned} \tag{2-40}
$$

式（2-40）的物理意义是：对于光源色，就是将光源的 Y 值调整到 100；对于物体色，就是将所选择的标准照明体的 Y 值调整到 100，或者说是将标准照明体照射到完全漫反射体 $[\beta(\lambda)\equiv 1]$ 或理想透射体 $[\tau(\lambda)\equiv 1]$ 后的 Y 值调整至 100，即

$$
\begin{aligned}
Y &= k \sum\limits_{\lambda=380}^{780} P(\lambda)\,\overline{y}(\lambda)\Delta\lambda = 100 \\
Y_{10} &= k_{10} \sum\limits_{\lambda=380}^{780} P(\lambda)\,\overline{y}_{10}(\lambda)\Delta\lambda = 100
\end{aligned} \tag{2-41}
$$

另外，在上述三刺激值的计算中，波长间隔 $\Delta\lambda$ 的选取应视被测颜色的光谱特性和所要求的计算精度来决定，一般可以选择的波长间隔有 10nm、5nm、1nm 等。在大多数情况下采用 $\Delta\lambda = 5$nm 可以给出精确的结果，如果要求的计算精度不高则采用 $\Delta\lambda = 10$nm 就够了，但是当需要很精确的计算时则可以取 $\Delta\lambda = 1$nm。

在获得颜色的三刺激值之后，可计算出该颜色在 CIE1931 或 CIE1964 色度系统中的色品坐标，其公式为

$$
\begin{aligned}
x &= \frac{X}{X+Y+Z} \\
y &= \frac{Y}{X+Y+Z} \\
z &= 1-x-y
\end{aligned}，\quad
\begin{aligned}
x_{10} &= \frac{X_{10}}{X_{10}+Y_{10}+Z_{10}} \\
y_{10} &= \frac{Y_{10}}{X_{10}+Y_{10}+Z_{10}} \\
z_{10} &= 1-x_{10}-y_{10}
\end{aligned} \tag{2-42}
$$

在实际应用中,首先,对于光源色可利用光谱辐射计测出光源的相对光谱功率分布,而对于物体色则采用分光光度计测出物体的光谱反射比或光谱透射比;然后,根据 CIE 推荐的标准照明体和标准色度观察者光谱三刺激值数据,按照上述相关公式通过编制相应的计算机程序或直接计算出被测颜色样品的三刺激值和色品坐标。

2.7.2　物体色计算实例

物体色的三刺激值计算过程可用如图 2-26 所示的流程来表示,图 2-26 以反射物体和CIE1931 标准色度系统为例,给出了计算物体色的 CIE 三刺激值所需要的所有光谱曲线,主要是将照明体的光谱分布 $P(\lambda)$、物体的光谱反射比 $\rho(\lambda)$ 以及 CIE 标准色度观察者光谱三刺激值 $\overline{x}(\lambda)$、$\overline{y}(\lambda)$、$\overline{z}(\lambda)$ 按波长逐个相乘,得到 $(P\rho\,\overline{x})$、$(P\rho\,\overline{y})$、$(P\rho\,\overline{z})$ 曲线所包围的面积,经过归一化处理后就计算出了该颜色的三刺激值 X、Y、Z。

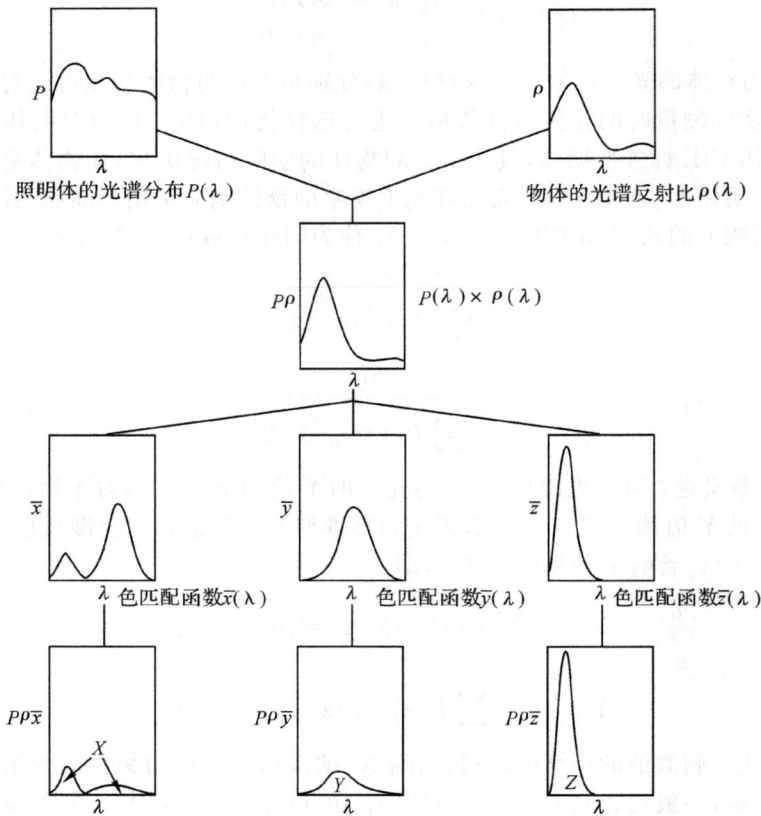

图 2-26　物体色三刺激值 X,Y,Z 的计算图解

下面以计算某一棕褐色塑料板在日光下观察时的色度参数为例说明物体色三刺激值和色品坐标的实际计算方法和步骤。该材料的光谱辐亮度因数 $\beta(\lambda)$ 已由分光光度计测出,如图 2-27 中的曲线所示,光谱数据见表 2-5 中的第二列。假设采用标准照明体 D_{65}(其相对光谱功率分布 $P(\lambda)$ 见表中第三列)和 CIE1964 标准色度系统(其光谱三刺激值 $\overline{x}_{10}(\lambda)$、$\overline{y}_{10}(\lambda)$、$\overline{z}_{10}(\lambda)$ 见表中第四、五、六列),

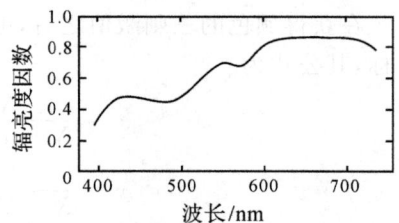

图 2-27　塑料板的光谱辐亮度因数曲线

并选取计算的波长间隔 $\Delta\lambda$ 为 10nm，具体的计算过程请参阅表 2-5。

表 2-5　物体色的三刺激值和色品坐标计算实例（标准照明体 D_{65} 和 $10°$ 观察视场）

波长 λ/nm	物体的 $\beta(\lambda)$	照明体 D_{65} $P(\lambda)$	CIE1964 色度系统			乘　积			
			$\overline{x}_{10}(\lambda)$	$\overline{y}_{10}(\lambda)$	$\overline{z}_{10}(\lambda)$	$\beta(\lambda)P(\lambda)$ $\cdot\overline{x}_{10}(\lambda)$	$\beta(\lambda)P(\lambda)$ $\cdot\overline{y}_{10}(\lambda)$	$\beta(\lambda)P(\lambda)$ $\cdot\overline{z}_{10}(\lambda)$	$P(\lambda)$ $\cdot\overline{y}_{10}(\lambda)$
380	0.102	50.0	0.0002	0.0000	0.0007	0.0	0.0	0.0	0.0
390	0.245	54.6	0.0024	0.0003	0.0105	0.0	0.0	0.1	0.0
400	0.348	82.8	0.0191	0.0020	0.0860	0.6	0.1	2.5	0.2
410	0.419	91.5	0.0847	0.0088	0.3894	3.2	0.3	14.9	0.8
420	0.460	93.4	0.2045	0.0214	0.9725	8.8	0.9	41.8	2.0
430	0.477	86.7	0.3147	0.0387	1.5535	13.0	1.6	64.2	3.4
440	0.475	104.9	0.3837	0.0621	1.9673	19.1	3.1	98.0	6.5
450	0.470	117.0	0.3707	0.0895	1.9948	20.4	4.9	109.7	10.5
460	0.462	117.8	0.3023	0.1282	1.7454	16.5	7.0	95.0	15.1
470	0.455	114.9	0.1956	0.1852	1.3176	10.2	9.7	68.9	21.3
480	0.454	115.9	0.0805	0.2536	0.7721	4.2	13.3	40.6	29.4
490	0.459	108.8	0.0162	0.3391	0.4153	0.8	16.9	20.7	36.9
500	0.478	109.4	0.0038	0.4608	0.2185	0.2	24.1	11.4	50.4
510	0.517	107.8	0.0375	0.6067	0.1120	2.1	33.8	6.2	65.4
520	0.564	104.8	0.1177	0.7618	0.0607	7.0	45.0	3.6	79.8
530	0.616	107.7	0.2365	0.8752	0.0305	15.7	58.1	2.0	94.3
540	0.663	104.4	0.3768	0.9620	0.0137	26.1	66.6	0.9	100.4
550	0.692	104.0	0.5298	0.9918	0.0040	38.1	71.4	0.3	103.1
560	0.691	100.0	0.7052	0.9973	0.0000	48.7	68.9	0.0	99.7
570	0.680	96.3	0.8787	0.9556	0.0000	57.5	62.6	0.0	92.0
580	0.693	95.8	1.0142	0.8689	0.0000	67.3	57.7	0.0	83.2
590	0.741	88.7	1.1185	0.7774	0.0000	73.5	51.1	0.0	69.0
600	0.790	90.0	1.1240	0.6583	0.0000	79.9	46.8	0.0	59.2
610	0.826	89.6	1.0305	0.5280	0.0000	76.3	39.1	0.0	47.3
620	0.845	87.7	0.8563	0.3981	0.0000	63.5	29.5	0.0	34.9
630	0.852	83.3	0.6475	0.2835	0.0000	46.0	20.1	0.0	23.6
640	0.853	83.7	0.4316	0.1798	0.0000	30.8	12.8	0.0	15.0
650	0.853	80.0	0.2683	0.1076	0.0000	18.3	7.3	0.0	8.6
660	0.853	82.2	0.1526	0.0603	0.0000	10.7	4.2	0.0	5.0
670	0.853	82.3	0.0813	0.0318	0.0000	5.7	2.2	0.0	2.6
680	0.853	78.3	0.0409	0.0159	0.0000	2.7	1.1	0.0	1.2
690	0.853	69.7	0.0199	0.0077	0.0000	1.2	0.5	0.0	0.5
700	0.852	71.6	0.0096	0.0037	0.0000	0.6	0.2	0.0	0.3
710	0.851	74.3	0.0046	0.0018	0.0000	0.3	0.1	0.0	0.1
720	0.849	61.6	0.0022	0.0008	0.0000	0.1	0.0	0.0	0.1
730	0.828	69.9	0.0010	0.0004	0.0000	0.1	0.0	0.0	0.0
740	0.790	75.1	0.0005	0.0002	0.0000	0.0	0.0	0.0	0.0

续　表

波长 λ/nm	物体的 $\beta(\lambda)$	照明体 D_{65} $P(\lambda)$	CIE1964 色度系统			乘　　积			
			$\bar{x}_{10}(\lambda)$	$\bar{y}_{10}(\lambda)$	$\bar{z}_{10}(\lambda)$	$\beta(\lambda)P(\lambda)$ $\cdot \bar{x}_{10}$	$\beta(\lambda)P(\lambda)$ $\cdot \bar{y}_{10}$	$\beta(\lambda)P(\lambda)$ $\cdot \bar{z}_{10}$	$P(\lambda)$ $\cdot \bar{y}_{10}$
750	0.750	63.6	0.0003	0.0001	0.0000	0.0	0.0	0.0	0.0
760	0.712	46.4	0.0001	0.0000	0.0000	0.0	0.0	0.0	0.0
770	0.680	66.8	0.0001	0.0000	0.0000	0.0	0.0	0.0	0.0
780	0.625	63.4	0.0000	0.0000	0.0000	0.0	0.0	0.0	0.0
$\sum\limits_{\lambda}$						769.2	761.0	580.8	1161.7

CIE1964 三刺激值：

$$k_{10} = 100 / \sum_{\lambda} P(\lambda) \overline{y}_{10}(\lambda) = 0.0861$$

$$X_{10} = k_{10} \sum_{\lambda} \beta(\lambda) P(\lambda) \overline{x}_{10}(\lambda) = 66.2$$

$$Y_{10} = k_{10} \sum_{\lambda} \beta(\lambda) P(\lambda) \overline{y}_{10}(\lambda) = 65.5$$

$$Z_{10} = k_{10} \sum_{\lambda} \beta(\lambda) P(\lambda) \overline{z}_{10}(\lambda) = 50.0$$

CIE1964 色品坐标：

$$x_{10} = X_{10} / (X_{10} + Y_{10} + Z_{10}) = 0.3643$$

$$y_{10} = Y_{10} / (X_{10} + Y_{10} + Z_{10}) = 0.3605$$

$$反射因数 = \frac{k_{10} \sum \beta(\lambda) P(\lambda) \overline{y}_{10}(\lambda)}{k_{10} \sum P(\lambda) \overline{y}_{10}(\lambda)} = 0.655$$

CIE 推荐的色度计算方法有等间隔波长法和选定波长法两种。

（1）等间隔波长法

将三刺激值计算公式（2-37）中的波长间隔 $\Delta\lambda$ 选择为常量的一种计算方法，也称为加权坐标法。这是一种被普遍使用的基本方法，如上述的物体色计算实例采用的就是等间隔波长法。

（2）选定波长法

将整个可见光谱分成不相等的间隔 $\Delta\lambda_1, \Delta\lambda_2, \cdots, \Delta\lambda_n$，并使 $P(\lambda)\bar{x}(\lambda)\Delta\lambda$、$P(\lambda)\bar{y}(\lambda)\Delta\lambda$、$P(\lambda)\bar{z}(\lambda)\Delta\lambda$ 分别保持为常数，即

$$\left. \begin{array}{l} P(\lambda)\bar{x}(\lambda)\Delta\lambda_1 = P(\lambda)\bar{x}(\lambda)\Delta\lambda_2 = \cdots = P(\lambda)\bar{x}(\lambda)\Delta\lambda_n = F_x \\ P(\lambda)\bar{y}(\lambda)\Delta\lambda_1 = P(\lambda)\bar{y}(\lambda)\Delta\lambda_2 = \cdots = P(\lambda)\bar{y}(\lambda)\Delta\lambda_n = F_y \\ P(\lambda)\bar{z}(\lambda)\Delta\lambda_1 = P(\lambda)\bar{z}(\lambda)\Delta\lambda_2 = \cdots = P(\lambda)\bar{z}(\lambda)\Delta\lambda_n = F_z \end{array} \right\} \qquad (2\text{-}43)$$

所以对于反射物体，式（2-37）变为

$$\left. \begin{array}{l} X = F_x \sum_{\lambda} \rho(\lambda) \\ Y = F_y \sum_{\lambda} \rho(\lambda) \\ Z = F_z \sum_{\lambda} \rho(\lambda) \end{array} \right\} \qquad (2\text{-}44)$$

可见，三刺激值的计算变成了按选定的波长求出相应的光谱反射比 $\rho(\lambda)$ 的过程，求和后再分别乘以常数 F_x、F_y 和 F_z，即可得到被测颜色的三刺激值。如果是透射物体，则应求取各选定波长上的光谱透射比 $\tau(\lambda)$，并以 $\sum\limits_{\lambda} \tau(\lambda)$ 代替 $\sum\limits_{\lambda} \rho(\lambda)$，其他步骤完全相同。

　　由此可知,选定坐标的数目越多,其计算结果就越精确。一般选用 10～30 个波长点的坐标即可,如果要求的精度很高则可以选用 100 个甚至更多的坐标点。但是,与等间隔波长法相比,选定波长法的精度较低,所以随着数字计算机的普及,在现今的色度计算中已基本不再采用选定波长法,而广泛地应用等间隔波长法来进行三刺激值和色品坐标的计算。

2.7.3　光源色计算实例

　　光源色的三刺激值和色品坐标的计算方法与物体色计算方法基本相同,只是将式(2-37)中的颜色刺激函数 $\varphi(\lambda)$ 直接用被测光源的相对光谱功率分布 $P(\lambda)$ 来代替即可,而光源的相对光谱功率分布则可以利用光谱辐射计进行测量。表 2-6 给出了计算某荧光灯在 CIE1931 标准色度系统下的三刺激值和色品坐标的一个实例。

表 2-6　光源色的三刺激值和色品坐标计算实例(2°观察视场)

波长 λ/nm	荧光灯 $P(\lambda)$	CIE1931 色度系统			乘　积		
		$\overline{x}(\lambda)$	$\overline{y}(\lambda)$	$\overline{z}(\lambda)$	$P(\lambda)\overline{x}(\lambda)$	$P(\lambda)\overline{y}(\lambda)$	$P(\lambda)\overline{z}(\lambda)$
380	23.0	0.0014	0.0000	0.0065	0.0	0.0	0.1
390	27.5	0.0042	0.0001	0.0201	0.1	0.0	0.6
400	33.4	0.0143	0.0004	0.0679	0.5	0.0	2.3
410	43.6	0.0435	0.0012	0.2074	1.9	0.1	9.0
420	55.0	0.1344	0.0040	0.6456	7.4	0.2	35.5
430	67.7	0.2839	0.0116	1.3856	19.2	0.8	93.8
440	81.0	0.3483	0.0230	1.7471	28.2	1.9	141.5
450	94.2	0.3362	0.0380	1.7721	31.7	3.6	166.9
460	104.6	0.2908	0.0600	1.6692	30.4	6.3	174.6
470	111.1	0.1954	0.0910	1.2876	21.7	10.1	143.1
480	114.3	0.0956	0.1390	0.8130	10.9	15.9	92.9
490	115.5	0.0320	0.2080	0.4652	3.7	24.0	53.7
500	114.2	0.0049	0.3230	0.2720	0.6	36.9	31.1
510	111.4	0.0093	0.5030	0.1582	1.0	56.0	17.6
520	107.6	0.0633	0.7100	0.0782	6.8	76.4	8.4
530	103.6	0.1655	0.8620	0.0422	17.1	89.3	4.4
540	101.0	0.2904	0.9540	0.0203	29.3	96.4	2.1
550	99.8	0.4334	0.9950	0.0087	43.3	99.3	0.9
560	100.0	0.5945	0.9950	0.0039	59.5	99.5	0.4
570	101.1	0.7621	0.9520	0.0021	77.0	96.2	0.2
580	102.7	0.9163	0.8700	0.0017	94.1	89.3	0.2
590	102.7	1.0263	0.7570	0.0011	105.4	77.7	0.1
600	101.2	1.0622	0.6310	0.0008	107.5	63.9	0.1
610	99.5	1.0026	0.5030	0.0003	99.8	50.0	0.0
620	98.9	0.8544	0.3810	0.0002	84.5	37.7	0.0
630	97.4	0.6424	0.2650	0.0000	62.6	25.8	0.0
640	92.7	0.4479	0.1750	0.0000	41.5	16.2	0.0
650	96.5	0.2835	0.1070	0.0000	27.4	10.3	0.0
660	96.0	0.1649	0.0610	0.0000	15.8	5.9	0.0
670	63.6	0.0874	0.0320	0.0000	5.6	2.0	0.0
680	47.2	0.0468	0.0170	0.0000	2.2	0.8	0.0

续　表

波长 λ/nm	荧光灯 $P(\lambda)$	CIE1931 色度系统			乘　　积		
		$\overline{x}(\lambda)$	$\overline{y}(\lambda)$	$\overline{z}(\lambda)$	$P(\lambda)\overline{x}(\lambda)$	$P(\lambda)\overline{y}(\lambda)$	$P(\lambda)\overline{z}(\lambda)$
690	38.1	0.0227	0.0082	0.0000	0.9	0.3	0.0
700	31.4	0.0114	0.0041	0.0000	0.4	0.1	0.0
710	25.3	0.0058	0.0021	0.0000	0.1	0.1	0.0
720	20.5	0.0029	0.0010	0.0000	0.1	0.0	0.0
730	16.7	0.0014	0.0005	0.0000	0.0	0.0	0.0
740	13.5	0.0007	0.0002	0.0000	0.0	0.0	0.0
750	11.0	0.0003	0.0001	0.0000	0.0	0.0	0.0
760	9.0	0.0002	0.0001	0.0000	0.0	0.0	0.0
770	7.3	0.0001	0.0000	0.0000	0.0	0.0	0.0
780	6.0	0.0000	0.0000	0.0000	0.0	0.0	0.0
405	77.7	0.0225	0.0006	0.1067	1.7	0.0	8.3
436	182.4	0.3332	0.0178	1.6497	60.8	3.2	300.9
546	100.8	0.3755	0.9844	0.0122	37.9	99.2	1.2
578	29.1	0.8849	0.8910	0.0017	25.8	25.9	0.0
$\sum\limits_{\lambda}$					1164.4	1221.3	1289.9

CIE1931 三刺激值：

$k = 100/\sum\limits_{\lambda}P(\lambda)\,\overline{y}(\lambda) = 0.0819$

$X = k\sum\limits_{\lambda}P(\lambda)\,\overline{x}(\lambda) = 95.4$

$Y = k\sum\limits_{\lambda}P(\lambda)\,\overline{y}(\lambda) = 100.0$

$Z = k\sum\limits_{\lambda}P(\lambda)\,\overline{z}(\lambda) = 105.6$

CIE1931 色品坐标：

$x = X/(X+Y+Z) = 0.3169$

$y = Y/(X+Y+Z) = 0.3322$

为了求出光源的色温,需要利用如图 2-17 所示的黑体轨迹与色品坐标(x,y)之间的对应关系。如果被测光源与黑体的相对光谱功率分布偏离较远,则应根据相关色温的概念再利用等温线来求取光源的相关色温。当需要与标准照明体 D 进行比较时,可通过求解式(2-33a)或式(2-33b)来获得被测光源的色温,在其相对光谱功率分布与标准照明体 D 有偏差时同样可根据等温线来求得其相关色温。

2.7.4　颜色相加的计算

当两种已知亮度值和色品坐标的颜色相加混合后,其混合色的亮度和色品坐标可以根据格拉斯曼颜色混合定律来求得,具体的方法主要有计算法和作图法两种。

1. 计算法

混合色的色品坐标与参混色的色品坐标之间没有线性叠加的关系,但是混合色的三刺激值与其中每种成分颜色的三刺激值之间存在线性叠加关系。因此,在颜色相加混合的计算中,首先要求出混合色的三刺激值,然后再计算其色品坐标。

假设两种参与混合的颜色其三刺激值分别为 X_1、Y_1、Z_1 和 X_2、Y_2、Z_2,那么混合色的三刺激值应为

$$X = X_1 + X_2 \\ Y = Y_1 + Y_2 \\ Z = Z_1 + Z_2 \Bigg\} \tag{2-45}$$

式(2-45)可以推广至多于两种颜色的相加混合,只要求出各成分颜色的三刺激值之和,便能获得混合色的三刺激值。在计算出混合色的三刺激值后,可以按照式(2-42)来求得其色品坐标。

如果已知颜色的色品坐标 x、y 及其亮度 Y,则可以求出其三刺激值,计算公式为

$$X = \frac{x}{y}Y \\ Y = Y \\ Z = \frac{z}{y}Y = \frac{1-x-y}{y}Y \Bigg\} \tag{2-46}$$

下面举一个实例来说明颜色相加混合的实际计算过程。设参加混合的两个颜色为 C_1 和 C_2,其色度参数列于表 2-7 中,试求其混合色的色品坐标和亮度。

表 2-7　颜色相加计算实例

颜色	色品坐标		亮度/cd·m^{-2}
	x	y	
C_1	0.2500	0.7000	20.00
C_2	0.6500	0.3000	2.00

根据式(2-46)可以计算出颜色 C_1 和 C_2 的三刺激值 X_1、Y_1、Z_1 和 X_2、Y_2、Z_2 分别为

$$\begin{cases} X_1 = \dfrac{x_1}{y_1}Y_1 = \dfrac{0.2500}{0.7000} \times 20.00 = 7.14 \\ Y_1 = 20.00 \\ Z_1 = \dfrac{z_1}{y_1}Y_1 = \dfrac{1-x_1-y_1}{y_1}Y_1 = \dfrac{1-0.2500-0.7000}{0.7000} \times 20.00 = 1.43 \end{cases}$$

和

$$\begin{cases} X_2 = \dfrac{x_2}{y_2}Y_2 = \dfrac{0.6500}{0.3000} \times 2.00 = 4.33 \\ Y_2 = 2.00 \\ Z_2 = \dfrac{z_2}{y_2}Y_2 = \dfrac{1-x_2-y_2}{y_2}Y_2 = \dfrac{1-0.6500-0.3000}{0.3000} \times 2.00 = 0.33 \end{cases}$$

所以,混合色的三刺激值 X、Y、Z 为

$$\begin{cases} X = X_1 + X_2 = 11.47 \\ Y = Y_1 + Y_2 = 22.00 \\ Z = Z_1 + Z_2 = 1.76 \end{cases}$$

最后,可以求出混合色的色品坐标 x、y 为

$$\begin{cases} x = \dfrac{X}{X+Y+Z} = 0.3256 \\ y = \dfrac{Y}{X+Y+Z} = 0.6245 \end{cases}$$

由上述求出的混合色的三刺激值和色品坐标代表了该混合色的色度特性,而在其他的计算中该混合色则又可以作为一个独立的颜色来处理。

2. 作图法

颜色的相加混合还可以用作图法来求出其混合色的色品坐标。在 CIE-xy 色品图上,两种颜色相加混合产生的第三种颜色一定位于连接参与混合的两颜色的直线上。混合色在直线上的位置取决于这两种参混色各自三刺激值之和的比例,并且按照重力中心原理,该混合色的色品坐标将被拉向比例大的颜色一方。

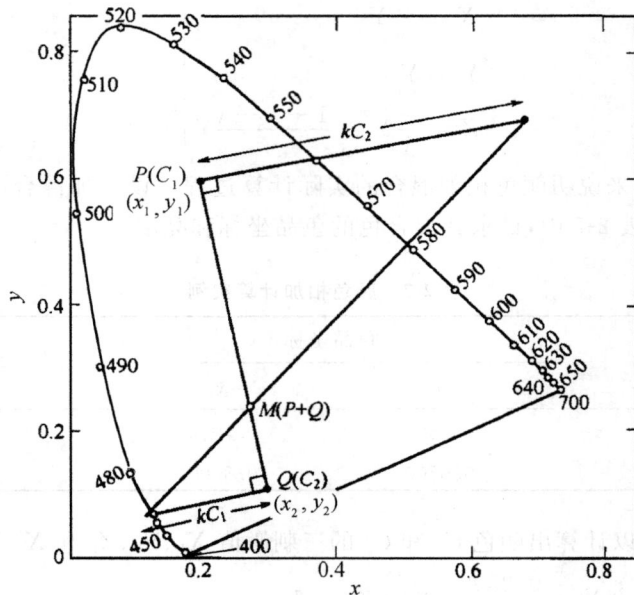

图 2-28 颜色相加的作图法

在图 2-28 中的 P 和 Q 点分别为参混的颜色 1 和颜色 2,M 为 $P+Q$ 的混合色。C_1 和 C_2 分别为对应颜色的三刺激值之和,即

$$C_1 = X_1 + Y_1 + Z_1 \\ C_2 = X_2 + Y_2 + Z_2 \Bigg\} \tag{2-47}$$

则由重力中心原理可得

$$\frac{\overline{QM}}{\overline{MP}} = \frac{C_1}{C_2} = \frac{X_1 + Y_1 + Z_1}{X_2 + Y_2 + Z_2} \tag{2-48}$$

可见,式(2-48)中 $\overline{QM}$ 的距离与 C_2 成反比,即在混合色中 C_2 所占的比例愈大则 $\overline{QM}$ 的距离愈短。

采用作图法求混合色的色品坐标时,首先在如图 2-28 所示的色品图上将两个参混色点 P 和 Q 连成直线;然后,在两个端点 P 和 Q 处分别向该直线 PQ 的两侧作其垂线,并使 P 点处的垂线长度与 C_2 成比例(设为 kC_2),使 Q 点处的垂线长度与 C_1 成比例(设为 kC_1),其中 k 为任意选定的比例系数;最后,连接这两条垂线末端的直线与 PQ 线相交于 M 点,则 M 点在该色品图中的坐标值即为所求混合色的色品坐标。

2.8　主波长和色纯度

为了表示一种颜色的色度特性，可以采用三刺激值 X、Y、Z 或者色品坐标 x、y。但是，由于颜色是三维量，所以在用色品坐标表述时需要增加一个光度量信息，通常采用亮度 Y，即可以 $(x，y，Y)$ 来表示一个颜色。除此之外，CIE 还推荐采用主波长和色纯度来表示颜色的色度参数，即采用对特定的非彩色刺激（achromatic stimulus，指在通常的观察条件下感觉为无色的颜色刺激）的色品点 W（称为参照白点，white point）的距离和方向来表示颜色。

2.8.1　主波长

如图 2-29 所示，一种颜色 F_1 的主波长（dominant wavelength）是指某一种光谱色的波长，用符号 λ_d 表示。如果将这种光谱色按一定比例与选定的参照白光 W 相加混合，便能匹配出该颜色 F_1。但是，如果某个颜色 F_2 处于色品图中连接白点和光谱轨迹两端点所形成的三角形区域内（图 2-29 中虚线所围部分，称为紫色区域），则它没有主波长，而只有补色波长。一种颜色 F_2 的补色波长（complementary wavelength）也是指某一种光谱色的波长，用符号 λ_c 表示。如果将这种光谱色按一定比例与颜色 F_2 相加混合，便能匹配出所选定的参照白光 W。

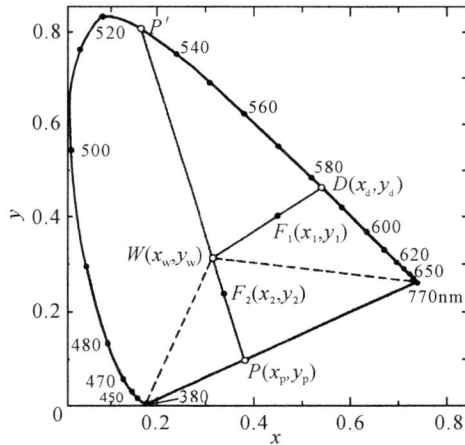

图 2-29　主波长和色纯度

如果已知被测颜色样品的色品坐标 $(x，y)$ 和选定参照白光的色品坐标 $(x_w，y_w)$，那么可以应用作图法或计算法来确定该色样的主波长或补色波长。

（1）作图法

首先，在如图 2-29 所示的色品图上标出色样点 F_1 和参照白点 W；然后，由白点 W 向颜色 F_1 引直线，并延长至与光谱轨迹相交于 D 点，则交点 D 的光谱色波长即为所求颜色的主波长 λ_d。按照图中的实际数据，色样 F_1 的主波长为 $\lambda_d = 583\text{nm}$。

对于色样 F_2，由于该颜色处于紫色区域，故应该求其补色波长。同样，在色品图上标出颜色 F_2 的位置，再由 F_2 点向白点 W 引直线，并延长至与光谱轨迹相交，该交点 P' 处的光谱色波长就是所求色样的补色波长 λ_c，如图中所示颜色 F_2 的补色波长为 $\lambda_c = 530\text{nm}$。

（2）计算法

连接参照白点$(x_w，y_w)$与颜色样品点$(x，y)$的直线的斜率 K 为

$$K = \frac{x - x_w}{y - y_w} \qquad (2\text{-}49a)$$

或

$$K = \frac{y - y_w}{x - x_w} \qquad (2\text{-}49b)$$

由此可以预先将有关 CIE 标准照明体在 CIE-xy 色品图中所对应的各光谱色恒定主波长的斜率计算好，并形成表格。实际计算时，从式（2-49a）和式（2－49b）所表示的两个斜率中选择绝对值较小的一个斜率，通过查表便能确定所求色样的主波长或补色波长。

2.8.2 兴奋纯度和色度纯度

一般来说，将非彩色刺激和光谱色（单色光）刺激通过相加混合而与某颜色刺激进行匹配时的混合比称为该颜色刺激的纯度（purity）。换言之，色纯度是指样品的颜色与所对应主波长光谱色的接近程度，通常有兴奋纯度和色度纯度两种表示色纯度的基本方法。

1. 兴奋纯度

兴奋纯度（excitation purity）可以表示为 CIE-xy 色品图上两个线段的长度之比，并记作 P_e。在图 2-29 中，P_e 为白点 $W(x_w，y_w)$ 到样品点 $F_1(x_1，y_1)$ 的距离 $\overline{WF_1}$ 与白点 W 到主波长点 $D(x_d，y_d)$ 的距离 $\overline{WD}$ 之比，即

$$P_e = \frac{\overline{WF_1}}{\overline{WD}} = \frac{x_1 - x_w}{x_d - x_w} = \frac{y_1 - y_w}{y_d - y_w} \qquad (2\text{-}50)$$

对于在紫区的样品点 $F_2(x_2，y_2)$，设由白点 W 向 F_2 点引直线并与紫线交于 $P(x_p，y_p)$ 点，则其兴奋纯度 P_e 应为

$$P_e = \frac{\overline{WF_2}}{\overline{WP}} = \frac{x_2 - x_w}{x_p - x_w} = \frac{y_2 - y_w}{y_p - y_w} \qquad (2\text{-}51)$$

由此可以计算出图中颜色 F_1 的兴奋纯度 P_e 约为 60％，颜色 F_2 的 P_e 约为 35％。另外，在式（2-50）和式（2-51）中，P_e 均有对应于色品坐标 x 或 y 的两种计算式，从理论上讲两者的计算结果应该相同。但是，在实际计算中，如果色样点与主波长点的连线（或补色波长线）趋于与色品图的 x 轴平行，即 y、y_d、y_w 这三个值接近时，对应于 y 的计算式的误差较大，所以应采用 x 计算式；反之，当连线趋于与色品图的 y 轴平行时，x 式的误差较大，故应采用 y 计算式。

一种颜色的兴奋纯度表征了主波长的光谱色被白光冲淡的程度，实质上就是主波长光谱色的三刺激值在颜色样品三刺激值中所占的比重。设参照白光 W、颜色样品 F_1、主波长光谱色 D 的 X 刺激值分别为 X_w、X_1、X_d，其三刺激值总和分别为 S_w、S_1、S_d，则由色品坐标和主波长以及颜色相加混合的定义可知

$$\left. \begin{aligned} x_w &= \frac{X_w}{S_w} \\[2mm] x_1 &= \frac{X_1}{S_1} \\[2mm] x_d &= \frac{X_d}{S_d} \\[2mm] X_1 &= X_w + X_d \\[2mm] S_1 &= S_w + S_d \end{aligned} \right\} \qquad (2\text{-}52)$$

将式(2-52)代入式(2-50),可得

$$P_e = \frac{x_1 - x_w}{x_d - x_w} = \frac{X_1/S_1 - X_w/S_w}{X_d/S_d - X_w/S_w}$$

$$= \frac{(X_w + X_d)/(S_w + S_d) - X_w/S_w}{X_d/S_d - X_w/S_w} \qquad (2\text{-}53)$$

$$= \frac{S_d}{S_w + S_d} = \frac{S_d}{S_1}$$

可见,兴奋纯度 P_e 就是主波长光谱色的三刺激值总和与颜色样品的三刺激值总和之比。

　　计算自发光体(光源)的主波长和兴奋纯度时,通常选用等能白作为参照白点;对于非自发光体(物体色)则可以采用 CIE 标准照明体如 A、B、C、D_{65} 等作为参照白光,选用不同的参照白点将会计算出不同的主波长和兴奋纯度。

　　2. 色度纯度

　　当采用亮度来表示样品颜色的纯度时,称之为色度纯度(colorimetric purity),其符号为 P_c。设图 2-29 中的样品颜色 F_1 及其主波长光谱色 D 的 Y 刺激值分别为 Y_1 和 Y_d,则 F_1 的色度纯度为

$$P_c = \frac{Y_d}{Y_1} \qquad (2\text{-}54)$$

可见,色度纯度表示主波长的光谱色在样品颜色中所占亮度的比重。

　　由于

$$\left. \begin{array}{l} Y_1 = y_1 S_1 \\ Y_d = y_d S_d \end{array} \right\} \qquad (2\text{-}55)$$

将式(2-55)代入式(2-54)并参照式(2-53),可得

$$P_c = \frac{Y_d}{Y_1} = \frac{y_d S_d}{y_1 S_1} = \frac{y_d}{y_1} P_e \qquad (2\text{-}56)$$

　　通常将刚好能被识别的色度纯度的差值 ΔP_c 称为恰可察觉差或刚辨差(just noticeable difference,记作 jnd),也称为识别阈,如图 2-30 为对波长为 650nm 的单色光求出的识别阈曲线,对于其他的波长也可得到类似的结果。

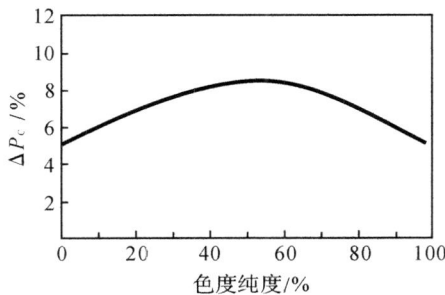

图 2-30　色度纯度与识别阈(波长为 650nm,参照白点为 4800K)

　　可见,采用上述规定的主波长或补色波长以及兴奋纯度或色度纯度的组合就能确定颜色刺激,其中主波长大致表示颜色知觉中的色调,兴奋纯度大致表示彩度,这样便于直观地把握颜色刺激,但是不能将两者简单地完全等同起来。

　　本章已经介绍了三种表述颜色特性的方式,即:①颜色的三刺激值(X,Y,Z);②颜色的色品坐标及其亮度(x,y,Y);③颜色的主波长、色纯度和亮度(λ_d,P_e,Y)。

第 3 章

均匀颜色空间及颜色差异的评价

国际照明委员会(CIE)于 1931 年推荐的标准色度观察者光谱三刺激值函数及相应的色品图、标准照明体与标准光源作为 CIE 标准色度系统,至今仍在许多方面得到广泛的应用,使人们可以在统一的基准下进行颜色的计量测试和比较分析,并具有了学术和生产交流的色彩专用语言,促进了颜色科学和相关产业的进步和发展。但是,在 CIE1931 标准色度系统的实际应用中发现了一些不足之处,尤其是色品图的不均匀性即各色区中颜色感知差异的容限大小不等,这在实用中产生了较大的问题。此外,工业应用中还常常需要比较和评价不同亮度等级的颜色,而这些问题的出现推动了均匀颜色空间以及颜色差异计算方法的研究。

3.1 均匀色品图

定量地表示颜色感知差别的量称为色差(color difference),可是用 CIE-xy 色品图上的距离来求出的色差却是不均匀的。如图 3-1 所示的 CIE 色品图上有两组处于不同色区的颜色对,其中第一对颜色 1 和 2 在蓝色区,第二对颜色 3 和 4 在绿色区,并且假定在该色品图上 1 和 2 之间的距离与 3 和 4 之间的距离相等,这时按常规思维因距离相等就应认为感知上的颜色差异也相同,但实际上随着在色品图上所处的位置不同其颜色感知有相当的差别。可见,对于相同的色距离有时出现较大的感知上的差异,有时又呈现出难以分辨的很小的感知差别,这显然是很不合理的,无法满足工业应用的需求。

为了定量地表示色差,需要对人眼的颜色分辨能力进行测试和分析。颜色是三维量,包括明度和色品(如色调、彩度或饱和度等),因此对颜色分辨力的研究有必要分别从这几个方面来探讨。

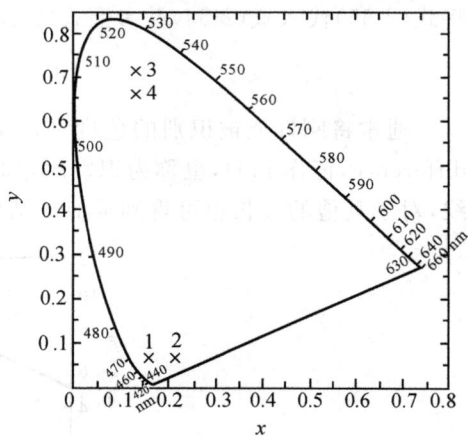

图 3-1　CIE-xy 色品图上的色差

(1) 光亮度分辨力

设有色品相同但光亮度略有差异的两种色光,其亮度分别为 L 和 $L+\Delta L$,两者分别照射在实验装置的两半视场内,当人眼恰能分辨出两个半视场的光亮度不同时的 ΔL 值称为光亮度辨别差阈值,即人眼的光亮度分辨力。如果 $L=0$,则 ΔL 为刚能从黑暗中分辨出环境的最小光亮度,称为光亮度绝对阈,这是能感知光亮度的最低极限值。中央凹锥体细胞的光亮度绝对阈约为 $10^{-3}\,\mathrm{cd/m^2}$,而杆体细胞可达到 $10^{-6}\,\mathrm{cd/m^2}$。

实验测定的 $\Delta L/L$ 与 L 的关系曲线如图 3-2 所示,当 L 很小时,$\Delta L/L$ 的值很大并随着 L 的增加而逐渐下降;当 L 增大到一定值后,$\Delta L/L$ 保持为常数,单目视觉约为 1%,双目视觉(优于单目视觉)约为 0.2%;如果 L 再增加并达到炫目时,$\Delta L/L$ 值又将会迅速增大。可见,人眼在一般光亮度情况下,保持 $\Delta L/L$ 为常数,并且其光亮度分辨力 ΔL 随着亮度 L 的变化而不同。

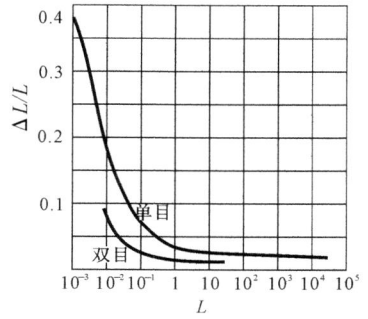

图 3-2　$\Delta L/L$ 与 L 的关系

(2) 波长和色纯度的分辨力

对亮度相同但波长不同的单色光的波长分辨力实验结果表明,人眼对不同波长光谱颜色差异的感受性随着波长区间的不同其差别很大。图 3-3 表示了人眼的波长分辨力随波长的变化曲线,在光谱两端的分辨力最差,当光谱的波长变化 5~6nm 时才会发觉颜色的变化,尤其是在红端 680nm 以上几乎不能分辨出差别,看起来都是同一红色;光谱中部的分辨力较高,特别是在蓝绿色 490nm 和黄色 600nm 附近其分辨力最强,波长只要有 1nm 的差别就能察觉。同时,人眼的波长分辨力随光亮度的变化而有所不同,光亮度提高时分辨力相应提高,当网膜照度增强到 3000 楚兰德(td)时 580nm 处的分辨力可达 0.4nm;但如果继续提高光亮度则分辨力又会下降,如在耀眼的 4000td 照度下 580nm 附近光谱色的波长差必须达到 3nm 才能被人眼分辨为两种不同的颜色。另一方面,如果色纯度降低,波长分辨力一般随之降低,只是蓝紫端随色纯度的变化与其他色区有些不同。此外,波长分辨力随着观察视场的增大而升高,所以 10° 视场的波长分辨力比 2° 视场高 3 倍。2° 视场时在整个可见光谱上人眼能分辨出约 150 种颜色,而在 10° 视场时可以分辨出 400~500 种颜色。

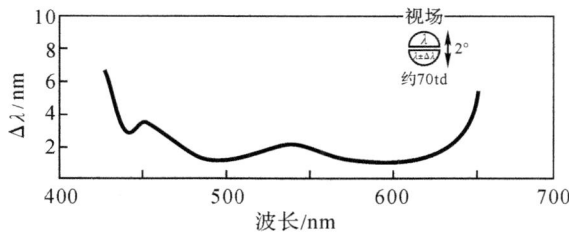

图 3-3　人眼的波长分辨力随波长的变化曲线

人眼对色纯度变化的分辨力也可以通过实验进行测定,如要测量白光($P_c=0$)加色光后的分辨力即低色纯度时的纯度分辨力,可用白光亮度 L 和 $L-\Delta L$ 分别照射在目视色度计的两半视场中,然后在 $L-\Delta L$ 那侧加单色光亮度 ΔL,使两半视场亮度相等。如果两边恰可分辨为不同的色光,则此时所测定的就是在白光时的色纯度分辨力 $\Delta P_c = \Delta L/L$。实验证明,色纯度分辨力以短波端为最好,如 400nm 时的 $\Delta P_c=0.001$,即白光中加入千分之一亮度的色光就可被人眼分辨为非白光;黄波段以 570nm 为最差,$\Delta P_c=0.05$,即需要将 5% 的黄光加入白光中才能为人眼所分辨。从图 3-4 给出的布里克韦德(Brickwedde)的实验结

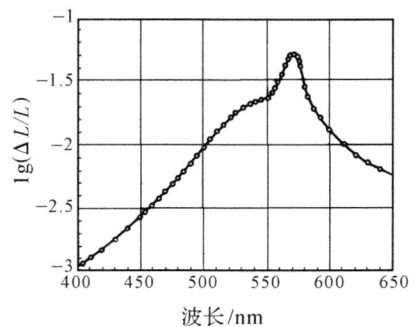

图 3-4　低色纯度时色纯度分辨力随波长的变化曲线

果,可以看出低色纯度时色纯度分辨力随波长的变化情况。

近单色光时($P_c=1$)的色纯度分辨力很有规则,几乎所有单色光中只需加入2%左右的白光后人眼就能分辨出颜色的变化,所以冲淡单色光时的ΔP_c总是大致等于0.02。对于其他色纯度的分辨力,实验发现黄绿色(570nm)的色纯度分辨力最差,最佳的是在光谱两端,尤其是紫蓝端的色纯度分辨力特别高。

(3)色品的分辨力

上面分别讨论了对应于颜色三个属性即明度、色调和饱和度的分辨力特性,但是颜色之间的差异是其三属性综合变化的结果,所以有必要研究其综合分辨能力,特别是颜色的色品分辨力。

在CIE-xy色品图上,每一个点对应一定的色品(包括色调和饱和度),也即代表一种颜色。如果某一种颜色在色品图上的位置变化很小,使人眼感觉不出其变化,那么它仍将被认为是原来的颜色,也就是说只有当坐标位置变化到一定范围时人眼才能察觉到颜色的变化。通常把人眼感觉不到颜色变化的范围称为颜色的宽容量,也称为恰可察觉差(jnd),而宽容量的大小反映了人眼的色品分辨力。图3-5表示在CIE1931色品图上人眼对不同色区颜色的恰可察觉差范围,图中不同长度的线段表示人眼在相应波长区间对光谱色差别的感受性,线段的长度表示颜色的变化不会被人眼感觉到的允许范围,即只有当色品的变化超出该线段的范围时人眼才能察觉出颜色的变化。从图3-5中可以看到,在短波400nm和长波600nm附近区域的线段很短,说明人眼对这些区域的颜色变化很敏感,而在520nm附近的绿色区域则相对较不敏感。

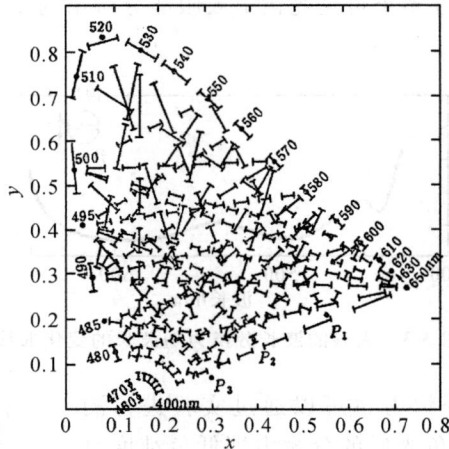

图3-5　在CIE1931色品图上人眼对不同色区颜色的恰可察觉差范围

色度学家麦克亚当(D. L. MacAdam)对CIE-xy色品图的不均匀性进行了更详细的实验研究,他不是求色品图上某一确定方向上的不均匀性,而是对所选定的颜色中心在5~9个方向上用加混色方法进行多次颜色匹配测试,同时在实验中采用2°观察视场并保持颜色亮度不变。实验表明,即使对某一确定的方向,每次实验的结果也是不同的,并在视觉可识别的界限内变动。将不同方向上该变动的标准偏差在色品图上描点,就得到了如图3-6所示的空心圆点,它们在中心色的色品坐标点周围呈椭圆形分布。麦克亚当对25个不同的颜色中心进行了颜色匹配实验,均得到了椭圆分布形式的结果,如图3-7所示(为了能看清楚,图中的椭圆被放大了10倍),故称这些椭圆为麦克亚当椭圆(MacAdam ellipse)。

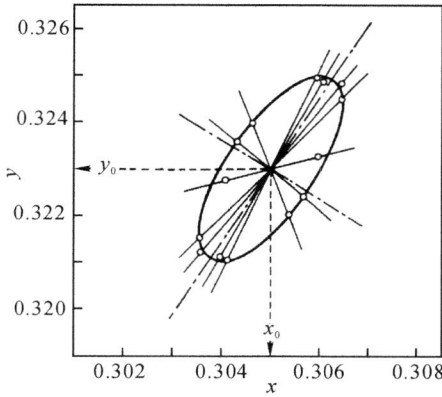

图 3-6　对中心色 (x_0, y_0) 的颜色匹配
实验标准偏差分布

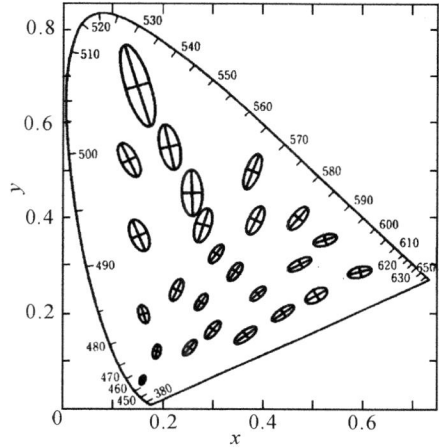

图 3-7　麦克亚当椭圆(放大 10 倍)

麦克亚当椭圆表示的标准偏差并不直接表示色差,而是表示色品的分辨力。麦克亚当通过其他实验测定了作为 jnd 的色差,并证明了标准偏差的 3 倍就是色差的恰可察觉差,因此图 3-7 中的麦克亚当椭圆表示色品图上不同位置处色差的 jnd 的变化。由图 3-7 可见,CIE-xy 色品图上的麦克亚当椭圆是非常不均匀的,在色品图左下方的蓝紫色区,色品坐标稍有变化就能识别,而对于上方的绿色区,色品坐标约变化前者的 10 倍才能分辨。按照视觉恰可分辨的颜色数量来计算,色品图光谱轨迹蓝色端的颜色密度大于轨迹顶部绿色的密度约 300～400 倍。

如果色品图是视觉均匀的,那么在图上任何位置的麦克亚当椭圆应该都是半径相等的圆,所以将这种在色品图上距离相同的等亮度颜色所感知的差异也相等的色品图称为均匀色品标尺图(uniform-chromaticity-scale diagram)或 UCS 图(UCS diagram)。找到这样一个理想的色品图是十分困难的,因为一个理想的均匀色品图不是一个平面而是一个曲面,而且无法用欧氏几何空间来描述,所以在平面上只能找到近似均匀的色品图。由于 UCS 图在实用上非常重要,因此许多研究者在这方面做了大量的工作,其中麦克亚当提出的色品图对 CIE-xy 色品图的不均匀性进行了某种程度的改善,而且变换公式也简单,于是 CIE 在 1960 年正式推荐了 CIE1960 均匀色品标尺图,简称 CIE1960 UCS 图,如图 3-8 即为 1°～4°观察条件下的 CIE1960 UCS 图。

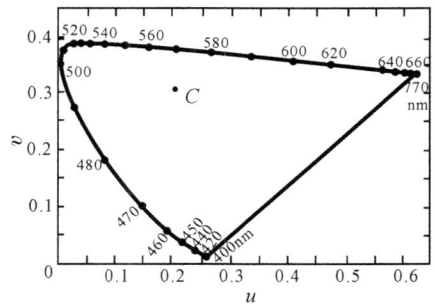

图 3-8　CIE1960 UCS 图(2°视场)

在 CIE1960 UCS 图中,色品横坐标为 u,色品纵坐标为 v,所以该色品图也称为 uv 色品图,其色品坐标 u、v 可从 CIE1931 色品坐标 x、y 或三刺激值 X、Y、Z 转换而来,计算公式为

$$\left. \begin{array}{l} u = \dfrac{4x}{-2x + 12y + 3} \\[2mm] v = \dfrac{6y}{-2x + 12y + 3} \end{array} \right\} \qquad (3\text{-}1)$$

或

$$
\left.\begin{aligned}
u &= \frac{4X}{X + 15Y + 3Z} \\
v &= \frac{6Y}{X + 15Y + 3Z}
\end{aligned}\right\} \tag{3-2}
$$

当观察的视场大于 $4°$ 时,应采用 CIE1964 标准色度系统的 x_{10}、y_{10} 和 X_{10}、Y_{10}、Z_{10} 分别代入式(3-1)和式(3-2)中,同样可求得大视场下的色品坐标 u_{10}、v_{10},其对应的 CIE1960 USC 图如图 3-9 所示。

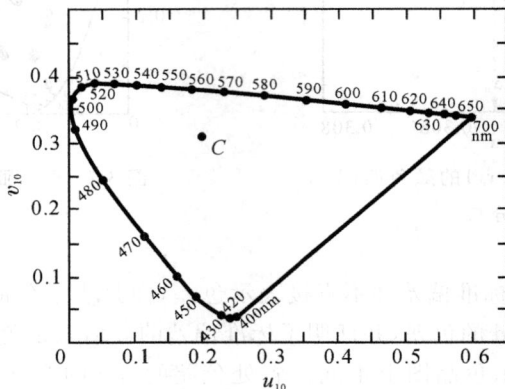

图 3-9　CIE1960 UCS 图(10°视场)

如果将图 3-5 中的部分恰可察觉差线段和图 3-7 中的麦克亚当椭圆从 CIE1931 色品图转换到 CIE1960 UCS 图,就可得到如图 3-10 和图 3-11 所示的结果。可以看到,转换后的线段和椭圆与 xy 色品图相比其均匀性已有较大改善,此时在 UCS 图中最大与最小的颜色宽容量仅差 2 倍左右,在一定程度上已能满足工业实践的要求。自从 1960 年 uv 色品图被推荐以后,已得到广泛的应用,如前述的相关色温的定义和后面将介绍的光源显色性评价等都采用了 CIE1960 UCS 图。

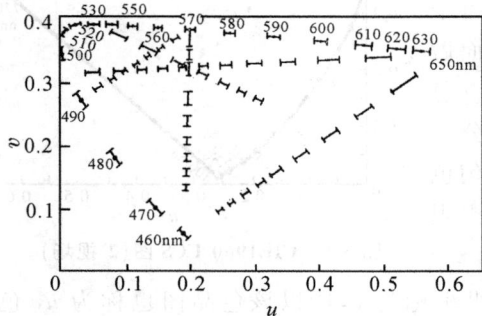

图 3-10　在 CIE1960 UCS 图上的恰可察觉差范围

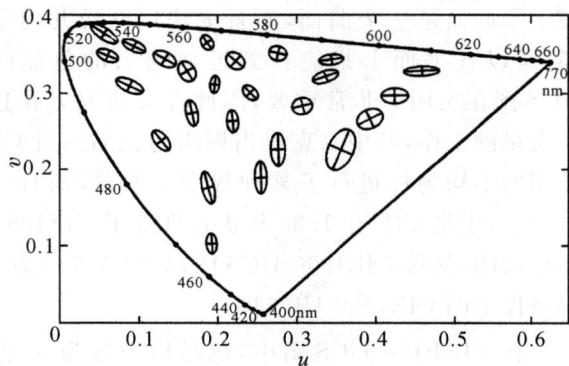

图 3-11　在 CIE1960 UCS 图上的麦克亚当椭圆(放大 10 倍)

如果色品图是完全均匀的,则其宽容量线段的长度都应相等,椭圆都应变为等半径的圆,因此还不能说 CIE1960 UCS 图是完善的。伊斯特沃德(Eastwood)于 1975 年报道了将纵轴 v 值扩大 1.5 倍可使色品图的均匀性进一步改善的研究成果,于是 CIE 以此为基础对 uv 色品图进行了改良并于 1976 年推荐采用下述定义的 $u'v'$ 色品图：

$$u' = \frac{4x}{-2x + 12y + 3} \left.\vphantom{\frac{4x}{-2x+12y+3}}\right\}$$
$$v' = \frac{9y}{-2x + 12y + 3} \left.\vphantom{\frac{9y}{-2x+12y+3}}\right\} \tag{3-3}$$

或

$$u' = \frac{4X}{X + 15Y + 3Z} \left.\vphantom{\frac{4X}{X+15Y+3Z}}\right\}$$
$$v' = \frac{9Y}{X + 15Y + 3Z} \left.\vphantom{\frac{9Y}{X+15Y+3Z}}\right\} \tag{3-4}$$

将该色品图称为 CIE1976 UCS 图或 $u'v'$ 色品图。同样,将麦克亚当椭圆转换到 $u'v'$ 色品图上的结果如图 3-12 所示,可见该色品图的视觉均匀性比 uv 色品图有了一定的提高,但总体而言对不均匀性的改善程度并不十分明显。

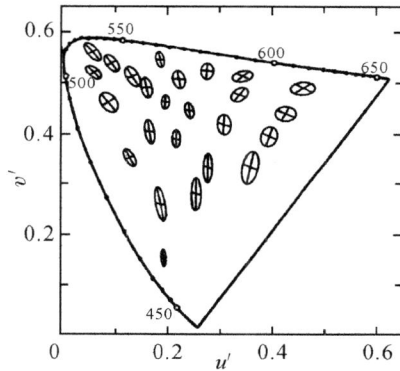

图 3-12　在 CIE1976 UCS 图上的麦克亚当椭圆(放大 10 倍)

3.2　均匀明度标尺

第 3.1 节介绍的均匀色品图只涉及颜色的色品,包括色调和饱和度,因而还需要研究颜色的第三维特性即明度的均匀性问题。明度表示颜色的明亮程度,大体上与三刺激值中的 Y 相对应。物体色的 Y 也称为亮度因数,即在规定的光照条件下和给定的方向上,物体表面的亮度与同一光照下完全漫反射体的亮度之比。但是,对于视觉相同的明度等级其所对应的 Y 值却是非等间隔的,反之亦然,即如将 Y 作 $10,20,30,\cdots$ 变化时,对应的明度不是均匀增加的。因此,为使明度变得均匀而将亮度因数 Y 进行修正后的标尺称为均匀明度标尺(uniform lightness scale,ULS)。

以后将会介绍的孟塞尔颜色系统提供了很好的均匀明度标尺,这是因为孟塞尔颜色系统的明度即孟塞尔明度值 V 在视觉上是均匀的。孟塞尔颜色系统将明度值 V 分为 $0\sim10$ 共十一个等级,其中 0 为理想黑色,10 为理想白色,并且 V 值越大表示视知觉的明亮度越高。由孟塞尔色卡的亮度因数 Y 向孟塞尔明度值 V 的转换式为

$$Y = 1.2219V - 0.23111V^2 + 0.23951V^3 - 0.021009V^4 + 0.0008404V^5 \tag{3-5}$$

可见,两者之间存在明显的非线性关系,其对应的关系曲线如图 3-13 所示,图中曲线上的数字

为各点的 Y 值。由图 3-13 可知,在黑色附近非线性尤其明显,所以在黑色中稍微混入一点白色就会明显变白,如在黑发($V=0$)中只要混入二成白发($V=10$)就会成为半白($V=5$)的头发就是这个原因。

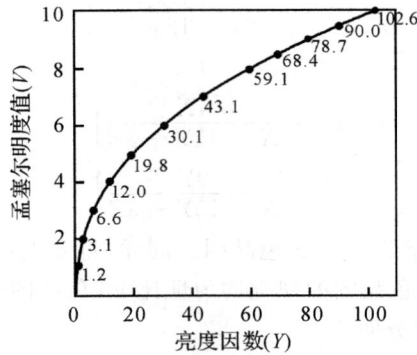

图 3-13　孟塞尔明度值 V 与亮度因数 Y 的关系曲线

由 Y 值向均匀明度标尺的变换除了上述的孟塞尔明度值函数以外,还有其他多种转换方法,如平方根公式、CIE 明度指数函数、德国 DIN 系统明度标尺等,图 3-14 给出了这些不同函数关系的比较。图 3-14 中曲线 1 为亨特(Hunter)色差公式中的明度公式,即

$$L_{\mathrm{H}} = 10Y^{1/2} \tag{3-6}$$

可见这是一个平方根公式,作图时取 $L_{\mathrm{H}}=10V$;曲线 2 是前述的孟塞尔明度值函数;曲线 3 是后面将要介绍的 CIE1964 均匀颜色空间中的明度指数函数,即

$$W^{*} = 25Y^{1/3} - 17 \tag{3-7}$$

式中,$1 \leqslant Y \leqslant 100$,作图时取 $W^{*}=10V$;曲线 4 是德国 DIN 系统的明度标尺,其公式为

$$V = 6.1723 \lg\left(40.7\frac{Y}{Y_{0}} + 1\right) \tag{3-8}$$

曲线 5 表示如下的 V 与 Y 转换关系式:

$$V = 0.25 + 5\lg Y \tag{3-9}$$

式中,$Y=89.1$ 时对应于 $V=10$。由图 3-14 可见,孟塞尔明度标尺(曲线 2)和 CIE1964 均匀颜色空间中的明度标尺(曲线 3)对应的曲线基本重合,两者在知觉上都十分均匀,是很好的均匀明度标尺,但是孟塞尔明度标尺的关系式比较复杂,而 CIE 的明度标尺则比较简单,计算也相对方便。

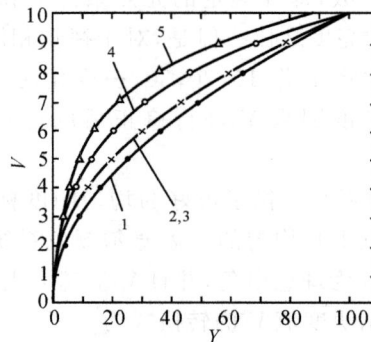

图 3-14　V 与 Y 的几种关系曲线

3.3　均匀颜色空间

在前面讨论的均匀色品图中并未涉及有关颜色的明度均匀性,即使采用(u', v', Y)代替(x, y, Y),色品坐标的均匀性提高了,但明度的均匀性没有变化。因此,应考虑将均匀色品标尺和均匀明度标尺组合起来,形成一个均匀的三维空间,并称之为均匀颜色空间(uniform color space)。同时,把在均匀颜色空间中对应于明度的坐标称为明度指数(psychometric lightness)。

3.3.1　CIE1964 均匀颜色空间

国际照明委员会基于威泽斯基(Wyszecki)提出的利用 CIE1960 UCS 图的均匀颜色空间,于 1964 年推荐了 CIE1964 $W^* U^* V^*$ 颜色空间。该系统采用三个参数即明度指数 W^*、色品指数 U^* 和 V^* 来表示颜色,并由此组合的三维坐标形成了颜色的立体空间,它们的计算公式为

$$
\left.
\begin{aligned}
W^* &= 25Y^{1/3} - 17,\ 1 \leqslant Y \leqslant 100 \\
U^* &= 13W^*(u - u_n) \\
V^* &= 13W^*(v - v_n)
\end{aligned}
\right\}
\tag{3-10}
$$

式中,u、v 是颜色样品的 CIE1960 色品坐标,而 u_n、v_n 是照明光源的色品坐标。可见,明度指数 W^* 与刺激值 Y 有关,并且明度指数标尺在知觉上是均匀的,即每一个单位量的差别代表相等的知觉差异,因而它更准确地表达了颜色明度的变化;色品指数 U^* 和 V^* 的计算式是基于 CIE1960 UCS 图的 u、v 色品坐标,同时又考虑了明度指数 W^* 对色品坐标的影响,故当明度指数 W^* 增大或减小时色品指数也随之增大或减小。

在该均匀颜色空间中,两个颜色(U_1^*, V_1^*, W_1^*)和(U_2^*, V_2^*, W_2^*)之间的色差为

$$
\Delta E = \left[(\Delta U^*)^2 + (\Delta V^*)^2 + (\Delta W^*)^2\right]^{1/2}
\tag{3-11}
$$

式中

$$
\left.
\begin{aligned}
\Delta U^* &= U_1^* - U_2^* \\
\Delta V^* &= V_1^* - V_2^* \\
\Delta W^* &= W_1^* - W_2^*
\end{aligned}
\right\}
\tag{3-12}
$$

在理论上,当观察者适应于平均日光,在白色或中灰色背景上看同样尺寸和相同外形的一对颜色样品时,上述色差公式能够准确地表达两样品颜色的视觉差异。另外,在应用上述公式计算色差时应注意所采用的观察视场,如果视场范围为 $1° \sim 4°$,则应根据 CIE1931 标准色度观察者光谱三刺激值来计算 U^*、V^*、W^*;如果视场大于 $4°$,则采用 CIE1964 标准色度观察者光谱三刺激值来计算。

式(3-11)中的色差 $\Delta E = 1$ 时称为 1 个 NBS 色差单位。NBS(National Bureau of Standard)色差单位原是由 1942 年亨特的均匀颜色空间推导出的色差公式所决定的,而 CIE1964 均匀颜色空间的色差公式推导出的色差单位正好与它的单位一致。不同的色差公式导出的色差单位不同,故在计算色差时必须注明是按何种色差公式计算的。1 个 NBS 色差单位大约相当于在最佳实验条件下人眼能知觉的恰可察觉差的 5 倍,在 CIE-xy 色品图的中心区域相当于色品坐标 x 或 y 变化 $0.0015 \sim 0.0025$,其目视感觉如表 3-1 所示。

表 3-1　NBS 色差单位的目视感觉

色差/NBS 单位	目视感觉
0～0.5	痕迹
0.5～1.5	轻微
1.5～3.0	可察觉
3.0～6.0	可识别
6.0～12.0	大
12.0 以上	非常大

对于有色产品的色差允许范围,应根据具体情况分别设定,如涂料的颜色稍有差别就比较明显,故色差可以定为小于 1 个 NBS 单位,纺织品通常定为小于 2 个 NBS 单位,而彩色电视可以取 4～5 个 NBS 色差单位。

3.3.2　CIE1976 均匀颜色空间

为了更客观、更准确地测量和评价颜色的差别,CIE 在整理和总结了当时出现的诸多颜色空间的基础上,于 1976 年正式推荐了两个改进的均匀颜色空间,即 CIE1976 $L^* u^* v^*$ 颜色空间和 CIE1976 $L^* a^* b^*$ 颜色空间。

1. CIE1976 $L^* u^* v^*$ 颜色空间

国际照明委员会改进了原有的 CIE1964 $W^* U^* V^*$ 颜色空间,提出采用 L^*、u^*、v^* 作为三维直角坐标的 CIE1976 $L^* u^* v^*$ 颜色空间,也称为 CIELUV 颜色空间,它主要用于如电视工业等加混色(additive mixture)的表示和评价。在该空间中,L^* 为明度,u^*、v^* 表示颜色的色品坐标,其计算公式为

$$\left.\begin{array}{l} L^* = 116(Y/Y_n)^{1/3} - 16, \quad Y/Y_n > (24/116)^3 \\ u^* = 13L^*(u' - u_n') \\ v^* = 13L^*(v' - v_n') \end{array}\right\} \tag{3-13}$$

式中,u'、v' 和 u_n'、v_n' 分别是颜色样品和 CIE 标准照明体的 CIE1976 UCS 图色品坐标,可由式(3-3)或式(3-4)求得,为了便于阅读,这里复述如下:

$$\begin{cases} u' = \dfrac{4X}{X + 15Y + 3Z} \\ v' = \dfrac{9Y}{X + 15Y + 3Z} \end{cases}$$

$$\begin{cases} u_n' = \dfrac{4X_n}{X_n + 15Y_n + 3Z_n} \\ v_n' = \dfrac{9Y_n}{X_n + 15Y_n + 3Z_n} \end{cases}$$

式中,X、Y、Z 为颜色样品的三刺激值,X_n、Y_n、Z_n 为 CIE 标准照明体照射在完全漫反射体上,然后反射到观察者眼中的三刺激值,其中 $Y_n = 100$。

比较 CIE1976 $L^* u^* v^*$ 空间和 CIE1964 $W^* U^* V^*$ 空间的计算公式可以看出,CIE1976 $L^* u^* v^*$ 颜色空间对 CIE1964 $W^* U^* V^*$ 颜色空间的修正主要有三个方面:①CIE1964 $W^* U^* V^*$ 空间中的明度 W^* 计算式中没有包含完全漫反射体的亮度因数 Y_n,而由于 $Y_n = 100$,故这种修正不影响色差的计算;②CIE1976 $L^* u^* v^*$ 空间中的明度 L^* 计算式中将常数 17 改为 16,从而使 $Y = 100$ 时对应的 $L^* = 100$,而在 CIE1964 $W^* U^* V^*$ 空间中的明度 W^* 式中

$Y=102$ 时才对应于 $W^*=100$；③在 CIE1964 $W^*U^*V^*$ 空间中采用了 CIE1976 UCS 色品坐标 u' 和 v'，其中 $u'=u$，与 CIE1960 UCS 色品坐标 u 一致，但是 $v'=1.5v$，修改色品坐标 v 的目的是进一步改善颜色空间的视觉均匀性。

2. CIE1976 $L^*a^*b^*$ 颜色空间

CIE 在 1976 年推荐用于加混色的 CIELUV 颜色空间的同时，还推荐了主要用于如表面色料工业等减混色（subtractive mixture）的表示和评价的 CIE1976 $L^*a^*b^*$ 颜色空间，也称为 CIELAB 颜色空间。作为该空间三维直角坐标的明度 L^* 和色品坐标 a^*、b^* 的计算公式为

$$\left. \begin{aligned} L^* &= 116(Y/Y_n)^{1/3} - 16, && Y/Y_n > (24/116)^3 \\ a^* &= 500[(X/X_n)^{1/3} - (Y/Y_n)^{1/3}], && X/X_n > (24/116)^3 \\ b^* &= 200[(Y/Y_n)^{1/3} - (Z/Z_n)^{1/3}], && Z/Z_n > (24/116)^3 \end{aligned} \right\} \tag{3-14}$$

式中，X、Y、Z 为颜色样品的三刺激值，X_n、Y_n、Z_n 为 CIE 标准照明体照射在完全漫反射体上，然后反射到观察者眼中的三刺激值，其中 $Y_n=100$。

3. 暗（深）色的修正公式

从式（3-13）和式（3-14）可见，CIELUV 颜色空间中的 L^* 和 CIELAB 颜色空间中的 L^*、a^*、b^* 所适用的三刺激值是有条件限制的。但是，现实中存在着在此限制范围以外的极深颜色，所以式（3-13）和式（3-14）中 L^*、a^*、b^* 的计算公式应该修正为包含上述限制范围之外的暗（深）色的通用公式，即

$$\left. \begin{aligned} L^* &= 116 f(Y/Y_n) - 16 \\ a^* &= 500[f(X/X_n) - f(Y/Y_n)] \\ b^* &= 200[f(Y/Y_n) - f(Z/Z_n)] \end{aligned} \right\} \tag{3-15}$$

式中

$$\left. \begin{aligned} f(X/X_n) &= \begin{cases} (X/X_n)^{1/3}, & X/X_n > (24/116)^3 \\ (841/108)(X/X_n) + 16/116, & X/X_n \leqslant (24/116)^3 \end{cases} \\ f(Y/Y_n) &= \begin{cases} (Y/Y_n)^{1/3}, & Y/Y_n > (24/116)^3 \\ (841/108)(Y/Y_n) + 16/116, & Y/Y_n \leqslant (24/116)^3 \end{cases} \\ f(Z/Z_n) &= \begin{cases} (Z/Z_n)^{1/3}, & Z/Z_n > (24/116)^3 \\ (841/108)(Z/Z_n) + 16/116, & Z/Z_n \leqslant (24/116)^3 \end{cases} \end{aligned} \right\} \tag{3-16}$$

4. 色差与心理相关量

在 CIELUV 和 CIELAB 颜色空间中，以两个被比较颜色点的欧氏距离表示色差，同时还各有一组与心理量近似对应的感知属性，即明度、彩度、色调角及色调差。下面分别具体介绍这些颜色评价参数，并以下标"uv"和"ab"来区分 CIELUV 和 CIELAB 颜色空间。

（1）色差

在 CIELUV 颜色空间中，两个颜色 (L_1^*, u_1^*, v_1^*) 和 (L_2^*, u_2^*, v_2^*) 之间的色差 ΔE_{uv}^* 为

$$\Delta E_{uv}^* = [(\Delta L^*)^2 + (\Delta u^*)^2 + (\Delta v^*)^2]^{1/2} \tag{3-17}$$

式中

$$\left. \begin{aligned} \Delta L^* &= L_1^* - L_2^* \\ \Delta u^* &= u_1^* - u_2^* \\ \Delta v^* &= v_1^* - v_2^* \end{aligned} \right\} \tag{3-18}$$

在 CIELAB 颜色空间中，两个颜色 (L_1^*, a_1^*, b_1^*) 和 (L_2^*, a_2^*, b_2^*) 之间的色差 ΔE_{ab}^* 为

$$\Delta E_{ab}^* = \left[(\Delta L^*)^2 + (\Delta a^*)^2 + (\Delta b^*)^2\right]^{1/2} \tag{3-19}$$

式中

$$\left.\begin{array}{l} \Delta L^* = L_1^* - L_2^* \\ \Delta a^* = a_1^* - a_2^* \\ \Delta b^* = b_1^* - b_2^* \end{array}\right\} \tag{3-20}$$

（2）明度

由式（3-15）可知，CIELUV 和 CIELAB 两个颜色空间中的明度指数 L^* 是一致的，即

$$L^* = \begin{cases} 116(Y/Y_n)^{1/3} - 16, & Y/Y_n > (24/116)^3 \\ 903.3(Y/Y_n), & Y/Y_n \leqslant (24/116)^3 \end{cases} \tag{3-21}$$

（3）彩度

在颜色空间中的等明度平面上，由坐标原点到色品坐标 (u^*, v^*) 或 (a^*, b^*) 的距离为彩度 C_{uv}^* 或 C_{ab}^*，即

$$\left.\begin{array}{l} C_{uv}^* = \left[(u^*)^2 + (v^*)^2\right]^{1/2} \\ C_{ab}^* = \left[(a^*)^2 + (b^*)^2\right]^{1/2} \end{array}\right\} \tag{3-22}$$

（4）色调角

在 CIELUV 和 CIELAB 颜色空间中的色调角 h_{uv} 和 h_{ab} 为

$$\left.\begin{array}{l} h_{uv} = \arctan(v^*/u^*) \\ h_{ab} = \arctan(b^*/a^*) \end{array}\right\} \tag{3-23}$$

并规定（以 CIELAB 空间为例，对于 CIELUV 空间可类推）：当 $a^* > 0$ 且 $b^* > 0$ 时，$0° < h_{ab} < 90°$；当 $a^* < 0$ 且 $b^* > 0$ 时，$90° < h_{ab} < 180°$；当 $a^* < 0$ 且 $b^* < 0$ 时，$180° < h_{ab} < 270°$；当 $a^* > 0$ 且 $b^* < 0$ 时，$270° < h_{ab} < 360°$。如图 3-15 所示，在等明度的 $a^* b^*$ 平面上，$+a^*$ 为红色方向（值愈大表示对应的颜色愈红），$-a^*$ 为绿色方向（值愈小则颜色愈绿），$+b^*$ 为黄色方向（值愈大则颜色愈黄），$-b^*$ 为蓝色方向（值愈小则颜色愈蓝）。在该平面上，C_1^* 和 C_2^* 分别为颜色 1 和颜色 2 的彩度，h_1 和 h_2 则为两种颜色的色调角。

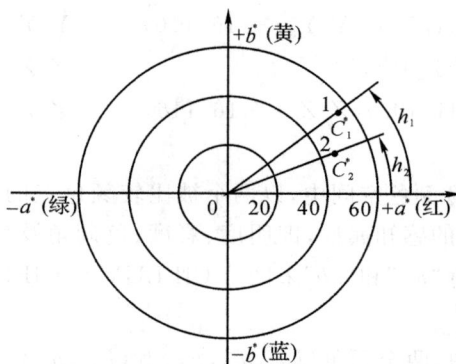

图 3-15　彩度、色调角

（5）色调差

色差也可以用明度差（ΔL^*）、彩度差（ΔC^*）和色调差（ΔH^*）来定义，即

$$\left.\begin{array}{l} \Delta E_{uv}^* = \left[(\Delta L^*)^2 + (\Delta C_{uv}^*)^2 + (\Delta H_{uv}^*)^2\right]^{1/2} \\ \Delta E_{ab}^* = \left[(\Delta L^*)^2 + (\Delta C_{ab}^*)^2 + (\Delta H_{ab}^*)^2\right]^{1/2} \end{array}\right\} \tag{3-24}$$

所以色调差 ΔH^* 为

$$\left.\begin{array}{l} \Delta H_{uv}^{*} = \left[(\Delta E_{uv}^{*})^2 - (\Delta L^{*})^2 - (\Delta C_{uv}^{*})^2\right]^{1/2} \\ \Delta H_{ab}^{*} = \left[(\Delta E_{ab}^{*})^2 - (\Delta L^{*})^2 - (\Delta C_{ab}^{*})^2\right]^{1/2} \end{array}\right\} \qquad (3\text{-}25)$$

并规定当色调角 h 增加时色调差 ΔH^* 为正,当 h 减少时 ΔH^* 为负。

色调差也可不由总色差求出而是用式(3-26)直接计算,设在 CIELAB 和 CIELUV 颜色空间中有两个颜色分别为 (L_1^*,a_1^*,b_1^*) 与 (L_2^*,a_2^*,b_2^*) 以及 (L_1^*,u_1^*,v_1^*) 与 (L_2^*,u_2^*,v_2^*),其彩度分别为 $C_{ab,1}^*$ 和 $C_{ab,2}^*$ 以及 $C_{uv,1}^*$ 与 $C_{uv,2}^*$,则该两颜色的色调差 ΔH_{ab}^* 以及 ΔH_{uv}^* 分别为

$$\left.\begin{array}{l} \Delta H_{ab}^{*} = \dfrac{a_1^* b_2^* - a_2^* b_1^*}{\left[0.5(C_{ab,1}^* C_{ab,2}^* + a_1^* a_2^* + b_1^* b_2^*)\right]^{1/2}} \\[4mm] \Delta H_{uv}^{*} = \dfrac{u_1^* v_2^* - u_2^* v_1^*}{\left[0.5(C_{uv,1}^* C_{uv,2}^* + u_1^* u_2^* + v_1^* v_2^*)\right]^{1/2}} \end{array}\right\} \qquad (3\text{-}26)$$

另外,在 CIELUV 颜色空间中还有一个心理相关量即饱和度(saturation)S_{uv},其计算公式为

$$S_{uv} = 13\left[(u'-u_n')^2 + (v'-v_n')^2\right]^{1/2} = C_{uv}^*/L^* \qquad (3\text{-}27)$$

3.4　色差的评价

3.4.1　色差的视觉判断

对于两个颜色之间差别的视觉判断主要有两种直观的评价,即可感知性(perceptibility)和可接受性(acceptability)。可感知性是指观察者能够看到颜色的差别或能够判断两个颜色样品之间色差的大小的视觉属性,而可接受性则表示观察者是否认为可以接受被观察颜色差别的视觉判断。

一般来说,可感知性对应于人眼的视觉辨别阈值,而可接受性则体现了对颜色质量的要求,所以可感知性主要受观察者心理和生理因素的影响,而可接受性与观察者的主观意愿和被评价产品的技术指标等有关。通常,当色差稍高于视觉辨别阈值的上限时,可感知性判断和可接受性判断是相同的。但是,随着色差的增大,所作出的可接受性判断就往往与相应的可感知性判断不同了,可感知性判断会受到商业因素的影响而增大。而对于可接受性,它会受到许多因素的影响,例如虽然某产品的试样与标准色样之间的视觉色差很大,可是如果能够大大降低其成本的话,该试样就可能变得可以接受了。

由此可知,目视比较和判断具有较大的主观性和易变性,在工业生产中不宜直接作为颜色质量的评价依据。因此,仪器测色显得尤为重要,但是物理测量的数据应该能预测观察者所看到的情况,并需要有合适的色差公式使之计算出来的色差能够预测目视色差。可见,为了实现色差的符合视觉判断的客观评价,需要建立能够预测可感知性判断的色差方程,而色差方程的建立是基于大量的颜色视觉判断和色差比较心理物理实验数据之上的,同时还要考虑颜色刺激的时间与空间特性和视觉实验的观察条件等因素。

3.4.2　色差研究的指导原则

为了改善颜色空间中的欧氏几何距离与视觉判断结果的相关性,许多学者对色差方程进行了优化和测试,产生了诸多颜色比较数据组,而且它们之间不能一致,甚至彼此矛盾。因此,

国际照明委员会在推荐了 CIELUV 和 CIELAB 颜色空间之后,于 1978 年就提出了若干指导原则,以协调各国科学家对色差评价的研究,并确定了四个研究步骤:①方法论的研究,如探讨由目视比色法得到的结果对物体色的适用性问题等,同时规定了灰色、红色、黄色、绿色和蓝色等 5 种颜色中心供研究比较;②系统地研究不同的条件参数对色差判断的影响,如试样尺寸、质地以及观察者的易变性等;③在独立的确定的参照条件下对整个颜色空间的色差感知进行完全映射;④建立方程,而该方程应能够预测第三步中得到的数据,并且能在不同于参照条件的情况下进行调整。

在 CIE 的指导原则中,第一步的颜色中心由 1978 年规定的 5 种增加到 1995 年推荐的 17 种,建议色差比较实验应该在这些颜色区域中进行,如表 3-2 所示。可见,这些颜色中心覆盖了整个色域范围,其中带"*"的序号对应于 1978 年建议的 5 个基本中心颜色。

表 3-2　CIE 色差研究颜色中心的 CIELAB 参数

(45°x:0°测量几何条件,标准照明体 D$_{65}$,CIE1964 标准色度观察者)

序号	色　名	L^*	a^*	b^*
*1	灰色(Grey)	62	0	0
*2	红色(Red)	44	37	23
3	高彩度红色(Red,high chroma)	44	58	36
4	橙色(Orange)	63	13	21
5	高彩度橙色(Orange,high chroma)	63	36	63
*6	黄色(Yellow)	87	−7	47
7	高彩度黄色(Yellow,high chroma)	87	−11	76
8	黄绿色(Yellow-green)	65	−10	13
9	高彩度黄绿色(Yellow-green,high chroma)	65	−30	39
*10	绿色(Green)	56	−32	0
11	高彩度绿色(Green,high chroma)	56	−45	0
12	蓝绿色(Blue-green)	50	−16	−11
13	高彩度蓝绿色(Blue-green,high chroma)	50	−32	−22
*14	蓝色(Blue)	36	5	−31
15	高彩度蓝色(Blue,high chroma)	34	7	−44
16	紫色(Purple)	46	12	−13
17	高彩度紫色(Purple,high chroma)	46	26	−26

在 CIE 的色差研究指导原则之第二步中,建议在视觉实验中采用的条件参数有试样尺寸、照明水平、试样间隔、质地、环境颜色(特别是有各种普通照明体的中性环境以及颜色与试样相似的环境)、亮度因子、色差大小、观察者的易变性、观察持续时间、单目或双目观察等,并称这些因素为参数因子。

有了以上的指导原则,不同的研究者按照各种实验条件得到的不同测试结果可以进行对照、交流和比对,从而为色差研究的国际合作以及学术总结与发展提供有利的平台,极大地促进了色差研究的进步,并已取得了包括各种色差评价公式在内的许多重要研究成果。

3.4.3　色差公式

理想的色差评价模型应基于真正视觉感知均匀的颜色空间,其预测的色差应与目视判断具有良好的一致性,而且可以采用统一的色差宽容度来进行颜色质量控制,即对所有颜色产品能用相同的色差容限来判定其合格与否,而与标准色样在颜色空间中所处的位置或所属的色区无关。这是色差研究的最终目标,是一项十分困难和艰巨的任务。长期以来,各国的颜色科学工作者已在这一领域投入了大量的精力,做了很多的工作,至今已提出几十个色差公式,其中一些公式已被 CIE 阶段性地推荐为评价标准。

纵观色差评价研究的发展,以 CIE1976 均匀颜色空间为界,现有的色差公式大致可以分为 1976 年以前发表的早期色差公式和 1976 年以来发表的近期色差公式。

1. 早期的色差公式

从 1936 年至 1976 年 CIELUV 和 CIELAB 被正式推荐为止,在这期间共有 20 多个色差公式发表,但由于没有统一的标准依据和参照条件,不同的研究者都以各自所涉及的工业应用或学术领域及其测试数据为基础,提出了多种不同的色差评价模型。按照其实验方法、研究对象和推导过程等的不同,这些色差公式大致可以分成三类:第一类是以孟塞尔颜色系统为基础对 CIE 色品图进行非线性变换而来的色差公式;第二类是通过对 CIE 色品图进行线性变换而推导出来的色差公式;第三类是以麦克亚当的 25 组椭球实验数据为基础而提出的色差公式。虽然这些公式在当时的历史条件下都不同程度地推动了色差研究的发展,对颜色相关工业也产生了一定的作用,但是在当今看来,它们的色差评价结果都不太理想,其中影响较大的色差公式主要有瑞利立方根公式、FMC-Ⅰ 公式、FMC-Ⅱ 公式、ANLAB 公式以及亨特 Lab 公式等。

（1）瑞利立方根（Reilly Cube Root 色差公式

瑞利立方根公式是一个出现比较早并且与人眼的实际视觉评价结果比较符合的色差公式,可直接由三刺激值 X、Y、Z 进行计算,其表达式为

$$\Delta E_{\text{Reilly}} = \{[25.29\Delta(G^{1/3})]^2 + [106\Delta(R^{1/3} - G^{1/3})]^2 + [42.34\Delta(G^{1/3} - B^{1/3})]^2\}^{1/2}$$

$$(3\text{-}28)$$

式中

$$\left.\begin{array}{l} R = 1.1084X + 0.0852Y + 0.1454Z \\ G = -0.0010X + 1.0005Y + 0.0004Z \\ B = -0.0062X + 0.0394Y + 0.8192Z \end{array}\right\} \qquad (3\text{-}29)$$

（2）FMC-Ⅰ（Friele-MacAdam-Chickering-Ⅰ）色差公式

由弗赖尔（Friele）、麦克亚当（MacAdam）和齐卡林格（Chickering）共同提出这一色差公式,它可以直接用于色差的评价而不需要向其他表色系统进行转换,其由三刺激值 X、Y、Z 计算的总色差为

$$\Delta E_{\text{FMC-I}} = \left\{\left(\frac{l^*\,\Delta L}{a}\right)^2 + \left[\left(\frac{\Delta C_{r-g}}{a}\right) - f\left(\frac{\Delta C_{y-b}}{b}\right)\right]^2 + \left(\frac{\Delta C_{y-b}}{b}\right)^2\right\}^{1/2} \qquad (3\text{-}30)$$

式中

$$\Delta L = PQ(P^2 + Q^2)^{-1/2}[(\Delta P/Q) + (\Delta Q/P)]$$
$$\Delta C_{r-g} = PQ(P^2 + Q^2)^{-1/2}[(\Delta P/P) - (\Delta Q/Q)]$$
$$\Delta C_{y-b} = PQS(P^2 + Q^2)^{-1/2}[(\Delta P/Q) + (\Delta Q/P)] - \Delta S$$
$$a^2 = \alpha^2(P^2 + Q^2)[1 + NP^2Q^2/(P^4 + Q^4)]^{-1}$$
$$b^2 = \beta^2[S^2 + (pY)^2]$$
$$P = 0.724X + 0.382Y - 0.098Z$$
$$Q = -0.480X + 1.370Y + 0.1276Z$$
$$S = 0.686Z \qquad\qquad\qquad\qquad\qquad\qquad\qquad (3\text{-}31)$$
$$\alpha = 0.00416$$
$$\beta = 0.0176$$
$$p = 0.4489$$
$$N = 2.73$$
$$l^* = 0.279$$
$$f = 0$$

（3）FMC-Ⅱ（Friele-MacAdam-Chickering-Ⅱ）色差公式

FMC-Ⅱ色差公式是 FMC-Ⅰ 公式的修正版本,它比 FMC-Ⅰ 更精确,在纺织印染等行业中应用较广,迄今一些测色仪器的软件中仍保留了该色差公式的功能。FMC-Ⅱ公式的表达式只是在 FMC-Ⅰ 中增加两个修正系数 K_1 和 K_2,即

$$\Delta E_{\text{FMC-Ⅱ}} = \left\{ K_2^2 \left(\frac{l^* \Delta L}{a} \right)^2 + K_1^2 \left[\left(\frac{\Delta C_{r-g}}{a} \right) - f \left(\frac{\Delta C_{y-b}}{b} \right) \right]^2 + K_1^2 \left(\frac{\Delta C_{y-b}}{b} \right)^2 \right\}^{1/2} \qquad (3\text{-}32)$$

式中

$$K_1 = 0.55669 + 0.049434Y - 0.82575 \times 10^{-3}Y^2 + 0.79172 \times 10^{-5}Y^3 - 0.30087 \times 10^{-7}Y^4,$$
$$0 < Y < 100$$
$$K_2 = 0.17548 + 0.027556Y - 0.57262 \times 10^{-3}Y^2 + 0.63893 \times 10^{-5}Y^3 - 0.26731 \times 10^{-7}Y^4,$$
$$0 < Y < 100$$
$$(3\text{-}33)$$

其他参数与 FMC-Ⅰ 色差公式中的意义相同。

（4）ANLAB（Adams-Nickerson LAB）色差公式

ANLAB 色差公式以孟塞尔明度值函数为基础,利用亚当斯（Adams）于 1942 年提出的坐标系,采用感知上大致均匀的颜色空间,后来又由尼克尔森（Nickerson）作了进一步的改进,因此称为亚当斯-尼克尔森色差公式,其表达式为

$$\Delta E_{\text{AN}} = [(\Delta L)^2 + (\Delta A)^2 + (\Delta B)^2]^{1/2} \qquad (3\text{-}34)$$

式中,L 为明度指数,A、B 为色品指数,所以 ΔL、ΔA、ΔB 分别为被测色样 1 与标准色样 2 之间的明度差和色品差,即

$$\left.\begin{array}{l} \Delta L = L_1 - L_2 \\ \Delta A = A_1 - A_2 \\ \Delta B = B_1 - B_2 \end{array}\right\} \qquad (3\text{-}35)$$

其中

$$\left.\begin{array}{l} L = 9.66V_y \\ A = 42(V_x - V_y) \\ B = 16.8(V_y - V_z) \end{array}\right\} \qquad (3\text{-}36)$$

式中，V_x、V_y、V_z 为孟塞尔值，可以查表获得，也可以按式(3-37)由三刺激值 X、Y、Z 来计算。

$$\left.\begin{aligned}
\frac{100X}{X_{\mathrm{MgO}}} &= 1.2219V_x - 0.23111V_x^2 + 0.23951V_x^3 - 0.021009V_x^4 + 0.0008404V_x^5 \\
\frac{100Y}{Y_{\mathrm{MgO}}} &= 1.2219V_y - 0.23111V_y^2 + 0.23951V_y^3 - 0.021009V_y^4 + 0.0008404V_y^5 \\
\frac{100Z}{Z_{\mathrm{MgO}}} &= 1.2219V_z - 0.23111V_z^2 + 0.23951V_z^3 - 0.021009V_z^4 + 0.0008404V_z^5
\end{aligned}\right\} \quad (3\text{-}37)$$

其中，X_{MgO}、Y_{MgO}、Z_{MgO} 是烟雾氧化镁的三刺激值。

除了以上的总色差 ΔE_{AN}、明度差 ΔL 之外，由 ANLAB 色差公式还可以计算出色品差 ΔC_c、饱和度差 ΔC_s 及色相差 Δh，即

$$\left.\begin{aligned}
\Delta C_c &= \left[(\Delta A)^2 + (\Delta B)^2\right]^{1/2} \\
\Delta C_s &= (A_1^2 + B_1^2)^{1/2} - (A_2^2 + B_2^2)^{1/2} \\
\Delta h &= \left[(\Delta C_c)^2 - (\Delta C_s)^2\right]^{1/2}
\end{aligned}\right\} \quad (3\text{-}38)$$

（5）亨特 Lab(Hunter Lab)色差公式

亨特色差公式是由亨特(Hunter)为使光电色度计读数方便而于 1948 年提出的 Lab 对抗色系统中计算色差的公式，较多用于陶瓷、塑料和纺织品等，一般可满足工业生产管理的需要。在该系统中，L 表示物体反射光的明度，a 表示反射光中红色与绿色的成分，b 表示反射光中黄色与蓝色的成分。因此，Lab 系统的色差公式表示为

$$\Delta E_{\mathrm{Hunter}} = \left[(\Delta L)^2 + (\Delta a)^2 + (\Delta b)^2\right]^{1/2} \quad (3\text{-}39)$$

式中，ΔL、Δa、Δb 分别为两个物体表面色的明度差和色品坐标差，并且可由式(3-40)决定亨特颜色空间的明度指数 L 和色品指数 a、b 之值。

$$\left.\begin{aligned}
L &= 10Y^{1/2} \\
a &= \frac{17.5\left(\dfrac{X}{f_{XA}+f_{XB}} - Y\right)}{Y^{1/2}} \\
b &= \frac{7.0\left(Y - \dfrac{Z}{f_{ZB}}\right)}{Y^{1/2}}
\end{aligned}\right\} \quad (3\text{-}40)$$

式中，X、Y、Z 为颜色样品的三刺激值，f_{XA}、f_{XB}、f_{ZB} 为由所选用的 CIE 标准色度观察者和标准照明体决定的常数，它们的取值可查阅表 3-3。例如，对于 CIE 2°视场的标准色度观察者和标准照明体 C，亨特系统的 L、a、b 为

$$\left.\begin{aligned}
L &= 10Y^{1/2} \\
a &= 17.5(1.02X - Y)/Y^{1/2} \\
b &= 7.0(Y - 0.847Z)/Y^{1/2}
\end{aligned}\right\} \quad (3\text{-}41)$$

表 3-3　亨特公式中 f_{XA}、f_{XB}、f_{ZB} 的数值

标准照明体	CIE1931(2°)观察者			CIE1964(10°)观察者		
	f_{XA}	f_{XB}	f_{ZB}	f_{XA}	f_{XB}	f_{ZB}
A	1.0447	0.0539	0.3558	1.0571	0.0544	0.3520
D_{55}	0.8601	0.1504	0.9209	0.8078	0.1502	0.9098
D_{65}	0.7701	0.1804	1.0889	0.7683	0.1798	1.0733
D_{75}	0.7446	0.2047	1.2256	0.7405	0.2038	1.2073
C	0.7832	0.1975	1.1822	0.7772	0.1957	1.1614

2. 近期的色差公式

自从国际照明委员会于 1976 年正式推荐 CIE1976 L* u* v* 和 CIE1976 L* a* b* 两个均匀颜色空间以后,CIE1976 颜色空间得到了广泛的应用,尤其是 CIELAB 在当时是使用效果最好的色差公式,因而国际标准化组织(ISO)以及许多国家的标准化部门都以此制定了相应的标准,如 ISO 纺织委员会、联邦德国国家标准化研究所(GIS)、英国染色工作者学会(SDC)、美国纺织品染化师协会(AATCC)等,我国也采用该颜色空间制定了相应的国家标准。然而,在工业界广泛应用 CIE1976 颜色空间的过程中不断出现各种不尽如人意之处,主要是均匀性不够,且不同应用领域出现的问题也各不相同。因此,各国的颜色科学家在世界范围内进行了大量的研究探索,旨在提高色差计算值与视觉判断之间的一致性,并由此提出了多种色差评估模型,其中的一些被 CIE 在不同时期推荐为工作标准。

近期的色差公式大多是在工业生产质量控制条件下,通过对各种色样的目视比较,积累大量的视觉数据,再与仪器测量和模型计算的色差值进行对照和优化处理,从而对 CIELAB 色差公式进行修正,最终形成各种新的色差评价公式,如 FCM、JPC79、CMC($l:c$)、BFD($l:c$)、CIELAB 的加权式、MCSL、CIE94、Leeds(LCD)、CIEDE2000 等是其中的代表。

(1) FCM 色差公式

FCM(fine color metric)色差公式由 L. F. C. Friele 于 1978 年提出,旨在改善 CIELUV 和 CIELAB 色差公式在某些颜色区域的异常表现。该色差公式是基于颜色视觉的阶段学说而推导出来的,其颜色视觉机制在视网膜感受器水平是三色(R,G,B)的,而在视网膜感受器上的视觉传导通道则是四色的,其中包含三对对抗性的神经反应,即红-绿(tritanopic signal)、黄-蓝(deuteranopic signal)和白-黑(lightness signal)。FCM 色差的表达式为

$$\Delta E_{\text{FCM}} = \left(\frac{2.5}{1 + 0.01Y}\right)\left[(f_1\Delta L)^2 + (\Delta T)^2 + (\Delta D)^2 - f\Delta T\Delta D\right]^{1/2} \tag{3-42}$$

式中

$$
\left.
\begin{aligned}
&\Delta L = 6Y^{-2/3}\Delta Y \\
&\Delta T = 0.760[\Delta X - (X/Y)\Delta Y] - 0.124[\Delta Z - (Z/Y)\Delta Y]/\tau \\
&\Delta D = -0.847[\Delta Z - (Z/Y)\Delta Y]/\delta \\
&f = 1.6[1 - \exp(-0.0015c^2)]\sin(2\alpha) + \exp(-0.0015c^2) \\
&\tau = \begin{cases} 0.024R^{4/3}/Y^{2/3}, & R > G \\ 0.024G^{4/3}/Y^{2/3}, & R < G \end{cases} \\
&\delta = [(0.085B^{4/3}/Y^{2/3})^2 + (0.055Y^{2/3})^2]^{1/2} \\
&c^2 = T^2 + D^2 \\
&\alpha = \arctan(D/T) \\
&T = \begin{cases} 125Y^{1/3}(1 - Y^{1/3}/R^{1/3}), & R > G \\ [0.760/(-0.484)]125Y^{1/3}(1 - Y^{1/3}/G^{1/3}), & R < G \end{cases} \\
&D = \int_B^Y [(0.085x^{4/3} - Y^{2/3})^2 + (0.055Y^{2/3})^2]^{-1/2}\,\mathrm{d}x \\
&R = 0.760X + 0.401Y - 0.124Z \\
&G = -0.484X + 1.381Y + 0.079Z \\
&B = 0.847Z
\end{aligned}
\right\} \tag{3-43}
$$

其中,X、Y、Z 为颜色样品的三刺激值,f_1 规定了明度差在总色差中的权重。一般来说,对于

涂料样品取 $f_1 = 1$，而对于纺织品则取 $f_1 = 0.4$。

（2）JPC79 色差公式

JPC79 色差公式是由麦当劳（R. McDonald）于 1980 年提出的，该公式以对应于 55 个颜色中心的 640 对染色样品进行的色差宽容度实验结果为基础，通过对 ANLAB 色差公式进行修正而得到的。JPC79 最早在色差公式中引入了三项分色差的调整参数 L_t、C_t 和 H_t，从而使色差可随待评价样品的颜色特性而改变，以进一步改善与目视评价的一致性。该公式采用以标准色样为中心的椭球来表示颜色宽容度的范围，其三个半轴的长度分别为 L_t、C_t 和 H_t，所以它的色差表示为

$$\Delta E_{\mathrm{JPC79}} = \left[\left(\frac{\Delta L}{L_t} \right)^2 + \left(\frac{\Delta C}{C_t} \right)^2 + \left(\frac{\Delta H}{H_t} \right)^2 \right]^{1/2} \tag{3-44}$$

式中，ΔL、ΔC 和 ΔH 分别是由 ANLAB 色差公式计算得到的明度差、饱和度差和色相差，其他参数为

$$\left.\begin{aligned}
&L_t = 0.08195 L_{\mathrm{std}} / (1 + 0.01765 L_{\mathrm{std}}) \\
&C_t = 0.06380 C_{\mathrm{std}} / (1 + 0.01310 C_{\mathrm{std}}) + 0.638 \\
&H_t = t_n C_t \\
&t_n = tf + 1 - f \\
&f = \left(\frac{C_{\mathrm{std}}^4}{C_{\mathrm{std}}^4 + 1900} \right)^{1/2}
\end{aligned}\right\} \tag{3-45}$$

并且，当 C_{std}（或 C_{sp}）< 0.638 时，

$$t_n = 1$$

当 C_{std}（或 C_{sp}）$\geqslant 0.638$ 时，

$$t_n = \begin{cases} 0.36 + |0.4\cos(h_{\mathrm{std}} + 35)|, & 164° \leqslant h_{\mathrm{std}} < 345° \\ 0.56 + |0.2\cos(h_{\mathrm{std}} + 168)|, & h_{\mathrm{std}} < 164° \text{ 或 } h_{\mathrm{std}} \geqslant 345° \end{cases}$$

其中，下标"std"表示标准色样，下标"sp"则表示测试色样。

（3）CMC（l∶c）色差公式

CMC（l∶c）色差公式是由 F. J. J. Clarke、R. McDonald 和 B. Rigg 在对 JPC79 公式进行修改的基础上于 1984 年提出的，它克服了 JPC79 在深色及中性色区域的计算值与目视评价结果偏差较大的缺陷，并进一步引入了明度权重因子 l 和彩度权重因子 c，以适应不同应用的需求。该公式由英国染色工作者学会（Society of Dyers and Colourists，SDC）的颜色测量委员会（Colour Measurement Committee，CMC）推荐使用，其色差的表达式为

$$\Delta E_{\mathrm{CMC}} = \left[\left(\frac{\Delta L_{ab}^*}{l S_L} \right)^2 + \left(\frac{\Delta C_{ab}^*}{c S_C} \right)^2 + \left(\frac{\Delta H_{ab}^*}{S_H} \right)^2 \right]^{1/2} \tag{3-46}$$

式中

$$\left.\begin{aligned}
&S_L = \begin{cases} 0.040975 L_{ab,\mathrm{std}}^* / (1 + 0.01765 L_{ab,\mathrm{std}}^*), & L_{ab,\mathrm{std}}^* \geqslant 16 \\ 0.511, & L_{ab,\mathrm{std}}^* < 16 \end{cases} \\
&S_C = 0.0638 C_{ab,\mathrm{std}}^* / (1 + 0.0131 C_{ab,\mathrm{std}}^*) + 0.638 \\
&S_H = S_C (Tf + 1 - f) \\
&f = \{ (C_{ab,\mathrm{std}}^*)^4 / [(C_{ab,\mathrm{std}}^*)^4 + 1900] \}^{1/2} \\
&T = \begin{cases} 0.36 + |0.4\cos(h_{ab,\mathrm{std}} + 35)|, & h_{ab,\mathrm{std}} \notin [164°, 345°) \\ 0.56 + |0.2\cos(h_{ab,\mathrm{std}} + 168)|, & h_{ab,\mathrm{std}} \in [164°, 345°) \end{cases}
\end{aligned}\right\} \tag{3-47}$$

其中 $L^*_{ab,\text{std}}$、$C^*_{ab,\text{std}}$ 和 $h_{ab,\text{std}}$ 均为标准色样的色度参数,这些值以及上述公式中的 ΔL^*_{ab}、ΔC^*_{ab}、ΔH^*_{ab} 都是由 CIELAB 色差公式计算得到;明度权重因子 l 和彩度权重因子 c 用来调整明度和彩度对总色差的影响程度,所以在不同的应用场合应取其不同的比值。大量实验表明,对色差的可接受性评价时,推荐采用 $l:c=2:1$,如在纺织业界对产品的质量控制大多采用 CMC(2:1)公式;而对色差的可察觉性评价时,推荐采用 $l:c=1:1$,如对数字系统的色度校正以及涂料或塑料等行业一般采用 CMC(1:1)公式。

由于 CMC 色差公式比 CIELAB 公式具有更好的视觉一致性,所以对于不同颜色产品的质量控制都可以使用与样品的颜色区域无关的"单一界限值(single number tolerance)",从而给使用者进行颜色测量和色差的仪器评价带来很大的方便。因此,该色差公式推出以后得到了广泛的应用,许多国家和组织纷纷采用该公式来代替前述的 CIELAB 公式,如英国于 1988年正式采用其为国家标准(BS6923);在 1989 年被美国纺织品染化师协会(American Association of Textile Chemists and Colorists, AATCC)采用并形成 AATCC 试验方法 173-1989,其后于 1992 年又修订为 AATCC 试验方法 173-1992,并于 1995 年成为纺织工业的国际标准 ISO 105 J03"小色差计算(calculation of small colour difference)";我国纺织业也等同采用该 ISO 国际标准为我国的国家标准。可见,在相当的一段时期内,CMC($l:c$)公式将作为通用的和权威的色差公式而被工业界广泛使用。

(4) BFD($l:c$)色差公式

BFD($l:c$)色差公式在评价微小色差方面具有优势。该公式的结构类似于 CMC($l:c$)色差公式,但在以下两个方面进行了修正和改进:① 在 BFD($l:c$)色差计算公式中增加了旋转项 $R_T(\Delta C^*_{ab}/D_C)(\Delta H^*_{ab}/D_H)$,因为他们通过研究发现在 $a^* b^*$ 平面上用 CMC($l:c$)色差公式计算得到的容差椭圆的主轴是沿着等色相线取向的,即这些椭圆都指向中性点(坐标原点),而视觉评价结果的容差椭圆却并非全部指向中性点,尤其是艳蓝色区域的偏离更为明显,所以加入该旋转项的目的就是要改善这种计算值与视觉评价结果之间的不一致性,同时还可以由此调整容差椭圆主轴与等色相线之间的夹角;② 提出了不同于 CIELAB 空间中的明度 L^* 的新明度坐标 L^*_{BFD},以更准确地描述明度的视觉特性。BFD($l:c$)色差公式为

$$\Delta E_{\text{BFD}} = \left[\left(\frac{\Delta L^*_{\text{BFD}}}{l}\right)^2 + \left(\frac{\Delta C^*_{ab}}{cD_C}\right)^2 + \left(\frac{\Delta H^*_{ab}}{D_H}\right)^2 + R_T\left(\frac{\Delta C^*_{ab}\,\Delta H^*_{ab}}{D_C D_H}\right)\right]^{1/2} \tag{3-48}$$

式中

$$
\begin{aligned}
&L^*_{\text{BFD}} = 54.6\lg(Y+1.5) - 9.6\\
&D_C = 0.035\,\overline{C^*_{ab}}/(1+0.0365\,\overline{C^*_{ab}}) + 0.521\\
&D_H = D_C(GT'+1-G)\\
&G = \left[\overline{C^{*}_{ab}}{}^4/(\overline{C^{*}_{ab}}{}^4 + 14000)\right]^{1/2}\\
&T' = 0.627 + 0.055\cos(\overline{h_{ab}} - 254°) - 0.040\cos(\overline{h_{ab}} - 136°) +\\
&\qquad 0.070\cos(3\,\overline{h_{ab}} - 32°) + 0.049\cos(4\,\overline{h_{ab}} + 114°) - 0.015\cos(5\,\overline{h_{ab}} - 103°)\\
&R_T = R_C R_H\\
&R_H = -0.260 + 0.055\cos(\overline{h_{ab}} - 308°) - 0.379\cos(2\,\overline{h_{ab}} - 160°) -\\
&\qquad 0.636\cos(3\,\overline{h_{ab}} + 254°) + 0.226\cos(4\,\overline{h_{ab}} + 140°) - 0.194\cos(5\,\overline{h_{ab}} + 280°)\\
&R_C = \left[\overline{C^{*}_{ab}}{}^6/(\overline{C^{*}_{ab}}{}^6 + 7\times10^7)\right]^{1/2}
\end{aligned}
\tag{3-49}
$$

其中,$\overline{C^*_{ab}}$、$\overline{h_{ab}}$ 均为标样与试样的平均值,Y 为颜色样品的三刺激值,ΔC^*_{ab} 和 ΔH^*_{ab} 由 CIELAB

色差公式计算得到。

对于色差的可接受性评价(如在判断产品的颜色合格与否等时),推荐采用 $l:c=1.5:1$;当用于判断色差的可察觉性时,推荐采用 $l:c=1:1$。

(5) CIELAB 色差公式的加权式

国际照明委员会推荐的 CIELAB 色差公式适用于一般常用的观测条件,但是实际的应用中可能会遇到各种不同的观测条件,因此有必要在色差公式中加以体现,于是出现了对 CIELAB 的三项分色差(明度差 ΔL_{ab}^*、彩度差 ΔC_{ab}^* 和色调差 ΔH_{ab}^*)分别引入权重因子 l、c、h 以调整各分量在总色差中的影响程度的加权改良公式,即

$$\Delta E_{\text{CIELAB}(l:c:h)} = \left[(l\Delta L_{ab}^*)^2 + (c\Delta C_{ab}^*)^2 + (h\Delta H_{ab}^*)^2 \right]^{1/2} \tag{3-50}$$

式中的权重因子 l、c、h 应根据应用的实际情况进行合理取值。例如,小松原等人于 1985 年对 4 个颜色中心所对应的 112 对涂料着色样品进行视觉评价实验,并根据与 CIELAB 色差公式计算结果的对比分析,得出的最佳权重因子比例为 $l:c:h=1.00:0.50:0.75$。

(6) MCSL 色差公式

MCSL 色差公式也是基于 CIELAB 公式的改良形式,主要是对彩度差 ΔC_{ab}^* 和色调差 ΔH_{ab}^* 在总色差中的权重进行了修正,并且相应的调整系数直接由标准色样的彩度决定,其总色差的表达式为

$$\Delta E_{\text{MCSL}} = \left[(\Delta L_{ab}^*)^2 + \left(\frac{\Delta C_{ab}^*}{1+0.048C_{ab,\text{std}}^*} \right)^2 + \left(\frac{\Delta H_{ab}^*}{1+0.014C_{ab,\text{std}}^*} \right)^2 \right]^{1/2} \tag{3-51}$$

式中,$C_{ab,\text{std}}^*$ 为标准色样的 CIELAB 彩度,ΔL_{ab}^*、ΔC_{ab}^*、ΔH_{ab}^* 均由 CIELAB 色差公式计算得到。

(7) CIE94 色差公式

自 CIELAB 均匀颜色空间被正式推荐以后,为了进一步改善其色差测量的均匀性,许多基于视觉实验的对 CIELAB 公式的修正被不断提出,这些修正方程经过 CIE 的工业色差评价技术委员会 TC1-29 的总结、分析、测试和评估,国际照明委员会于 1995 年推荐了一个用于工业色差评价的新色差公式,称为 CIE1994($\Delta L^* \Delta C_{ab}^* \Delta H_{ab}^*$)色差模型,简称 CIE94,其色差符号为 ΔE_{94}^*。CIE94 色差公式具有与 CMC($l:c$)公式相似的结构,但其权重函数要简单得多,其色差的具体计算公式为

$$\Delta E_{94}^* = \left[\left(\frac{\Delta L^*}{k_L S_L} \right)^2 + \left(\frac{\Delta C_{ab}^*}{k_C S_C} \right)^2 + \left(\frac{\Delta H_{ab}^*}{k_H S_H} \right)^2 \right]^{1/2} \tag{3-52}$$

式中

$$\left. \begin{aligned} S_L &= 1 \\ S_C &= 1+0.045C_{ab}^* \\ S_H &= 1+0.015C_{ab}^* \end{aligned} \right\} \tag{3-53}$$

其中,ΔL^*、ΔC_{ab}^*、ΔH_{ab}^* 均由 CIELAB 色差公式计算得到;C_{ab}^* 一般指标准色样的 CIELAB 彩度,但当被测样品对中不分标样与试样时则以两个色样彩度的几何平均值作为 C_{ab}^*,即

$$C_{ab}^* = (C_{ab,1}^* C_{ab,2}^*)^{1/2} \tag{3-54}$$

CIE 在推荐 CIE94 色差公式时,确立了一组适用于该公式的参照条件:

照明:CIE 标准照明体 D_{65} 模拟器;

照度:1000lx;

观察者:正常色觉;

背景:均匀的中性色,$L^*=50$;

　　　观测模式：物体色；

　　　样品尺寸：视角大于 4°；

　　　样品分隔：直接边缘接触；

　　　样品色差幅度：0～5 CIELAB 单位；

　　　样品结构：无视觉明显图样或非均匀性。

如此严格的参照条件说明，为了获得通用的色差描述模型还有待进一步的深入研究，另外上述条件中规定样品尺寸大于 4°视角，所以在色差计算中推荐采用 CIE1964 标准色度观察者。

　　当实际的观测条件和应用场合不同于 CIE94 参照条件时，需要由参数因子 k_L、k_C、k_H 来调整明度、彩度和色调分色差在总色差中的相对权重。这些因子的定义应根据相关具体实验观测条件和要求来进行分析、确定，通常对于除纺织工业以外的一般应用，推荐采用 $k_L = k_C = k_H = 1$；对于纺织工业，则建议采用 $k_L = 2, k_C = k_H = 1$。

　　(8) Leeds 色差公式(LCD)

　　Leeds 色差公式是通过对 CIE94 公式的改良而产生的，其主要是修正了总色差中的明度权重系数，并增加了蓝色区域的旋转因子，即

$$\Delta E_{\text{Leeds}} = \left[\frac{(\Delta L_{ab}^*/S_L)^2}{k_L^2} + \frac{(\Delta C_{ab}^*/S_C)^2 + (\Delta H_{ab}^*/S_H)^2 + S_R \Delta C_{ab}^* \Delta H_{ab}^*}{k_{CH}^2} \right]^{1/2} \quad (3\text{-}55)$$

式中

$$\left.\begin{aligned}
S_L &= \begin{cases} 1, & L_{ab}^* < 50 \\ 1 - 0.01 L_{ab}^* + 0.0002(L_{ab}^*)^2, & L_{ab}^* \geqslant 50 \end{cases} \\
S_C &= (1 + 0.045 C_{ab}^*) S_{CH} \\
S_H &= (1 + 0.015 C_{ab}^*) S_{HH} \\
S_R &= [-C_{ab}^*/(2 + 0.07 C_{ab}^*)^3] \sin(2\Delta h) \\
S_{CH} &= S_{HH} = 1 \\
\Delta h &= 30 \exp\{-[(h^\circ - 275)/25]^2\}
\end{aligned}\right\} \quad (3\text{-}56)$$

其中，L_{ab}^*、C_{ab}^*、h°(上标表示以度为单位)均为标准色样在 CIELAB 空间中的相应色度值；如果样品对中任何一方都难以指定为标准，则以双方的平均值$\overline{L_{ab}^*}$、$\overline{C_{ab}^*}$、$\overline{h^\circ}$来分别代替式(3-56)中的 L_{ab}^*、C_{ab}^*、h°。

　　参数因子 k_L、k_{CH} 用来调整各分色差在总色差中的相对权重，它们的取值决定于具体的应用条件，通常对于非纺织样品推荐采用 $k_L = k_{CH} = 1$，而对于纺织样品则建议采用 $k_L = 1.5$，$k_{CH} = 1$。

　　(9) CIEDE2000 色差公式

　　为了进一步改善工业色差评价的视觉一致性，CIE 专门设立了工业色差评价的色调与明度相关修正专业委员会 TC1-47(Hue and Lightness-Dependent Correction to Industrial Color-Difference Evaluation)，经过该专委对现有色差模型和视觉评价数据的大量分析和测试，终于在 2000 年提出了一个新的色差评价公式，并于 2001 年得到了国际照明委员会的正式推荐，称为 CIE 2000 色差公式，简称 CIEDE2000，其色差符号为 ΔE_{00}。CIEDE2000 是到目前为止 CIE 推荐的最新色差评价公式，该公式与 CIE94 相比要复杂得多，但有时复杂是为了得到更高精度所必须付出的代价，因此 CIEDE2000 公式在目前国际上所有新的和旧的视觉实验数据的测试中均表现出比 CIE94 公式更精确的色差预测性能。

CIEDE2000 色差公式主要对 CIE94 公式作了如下几项修正：

①重新标度近中性区域的 a^* 轴，以改善近中性颜色的预测性能；

②将 CIE94 公式中的明度权重函数修改为近似 V 形函数；

③在色调权重函数中考虑了色调角，以体现色调容限随颜色的色调而变化的事实；

④包含与 BFD 和 Leeds 色差公式中类似的椭圆旋转项，以反映在蓝色区域的色差容限椭圆不指向中性点的现象。

鉴于 CIEDE2000 色差公式的复杂性，采用该公式计算色差时需要分 4 步进行，下面逐步介绍其具体的计算步骤。

第 1 步：按常规计算 CIELAB 空间中的 L^*、a^*、b^* 和 C_{ab}^*，可参见式(3-15)、式(3-16)和式(3-22)，为了便于理解，这里概述如下：

$$\left.\begin{aligned}
L^* &= 116f(Y/Y_n) - 16 \\
a^* &= 500\left[f(X/X_n) - f(Y/Y_n)\right] \\
b^* &= 200\left[f(Y/Y_n) - f(Z/Z_n)\right] \\
C_{ab}^* &= \left[(a^*)^2 + (b^*)^2\right]^{1/2}
\end{aligned}\right\} \tag{3-57}$$

式中

$$f(I) = \begin{cases} I^{1/3}, & I > (24/116)^3 \\ 7.787I + 16/116, & I \leqslant (24/116)^3 \end{cases} \tag{3-58}$$

其中，I 表示 X/X_n、Y/Y_n 或 Z/Z_n。

第 2 步：计算 a'、C' 和 h'：

$$\left.\begin{aligned}
L' &= L^* \\
a' &= (1 + G)a^* \\
b' &= b^* \\
C' &= \left[(a')^2 + (b')^2\right]^{1/2} \\
h' &= \arctan(b'/a')
\end{aligned}\right\} \tag{3-59}$$

式中

$$G = 0.5\left\{1 - \left[\frac{(\overline{C_{ab}^*})^7}{(\overline{C_{ab}^*})^7 + 25^7}\right]^{1/2}\right\} \tag{3-60}$$

其中，$\overline{C_{ab}^*}$ 是样品对中两个色样 C_{ab}^* 值的算术平均值。在计算 h' 时，需根据颜色的色调角所在象限即 a' 和 b' 的取值正负极性来具体确定，即

$$h' = \begin{cases} \arctan(b'/a'), & a' > 0 \text{ 且 } b' \geqslant 0 \\ \arctan(b'/a') + 360°, & a' > 0 \text{ 且 } b' < 0 \\ \arctan(b'/a') + 180°, & a' < 0 \\ 90°, & a' = 0 \text{ 且 } b' > 0 \\ 270°, & a' = 0 \text{ 且 } b' < 0 \\ 0°, & a' = 0 \text{ 且 } b' = 0 \end{cases}$$

第 3 步：计算 $\Delta L'$、$\Delta C'$ 和 $\Delta H'$：

$$\left.\begin{aligned}
\Delta L' &= L_b' - L_s' \\
\Delta C' &= C_b' - C_s' \\
\Delta H' &= 2(C_b'C_s')^{1/2}\sin\left(\frac{\Delta h'}{2}\right)
\end{aligned}\right\} \tag{3-61}$$

式中

$$\Delta h' = h_b' - h_s' \qquad (3\text{-}62)$$

其中,下标"b"表示样品对中的试样,下标"s"则表示标样。在计算 $\Delta h'$ 时,需根据试样与标样的彩度 C_b' 与 C_s' 及色调角 h_b' 与 h_s' 来具体确定,即

$$\begin{cases} \Delta h' = 0°, & C_b'C_s' = 0 \\ \Delta h' = h_b' - h_s', & C_b'C_s' \neq 0 \ \text{且} \ |h_b' - h_s'| \leqslant 180° \\ \Delta h' = h_b' - h_s' - 360°, & C_b'C_s' \neq 0 \ \text{且} \ (h_b' - h_s') > 180° \\ \Delta h' = h_b' - h_s' + 360°, & C_b'C_s' \neq 0 \ \text{且} \ (h_b' - h_s') < -180° \end{cases}$$

第 4 步:计算 CIEDE2000 色差 ΔE_{00}:

$$\Delta E_{00} = \left[\left(\frac{\Delta L'}{k_L S_L} \right)^2 + \left(\frac{\Delta C'}{k_C S_C} \right)^2 + \left(\frac{\Delta H'}{k_H S_H} \right)^2 + R_T \left(\frac{\Delta C'}{k_C S_C} \right) \left(\frac{\Delta H'}{k_H S_H} \right) \right]^{1/2} \qquad (3\text{-}63)$$

式中

$$\left. \begin{aligned} &S_L = 1 + \frac{0.015(\overline{L'} - 50)^2}{[20 + (\overline{L'} - 50)^2]^{1/2}} \\ &S_C = 1 + 0.045\,\overline{C'} \\ &S_H = 1 + 0.015\,\overline{C'}\,T \\ &T = 1 - 0.17\cos(\overline{h'} - 30°) + 0.24\cos(2\,\overline{h'}) + 0.32\cos(3\,\overline{h'} + 6°) - 0.20\cos(4\,\overline{h'} - 63°) \\ &R_T = -\sin(2\Delta\theta)R_C \\ &\Delta\theta = 30°\exp\{-[(\overline{h'} - 275°)/25°]^2\} \\ &R_C = 2\left[\frac{(\overline{C'})^7}{(\overline{C'})^7 + 25^7} \right]^{1/2} \end{aligned} \right\} \qquad (3\text{-}64)$$

其中,$\overline{L'}$、$\overline{C'}$ 和 $\overline{h'}$ 分别是样品对中两个色样的 L'、C' 和 h'(以度为单位)值的算术平均值。在计算 $\overline{h'}$ 时,如果两个颜色的色调角处于不同的象限,那么需要加以特别的注意,以免出错。例如,某样品对中标样与试样的色调角分别为 $30°$ 和 $300°$,则直接计算出来的算术平均值为 $165°$,但正确的结果应该是 $345°$。因此,为了准确地计算平均色调角 $\overline{h'}$,建议采用下述具体换算公式:

$$\begin{cases} \overline{h'} = (h_s' + h_b')/2, & |h_s' - h_b'| \leqslant 180° \ \text{且} \ C_b'C_s' \neq 0 \\ \overline{h'} = (h_s' + h_b' + 360°)/2, & |h_s' - h_b'| > 180° \ \text{且} \ (h_s' + h_b') < 360° \ \text{且} \ C_b'C_s' \neq 0 \\ \overline{h'} = (h_s' + h_b' - 360°)/2, & |h_s' - h_b'| > 180° \ \text{且} \ (h_s' + h_b') \geqslant 360° \ \text{且} \ C_b'C_s' \neq 0 \\ \overline{h'} = h_s' + h_b', & C_b'C_s' = 0 \end{cases}$$

CIEDE2000 色差公式中的参数因子 k_L、k_C、k_H 仍用于修正实际观测实验条件的变化,因此可以根据具体的色差评价环境条件,采用与前述相关色差公式中类似的方法进行分析和定义。原则上,在下述的参考条件(沿用了色差公式 CIE94 的参照条件)下 CIEDE2000 色差公式的参数因子 $k_L = k_C = k_H = 1$。

照明:CIE 标准照明体 D_{65} 的模拟光源;

照度:1000lx;

观察者:正常色觉;

背景:$L^* = 50$ 的均匀中性灰;

观察模式:物体色;

样品尺寸:视场角大于 $4°$ 的样品对;

　　样品间距：样品对直接边缘接触的最小间隔；

　　样品色差幅度：0～5 CIELAB 单位；

　　样品结构：无明显视觉图案或非均匀性的均匀颜色。

　　以上基于对 CIELAB 公式改良的近期色差公式在数学上均采用椭球方程或其变形，并用椭球的边界来表示颜色的宽容度范围，再引入不同的调整参数来分别调节三个分色差 ΔL、ΔC 和 ΔH 在总色差 ΔE 中的权重，以提高色差计算结果与目视评判的一致性。同时，所有这些色差公式都无一例外地建立在目视比较经验评色数据的基础之上。尽管有不少颜色科学家提议从颜色视觉机理出发，建立符合人眼视觉特性的真正均匀颜色空间及其色差评价模型，然而迄今没有这样的颜色系统被提出，可见其中的学术深度和研究难度，但是风险与机会是共存的，所以在这方面值得人们去进行更深入的探索。不管怎样，已有的各种色差公式在不同程度上解决了工业生产中大量的颜色测量和评价控制问题，并且得到了越来越广泛的普及和应用。

3.5　一维颜色标尺

　　颜色是三维量，包括明度、色调、彩度或饱和度，但其中任何一个标尺又可用来描述有色物体的单一性能，如从无色经过黄色到橙色或红色的物体着色成分的变化就可以用色调标尺来表示。这种一维的颜色标尺在有些情况下具有特定应用意义，如白布、白塑料等白色的物体，可以用白度标尺来描述和评价其白色的程度；当将白色物体长期置于阳光下曝晒时，白色会逐渐变黄，这时可用黄度来描述这种稍带有黄色的白色物体，而白色物体经过一段时间后变黄的程度则可用变黄度表示。

3.5.1　黄度标尺

　　在几乎全是白色的样品中，往往会有黄色的出现，令人不悦，因此人们投入大量的精力来建立均匀黄度标尺。美国 ASTM（American Society of Testing Materials）标准采纳了以 CIE1931 标准色度观察者和 CIE 标准照明体的色度参数为基础而得到的黄度标尺，该标尺只与看起来是黄色或蓝色的视觉感知有关，其中视觉蓝色的情况下其黄度指数为负数，并且它们都不能用来描述视觉上偏红或偏绿的颜色。

　　由标准照明体 C 和 CIE1931 标准色度观察者获得颜色样品的三刺激值 X、Y、Z，以此可以进一步计算出样品的黄度指数 YI，即

$$YI = 100\,\frac{1.2769X - 1.0592Y}{Y} \tag{3-65}$$

　　白色的样品在特定的条件下随时间逐渐变黄的程度通常采用变黄度指数 ΔYI 来描述，它可由样品变黄前的黄度 YI_0 和变黄后的黄度 YI 计算出来，公式为

$$\Delta YI = YI - YI_0 \tag{3-66}$$

3.5.2　白度标尺

　　白色是在人们的日常生活中十分普遍的一种颜色，也是相关工业产品如纺织品、纸张、涂料、塑料制品等的一个大类，具有重要的意义。在荧光增白剂出现以前，白度的提高是通过对材质进行漂白并加点蓝或通过优选和纯化材质来达到。通常，接近完全漫射体的氧化镁和硫酸钡可以认为是理想的白色，而某些材料在添加了荧光增白剂以后，其白度可超过完全漫射

体,这给白度的评价增加了复杂性。

与红、绿、黄、蓝等其他颜色一样,白色也可以用 CIE 标准色度系统进行数字化描述。在色品图上,白色只占有沿着 570nm 和 470nm 为主波长下很狭窄的区域;在颜色空间中,白色都处于围绕无彩明度轴上端的范围,沿着无彩轴向下增加其灰度则白色将逐渐变为灰色,而沿着彩度增加的径向其白色将渐变为各种彩色。

一般来说,当物体表面对可见光谱内所有波长的反射比都在 80% 以上时,可以认为该物体的表面为白色。有人提出用三刺激值 Y 和兴奋纯度 P_e 来表征白色,如伯杰(Berger)认为当样品表面的 $Y > 70$,$P_e < 10\%$ 时可看作白色,麦克亚当认为 $Y = 70\sim90$,$P_e = 0\sim10\%$ 时为白色,格鲁姆(Grum)等人则认为物体表面的 P_e 在 $0\sim12\%$ 且具有高反射比时就可以看作白色。虽然白色与其他颜色一样可以用光反射比 Y、色纯度 P_e 或 P_c 和主波长 λ_d 等三维量来表示,但是人们更常用白度 W 这个一维颜色标尺来表示白色的程度,即根据白度将光反射比 Y、色纯度 P_e 或 P_c 和主波长 λ_d 不同的白色样品排成一维等级来定量地评价物体的白色程度。

为了有效地计算白度,长期以来已有上百种白度公式被提出,然而至今还未出现普遍使人满意的通用白度公式。合理的白度公式应使白色样品的目视评定与色度学测定结果相符合,但是白色程度高低的视觉评价是很复杂的,不仅受到人们的爱好和习惯等心理因素的影响,还与所从事的特殊职业和技术密切相关,同时也与所评价对象的材料等质地有关,如棉花和陶瓷的白色性质就大不相同。因此,欲获得统一有效的白度评价公式十分困难。国际照明委员会一直在致力于解决白度的定量评价一致性问题,曾专门成立白度分委员会,并于 1983 年正式推荐了 CIE1982 白度公式。

不同的国家和行业曾先后使用过各种不同的白度公式,这里介绍其中一些典型的代表,它们目前仍在被应用,并且在不同的领域产生了良好的效果。

1. 单波段白度公式

用一个光谱区的反射比来表示白度,主要有两种单波段白度公式。一种为

$$W = G \tag{3-67}$$

式中,W 表示白度,G 表示绿光的反射比,故该公式就是用绿光的反射比来表示样品的白度。另一种为

$$W = B \tag{3-68}$$

式中,B 是相应于蓝光的反射比,这个以蓝光的反射比来表示样品白度的公式称为 TAPPL 公式。这类公式中常见的形式如造纸工业常用的纸张白度评价公式,即

$$W = R_{457} \tag{3-69}$$

国际标准化组织(ISO)在造纸工业中采用主波长为 457 ± 0.5nm、半峰宽度为 44nm 的蓝光来测定样品的反射比,这种采用短波长区域的反射比 R_{457} 来表示的白度称为 ISO 白度或蓝光白度。

2. 多波段白度公式

以特定波长区间的反射比及其系数来反映样品的白色程度,这类白度公式主要有以下两种形式。

一种称为 Taube 公式,采用蓝光反射比 B、绿光反射比 G 与特定的系数相乘后取其差值来表示白度,即

$$W = 4B - 3G \tag{3-70}$$

另一种则采用黄度指数来表示白度,其公式为

$$W = \frac{A - B}{G} \tag{3-71}$$

　　式(3-70)和式(3-71)中的 A、G、B 分别为相应于红、绿、蓝色区的反射比,它们与样品三刺激值 X、Y、Z 之间的关系为

$$\left.\begin{array}{l} X = f_{XA}A + f_{XB}B \\ Y = G \\ Z = f_{ZB}B \end{array}\right\} \qquad (3\text{-}72)$$

如果已知样品的三刺激值,则可由式(3-72)计算出 A、G、B 为

$$\left.\begin{array}{l} A = \dfrac{1}{f_{XA}}X - \dfrac{f_{XB}}{f_{XA}f_{ZB}}Z \\ G = Y \\ B = \dfrac{1}{f_{ZB}}Z \end{array}\right\} \qquad (3\text{-}73)$$

式中,f_{XA}、f_{XB}、f_{ZB} 随所选用的 CIE 标准色度观察者和标准照明体的不同而变化,具体数据请查阅表 3-3。

　　3. 以明度 L(或光反射比 Y)和色纯度表示的白度公式

　　这类白度公式中常见的是麦克亚当公式,即

$$W = (Y - KP_{\mathrm{c}}^2)^{1/2} \qquad (3\text{-}74)$$

式中,Y 为白色表面的光反射比,P_{c} 为色度纯度,K 为常数。

　　4. 与色差概念有关的白度公式

　　这类白度公式是将完全漫反射体的白度定为 100,然后用样品的白度与完全漫反射体的白度进行比较,以色差概念来评价样品的白度。这类公式中常见的是亨特(Hunter)白度公式,即

$$W = 100 - \{(100 - L)^2 + K[(a - a_{\mathrm{p}})^2 + (b - b_{\mathrm{p}})^2]\}^{1/2} \qquad (3\text{-}75)$$

式中,L、a、b 分别为白色样品在亨特 Lab 颜色空间中的明度指数和色度指数;K 为常数,原则上取值 $K=1$;a_{p}、b_{p} 为理想白(或基准白,$L=100$)在亨特 Lab 系统中的色度指数,通常对于不带荧光的样品其取值为 $a_{\mathrm{p}} = b_{\mathrm{p}} = 0$,而对于带有荧光的样品或对不带荧光的样品与有荧光的样品进行比较时均应取值为 $a_{\mathrm{p}} = 3.50$ 和 $b_{\mathrm{p}} = -15.87$。

　　另一种常见的公式是

$$W = 100 - [(100 - W^*)^2 + (U^*)^2 + (V^*)^2]^{1/2} \qquad (3\text{-}76)$$

式中,W^*、U^*、V^* 按 CIE1964 $W^* U^* V^*$ 颜色空间的相关公式计算,并认定基准白的 $W^* = 100$。该公式适用于非荧光样品的白度评价。

　　5. CIE 白度公式

　　上述各类白度公式基本上都没有考虑对偏色的表示,所以不论偏红或偏绿都称之为白。但是,在现实中理想的中性白是不存在的,于是色度学家甘茨(E. Ganz)在 20 世纪 60 年代中期提出了加权因子不同的中性白、偏绿白和偏红白等三种白度计算公式。同时,甘茨建议在白度的视觉和仪器测量中都采用 CIE D_{65} 标准照明体,并放弃建立在喜爱白和理想白基础上的白度公式,统一以白度为 100 的完全漫射体作为白度公式的参照点。

　　经过 CIE 第 19 届会议的报告和讨论,CIE 色度技术委员会于 1983 年正式推荐了以甘茨公式为基础并经修改后的白度评价公式,即 CIE 白度公式。该公式以 $W = 100$ 的完全漫反射体为参照点,以 D_{65} 为评价白度的标准照明体,并包括白度 W 和淡色调 T_{W} 两个部分。当采用 CIE1931 标准色度观察者时,对应的白度公式为

$$W = Y + 800(x_n - x) + 1700(y_n - y) \\ T_W = 1000(x_n - x) - 650(y_n - y) \Big\} \quad (3\text{-}77)$$

式中,Y 是白色样品的三刺激值,x、y 是样品的色品坐标,x_n、y_n 是完全漫射体的色品坐标。如果采用 CIE1964 标准色度观察者,则其白度公式表示为

$$W_{10} = Y_{10} + 800(x_{n,10} - x_{10}) + 1700(y_{n,10} - y_{10}) \\ T_{W10} = 900(x_{n,10} - x_{10}) - 650(y_{n,10} - y_{10}) \Big\} \quad (3\text{-}78)$$

式中参数的定义不变,只是取值为 10°视场 CIE 标准色度系统。

CIE 白度公式的应用应限于:①在标准照明体 D_{65} 下评价白度之间的对比;②被比较的样品在颜色和荧光发光特性方面没有明显差别;③样品在同样的仪器上、接近的时间内进行测量。可见,该公式所提供的白度值仍然是相对评价而非绝对评价。

在上述两组白度公式中,W、W_{10} 越大则表示白度越高;T_W、T_{W10} 的值为正时表示带绿色,且数值越大表示越偏绿;T_W、T_{W10} 的值为负时表示带红色,且其绝对值越大表示越偏红;对于完全漫射体,其 W、W_{10} 均为 100,T_W、T_{W10} 都等于零。

另外,对于明显带有某种颜色的样品,评价其白度没有意义,故应用 CIE 白度公式进行评价的样品应符合下列限制条件,即

$$\begin{cases} 40 < W < 5Y - 280 \\ -4 < T_W < +2 \end{cases} \quad \text{或} \quad \begin{cases} 40 < W_{10} < 5Y_{10} - 280 \\ -4 < T_{W10} < +2 \end{cases}$$

3.6　同色异谱颜色及其评价

由格拉斯曼颜色混合定律可知,两种光谱分布不同的光刺激其颜色外貌可能完全相匹配,这种情况就称为同色异谱(metamerism)现象。在工业生产实践中,特别是如印染、印刷、油漆、绘画、彩色摄影、彩色电视等行业中,经常会遇到同色异谱现象,所以这是在颜色科学中的一个重要问题。

3.6.1　同色异谱颜色的概念

在某种确定的照明与测量条件下,非荧光性的材料所显示的颜色主要取决于材料本身的光度特性,所以当两种非荧光性材料的光度特性完全一致时,它们在同样的照明和观察条件下具有相同的颜色,这是毫无疑问的。但是,如果这两种非荧光性材料的光度特性不完全一致,那么它们必须在某一特定的照明和观察条件下才有可能具有相同的颜色外貌。因此,当两种颜色样品的光谱反射比或光谱透射比不同(异谱),而在特定的照明和观察条件下其颜色外貌又能相互匹配(同色)的两种颜色刺激就称为同色异谱颜色或同色异谱色对(metameric pair)。

通常,同色异谱颜色的三刺激值分别相等,即

$$X = \int_{\text{vis}} \varphi_1(\lambda) \bar{x}(\lambda) d\lambda = \int_{\text{vis}} \varphi_2(\lambda) \bar{x}(\lambda) d\lambda \\ Y = \int_{\text{vis}} \varphi_1(\lambda) \bar{y}(\lambda) d\lambda = \int_{\text{vis}} \varphi_2(\lambda) \bar{y}(\lambda) d\lambda \\ Z = \int_{\text{vis}} \varphi_1(\lambda) \bar{z}(\lambda) d\lambda = \int_{\text{vis}} \varphi_2(\lambda) \bar{z}(\lambda) d\lambda \Bigg\} \quad (3\text{-}79)$$

式中,$\varphi_1(\lambda)$ 和 $\varphi_2(\lambda)$ 表示两个不同的颜色刺激。如果比较的是两个相对光谱功率分布分别为

$P_1(\lambda)$ 和 $P_2(\lambda)$ 的照明体,则

$$\begin{cases} \varphi_1(\lambda) = P_1(\lambda) \\ \varphi_2(\lambda) = P_2(\lambda) \end{cases}$$

如果讨论在相对光谱功率分布均为 $P(\lambda)$ 的相同照明光源条件下的两种反射物体颜色,并假设其光谱辐亮度系数分别为 $\beta_1(\lambda)$ 和 $\beta_2(\lambda)$,或其光谱反射比分别为 $\rho_1(\lambda)$ 和 $\rho_2(\lambda)$,那么

$$\begin{cases} \varphi_1(\lambda) = \beta_1(\lambda)P(\lambda) \\ \varphi_2(\lambda) = \beta_2(\lambda)P(\lambda) \end{cases} \quad 或 \quad \begin{cases} \varphi_1(\lambda) = \rho_1(\lambda)P(\lambda) \\ \varphi_2(\lambda) = \rho_2(\lambda)P(\lambda) \end{cases}$$

如果是在两个不同照明光源 $P_1(\lambda)$ 和 $P_2(\lambda)$ 条件下的两种反射物体颜色,则

$$\begin{cases} \varphi_1(\lambda) = \beta_1(\lambda)P_1(\lambda) \\ \varphi_2(\lambda) = \beta_2(\lambda)P_2(\lambda) \end{cases} \quad 或 \quad \begin{cases} \varphi_1(\lambda) = \rho_1(\lambda)P_1(\lambda) \\ \varphi_2(\lambda) = \rho_2(\lambda)P_2(\lambda) \end{cases}$$

　　一般讨论的同色异谱颜色常常是指在同样的照明和观察条件(包括照明体的相对光谱功率分布、观察者的色匹配函数以及观察视场等)下两个具有不同光度特性 $[\beta_1(\lambda) \neq \beta_2(\lambda)$, $\rho_1(\lambda) \neq \rho_2(\lambda)]$ 的颜色具有同样的颜色外貌。这时,如果改变照明体或者观察者,那么颜色的匹配就会被破坏或称为失配,因此 CIE 对因条件变化所产生的同色异谱色的失配推荐了改变照明体光谱分布和改变观察者色匹配函数的评价方法。

　　同色异谱颜色在工业领域中具有重要的应用意义。在实际生产中,常常需要复现某种颜色,如纺织印染的颜色匹配是最典型的例子之一,这时要求再现的颜色样品在某个选定的照明体下与标准色样的颜色外貌相同,可是在具体的颜色复现过程中很难做到复制色样与标样的配方和染料特性完全相同,更不用说是异质媒介的颜色复制了,所以在这样的情形下就需要对这两种颜色样品进行同色异谱程度的评价。

3.6.2　同色异谱颜色的分析

　　对于同色异谱颜色,当使成为同色的条件改变时(如改变照明体的光谱分布),颜色匹配就遭破坏而变为不同色,因此也称为条件等色。通常,将产生的颜色失配的程度称为同色异谱程度(degree of metamerism),并把表示这种失配程度的指数称为同色异谱指数(metamerism index)。

　　然而,对于某些同色异谱色对,当照明或观察条件变化时并不一定引起颜色的失配,如图 3-16 所示为假想的同色异谱色对,它们在 CIE1931 色度系统中对标准照明体 C 为同色异谱颜色,而当照明体改变为标准照明体 A 时仍然是同色异谱颜色。可以想见,能使同色异谱颜色成立的照明体数越多,其色对的光谱反射比或光谱透射比之间的差异就越小;在极限情况下,如果该同色异谱颜色对任何照明体都成立,那么这两个颜色的光谱光度特性就完全一致,即为同一种颜色,也就是同色同谱颜色。

　　同色异谱的颜色失配可根据变化的条件不同进行分类,按照使其成为同色异谱的条件如物体色、照明体或观察者等,将对应的类别分别称

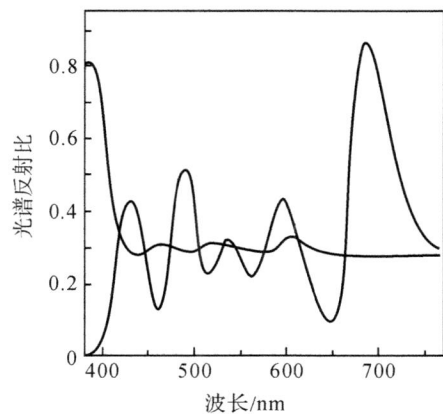

图 3-16　在 CIE1931 色度系统中对于标准照明体 A 和 C 均为同色异谱颜色的两个物体色的光谱反射比

为物体色同色异谱(object-color metamerism)、照明体同色异谱(illuminant metamerism)或观察者同色异谱(observer metamerism)。此外,还有因测定的几何条件所产生的几何学同色异谱(geometrical metamerism)等。为此,需要应用各种数学手段对同色异谱的颜色失配程度以及与失配程度有关的光谱特性的评价方法进行研究,表3-4列出了其中的几种主要评价方法。

表 3-4　利用同色异谱颜色失配程度的评价方法

名称	评价对象	评价手段	应用举例
物体色同色异谱	物体色 (光谱反射比)	照明体	照明体同色异谱程度
		观察者	观察者同色异谱程度
照明体同色异谱	照明体 (光谱分布)	物体色	常用光源的评价
		观察者	观察者同色异谱程度
观察者同色异谱	观察者 (色匹配函数)	照明体	测色仪器及各种分色系统的评价
		物体色	

对于物体色同色异谱,就是指一对物体色仅在一定的条件下才是同色的,如果改变照明体的光谱分布或观察者的色匹配函数,则一般都会出现颜色失配。因此,就可以采用多种不同的照明体或观察者来评价该同色异谱色对的颜色失配程度或同色异谱的稳定性。同理,可以分别对照明体的同色异谱程度和观察者的同色异谱程度进行评价。

这里以一个具体的例子来说明物体色同色异谱的颜色失配情况。首先讨论改变观察者的方法,如从CIE1931色度系统变为CIE1964色度系统。12种由数学方法作出的同色异谱颜色如图3-17所示,这些虽然不是实际的物体色,但它们都具有十分平滑的光谱反射比。这些物

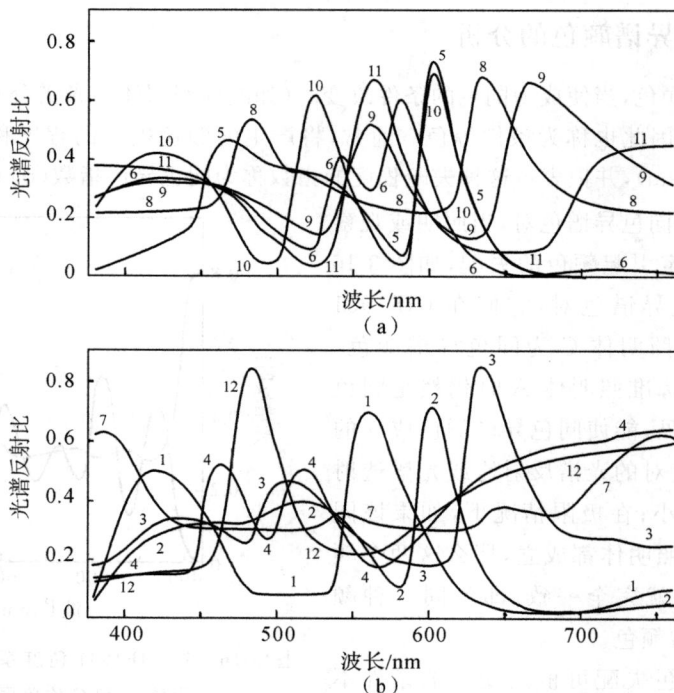

图 3-17　在 CIE1931 色度系统中对标准照明体 C 为同色异谱
的 12 种灰色物体色

体色在 CIE1931 色度系统中对标准照明体 C 都为灰色,并且具有相同的三刺激值和色品坐标,即

$$\begin{cases} X=29.41, Y=30.00, Z=35.43 \\ x=0.310, y=0.316 \end{cases}$$

但在 CIE1964 色度系统中来评价这些同色异谱颜色时就已经不是同色了,其色品坐标如图 3-18 所示,它们的分布范围表示 CIE1931 和 CIE1964 这两个观察者所对应的色匹配函数的不同程度,也表示这 12 种同色异谱颜色光谱反射比的不同程度。

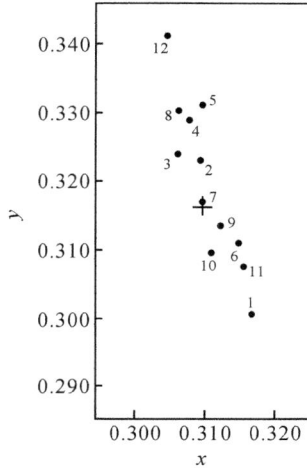

图 3-18　在 CIE1964 色度系统中 12 种灰色的色品坐标("＋"为参照白点)

接下来考察当照明体变化时同色异谱的颜色失配情况。在 CIE1931 色度系统中对标准照明体 D_{65} 为同色异谱的 100 种灰色物体色($x_D=0.313$,$y_D=0.329$,$Y=50$),当采用标准照明体 A 来评价它们时,其色品坐标就变为如图 3-19 所示情形了,其中的椭圆是按色品坐标分布的 95% 概率画出的,该椭圆的大小从色度学上反映了标准照明体 A 和 D_{65} 的光谱分布差异。

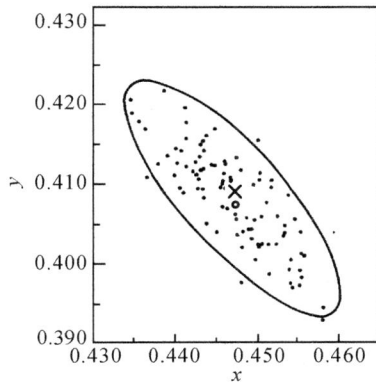

图 3-19　由标准照明体 D_{65} 变为 A 时灰色同色异谱颜色($Y=50$)的失配
("○"为标准照明体 A 的色品坐标,"×"是椭圆中心)

3.6.3　照明体同色异谱程度的评价

由照明体的光谱分布变化而引起的同色异谱颜色偏移的程度即为照明体同色异谱程度，可以用 CIE 推荐的照明体同色异谱指数(illuminant metamerism index)来评价，其具体计算方法逐步介绍如下。

1. 参照照明体和测试照明体

原则上，参照照明体推荐选用 CIE 标准照明体 D_{65}。如果选用其他参照照明体，应该注明其种类。

测试照明体优先选用 CIE 标准照明体 A 或如图 3-20 和附表 3-1 所示的 F 系列典型荧光灯。在选用附表 3-1 中的测试照明体时，CIE 推荐优先选用标有"*"的 F_2、F_7 和 F_{11}。如果采用其他测色用照明体作为测试照明体时应注明其种类。

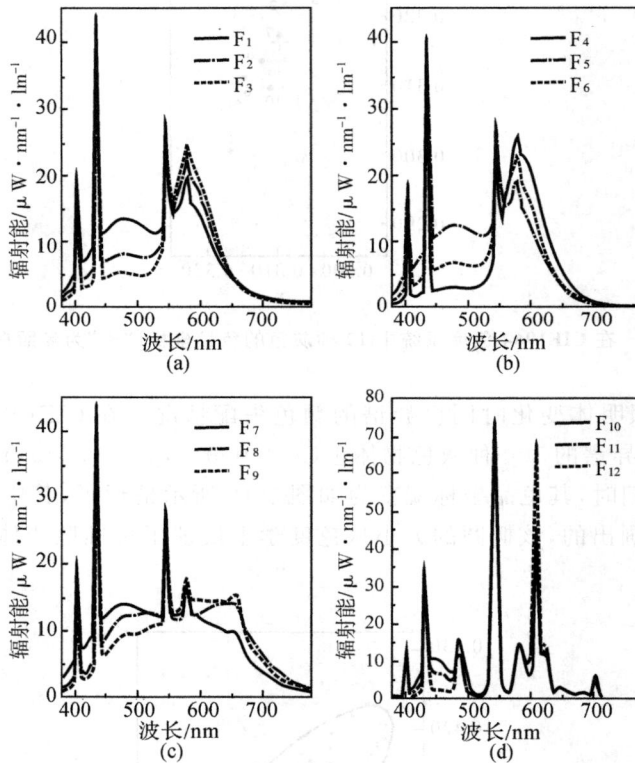

图 3-20　评价照明体同色异谱程度时可供选用的典型荧光灯光谱分布

2. 同色异谱色对的三刺激值

评价时，首先计算构成同色异谱色对的试样 1 和试样 2 在参照照明体(r)下的三刺激值 (X_{r1}, Y_{r1}, Z_{r1}) 和 (X_{r2}, Y_{r2}, Z_{r2}) 以及在测试照明体(t)下的三刺激值 (X_{t1}, Y_{t1}, Z_{t1}) 和 (X_{t2}, Y_{t2}, Z_{t2})。在计算中，原则上选取波长间隔为 5nm，并根据观察视场的大小可分别采用 CIE1931 或 CIE1964 标准色度观察者光谱三刺激值函数。

3. 三刺激值的校正

在一般情况下，要精确地做到同色异谱匹配是很困难的，两个颜色样品往往在参照照明体下也不是完全匹配的，可能存在微小的差异，所以需要对测试照明体下试样的三刺激值进行修正。

三刺激值的校正方法通常有相加校正和相乘校正两种。相加校正的计算公式为

$$\left.\begin{array}{l} X_{t2}{}' = X_{t2} + \Delta X_r = X_{t2} + (X_{r1} - X_{r2}) \\ Y_{t2}{}' = Y_{t2} + \Delta Y_r = Y_{t2} + (Y_{r1} - Y_{r2}) \\ Z_{t2}{}' = Z_{t2} + \Delta Z_r = Z_{t2} + (Z_{r1} - Z_{r2}) \end{array}\right\} \tag{3-80a}$$

而相乘校正的修正公式为

$$\left.\begin{array}{l} X_{t2}{}' = X_{t2}\, \dfrac{X_{r1}}{X_{r2}} \\[2mm] Y_{t2}{}' = Y_{t2}\, \dfrac{Y_{r1}}{Y_{r2}} \\[2mm] Z_{t2}{}' = Z_{t2}\, \dfrac{Z_{r1}}{Z_{r2}} \end{array}\right\} \tag{3-80b}$$

式(3-80a)和式(3-80b)中,$X_{t2}{}'$、$Y_{t2}{}'$、$Z_{t2}{}'$ 为校正后试样 2 的三刺激值。在具体应用中,采用相加校正或相乘校正一般可以自主选择,但有研究报道认为,在某些实际情况下相乘校正比相加校正能得到更令人满意的结果。

如果该色对在参照照明体下为同色即 $X_{r1}=X_{r2}$,$Y_{r1}=Y_{r2}$,$Z_{r1}=Z_{r2}$,则有 $X_{t2}{}'=X_{t2}$,$Y_{t2}{}'=Y_{t2}$,$Z_{t2}{}'=Z_{t2}$,所以这时就不需要校正了。

4. 色差的计算

在获得了同色异谱色对在测试照明体下的三刺激值 (X_{t1},Y_{t1},Z_{t1}) 和 $(X_{t2}{}',Y_{t2}{}',Z_{t2}{}')$ 之后,就可以直接计算出其在测试照明体下的色差 ΔE。在计算色差时,原则上采用 CIE1976 $L^* a^* b^*$ 颜色空间中的 CIELAB 色差公式。

CIE 规定该色差即为对应的同色异谱指数,因此照明体同色异谱指数 M_{ilm} 为

$$M_{\mathrm{ilm}} = \Delta E \tag{3-81}$$

下面举一实例来说明照明体同色异谱指数的评价方法。设有三种物体色在 CIE1931 色度系统中对标准照明体 D_{65} 为同色异谱颜色,其光谱反射比如图 3-21 和表 3-5 所示,由此可以计算出它们的三刺激值 (X_0,Y_0,Z_0)、(X_1,Y_1,Z_1) 和 (X_2,Y_2,Z_2) 为

$$\begin{cases} X_0 = X_1 = X_2 = 42.5 \\ Y_0 = Y_1 = Y_2 = 33.0 \\ Z_0 = Z_1 = Z_2 = 15.1 \end{cases}$$

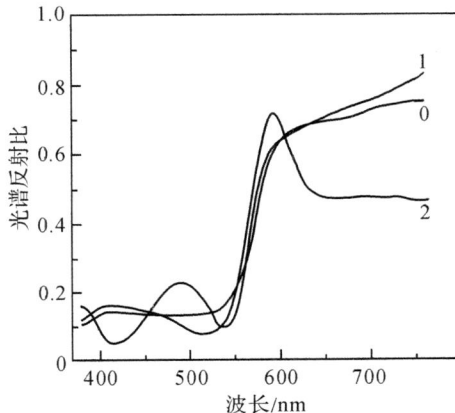

图 3-21　在 CIE1931 色度系统中对标准照明体 D_{65} 为同色异谱颜色
的三种物体色的光谱反射比曲线

表 3-5 在 CIE1931 色度系统中对标准照明体 D$_{65}$ 为同色异谱颜色的三种物体色的光谱反射比数据

波长/nm	物体色		
	0	1	2
380	10.50	15.92	11.74
390	12.00	14.85	13.44
400	13.61	9.80	15.48
410	14.27	5.90	16.14
420	14.28	5.42	16.05
430	14.09	6.82	15.60
440	13.94	9.32	15.13
450	13.86	12.39	14.64
460	13.74	15.54	13.90
470	13.68	19.07	13.03
480	13.67	22.00	11.92
490	13.60	23.01	10.37
500	13.56	21.86	8.78
510	13.77	19.26	7.84
520	14.17	15.79	7.84
530	14.67	11.99	8.73
540	16.06	9.85	11.55
550	20.32	13.93	19.18
560	27.78	24.47	31.72
570	37.47	38.27	46.97
580	48.48	52.58	62.26
590	57.35	61.00	70.98
600	62.59	63.87	70.20
610	65.68	65.64	63.10
620	67.17	66.90	55.93
630	68.18	68.27	51.09
640	68.76	69.27	48.46
650	69.31	70.28	47.63
660	69.80	71.20	47.24
670	70.40	72.39	47.41
680	71.11	73.37	47.59
690	71.86	74.01	47.81
700	72.61	75.06	47.82
710	73.14	76.15	47.54
720	73.69	77.43	47.41
730	74.45	79.07	47.71
740	74.62	80.09	47.13
750	74.82	81.40	46.52
760	75.20	83.13	46.37
404.7*	13.92	7.97	15.79
435.8*	14.00	8.27	15.33
546.1*	18.66	12.34	16.20
577.8*	46.06	49.43	58.90

注：* 为水银谱线的波长。

选用表 3-6 所示的 CIE 标准照明体 A 和三种典型荧光灯 F_1、F_2、F_3 作为测试照明体,可以得到如表 3-7 所示的测试照明体下三种物体色的色度参数。因此,最后计算得到的照明体同色异谱指数如表 3-8 所示,其中的色差按 CIELUV 色差公式求出。

表 3-6　CIE 标准照明体 A 和三种典型荧光灯 F_1、F_2、F_3 的光谱分布

波长/nm	A	F_1	F_2	F_3
380	9.8	5.4	10.7	23.0
390	12.1	5.6	12.0	27.5
400	14.7	5.8	13.9	33.4
410	17.7	6.1	16.8	43.6
420	21.0	7.4	20.8	55.0
430	24.7	10.6	28.0	67.7
440	28.7	17.2	37.9	81.0
450	33.1	26.5	48.8	94.2
460	37.8	33.6	58.5	104.6
470	42.9	38.3	64.4	111.1
480	48.2	39.7	66.5	114.3
490	53.9	39.8	67.0	115.5
500	59.9	40.7	66.6	114.2
510	66.1	43.6	67.7	111.4
520	72.5	49.9	69.9	107.6
530	79.1	57.4	73.2	103.6
540	85.9	67.8	78.7	101.0
550	92.9	82.3	88.4	99.8
560	100.0	100.0	100.0	100.0
570	107.2	113.2	110.4	101.1
580	114.4	125.7	116.0	102.7
590	121.7	112.9	115.3	102.7
600	129.0	103.2	111.2	101.2
610	136.3	93.3	104.6	99.5
620	143.6	109.8	104.0	98.9
630	150.8	145.7	104.9	97.4
640	158.0	143.6	103.6	92.7
650	165.0	272.2	116.9	96.5
660	172.0	296.5	147.7	96.0
670	178.8	86.9	62.3	63.6
680	185.4	35.6	40.5	47.2
690	191.9	21.2	30.2	38.1
700	198.3	12.4	23.6	31.4
710	204.4	8.0	18.0	25.3
720	210.4	5.2	14.0	20.5
730	216.1	3.5	10.8	16.7
740	221.7	2.0	9.3	13.5
750	227.0	1.0	6.6	11.0
760	232.1	0.2	5.2	9.0
404.7*		27.2	42.3	77.7
435.8*		84.0	112.1	182.4
546.1*		77.7	77.7	100.8
577.8*		23.7	23.0	29.1

注:＊为水银谱线波长,将其辐射能按 10nm 间隔加到连续频谱上。

表 3-7　在测试照明体 A 和 F_1、F_2、F_3 下三种同色异谱物体色的色度参数

物体色	色度值	D_{65}	A	F_1	F_2	F_3
	x_0	0.4691	0.5680	0.5580	0.5188	0.4695
0	y_0	0.3643	0.3847	0.3877	0.3872	0.3680
	Y_0	33.0	40.25	39.73	38.86	33.07
	x_1	0.4691	0.5683	0.5631	0.5233	0.4743
1	y_1	0.3643	0.3810	0.3847	0.3856	0.3699
	Y_1	33.0	40.23	39.36	36.55	32.76
	x_2	0.4691	0.5592	0.5458	0.5140	0.4691
2	y_2	0.3643	0.3941	0.3991	0.3928	0.3678
	Y_2	33.0	40.36	40.34	37.88	33.27
色差	$\Delta E(0,1)$	0.0	2.7	4.7	3.3	2.1
(CIELUV)	$\Delta E(0,2)$	0.0	11.2	13.8	5.1	0.2

表 3-8　同色异谱色对 $(0,1)$ 和 $(0,2)$ 的照明体同色异谱指数 M_{ilm}

M_{ilm} ＼ 色对	$(0,1)$	$(0,2)$
M_A	2.7	11.2
M_{F1}	4.7	13.8
M_{F2}	3.3	5.1
M_{F3}	2.1	0.2

3.6.4　观察者同色异谱程度的评价

CIE 标准色度观察者的光谱三刺激值函数也称色匹配函数,它们是正常颜色视觉者的色匹配函数的平均值,而实际的观察者的色匹配函数是因人而异的,如图 3-22 是斯塔尔思(Stiles)测定的 10°视场下 20 名实际观察者的色匹配函数,可见其变化不可忽略。因此,作为参照的观察者(称为参照观察者)认为是同色异谱的颜色,对于实际的观察者来说可能会出现颜色偏移,通常将这种颜色偏移的程度称为观察者同色异谱程度,并以其平均值即观察者同色

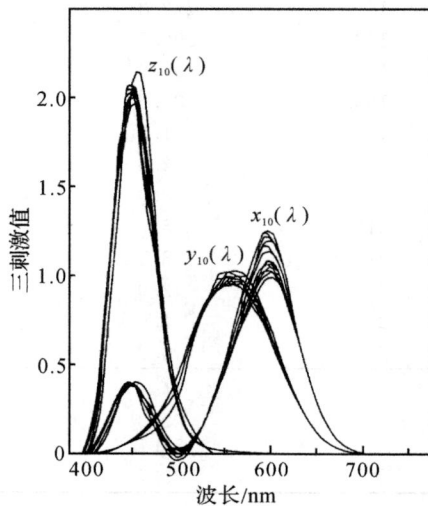

图 3-22　20 名实际观察者的色匹配函数的变化

异谱指数(observer metamerism index)来进行定量评价。同时,把给出观察者同色异谱指数的假想的观察者称为标准偏差观察者(standard deviate observer),其表示正常色觉者产生的同色异谱颜色偏移的平均值。

此外,CIE 还规定了表示观察者同色异谱程度的色度偏差范围椭圆(即同色异谱置信椭圆)和同色异谱颜色偏移的年龄依存性(即同色异谱年龄指数)。但这些评价方法应用较少,所以这里主要介绍常用的观察者同色异谱指数的计算方法。

1. 色匹配函数

标准偏差观察者的色匹配函数 $\overline{x_d}(\lambda)$、$\overline{y_d}(\lambda)$、$\overline{z_d}(\lambda)$ 定义为

$$\left.\begin{aligned} \overline{x_d}(\lambda) &= \overline{x_s}(\lambda) + \Delta\overline{x}(\lambda) \\ \overline{y_d}(\lambda) &= \overline{y_s}(\lambda) + \Delta\overline{y}(\lambda) \\ \overline{z_d}(\lambda) &= \overline{z_s}(\lambda) + \Delta\overline{z}(\lambda) \end{aligned}\right\} \tag{3-82}$$

式中,$\overline{x_s}(\lambda)$、$\overline{y_s}(\lambda)$、$\overline{z_s}(\lambda)$ 为标准观察者的色匹配函数,可根据观察视场的大小选用 CIE1931 或 CIE1964 标准色度观察者光谱三刺激值函数;$\Delta\overline{x}(\lambda)$、$\Delta\overline{y}(\lambda)$、$\Delta\overline{z}(\lambda)$ 为附表 3-2 中所规定的偏差函数,其与 CIE1964 标准色度观察者色匹配函数的比较如图 3-23 所示。

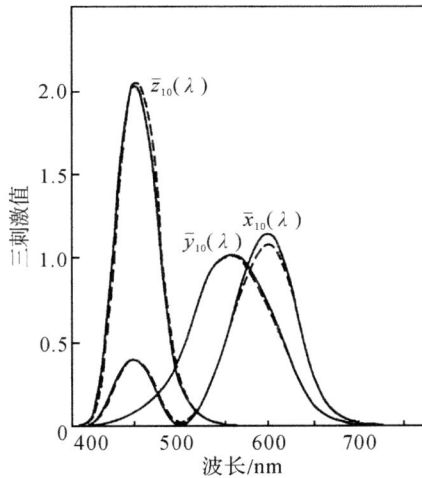

图 3-23　10°视场标准观察者(实线)与标准偏差观察者(虚线)
色匹配函数的比较

2. 照明体

在评价观察者同色异谱程度时,推荐选用 CIE 标准照明体 D_{65} 作为照明体,并对其光谱分布进行归化:

$$P_n(\lambda) = \frac{100}{\sum\limits_{\lambda=380}^{780} P(\lambda)\,\overline{y}(\lambda)\Delta\lambda} P(\lambda) \tag{3-83}$$

式中,$P_n(\lambda)$ 为归化后照明体的光谱分布,$\overline{y}(\lambda)$ 是标准观察者三刺激值 Y 或 Y_{10} 的色匹配函数,$\Delta\lambda$ 则是累加计算的波长间隔(通常取 5nm)。

3. 同色异谱色对的三刺激值

在选定的照明体下,采用标准观察者的色匹配函数 $\overline{x_s}(\lambda)$、$\overline{y_s}(\lambda)$、$\overline{z_s}(\lambda)$,计算出同色异谱

色对中的试样 1 和试样 2 对作为参照观察者的标准观察者(r)所具有的三刺激值(X_{r1},Y_{r1},Z_{r1})和(X_{r2},Y_{r2},Z_{r2}),再采用标准偏差观察者的色匹配函数$\overline{x_d}(\lambda)$、$\overline{y_d}(\lambda)$、$\overline{z_d}(\lambda)$分别求出试样 1 和 2 对标准偏差观察者(d)的三刺激值(X_{d1},Y_{d1},Z_{d1})和(X_{d2},Y_{d2},Z_{d2})。

4. 三刺激值的校正

如果同色异谱色对对标准观察者为不完全同色,则需对标准偏差观察者的三刺激值进行校正。校正的方法也同样有相加校正和相乘校正两种,其中相加校正的计算式为

$$
\left.
\begin{aligned}
X_{d2}' &= X_{d2} + \Delta X_r = X_{d2} + (X_{r1} - X_{r2}) \\
Y_{d2}' &= Y_{d2} + \Delta Y_r = Y_{d2} + (Y_{r1} - Y_{r2}) \\
Z_{d2}' &= Z_{d2} + \Delta Z_r = Z_{d2} + (Z_{r1} - Z_{r2})
\end{aligned}
\right\}
\tag{3-84a}
$$

而相乘校正的计算式为

$$
\left.
\begin{aligned}
X_{d2}' &= X_{d2}\, \frac{X_{r1}}{X_{r2}} \\
Y_{d2}' &= Y_{d2}\, \frac{Y_{r1}}{Y_{r2}} \\
Z_{d2}' &= Z_{d2}\, \frac{Z_{r1}}{Z_{r2}}
\end{aligned}
\right\}
\tag{3-84b}
$$

式中,X_{d2}',Y_{d2}',Z_{d2}'是校正后试样 2 对标准偏差观察者的三刺激值。当然,如果同色异谱色对对于标准观察者为同色,则不需要进行本校正步骤,因为 $X_{d2}'=X_{d2}$,$Y_{d2}'=Y_{d2}$,$Z_{d2}'=Z_{d2}$。

5. 色差的计算

由三刺激值(X_{d1},Y_{d1},Z_{d1})和(X_{d2}',Y_{d2}',Z_{d2}')可以求出同色异谱色对关于标准偏差观察者的色差 ΔE,并推荐采用 CIELAB 色差公式进行计算。最后,可以得到观察者同色异谱指数 M_{obs}为

$$
M_{obs} = \Delta E
\tag{3-85}
$$

在 M_{obs}后应注明用于评价的照明体种类,当采用 CIE1964 色度系统时还应标注"10"。由观察者同色异谱指数 M_{obs}可以进行等级区分,如表 3-9 所示。

表 3-9　观察者同色异谱指数的等级区分(采用 CIELAB 色差公式)

观察者同色异谱指数	等　级
0.2 以下	A
0.2 以上 0.5 以下	B
0.5 以上	C

为了便于理解和掌握上述观察者同色异谱程度的评价方法,这里以一个计算实例作进一步说明。图 3-24 中的两种物体色对 CIE 标准照明体 D_{65}和 CIE1964 标准观察者的三刺激值分别为

$$
\begin{cases}
X_{r1}=30.29 \\
Y_{r1}=24.41 \\
Z_{r1}=4.325
\end{cases}
\quad 和 \quad
\begin{cases}
X_{r2}=30.31 \\
Y_{r2}=24.42 \\
Z_{r2}=4.320
\end{cases}
$$

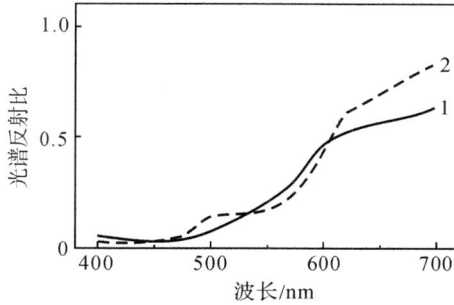

图 3-24   对 CIE 标准照明体 D$_{65}$ 和 CIE1964 标准观察者
为同色异谱的两种物体色的光谱反射比

可见，该试样 1 和试样 2 近于完全同色异谱颜色。再求出该色对关于标准偏差观察者的三刺激值为

$$\begin{cases} X_{d1}=29.22 \\ Y_{d1}=24.09 \\ Z_{d1}=4.333 \end{cases} \quad 和 \quad \begin{cases} X_{d2}=29.36 \\ Y_{d2}=24.11 \\ Z_{d2}=4.402 \end{cases}$$

应用式（3-84b）将试样 2 对标准偏差观察者的三刺激值按相乘校正方法修正为

$$\begin{cases} X_{d2}'=X_{d2}\dfrac{X_{r1}}{X_{r2}}=29.36\times\dfrac{30.29}{30.31}=29.34 \\[2mm] Y_{d2}'=Y_{d2}\dfrac{Y_{r1}}{Y_{r2}}=24.11\times\dfrac{24.41}{24.42}=24.11 \\[2mm] Z_{d2}'=Z_{d2}\dfrac{Z_{r1}}{Z_{r2}}=4.402\times\dfrac{4.325}{4.320}=4.406 \end{cases}$$

然后，将三刺激值（X_{d1}，Y_{d1}，Z_{d1}）和（X_{d2}'，Y_{d2}'，Z_{d2}'）换算到 CIELAB 颜色空间，得到

$$\begin{cases} L_1^*=56.18 \\ a_1^*=26.60 \\ b_1^*=55.84 \end{cases} \quad 和 \quad \begin{cases} L_2^*=56.19 \\ a_2^*=27.02 \\ b_2^*=55.47 \end{cases}$$

由此，可以计算出该色对的色差为

$$\begin{aligned} \Delta E_{ab}^* &= \left[(L_1^*-L_2^*)^2+(a_1^*-a_2^*)^2+(b_1^*-b_2^*)^2\right]^{1/2} \\ &= \left[(56.18-56.19)^2+(26.60-27.02)^2+(55.84-55.47)^2\right]^{1/2} \\ &= 0.56 \end{aligned}$$

所以，观察者同色异谱指数为

$$M_{obs.10}(D_{65})=0.56$$

最后，由表 3-9 可以查得该同色异谱色对为 C 级。

3.7   光源显色性的评价

对光源颜色特性的评价主要有两个方面的内容：一方面是人眼直接观察光源时所看到的颜色，其评价方法与物体色类似，可以通过计算其三刺激值和相关色温来描述光源本身的颜色；另一方面就是物体在光源照明下所呈现的颜色效果，研究照明光源对物体颜色的影响及其评价方法,即光源的显色性问题。

人们通常习惯地把物体在日光下所呈现的颜色认为是其真实颜色。同时,由于白炽灯的发光特性与黑体比较接近,所以在它的照明下人眼也能感受到物体的真实颜色。但是,很多人工光源的特性并不完全与日光或白炽灯的特性相同,而且它们还各具有不同的色温,所以在应用人工光源照明时,需要一种检验方法来评价采用人工光源与日光或白炽灯照明同一种物体时的差别及其程度。

3.7.1　光源的显色性

通常把照明光源对物体色外貌所产生的影响称为显色(color rendering),而将光源固有的显色特性称为显色性(color rendering property)。光源的光谱分布决定了光源的显色性,具有连续光谱分布的光源均有较好的显色性,如日光、白炽灯等。另外,由特定的色光组成的混合光源也能有很好的显色性,如波长为 450nm(蓝)、540nm(绿)和 610nm(橙)的光谱辐射对提高光源的显色性具有特殊的效果,所以采用这三种色光以适当的比例混合所产生的白光与连续光谱的日光或白炽灯具有同样优良的显色性。此外,光源的色温和显色性之间没有必然的联系,因为具有不同光谱分布的光源可能有相同的色温,但是其显色性可能差别很大。

光源的显色性影响人眼所观察的物体颜色,显色性好的光源照明下物体颜色的失真就小,所以与物体表面色相关的工业领域如纺织、印染、涂料、印刷、彩色摄影、彩色电视等必须考虑光源显色性对颜色复制及其评价的影响。为了比较光源显色性的优劣,有必要建立定量的评价方法。显色性的评价方法大体上可分为两种,即基于光谱分布之差的方法和基于作为标准的物体色(试验色)外貌之差别的方法。目前,在光源显色性评价上多采用后一种方法,本节也将说明作为试验色方法代表的 CIE 于 1974 年推荐的光源显色性评价方法。对光源显色性进行定量的评价是光源制造工业评价光源质量的一个重要方面,还可为提高照明质量、改进光源的特性提供必要的技术参数。

3.7.2　CIE 光源显色性指数的计算方法

CIE 光源显色性评价方法把在待测光源下物体色外貌和在参照照明体下物体色外貌的一致程度进行定量化,并称之为显色指数(color rendering index)。CIE 提出把普朗克辐射体作为评价低色温光源显色性的参照标准。规定评价色温在 5000K 以下的光源的显色性时,把它与 5000K 以下的黑体作比较,认为黑体的显色指数为 100;把标准照明体 D 作为评价色温在 5000K 以上的高色温光源显色性的参照标准。另外,在评价光源的显色性时,采用一套共 14 种试验色,其中 1～8 号共 8 种试验色用于光源一般显色指数和特殊显色指数的计算,这 8 种试验色代表了各种不同的常见颜色,其饱和度适中、明度值接近相等;而 9～14 号共 6 种试验色是一些饱和色和皮肤色,专用于特殊显色指数的计算。通过测量并计算出这些试验色在参照照明体和待测光源照明下的色差,便可求得待测光源的显色指数,用以表征光源显色性的优劣程度。

1. CIE 推荐的试验色方法

CIE 推荐的试验色方法以显色指数来定量评价光源的显色性,表示待测光源照明下的物体颜色与参照照明体下的物体颜色相符合的程度。CIE 推荐的用于检验光源显色性的 14 种试验色的光谱辐亮度因数见附表 3-3a 和附表 3-3b,其相应的光谱曲线如图 3-25 所示,每种试验色所对应的孟塞尔标号和颜色外貌(色名)列于表 3-10 中(见书前插页彩图 4)。

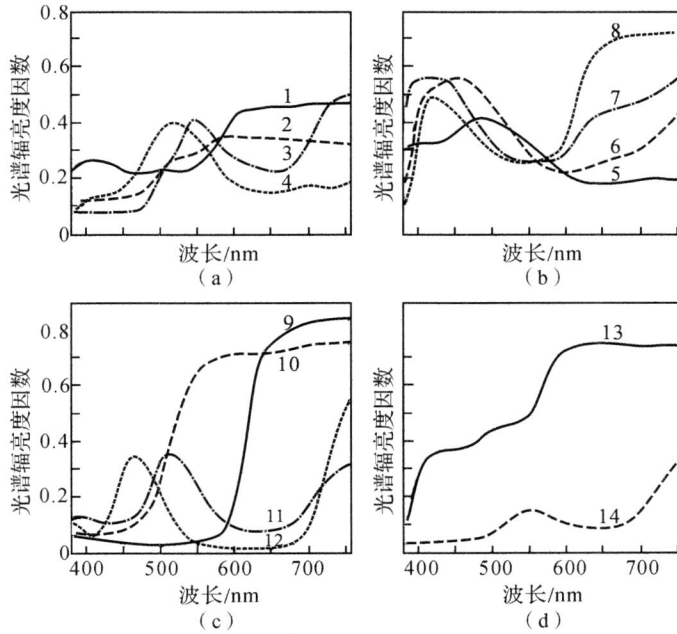

图 3-25　用于光源显色指数计算的 14 种试验色的光谱辐亮度因数曲线

表 3-10　用于光源显色指数计算的试验色的孟塞尔标号及其颜色外貌

试验色号	近似的孟塞尔标号	在昼光下的颜色外貌（色名）
1	7.5R6/4	带浅灰的红色
2	5Y6/4	带暗灰的黄色
3	5GY6/8	深黄绿色
4	2.5G6/6	适中的黄绿色
5	10BG6/4	带浅蓝的绿色
6	5PB6/8	浅蓝色
7	2.5P6/8	浅紫罗蓝色
8	10P6/8	带浅红的紫色
9	4.5R4/13	深红色
10	5Y8/10	深黄色
11	4.5G5/8	深绿色
12	3PB3/11	深蓝色
13	5YR8/4	带浅黄的粉色（人的肤色）
14	5GY4/4	适中的青果绿色（树叶绿）

设由 CIE 提出的 14 种试验色在参照照明体和待测光源的照明下其对应的色差为 ΔE_i（i 为试验色的序号，即 $i=1,2,3,\cdots,14$），则由此可计算出各种试验色的特殊显色指数（special color rendering index）R_i 为（取整数，小数四舍五入）

$$R_i = 100 - 4.6\Delta E_i \tag{3-86}$$

光源的显色指数愈高，其显色性就愈好。如果 $R_i=100$，表示该号试验色样品在待测光源与参照照明体照明下的色品坐标一致。

　　由 1~8 号试验色求得的 8 个特殊显色指数取平均值称为一般显色指数（general color rendering index）R_a，即

$$R_a = \frac{1}{8} \sum_{i=1}^{8} R_i \tag{3-87}$$

　　2. 参照照明体的选择

　　按照 CIE 的光源显色性评价方法，原则上采用黑体辐射或标准照明体 D 作为参照照明体。因此，在评价待测光源的显色性时，首先用实验方法确定其色温以选择合适色温的参照标准。当待测光源的色温大于 5000K 时选择标准照明体 D 作为参照标准，而色温小于 5000K 时则选择黑体辐射作为参照照明体。同时，在选择参照标准的色温时，应使待测光源与参照照明体具有相同或相似的色品坐标，即两者之间的色品差 ΔC 应小于 5.4×10^{-3}，它相当于在普朗克辐射轨迹上 15 麦勒德（μrd）的差别［麦勒德＝$10^6/T_c$（K）］。

　　色品坐标为（u_k，v_k）的待测光源与色品坐标为（u_r，v_r）的参照照明体之间的色品差 ΔC 为

$$\Delta C = \left[(u_k - u_r)^2 + (v_k - v_r)^2 \right]^{1/2} \tag{3-88}$$

式中，下标"k"表示待测光源，下标"r"表示参照照明体。根据上述色品差 ΔC 的容限就可以用表格的形式提供参照标准的参数，如附表 3-4 列出了各种色温或相关色温差约为 5 麦勒德的参照照明体的色品坐标，便于实际计算时查阅。图 3-26 则给出了在 CIE1960 UCS 色品图上对应的黑体轨迹（P）和 CIE 昼光轨迹（D）。

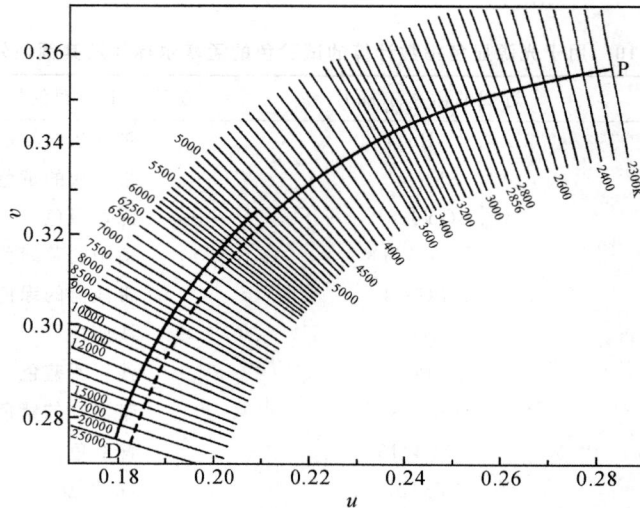

图 3-26　CIE1960 UCS 色品图中的黑体轨迹（P）和 CIE 昼光轨迹（D）及其色温

　　3. 待测光源及试验色在待测光源照明下的色品坐标计算

　　在精确测定待测光源的光谱功率分布的基础上，应用前面介绍的光源色品坐标计算方法求得其三刺激值（X_k，Y_k，Z_k）和色品坐标（x_k，y_k），再根据 CIE1960 UCS 色品坐标的计算公式（3-1）或式（3-2）便可计算出待测光源的 CIE1960 色品坐标（u_k，v_k）：

$$\begin{cases} u_k = \dfrac{4x_k}{-2x_k + 12y_k + 3} \\[2mm] v_k = \dfrac{6y_k}{-2x_k + 12y_k + 3} \end{cases}$$

或

$$\begin{cases} u_k = \dfrac{4X_k}{X_k + 15Y_k + 3Z_k} \\[2mm] v_k = \dfrac{6Y_k}{X_k + 15Y_k + 3Z_k} \end{cases}$$

采用同样的方法,可以计算得到各种试验色在待测光源下的色品坐标$(x_{k.i}, y_{k.i})$和$(u_{k.i}, v_{k.i})$,其中下标"i"为试验色序号,并且色品坐标的计算精度应精确到小数点后四位。

4. 色适应修正

物体的颜色感知除了与照明光源的光谱功率分布及物体本身的光谱辐亮度因数等光度特性有关之外,还与人眼的适应状态相关。例如,人眼在日光下观察某颜色后,若将该颜色样品移到白炽灯下观察,则在开始观察时会发现颜色与日光下有些差别,但是过了一会儿人眼很快又能正确分辨原来在日光下观察到的颜色,而且会感觉到颜色并没有发生变化,通常将这样的一种过程称为色适应。一般来说,色适应现象发生在照明光源的光谱功率分布和物体的光谱光度特性分布曲线均为平滑的情形。

在进行光源的显色性评价时,待测光源的色品坐标一般与参照照明体的色品坐标是不相同的,但是由该色品坐标之差造成的物体颜色偏移却因为色适应效应而得到补偿。为了处理待测光源和参照标准照明下的色适应,首先将待测光源的色品坐标(u_k, v_k)调整为参照照明体的色品坐标(u_r, v_r),即

$$\left. \begin{array}{l} u_k{'} = u_r \\[1mm] v_k{'} = v_r \end{array} \right\} \tag{3-89}$$

然后,将各种试验色的色品坐标$(u_{k.i}, v_{k.i})$也按式(3-90)修正为$(u_{k.i}{'}, v_{k.i}{'})$:

$$\left. \begin{array}{l} u_{k.i}{'} = \dfrac{10.872 + 0.404\dfrac{c_r}{c_k}c_{k.i} - 4\dfrac{d_r}{d_k}d_{k.i}}{16.518 + 1.481\dfrac{c_r}{c_k}c_{k.i} - \dfrac{d_r}{d_k}d_{k.i}} \\[6mm] v_{k.i}{'} = \dfrac{5.520}{16.518 + 1.481\dfrac{c_r}{c_k}c_{k.i} - \dfrac{d_r}{d_k}d_{k.i}} \end{array} \right\} \tag{3-90}$$

式中,c_r、d_r、c_k、d_k、$c_{k.i}$、$d_{k.i}$分别为由参照照明体、待测光源以及待测光源照明下各试验色的色品坐标 u_r、v_r、u_k、v_k、$u_{k.i}$、$v_{k.i}$,按式(3-91)计算的系数:

$$\left. \begin{array}{l} c = \dfrac{1}{v}(4.0 - u - 10.0v) \\[2mm] d = \dfrac{1}{v}(1.708v + 0.404 - 1.481u) \end{array} \right\} \tag{3-91}$$

5. 颜色的总色位移计算

在色差计算中,采用如公式(3-10)所示的CIE1964均匀颜色空间,所以需要将各试验色在参照照明体和待测光源下的色度参数变换为(W^*, U^*, V^*),即

$$\left. \begin{array}{l} W_{r.i}^* = 25(Y_{r.i})^{1/3} - 17 \\[1mm] U_{r.i}^* = 13W_{r.i}^*(u_{r.i} - u_r) \\[1mm] V_{r.i}^* = 13W_{r.i}^*(v_{r.i} - v_r) \end{array} \right\} \tag{3-92}$$

和

$$\left. \begin{array}{l} W_{k.i}^* = 25(Y_{k.i})^{1/3} - 17 \\[1mm] U_{k.i}^* = 13W_{k.i}^*(u_{k.i}{'} - u_k{'}) \\[1mm] V_{k.i}^* = 13W_{k.i}^*(v_{k.i}{'} - v_k{'}) \end{array} \right\} \tag{3-93}$$

由此,利用 CIE1964 色差公式,可以进一步计算出各试验色 $i(i=1,2,3,\cdots,14)$ 分别在待测光源和参照照明体照明下的色差,即颜色的总色位移为

$$\Delta E_i = [(U_{r,i}^* - U_{k,i}^*)^2 + (V_{r,i}^* - V_{k,i}^*)^2 + (W_{r,i}^* - W_{k,i}^*)^2]^{1/2}$$
$$= [(\Delta U_i^*)^2 + (\Delta V_i^*)^2 + (\Delta W_i^*)^2]^{1/2} \tag{3-94}$$

6. 显色指数的计算

对于 CIE 的 1~14 号各种试验色,其特殊显色指数可按式(3-86)计算,即

$$R_i = 100 - 4.6\Delta E_i, \quad i = 1,2,3,\cdots,14$$

由 CIE 的 1~8 号试验色的特殊显色指数求取平均值,即可按式(3-87)计算出一般显色指数:

$$R_a = \frac{1}{8}\sum_{i=1}^{8} R_i$$

通常按一般显色指数可将光源的显色性分成如表 3-11 所示的优、一般和劣三个质量等级,作为对光源显色性的定性评价。如白炽灯、卤钨灯、镉灯等光源的显色指数较高,一般为 85 左右,常用于彩色电影、彩色印刷、纺织工业等色重现要求高的场合;荧光灯的显色指数为 70~80,可用于一般的照明;高压汞灯、高压钠灯等的显色指数较低,通常低于 50,故不宜用于辨色等视觉工作。

表 3-11　显色指数的质量分类

R_a	质量分类
100~75	优
75~50	一般
50 以下	劣

值得指出的是,由于显色指数只是表示待测光源下颜色样品产生的色位移大小,而没有指出色位移的方向,所以即使是两个具有相同显色指数的光源,如果色位移的方向不同,那么它们的颜色在视觉上也是不同的。可见,虽然不同的光源可能具有相同的显色指数,但这并不表示它们之间一定可以相互代替使用。

3.7.3　光源显色性指数计算流程

光源显色指数的计算是比较烦琐的,在计算机已经普及的今天可以按如下流程进行编程计算:

1. 计算所需的输入参数

(1) 待测光源的相对光谱功率分布 $P_k(\lambda)$;

(2) 各试验色 $i(i=1,2,3,\cdots,14)$ 的光谱辐亮度因数 $\beta_i(\lambda)$,可查附表 3-3a 和附表 3-3b。

2. 具体计算步骤

(1) 根据光谱分布计算待测光源的色品坐标 (x_k,y_k) 和 (u_k,v_k);

(2) 根据色品坐标并利用图 3-26 进行内插或按其他相关色温计算方法,可以求出待测光源的相关色温 T_c;

(3) 根据相关色温来确定选用黑体或 CIE 昼光 D 作为参照标准,并由相关公式计算出参照照明体的光谱分布,也可在附表 3-4 中直接选择与待测光源色温接近的参照照明体具体参数;

（4）根据选定的参照照明体可以计算出它及其对应的各试验色的色度参数；

（5）根据待测光源的光谱分布和试验色的光谱辐亮度因数，计算在待测光源照明下各试验色 $i(i=1,2,3,\cdots,14)$ 的 CIE 三刺激值 $(X_{k.i},Y_{k.i},Z_{k.i})$ 和色品坐标 $(x_{k.i},y_{k.i})$、$(u_{k.i},v_{k.i})$；

（6）利用式（3-90）和式（3-91）进行色适应修正计算，求得 c_r、d_r、c_k、d_k、$c_{k.i}$、$d_{k.i}$ 及 $u_{k.i}'$、$v_{k.i}'$；

（7）根据各试验色在待测光源下的三刺激值，计算其在 CIE1964 均匀颜色空间中的 $U_{k.i}^*$、$V_{k.i}^*$、$W_{k.i}^*$；

（8）利用式（3-94）求出色差 ΔE_i；

（9）按照式（3-86）和式（3-87）分别计算出特殊显色指数 R_i 和一般显色指数 R_a。

显色指数是定量地评价光源色还原性能质量的重要指标，表 3-12 列出了一些常用光源的显色指数，以供参考。

表 3-12　各类常用光源的显色指数

光　　源		一般显色指数 R_a
热辐射光源	白炽灯	$95\sim100$
	卤钨灯	$95\sim100$
气体放电光源	高光度碘弧灯	$95\sim98$
	短弧氙灯	$94\sim98$
	铟灯	$90\sim93$
	锡灯	$92\sim95$
	高压汞灯	$30\sim40$
	低显色荧光灯	$52\sim77$
	高显色荧光灯	93
	镝灯	$85\sim95$
	高压钠灯	$20\sim25$
	低压钠灯	—
	金属卤化物灯（钠铊铟灯）	$60\sim65$
	高显色高压钠灯	80

第 4 章

色序系统

为了传输和交流颜色信息,首先必须能准确地表述颜色,这就需要一种描述颜色的语言或系统。颜色系统有混色系统和颜色感知系统之分,混色系统是以原色的定义和着色工艺为基础的,如 CIE 色度系统就是基于每一种颜色都能用三个选定的原色以适当的比例混合而成这一原理,用三刺激值来定量地描述颜色,它是应用心理物理学的方法来表示在特定条件下的颜色量,可用于颜色的计算和测量;颜色感知系统是从一套视觉感知的定义开始的,基于视觉判断对自然界存在的各种颜色进行分类和排列而形成的体系,即所谓的色序系统(color order system)。

色序系统以感知原理为基础,通常要有足够的视觉试验才可以证实其体系是正确和清晰的。因此,色序系统是组织颜色感知的概念性体系,是描述感知色表的某些定义和法则的集合,换言之,色序系统是将颜色按照感知色表的特性在颜色空间进行有序的排列所构成的系统,而表面色按照特定的色序系统在颜色空间中排列所占有的空间部分即为颜色立体。

4.1 颜色立体

牛顿于 1704 年发现的太阳光色散现象为加混色实验奠定了基础,他将色散后的光谱重新组合成白光,并且调整光谱的不同组合可产生各种不同的颜色。牛顿根据其色散实验给出了如图 4-1 所示的加混色系统图,其中由 7 种光谱色组成了圆环,这是最早期的颜色分类。

1905 年美国画家孟塞尔(A. H. Munsell)总结了两个世纪以来颜色科学工作者的经验和研究成果,选择了 5 种色调即红、黄、绿、蓝、紫等颜色组成一个色调环。采用心理物理学方法从颜色的知觉特点出发,对颜色进行分类,形成了一个包括色调、明度、饱和度在内的颜色空间立体。在该颜色空间中的各个位置代表了特定的颜色,并以一定的标记予以说明。

图 4-1　牛顿的光谱色环

在孟塞尔颜色系统中,各种标准颜色卡片通过目视评价,按照不同的色调、饱和度和明度分类排列。例如,首先将同样明度的各种色卡分为一类,再从中选出同样色调的色卡,然后通过视觉比较将它们按照颜色的浓淡(饱和度)排列起来,使这些同明度、同色调的色卡在饱和度上符合等间隔的变化规律。以同样的方法把各种色卡在明度方向上和同色调方向上基于视觉判断进行等间隔分类排列,最后可以形成一个在视觉感知上具有均匀变化间隔的颜色立体,如

图 4-2 所示。这种孟塞尔颜色分类的方法属于纯粹的心理颜色分类方法,已被国际上广泛采用,它是物体色分类和标定的最常用方法。

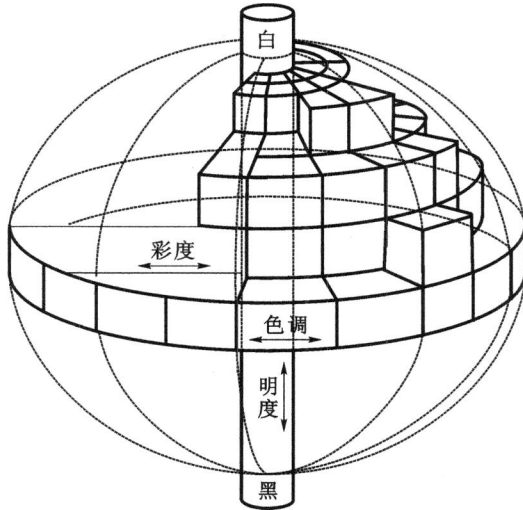

图 4-2　颜色立体

这类颜色立体所对应的色序系统除了上述应用最广泛的孟塞尔系统以外,还有自然色系统(NCS)、美国光学学会均匀颜色标尺系统(OSA-UCS)、德国 DIN 系统、奥斯瓦尔德系统等许多其他的颜色系统。相应地,颜色立体的空间排列也有不同的形式,如圆柱形极坐标、直角坐标形式、球形或半球形、锥形或双锥形、八面立方体等各种结构,其颜色空间在视觉上都是等间隔的。

4.2　孟塞尔颜色系统

孟塞尔系统是目前世界上应用最广泛的颜色系统,是美国国家标准研究院和美国材料测试协会的颜色标准。由孟塞尔创立的该颜色系统是用立体模型来表示物体色的方法之一,其立体空间表征了颜色的三个基本视觉参数,即明度、色调、饱和度。该系统基于心理学方法和视觉特性,将各种颜色的明度、色调、饱和度进行分类和排列,并采用统一的标号,汇编成颜色图册。

自从 1915 年美国出版了第一本《孟塞尔颜色图册》(*Munsell Atlas of Color*)以来,经过多年的研究和改进,美国国家标准局和美国光学学会于 1943 年对孟塞尔系统进行了重新编排和系统测量后,制定出版的孟塞尔新标系统(Munsell Renovation System)更加符合视觉上等距的原则,孟塞尔的色调值、明度值、彩度值基本反映了物体颜色的心理规律,代表了颜色的色调、明度和饱和度的主观特性。孟塞尔图册的版本很多,1976 年出版的图册分为有光泽和无光泽两类,有光泽的版本共有色卡 1488 片,附有一套由白到黑的中性色样品共 37 块;无光泽版本共有色卡 1277 片,附有中性色样品 32 块。颜色样品的尺寸有多种规格,其中最大的尺寸为 18mm×21mm。1978 年出版的新日本颜色系统共有 5000 片色卡,是国际上具有颜色卡片最多的颜色图册。

4.2.1　孟塞尔颜色立体

图 4-3 是孟塞尔颜色立体的示意图(见书前插页彩图 5),其中包括孟塞尔明度、孟塞尔彩度、孟塞尔色调等三维视觉属性。孟塞尔颜色立体的中央轴代表了无彩色的黑白中性颜色,从上到下由白到黑划分为各个明度等级,称为孟塞尔明度值,以符号 V 表示。将亮度因数 Y 等于 102 的理想白定义为明度 10,把亮度因数为 0 的理想黑定义为明度 0,由 0～10 的 11 个明度等级在视觉上是等间隔的,每一明度等级代表了某一种颜色在标准照明体 C 下的亮度因数。在实际应用中,通常只用到 1～9 级明度值,所以在孟塞尔颜色图册中主要给出明度值从 1.75(Y=2.5)到 9.5(Y=90)的各级中性色卡。彩色的明度值在颜色立体中以离开基底平面(理想黑)的高度来表示,并用与其相等明度的灰色来度量。

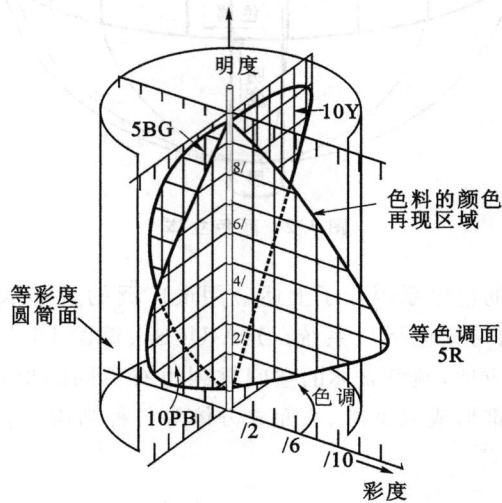

图 4-3　孟塞尔颜色立体

在孟塞尔颜色立体中,某一颜色样品离开中央轴的水平距离代表了颜色饱和度的变化,称为孟塞尔彩度,它表示离开相同孟塞尔明度值的中性灰色的程度,以符号 C 表示。具有相同明度等级的颜色其彩度按照离开中央轴距离的大小被分成许多视觉上等间隔的等级,在中央轴上的中性色的彩度为 0,离开中央轴愈远其彩度则愈大。在孟塞尔颜色图册中,以每两个彩度等级为间隔制成颜色样卡,并且各种颜色的最大彩度并不相同,图 4-4 为颜色立体中某一垂直截面的示意图(见书前插页彩图 6),而图 4-5 是孟塞尔颜色立体中明度值为 5 的水平剖面,它们分别反映了不同明度值或不同色调所对应颜色的彩度分布情况。

在孟塞尔颜色立体的水平截面上,从中央轴所在的中心指向其圆周的各个方向代表了各种孟塞尔色调,以符号 H 表示。如图 4-6 所示,孟塞尔色调圆周分成 10 个等距的部分,其中包括红(R)、黄(Y)、绿(G)、蓝(B)、紫(P)等 5 种主要色调以及黄红(YR)、绿黄(GY)、蓝绿(BG)、紫蓝(PB)、红紫(RP)等 5 种中间色调。为了对色调作更细的划分,每种色调又分成1～10 共 10 个等级,并规定每种主要色调及其中间色调均定为 5。在孟塞尔颜色图册中,同一种色调的颜色根据彩度的大小排列成一页,称为色调页。孟塞尔色调有 100 种,但在其图册中一般给出每种色调的 2.5、5、7.5、10 等四个等级的色调页,这样全图册包括 40 种色调的颜色样品。

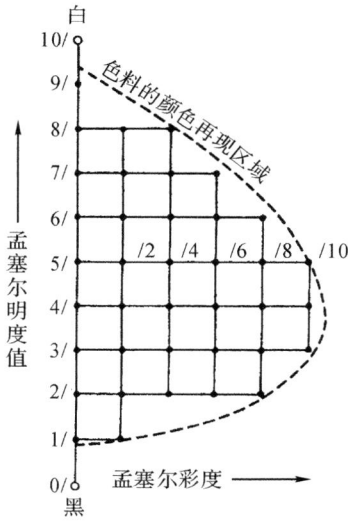

图 4-4　孟塞尔颜色立体中的色调页图样

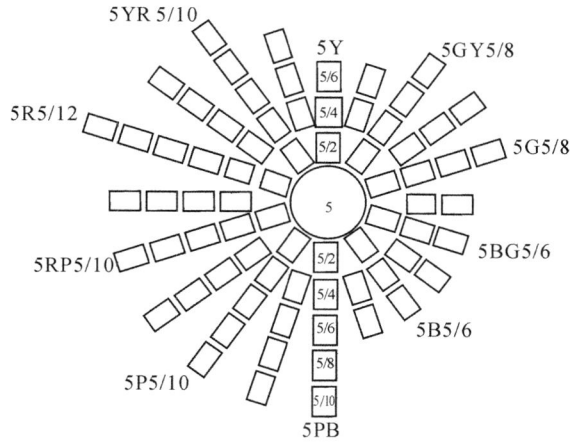

图 4-5　孟塞尔颜色立体中明度值为 5 的水平剖面图样

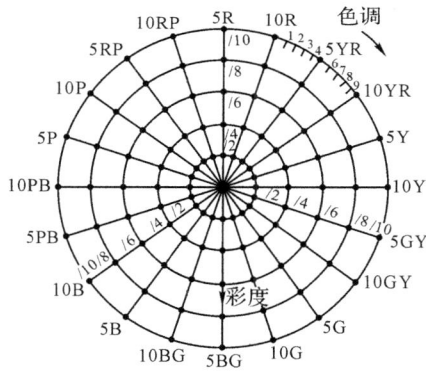

图 4-6　孟塞尔颜色立体的色调-彩度图

在自然界中存在的任何颜色都可以在孟塞尔颜色立体中以其色调 H、明度值 V、彩度 C 坐标确定一个唯一的位置点,并用其专门的颜色标号来表示,即

$$HV/C（色调、明度值/彩度）$$

例如,一个孟塞尔标号为 5GY6/8 的颜色,其色调 5GY 说明它是中间色调的黄绿色,明度值 6 表示它为中等亮度,而彩度 8 则说明该颜色为较饱和的黄绿色。

对于无彩色的白黑系列中性色用符号 N 表示,其标号为

$$NV/（中性色、明度值/）$$

例如,明度值为 4 的中性灰色的标号是 N4/。通常,对于彩度低于 0.3 的黑、灰、白色便标为中性色。但是,如果需要也可对彩度低于 0.3 的中性色作精确的标定,其标号形式为 $NV/(H,C)$[中性色、明度值/（色调,彩度）],不过这时的色调只用 5 种主要色调和 5 种中间色调中的一种而不再细分,如一个略带黄色的浅灰色可以标注为 N8/（Y,0.2）。

4.2.2 孟塞尔新标系统

1937 年美国光学学会(OSA)颜色测量委员会成立了一个专门研究孟塞尔系统的分会,由纽哈尔(Newhall)、尼克逊(Nickerson)、贾德(Judd)等人组成。他们经过了六年的实验研究,对原孟塞尔颜色系统的每个色卡进行了精确的测量和视觉评价,在既保持原来孟塞尔颜色系统的视觉等色差性又没有物理学上的不合理性的原则下,对原孟塞尔系统作了修正,并于1943 年公布了经过修正的孟塞尔新标系统。

孟塞尔新标系统的色卡代表了在 CIE 标准照明体 C 下可制成的所有非荧光材料表面色,其在编排上更接近视觉等距特性,而且每一个色卡都标有相应的 CIE1931 标准色度系统的色度值,所以它建立了孟塞尔新标系统与 CIE 色度系统之间的对应关系。

1. 孟塞尔明度

美国光学学会根据大量观察者的视觉判断结果,发现孟塞尔明度值 V 与其亮度因数 Y 之间的关系不是线性的,而是曲线关系:

$$\frac{Y}{Y_{MgO}} = 1.2219V - 0.23111V^2 + 0.23951V^3 - 0.021009V^4 + 0.0008404V^5 \qquad (4\text{-}1)$$

式(4-1)的观察条件为中等明度($V=5$,对应 Y 约为 20)的灰色背景。由式(4-1)可知,当 $Y=100$ 时对应于 $V=9.91$,而 $V=10$ 时的 $Y=102.57$。由于实际测量时 Y 值都是以氧化镁为标准的,并规定氧化镁的亮度因数 $Y_{MgO}=100$,而实际上氧化镁的反射比只有 97.5% 左右,所以出现了 $V=10$ 时对应于完全漫反射体的亮度因数为 $Y_0=102.57$ 的情况。

由于式(4-1)过于繁复,应用不便,故 CIE 于 1964 年采用了威泽斯基(Wyszecki)提出的立方根函数来替代,即

$$W^* = 25Y^{1/3} - 17 \qquad (4\text{-}2)$$

式中,W^* 是 CIE1964 均匀颜色空间的明度指数。当 W^* 最大值的分级定为 10 时,它与孟塞尔系统中明度值的分级很接近,即 $W^* = 10V$。

1976 年 CIE 又改写了式(4-2),推荐采用 L^* 来代替 W^*,即

$$L^* = 116(Y/Y_0)^{1/3} - 16 \qquad (4\text{-}3)$$

式中,L^* 是 CIE1976 均匀颜色空间的明度,Y_0 为完全漫反射体的亮度因数,并规定 $Y_0=100$。式(4-3)是目前主要应用的明度评价标尺。

2. 孟塞尔色调和彩度

在孟塞尔新标系统中,明度值相同的颜色样品处于颜色立体的同一水平截面上,它们之间只有色调和彩度的差异。若把这些经过精确测定得到的各个色卡的色品坐标描绘于 CIE-xy 色品图中,具有相同色调的颜色似乎应连成放射状直线,而彩度相同的颜色应构成一组以参考白点为中心的同心圆,但实际并非如此,如图 4-7 和图 4-8 所示。除了主波长为 571~575nm、503~507nm、474~478nm 以及补色波长 559nm 之外的等色调轨迹都不是直线,而且不同明度水平的等色调线也不重合,所以具有相同色调的色卡如果明度值不同,其在 CIE 色品图上的主波长也不相等;而等彩度轨迹也并不规整,且不同明度对应不同形状的一组曲线。由于孟塞尔色卡基本上可以近似地认为是视觉等距均匀排列的,因此上述孟塞尔颜色系统与 CIE 色度系统之间在明度、彩度和色调变化上的不同步说明了 CIE1931 色度系统并非为视觉均匀的颜色系统。

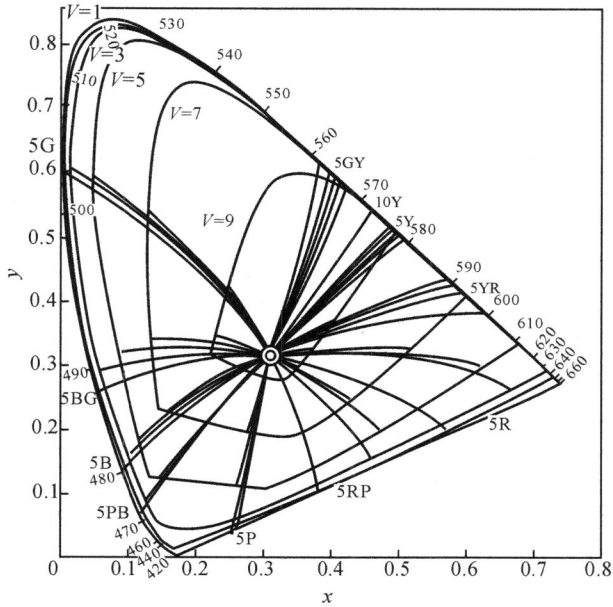

图 4-7 在 CIE1931 色品图上不同明度水平的恒定色调轨迹

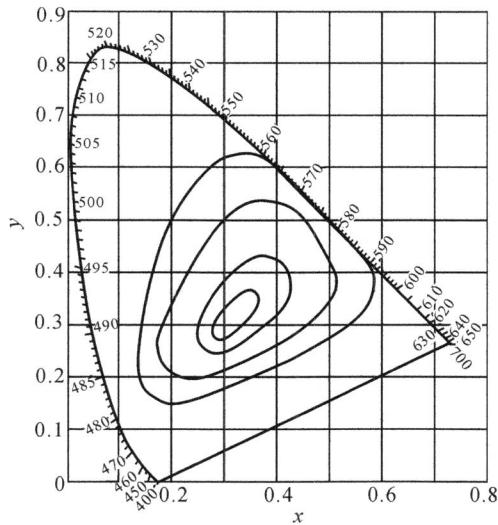

图 4-8 在 CIE1931 色品图上表面色的恒定彩度轨迹

　　按照上述方法并经过曲线的平滑处理,可以在 CIE1931 色品图上绘出对应各级明度值的恒定色调和恒定彩度轨迹曲线,如图 4-9～图 4-17 所示分别为对应于孟塞尔明度值 $V=1$ 至 $V=9$ 的 9 张恒定色调和恒定彩度轨迹的色品图。进一步,以这些图为准可以推导出孟塞尔颜色图册中每一色卡标号所对应的 CIE1931 色度值 x、y 及 Y 值,从而得到如附表 4-1 所列的孟塞尔标号与 CIE1931 标准色度系统的色度值之间的对应关系,表中的 (Y, x, y) 值为相应的孟塞尔色卡在 CIE 标准照明体 C 下的值。

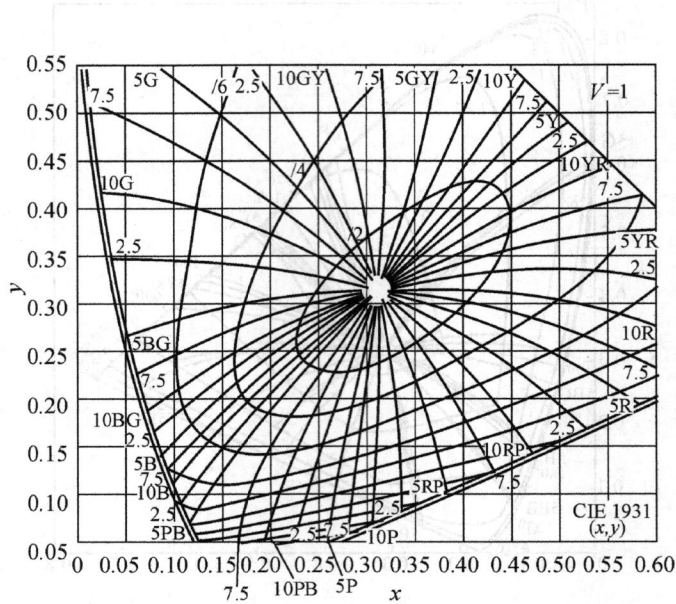

图 4-9　CIE1931 色品图上孟塞尔新标系统 $V=1$ 时的恒定色调和恒定彩度轨迹

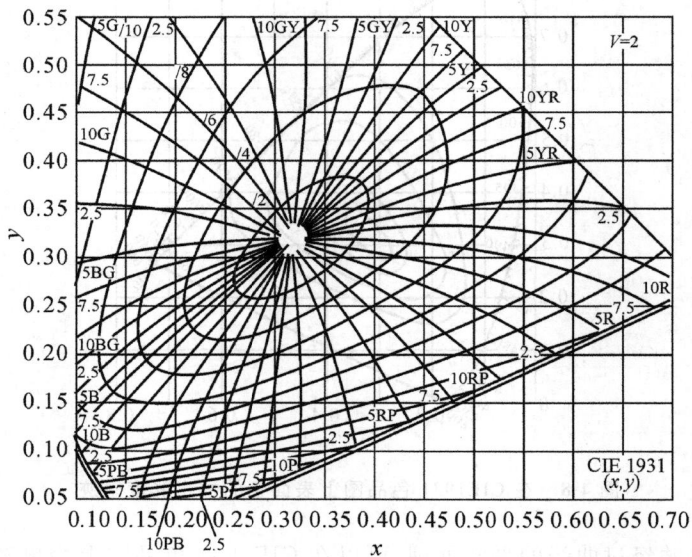

图 4-10　CIE1931 色品图上孟塞尔新标系统 $V=2$ 时的恒定色调和恒定彩度轨迹

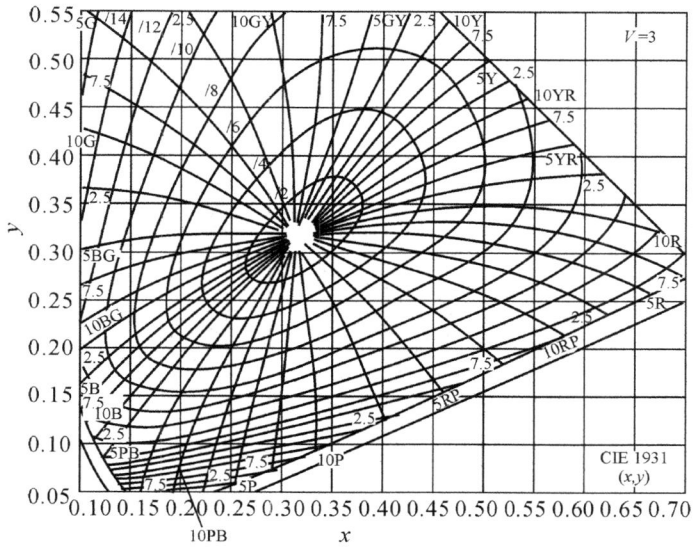

图 4-11　CIE1931 色品图上孟塞尔新标系统 **V**＝3 时的恒定色调和恒定彩度轨迹

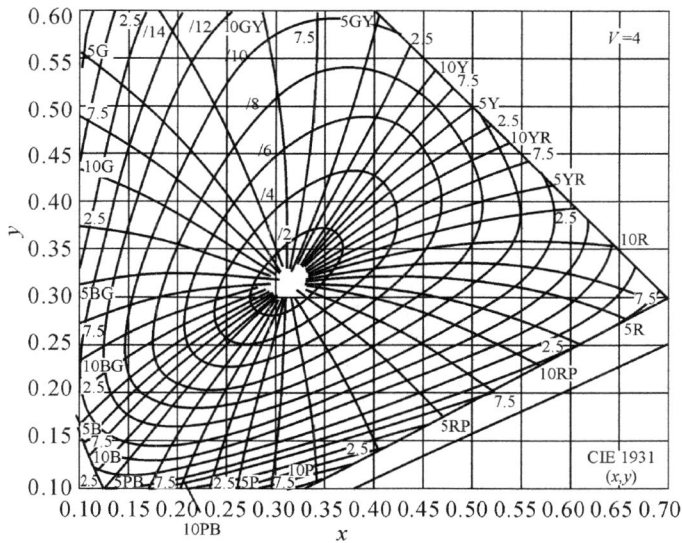

图 4-12　CIE1931 色品图上孟塞尔新标系统 **V**＝4 时的恒定色调和恒定彩度轨迹

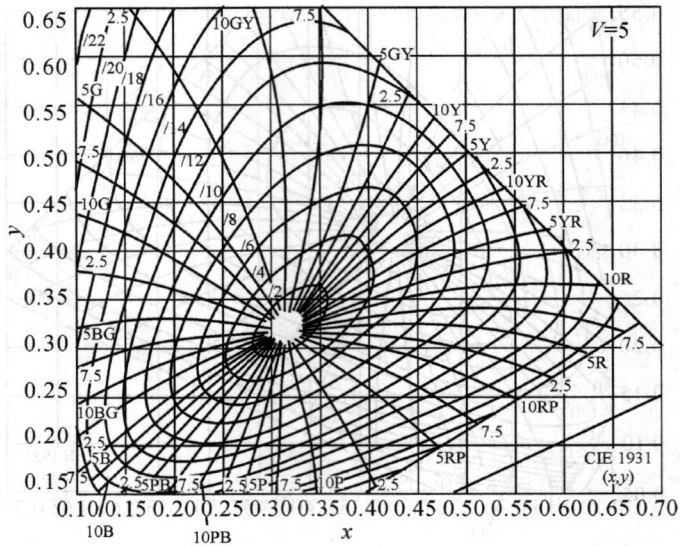

图 4-13 CIE1931 色品图上孟塞尔新标系统 $V=5$ 时的恒定色调和恒定彩度轨迹

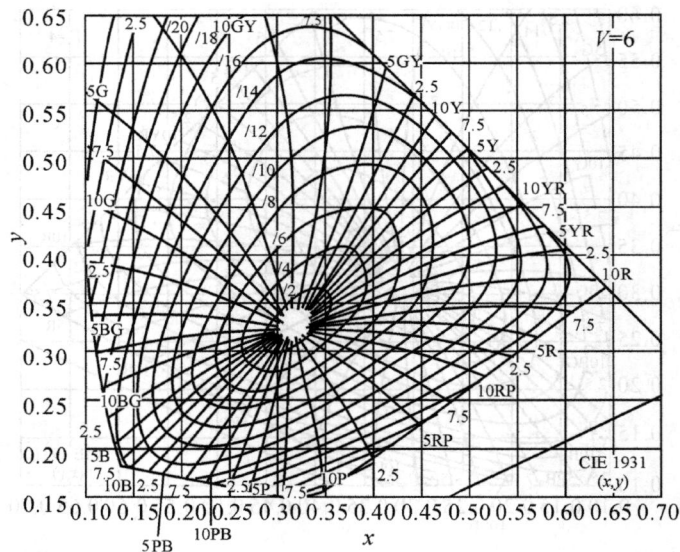

图 4-14 CIE1931 色品图上孟塞尔新标系统 $V=6$ 时的恒定色调和恒定彩度轨迹

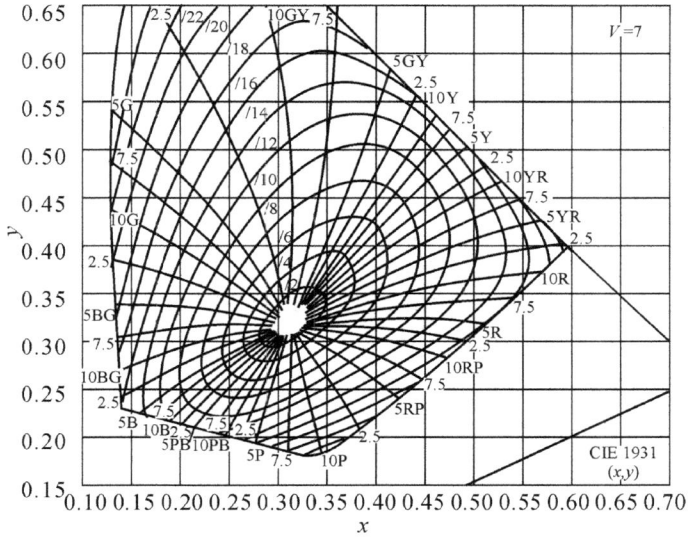

图 4-15 CIE1931 色品图上孟塞尔新标系统 $V=7$ 时的恒定色调和恒定彩度轨迹

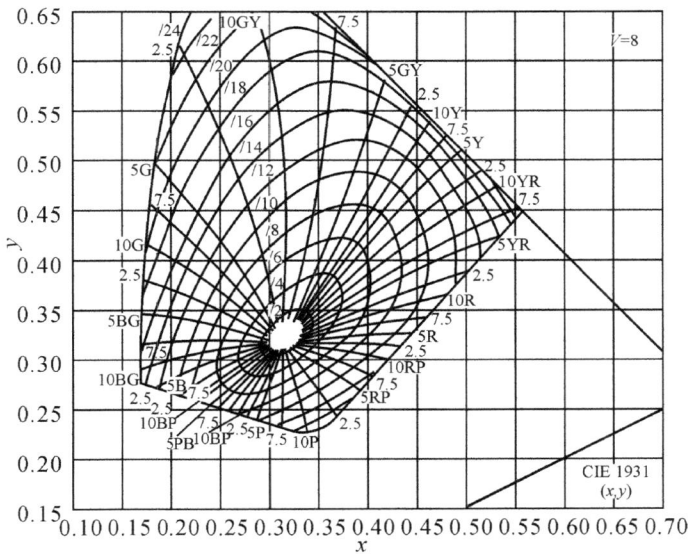

图 4-16 CIE1931 色品图上孟塞尔新标系统 $V=8$ 时的恒定色调和恒定彩度轨迹

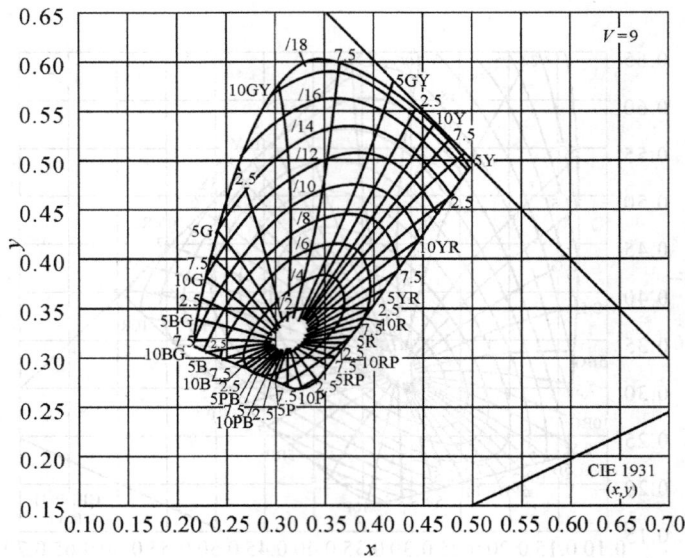

图 4-17　CIE1931 色品图上孟塞尔新标系统 V＝9 时的恒定色调和恒定彩度轨迹

　　通过对不同明度值的恒定色调和恒定彩度轨迹的分析对比可以看出，当明度值为 9～5 时，随着 V 值的下降，各个恒定彩度轨迹曲线只略增大；而当明度值为 4～6 时，彩度轨迹曲线的数量最多，比 V＝9 时在色品图上占有更大的面积。这个现象说明当中等明度值为 4～6（对应亮度因数 Y＝12～30）时，有产生最大饱和度表面色的可能性；而当明度值为 9（亮度因数 Y＝79）时，不可能有非常饱和的表面色，尤其是蓝、紫、红色部分更是如此。当明度值为 5～1 时，随着明度值的降低，各恒定彩度轨迹曲线均急剧增大，以至于当明度值为 1 时彩度为 4 的轨迹已经包括了明度值为 9 时的全部颜色。这表明人眼分辨饱和度的能力随明度的降低而减弱。当明度值为 1 或 2 时，色品图上的黄、绿色区只剩下很少几个恒定彩度轨迹曲线。这意味着在低明度时，黄、绿色也不可能有很大的饱和度，同时也说明低明度的表面色虽然在黄、绿色区的色品坐标可以有较大的变化，但其饱和度的变化却很小。

　　3. CIE 色度系统与孟塞尔颜色系统之间的对应关系

　　以如图 4-9～图 4-17 所示的在 CIE1931 色品图上孟塞尔新标系统的恒定色调和恒定彩度轨迹为基础，可以进行 CIE 色度系统与孟塞尔颜色系统之间颜色参数的相互转换。下面以由 CIE1931 度量系统向孟塞尔新标系统转换为例说明其具体的转换过程。

　　（1）利用孟塞尔明度值 V 与亮度因数 Y 之间的关系式(4-1)，由颜色样品的 Y 值可以计算出其对应的明度值 V；

　　（2）根据明度值 V 的大小选择所对应的恒定色调和恒定彩度轨迹图，并利用如附表 4-1 所列的孟塞尔标号与 CIE 色度值之间的对应关系，采用线性内插法由色样的色品坐标(x，y)值可以确定色样的孟塞尔色调和彩度的值。

　　[**例**]　由测色仪器测得某一颜色样品在标准照明体 C 和 2°视场观察条件下的 Y＝46.02，$x＝0.500$，$y＝0.454$，求该色样对应的孟塞尔标号。

　　解：（1）由公式(4-1)可以求出 Y＝46.02 时对应的 V＝7.20。

　　（2）参照如附表 4-1 所列的孟塞尔标号与 CIE 色度值之间的对应关系，并利用 V＝7 的图

4-15 和 $V=8$ 的图 4-16,应用内插法计算色样的色调和彩度。在图 4-15 中,色品坐标为 $x=0.500,y=0.454$ 时对应的色调为 $H=10.0\mathrm{YR}$,彩度 C 为 $12\sim14$,按内插法估算为 13.1；在图 4-16 中,色品坐标为 $x=0.500,y=0.454$ 时对应的色调 H 与 10.0YR 之间的色差等级小于 0.25,故可以定为 $H=10.0\mathrm{YR}$,而彩度 C 为 $14\sim16$,由内插法估算为 14.6。

（3）由上述结果可知,色调 $H=10.0\mathrm{YR}$,当 $V=7$ 时的彩度 $C=13.1$,而 $V=8$ 时的彩度 $C=14.6$,所以还需要按照色样的实际明度值 $V=7.2$,利用线性内插法进一步求出该色样的确切彩度 $C=13.1+0.2(14.6-13.1)=13.4$ 或 $C=14.6-0.8(14.6-13.1)=13.4$。

（4）所求颜色样品的孟塞尔标号为 10.0YR7.2/13.4。

当然,如果在上述计算中由不同明度值的恒定色调和恒定彩度轨迹图所对应的色调不等时,也同样可以采用线性内插法来计算色样的色调。

4.2.3　孟塞尔颜色图册的应用

孟塞尔颜色图册作为孟塞尔颜色系统的实物颜色样本,在纺织、染料、涂料、油墨、医学、化学、摄影、彩色电视等各种颜色相关工业生产以及颜色科学研究中得到了广泛的应用,在颜色的表述、交流、传递等信息技术领域以及色貌的视觉比较与评价等心理物理学工程实践方面均具有重大的科学价值和实用意义。

1. 确定物体表面色的孟塞尔标号

采用目视方法直接观察孟塞尔色卡与待测颜色样品,照明与测量条件按照 CIE 规定的 $45°x:0°$ 方式(光线从样品表面法线的 $45°$ 方向照射,观察者在大致垂直于样品表面的上方进行观察)或 $0°:45°x$ 方式(垂直照明,$45°$ 方向观察)。照明光源可以采用北窗光或标准人工日光,在北半球地区一般在室内北面窗口采集到的自然光下进行颜色的视觉匹配。在孟塞尔颜色图册中,找出在色调、明度和彩度上与待测样品一致的孟塞尔色卡,从而获得待测样品的孟塞尔颜色标号。当两者之间不完全匹配而只是相近时,需要找出两张最接近的色卡与样品进行比较,通过线性内插方法得到待测样品的孟塞尔标号。在目视比较测量中,要求确定颜色样品的孟塞尔标号时允许的误差是不大于 0.5 色调等级、0.1 明度等级和 0.4 彩度等级。

2. 实现 CIE 标准色度系统与孟塞尔颜色系统之间的相互转换

孟塞尔颜色图册中的每张色卡既有孟塞尔标号又有对应的 CIE 色度参数(Y,x,y)值,因此可以利用 CIE 标准色度系统与孟塞尔颜色系统之间的对应关系进行相互转换。

利用目视比较方法获得待测色样的孟塞尔标号以后,就可以利用附表 4-1 直接查得该色样相应的 CIE 色度参数(Y,x,y)。反之,通过测色仪器测得颜色样品的三刺激值 X、Y、Z 和色品坐标 x、y 之后,利用附表 4-1 和如图 4-9～图 4-17 所示的在 CIE1931 色品图上孟塞尔新标系统的恒定色调和恒定彩度轨迹,按照前面介绍的步骤采用线性内插法就可以分别求出待测色样的孟塞尔明度值 V、色调 H 和彩度 C,由此便得到了相应的孟塞尔标号。

在孟塞尔颜色系统中,各种颜色的孟塞尔标号是在标准照明体 C 下的颜色参数,但是在实际应用中更广泛推荐使用的是标准照明体 D_{65}。因此,常常需要将由标准照明体 D_{65} 获得的三刺激值 X_{D65}、Y_{D65}、Z_{D65} 转换为标准照明体 C 照明下的三刺激值 X_C、Y_C、Z_C,这时可以采用贾德和威泽斯基建议的修正方程来进行转换,即

$$X_{\mathrm{C}} = 0.995X_{\mathrm{D65}} + 0.015Y_{\mathrm{D65}} + 0.02Z_{\mathrm{D65}}$$
$$Y_{\mathrm{C}} = Y_{\mathrm{D65}}$$
$$Z_{\mathrm{C}} = 1.088Z_{\mathrm{D65}}$$

(4-4)

3. 评价标定颜色的表色系统与颜色的视觉特性之间的相关性

在上述介绍的 CIE1931 色品图上孟塞尔新标系统的恒定色调轨迹图中,可以看到恒定色调轨迹中大部分为曲线,偏离了 CIE 色品图上为直线的恒定主波长线。同一色调的各种颜色其主波长随彩度而变化,这说明虽然主波长与色调是紧密相关的,但恒定主波长并不等于恒定色调,即主波长不能准确代表作为视觉感知属性的色调。同样,在色品图上具有相同兴奋纯度的不同颜色并不表明其具有相同的饱和度。在孟塞尔新标系统中,各个恒定彩度轨迹曲线随着明度值的增大而趋于缩小,这说明对于一个在视觉上彩度固定的颜色,在明度值高的色品图上其位置更接近中性色品点,因而具有较低的兴奋纯度,而该颜色在明度值低的色品图上则具有较高的兴奋纯度。因此,颜色的兴奋纯度也不能准确地表示颜色饱和度的视觉感知特性。

由此可见,孟塞尔新标系统是通过目视评价方法建立的视觉均匀颜色系统,其色调、明度值、彩度反映了物体表面色的心理规律,它们可以分别代表颜色的色调、明度、饱和度的颜色知觉特性;而 CIE 色度系统是基于混色试验而确立的,其主波长、亮度因数、兴奋纯度则更多地反映颜色物体的物理特性,不能准确地代表视觉感知属性。

孟塞尔颜色系统是大量目视比较判断实验的结果,其色卡在视觉上的差异是均匀的,所以可以利用孟塞尔颜色系统的标准色卡来检验和评价颜色空间的均匀性。检验时,将具有相同明度值而色调和彩度不同的孟塞尔色卡根据其各自的(Y, x, y)色度值求出它们在被检表色系统中的颜色参数,然后将其描绘于被检表色系统的色度图上,从而考察其轨迹曲线的形状,便可以评价该颜色空间的视觉均匀性。例如,为了利用孟塞尔色卡来检验前面介绍的 CIE1976 $L^* a^* b^*$ 颜色空间和 CIE1976 $L^* u^* v^*$ 颜色空间的均匀性,将孟塞尔新标系统明度值为 5 的恒定色调轨迹和恒定彩度轨迹分别绘于两个颜色空间的 $a^* b^*$ 色品图和 $u^* v^*$ 色品图上,如图 4-18 和图 4-19 所示。如果颜色空间在视觉上是完全均匀的,那么恒定色调轨迹都应该是直线,而且各主要恒定色调轨迹之间还应该是相等角度的放射形直线,而各恒定彩度轨迹应该是其半径按等距离增大的同心圆。所以,从上面的两个恒定轨迹图来看,CIE1976 $L^* a^* b^*$ 系统和 CIE1976 $L^* u^* v^*$ 系统都还不是理想的视觉均匀颜色空间,但是 CIE1976 $L^* a^* b^*$ 颜色空间的均匀性稍优于 CIE1976 $L^* u^* v^*$ 颜色空间。

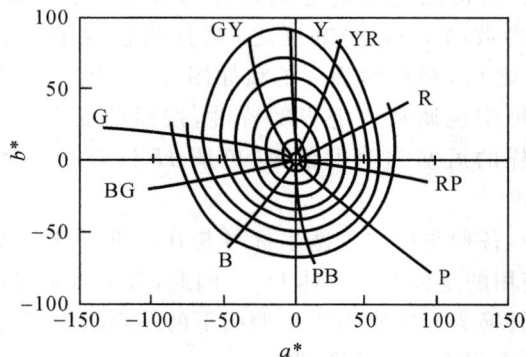

图 4-18 CIE1976 $L^* a^* b^*$ 色品图上的孟塞尔新标系统恒定色调和恒定彩度轨迹($V=5$)

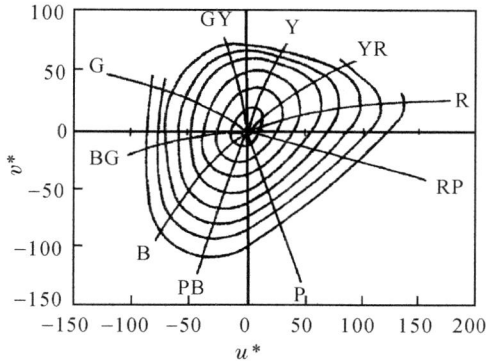

图 4-19　CIE1976 $L^*u^*v^*$ 色品图上的孟塞尔新标系统恒定色调和恒定彩度轨迹($V=5$)

4.3　自然色系统

自然色系统(Natural Color System,NCS)是由瑞典物理学家约翰森(Johansson)在对赫林的对抗色视觉理论进行整理和阐释的基础上于 1937 年提出而创立的。成立于 1964 年的瑞典色彩中心基金会(Swedish Color Center Foundation)对 NCS 进行了大量的视觉测试和深入的理论探讨,对最初的 NCS 进行了严格修正和改进,经过 15 年的研究与发展,NCS 于 1979 年成为瑞典的国家颜色标准,并正式出版了自然色系统的色谱,即瑞典标准颜色图谱集(Swedish Standard Color Atlas)。之后,挪威和西班牙分别于 1984 年和 1994 年将 NCS 确立为国家颜色标准。目前,自然色系统已经成为欧洲最广泛采用的色彩编号系统,并在包括中国在内的许多国家设立了色彩中心,得到世界各国的关注和日益广泛的应用。

自然色系统为每一个具有正常色觉的人提供了一种进行颜色评价的有效手段,人们不需要使用测色仪器,也不必经过色样比较,就可以用 NCS 的方法直接评价物体的颜色。如房间内墙壁的颜色、室外远处树叶的颜色、具有同时对比现象的画面的颜色以及电视屏幕上一个光点的颜色等等,均可以直接用 NCS 来确定。

NCS 的基本概念来源于赫林的视觉对抗学说,即人眼视觉模型中存在黑-白、红-绿和黄-蓝等对抗信号通道,这样便产生了被赫林认为是"自然色"的 6 种基本色,即黑色(S)、白色(W)、黄色(Y)、蓝色(B)、绿色(G)、红色(R),由此便形成了自然色系统的理论基础。

4.3.1　自然色系统颜色立体

自然色系统的颜色立体如图 4-20 所示,其中由 4 种有彩原色黄、红、绿、蓝组成色调环,并由无彩色黑和白分别作为两个端点形成无彩色轴。

1. NCS 基本色

基于赫林的对抗色理论,自然色系统定义了前面提及的6 种基本色感知,其中包括白(W)和黑(S)两种无彩色以及黄(Y)、红(R)、蓝(B)、绿(G)四种有彩色,这些基本色都是单一调色,它们中的任何一种都与其他五种不相似。所有实际的感知颜色仅由其与基本色的相似程度来描述,这是具有正常颜色视觉的人所固有的颜色

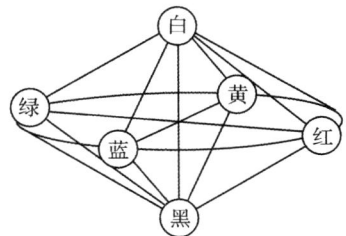

图 4-20　NCS 颜色立体

感知特性。按照对抗色学说,在有彩原色中的黄色与蓝色、红色与绿色互为对抗色;而人的视觉感知认为,黄色和红色属于暖色,蓝色和绿色则属于冷色。可见,对抗色在形式上反映了人的"暖"与"冷"的颜色感知。

NCS 的指导原则是用与赫林的基本色的相似度来定义颜色,并表示成百分数。按照其相似性原理,任何颜色最多相近于两种有彩基本色及黑与白,它并不需要参考有彩色样品或无彩色样品,可对颜色进行直接的判断。

如图 4-21 所示为 NCS 的色调环(见书前插页彩图 7),其表示顺时针方向的色调分度。整个色调环分为 4 个象限,即 Y-R、R-B、B-G、G-Y。色调的标注方法以两种有彩基本色在对应颜色中所占的百分比例来表示,如色调 B40G 表示一种蓝绿色调,其中蓝色(B)占 60%,绿色(G)占 40%。

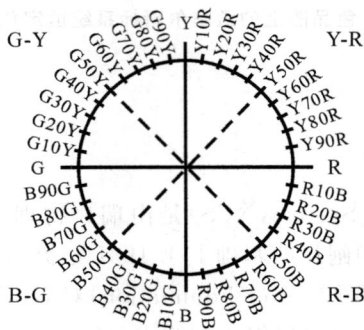

图 4-21　NCS 色调环

2. NCS 基本属性

按照相似性原理的指导原则,任何实际的颜色与 NCS 基本色的相似程度可以用黄度(y)、红度(r)、蓝度(b)、绿度(g)、白度(w)及黑度(s)等 NCS 的基本属性来描述,并且均以百分数表示。NCS 定义其 6 个基本属性之和为 100,即

$$w+s+y+r+b+g = 100 \tag{4-5}$$

其中 4 个有彩单色调色的基本属性之和为艳度(c),所以

$$c = y+r+b+g \tag{4-6}$$

艳度表示了一个颜色与单色调的纯彩色相近似的程度。这样,式(4-5)可以改写为

$$w+s+c = 100 \tag{4-7}$$

可见,艳度、黑度和白度这三者相加总是等于 100,换言之,只要给出其中的两个量即可知道第三个属性,因此在 NCS 的标记中只记录艳度(c)和黑度(s)。由此,再加上前面提到的由与两个基本有彩色相似的比例确定的色调,就组成了 NCS 的标注表达式为

$$S\ ssccAhhB$$

其中 S 表示第二版(Second Edition),ss 为黑度值,cc 为艳度值,A 和 B 为与被测颜色相似的两个相邻的基本有彩色,hh 表示在色调环上由基本色 A 向基本色 B 沿顺时针方向按 0~100 分度的两位数色调角。如有一个带有 10% 黄色调的红色(90%),其中含有 20% 的黑色(s)和30% 的有彩色(艳度 c),那么该颜色的 NCS 标号应为 S 2030-Y90R,并由公式(4-7)可知该颜色中白色的含量(白度 w)为 50%(即 $w=100-20-30=50$)。

对于所有的无彩中性色即白、黑和纯灰色,它们的艳度 c 均为 0,而且也没有色调之分,所以在 NCS 标号中只需指出其黑度(s)即可,其标注形式为

$$S\ ss00N$$

其中大写字母 N 表示无彩的中性色。如 NCS 标号 S 3000-N 表示一个含有 30％黑色和 70％白色的纯灰色。

如果一个颜色既没有黑度也没有白度，即 $w=s=0$，那么其艳度 $c=100$，这样的颜色称为 NCS 全色。这种全色是假想的纯彩色，在现实世界中并不存在，但是人们在判断颜色时却能想象出它的外貌。

NCS 颜色立体中的一个恒定色调平面可以用一个 NCS 色调三角形来表示，如图 4-22 所示即为恒定色调平面 B70G 的色调三角形。图 4-22 中纵向直线表示恒定 NCS 艳度，斜线为恒定 NCS 黑度，黑点代表在 NCS 色谱中色调为 B70G 的颜色样品（色卡）。作为例子，图 4-22 中 P 点的黑度 $s=20$，艳度 $c=50$，所以该点颜色的 NCS 标号为 S 2050-B70G。

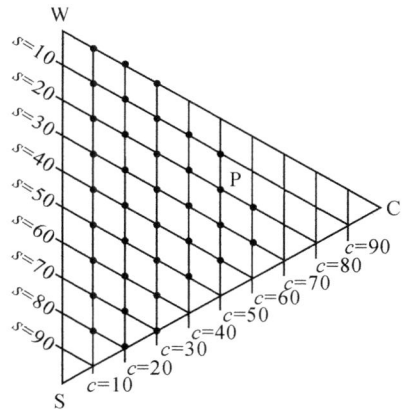

3. NCS 饱和度和明度

在自然色系统中，除了其标注中包含的基本属性之外，还有一些其他的颜色感知量如饱和度、明度等，它们在实际应用中也常常会被涉及，这里作一简单介绍。

图 4-22　NCS 色调三角形

（1）NCS 饱和度（m）

饱和度是一种视觉感知特性，在 NCS 中定义为颜色的艳度与白度之比，并用符号 m（来源于瑞典语"Mättnad"）来表示 NCS 饱和度，即

$$m = \frac{c}{c+w} = \frac{c}{100-s} \tag{4-8}$$

可见，m 的变化范围是 0～1。

在 NCS 颜色三角形中，白（W）与黑（S）的连线到给定的色调点的距离表示艳度 c，给定色调点到白（W）与全色（C）连线之间的距离就是黑度 s，给定色调点到全色（C）与黑（S）连线之间的距离即为白度 w，而所有恒定 NCS 饱和度线（m）都经过黑色点（S），这些量之间的关系如图 4-23 所示。

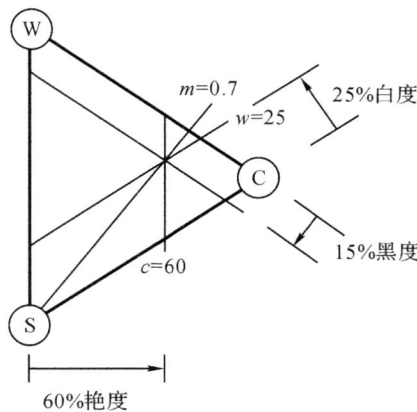

图 4-23　NCS 饱和度与艳度、黑度、白度的关系

（2）NCS 明度（l）

NCS 明度是以与 W-S 轴上的灰色为参照通过目视比较而定义的，而有彩色的 NCS 明度是由特定的无彩色的黑度 s 导出的，并用符号 l 表示，其取值范围是 0～1，即

$$l = 1 - \frac{s}{100} \tag{4-9}$$

此时该有彩色与该无彩色之间将呈现清晰度最小的边界。

在标准照明与观察条件下，颜色样品的恒定 CIE 亮度因数 Y 可以看作恒定 NCS 明度。在 NCS 色调三角形中，具有相同色调和相同亮度因数（因而相同 NCS 明度）的颜色由经过 W-S 轴上相应点的直线代表，而这些等明度线汇聚于三角形外的一点，如图 4-24 所示。等明度线汇聚点的坐标随色调而变，并且由其到 W-S 轴的距离和 CIE 亮度因数 Y 决定。在 NCS 色谱中，对每一种色调都提供了相应的 NCS 等明度线。因此，色样的 NCS 明度也可以用如下的经验公式由亮度因数 Y 值来计算：

$$l = \frac{1.56Y}{Y + 56} \tag{4-10}$$

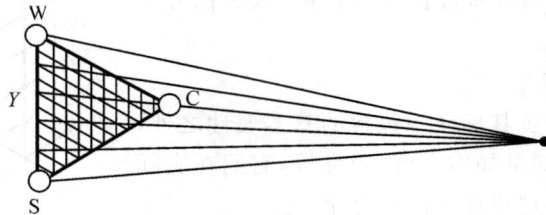

图 4-24　NCS 色调三角形中的等明度线

4.3.2　自然色系统的应用

1. 对物体表面色的绝对目视评价

采用 NCS 标号可以直接将感知色与基本色联系起来，所以在任何情况下都可以不使用参照色样就能对物体色表进行可靠的评价。在特定的条件下，这种评价甚至可以与标准分光光度法的测试结果相比拟。

NCS 绝对评价法属于一种统计的方法，通常需要 10～30 名观察者的目视判断结果来考察这种方法的准确性。一般来说，这类绝对评价主要有 NCS 基本属性的绝对目视评价法和 NCS 坐标的绝对目视评价法两种具体方法，其中第一种方法要求观察者按照 0～100 的分度判断颜色样品与想象中的 6 个基本色的相似程度，而第二种方法则分别对色调、黑度、艳度进行判断，然后采用前面介绍的方法确定其 NCS 标号。

2. 基于 NCS 色谱的视觉比较

通过与 NCS 色谱中的标准色卡进行目视比较，必要时可以在两个色卡之间进行内插，便能获得高准确度的 NCS 标号。在进行目视比较时，应采用接近 CIE 标准照明体 C 或 D_{65} 的自然光或人工模拟器光源，并达到照度为 1000lx 的漫射照明。颜色样品应放置于平面上，并以 0.3～0.5m 的距离进行垂直观察，同时观察者应具有正常的色觉且已适应其照明环境。在目视比较过程中还要提醒的是，色谱中色卡的实际 NCS 参数与其标称值总是存在某些差别的。

对于中性色，可以根据 W-S 轴的分度进行 NCS 明度的目视评价。将被测颜色样品与色谱中的灰色卡进行比较，也可采用 NCS 明度参照标尺与被测色样进行比较，直至边界清晰度最小，再由相应灰色卡的黑度 s 可以计算出其 NCS 明度。

3. 与 CIE 色度系统之间的相互转换

由照明与测量几何条件为 di:0° 的测色仪器（包括定向分量）测得的在 CIE 标准照明体 C

或 D_{65} 下颜色的 CIE 色度参数,可以利用经验公式计算出其对应的 NCS 标号。反之,也可以根据颜色的 NCS 标号求出其相应的 CIE 色度参数。另外,在 NCS 色谱中,每一页的色调图上也标有 CIE 亮度因数,可以用来计算其 NCS 明度。

4.3.3 孟塞尔颜色系统与自然色系统的评述及其比较

目前,在各种色序系统中以孟塞尔颜色系统和自然色系统的影响最大,所以有必要对这两个表色系统进行评述和比较,以便了解色序系统研究与发展的趋势。

1. 孟塞尔颜色系统的评述

采用孟塞尔颜色系统来识别较淡的颜色时,其孟塞尔明度值与人们习惯上对颜色亮或暗的评价不相符合。实际上,具有相同孟塞尔明度值的颜色看起来可能不一样亮,因为孟塞尔明度值只是亮度因数的函数,而等亮度因数的感知明度随着离开明度轴距离的增大而升高,即感知明度随彩度的增加而增大。如 5R4/12 看起来就比 5R4/1 要亮,尽管两者的明度值都为 4。这种情况说明孟塞尔明度值并不是反映颜色感知的合理的主观变量,或者说孟塞尔明度值不是感知色表的基本属性。

孟塞尔颜色系统的指导原则是尽量使颜色的三个属性即色调、明度值、彩度在相邻的标注分度之间实现等视觉间距,即等色差。实际上只有明度值和彩度的分度实现得较好,可以用来识别两个颜色的差异,但是在柱坐标系统中的色调间距却随着彩度的增加而增大,从而导致不同的彩度具有不同的色调间距。因此,孟塞尔颜色系统的分度并非为完全理想的视觉等距。

贾德认为色调是指两个色彩属性的恒定比,但是在孟塞尔颜色系统中虽然有恒定色调平面,却没有色调的定义。实际上,它的五个主要色调的标注和量值都是主观地套用十进制分度的,并且在分度上除了黑点和白点以外没有自然参照点。

2. 自然色系统的评述

自然色系统认为,在识别颜色时不需要将其与参照标准色样进行比较,而只要通过与意识中想象的基本色相比较就可以判断样品颜色与基本色的相似程度。那么,人们头脑中的基本色自然参照点又是如何获得的呢?这是一个值得深入探讨的问题。

在 NCS 色调三角形中的一个顶点 C 表示主观感知纯彩色即全色,该点的颜色具有最大的饱和度。可是,当彩色具有最大饱和度时,它既没有黑度也没有白度,这是令人费解的,显然与饱和度的定义发生了矛盾。

对于一个恒定的艳度平面,NCS 色调环远非等视觉间距,如在 NCS 的 R 和 Y 之间有 19 个孟塞尔色调步距,而在 R 和 B 之间却有 34 个孟塞尔色调步距。因此,四个基本单色调呈 90°分度虽然满足了对称性,但是容易使人误解,似乎四个基本色调在空间是等视觉间距对称分布的。

3. 孟塞尔颜色系统与自然色系统的比较

美国的颜色科学家比尔梅耶(F. W. Billmeyer)和本库亚(A. K. Bencuya)曾于 1987 年研究了孟塞尔颜色系统与自然色系统之间的关系。他们将 NCS 色卡的 CIE 三刺激值转换成孟塞尔标号,并把结果标注于孟塞尔明度值与彩度关系图以及孟塞尔色调与彩度关系图中进行分析。研究结果表明,在孟塞尔彩度与 NCS 艳度、孟塞尔明度值与 NCS 黑度之间可以建立转换方程,但是在两者的色调之间却找不到解析关系。

(1)孟塞尔颜色系统与自然色系统的主要差别

孟塞尔颜色系统与自然色系统的差别主要表现在以下几个方面:①两个系统的指导原则

不同,孟塞尔颜色系统追求颜色空间的均匀性,而 NCS 依据的是相似性原理即与基本色的相似程度,所以孟塞尔系统没有相似性的概念,同样 NCS 也不可能达到视觉等距;②两个系统的色调环空间分布不同;③在 NCS 中没有明度的明确表示形式,只是在 NCS 色谱的每一页上可用图解法给出 NCS 明度;④两个系统中色卡的测量方法不同,孟塞尔系统采用 Hardy 型光谱光度计、积分球几何条件并排除定向分量,而 NCS 则使用 Zeiss 光谱光度计、积分球几何条件并包含定向分量,因此即使对于具有相同色表的样品,由于采用的测量方法不同,其结果也会相异,尤其是对于较暗的样品其测试结果的差异会很大。

(2) 孟塞尔颜色系统与自然色系统各属性之间的图示关系分析

将 NCS 色卡对应的孟塞尔标号描绘于孟塞尔明度值与彩度关系图上,便得到了如图 4-25 所示的恒定色调图,其中的三个假想顶点是应用外推法定位的。可见,NCS 色调三角形发生了变形,恒定艳度线、恒定黑度线和恒定白度线均不再为直线,并且不同的色调其相应的变化也不一样。

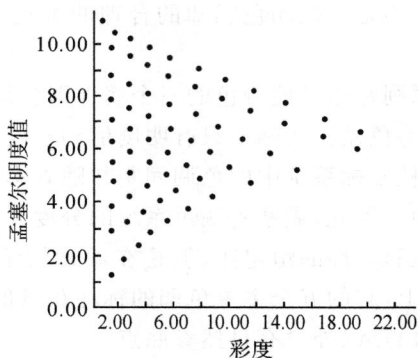

图 4-25　在孟塞尔明度值与彩度关系图中 NCS 色调三角形的变化

采用类似的处理方式,将两个系统参数的转换结果标注于孟塞尔色调与彩度关系图中,可得到如图 4-26 所示的恒定明度值图,该图对应于孟塞尔明度值为 4 时的情况。从图 4-26 中可以看出,在孟塞尔明度值 $V=4$ 时,多数 NCS 等色调线仍为直线,只有少数色调线在高彩度时出现弯折,并且在其他明度值时也有类似结果。

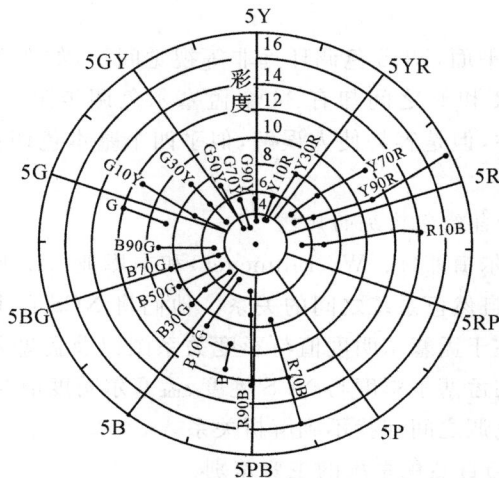

图 4-26　恒定明度值图($V=4$)

　　孟塞尔颜色系统与自然色系统的主要差别之一便是色调环的空间分布不同。NCS 将 4 个基本色以 90°对称分布,中间色调按照与相邻的两个基本色调的相似程度来分度;而孟塞尔颜色系统则采用了 5 个主要色调和 5 个中间色调共 10 个色调名称按十进制均匀分度,其色调的空间分布以相邻色调的等视觉感知差别为基础。两个系统的色调环空间分布之比较如图 4-27 所示,图中外圈是 NCS 标号,由外往里数的第二圈是孟塞尔标号,再往里的各圈是日本工业标准 JIS 的标注。由图 4-27 可见,NCS 明显偏离等视觉间距,Y-G 象限显然小于 R-B 象限;NCS 在 R 和 Y 之间有 19 个孟塞尔色调步距,而在 R 和 B 之间则有 34 个孟塞尔色调步距;在蓝色区域,NCS 和 JIS 很接近,但它们与孟塞尔系统却相差甚远。

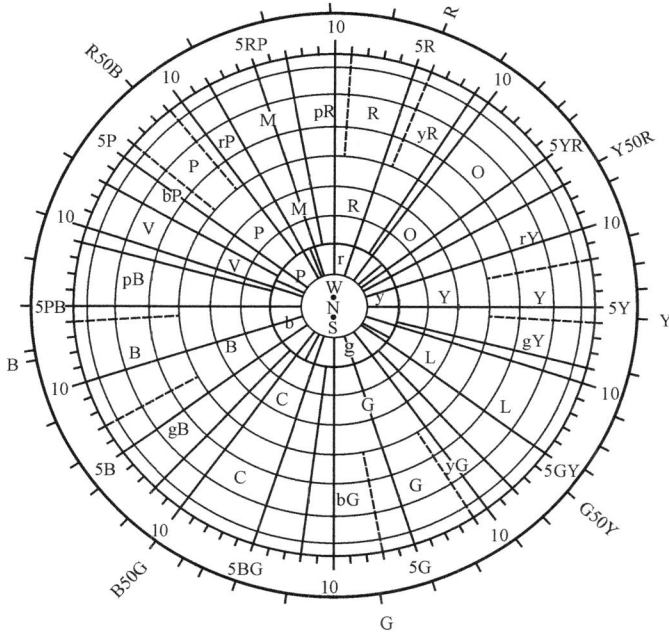

图 4-27　色调环空间分布的比较

　　(3) 孟塞尔颜色系统与自然色系统之间的解析关系

　　关于孟塞尔彩度 C 与 NCS 艳度 c 之间的关系,贾德和尼克逊曾经总结出了一个简单的公式,即

$$c = kC \tag{4-11}$$

式中,k 为系数。

　　目前比较被认可的关系式更具通用性,但仍然是线性方程,其表达式为

$$C = Ac + B \tag{4-12}$$

式中,A、B 为常数,对于不同的色调其取值也不同。该公式的预期总误差小于 0.5 孟塞尔彩度等级。

　　对于无彩的中性色,其孟塞尔明度值 V 与 NCS 黑度 s 之间存在经验关系式

$$V = 10.03 - 0.1248s + 1.209 \times 10^{-3}s^2 - 8.793 \times 10^{-6}s^3 \tag{4-13}$$

由此可知,当 $s = 100$ 时,$V = 0.847$。对于有彩色,其情况就比较复杂,因为孟塞尔明度值与 NCS 艳度 c 紧密相关,不同的色调其空间斜率及线平行性等均不相同,所以 V 与 s 之间的经验关系形式变为

$$V=(D-Hs)-[c-10](E-Is)-[c-30](F-Js)-[c-60](G-Ks) \tag{4-14}$$

式中后面的三项只有当方括号中的值为正时才包括在内；D、E、F、G、H、I、J、K 为常数，其值随色调而变化。该公式计算结果的均方差小于 0.3 孟塞尔明度等级。

正如前面已经指出的，目前在孟塞尔颜色系统和自然色系统的色调之间没有发现明确的解析关系。两个系统的恒定色调平面在 CIE 颜色空间均有弯曲，特别是在颜色立体的外延部分两者的差别就更大。

一方面，尽管孟塞尔颜色系统的明度值并不能完全反映人的颜色感知，但是该系统历史悠久，至今仍是国际上存在的众多色序系统中影响最大应用最广的颜色系统；另一方面，虽然自然色系统的历史远短于孟塞尔系统，但是由于 NCS 具有完整的科学结构，所以其在实际应用中的影响正在日益扩大。

4.4　美国光学学会均匀颜色标尺系统

前面介绍的孟塞尔颜色系统和自然色系统在本质上都是柱坐标，中央的明度轴（孟塞尔明度或 NCS 黑度）被有彩色面（孟塞尔色调和彩度或 NCS 色调和艳度）环绕，这些有彩色面构成一个色调环。对于给定的色序系统，其色调应该具有相等的视觉间距，但是上述两个系统的相邻色调间距都随彩度的增高而增大。美国光学学会（OSA）下属的均匀颜色标度委员会从 1947 年至 1977 年期间在长达 30 年的研究中创立了一种新的色序系统，它能解决这个缺陷，该系统就称为美国光学学会均匀颜色标尺系统（OSA-UCS），简称 OSA 匀色标。为了验证该颜色系统，OSA 出版了一套共 558 张实用的丙烯光泽色卡。

OSA 均匀颜色标尺系统的主要特点是尽量使颜色空间中任意两点的间距代表它们相应的两个色样之间的感知色差，因此它没有包括与色调、彩度或饱和度有关的变量。在 OSA-UCS 色卡中，除了位于色域边缘上的少数颜色之外，每种颜色都有 12 个邻近色，并且所有邻近色与该颜色之间在视觉感知上具有同样的差别。OSA 匀色标颜色空间就是由许多 13 个点组成的这样的点群构成的，类似于晶体的晶格。这 13 个点在 OSA-UCS 颜色空间中的排列如图 4-28 所示，包括在几何体中心处的 O 点以及在几何体 12 个角上的 12 个点。这个几何形体是将立方体的 8 个角切去而得到的一个 14 面体，切去角后留下的截面是 8 个面积相等的三角形，其中任何一个三角形的三个顶点都正好与其他三角形的顶点相衔接，在这些三角形之间又夹着 6 个正方形，它们是原立方体的 6 个面切割后剩下的部分。如图 4-28 所示包围 O 点的 12 个点中的每一个点又都被其各自对应的 12 个相邻点等距离包围着，由此，这样的点群不断扩展而形成了整个 OSA-UCS 颜色空间。

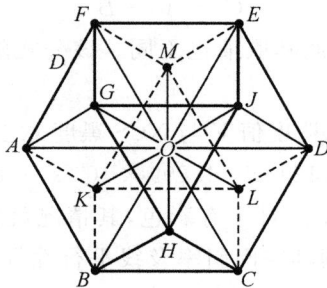

图 4-28　OSA 均匀颜色标尺系统颜色空间分布

美国光学学会均匀颜色标尺系统的标注形式为

$$L \vdots j \vdots g$$

其中，L 代表明度，对应于图 4-28 中的竖直方向。当 $L=0$ 时，表示颜色具有与反射比为 30％ 的中等灰色相同的明度，即亮度因数 $Y=30$；但是，对于 $L=0$ 的有彩色，其反射比一般小于 30％，这是颜色浓度对视亮度影响的结果。明度 L 的变化范围是 $-7\sim+5$，其中较暗颜色的 L 是负值（愈暗愈负），较亮颜色的 L 为正值（愈亮愈正）。上式中的 j 代表颜色的黄-蓝度，对应于图 4-28 中垂直于纸面的方向。黄-蓝度 j 的变化范围是 $-6\sim+11$，其中 j 的正值表示偏黄的颜色，j 的负值表示偏蓝的颜色。OSA-UCS 标注中的 g 则代表颜色的绿-红度，对应于图 4-28 中的水平方向。绿-红度 g 的变化范围是 $-10\sim+6$，其中 g 为正值时表示颜色偏绿，g 为负值时则表示颜色偏红。图 4-29 给出了绘于中间明度（$L=0$）平面上的孟塞尔 5 种主要色调和 5 种中间色调，由此可对某一明度面上各区域的色调分布情况有个大致的了解。

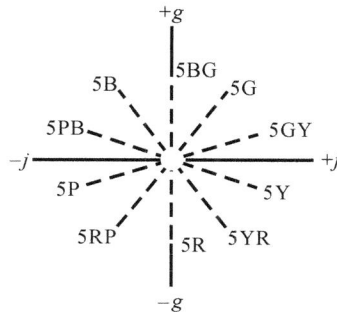

图 4-29　OSA-UCS 中间明度（$L=0$）平面上的孟塞尔色调

OSA-UCS 的所有色卡均标有在 CIE 标准照明体 D_{65} 下分别对于 CIE1931 和 CIE1964 标准观察者的三刺激值 X、Y、Z。尽管 OSA-UCS 的标注与其 CIE 三刺激值之间没有简单的对应关系，但是以中性灰色背景在 D_{65} 照明体和 $10°$ 视场条件下该系统的色卡具有视觉等间隔的特性。OSA-UCS 颜色空间可以用不同的截面来截取，从而产生各种各样的颜色排列。由水平截面得到的是等明度的均匀颜色排列，在任一明度值下的截面颜色图都是一个具有许多行和许多列的方网格阵列，其中沿行方向黄-蓝度 j 发生变化，而沿列方向则绿-红度 g 发生变化。此外，也可以通过垂直截面或斜截面来截取此颜色空间，以得到不同种类的颜色排列。

美国光学学会制定的这个均匀颜色标尺系统可以认为是目前最均匀的颜色空间，其色卡在艺术和设计领域中很有价值。但是，由于该系统本身的复杂性以及它不能在恒定的色调或彩度条件下抽取色样，所以其应用受到了一定的限制。

4.5　其他颜色系统

4.5.1　奥斯瓦尔德颜色系统

奥斯瓦尔德颜色系统是由德国化学家奥斯瓦尔德（W. Ostwald）创立的，他把注意力集中在非孤立条件下的表面色感知即相关色上，他认为任何一种物体色都是由理想的纯色（没有白度和黑度）与无彩的黑、白进行加色法混合而成的（对于孤立色即非相关色，不能感知到黑与灰）。因此，可以用纯色量 C、对光产生完全反射的白色量 W 以及完全吸收光辐射的黑色量 B 这三种成分的相对含量来表示物体色。

按照奥斯瓦尔德的定义，有彩色量用 W、B、C 三要素来表示，并且它们之间满足其基本关系式：

$$W + B + C = 1 \tag{4-15}$$

这样就能把同一色调的全部颜色排列在以 W、B、C 为顶点的三角形内，如图 4-30 所示。图 4-30中的 WB 是无彩色的中性轴线，代表从底部的理想黑色 B（黑色量为 100）到顶部的理想白色 W（白色量为 100）的中性色系列，但由于印刷条件以及其他客观原因的限制，实际达到的黑色反射比为 0.9%，白色反射比为 89.1%。奥斯瓦尔德将反射比从 89.1% 到 3.5% 范围分成 8 个亮度等级，并按照白色量 W 从大到小（相应的黑色量 B 则从小到大）的顺序依次给予 a、c、e、g、i、j、n、p 等标号，其各字母标号所对应的黑色量与白色量列于表 4-1 中。在色调面中垂直于中性轴 WB 的方向上，所有颜色的色调相同，明度和彩度各不相同，其中色调三角形的顶点 C 为纯色或全色，表示现有颜色中最鲜艳的颜色。与色调三角形的 WC 边平行的颜色系列其黑色 B 的含量相同，而与 CB 边平行的颜色系列其白色 W 的含量相同。由 24 个这样的色调三角形围绕 WB 轴旋转排列即组成了奥斯瓦尔德系统的颜色立体，如图 4-31 所示。

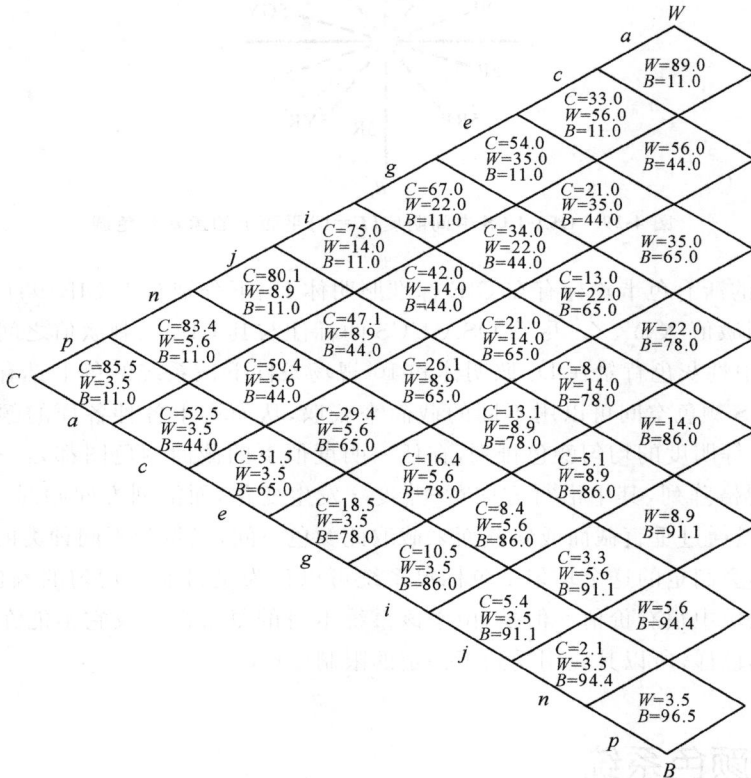

图 4-30 奥斯瓦尔德颜色系统的色调三角形

表 4-1 奥斯瓦尔德 8 个亮度等级所含的黑色量与白色量

字母代号	a	c	e	g	i	j	n	p
白色量	0.8913	0.5623	0.3548	0.2239	0.1413	0.0891	0.0562	0.0355
黑色量	0.1087	0.4377	0.6452	0.7761	0.8587	0.9109	0.9438	0.9645

　　奥斯瓦尔德颜色系统的色调区分是在垂直于中央轴的平面上用不同的角位置来表示的。与孟塞尔系统不同,奥斯瓦尔德系统的色调配置基于赫林的对抗色理论,将整个圆周分成四等分,由红(R)与海绿(SG)、黄(Y)与深蓝(UB)这样 2 对互补的基本色组成 4 个主要色调;再将每一部分各二等分,分别由橙(O)与青绿(T)、紫(P)与叶绿(LG)这样 2 对互补色形成 4 种主要中间色调;最后,将每个主要色调或主要中间色调进一步各细分为三等分,共得到 24 种色调,图4-32 表示了其色调配置的细节,其中各个色调的标注及其相关的色度参数列于表 4-2 中。

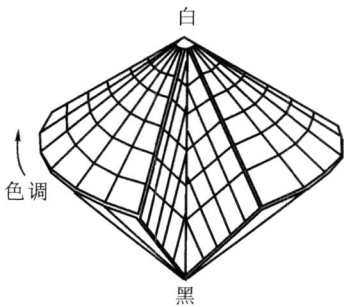

图 4-31　奥斯瓦尔德颜色立体

图 4-32　奥斯瓦尔德颜色系统的色调环

表 4-2　奥斯瓦尔德颜色系统的色调标注及其相关色度参数

色调标注	编号	P_e/%	λ_d 或 λ_c/nm	Y	色调标注	编号	P_e/%	λ_d 或 λ_c/nm	Y
1Y	1	83.2	574.4	0.7513	1UB	13	66.0	469.4	0.0939
2Y	2	87.4	577.6	0.6945	2UB	14	57.5	475.4	0.0897
3Y	3	86.4	583.4	0.5243	3UB	15	48.6	480.6	0.1073
1O	4	83.4	588.3	0.4238	1T	16	43.8	483.8	0.1170
2O	5	80.6	594.3	0.3224	2T	17	40.1	486.6	0.1289
3O	6	78.1	601.7	0.2481	3T	18	37.6	488.9	0.1430
1R	7	65.4	612.0	0.1300	1SG	19	32.5	491.9	0.1520
2R	8	42.4	493.7*	0.1095	2SG	20	29.9	494.0	0.1618
3R	9	41.0	502.0*	0.1022	3SG	21	23.2	501.5	0.1928
1P	10	36.9	432.0*	0.0930	1LG	22	24.3	526.5	0.2209
2P	11	34.4	558.4*	0.0948	2LG	23	55.9	551.5	0.3120
3P	12	34.4	566.0*	0.0901	3LG	24	74.4	564.1	0.5260

注:＊为补色波长。

　　奥斯瓦尔德系统的颜色标号由数字(或数字和大写字母)以及两个小写字母组成,其中开头的数字表示奥斯瓦尔德色调编号(或由数字和大写字母表示的色调标注),后面的第一个小写字母表示白色含量(如字母 a 代表 89.13% 的白色量),第二个小写字母则表示黑色含量(如字母 a 代表 10.87% 的黑色量)。例如,某一色卡的标号为 $8ea$ 或 $2Rea$,则由图 4-32 或表 4-2可知,该颜色的色调为红色(色调编号 8 与色调标注 2R 对应于同一个红色调),白色量为35.48%(e),黑色量为 10.87%(a),由 $W+B+C=1$ 可得 $C=1-0.3548-0.1087=0.5365$,

即彩色量约为 54%。

对于中性色,由于其彩色量为 0,故全部量 $W+B=1$,而且它们也没有色调之分,所以其奥斯瓦尔德标号记为 $aa,cc,ee,\cdots$,或者直接简写为 $a,c,e,\cdots$。

奥斯瓦尔德颜色系统表示的颜色便于复制,只要知道其标号,即可按照标号所示的各色含量进行加色混合而得到,所以该系统在色料工业以及使用相关色料进行颜色的混合重现的行业中得到了应用。但是,由于奥斯瓦尔德系统的色调三角形限制了颜色的呈色域,由所谓的全色 C 确定的三角形并没有包括所有可能出现或存在的颜色,而相应于色调三角形中某些点的颜色又不能用现有的色料产生出来。因此,该颜色系统没有像孟塞尔系统或 NCS 那样得到广泛的应用。

4.5.2　德国 DIN 系统

DIN 系统是指德国现行的国家颜色分类标准 DIN-6164 颜色系统,该系统采用三个参数来定义颜色,即色调 T、饱和度 S 和暗度 D。色调 T 分为 24 个区域,其标注及对应的色名见表 4-3。在 CIE 标准照明体 C 下,恒定色调 T 的颜色具有相同的主波长或补色波长,因此在 CIE1931 色品图中,恒定色调线定义为以 CIE 标准照明体 C 为中心向光谱轨迹和紫红线所引的辐射线,如图 4-33 中的辐射状线所示。事实上,色品图中代表恒定感知色调的轨迹多数是弯曲的,所以图中的这些直的色调辐射线只是近似地代表感知色调。另外,图 4-33 中的椭圆形曲线代表不同等级的饱和度 S 线,其值与 CIE 标准色度系统中的色纯度不同,它是根据实验数据得出的,与单色光的色品不相关。

表 4-3　DIN-6164 颜色环的色调标注及其色名

T	色　名	T	色　名
1	黄偏绿(橄榄色)	13	紫罗兰
2	橘黄(橄榄褐)	14	紫罗兰偏蓝
3	黄橘(黄褐)	15	紫罗兰蓝
4	橘偏黄(褐偏黄)	16	蓝偏红
5	橘(褐)	17	蓝
6	红橘(褐偏红)	18	蓝偏绿
7	红(红褐)	19	蓝绿
8	红偏蓝	20	绿偏蓝
9	红紫	21	绿
10	紫	22	绿偏黄
11	蓝紫	23	黄绿
12	红紫罗兰	24	绿黄(橄榄绿)

在 DIN 颜色系统中,暗度 D 表示明度量,其公式为

$$D = 10 - 6.1723\lg(40.7h + 1) \tag{4-16}$$

式中,$h=Y/Y_0$ 称为相对亮度因数,定义为样品的亮度因数 Y 与相同色品的最大亮度因数 Y_0 之比。实验表明,在全部的感知色调范围内,具有相同相对亮度因数的颜色其 DIN 饱和度也相同。暗度 D 分度为 0~10,其中 $D=0$ 点代表最大明度的白和最佳色,而 $D=10$ 则表示明度为零的黑色。对于恒定的 Y,当色纯度增加时,其暗度 D 则减小。一般来说,在感知明度与DIN 暗度 D 之间没有简单的对应关系。此外,荧光色的暗度 D 为负值。

DIN 系统的一个重要特点是,在 CIE1931 色品图上,对于所有不同水平的暗度 D 值,其恒

定色调 T 线和恒定饱和度 S 线都不变,因此不同的 D 值对应于同一张恒定 T 和 S 色品图。而在孟塞尔颜色系统中,其在 CIE1931 色品图上的恒定色调轨迹和恒定彩度轨迹均随明度值 V 而变化。

图 4-34 是 DIN 系统的颜色立体,其中上顶点 W 表示白色,下顶点为黑色,S 表示饱和度,D 表示暗度,T 表示色调。DIN 系统的颜色标注形式为

$$\text{DIN } 6164\text{-}T : S : D$$

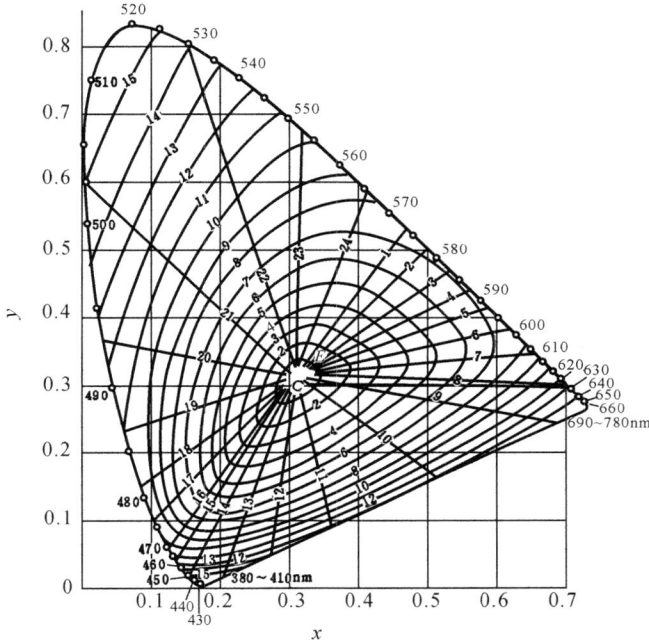
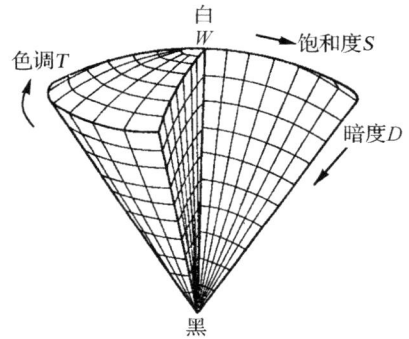

图 4-33　CIE1931 色品图上的 DIN 恒定色调线和
恒定饱和度线

图 4-34　DIN 系统颜色立体

德国 DIN-6164 标准色卡在中欧被广泛应用,它与孟塞尔颜色图册有某些相似之处,并且和 CIE 标准色度系统有一定的联系。1962 年出版了完全无光泽的 590 种色样,其尺寸为 $28\text{mm} \times 22\text{mm}$,按照在 CIE 标准照明体 C 下的主波长或补色波长的色调分成 24 页,附加一页包含 19 个无光泽无彩色样。1984 年又出版了含有 1004 个有光泽色样的色卡,其中包括 24 页彩色样和 1 页(19 个)无彩色样。DIN 标准色卡的有光泽和无光泽色样均提供在标准照明体 C 下的 CIE1931 和 CIE1964 色度参数,而且无光泽色样还提供了相应的孟塞尔标号和奥斯瓦尔德标注。

4.5.3　颜色体系统

孟塞尔颜色系统按照色差的大小产生颜色的空间排列,自然色系统根据视觉感知来排列颜色,而颜色体(Coloroid)系统则使颜色的空间排列产生美学的效果,它是由匈牙利的涅姆西克斯(Nemcsics)等人在 20 世纪 80 年代为建筑设计而建立的颜色系统。颜色体系统可以使用 CIE 标准照明体 C 或 D_{65},其颜色参数可由 CIE 色品坐标(x, y)和亮度因数 Y 来计算。

在颜色体系统的立体空间中,中央垂直轴为灰轴,上顶点为白色,下顶点是黑色,色调平面由灰轴向外延伸。颜色体系统的标注形式为

$$A\text{-}T\text{-}V$$

其中，A 代表色调，A 的增加表示主波长或补色波长也增加。在波长的分度上，A 值的变化尽量符合美学的规律，需要时可以在数值之间进行内插。上述标注中的 T 代表彩色的含量，如果把相同色调的饱和色按相同的百分比含量与黑和白进行相加混合，那么这些颜色将具有相同的 T 值。所谓饱和色是指在波长为 $450\sim625\text{nm}$ 范围内的光谱色，或者是在 CIE 色品图中连接光谱轨迹两端的紫红线上的颜色。T 值的变化范围为从参照白的 0，经由相同色品的灰，直到饱和色的 100。颜色体系标注中的 V 代表颜色的明度值，其定义为

$$V = 10Y^{1/2} \tag{4-17}$$

式中，Y 为亮度因数。对于完全漫射体，因 $Y=100$，故其 $V=100$。

对于给定的色调值 A 和明度值 V，其对应的彩色含量 T 与孟塞尔彩度 C 之间的关系为

$$T = K_{AV}C^{2/3} \tag{4-18}$$

式中，K_{AV} 为由 A 和 V 决定的常数。可见，颜色体系的参数 A 与颜色的色调、参数 V 与颜色的明度都是紧密相关的，但是该系统的参数 T 与颜色的彩度或饱和度却没有简单的对应关系。

4.5.4 亨特系统

亨特系统是指由亨特(Hunter)首先提出的 Lab 颜色系统，其颜色的空间排列与美国光学学会均匀颜色标尺系统(OSA-UCS)近似，但是它的重点是放在与 CIE 三刺激值的简单关联之上，而不是尽可能地实现均匀的颜色空间分布。亨特系统的颜色参数表示了物体反射光的三个量，即反射光的明度相关量 L、反射光的红色与绿色相关量 a、反射光的黄色与蓝色相关量 b，其对应的颜色空间如图 4-35 所示。

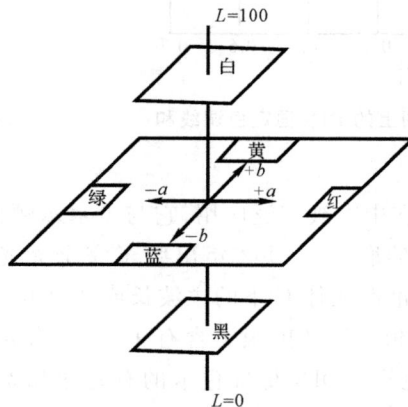

图 4-35 亨特系统的 Lab 颜色空间

在 CIE 标准照明体 C 下，亨特系统的颜色参数 L、a、b 定义为

$$\left. \begin{aligned} L &= 10Y^{1/2} \\ a &= 17.5(1.02X - Y)/Y^{1/2} \\ b &= 7.0(Y - 0.847Z)/Y^{1/2} \end{aligned} \right\} \tag{4-19}$$

式中，X、Y、Z 为颜色样品的 CIE 三刺激值。亨特系统虽然没有具体的标准色卡，但是由于其与 CIE 三刺激值之间具有上述简单关系，因此许多测色仪器内置了该系统的表色功能，可以直接计算出被测颜色的 L、a、b 值。亨特 Lab 系统常用于陶瓷、塑料和纺织等工业领域。

4.5.5　颜色曲线系统

颜色曲线系统是一个混杂的体系,它既以感知系统为基础,又与混色系统相关联。CIELAB 颜色空间用作视觉上均匀的色序系统的近似空间,但是颜色曲线系统不采取三维空间的圆柱抽样方式,而是采用 CIELAB 的明度、红-绿度、黄-蓝度的基本直角空间抽样,并以 CIELAB 坐标作为混色体系的起始点。

在给定的明度下,可确定出 8 种颜色混合物,这些混合物是在色调均匀增加时彩度保持恒定的红-绿度和黄-蓝度轴周围取样的。每种混合物由有机颜料加上黑色和白色颜料组成,这样制得的混合物在给定的明度下具有中等彩度。也可确定出第 9 种混合物,它是由黑色和白色颜料组成的灰色。每种混合物均以其光谱反射比曲线来表示。在一个指定象限的 3 种混合物与上述灰色混合物以相等的比例进行相加混合可以得到一个颜色网格,其中每种颜色对应于一条光谱反射比曲线。利用 CIE 三刺激值求和的方法可以求出每条光谱曲线所对应的色品坐标,然后计算出 CIELAB 颜色空间参数。采用同样的方法,可以对不同水平的明度平面进行类似的计算。

虽然颜色曲线系统在视觉上对颜色空间的划分只是大致均匀,但是许多不同的材料混色应用证实了该系统不会出现同色异谱的困扰。由于每个颜色都有一条光谱反射比曲线与之相对应,所以可以选择同色异谱程度最小的配方,使之成为或接近光谱配色。

4.5.6　日本实用颜色坐标系统

日本颜色研究所(JCRI)吸收了孟塞尔颜色系统和奥斯瓦尔德颜色系统的优点,并考虑实际配色的便利,于 1966 年发表了日本色研体系,称为实用颜色坐标系统(Practical Color Coordinate System,PCCS)。该系统的颜色参数有色调、明度、彩度、影调等,其对应的颜色立体如图 4-36 所示。

图 4-37 是 PCCS 色调环,其中包括 24 种色调,如红、黄、绿、蓝等心理 4 原色,黄、品红、青等色料 3 原色,红、绿、蓝紫等色光 3 原色等。PCCS 明度表示为由白(相当于孟塞尔标号 N9.5)到黑(相当于孟塞尔标号 N1.0)的 9 个等级。PCCS 彩度用字母 s 表示,并在纯色和无彩色之间按等间隔分度,其中 $1s\sim3s$ 为低彩度区,$4s\sim6s$ 为中彩度区,$7s\sim9s$ 为高彩度区。日本实用颜色坐标系统的最大特点就是采用影调(tone)来表示颜色的明暗和强弱,即同时考虑颜色的明度和彩度。对于同一个色调,可以有强烈的颜色、淡色、艳色等区分,并以此定义了有彩

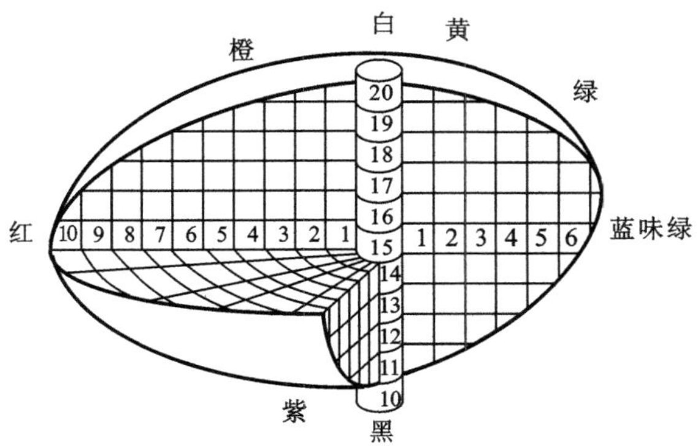

图 4-36　PCCS 颜色立体

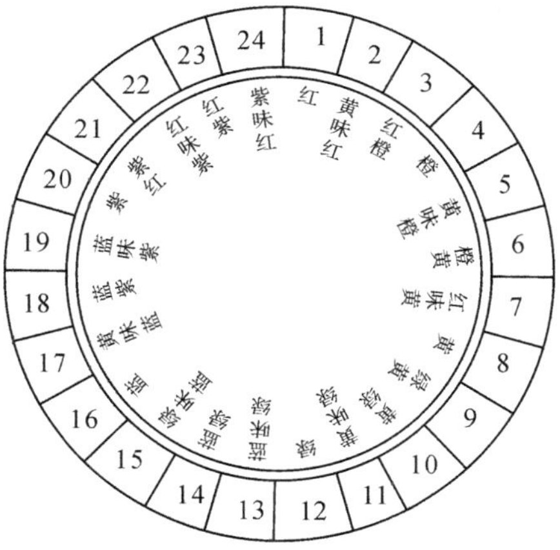

图 4-37　PCCS 色调环

色的 11 种 PCCS 影调分类,如表 4-4 所列。

表 4-4   PCCS 有彩色的影调分类

符　号	英文名称	影　调
p	pale	淡
lg	light grayish	偏浅灰
g	grayish	偏灰
dg	dark grayish	偏暗灰
l	light	浅
d	dull	沉闷
dk	dark	暗
b	bright	明亮
s	strong	强烈
dp	deep	浓郁
v	vivid	鲜艳

实用颜色坐标系统的颜色标注由色调、明度、彩度的数字代号组成,其形式为色调-明度-彩度,如标号 12-15-6 表示色调为 12 的绿色,其明度等级为 15,彩度等级为 6。

4.5.7   中国颜色体系

在全国颜色标准化技术委员会的主持下,中国科学家于 1988 年开展了中国颜色体系(Chinese Colour System,CCS)的研究,至 1994 年基本完成了中国颜色体系理论和《中国颜色体系样册(Colour Album of Chinese Colour System)》的编制工作,该体系已成为中国颜色基础国家标准。

中国颜色体系参照国际通用的颜色三维属性即色调、明度和彩度进行标定,由无彩色系和有彩色系组成,并以颜色立体表示。无彩色系由白色、黑色和由白色及黑色按不同比例混合成的灰色组成,统称为中性色,以符号 N 表示。中性色是一维的,形成了颜色立体的中央轴,并代表明度的变化,以符号 V 表示。CCS 将明度轴分成 0~10 共 11 个知觉上等间隔的等级,并把亮度因数为 100 的理想白定义为明度 $V=10$,把亮度因数为 0 的理想黑定义为 $V=0$。

CCS 的有彩色系由色调、明度和彩度等颜色的三属性表示。色调以符号 H 表示,其色调环包括红(R)、黄(Y)、绿(G)、蓝(B)、紫(P)等 5 种主色,并以红色为色调环逆时针方向的起点,这样使中国颜色体系的色调表示方法与 CIE 色品图的形式一致。在相邻两主色中间的颜色为中间色,包括黄红(YR)、绿黄(GY)、蓝绿(BG)、紫蓝(PB)、红紫(RP)等 5 个颜色。由 5 个主色和 5 个中间色共组成 10 种基本色,各占色调环的 10 等分点。为了对色调做更细的分度,又对每种基本色再进行十进制细分,并以数字加上对应色的字母来表示各种色调如 5R、10Y 等,其中凡数字为 5 的是该色的纯正色调,而且相邻色调的颜色在视觉感知上是等间隔的。在 CCS 中,5 种主色调在 CIELAB 均匀颜色空间中的分布基本上是均匀的,这也与目前国际上广泛使用的孟塞尔颜色系统所规定的主要色调基本一致,便于交流。同时,这 5 种主色调符合人们的日常习惯,具有普遍适应性,易于接受并方便应用。

彩度表示颜色饱和度的变化,即具有相同明度和色调的颜色离开中性灰色的程度,以符号 C 表示。彩度分成许多知觉上等距的等级,并以颜色立体的中心轴(对应中性色)的彩度为 0,随着色调环的扩大,颜色的饱和度增大,其彩度也随之变大。

颜色样品在中国颜色体系中的标号表示为 HV/C(色调、明度/彩度),与孟塞尔颜色系统的颜色标注方法类似。

《中国颜色体系样册》选取了 10 种基本色调各自的 2.5、5、7.5、10 四个等级共 40 种色调，包括不同明度和不同彩度的 1364 块标准颜色样品。全部色样按照颜色的三属性，通过中国人的视觉特性实验，以知觉的等色调差、等明度差、等彩度差标尺编排，并且在样册的每一页上其色样具有相同的色调和各种不同的明度及彩度。在该样册中，色样的最高明度为 9，最低明度为 2.5，共有 9 个等级。考虑到颜色工作中经常使用中性灰，并对此提出较高的要求，因而在该样册的无彩色系中还配备了一套以更精细的 0.25 明度分级共 29 块中性色样品。在《中国颜色体系样册》中，由于接近中性色的色调最常用，其彩度分级为 1，对于更饱和的色调给出以每两个彩度等级即 2、4、6、… 为间隔的标准色样。不同色调、不同明度的颜色样品其最大彩度是不一样的，个别颜色的彩度等级可高达 14，样册中各色调的最大彩度样品是目前我国工艺所能做到的彩度最高的色样。此外，该样册中还提供了国家标准 GB5702-85《光源显色性评价方法》中计算光源显色指数的 15 块标准颜色样品以及国标 GB12983-91《国旗颜色标准样品》中的三种面料(棉布、丝绸、涤纶)的红色样品。

4.5.8　"555"色调分类系统

作为应用色差容限的一种分类管理方法，"555"色调分类系统在理论上不属于严格的颜色体系，但是由于其在纺织和造纸等工业中具有广泛的应用和重要的意义，因此在这里作一简要介绍。

在已知标准色样并设定与标样的允许色差容限的条件下，将以标准色样为中心的色差容限空间分成很多小方块，如图 4-38 所示的色差容限空间由 CIELAB 色度系统的 ΔL^*、Δa^*、Δb^* 来确定，并把位于立方体中心的标准色记作代号 555(三个数字依次表示 ΔL^*、Δa^*、Δb^* 的分度)，再将三维标尺 ΔL^*、Δa^*、Δb^* 各进行 9 等分，共形成 729 个小立方体，每个立方体均表示一种与标准色有差异的样品色，并用三个比 5 小(即 1~4)或者比 5 大(即 6~9)的数字代号来表示。例如，某一测试样品的颜色代号为 655，它表示该颜色与标准色的色调(a^*，b^*)相同，但在颜色的明度(L^*)上高了 1 个等级；又如代号 556 则代表该颜色在明度(L^*)和红-绿色方向(a^*)上与标准色一致，但在黄-蓝色方向(b^*)上偏黄 1 个等级。

"555"色调分类系统在纺织、造纸等工业领域中已成为一种较好的分色方法。利用测色仪器测出被试色样的 CIE 三刺激值以后，再计算出相应的 CIELAB 颜色参数，这样就可以将不同批次的染色布料或纸张产品根据与标准色样的色差的大小，按照"555"系统的规定为每个产品确定一个对应的数字编号，具有同样编号的色样可以认为其颜色是一致的(或在允许的色差值之内)，从而实现颜色的快速分类，为相关产品的管理和销售提供实用而有效的科学手段。

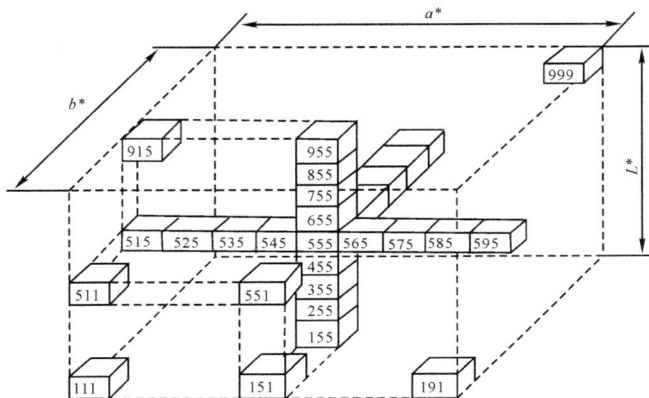

图 4-38　"555"色调分类系统空间立方体

第 5 章

颜色的预测与再现

5.1　颜色的混合

将不同的颜色混合在一起而形成另外一种颜色的过程称为混色（color mixture）。彩色印刷、彩色摄影、彩色电视、彩色复制等领域的颜色再现都是基于三原色原理的混色过程。颜色混合的方法通常分为加法混色和减法混色两个大类，正如前面所介绍的，色度学的基础就是加法混色原则。为了提高颜色再现的性能，需要不断改善混色的技术，因此在加法混色与减法混色之间还可以有更多的细化和分类。

5.1.1　混色的种类

颜色可以分为如光源发出的光那样的发光色（luminous color）和从物体表面反射或透过物体的光那样的非发光色（non-luminous color）两大类。因此，颜色的混合也有发光色的混色与非发光色的混色之分。当发光色混合时，随着参与混合的成分色数量的增加，混合成的颜色的明亮度相加增大而变得更亮，所以称为加法混色（additive color mixing）；而对于产生非发光色的色料或滤色片，随着参混成分数量的增加，混合色的明亮度相减降低而变暗，因而称之为减法混色（subtractive color mixing）。

加法混色时，如果多个色光是同时混合在一起的，则称为同时混色（也称光谱功率混合法）。除了同时混色法以外，还可以采用其他的方法实现加法混色。例如，将红色和绿色分别涂于一个圆盘的两半圆表面，然后使该色盘高速旋转，由于人眼具有视觉暂留的特性，可以观察到红色与绿色形成的加混色即黄色，这样的混色称为继时混色（也称时间混合法）。另外，对于在空间上非常靠近排列的色点如红色和绿色，当其离开人眼有一定的距离并对人眼的视觉张角小于 $1'$ 时，人眼就无法分辨这些色点，只能观察到它们混合成的黄色，这种现象也是加法混色的一种，称为空间混色。彩色电视、彩色印刷等的颜色再现以及一些印象派画家采用的点描画方法等都是应用空间混色法的原理而达到混色效果的。一般来说，同时混色得到的混合色的亮度是参混色的亮度之和，而继时混色或空间混色得到的混合色其亮度则为参混色亮度的中间值，所以继时混色和空间混色有时也称为平均混色（average color mixture）。

实际上，减法混色得到的混合色的亮度并不是真的按照减法规律产生的。例如，将平均光谱透射比为 50% 的两块中性滤色片叠合在一起，若按减法规则计算，即 $1.0-0.5-0.5=0$，则其混合色似乎应变成全黑色，然而事实并非如此，其亮度是按照乘法规律减小的，即 $0.5\times 0.5=0.25$，所以混合色的最后亮度变为原来的 25%。尽管如此，这种颜色混合的方法仍习惯地被称为减法混色而不是乘法混色。其实，通常减法混色中的亮度变化既不是简单的减法也不是单纯的乘法,而是如后面将要介绍的由参混成分的光谱反射比或光谱透射比的复杂函数所决定的。

5.1.2　加法混色及其计算方法

加法混色包括同时混色、继时混色和空间混色等方法,这里以同时混色为例作具体介绍。通常,如把可见光波长范围按 $400\sim500\mathrm{nm}$、$500\sim600\mathrm{nm}$、$600\sim700\mathrm{nm}$ 进行三等分,则分别对应于蓝色[B]、绿色[G]、红色[R],它们三者的等量混合便形成白色[W](见书前插页彩图 8),即

$$[R]+[G]+[B]=[W] \tag{5-1}$$

如果将这三原色两两混合,又可以产生三种新的颜色,即青色[C]、品红[M]、黄色[Y],它们是减法混色的原色,即

$$\left.\begin{array}{l}[R]+[G]=[Y]\\[G]+[B]=[C]\\[B]+[R]=[M]\end{array}\right\} \tag{5-2}$$

式(5-1)和式(5-2)的加法混色关系可以用如图 5-1 所示的 CIE 色品图来表示。

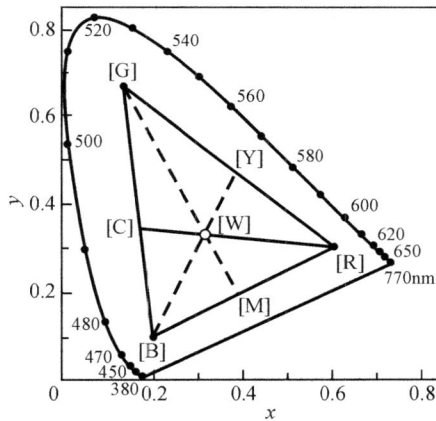

图 5-1　红色[R]、绿色[G]、蓝色[B]的加法混色

加法混色中采用的三种不同的颜色刺激[R]、[G]、[B]称为加色法原色(additive primaries)。设三原色[R]、[G]、[B]分别以混合量 R、G、B 参与混色时得到了颜色[F],则可以用色方程表示为

$$[F]=R[R]+G[G]+B[B] \tag{5-3}$$

由于[R]、[G]、[B]以等量混色产生白色[W],并假定 $R>G>B$,则

$$
\begin{aligned}
[F] &= R[R]+G[G]+B[B]\\
&= (R-B)[R]+(G-B)[G]+B([R]+[G]+[B])\\
&= (R-B)[R]+(G-B)[G]+B[W]\\
&= [F_0]+B[W]
\end{aligned}
\tag{5-4}
$$

可见,颜色[F]是将[W]加入由[R]与[G]混合成的颜色[F_0]中而产生的,显然其纯度比[F_0]更低。一般来说,三种颜色的加法混色都可以等价为其中两种颜色的加法混色再与[W]的相加混合。

由图 5-1 可知,如果将红色[R]与青色[C]按适当的比例混合可以得到无彩色的刺激白色[W],这种通过混色可以获得特定无彩色刺激的两种参混颜色刺激称为互补色(complementary color)。作为互补色的颜色对,除了红色[R]与青色[C]之外,还有绿色[G]与品红[M]、蓝色[B]与黄色[Y]等无数可能的组合。

通常,对于波长为 λ_1 的单色光,其对应的补色单色光的波长 λ_2 可以唯一确定。例如,对于 CIE 标准照明体 A 和 C 光谱曲线上的每个波长 λ_1,都可以分别求出对应的补色波长 λ_2,结果如图 5-2 所示。可见,λ_1 与 λ_2 的关系近似于双曲线函数,其解析式分别为

$$\left.\begin{array}{ll} A: & (506.7 - \lambda_1)(\lambda_2 - 576.8) = 172.4 \\ C: & (496.0 - \lambda_1)(\lambda_2 - 563.8) = 262.1 \end{array}\right\} \tag{5-5}$$

如对于标准照明体 A,其 $\lambda_2 = 630nm$ 的单色红光所对应的补色波长 λ_1 就可以由式(5-5)计算得到,即 $\lambda_1 = 503.5nm$。这样的关系式不仅对单色光有效,而且可以推广至适用于任意的色光,因此可以认为某种色光的主波长为 λ_1 时其对应的补色光的主波长就是 λ_2。

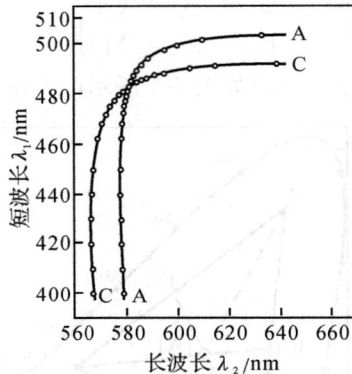

图 5-2 CIE 标准照明体 A 和 C 的补色对波长 λ_1 与 λ_2

关于色光同时混色的规律,在第 2 章中已经介绍过颜色相加混合的格拉斯曼定律及由此导出的比例法则和加法法则,这是现代色度学的基础。下面应用格拉斯曼定律来讨论加法混色时三刺激值的关系。

设有两个颜色刺激[R]和[G]的单位量(如 1W)三刺激值分别为 (X_R, Y_R, Z_R) 和 (X_G, Y_G, Z_G),对应的色品坐标分别为 (x_R, y_R) 和 (x_G, y_G)。这样两个颜色刺激分别以混合量 R 和 G 进行相加混合后得到颜色刺激[F],则其三刺激值 (X_F, Y_F, Z_F) 为

$$\left.\begin{array}{l} X_F = RX_R + GX_G \\ Y_F = RY_R + GY_G \\ Z_F = RZ_R + GZ_G \end{array}\right\} \tag{5-6}$$

或以矩阵表示为

$$\begin{bmatrix} X_F \\ Y_F \\ Z_F \end{bmatrix} = \begin{bmatrix} X_R & X_G \\ Y_R & Y_G \\ Z_R & Z_G \end{bmatrix} \begin{bmatrix} R \\ G \end{bmatrix} \tag{5-7}$$

因此,在 CIE-XYZ 颜色空间中颜色刺激[F]即为矢量[R]与[G]的合成矢量,在 CIE 色品图上则处于如图 5-1 所示的[R] (x_R, y_R) 点与[G] (x_G, y_G) 点的连线上。当改变混合比例时,可以得到 RG 连线上的各种颜色,不过这些混合色的亮度未必相同。

如果进一步加入第三种颜色刺激[B]，那么就要考虑三色混合的情况。设颜色[G]与[B]混合成颜色[C]，然后再与颜色[R]混合，这时尽管无法使混合色的亮度保持不变，但是可以通过混色得到 CR 连线上的所有颜色。同样，当改变混合色光的比例时，虽然混合色的亮度可能会变化，但可以混合出色品图上三角形 RGB 之内所有点的颜色，并将这个三角形的颜色区域称为色域（color gamut）。通过颜色再现能够实现的色域通常称为色再现域（reproducible color gamut）。当三个颜色刺激[R]、[G]、[B]分别以混合量 R、G、B 进行三色相加混合时，同样可以计算出其混合色刺激[F]的三刺激值(X_F, Y_F, Z_F)为

$$\begin{bmatrix} X_F \\ Y_F \\ Z_F \end{bmatrix} = \begin{bmatrix} X_R & X_G & X_B \\ Y_R & Y_G & Y_B \\ Z_R & Z_G & Z_B \end{bmatrix} \begin{bmatrix} R \\ G \\ B \end{bmatrix} \tag{5-8}$$

式中，(X_B, Y_B, Z_B)为颜色刺激[B]的三刺激值。

这里举一个实际的例子来说明上述计算过程。设三个颜色刺激[R]、[G]、[B]的三刺激值分别为

$$
\begin{array}{cccc}
 & X & Y & Z \\
[R] & 20 & 10 & 3 \\
[G] & 2 & 10 & 3 \\
[B] & 20 & 10 & 70 \\
\end{array}
$$

现在要求采用上述[R]、[G]、[B]通过加法混色合成与 CIE 标准照明体 D_{65} 具有相同的色品坐标且 $Y = 10$ 的同色异谱颜色。已知标准照明体 D_{65} 的色品坐标为 $(x_{D_{65}} = 0.3127, y_{D_{65}} = 0.3290)$，所以对应的三刺激值 X 和 Z 应为

$$X = Y \frac{x_{D_{65}}}{y_{D_{65}}} = 10 \times \frac{0.3127}{0.3290} = 9.5046$$

$$Z = Y \frac{1 - x_{D_{65}} - y_{D_{65}}}{y_{D_{65}}} = 10 \times \frac{1 - 0.3127 - 0.3290}{0.3290} = 10.8906$$

因此，由式（5-8）可得

$$\begin{bmatrix} 9.5046 \\ 10.0000 \\ 10.8906 \end{bmatrix} = \begin{bmatrix} 20 & 2 & 20 \\ 10 & 10 & 10 \\ 3 & 3 & 70 \end{bmatrix} \begin{bmatrix} R \\ G \\ B \end{bmatrix}$$

两边同时乘以右边第一项的逆矩阵，就可以计算出要求的颜色刺激[R]、[G]、[B]的混合量 R、G、B，即

$$\begin{bmatrix} R \\ G \\ B \end{bmatrix} = \begin{bmatrix} 20 & 2 & 20 \\ 10 & 10 & 10 \\ 3 & 3 & 70 \end{bmatrix}^{-1} \begin{bmatrix} 9.5046 \\ 10.0000 \\ 10.8906 \end{bmatrix}$$

$$= \begin{bmatrix} 1/18 & -4/603 & -1/67 \\ -1/18 & 1/9 & 0 \\ 0 & -3/670 & 1/67 \end{bmatrix} \begin{bmatrix} 9.5046 \\ 10.0000 \\ 10.8906 \end{bmatrix}$$

$$= \begin{bmatrix} 0.2991 \\ 0.5831 \\ 0.1178 \end{bmatrix}$$

当 $R + G + B = 1.0$ 时，其加法混色得到的混合色的亮度为三个参混色亮度的中间值。因

此,在 CIE 色品图上三角形 RGB 内能得到的颜色的亮度一般都随其色品坐标而变化。但是在上面所举的例子中,由于三个参混颜色的 Y 均为 10,所以其混色结果的 Y 也都应该等于 10。如果选择一组 [R]、[G]、[B],当它们分别以最大亮度进行相加混合时刚好能产生白色,那么由这样的三个颜色刺激通过加法混色而得到的混合色其亮度值就不是一定的了。这时,具有不同亮度的色再现域是不同的,其分布情况如图 5-3 所示,图中数字为以 CIE 标准照明体 A 作为白色的条件下相对于白色的亮度比。

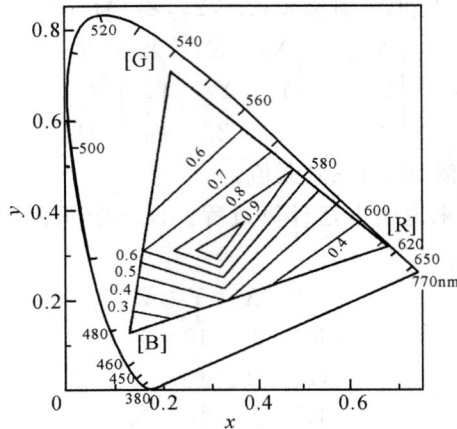

图 5-3   根据加法混色得到的对应于不同亮度的色再现域

上述关于同时混色三刺激值的关系同样适用于平均混色的情况。但是,在平均混色的条件下,对于继时混色和空间混色其相应的参混色混合比例具有不同的含义。以颜色刺激 [R] 的混合比例 R 为例,在继时混色时它表示颜色刺激 [R] 的呈示时间在全部观察时间中所占的比例,而在空间混色的情况下则表示颜色刺激 [R] 的显示面积在观察总面积中所占的份额。可见,在平均混色时,颜色刺激 [R]、[G]、[B] 的混合比例 R、G、B 必然满足 $R+G+B=1$,由于其中只有两个自由变量,因此可以想见这时其实不能实现真正的三色自由混合。于是,在平均混色中导入了第四个颜色刺激 [K]。假设 [K] 的混合比例为 K,则 $R+G+B+K=1$,这样便能达到自由的三色混合。以继时混色为例,用红 [R]、绿 [G]、蓝 [B]、黑 [K] 组成一个色盘,如图 5-4 所示,中间放置待配色,当色盘高速转动时,通过调节四色扇形面积的比例,可以使 [R]、[G]、[B]、[K] 的混合色与待配色相匹配,这时四种原色刺激在色盘上各自所占的面积比即为其相应的混合量 R、G、B、K。

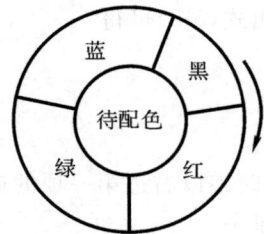

图 5-4   采用色盘的继时混色实验

5.1.3   减法混色及其计算方法

加法混色是色光的混合,而减法混色则是由滤色片或色料溶液等光吸收介质的重叠而实现的,并将用于减法混色的光吸收介质的颜色称为减色法原色(subtractive primaries),通常采用加法混色三原色 [R]、[G]、[B] 所对应补色的青色 [C]、品红 [M]、黄色 [Y] 作为减色法三原色。图 5-5 中的曲线表示彩色摄影等采用的青 [C]、品 [M]、黄 [Y] 减色法三原色的光谱密度。

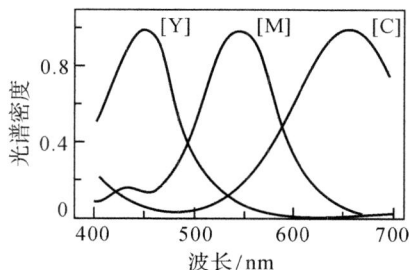

图 5-5　彩色摄影等采用的青[C]、品[M]、黄[Y]减色法三原色的光谱密度曲线

　　由减法混色得到的混合色的三刺激值与参混色的混合量之间的关系比较复杂,所以不能如加法混色那样简单地求出混合色的三刺激值。但是,可以按照加法混色的处理方法来近似地预测减法混色的结果。由于两色混合得到的颜色的光谱透射比是两个参混色光谱透射比的乘积,所以当两块红色滤光片重叠时只有[R]能通过,而若红色滤光片与绿色滤光片重叠则没有光能同时通过这两块滤色片。因此,减法混色可以用乘号"×"表示为

$$\left.\begin{array}{l}[R]\times[R]=[R]\\ [G]\times[G]=[G]\\ [B]\times[B]=[B]\\ [R]\times[G]=[G]\times[B]=[B]\times[R]=[K]\end{array}\right\}\tag{5-9}$$

式中,[K]代表黑色,表示没有光透过。

　　如果将减法混色三原色[C]、[M]、[Y]中不同的两色或全部三色分别进行组合,则可以得到(见书前插页彩图 9)

$$\left.\begin{array}{l}[C]\times[M]=([G]+[B])\times([B]+[R])\\ \qquad=[G]\times[B]+[R]\times[G]+[B]\times[B]+[B]\times[R]\\ \qquad=[B]\\ [M]\times[Y]=([B]+[R])\times([R]+[G])\\ \qquad=[B]\times[R]+[G]\times[B]+[R]\times[R]+[R]\times[G]\\ \qquad=[R]\\ [Y]\times[C]=([R]+[G])\times([G]+[B])\\ \qquad=[R]\times[G]+[B]\times[R]+[G]\times[G]+[G]\times[B]\\ \qquad=[G]\\ [C]\times[M]\times[Y]=([G]+[B])\times([B]+[R])\times([R]+[G])\\ \qquad=[B]\times([R]+[G])\\ \qquad=[B]\times[R]+[G]\times[B]\\ \qquad=[K]\end{array}\right\}\tag{5-10}$$

作为例子,式(5-10)中的第一个方程可由如图 5-6 所示的实际[C]与[M]光谱透射比的简化模型来表示,由此可以理解减法混色[C]×[M]产生[B]的过程。

　　上述讨论都是在各原色以等量混合的条件下进行的,如果改变混合比例仍可以按类似方法处理。假设由滤色片等的三原色[C]、[M]、[Y]分别以混合量 c,m,y 进行混色而得到颜色[F],则

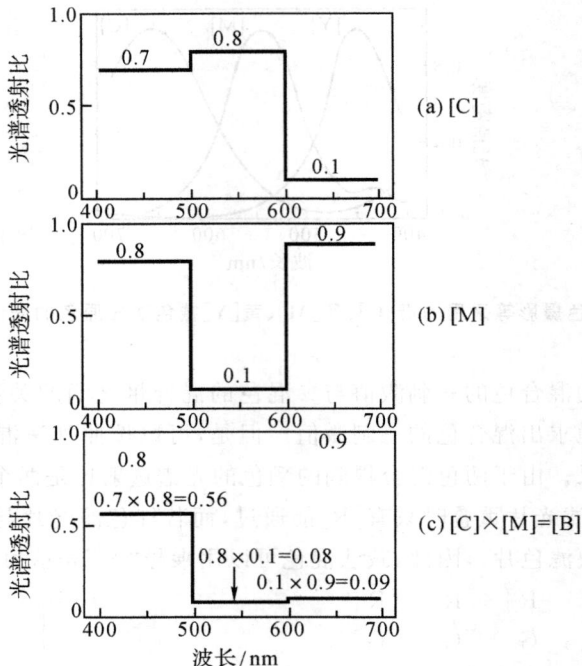

图 5-6 青色[C]与品红[M]混合时光谱透射比的变化模型

$$[F] = [C]^c \times [M]^m \times [Y]^y \tag{5-11}$$

式中的混合量均以等价中性密度（END）表示，即当 $c=m=y$ 时混合色变为[K]。现在设 $c > m > y$，那么

$$
\begin{aligned}
[F] &= [C]^c \times [M]^m \times [Y]^y \\
&= [C]^{c-y} \times [M]^{m-y} \times ([C] \times [M] \times [Y])^y \\
&= [C]^{c-y} \times [M]^{m-y} \times [K]^y \\
&= [F_0] \times [K]^y
\end{aligned}
\tag{5-12}
$$

即颜色[F]是由[C]与[M]混合成的[F₀]中加入[K]而形成的，所以它比[F₀]更暗。可见，[C]、[M]、[Y]的三色减法混色等价于其中两色的相减混合后再与[K]的混色过程，由此对于减法混色的规律有了基本的了解。

前面已经提到，三色相加混合得到的结果是纯度明显低于其中两色之混合色的颜色，这是由于[W]的加色混合而引起的；另外，在减法混色时，[K]是以相乘混合方式加入的，所以最后得到的混合色的纯度并不发生变化，这点要加以注意。这样的预测方法可以用来获得大致的颜色变化情况，如果需要正确的混色结果，则必须采用严格的光谱计算方法。

在讨论具体的减法混色计算方法之前，首先简要介绍一下用于描述非光散射有色材料线性混合规律的朗伯-比尔（Lambert-Beer）定律。入射光强 I_0 与透射光强 I 之比（即为光的衰减）的对数与光吸收介质的厚度 d 成正比，即

$$\lg \frac{I_0}{I} = \alpha d \tag{5-13}$$

式中的常数 α 称为吸收系数，并称式（5-13）为朗伯（Lambert）定律。另外，光衰减的对数还与

光吸收介质中所含吸收物质的浓度 c 成正比.即

$$\lg \frac{I_0}{I} = \beta c \tag{5-14}$$

式(5-14)称为比尔(Beer)定律,其中 β 是常数.将朗伯定律与比尔定律合起来就是所谓的朗伯-比尔(Lambert-Beer)定律,有时也称为布格-比尔(Bouguer-Beer)定律,其表达式为

$$\lg \frac{I_0}{I} = kcd \tag{5-15}$$

式中,k 为与浓度无关的常数,kcd 称为吸光率(absorbance)或光学密度(optical density)。当浓度 c 以摩尔浓度表示时,k 就称为摩尔吸光系数(molar absorption coefficient),这在采用光谱分析法进行物质检定时必须要用到。

在假设朗伯-比尔定律成立的条件下,考虑减法混色的两个原色如滤色片[C]和[M],设其单位量(如峰值密度为 1.0)的光谱透射比分别为 $T_C(\lambda)$ 和 $T_M(\lambda)$,将它们分别以 c、m 单位重叠,这时可根据朗伯-比尔定律来计算出由减法混色得到的混合色的光谱透射比为

$$T(\lambda) = [T_C(\lambda)]^c [T_M(\lambda)]^m \tag{5-16}$$

因此,其三刺激值 X、Y、Z 为

$$\left. \begin{aligned} X &= k \int_{380}^{780} T(\lambda) P(\lambda) \overline{x}(\lambda) d\lambda \\ Y &= k \int_{380}^{780} T(\lambda) P(\lambda) \overline{y}(\lambda) d\lambda \\ Z &= k \int_{380}^{780} T(\lambda) P(\lambda) \overline{z}(\lambda) d\lambda \end{aligned} \right\} \tag{5-17}$$

式中,$P(\lambda)$ 是照明体的光谱分布,$\overline{x}(\lambda)$、$\overline{y}(\lambda)$、$\overline{z}(\lambda)$ 是 CIE 标准色度观察者光谱三刺激值函数,k 为调整因子,即

$$k = \frac{100}{\int_{380}^{780} P(\lambda) \overline{y}(\lambda) d\lambda} \tag{5-18}$$

可见,无法从式(5-17)进一步得出混合色的三刺激值与参混色[C]和[M]的三刺激值之间的直接关系。因此,不能简单地预测减法混色的结果。同时,虽然也存在减法混色的互补色(subtractive complementary color),但不能如加法混色的互补色那样可以简单地求出。

现代彩色摄影就是利用减色法原理,采用具有如图 5-5 所示光谱密度的色料[C]、[M]、[Y]以多层构造实现显色的,所以可以用与滤色片重叠相同的方法来处理。若使这些色料的峰值密度分别在 0.5、1.0、1.5、2.0、2.5、3.0 等之间变化,则可以计算出每种色料在标准照明体 D_{65} 和 CIE1931 色度系统下的色品坐标,如图 5-7 所示。加法混色的原色即使强度变化也不会改变其色品坐标,但由图中曲线可知,减法混色中原色的密度变化可使其色品坐标发生很大的改变,尤其是黄色[Y]当其密度变高时会带有红色并进一步向茶色接近。

如果将[C]、[M]、[Y]进行三色混合,那么如前所述其三色的减法混色等价于其中两色的减法混色中再混入[K],因此可以用[C]+[M]、[M]+[Y]、[Y]+[C]等两色混合来代替三色混合(需要注意的是,这里采用符号"+"表示两种颜色的减色法混合,与前面表示加法混色的色方程中所用的加号"+"意义不同)。以[C]和[M]混合为例,其三刺激值可由式(5-17)与式(5-18)求得,如果在保持光视亮度因数 Y 恒定不变(如 $Y=10$)的条件下对混合量 c 和 m 作各种不同的取值,可以得到无数的颜色,再将这些颜色的色品坐标点连接起来,就形成了图 5-7 中的虚线所示的轨迹[C]+[M]。应用完全相同的处理方法,同样可以求出[M]+[Y]和

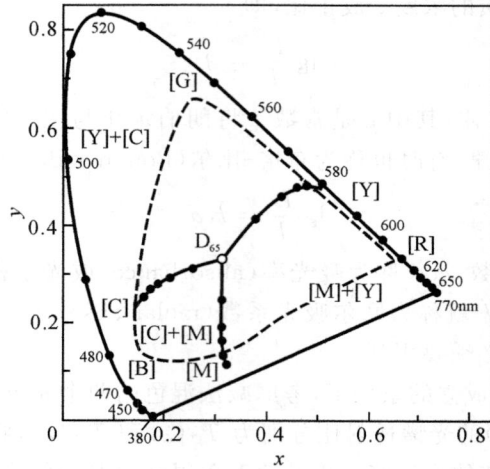

图 5-7　青[C]、品[M]、黄[Y]三原色的减法混色(黑点从中
心向外分别对应于峰值密度为 0.5→3.0 的变化)

[Y]+[C]的减法混色轨迹。可见,由如图 5-5 所示三种色料通过减色法混合得到的 Y＝10 以上的颜色都应该在图 5-7 中虚线所围区域之内。前面已经介绍过,加法混色的色再现域是如图 5-3 所示的直线所围的三角形区域,而减法混色的色再现域则是图 5-7 中虚线所围的区域,所以其混色结果或互补色的预测都比较困难。

综上所述,减法混色中原色的混合量与混合色的三刺激值之间的关系是比较复杂的,而且在实际的颜色再现过程中可能采用的减色法是多种多样的,它们的原色混合量与混合色三刺激值之间的关系自然也是各不相同。朗伯-比尔定律只适用于滤色片或透明色料等的颜色混合,而对于具有高光散射特性的有色材料,需要应用以后将会介绍的库贝尔卡-芒克(Kubelka-Munk)理论等进行处理。

5.2　色适应

5.2.1　色适应过程

第 1 章已经提到过人眼对照明光环境的亮度和颜色的变化都具有视觉适应现象,前者称为亮度适应(luminance adaptation),其中包括亮适应和暗适应,后者则称为色适应(chromatic adaptation)。这种视觉适应现象的产生是由于人眼有较强的适应性,所以当照明体的光强和光谱分布变化时,人眼的视觉机能并不受多大的影响,仍能正常获取信息。例如,在日光下黑人皮肤的亮度高于在阴暗处白人皮肤的亮度,但由于亮度适应的作用人们仍感到黑人的皮肤较黑。另外,因为色适应现象的存在,对于灰色、肤色等的颜色即使改变照明光仍感到其颜色没有多大的变化,这是在日常生活中经常体验到的事实。这种当照明条件发生变化时,虽然感知色貌会有些差别,但是视觉系统尽量使感知色的差别趋于最小的现象称为颜色恒常性(color constancy)。

这里以从日光照明的室外进入白炽灯照明的室内时所发生的现象来具体说明色适应的过

程。从日光照明到白炽灯照明的色适应过程并不是瞬间完成的,而是按如图 5-8 所示的三个
阶段进行的。

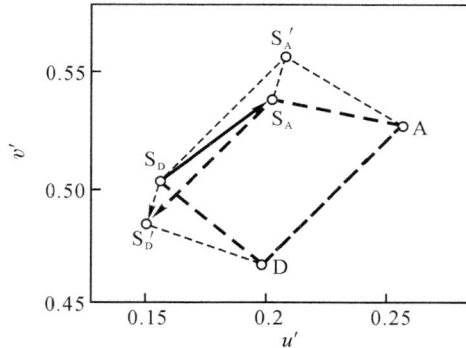

图 5-8 照明体由 D 变为 A 时的色适应过程

（1）照明体色偏移

从日光照明下的室外进入白炽灯照明下的室内时,最初会感到用白炽灯照明的一切物体
都带有偏黄色,这相当于图 5-8 中在日光（D）照明下某物体的色度点 S_D 变成了在白炽灯（A）
照明下的色度点 S_A,这种 $S_D \rightarrow S_A$ 的变化称为照明体色偏移（illuminant color shift）。照明体
色偏移相当于由色度计算求得的色品坐标的变化,因此也称为色度偏移（colorimetric shift）。

（2）适应色偏移

当人眼习惯了白炽灯（A）照明时,经过视觉系统中分别响应红、绿、蓝色的三种锥体细胞
的灵敏度平衡调节后,又从最初见到带有黄色的白色返回到白色的感觉。但是,一般来说在白
炽灯照明下的颜色外貌与在日光（D）照明下的颜色外貌不会完全一致。因此,对于本例中的
物体,会认为其颜色外貌与日光照明下具有色度点 S_D' 的物体颜色外貌相一致,并称这种 $S_A \rightarrow$
S_D' 的变化为适应色偏移（adaptive color shift）。

（3）综合色偏移

随着时间的推移,当人眼充分适应白炽灯
（A）照明时,应感受到综合了照明体色偏移和适
应色偏移后的颜色变化,即 $S_D \rightarrow S_D'$,并称之为综
合色偏移（resultant color shift）。可见,在白炽灯
照明下与 S_D 的颜色外貌相一致的颜色是与 S_A 仅
相差相当于综合色偏移大小的颜色 S_A',并将该
颜色 S_A' 称为颜色 S_D 的对应色（corresponding
color）。

照明体色偏移和适应色偏移几乎是反方向
同等程度发生的,当它们完全相等时就是所谓的
颜色恒常性成立的情况。然而,实际上颜色恒常
性并不完全成立,故常表现为综合色偏移,如图
5-9 所示即为由日光变为白炽灯照明时的对应
色。

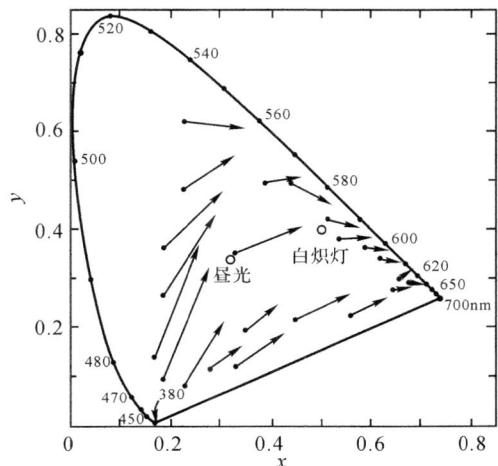

图 5-9 由日光变为白炽灯照明时的对应色

在拍摄彩色照片或彩色视频时,由于接受光亮度和颜色信息的不是人眼而是照相机或摄

像机的感光材料或光电传感器,其对照明光的变化不存在颜色恒常性机能,因而会出现问题。例如,彩色摄影时把日光下得到的彩色负片放在白炽灯照明下进行印相,就会因照明体的色偏移得到带有黄色的彩色照片。为此,在印相过程中应进行相当于照明体色偏移的修正,或者在摄影时采用改变照明体光谱分布的色温变换滤光片进行预先修正。对于彩色电视,则应进行白场平衡(white balance)的调整,通过调节红、绿、蓝色光电接收器的光谱灵敏度达到对照明体色偏移预先补偿的目的。

5.2.2　沃恩·克里斯色适应预测公式

由于颜色恒常性并不完全成立,所以在日光照明下和在白炽灯照明下观察同一物体时,即使是在充分色适应的状态下也会感到其颜色是有一些差异的。其实,在白炽灯照明下看起来与在日光照明下"相同"的颜色只是日光下颜色的对应色,因此它与在日光照明下的实际颜色还是有一些差异的。可见,定量地求出对应色在实际应用中很重要,而对应色的计算就是色适应预测的过程。迄今为止,已有许多的色适应预测公式被提出,其中沃恩·克里斯(von Kries)色适应预测公式是各种色适应预测公式的基础。

沃恩·克里斯假设在人眼中存在分别能感受红、绿、蓝色的三种感光器,各自对应于不同的锥体细胞而具有不同的基本光谱灵敏度。当照明体的光谱分布变化时,与此相应各个感光器在不改变基本光谱灵敏度形状的条件下通过调节其灵敏度平衡使白色外貌保持不变,从而产生色适应。例如,考虑如图 5-10 所示的由日光照明变为白炽灯照明的情况,日光的光谱分布比较平坦,所以红、绿、蓝色的灵敏度大致平衡;改用白炽灯照明时,红光成分增多,蓝光成分减少,所以红色感光器的灵敏度降低,蓝色感光器的灵敏度提高,结果总是得到固定的响应,这就是颜色外貌不变的原因。

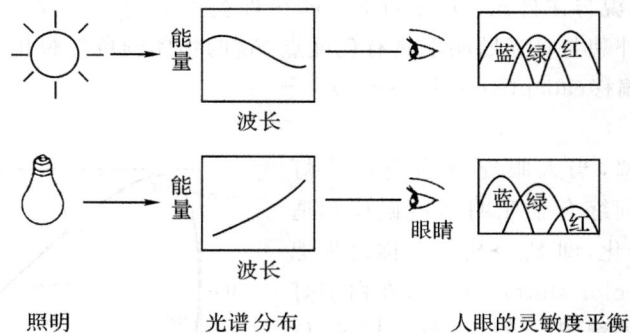

照明　　　　　　光谱分布　　　　　　人眼的灵敏度平衡

图 5-10　由照明体的变化引起人眼的灵敏度平衡的变化

根据沃恩·克里斯的推导,设在第一照明体(测试照明体)下某物体色(测试色)的三刺激值为 (X,Y,Z),当变为其他照明体(参照照明体)时其对应色的三刺激值为 (X',Y',Z')。如果用人眼锥体细胞的三色感觉量作为人眼感光器的响应来代替三刺激值 X、Y、Z,那么可以设红 [R]、绿 [G]、蓝 [B] 感光器中的测试照明体和测试色的三刺激值分别为 R_0、G_0、B_0 和 R、G、B,视觉系统的三色感觉量分别为 R/R_0、G/G_0、B/B_0,同样设参照照明体和对应色的三刺激值分别为 R_0'、G_0'、B_0' 和 R'、G'、B',视觉系统的三色感觉量分别为 R'/R_0'、G'/G_0'、B'/B_0'。为了使测试色与对应色的颜色外貌一致,必须满足三色感觉量一致的条件,即

$$\left.\begin{array}{c} R/R_0 = R'/R_0' \\ G/G_0 = G'/G_0' \\ B/B_0 = B'/B_0' \end{array}\right\} \tag{5-19}$$

或用矩阵形式表示为

$$[K]\begin{bmatrix} R \\ G \\ B \end{bmatrix} = [K']\begin{bmatrix} R' \\ G' \\ B' \end{bmatrix} \tag{5-20}$$

式中

$$\left.\begin{array}{c} [K] = \begin{bmatrix} 1/R_0 & 0 & 0 \\ 0 & 1/G_0 & 0 \\ 0 & 0 & 1/B_0 \end{bmatrix} \\[4mm] [K'] = \begin{bmatrix} 1/R_0' & 0 & 0 \\ 0 & 1/G_0' & 0 \\ 0 & 0 & 1/B_0' \end{bmatrix} \end{array}\right\} \tag{5-21}$$

三刺激值 R、G、B 可以由三刺激值 X、Y、Z 通过线性变换得到,即

$$\left.\begin{array}{c} \begin{bmatrix} R \\ G \\ B \end{bmatrix} = [M]\begin{bmatrix} X \\ Y \\ Z \end{bmatrix} \\[4mm] \begin{bmatrix} R' \\ G' \\ B' \end{bmatrix} = [M]\begin{bmatrix} X' \\ Y' \\ Z' \end{bmatrix} \end{array}\right\} \tag{5-22}$$

式中,$[M]$ 为变换矩阵,其元素由三个基本原色的色品坐标确定。将式(5-22)代入式(5-20),可得

$$[K][M]\begin{bmatrix} X \\ Y \\ Z \end{bmatrix} = [K'][M]\begin{bmatrix} X' \\ Y' \\ Z' \end{bmatrix} \tag{5-23}$$

式(5-23)两边各乘以 $[K'][M]$ 的逆矩阵 $[M]^{-1}[K']^{-1}$,可得

$$\begin{bmatrix} X' \\ Y' \\ Z' \end{bmatrix} = [M]^{-1}[K']^{-1}[K][M]\begin{bmatrix} X \\ Y \\ Z \end{bmatrix} = [M]^{-1}[D][M]\begin{bmatrix} X \\ Y \\ Z \end{bmatrix} \tag{5-24}$$

式中

$$[D] = [K']^{-1}[K] = \begin{bmatrix} R_0'/R_0 & 0 & 0 \\ 0 & G_0'/G_0 & 0 \\ 0 & 0 & B_0'/B_0 \end{bmatrix} \tag{5-25}$$

式(5-24)就是沃恩·克里斯的色适应预测公式,也可以改写成一般表示式,即

$$\begin{bmatrix} X' \\ Y' \\ Z' \end{bmatrix} = \begin{bmatrix} a_{11} & a_{12} & a_{13} \\ a_{21} & a_{22} & a_{23} \\ a_{31} & a_{32} & a_{33} \end{bmatrix}\begin{bmatrix} X \\ Y \\ Z \end{bmatrix} \tag{5-26}$$

式中,矩阵元素 a_{ij} 为由测试照明体和参照照明体的三刺激值所确定的常数。例如,当测试照明体为 CIE 标准照明体 A、参照照明体为 CIE 标准照明体 D_{65} 时,对应于式(5-26)可以写出

$$\begin{bmatrix} X' \\ Y' \\ Z' \end{bmatrix} = \begin{bmatrix} 1.127 & -0.438 & 0.427 \\ -0.011 & 1.011 & 0.002 \\ 0 & 0 & 3.068 \end{bmatrix} \begin{bmatrix} X \\ Y \\ Z \end{bmatrix} \tag{5-27}$$

由沃恩·克里斯色适应预测公式就可以求出对应色,如设在测试照明体 A 下物体色的三刺激值为

$$(X, Y, Z) = (28.00, 21.26, 5.27)$$

则由式(5-27)可以计算出在参照照明体 D_{65} 下的对应色为

$$\begin{bmatrix} X' \\ Y' \\ Z' \end{bmatrix} = \begin{bmatrix} 1.127 & -0.438 & 0.427 \\ -0.011 & 1.011 & 0.002 \\ 0 & 0 & 3.068 \end{bmatrix} \begin{bmatrix} 28.00 \\ 21.26 \\ 5.27 \end{bmatrix} = \begin{bmatrix} 24.49 \\ 21.20 \\ 16.17 \end{bmatrix}$$

5.2.3　CIE 色适应预测公式

沃恩·克里斯的色适应预测公式基本上说明了色适应的现象,但是对于以下几种色适应现象却无法解释。

(1) 黑尔森-贾德(Helson-Judd)效应:用彩色光照明灰色标尺时,在明亮的灰色处可感受到照明光的色调,在暗的灰色处会感受到照明光的补色色调;

(2) 史蒂文斯(Stevens)效应:改变照度照明多种非彩色物体时,在高照度下会感到明亮的灰色更白、暗灰色更黑;

(3) 亨特(Hunt)效应:改变照度照明彩色物体时,随着照度的增加会感到彩度(多彩性)增加。

为了说明上述效应,纳谷(Nayatani)等人提出了一种将沃恩·克里斯色适应预测公式所建立的线性过程与按幂指数适应而建立的非线性过程进行组合的色适应预测公式,该公式能更精确地解释上述色适应现象,因而被国际照明委员会正式推荐为 CIE 色适应预测公式。

按照如图 5-11 所示的测试色与对应色的关系,CIE 色适应预测公式的具体算法分为如下三个步骤:

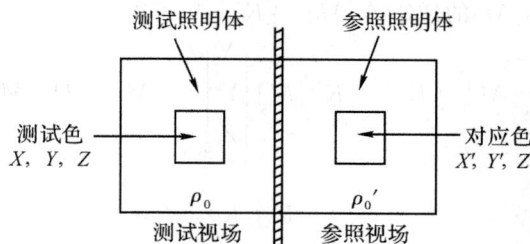

图 5-11　测试色和对应色的关系

(1) 根据艾斯蒂弗斯(Esteves)求出的基本光谱灵敏度的原色色品坐标可将测试色的三刺激值 X、Y、Z 变换为人眼中红[R]、绿[G]、蓝[B]感光器的三刺激值 R、G、B,即

$$\begin{bmatrix} R \\ G \\ B \end{bmatrix} = \begin{bmatrix} 0.40024 & 0.70760 & -0.08081 \\ -0.22630 & 1.16532 & 0.04570 \\ 0 & 0 & 0.91822 \end{bmatrix} \begin{bmatrix} X \\ Y \\ Z \end{bmatrix} \tag{5-28}$$

这里所说的基本光谱灵敏度(fundamental spectral sensitivity)是指人眼感光器即三种锥体细胞的光谱灵敏度,它与通过混色实验导出的 CIE 光谱三刺激值函数(也称色匹配函数)是不同的。由于式(5-28)对色匹配函数也成立.所以在这种原色配置的情况下,红[R]、绿[G]、蓝[B]感光器的基本光谱灵敏度 $P_R(\lambda)$、$P_G(\lambda)$、$P_B(\lambda)$ 与 CIE 色匹配函数 $\overline{x}(\lambda)$、$\overline{y}(\lambda)$、$\overline{z}(\lambda)$ 之间的关系为

$$\left.\begin{array}{l} P_R(\lambda) = 0.40024\,\overline{x}(\lambda) + 0.70760\,\overline{y}(\lambda) - 0.08081\,\overline{z}(\lambda) \\ P_G(\lambda) = -0.22630\,\overline{x}(\lambda) + 1.16532\,\overline{y}(\lambda) + 0.04570\,\overline{z}(\lambda) \\ P_B(\lambda) = 0.91822\,\overline{z}(\lambda) \end{array}\right\} \quad (5\text{-}29)$$

　　(2) 由上述测试色的三刺激值 R、G、B 通过非线性变换可以求出其对应色的三刺激值 R'、G'、B' 为

$$\left.\begin{array}{l} R' = (100\rho_0{}'\xi' + 1)\left[(R+1)/(100\rho_0\xi + 1)\right]^{P_r} - 1 \\ G' = (100\rho_0{}'\eta' + 1)\left[(G+1)/(100\rho_0\eta + 1)\right]^{P_g} - 1 \\ B' = (100\rho_0{}'\zeta' + 1)\left[(B+1)/(100\rho_0\zeta + 1)\right]^{P_b} - 1 \end{array}\right\} \quad (5\text{-}30)$$

式中.ρ_0 和 $\rho_0{}'$ 分别是灰色测试视场和灰色参照视场的反射比,且 $0.2 \leqslant \rho_0 = \rho_0{}' \leqslant 1.0$;$\xi$、$\eta$、$\zeta$ 由测试照明体的色品坐标 (x, y) 决定,即

$$\left.\begin{array}{l} \xi = (0.48105x + 0.78841y - 0.08081)/y \\ \eta = (-0.27200x + 1.11962y + 0.04570)/y \\ \zeta = 0.91822(1 - x - y)/y \end{array}\right\} \quad (5\text{-}31)$$

ξ'、η'、ζ' 则同样可由参照照明体的色品坐标 (x', y') 按式(5-31)求出;非线性变换的幂 P_r、P_g、P_b 分别为

$$\left.\begin{array}{l} P_r = f(R_0)/f(R_0{}') \\ P_g = f(G_0)/f(G_0{}') \\ P_b = g(B_0)/g(B_0{}') \end{array}\right\} \quad (5\text{-}32)$$

式中,函数 $f(x)$、$g(x)$ 分别为

$$\left.\begin{array}{l} f(x) = (6.469 + 6.362x^{0.4495})/(6.469 + x^{0.4495}) \\ g(x) = (8.414 + 8.091x^{0.5128})/(8.414 + x^{0.5128}) \end{array}\right\} \quad (5\text{-}33)$$

R_0、G_0、B_0 和 $R_0{}'$、$G_0{}'$、$B_0{}'$ 分别为测试视场和参照视场的亮度,即

$$\left.\begin{array}{l} \begin{bmatrix} R_0 \\ G_0 \\ B_0 \end{bmatrix} = \rho_0\,\dfrac{E}{\pi} \begin{bmatrix} \xi \\ \eta \\ \zeta \end{bmatrix} \\[24pt] \begin{bmatrix} R_0{}' \\ G_0{}' \\ B_0{}' \end{bmatrix} = \rho_0{}'\,\dfrac{E'}{\pi} \begin{bmatrix} \xi' \\ \eta' \\ \zeta' \end{bmatrix} \end{array}\right\} \quad (5\text{-}34)$$

式中.E 和 E' 分别为测试视场和参照视场中以勒克斯(lx)为单位的照度。

　　(3) 利用式(5-28)的逆变换可由上述三刺激值 R'、G'、B' 计算出对应色的三刺激值 X'、Y'、Z':

$$\begin{bmatrix} X' \\ Y' \\ Z' \end{bmatrix} = \begin{bmatrix} 1.85995 & -1.12939 & 0.21990 \\ 0.36119 & 0.63881 & 0 \\ 0 & 0 & 1.08906 \end{bmatrix} \begin{bmatrix} R' \\ G' \\ B' \end{bmatrix} \quad (5\text{-}35)$$

　　下面举一个实例来说明应用 CIE 色适应预测公式计算对应色的过程。为了便于对比,仍然以第 5.2.2 节中的物体色为例,即在测试照明体 A 下物体色的三刺激值为 $X = 28.00$,$Y = 21.26$,$Z = 5.27$,并设测试视场和参照视场的照度分别为 $E = E' = 1000\mathrm{lx}$,$\rho = \rho_0' = 0.2$,则由式(5-28)可得

$$\begin{bmatrix} R \\ G \\ B \end{bmatrix} = \begin{bmatrix} 0.40024 & 0.70760 & -0.08081 \\ -0.22630 & 1.16532 & 0.04570 \\ 0 & 0 & 0.91822 \end{bmatrix} \begin{bmatrix} 28.00 \\ 21.26 \\ 5.27 \end{bmatrix} = \begin{bmatrix} 25.8244 \\ 18.6791 \\ 4.8390 \end{bmatrix}$$

另外,已知测试照明体 A 和参照照明体 D_{65} 的色品坐标(x, y)和(x', y')分别为

$$\begin{cases} x = 0.4476 \\ y = 0.4074 \end{cases} \quad 及 \quad \begin{cases} x' = 0.3127 \\ y' = 0.3290 \end{cases}$$

由式(5-31)可求出

$$\begin{cases} \xi = 1.1186 \\ \eta = 0.9330 \\ \zeta = 0.3268 \end{cases} \quad 及 \quad \begin{cases} \xi' = 1.0000 \\ \eta' = 1.0000 \\ \zeta' = 1.0000 \end{cases}$$

将上述结果代入式(5-34),得

$$\begin{cases} R_0 = 71.21 \\ G_0 = 59.39 \\ B_0 = 20.81 \end{cases} \quad 及 \quad \begin{cases} R_0' = 63.66 \\ G_0' = 63.66 \\ B_0' = 63.66 \end{cases}$$

再将上述计算结果代入式(5-32),得

$$\begin{cases} P_r = 1.0183 \\ P_g = 0.9886 \\ P_b = 0.7823 \end{cases}$$

因此,式(5-30)可以写成

$$\begin{cases} R' = 0.8481(R+1)^{1.0183} - 1.0000 \\ G' = 1.1050(G+1)^{0.9866} - 1.0000 \\ B' = 4.3256(B+1)^{0.7823} - 1.0000 \end{cases}$$

将前面求得的 R、G、B 值代入上式,可得

$$\begin{cases} R' = 0.8481(25.8244+1)^{1.0183} - 1.0000 = 23.1612 \\ G' = 1.1050(18.6791+1)^{0.9866} - 1.0000 = 19.8943 \\ B' = 4.3256(4.8390+1)^{0.7823} - 1.0000 = 16.2010 \end{cases}$$

最后,将上述 R'、G'、B' 值代入式(5-35)便可以求出对应色的 X'、Y'、Z' 为

$$\begin{bmatrix} X' \\ Y' \\ Z' \end{bmatrix} = \begin{bmatrix} 1.85995 & -1.12939 & 0.21990 \\ 0.36119 & 0.63881 & 0 \\ 0 & 0 & 1.08906 \end{bmatrix} \begin{bmatrix} 23.1612 \\ 19.8943 \\ 16.2010 \end{bmatrix} = \begin{bmatrix} 24.1729 \\ 21.0743 \\ 17.6439 \end{bmatrix}$$

　　由上面实例的计算结果可见,由 CIE 色适应预测公式得到的对应色与第 5.2.2 节中由沃恩·克里斯色适应预测公式得到的结果大体一致。因此,沃恩·克里斯色适应预测公式基本上可以较好地达到色适应的预测,但是当照明体的照度变化时或者其色纯度较高时,CIE 色适应预测公式更有效。

5.3　颜色视觉模型

　　根据人眼的生理结构和视觉功能而建立的用于说明各种颜色视觉现象的数学模型称为颜色视觉模型(color vision model)。不同的学者通过各自的研究提出了许多种颜色视觉模型,而这些模型几乎都是基于近代色觉理论的阶段学说(stage theory)而构成的,其中包括锥体细胞产生三色响应的第一阶段和在视神经层进行颜色信号变换的第二阶段。本节将介绍众多颜色视觉模型中比较典型的古斯(Guth)颜色视觉模型。

　　古斯的颜色视觉模型其原型所采用的色匹配函数与 CIE 的色匹配函数稍有不同,但是色匹配函数的细微差别对模型的计算影响不大,所以为了便于理解,这里仍以 CIE 的色匹配函数 $\bar{x}(\lambda)$、$\bar{y}(\lambda)$、$\bar{z}(\lambda)$ 来讨论。古斯颜色视觉模型分为如图 5-12 所示的三个阶段,其中第三阶段是大脑内的感知。下面则分别说明第一阶段的锥体细胞响应和第二阶段的颜色信号变换。

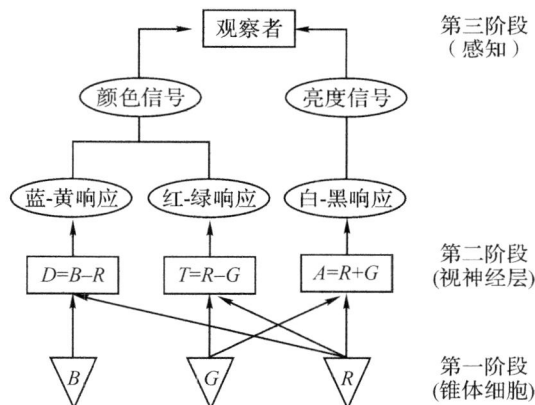

图 5-12　古斯颜色视觉模型

　　(1) 锥体细胞的响应

　　红[R]、绿[G]、蓝[B]三种锥体细胞的响应可根据其基本光谱灵敏度的原色色品坐标,通过色度系统的转换方程求出,即

$$\begin{bmatrix} R \\ G \\ B \end{bmatrix} = \begin{bmatrix} 0.2435 & 0.8524 & -0.0516 \\ -0.3954 & 1.1642 & 0.0837 \\ 0 & 0 & 0.6225 \end{bmatrix} \begin{bmatrix} X \\ Y \\ Z \end{bmatrix} = [M] \begin{bmatrix} X \\ Y \\ Z \end{bmatrix} \tag{5-36}$$

式中,[M]表示 3×3 的转换矩阵,其中的参数值与前面介绍的转换矩阵不同,这是由于该模型中所采用的基本原色的色品坐标不同而造成的。由转换方程(5-36)计算得到的锥体细胞基本光谱灵敏度 $P_R(\lambda)$、$P_G(\lambda)$、$P_B(\lambda)$ 的曲线(对数形式)如图 5-13 所示。

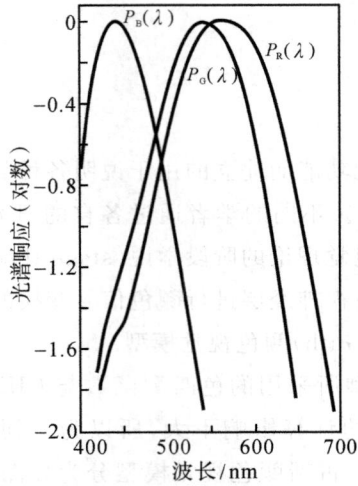

图 5-13　锥体细胞的基本光谱灵敏度

（2）颜色信号的变换

由三色响应产生的颜色信号 R、G、B 在视神经层分别组合变换为亮度响应 A 和对抗色响应 T、D，其变换关系式为

$$\begin{bmatrix} A \\ T \\ D \end{bmatrix} = \begin{bmatrix} m_A & 0 & 0 \\ 0 & m_T & 0 \\ 0 & 0 & m_D \end{bmatrix} \begin{bmatrix} 0.5967 & 0.3654 & 0 \\ 0.9553 & -1.2836 & 0 \\ -0.0248 & 0 & 0.0483 \end{bmatrix} \begin{bmatrix} R \\ G \\ B \end{bmatrix} = [m][H] \begin{bmatrix} R \\ G \\ B \end{bmatrix} \quad (5\text{-}37)$$

式中，$[m]$ 和 $[H]$ 分别表示变换矩阵中的第 1 项和第 2 项，均为 3×3 矩阵，m_A、m_T、m_D 为与观察条件有关的常数。图 5-14 为当 $m_A = m_T = m_D = 1.0$ 时的亮度响应 $A(\lambda)$ 和对抗色响应 $T(\lambda)$、$D(\lambda)$ 的曲线，可见古斯颜色视觉模型对应着一个以该三色响应为三维坐标的颜色空间，称为 ATD 颜色空间。

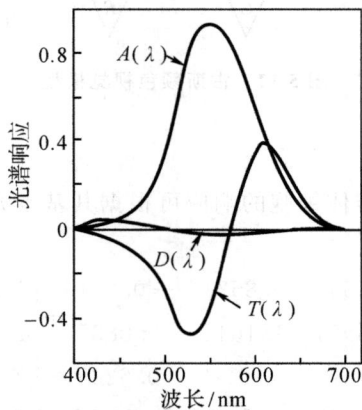

图 5-14　古斯颜色视觉模型的亮度响应 $A(\lambda)$ 和
对抗色响应 $T(\lambda)$、$D(\lambda)$ 的光谱曲线

在 ATD 颜色空间中，T、D 为颜色信息，其对于非彩色应有 $T=0$ 和 $D=0$，因此由式（5-37）可写出

$$m_A(0.9553R - 1.2836G) = 0 \atop m_D(-0.0248R + 0.0483B) = 0 \Bigg\} \tag{5-38}$$

由此解得

$$G = 0.7442R \atop B = 0.5135R \Bigg\} \tag{5-39}$$

代入式(5-36),有

$$
\begin{aligned}
\begin{bmatrix} X \\ Y \\ Z \end{bmatrix}
&= \begin{bmatrix} 0.2435 & 0.8524 & -0.0516 \\ -0.3954 & 1.1642 & 0.0837 \\ 0 & 0 & 0.6225 \end{bmatrix}^{-1}
\begin{bmatrix} R \\ G \\ B \end{bmatrix} \\
&= \begin{bmatrix} 1.8762 & -1.3737 & 0.3402 \\ 0.6372 & 0.3924 & 0.0001 \\ 0 & 0 & 1.6064 \end{bmatrix}
\begin{bmatrix} R \\ 0.7442R \\ 0.5135R \end{bmatrix} \tag{5-40} \\
&= \begin{bmatrix} 1.0286R \\ 0.9293R \\ 0.8249R \end{bmatrix}
\end{aligned}
$$

所以,非彩色的色品坐标 x、y 分别为

$$
\begin{aligned}
x &= X/(X+Y+Z) \\
&= 1.0286R/(1.0286R + 0.9293R + 0.8249R) \\
&= 0.3696 \\
y &= Y/(X+Y+Z) \\
&= 0.9293R/(1.0286R + 0.9293R + 0.8249R) \\
&= 0.3339
\end{aligned} \Bigg\} \tag{5-41}
$$

如果非彩色的三刺激值为 X_n、Y_n、Z_n,并设 $Y_n=100$,则由式(5-41)可得

$$
\begin{cases} X_n = 110.66 \\ Y_n = 100.00 \\ Z_n = 88.96 \end{cases}
$$

再由式(5-36)可得

$$
\begin{bmatrix} R \\ G \\ B \end{bmatrix} = \begin{bmatrix} 0.2435 & 0.8524 & -0.0516 \\ -0.3954 & 1.1642 & 0.0837 \\ 0 & 0 & 0.6225 \end{bmatrix}
\begin{bmatrix} 110.66 \\ 100.00 \\ 88.96 \end{bmatrix} = \begin{bmatrix} 107.60 \\ 80.11 \\ 55.38 \end{bmatrix}
$$

　　可见,ATD 颜色空间只对于色品坐标为 $x=0.3696$,$y=0.3339$ 的非彩色照明光源能直接应用,而对于其他所有照明条件下物体色的视觉应用都必须考虑色适应修正的处理。考虑在三刺激值为 $X_n{}'$、$Y_n{}'$、$Z_n{}'$ 的任意照明体下,物体色的三刺激值为 X'、Y'、Z',如采用沃恩·克里斯色适应预测公式,则由式(5-37)、式(5-22)和式(5-24)可得

$$
\begin{aligned}
\begin{bmatrix} A \\ T \\ D \end{bmatrix}
&= [m][H] \begin{bmatrix} R \\ G \\ B \end{bmatrix} = [m][H][M] \begin{bmatrix} X \\ Y \\ Z \end{bmatrix} \\
&= [m][H][M][M]^{-1}[d][M] \begin{bmatrix} X' \\ Y' \\ Z' \end{bmatrix}
\end{aligned}
$$

$$= [m][H][d][M] \begin{bmatrix} X' \\ Y' \\ Z' \end{bmatrix} \tag{5-42}$$

式中,矩阵$[d]$为

$$[d] = [K]^{-1}[K'] = \begin{bmatrix} 107.60/R_n' & 0 & 0 \\ 0 & 80.11/G_n' & 0 \\ 0 & 0 & 55.38/B_n' \end{bmatrix} \tag{5-43}$$

最后,将所用照明体的三刺激值X_n'、Y_n'、Z_n'代入式(5-36)即可以求出其对应的三刺激值R_n'、G_n'、B_n',再由式(5-42)和式(5-43)便可以计算出对应颜色在 ATD 颜色空间中的颜色坐标或色度参数(A,T,D)。

设有两个颜色在 ATD 颜色空间中的色度参数分别为(A_1,T_1,D_1)和(A_2,T_2,D_2),那么这两个颜色之间的色差为

$$\Delta E = \left[\frac{(A-A_1)^2 + (T-T_1)^2 + (D-D_1)^2}{A^2 + T^2 + D^2} \right]^{1/2} + \left[\frac{(A-A_2)^2 + (T-T_2)^2 + (D-D_2)^2}{A^2 + T^2 + D^2} \right]^{1/2} \tag{5-44}$$

式中

$$\left. \begin{array}{l} A = (A_1 + A_2)/2 \\ T = (T_1 + T_2)/2 \\ D = (D_1 + D_2)/2 \end{array} \right\} \tag{5-45}$$

由上述分析和讨论可以想见,基于颜色视觉机理并结合色适应预测模型同样可以对均匀颜色空间和色差公式进行定量表征和评价,当然这有待于进一步的深入研究和探索。

5.4 颜色再现的目标

颜色再现(color reproduction)是指在彩色印刷、彩色摄影、彩色电视等应用中,根据颜色匹配的原理制作出被摄物体或彩色原稿等原物的复现图像的过程。颜色匹配的方法有光谱匹配和三刺激值匹配两类,故颜色再现也分为对应的两种。当采用光谱颜色匹配方法时,由于原物与再现颜色的光谱特性一致,所以在任何条件下都能保证两者的颜色相同或匹配;而三刺激值匹配方法只是在一定条件下使颜色的外貌一致,如果条件变化则无法保证两者的颜色匹配,所以这种颜色再现的正确性是条件受限的。

由于光谱颜色匹配方法在除了某些特殊场合外的一般情况下难以实现,因此彩色印刷、彩色摄影、彩色电视等的颜色匹配通常都采用三刺激值匹配方法。三刺激值匹配也称条件等色,其方法就是使原色与再现色的三刺激值相等,而由前面的介绍可知三刺激值的计算中将完全漫反射体的 Y 设定为 100 进行归一化处理的,即其中没有充分地包含颜色亮度的绝对值,因此作为颜色再现的目标必须考虑将绝对亮度包含在内。

亨特(Hunt)在分析和总结了各种各样的条件之后,根据颜色再现的目标将其分成了如表5-1 所示的 6 个类别,表中 $R(\lambda)$ 表示光谱反射比或光谱透射比,$P(\lambda)$ 为照明体的光谱分布,L是亮度,下标"1"和"2"分别表示原色和再现色,记号"$\sim$"表示颜色外貌一致,(X_p,Y_p,Z_p,L_p)则表示喜好色的三刺激值和亮度。下面根据亨特的定义对颜色再现的各个类别逐个进行具体

的说明。

表 5-1　根据颜色再现目标的分类

类别	条件	目标
光谱颜色再现	—	$R_1(\lambda)=R_2(\lambda)$
色度颜色再现	$P_1(\lambda)=P_2(\lambda)$	$(X_2.Y_2.Z_2)=(X_1.Y_1.Z_1)$
正确颜色再现	$P_1(\lambda)=P_2(\lambda)$	$(X_2.Y_2.Z_2.L_2)=(X_1.Y_1.Z_1.L_1)$
等价颜色再现	$P_1(\lambda)\neq P_2(\lambda).L_1\approx L_2$	$(X_2.Y_2.Z_2.L_2)\sim(X_1.Y_1.Z_1.L_1)$
对应颜色再现	$P_1(\lambda)\neq P_2(\lambda).L_1\neq L_2$	$(X_2.Y_2.Z_2.L_2)\sim(X_1.Y_1.Z_1.L_1)$
喜好颜色再现	—	$(X_2.Y_2.Z_2.L_2)=(X_p.Y_p.Z_p.L_p)$

（1）光谱颜色再现（spectral color reproduction）

虽然光谱颜色再现的目标是使原色与再现色的光谱反射比或光谱透射比相等，即 $R_1(\lambda)=R_2(\lambda)$，但是通常难以实现。能达到这个目标的特殊例子是李普曼（Lippmann）彩色摄影，该技术采用极微小（0.05μm）的卤化银（AgX）颗粒，并利用由照相乳剂层中的入射光与反射光产生干涉而得到的黑白照片来实现光谱颜色再现。这种彩色摄影装置非常复杂，再现的图像也不太稳定，所以没有得到实际应用。

（2）色度颜色再现（colorimetric color reproduction）

当照明体满足 $P_1(\lambda)=P_2(\lambda)$ 时，原色与再现色的三刺激值一致，可见这是由三刺激值匹配实现的条件等色。由于三刺激值中的 Y 分别以原色和再现色的白色为基准而进行归一化处理，所以即使 $L_1\neq L_2$ 也没有影响。此外，色度颜色再现还可以简称为色度再现。

（3）正确颜色再现（exact color reproduction）

当照明体满足 $P_1(\lambda)=P_2(\lambda)$ 时，原色与再现色的三刺激值一致，而且两者的亮度也同时满足 $L_1=L_2$，这样才是真正正确的颜色再现。

（4）等价颜色再现（equivalent color reproduction）

当照明体的 $P_1(\lambda)\neq P_2(\lambda)$ 时，原色与再现色的三刺激值并不相同，但是两者的颜色外貌是一致的。原色与再现色的亮度不必严格相等，但是应该比较接近。

（5）对应颜色再现（corresponding color reproduction）

在对应颜色再现时，照明体的光谱分布不同［$P_1(\lambda)\neq P_2(\lambda)$］、亮度不等（$L_1\neq L_2$），原色与再现色的三刺激值也不一致，但是两者的颜色外貌相同。这种颜色再现对应于在明亮的日光下对原色进行拍摄并在暗室中投影再现后观察的情况，其中通过对彩色照片的特性曲线进行补偿修正而实现颜色外貌的一致。

（6）喜好颜色再现（preferred color reproduction）

对于人们非常熟悉的一些事物如皮肤、天空、草地等的颜色，以自己所喜欢的颜色外貌进行复现，这种方式属于喜好颜色再现。这时，虽然原色与再现色的外貌并不一致，但是整体的像质应该得到提升。

除了以上的几种颜色再现之外，还有以计量测试为目的而对再现图像的颜色进行特意的调整使之与原色不同的情况，如按黑白图像的光学密度灰级进行着色的假彩色（pseudo color）摄影以及与曝光颜色无关的伪彩色（false color）照相等，这里不再赘述。

在实际的彩色摄影等应用中，一般原色与再现色的照明体光谱分布不同［$P_1(\lambda)\neq P_2(\lambda)$］且亮度也不等（$L_1\neq L_2$），所以基本属于对应颜色再现，另外也可能兼有喜好颜色再现的情形。

喜好颜色再现在实用中很重要,所以相关的研究报道比较多。例如,巴特尔森(Bartleson)等人分别以日光和白炽灯为照明体对彩色摄影的喜好颜色再现进行实验,得到了如图 5-15 所示的结果。可见,再现的喜好颜色与原色和记忆色(memory color)都不相同。

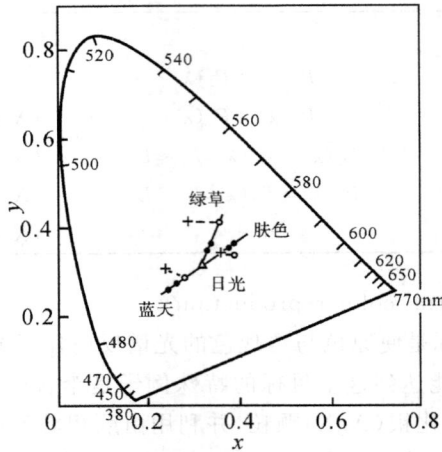

图 5-15　在日光(CIE 标准照明体 C)照明下的原色(○)、记忆色
(＋)、喜好色(●,2 次实验测定)

5.5　基于加色法的颜色再现

　　颜色再现的目标是各种各样的,所以对应的颜色再现方法也各不相同。结合色度颜色再现与亮度的变化等可以对相应的颜色再现进行预测,所以首先应该了解色度颜色再现。另外,色度颜色再现的理论分析比较方便,因而下面将以色度再现为基础来讨论颜色再现的理论。颜色再现是以混色的方式进行的,而颜色的混合又有加法混色和减法混色之分,所以颜色再现的理论也相应地分为两类分别处理。本节将首先介绍基于加色法的颜色再现理论。

　　彩色印刷、彩色摄影、彩色电视等的颜色再现系统如图 5-16 所示,其中包括图像输入系统(如彩色扫描仪、彩色胶卷、电视摄像机等)、颜色信号处理系统、图像输出系统(如彩色印刷、彩色相纸、彩色电视等)几个部分。

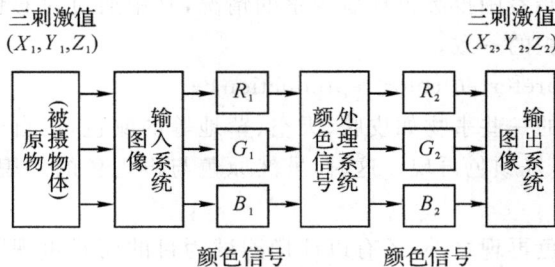

图 5-16　颜色再现系统

　　在图像输入系统中,由红色(R)、绿色(G)、蓝色(B)三个信号通道分别对原色产生响应,设备通道的光谱灵敏度分别为 $S_R(\lambda)$,$S_G(\lambda)$,$S_B(\lambda)$,则其对应的响应量 R_1,G_1,B_1 为

$$R_1 = \int_s H(\lambda) S_R(\lambda) \mathrm{d}\lambda$$
$$G_1 = \int_s H(\lambda) S_G(\lambda) \mathrm{d}\lambda$$
$$B_1 = \int_s H(\lambda) S_B(\lambda) \mathrm{d}\lambda$$

(5-46)

式中的积分对光谱灵敏度为正值的波长范围进行计算，$H(\lambda)$ 为照明体的光谱分布 $P(\lambda)$ 与原色的光谱反射比或光谱透射比之乘积。同时，光谱灵敏度的归一化处理公式为

$$\int_s P(\lambda) S_R(\lambda) \mathrm{d}\lambda = \int_s P(\lambda) S_G(\lambda) \mathrm{d}\lambda = \int_s P(\lambda) S_B(\lambda) \mathrm{d}\lambda = 1$$

(5-47)

原色的三刺激值 (X_1, Y_1, Z_1) 为

$$X_1 = \int_{380}^{780} H(\lambda) \overline{x}(\lambda) \mathrm{d}\lambda$$
$$Y_1 = \int_{380}^{780} H(\lambda) \overline{y}(\lambda) \mathrm{d}\lambda$$
$$Z_1 = \int_{380}^{780} H(\lambda) \overline{z}(\lambda) \mathrm{d}\lambda$$

(5-48)

式中，照明体的光谱分布 $P(\lambda)$ 的归一化处理公式为

$$\int_{380}^{780} P(\lambda) \overline{y}(\lambda) \mathrm{d}\lambda = 1$$

(5-49)

图像输出系统的输入信号对应于加法混色中三原色的混合量。设加法混色的原色 R，G，B 的三刺激值分别为 (X_R, Y_R, Z_R)，(X_G, Y_G, Z_G) 和 (X_B, Y_B, Z_B)，相应的混合量分别为 R_2, G_2, B_2，则由加色法得到的混合色的三刺激值 (X_2, Y_2, Z_2) 可按式(5-8)写为

$$\begin{bmatrix} X_2 \\ Y_2 \\ Z_2 \end{bmatrix} = \begin{bmatrix} X_R & X_G & X_B \\ Y_R & Y_G & Y_B \\ Z_R & Z_G & Z_B \end{bmatrix} \begin{bmatrix} R_2 \\ G_2 \\ B_2 \end{bmatrix}$$

(5-50)

由于色度再现要求 $X_1 = X_2, Y_1 = Y_2, Z_1 = Z_2$，故将式(5-48)代入式(5-50)可得

$$\begin{bmatrix} \int_{380}^{780} H(\lambda) \overline{x}(\lambda) \mathrm{d}\lambda \\ \int_{380}^{780} H(\lambda) \overline{y}(\lambda) \mathrm{d}\lambda \\ \int_{380}^{780} H(\lambda) \overline{z}(\lambda) \mathrm{d}\lambda \end{bmatrix} = \begin{bmatrix} X_R & X_G & X_B \\ Y_R & Y_G & Y_B \\ Z_R & Z_G & Z_B \end{bmatrix} \begin{bmatrix} R_2 \\ G_2 \\ B_2 \end{bmatrix}$$

(5-51)

又因为三个信号通道的响应量应与加色法三原色的混合量相等，即 $R_1 = R_2, G_1 = G_2, B_1 = B_2$，所以将式(5-46)代入式(5-51)可得

$$\begin{bmatrix} \int_s H(\lambda) S_R(\lambda) \mathrm{d}\lambda \\ \int_s H(\lambda) S_G(\lambda) \mathrm{d}\lambda \\ \int_s H(\lambda) S_B(\lambda) \mathrm{d}\lambda \end{bmatrix} = \begin{bmatrix} X_R & X_G & X_B \\ Y_R & Y_G & Y_B \\ Z_R & Z_G & Z_B \end{bmatrix}^{-1} \begin{bmatrix} \int_{380}^{780} H(\lambda) \overline{x}(\lambda) \mathrm{d}\lambda \\ \int_{380}^{780} H(\lambda) \overline{y}(\lambda) \mathrm{d}\lambda \\ \int_{380}^{780} H(\lambda) \overline{z}(\lambda) \mathrm{d}\lambda \end{bmatrix}$$

(5-52)

设式(5-52)右边第一项(三刺激值矩阵的逆矩阵)的矩阵元素为 (g_{ij})，则式(5-52)可写成

$$
\begin{bmatrix} \int_s H(\lambda) S_R(\lambda) \mathrm{d}\lambda \\ \int_s H(\lambda) S_G(\lambda) \mathrm{d}\lambda \\ \int_s H(\lambda) S_B(\lambda) \mathrm{d}\lambda \end{bmatrix} = \begin{bmatrix} g_{11} & g_{12} & g_{13} \\ g_{21} & g_{22} & g_{23} \\ g_{31} & g_{32} & g_{33} \end{bmatrix} \begin{bmatrix} \int_{380}^{780} H(\lambda)\,\overline{x}(\lambda)\,\mathrm{d}\lambda \\ \int_{380}^{780} H(\lambda)\,\overline{y}(\lambda)\,\mathrm{d}\lambda \\ \int_{380}^{780} H(\lambda)\,\overline{z}(\lambda)\,\mathrm{d}\lambda \end{bmatrix} \tag{5-53}
$$

将式(5-53)展开即可得到

$$
\left.
\begin{aligned}
\int_s H(\lambda) S_R(\lambda)\mathrm{d}\lambda &= g_{11}\int_{380}^{780} H(\lambda)\,\overline{x}(\lambda)\mathrm{d}\lambda + g_{12}\int_{380}^{780} H(\lambda)\,\overline{y}(\lambda)\mathrm{d}\lambda + g_{13}\int_{380}^{780} H(\lambda)\,\overline{z}(\lambda)\mathrm{d}\lambda \\
&= \int_{380}^{780} H(\lambda)\left[g_{11}\,\overline{x}(\lambda) + g_{12}\,\overline{y}(\lambda) + g_{13}\,\overline{z}(\lambda)\right]\mathrm{d}\lambda \\
\int_s H(\lambda) S_G(\lambda)\mathrm{d}\lambda &= g_{21}\int_{380}^{780} H(\lambda)\,\overline{x}(\lambda)\mathrm{d}\lambda + g_{22}\int_{380}^{780} H(\lambda)\,\overline{y}(\lambda)\mathrm{d}\lambda + g_{23}\int_{380}^{780} H(\lambda)\,\overline{z}(\lambda)\mathrm{d}\lambda \\
&= \int_{380}^{780} H(\lambda)\left[g_{21}\,\overline{x}(\lambda) + g_{22}\,\overline{y}(\lambda) + g_{23}\,\overline{z}(\lambda)\right]\mathrm{d}\lambda \\
\int_s H(\lambda) S_B(\lambda)\mathrm{d}\lambda &= g_{31}\int_{380}^{780} H(\lambda)\,\overline{x}(\lambda)\mathrm{d}\lambda + g_{32}\int_{380}^{780} H(\lambda)\,\overline{y}(\lambda)\mathrm{d}\lambda + g_{33}\int_{380}^{780} H(\lambda)\,\overline{z}(\lambda)\mathrm{d}\lambda \\
&= \int_{380}^{780} H(\lambda)\left[g_{31}\,\overline{x}(\lambda) + g_{32}\,\overline{y}(\lambda) + g_{33}\,\overline{z}(\lambda)\right]\mathrm{d}\lambda
\end{aligned}
\right\} \tag{5-54}
$$

式(5-54)对任何 $H(\lambda)$ 都成立,所以应有(为简便起见假设式(5-54)中方程两边的积分光谱范围相等)

$$
\left.
\begin{aligned}
S_R(\lambda) &= g_{11}\,\overline{x}(\lambda) + g_{12}\,\overline{y}(\lambda) + g_{13}\,\overline{z}(\lambda) \\
S_G(\lambda) &= g_{21}\,\overline{x}(\lambda) + g_{22}\,\overline{y}(\lambda) + g_{23}\,\overline{z}(\lambda) \\
S_B(\lambda) &= g_{31}\,\overline{x}(\lambda) + g_{32}\,\overline{y}(\lambda) + g_{33}\,\overline{z}(\lambda)
\end{aligned}
\right\} \tag{5-55}
$$

式(5-55)也可写成矩阵形式为

$$
\begin{bmatrix} S_R(\lambda) \\ S_G(\lambda) \\ S_B(\lambda) \end{bmatrix} = \begin{bmatrix} g_{11} & g_{12} & g_{13} \\ g_{21} & g_{22} & g_{23} \\ g_{31} & g_{32} & g_{33} \end{bmatrix} \begin{bmatrix} \overline{x}(\lambda) \\ \overline{y}(\lambda) \\ \overline{z}(\lambda) \end{bmatrix} \tag{5-56}
$$

式(5-56)表示色度再现时图像输入系统的光谱灵敏度为 CIE 光谱三刺激值函数或色匹配函数的线性组合。

在上述讨论中,为了推导的方便而假设 $R_1 = R_2$,$G_1 = G_2$,$B_1 = B_2$,事实上这种假设在实际中并非经常成立,但是只要 (R_1, G_1, B_1) 与 (R_2, G_2, B_2) 成比例关系,或者在更一般的情况下只要两者具有线性组合关系,那么式(5-56)表示的结论就能成立。

5.6　基于减色法的颜色再现

在基于减色法的颜色再现图像输出系统中,通常采用青色(C)、品红(M)、黄色(Y)三种色料,为了理论处理的方便,这里假定该系统满足朗伯-比尔定律。一般而言,朗伯-比尔定律并非对所有的减法混色均成立,而对于那些不满足朗伯-比尔定律的情况,如果欲计算其产生再现色三刺激值 (X_2, Y_2, Z_2) 的混合量 (R_2, G_2, B_2),则通过将下面要介绍的基本理论进行扩展即可。

现设 C,M,Y 单位量的光谱透射比分别为 $T_C(\lambda)$,$T_M(\lambda)$,$T_Y(\lambda)$,它们相应的混合量(以

密度单位表示)分别为 c,m,y,所以混合量 (R_2,G_2,B_2) 在这里由 (c,m,y) 代替。这样,按照式 (5-16)类似的处理可以得到混合色的光谱透射比为

$$T(\lambda) = [T_C(\lambda)]^c [T_M(\lambda)]^m [T_Y(\lambda)]^y \tag{5-57}$$

由此得到再现色的三刺激值 (X_2,Y_2,Z_2) 为

$$\begin{aligned}
X_2 &= \int_{380}^{780} T(\lambda) P(\lambda) \overline{x}(\lambda) \mathrm{d}\lambda \\
Y_2 &= \int_{380}^{780} T(\lambda) P(\lambda) \overline{y}(\lambda) \mathrm{d}\lambda \\
Z_2 &= \int_{380}^{780} T(\lambda) P(\lambda) \overline{z}(\lambda) \mathrm{d}\lambda
\end{aligned} \right\} \tag{5-58}$$

其中,照明体的光谱分布 $P(\lambda)$ 仍进行归一化处理,即

$$\int_{380}^{780} P(\lambda) \overline{y}(\lambda) \mathrm{d}\lambda = 1 \tag{5-59}$$

从式(5-57)可知,式(5-58)无法如式(5-50)那样进行分解,所以也不能进行此后的展开,更无法如式(5-56)所示那样直接求出图像输入系统的光谱灵敏度。

如果要进一步解析讨论,则需要作一些近似处理。首先,将图 5-5 的 C,M,Y 以具有图 5-17 所示方块型吸收特性的方块型色料(block dye)来近似。所谓方块型色料,由波长 λ_2,λ_3 将可见光波长区域分成三个部分,并假设 C,M,Y 分别只吸收 $\lambda_3 \sim \lambda_4$、$\lambda_2 \sim \lambda_3$、$\lambda_1 \sim \lambda_2$ 的红(R)、绿(G)、蓝(B)波段内的光,其中 $\lambda_1 = 400\mathrm{nm}$,$\lambda_2 = 490\mathrm{nm}$,$\lambda_3 = 580\mathrm{nm}$,$\lambda_4 = 700\mathrm{nm}$。

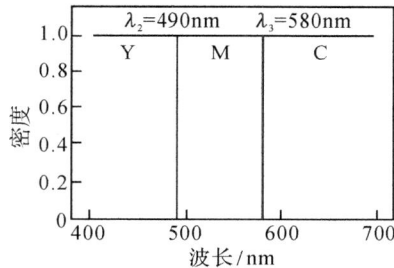

图 5-17 方块型色料的光谱密度

对于这样三种色料混合物的光谱透射比 $T(\lambda)$,如 $\lambda_3 < \lambda \leqslant \lambda_4$,则 $T(\lambda)$ 只取决于 C 的色料量 c,即 $T(\lambda) = 10^{-c}$,因此当这三种色料分别以 c,m,y 进行混合时,对应于 $\lambda_1 \sim \lambda_4$ 的波长范围,其混合色的 $T(\lambda)$ 为

$$T(\lambda) = \begin{cases} 10^{-c} & (\lambda_3 < \lambda \leqslant \lambda_4) \\ 10^{-m} & (\lambda_2 < \lambda \leqslant \lambda_3) \\ 10^{-y} & (\lambda_1 < \lambda \leqslant \lambda_2) \end{cases} \tag{5-60}$$

将式(5-60)代入式(5-58),以 X_2 为例,有

$$\begin{aligned}
X_2 &= \int_{380}^{780} T(\lambda) P(\lambda) \overline{x}(\lambda) \mathrm{d}\lambda \\
&= 10^{-c} \int_{\lambda_3}^{\lambda_4} P(\lambda) \overline{x}(\lambda) \mathrm{d}\lambda + 10^{-m} \int_{\lambda_2}^{\lambda_3} P(\lambda) \overline{x}(\lambda) \mathrm{d}\lambda + 10^{-y} \int_{\lambda_1}^{\lambda_2} P(\lambda) \overline{x}(\lambda) \mathrm{d}\lambda \\
&= 10^{-c} X_R + 10^{-m} X_G + 10^{-y} X_B
\end{aligned} \tag{5-61}$$

式中,X_R,X_G,X_B 分别表示右边三项的积分值。对于 Y_2 和 Z_2,同样有

$$Y_2 = 10^{-c} Y_R + 10^{-m} Y_G + 10^{-y} Y_B \tag{5-62}$$

和

$$Z_2 = 10^{-c}Z_R + 10^{-m}Z_G + 10^{-y}Z_B \qquad (5\text{-}63)$$

将式(5-61)、式(5-62)和式(5-63)写成矩阵形式,即

$$\begin{bmatrix} X_2 \\ Y_2 \\ Z_2 \end{bmatrix} = \begin{bmatrix} X_R & X_G & X_B \\ Y_R & Y_G & Y_B \\ Z_R & Z_G & Z_B \end{bmatrix} \begin{bmatrix} 10^{-c} \\ 10^{-m} \\ 10^{-y} \end{bmatrix} \qquad (5\text{-}64)$$

由此可见,如果考虑到 10^{-c} 与 R_2、10^{-m} 与 G_2、10^{-y} 与 B_2 的对应关系,那么式(5-64)与加色法颜色再现的式(5-50)完全相同。换言之,如果实际的 C,M,Y 能够以方块型色料来近似的话,那么其减法混色的结果可以通过对相应加法混色进行变量置换而直接得到,这时的三原色便是分别能透过 $\lambda_3 \sim \lambda_4$,$\lambda_2 \sim \lambda_3$,$\lambda_1 \sim \lambda_2$ 波长区间的红光(R)、绿光(G)、蓝光(B),该三原色的混合量应该分别对应于 10^{-c},10^{-m},10^{-y}。这样,在可用方块型色料近似的减法混色情况下,其图像输入系统的光谱灵敏度为色匹配函数的线性组合的结论仍能成立。

然而,现实的 C,M,Y 的吸收特性一般与方块型光谱密度相差甚远,所以上述结论可能与事实不符。通常,如图 5-17 所示的那样,色料 C 主要吸收红光(R)、M 主要吸收绿光(G)、Y 主要吸收蓝光(B),这些称为主吸收(main absorption)特性;而实际色料的吸收特性还包含主吸收以外本来不要的吸收谱,称为次吸收(secondary absorption),如图 5-18 所示,色料 C 除了主要吸收 R 光之外还吸收 G 光和 B 光,M 对 R 光和 B 光,Y 对 R 光和 G 光具有次吸收特性。因此,为了进一步提高近似的精度,将实际的 C,M,Y 的次吸收特性也考虑进来,对同时具有主吸收和次吸收特性的方块型色料进行上述同样的计算,结果得到完全相同的结论,即光谱灵敏度为色匹配函数的线性组合。

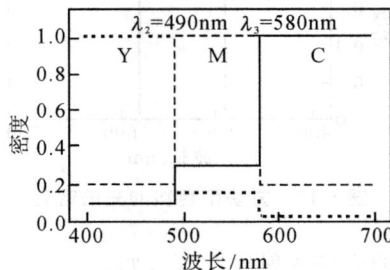

图 5-18　具有次吸收的方块型色料的光谱密度

5.7　颜色再现性的评价

通过颜色再现的方法得到的再现色的质量称为颜色再现性(color reproduction quality),而颜色再现性的评价最终当然应该以人的心理评价为准。但是,心理评价容易受到观察者个人差别或实验条件的影响,所以通常还是利用测色仪器来进行定量分析和比较。

影响颜色再现性的因素主要有再现系统的光谱灵敏度、色调的再现性以及所采用的三原色等,因此为了改善颜色的再现性可以对这三个因素分别进行独立的评价。然而,这些影响因素实际上是相互关联共同作用的,所以独立的评价未必恰当。为此,在一般情况下,对颜色再现性的评价并不采用各因素分别评价的方法,而是直接对最后得到的再现色进行综合评价。

通常,采用标准色卡作为输入图像,再将输出的再现色与原物色卡的颜色进行比较。具体而言,利用测色仪器分别测定原色和再现图像的光谱反射比或光谱透射比,并计算出相应的三刺激值 X,Y,Z,然后采用合适的均匀颜色空间以原色与再现色之间的色差来评价两者颜色的一致性。关于均匀颜色空间,目前主要有 CIELAB 和 CIELUV 等标准颜色空间,而对于物体色的评价一般多选用 CIELAB 颜色空间的色度值 L^*,a^*,b^*。另外,如果是对颜色的简单比较,也可以通过对 R,G,B 密度以及视觉密度等的直接考察来进行。

在颜色再现性评价中采用的色卡,应该选择相互之间比较容易实现的标准色卡。目前有多种标准色卡存在,如孟塞尔色卡等是经常被应用的,但是近来麦克白色卡(Macbeth colorchecker Classic)有被广泛采用的趋势。该麦克白色卡包括 6 级灰色共 24 种颜色,色卡的表面消光泽(无光泽),每个色块的尺寸约为 40mm×40mm,表 5-2 列出了麦克白色卡的色名、孟塞尔标号以及在 CIE 标准照明体 C 下的色度值(x,y,Y)。

表 5-2　麦克白色卡(Macbeth colorchecker Classic)的色度值(x,y,Y)及孟塞尔标号

序号	色名	x	y	Y	孟塞尔标号
1	暗肤色	0.4002	0.3504	10.05	3.05 YR 3.69/3.20
2	亮肤色	0.3773	0.3446	35.82	2.2 YR 6.47/4.10
3	天空色	0.2470	0.2514	19.33	4.3 PB 4.95/5.55
4	草色	0.3372	0.4220	13.29	6.65 GY 4.19/4.15
5	蓝花色	0.2651	0.2400	24.27	9.65 PB 5.47/6.70
6	蓝绿色	0.2608	0.3430	43.06	2.5 BG 7/6
7	橙色	0.5060	0.4070	30.05	5 YR 6/11
8	紫蓝色	0.2110	0.1750	12.00	7.5 PB 4/10.7
9	中红色	0.4533	0.3058	19.77	2.5 R 5/10
10	紫色	0.2845	0.2020	6.56	5 P 3/7
11	黄绿色	0.3800	0.4887	44.29	5 GY 7.08/9.1
12	橙黄色	0.4729	0.4375	43.06	10 YR 7/10.5
13	蓝色	0.1866	0.1285	6.11	7.5 PB 2.90/12.75
14	绿色	0.3046	0.4782	23.39	0.1 G 5.38/9.65
15	红色	0.5385	0.3129	12.00	5 R 4/12
16	黄色	0.4480	0.4703	59.10	5 Y 8/11.1
17	品红色	0.3635	0.2325	19.77	2.5 RP 5/12
18	青色	0.1958	0.2519	19.77	5 B 5/8
19	白色	0.3101	0.3163	90.01	N 9.5
20	灰色 8	0.3101	0.3163	59.10	N 8
21	灰色 6.5	0.3101	0.3163	36.20	N 6.5
22	灰色 5	0.3101	0.3163	19.77	N 5
23	灰色 3.5	0.3101	0.3163	9.00	N 3.5
24	黑色	0.3101	0.3163	3.13	N 2

麦克白色卡的主要特点是其 24 色中包含皮肤色、天空色、草色等日常生活中经常遇到的各种颜色(见书前插页彩图 10),而且非常正确地再现了这些颜色的光谱分布特性,如图 5-19 所示即为麦克白色卡中各个颜色的光谱反射比曲线,其中的虚线为相应实物的光谱特性。可见,皮肤色的光谱分布与实际特性非常吻合,天空色的光谱分布除了短波区以外也与实际曲线相当一致;由于植物的种类不同其对应的颜色也很不一样,所以图 5-19(c)所示的草色是这些

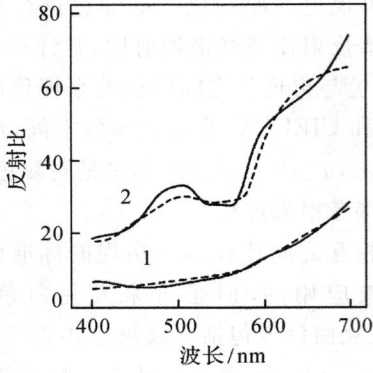

(a)

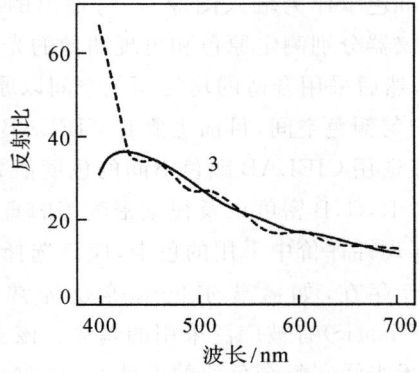

(b)

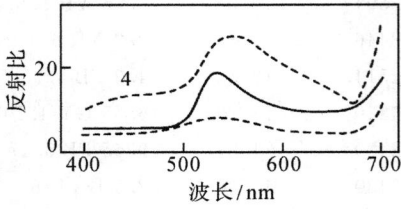

(c)

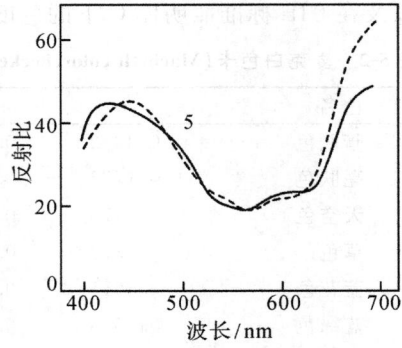

(d)

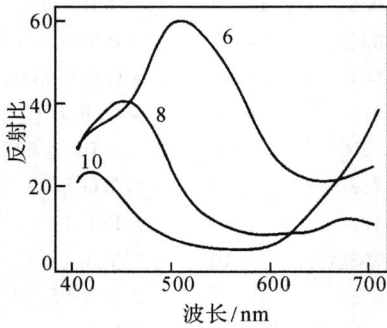

(e)

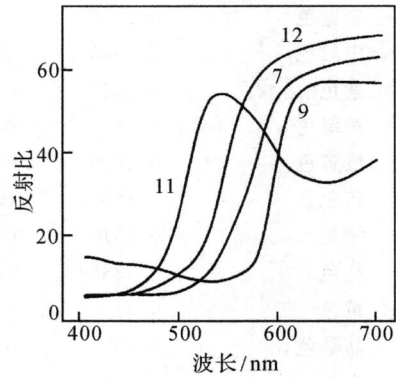

(f)

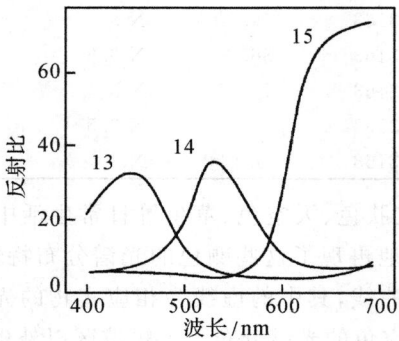

(g)

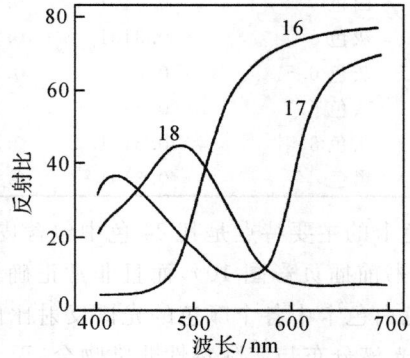

(h)

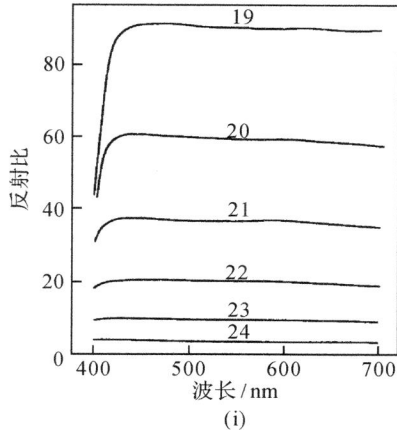

图 5-19 麦克白色卡的光谱反射比

实际光谱分布的平均值。为了便于实际的数值计算,附表 5-1a 和附表 5-1b 分别给出了 24 种颜色的麦克白色卡在 380~780nm 波长范围内以 5nm 为波长间隔的光谱反射比数据。

由于麦克白色卡的颜色在光谱反射比层面上与实际值达到一致,所以如果将这些颜色作为输入图像,就能对包括光谱灵敏度在内的整个系统进行评价。而对于其他一般的色卡,由于其颜色只是满足三刺激值匹配的条件等色,因而将它们作为输入图像时无法对系统的光谱灵敏度进行正确的评价。图 5-20 是根据麦克白色卡对彩色摄影的负片冲印系统中 R,G,B,C,M,Y 的颜色再现性进行评价的实例,图中曲线是在 5000K 色温的颜色评价用荧光灯下的评价结果。由图 5-20 可见,与原色相比较,G,C,B 的颜色再现性较好,而 M,R,Y 的色差较大;作为与原色比较的综合结果,再现色的平均色差为 $\Delta E_{ab}^* = 10.2$,当然在色差计算中还包含图中未予示出的明度 L^* 值。

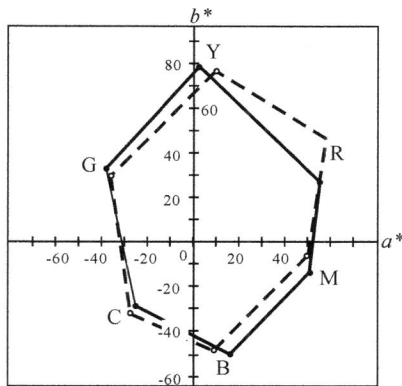

图 5-20 原色(●)与彩色负片冲印系统再现色(○)的比较

第6章

颜色测量及测色仪器

6.1 颜色测量的基本原理

颜色的测量是颜色科学最重要的工程应用之一,它不仅依赖于被测颜色本身的光谱光度特性,还与测量的几何条件、照明光源的光谱分布等密切关联,因此国际照明委员会(CIE)推荐了相关的测色标准,以使各国的颜色测量参数和各测色仪器制造厂商的产品能够进行交流和对比。

随着科学技术及其产业化的发展,人们的生活水平不断提高,颜色产品已经渗透到工业生产和日常生活的各个方面,从而对颜色的品质提出了越来越高的要求,所以颜色的测量和评价日益重要。颜色测量的根本任务是测定色刺激函数 $\varphi(\lambda)$:对于光源的测量,实际上是要测定光源的相对光谱功率分布 $P(\lambda)$;对于物体色的测量,则是测定物体的光谱光度特性,如反射物体的光谱辐亮度因数 $\beta(\lambda)$ 和光谱反射比 $\rho(\lambda)$、透射物体的光谱透射比 $\tau(\lambda)$ 等。在测得了色刺激函数 $\varphi(\lambda)$ 之后,就可以根据色度学的三个基本方程求出被测颜色的 CIE 三刺激值 X,Y,Z 为

$$\left.\begin{array}{l} X = k\displaystyle\int_{380}^{780} \varphi(\lambda)\,\overline{x}(\lambda)\,\mathrm{d}\lambda \\[2mm] Y = k\displaystyle\int_{380}^{780} \varphi(\lambda)\,\overline{y}(\lambda)\,\mathrm{d}\lambda \\[2mm] Z = k\displaystyle\int_{380}^{780} \varphi(\lambda)\,\overline{z}(\lambda)\,\mathrm{d}\lambda \end{array}\right\} \tag{6-1}$$

式中的归一化系数 k 将光源色的 Y 值调整到 100,或将物体色时所选择的标准照明体的 Y 值调整到 100,即

$$k = \frac{100}{\displaystyle\int_{380}^{780} P(\lambda)\,\overline{y}(\lambda)\,\mathrm{d}\lambda} \tag{6-2}$$

如果测量物体色,则应采用 CIE 推荐的标准照明体照明,并且在测量物体的光谱辐亮度因数 $\beta(\lambda)$、光谱反射比 $\rho(\lambda)$ 以及透射物体的光谱透射比 $\tau(\lambda)$ 时应该选用合理的参照标准,其中测量光谱辐亮度因数 $\beta(\lambda)$ 和光谱反射比 $\rho(\lambda)$ 时的参照标准为完全漫反射体或白色标准,而测量光谱透射比 $\tau(\lambda)$ 时的参照标准则为空气。

颜色测量的方法分为目视测色和仪器测色两大类,其中仪器测色又包括分光光度法和光电积分法(也称三刺激值法)两种。

目视测色方法是一种古老而基本的颜色测量方法,这种方法通过人眼的观察对颜色样品

与标准颜色的差别进行直接的视觉比较,要求操作人员具有丰富的颜色观察经验和敏锐的判断力,即便如此其测色结果中仍不可避免地包含一些人为的主观因素,而且工作效率很低,所以随着颜色科学的发展和工业化水平的提高,这种目视测色法在工业测色中的应用已经越来越少了,取而代之的是采用物理仪器的客观测色方法。但是,颜色的比较和评估原则毕竟要以人眼的判断为依据,所以在颜色视觉机理和色貌评价模型等心理物理研究中,目视测色方法仍被广泛采用。

分光光度测色方法主要是测量物体反射的光谱功率分布或物体本身的光谱光度特性,然后再由这些光谱测量数据通过计算求得物体在各种标准光源和标准照明体下的三刺激值。这是一种精确的颜色测量方法,而且可以制成自动化的测色设备。光电积分法是通过把光电探测器的光谱响应匹配成所要求的 CIE 标准色度观察者光谱三刺激值曲线或某一特定的光谱响应函数,从而对探测器所接收到的来自被测颜色的光谱能量进行积分测量。这类仪器的测量速度很快,并具有适当的测色精度。

6.2　目视测色

在进行目视测色时,首先要确定标准的照明和观察条件,该条件必须能在较长的时间内保持稳定,因此通常需要采用光暗室(light booth),并且光暗室的光谱功率分布和照度应该正好与样品需要的照明条件一致。尽管国际照明委员会(CIE)推荐了多种标准照明体,其中包括 D_{50},D_{55},D_{65},D_{75} 等各种标准 D 照明体,但还没有相应的可用于光室的 CIE 自然日光标准光源,所有实际用于目视评估的光源与自然昼光在光谱功率分布和照度上都存在很大差异。为此,需要科学合理地定义目视照明的周围场和背景,使光暗室中的真实光源达到对现实世界照明条件的最接近模拟。

周围场(surround)指的是光暗室的内壁,其应该是无光泽和中性的,而且其特定的明度取决于被模拟的照明环境。当内壁是黑色时,照明基本上是定向的(但不是完全定向的,因为光源是发散照明的,漫射体通常放置在光源的下方),它与直射太阳光照射物体的照明情况相似。随着壁面明度的增加,从壁面到光暗室底面的二次反射也增大,这种反射增加了光暗室的漫射特征,因此提高了对多云天空条件的模拟程度。大多数光暗室的明度 L^{*} 为 $60 \sim 70$,由此获得了定向与漫射的组合照明,以便观察被测物体颜色的差异。如果待测物体不是高光泽的材料,最好不要改变周围场的特征;当对高光泽材料进行评估时,光暗室的背景应该涂成黑色或采用黑色的天鹅绒进行覆盖,这样可以消除由镜面反射导致的光暗室背景的像。

背景(background)指的是样品放置其上的表面,一般多指光暗室的底面。如果目视测量的目的是评估色貌,那么背景应该是无光泽的,并且具有中等明度($L^{*} = 50$)。当判断色差时,有时需要改变背景的明度以加大小色差的差异,这是通过选择介于标准和样品之间的明度来实现的,但是这样会减弱仪器测色与目视测色之间的可比性,所以一般不推荐这种用法。

当限定了光暗室的周围场和背景,并且其光源也选定之后,必须测量光源的光谱功率分布和照度水平。理论上要求光暗室的所有光源的照度非常一致(约在 100lx 以内),但实际上商用光室的光源照度差别较大。在颜色的目视评估中,其照度一般应控制在 1000lx 水平。

被测颜色样品的尺寸应该保持一致,并且样品的尺寸越大其目视测量的精确度也越高。一般而言,样品至少应有 13cm² 大小;如果这种尺寸要求达不到,在使用小一些的样品时,观

察者应该在视角不小于 2° 的距离处观察样品。如果标准色样的
尺寸比样品还小，则应该采用罩子分别覆盖在它们的上面，以便
得到相等的观察面积，同时罩子的明度和表面性能应该与背景相
同。当已知样品的尺寸及其到观察者的距离时，如图 6-1 所示，则
可以计算出观察视角为

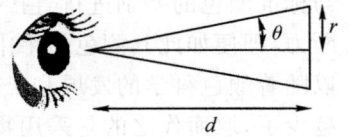

图 6-1　目视观察视角

$$2\theta = 2\arctan\left(\frac{r}{d}\right) \tag{6-3}$$

当判断两个试样的色差时，该样品对的制备方法应该相同，并且习惯上将试样以边界接触
的方式放置。试样应平放于光暗室的底面上，以使照明与试样平面垂直。观察者离光暗室开
口约 15～30cm 的距离，并且保持观察角度（观察方向与试样法线之间的夹角）为 45° 的高度，
如图 6-2 所示。由于光室的照明取决于特定的光源、散射体及周围场的明度，并在基本定向反
射与中等散射范围内变化，因此在目视评估中保持观察者与试样的距离不变非常重要。

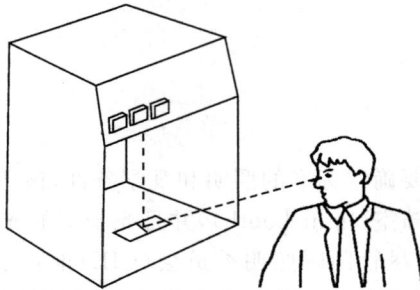

图 6-2　利用光暗室进行目视测色的观察条件

此外，应该熄灭观察环境中的室内照明灯，并且在光暗室中只放置待测色样，以避免光室
内零乱堆放的试样可能导致的照明光谱性能的变化。

综上所述，用于目视测色的光暗室的照明和观察条件即参比条件主要包括以下参数：
①相对光谱功率分布；②色品坐标；③相关色温；④照度；⑤显色指数；⑥日光模拟器分类等级
（daylight simulator category rating）；⑦光室内壁与底面的明度。

通常，对色貌的目视测量只限于定性判断。打开光暗室的光源（如模拟 D_{65} 光源），起初观
察者不看样品而只看光室四周的内壁，以使观察者的视觉系统适应光室的照明；一般适应 60
秒后再看试样。这种定性判断应该是在短时间内观察颜色样品后作出的，以防止观察者的视
觉系统对试样的颜色产生局部的适应。然后，换到下一个照明光源，观察者再看光室的内壁
60 秒之后，观察试样以确定其色貌。如此，将这个过程对每一个感兴趣的光源都重复一次。
最后，对样品的颜色不一致性作出判断。如果试样的色调随着照明的变化而大大改变，那么试
样具有明显的颜色不稳定性，所以颜色恒常性差的色样不应该用作颜色标准。

在一般情况下，对颜色进行视觉测量时，最佳的目视检测方法是将待测样品和标准色样在
标准光源照射下并排放置，同时观察两个样品，以判断颜色质量。在大多数情况下，需要对颜
色的同色异谱程度进行评价，所以单一光源是不够的，应该允许使用多种标准光源。

在标准与样品颜色不匹配时，使用单一标准判断颜色质量会出现困难。单个标准只代表
三维颜色空间中的一个点，如果样品与标准颜色不匹配，那么就需要正确描述其色差（样品与
颜色质量的偏离），还要判定该色差是否在颜色公差范围之内。这时，目视检测的目标已经走
向定量判断，但是人眼对于颜色的定量分析判断不如其判断两种材料的颜色是否相同那么擅

长,因为人眼是个极其灵敏的"零示器",即测量色差为零的探测器,而在估计色质偏离程度即色差有多大或估计色差的本质方面不太可靠。人眼判断色差的这种局限性可通过多种标准与样品的比较来补偿,如果观察者还有一个比第一个标准(在颜色空间的指定方向上)更接近或更远离样品的第二个标准或极限标准(在相同方向上),那么观察者就能更容易地判断出样品是接近还是远离第一个标准或其他要求的标准。

除了目标标准以外,借助于一个或多个极限标准,这在用于目视测色的比色计中更容易实现。在如塑料绝缘线和电缆、高速公路标志等颜色信号及其产品的标准中,通常提供了沿目标标准 6 个方向的极限要求。此外,还有明度、色调和彩度的上下极限标准。使用一整套极限标准以及标准光源,就可以得到一个令人非常满意的工艺规程。理论上,要求这些极限标准和待测产品是非同色异谱的。

6.3　仪器测色的色度基准及其量值传递

按照国际照明委员会(CIE)的规定,反射颜色样品的光谱反射率因数是相对于完全反射漫射体(在整个可见光谱范围内的反射比均为 1)来测量的。然而,现实中并不存在理想的完全漫反射体实物标准,所以必须用已知绝对光谱反射比的氧化镁(MgO)、硫酸钡($BaSO_4$)等工作标准白板来校准分光光度计,才能在仪器上直接测量样品的绝对光谱反射比。因此,首先必须准确测量氧化镁、硫酸钡等工作标准的绝对光谱反射比,并有必要探讨绝对光谱反射比的测量方法,建立准确可靠的测色工作标准,并进行科学有效的量值传递。

为了建立国家色度基准,中国计量科学研究院根据光度测量的积分球原理,利用辅助积分球法(双球法)来实现绝对光谱反射比的测量。

6.3.1　双球法原理

由光度积分球的基本理论,可以导出积分球内表面任意一点处(包括球壁开口部分)的照度 E,即

$$E = \frac{\rho_F \Phi}{4\pi R^2 [1 - \rho_F(1-f)]} \tag{6-4}$$

式中,ρ_F 为积分球内壁涂层的绝对反射比,Φ 是射入积分球的光通量,R 为积分球半径,f 表示积分球几何参数,即球壁开口面积 S_2 与积分球总内表面积 S_1 之比:

$$f = \frac{S_2}{S_1} = \frac{S_2}{4\pi R^2} \tag{6-5}$$

设有一辅助球,其开口部分的有效反射比为 ρ_S,将式(6-4)的 E 和式(6-5)的 f 分别代入后,得

$$\rho_S = \frac{S_2 E}{\Phi} = \frac{f \rho_F}{1 - \rho_F(1-f)} \tag{6-6}$$

设参比样品的反射比为 ρ_C,另有一个平面样品,其表面的涂层材料和工艺与辅助球内壁相同,所以它的反射比也为 ρ_F。这样,利用光谱光度计可以测量待测样品相对于参比样品的光谱反射比。设平面样品涂层相对于参比样品的反射比测量值为 Q_F,辅助球孔相对于参比样品的反射比测量值为 Q_S,即

$$Q_F = \frac{\rho_F}{\rho_C} \tag{6-7}$$

及

$$Q_S = \frac{\rho_S}{\rho_C} = \frac{f\rho_F}{\rho_C[1-\rho_F(1-f)]} \tag{6-8}$$

所以

$$\frac{Q_F}{Q_S} = \frac{1-\rho_F(1-f)}{f} \tag{6-9}$$

由此可以得出

$$\rho_F = \frac{1-f\dfrac{Q_F}{Q_S}}{1-f} \tag{6-10}$$

可见,当辅助积分球的几何参数 f 确定以后,利用光谱光度计测得平面样品和辅助球孔在各个波长上的相对光谱反射比 $Q_F(\lambda)$ 和 $Q_S(\lambda)$,便能求出待测涂层的绝对光谱反射比 $\rho_F(\lambda)$。

对于透射比的测量,一般以空气为 100% 的参比标准。

6.3.2　色度基准

利用漫反射性能好、反射比高的 MgO(烟积或喷涂)、$BaSO_4$、海伦(Halon)等材料进行反射比测量,可以得到较高的准确度。然而,这些材料的光学稳定性差,容易污染,完好保存及重复使用困难,因而无法长久地保持反射比量值的稳定性和准确性。为了多次标定以提高准确度,应在得到比值之后随即将其量值传递到光学性能稳定、经久耐用、表面便于清洁的乳白玻璃、高铝瓷板、陶瓷白板或搪瓷白板上,作为保存反射比量值的副基准白板。

设参比白板的光谱反射比为 $\rho_C(\lambda)$,副基准白板的绝对光谱反射比为 $\rho_V(\lambda)$,则它相对于参比白板的光谱反射比测量值为 $Q_V(\lambda)=\rho_V(\lambda)/\rho_C(\lambda)$,故 $\rho_V(\lambda)=\rho_C(\lambda)Q_V(\lambda)$。因为基准涂层相对于参比白板的测量值为 $Q_F(\lambda)=\rho_F(\lambda)/\rho_C(\lambda)$,所以 $\rho_C(\lambda)=\rho_F(\lambda)/Q_F(\lambda)$,由此可得

$$\rho_V(\lambda) = \frac{\rho_F(\lambda)}{Q_F(\lambda)}Q_V(\lambda) \tag{6-11}$$

可见,由辅助球法测得基准涂层的绝对光谱反射比 ρ_F 以及基准涂层和副基准白板相对于参比白板的响应值 $Q_F(\lambda)$ 和 $Q_V(\lambda)$,就可以求出副基准白板的绝对光谱反射比 $\rho_V(\lambda)$。

中国色度计量器具检定系统(JJG 2029-89)规定了我国色度国家基准的用途,该基准包括基本的计量器具、基准的基本计量学参数以及借助副基准、工作基准和标准向工作计量器具传递色度单位量值的程序。国家色度计量基准用于复现国家色度计量单位,通过色度副基准、工作基准、一级基准、二级基准和专用标准反射板,向全国传递色度单位量值,以保证我国色度量值的准确和统一。

在国家基准体系中,一级基准、二级基准和专用标准反射白板或色板都需按照 JJG 453-86 国家计量检定规程的要求,采用光谱光度法在分光测色仪上进行检定。工作计量器具中色差计、色度计和白度计等,经过标准反射板校准后,即可应用光电积分法来比较和检测各类白板、色板、色卡和其他颜色样品。对这些色度测量仪器的检定,国家计量标准中规定了相应的规程,如 JJG 512-87 白度计检定规程、JJG 554-88 彩色亮度计检定规程、JJG 595-2002 测色色差计检定规程等。

6.4　仪器测色的几何条件

在第 1 章中已经介绍过,光与材料相互作用时会产生镜面反射和漫反射、定向透射和散射透射以及光吸收等,其中每种成分的特定组合取决于光源、材料的性能及其几何关系。当人们在观察一种均匀有色材料时,会注意到其颜色以及光是如何从材料的表面反射的。从材料表面反射的光产生镜面光泽、纹理(texture)、图像清晰度光泽以及珠光等。由于光源、物体和观察者的相互作用取决于光源的漫射和定向性能、观察位置以及光源与样品、样品与观察者之间的特定几何关系,所以可以通过调整相关的条件参数来突出或减弱其颜色、纹理或光泽。根据每种光学成分的关系以及每种成分的颜色可以判断该材料是否漆有油漆或是否为塑料、织物、金属等,因此在大多数计算机三维作图软件中通过改变三原色的比例可以模拟出日常生活中的物体。

光线照射到半透明材料上所发生的反射、透射和吸收情况如图 6-3 所示。反射包括镜面反射和漫反射或逆反射(回射),透射也有定向透射和漫透射之分,而既不被反射又不被透射的光则被吸收。三种不同材料的漫反射、镜面反射以及逆反射(回射)性能的差异如图 6-4 所示。

图6-3　半透明材料的反射、透射和吸收情况　　　图 6-4　漫反射、镜面反射以及逆反射(回射)性能的差异

6.4.1　CIE 标准照明与测量几何条件

为了便于国际对比,颜色的测量必须在 CIE 标准照明体或标准光源下进行。由于样品表面的结构特性,同样的物体在不同的方向上具有不同的反射或透射,因此照明的几何状态对测色结果会有很大的影响。图 6-5 为某一物体表面当测量方向改变时其辐亮度因数所发生的变

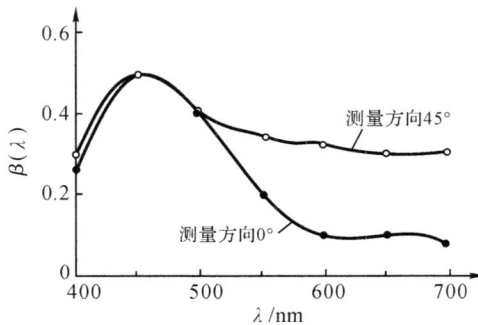

图 6-5　当照明方向为 45°时不同测量方向上 $\beta(\lambda)$ 的变化

化情况。同时,照明光束和测量光束的孔径大小对颜色测量的结果也有影响。另一方面,样品的色度特性参数来源于光谱或三刺激值的测量,而测量值取决于测色仪器与被测样品之间的几何关系即所谓的几何条件。类似地,彩色样品的视觉评估也受到照明和测量几何条件的影响。因此,测量值与视觉评估之间的相关程度就相应地取决于测量几何条件模拟观察几何条件的程度。可见,为了交流、比较颜色测量的结果,必须严格规定照明与测量几何条件。

1. CIE 推荐的定向照明方式

（1）45°定向几何条件（符号为 45°x）

在某一方位角以与反射样品法线成 45°角照射样品,可强调样品的纹理和方向性。符号中的"x"表示入射光束的方位角位于样品参考平面的 x 方向上,如图 6-6 所示。

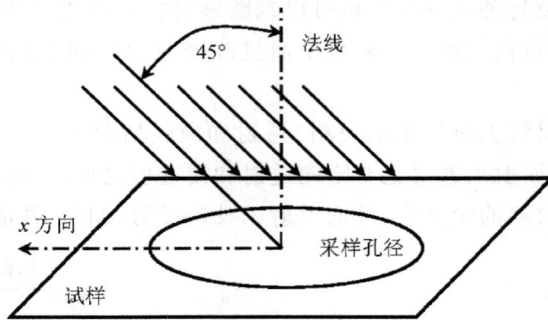

图 6-6　定向照明的 45°x 几何条件

（2）45°环形几何条件（符号为 45°a）

以 45°照明方式测量反射样品的颜色时,用与样品法线成 45°角从各个方位方向同时照射样品可使其纹理和方向性对测色结果的影响最小化。该照明几何条件可通过一个小光源与一个椭圆环形反射器或其他非球面光学系统组合实现。有时,可采用装有多个光源的圆环或单个光源照射多个光纤束并将其端部固定在圆环上来近似获得环形几何条件,并将这种近似的环形几何条件称为圆周形几何条件,记为 45°c。

（3）0°定向几何条件（符号为 0°）

在样品的法线方向照明该反射材料。

（4）8°几何条件（符号为 8°）

在某一方位角以与反射样品法线成 8°角照射该样品。在许多实际应用中,该几何条件常用来代替 0°定向几何条件,以区分反射测量中包含镜面反射成分与排除镜面反射成分这两种测色方式。

2. 反射测量几何条件

CIE 推荐了 10 种具体的标准照明与测量几何条件用于反射样品的颜色测量,如图 6-7 所示。

（1）漫射:8°几何条件,包含镜面反射成分（符号为 di:8°）

如图 6-7(a)所示,推荐采用积分球照射样品,对被测面积通过采样孔径均匀地充满照明,照射面比被测面的直径至少大 2mm 且采样孔径面从中心到边缘的照明不均匀性小于 10%,并在被测样品平面所对应半球空间内所有方向上均匀照射该样品,光接收器的响应度在整个

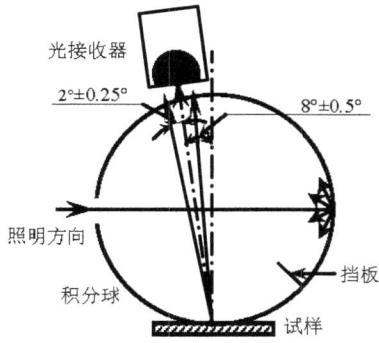

（a）di:8°

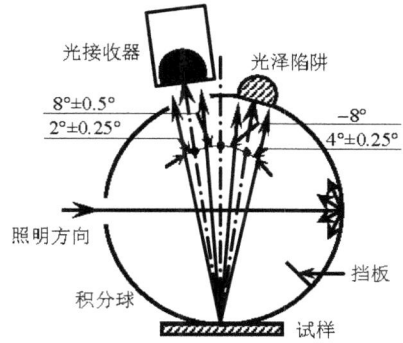

（b）de:8°

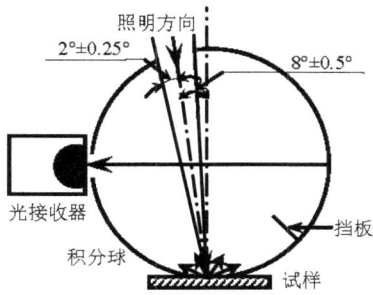

（c）8°:di

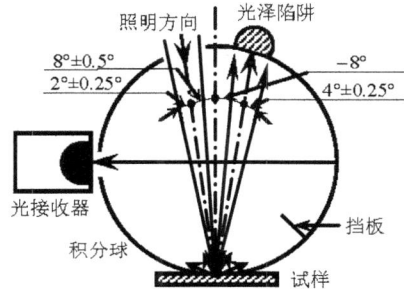

（d）8°:de

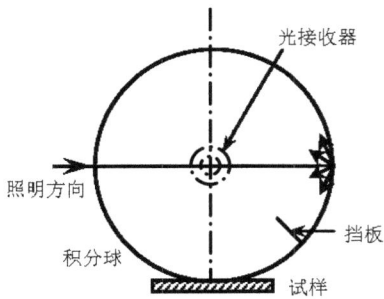

（e）d:d

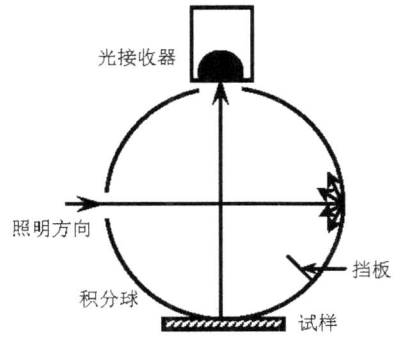

（f）d:0°

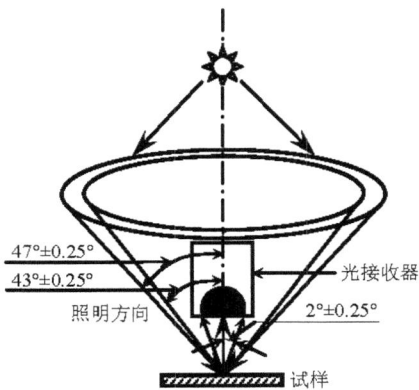

（g）45°a:0°

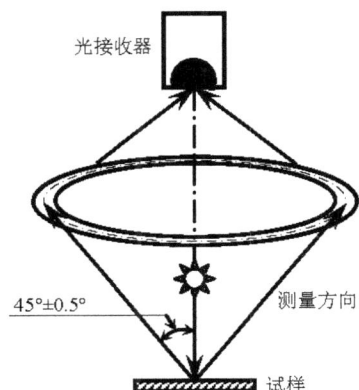

（h）0°:45°a

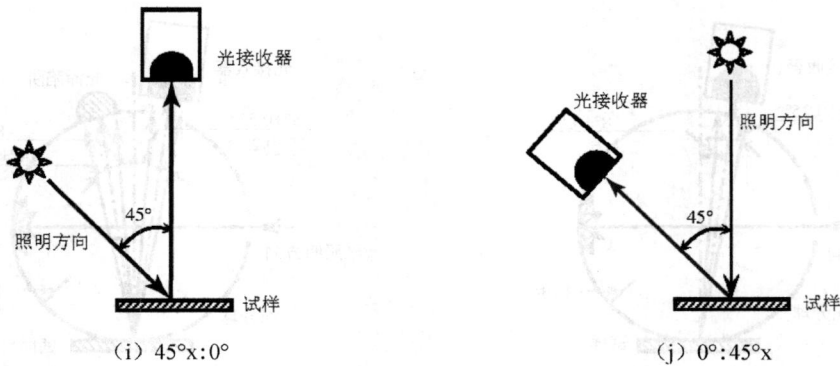

(i) 45°x:0°   (j) 0°:45°x

图 6-7　反射测量的 CIE 标准照明与测量几何条件

采样孔径内均匀分布,反射(出射)光束的光轴与样品中心处法线成 $8°\pm0.5°$ 角,采样孔径处的反射辐射在相对于出射光束光轴其半角为 $2°\pm0.25°$ 的圆锥内各个方向上均匀地被收集测量。

(2) 漫射:8°几何条件,排除镜面反射成分(符号为 de:8°)

如图 6-7(b)所示,该几何条件与 di:8°的主要差别在于其在采样孔径处的光接收器方向上及以其为中心的 1°范围内(在测量仪器杂散光或失准直的允差条件下)均没有一次镜面反射辐射。实施该几何条件的最佳方式是在积分球壁上与样品法线方向成 $-8°$(负号表示相对于测量光束在样品法线的另一侧)的位置上开孔,该孔的尺寸应该对应于半角为 $4°\pm0.25°$ 且顶点位于采样孔径中心的圆锥。

(3) 8°:漫射几何条件,包含镜面反射成分(符号为 8°:di)

该几何条件与 di:8°的光路正好相反,如图 6-7(c)所示,即在 8°方向上照射采样孔径,并收集参考平面所对应半球空间内所有角度上采样孔径处反射的光通量。同时,采样孔径应为欠充满照明,即样品被照明面积应小于被测面积,并且被照面上从中心到边缘的辐照度不均匀性应小于 10%,而照明光应是相对于入射光轴其半角为 $2°\pm0.25°$ 的圆锥形光束。

(4) 8°:漫射几何条件,排除镜面反射成分(符号为 8°:de)

如图 6-7(d)所示,该几何条件与 de:8°的差别只是两者的光路相反。同样地,其采样孔径应为欠充满照明,且被照面上从中心到边缘的辐照度不均匀性应小于 10%。排除镜面反射成分的方法是在积分球壁上与样品法线方向成 $-8°$ 的位置上开孔,且该孔对应于采样孔径中心形成半角为 $4°\pm0.25°$ 的圆锥。

(5) 漫射/漫射几何条件(符号为 d:d)

该几何条件的照射方向与 di:8°相同,但收集参考平面所对应半球空间内所有角度上采样孔径处反射的光通量,如图 6-7(e)所示。在该几何条件下,其采样孔径既不能过充满照明也不能欠充满照明,而这在实践中是很难达到的。

(6) 漫射/垂直几何条件(符号为 d:0°)

如图 6-7(f)所示,这是另一种可供选择的漫射几何条件,其反射光沿着样品法线方向射出,因而是一种严格排除镜面反射成分的几何条件。由于出射光束沿着样品法线,其可能包含一次镜面反射辐射,所以需略微倾斜该光学系统来避免这种误差。此外,反射光束出口的角孔径必须比出射光束半角至少大 $2°$。

(7) 45°环形/垂直几何条件(符号为 45°a:0°)

如图 6-7(g)所示,从两个直立圆锥(半角分别为 $43°\pm0.25°$ 和 $47°\pm0.25°$)之间的各个方向均匀地照射采样孔径，且这两个圆锥的轴均位于采样孔径的法线上，而其顶点都处于采样孔径的中心。光接收器均匀地收集并测量半角为 $2°±0.25°$ 且其轴垂直于 $(0°±0.5°)$ 采样孔径而顶点位于采样孔径中心的圆锥内所有的反射辐射。另外，类似于 d:0° 几何条件，可通过倾斜接收光学系统的方法来防止内反射杂散光。

（8）垂直/45°环形几何条件（符号为 0°:45°a）

如图 6-7(h)所示，该几何条件的角度和空间构架与 45°a:0° 相同，只是两者的光路相反，故其采样孔径由法向照射，并在其中心与样品法向成 $45°±0.5°$ 角的环形内接收反射辐射。在该几何条件下，需要将入射光学系统进行适当倾斜来避免内反射杂散光。

（9）45°定向/垂直几何条件（符号为 45°x:0°）

如图 6-7(i)所示，该几何条件符合 45°a:0° 的角度和空间构成，不同之处在于其仅在某一方位角进行照射，从而排除了镜面反射成分，但是强调了样品的纹理和方向性。符号中的"x"表示入射光束的方位角位于参考平面的 x 方向上。

（10）垂直/45°定向几何条件（符号为 0°:45°x）

该几何条件满足 45°x:0° 的角度和空间要求，但是两者的光路相反，所以其从法向照射采样孔径，并在其与样品法向成 45°角的某一方位角接收反射辐射，如图 6-7(j)所示。

CIE 规定，当照明与测量几何条件为 di:8°、de:8°、d:0°、45°a:0°、0°:45°a、45°x:0° 及 0°:45°x 时所测得的数值为光谱反射因数 $R(\lambda)$。如果采用足够小的角度扩展范围进行定向测量，那么其测得的光谱反射因数将与光谱辐亮度因数相同。对于 8°:di 几何条件，若使用理想的积分球进行测量，那么其测量值便是光谱反射比。因此，在极限情况下，在 45°x:0° 和 0°:45°x 几何条件下测得的分别是光谱辐亮度因数 $\beta_{45:0}$ 和 $\beta_{0:45}$，在 di:8° 几何条件下测得的是光谱辐亮度因数 $\beta_{di:8}$ 并近似于 $\beta_{d:0}$，而在 8°:di 几何条件下测得的是光谱反射比 $\rho(\lambda)$。

若采用积分球进行测量，则应配置具有白色涂层的挡板以防止光在样品与积分球壁上被照或被测孔径之间直接通过。当测量需要包含规则反射成分时，球壁上接收该规则反射辐射成分的部分其积分球效率应为可能的最高值。另外，积分球开孔的总面积不应超过其内部反射球壁面积的 10%。

漫反射样品可能会在与其表面近似平行的方向上发生散射，故在进行漫反射测量时应包含这些散射辐射。当用积分球测量发光样品时，样品的反射和发射功率会影响辐照系统的光谱功率分布，因此建议优先采用 45°a:0°、45°x:0° 或 0°:45°a、0°:45°x 照明与测量几何条件。

在颜色测量的实际应用中，即使采用上述推荐的标准条件，也要详细注明所使用的照明与测量几何条件。而对于某些类型样品（如逆反射材料）的测量，可能需使用其他不同的几何条件或允差容限。

此外，即使是在 CIE 标准照明与测量几何条件下的测色结果仍可能与现实世界或光暗室中观察物体时所看到的存在明显差异。首先，虽然 45°照明条件在某种程度上可强调样品的纹理和方向性，但上述相关几何条件总体上会均化纹理效应，而纹理是决定样品外貌的一个重要因素，它对色差有很大的影响，因此实际计算纹理的方式（如基于图像的分析等）其结果不可能与仪器测量的空间均化相等；其次，大多数实际的照明是定向成分与漫射成分的组合，可是 CIE 的标准几何条件要么提供定向照明，要么提供漫射成分。

不过，上述矛盾在某些情况下可以得到缓解。对于漫射材料，无论是用定向照明还是漫射照明，它们看起来都是一样的，因为其表面的一次反射在所有观察角均匀发散。因此，当人们在观察漫射材料时，几何条件的选择就不那么重要了，不同的几何条件产生几乎一致的结果，并且与目视测量极其相近。对于高光泽材料,其表面形成了一个易于划出界限的镜面反射,所以观察者可以通过旋转样品来除去镜面反射成分。如果样品放置在光暗室的底面,并以 45°角观察,则光暗室的后部应该衬上黑色的天鹅绒。这样,当人们测量高光泽材料时,可以选用 de:8°和 45°a:0°中的任何一个几何条件,它们将得到相同的结果,并且与目视测量密切相关,因为在这两种情况下被测表面的一次反射都消除了。

对于表面的一次反射性能介于高光泽和高漫射之间的试样,它的色貌取决于照明的几何条件。如果能改变定向和漫射成分的比例,并保持颜色和照明强度不变,那么可以观察到这些材料的明度和彩度将发生改变。这时,优先选择 CIE 几何条件 45°a:0°。由于积分球开孔的尺寸没有标准化(只有与积分球总表面积的相对限制),因此采用 de:8°几何条件的仪器测量相互之间缺少一致性。然而,当降低定向灵敏度成为关键时(如测量纺织物和颗粒时),应该在候选的 45°a:0°和 de:8°两种几何条件下旋转样品并对测量结果进行比较。在很多情况下,减少定向灵敏度比仪器测量之间的一致性更为重要。由于环形几何条件是关于照明而不是在所有方位角下的连续测量,因此这类仪器可能受到高定向灵敏度的影响。

3. 透射测量几何条件

对于透射样品的颜色测量,CIE 推荐了 6 种照明与测量几何条件,如图 6-8 所示。

(1) 垂直/垂直几何条件(符号为 0°:0°)

如图 6-8(a)所示,照射和测量的几何条件具有相同的半角均为 $5°\pm0.25°$的正圆锥结构,其圆锥的轴均垂直于($0°\pm0.5°$)采样孔径的中心,并且采样孔径的表面和角向照射均匀,光接收器的表面和角度响应也均匀。

(2) 漫射/垂直几何条件,包含规则透射成分(符号为 di:0°)

如图 6-8(b)所示,在第一个参考平面(入射样品平面)所对应半球空间内的各个方向均匀照射采样孔径,测量光束的几何条件与 0°:0°相同。

(3) 漫射/垂直几何条件,排除规则透射成分(符号为 de:0°)

如图 6-8(c)所示,该几何条件类似于 di:0°,其不同之处在于当采样孔径打开(即没有放置样品)时,在以正对光接收器的直射方向为中心的 1°范围内均没有光线射入光接收器,而测量则在采样孔径的中央进行。

(4) 垂直/漫射几何条件,包含规则透射成分(符号为 0°:di)

如图 6-8(d)所示,该几何条件的光路与 di:0°正好相反。

(5) 垂直/漫射几何条件,排除规则透射成分(符号为 0°:de)

如图 6-8(e)所示,该几何条件与 de:0°的光路正好相反。

(6) 漫射/漫射几何条件(符号为 d:d)

如图 6-8(f)所示,在第一个参考平面(入射样品平面)所对应半球空间内的各个角度均匀照射采样孔径,在第二个参考平面(出射样品平面)所对应半球空间内的各个方向均匀地检测透射的光通量。

按照 CIE 的规定,在上述透射测量的几何条件中,当排除规则透射成分时其测得的是光谱透射因数,其余情况下测得的则均为光谱透射比。

若采用积分球进行测量,则应与具有白色涂层的挡板配合使用,以防止在漫射照明情形中光从光源直接照射样品或参考标准,或者在漫射接收情况下光从样品或参考标准直接射向光接收器。另外,积分球开孔的总面积不应超过其内部反射总表面积的 10%。

漫透射样品可能会在与其表面近似平行的方向上发生散射,故在进行漫透射比测量时应

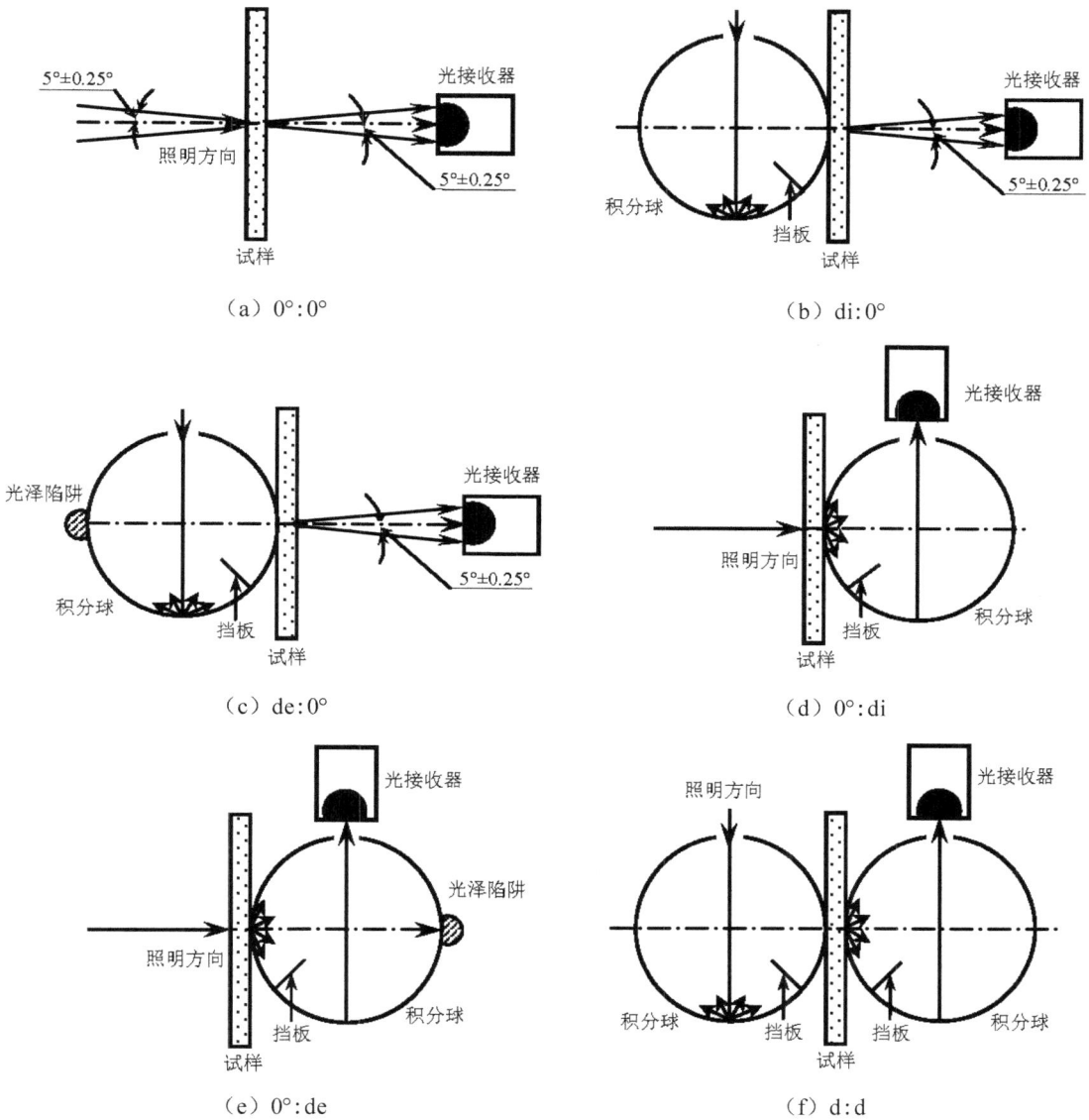

（a）0°:0°　　　　　　　　　　　　　　　　　（b）di:0°

（c）de:0°　　　　　　　　　　　　　　　　　（d）0°:di

（e）0°:de　　　　　　　　　　　　　　　　　（f）d:d

图 6-8　透射测量的 CIE 标准照明与测量几何条件

包含该散射辐射。如果入射光束垂直于样品表面,那么样品与入射光束光学系统之间的多次反射会引起测量误差,这时可通过样品的略微倾斜来消除该误差。对于垂直/垂直几何条件(0°:0°),无论是否放置样品,其测量仪器的结构应使照明光束与接收光束相等。

　　在实际的颜色测量中,即使是利用上述推荐的标准条件,也要详细标注所使用的照明与测量几何条件。而对于某些类型样品的测量,可能需要使用其他几何条件或采用不同的允差设置。

6.4.2　多角几何条件

　　传统的材料在 CIE 推荐的标准照明与测量几何条件下,在整个漫射角范围内旋转样品时具有相同的颜色。但是,现代的许多材料具有因角变色性,即它们颜色的改变是照明与测量几何条件的函数,如含有金属片或珠光颜料的涂料就是一个典型的例子。从变角光度数据和变角光谱光度数据的分析可以看出,测量角度对色度值有重要的影响,而且测色值是测量角度的函数,其中的数据都是在与样品法线成 45°角照明并在与样品相同的平面上的各种角度下测量得到的。测量角度对测色值的影响是非线性的,具体的关系取决于涂料的组成及其应用方式,如图 6-9 给出了 4 种汽车油漆的 CIELAB 明度与测量角度之间的关系曲线,其中 M 表示金属漆,I 表示干扰漆,P 表示珠光漆,S 表示固体漆。可见,对于同一种油漆,在不同的方位角进行测量时,其明度是变化的;对于不同的油漆,只有在测量方位角为 45°时,它们的明度值才相等。

当人们用目视方法来评估因角变色材料时,可以看见三种主色,即近镜面反射色、直视色和侧视色。近镜面反射色是在非常接近镜面反射角观察样品时观察到的颜色,它主要受金属片或干涉颜料的影响。随着近镜面反射角越来越接近镜面反射角,由于涂层表面产生了镜面和图像清晰度光泽,因而影响了近镜面反射色。直视色是在传统的散射角和 45°角照明时,在样品法线方向观察时所见的颜色,它主要受传统着色剂的影响。侧视色是在与镜面反射角相反的方向观察样品时所看到的颜色,通常是在观察者远离样品时观察到的颜色,故称侧视色。侧视色既受传统颜料(产生漫反射)的影响,又受到金属片或干涉颜料的影响;当光照射在颜料粒子的边缘上时,后者也会产生漫反射。当侧视角随着镜面反射角的增加而增大时,金属片或干涉颜料带来的散射对侧视色的影响更大。

通常以逆定向反射角为基准来描述上述各个观察角,而逆定向反射角是与镜面反射方向的夹角,如图 6-10 所示。一般来说,近镜面反射角的范围为 15°~25°逆定向反射角,直视角范围为 45°~60°逆定向反射角,侧视角范围则为 70°~110°逆定向反射角。

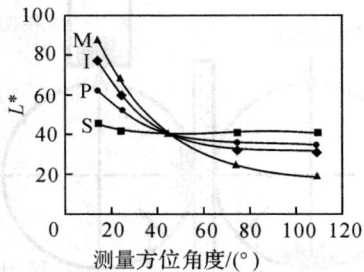

图 6-9   4 种汽车油漆的 CIELAB 明度
与测量角度之间的关系曲线

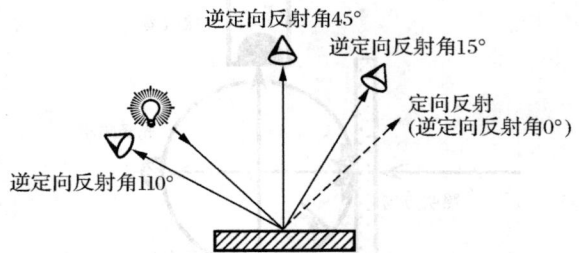

图 6-10   逆定向反射角

研究表明,为了使多角测量得到的色度数据与因角变色材料的视觉评价相一致,一般应采用三个观察角,具体的角度则可以根据实际的需要来选择,如美国 ASTM 推荐使用 15°,45°和 110°逆定向反射角,而德国 DIN 推荐的观察角度为 25°,45°和 75°逆定向反射角。

6.5   分光光度测色仪器

采用分光光度法测量颜色的过程主要包括物体反射或透射光度特性的测定以及由此根据 CIE 标准色度观察者光谱三刺激值函数计算出样品的三刺激值 X,Y,Z 等色度参数。

随着电子计算机技术的高速发展,目前国内外现有的测色仪器产品几乎都利用计算机来完成仪器的测量、控制和大量的数据处理工作,使测色操作更为简单和快捷,测量精度更高,结果更可靠。这些自动分光光度测色仪器可按其使用要求、技术指标或结构组成而有很多的分类方法。如果按照光路组成的不同，可以分为单光束和双光束两类；如果按色散元件分类，则有棱镜、光栅、棱镜-棱镜、棱镜-光栅、光栅-光栅、干涉滤光片等不同色散元件及由此组成的分光光度测色仪，其中色散系统采用两个色散元件组合成的光学系统称为双单色仪色散系统。比较通用的分类方法是根据所使用的光探测器的不同而分为以人眼作为光探测器的目视分光光度测色仪和应用物理光探测器的自动分光光度测色仪。

　　物理分光光度测色方法一般可以分成常规的光谱扫描和同时探测全波段光谱两个大类。光谱扫描法是利用分光色散系统（单色器）对被测光谱进行机械扫描，逐点测出各个波长对应的辐射能量，由此达到光谱功率分布的测量。这种方法属于机械扫描式分光光度法，精度很高，但是测量速度较慢，是一种传统的光谱光度测色方法。为了加快测量速度，提高测色效率，随着光电检测技术的发展，出现了同时探测全波段光谱的新型光谱光度探测方法。该方法基于列阵光电探测器的多通道检测技术，通过探测器内部的电子自动扫描来实现全波段光谱能量分布的同时探测，所以也称为电子扫描式分光光度法。

6.5.1　机械扫描式分光光度测色仪

　　在颜色测量仪器的发展进程中，机械扫描式光谱测色仪在分光光度测色仪器中占有十分重要的地位，目前仍是光谱检测和颜色科学研究中重要的高精度实验室测试设备之一。这类仪器一般由照明光源、单色仪、光电检测系统和微型计算机电子控制系统等主要部件构成，如图 6-11 所示。样品的光谱反射比是相对于标准的光谱反射比进行测量的，样品和

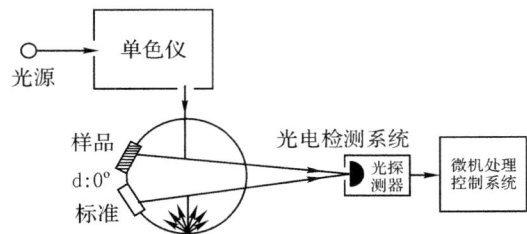

图 6-11　机械扫描式分光光度测色仪的基本组成

标准均受到光源经单色仪分光后的漫射照明，而光探测器在接近垂直于样品的角度接收反射信号，最后由微机系统进行数据处理而获得测量结果。在该测色系统中，采用了通过积分球实现的 d:0° 照明与测量几何条件。

　　作为这种基本形式的光谱扫描测色仪的一个具体实例是如图 6-12 所示的 Hunter D54P-5 分光光度计，该系统采用连续的干涉楔作为单色仪，组成了一种单光束扫描式光谱光度计。光源采用石英卤素钨丝灯通过光学滤色片来模拟 CIE 标准照明体 D_{65}，使用积分球来满足 d:0° 照明与测量几何条件，并用硅光电二极管作为探测器，光谱带宽在 700nm 处可达 10～18nm。

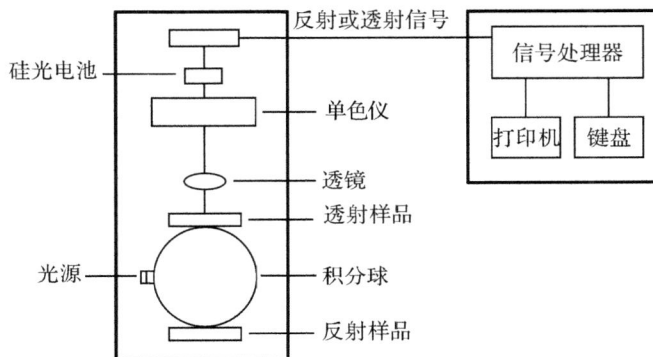

图 6-12　Hunter D54P-5 分光光度计的原理

机械扫描式分光光度测色仪的光学系统也从单光束发展到双光束结构,Pye Unicam PU8800 就是这样一台具有现代类型单色仪的双光束光谱光度计,其原理结构如图 6-13 所示。该仪器提供了两个光源,分别为钨丝灯和氙放电灯,可以通过移动反射镜 M_1 到合适的位置来选择使用其中的任何一个光源。系统有两个滤色片,蓝色的是用来消除 550nm 以上波长的辐射,以使平面光栅不会产生二级光谱,另一个滤色片是用来减少在 285~390nm 和 700~850nm 波长范围内的杂散光。单个凹面反射镜 M_3 同时起到了聚焦和准直的作用,平面反射镜 M_4 则用来将平面光栅产生的单色辐射导向光度计部分,其中挡板的作用是防止杂散光入射光栅从而造成多次衍射。该光栅是全息闪耀光栅,它和反射镜都涂以二氧化硅,并将整个单色仪密封起来,以免受实验室空气的侵蚀,因为如果这种光学仪器不加以特别保护的话,其反射镜元件在极短的时间内就会积灰并改变性能。当单色辐射从出射狭缝 2 出来后便被旋转的斩波器交替地沿着两条光路导向积分球体,最后射到参考样品口或测量样品口。该仪器可实现照明与测量几何条件 8°:di 或 8°:de,只要在测量球体的镜面孔盖位置分别放上白色孔盖或黑色光泽陷阱,就可以使从参考白标准或测量样品反射的光线中的镜面成分包括在测量结果中或从测量结果中消除。积分球中的挡屏是为了防止光线直接从参考标准或测量样品以及直接从通过镜面孔盖的镜面反射光束射向光电倍增管探测器。在这样的设计下,该仪器在 340nm 处的杂散光小于 0.01%,波长精度为 ±0.3nm,光度精度以反射比表示为 ±0.2%。利用这台仪器可以获得从 380nm 到 780nm 的连续反射比曲线,并在记录纸上绘出该曲线或将测值读入微机以对反射比曲线进行白标准和黑标准的校正,最后确定测量结果。当然,计算机也可以进一步计算出在任何光源下对 CIE 标准观察者以及任何颜色空间的色度参数。

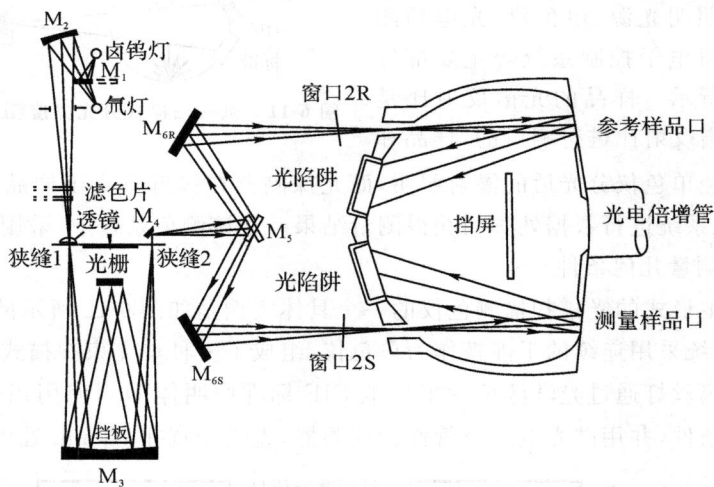

图 6-13 用于反射比测量的 Pye Unicam PU8800 光谱光度计

随着扫描式分光光度仪的不断改进和发展,出现了具有现代设计概念的反射光谱光度计,如图 6-14 所示的 Zeiss RFC3 就是这样的一个系统。该仪器采用氙灯发出的混色光(白光)照明样品,然后通过一系列窄带干涉滤光片来分析样品反射的光辐射。由计算机控制光谱光度计中的测量操作顺序,并在得到测值后自动计算出所要求的颜色参数。当然,整个系统的操作指令可通过键盘输入,同时计算机配置了合适的显示器和打印设备。

由图 6-14 可见,氙灯的光线射入积分球并在球内漫射混光后照明测量样品口和白色(参考)标准样品口,在积分球上还有另外两个开孔分别与试样和标准表面的法线成 8°角,用于测

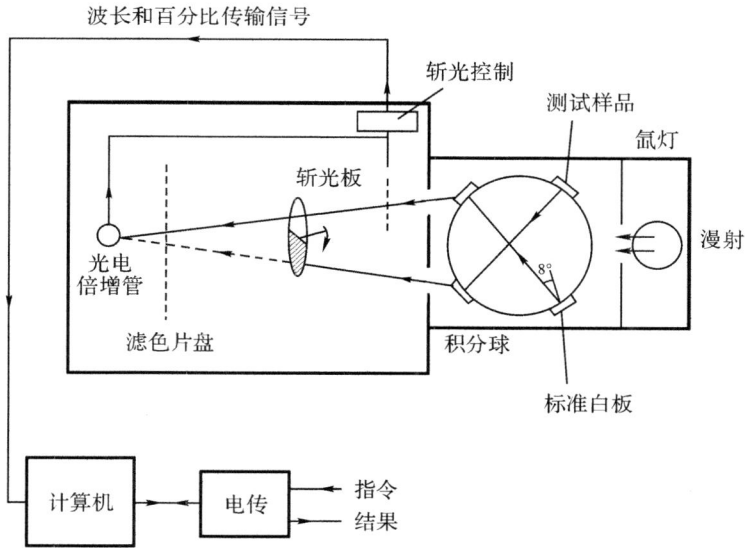

图 6-14　Zeiss RFC3 反射光谱光度计

量来自试样和标准的辐射。在仪器的光度计测部分对从积分球射出的混色光进行分析时,设置在光路中的旋转圆盘每次只让两束光中的一束通过一块干涉滤光片使之变为单色光,然后射到光电倍增管上。干涉滤光片安装在一个大转盘的圆周上,每当在一个给定波长上的测量完成后转盘便自动转到下一个位置。当需要的滤色片转入光路时,光电倍增管就输出一个方波形式的信号,它代表分别由参考标准和测试样品反射的光强 R' 和 R_S 之间的差别,然后该信号反馈到控制机构以调整来自参考标准的光束中的光阑,直到差别信号为零。在这种情形下,光阑衰减了参考光束的光强来补偿试样的低反射比。这样,一个实测的反射比信号被送入计算机,滤色片盘转向下一个波长位置进行测量,由此用 16 块滤色片可以在 400～700nm 的波长范围内实现 20nm 波长间隔的反射测量。

这台 Zeiss 仪器利用计算机实现了对实测反射比的修正。在测量过程中始终不动的参考标准是一块用纯硫酸钡特别压制的小圆盘,只有当它被损伤或弄脏时才需更换。在对试样进行实际测量之前,首先要完成两项预测量工作:一是对由标准实验室标定过的陶瓷白板;二是对一个黑色光泽陷阱。仪器给出的当前读数与计算机存储的定标值进行比较,并用定标数据来修正在后继试样测量中得到的实测反射比值。然后,将修正值用于计算在任何选定的标准光源或标准观察者条件下的 CIE 三刺激值以及在任何其他具有转换方程的颜色空间中的色度参数。这种采用 100% 和 0% 自动定标修正的方法大大提高了颜色测量的长期和短期重复性。

6.5.2　电子扫描式分光光度测色仪

机械扫描式分光光度测色系统虽然实现了光谱测色的精度要求,但是由于其光谱测量是通过单色仪的机械扫描来完成的,所以测量速度较慢,工作效率低,不利于工业生产的应用。因此,作为分光光度测色技术的发展成就,采用光电探测器列阵的多通道快速分光测色仪已经逐渐普及,这类仪器除了具有分光光度测色仪器的测量精度之外,还有光电积分式测色系统的测量速度,是现代颜色科学研究与工业测控技术不可缺少的颜色测量设备。

快速分光光度测色仪的出现与光电探测半导体技术的进展是分不开的,是随着固体图像传感器的发展而产生的。固体图像传感器(solid state imaging sensor)主要有三大类型：第一种是电荷耦合器件(charge coupled device，CCD)；第二种是自扫描光电二极管阵列(self-scanning photodiode array，SPD)，属于 MOS 图像传感器；第三种是电荷注入器件(charge injection device，CID)。其中，前两种用得比较多，而在多通道快速测色系统中用得最普遍的是自扫描光电二极管阵列 SPD。

目前，国外生产自扫描光电二极管阵列的厂家以美国 Reticon 公司的水平比较高，线阵有 64～4096 像素系列产品，扫描频率达到 10MHz(单线)，面阵产品有 14×41～1200×400 像元等规格，此外还有 64～720 位的环形列阵等产品，共约 50 余个品种。日本在 MOS 图像传感器方面也有许多商用产品，如索尼(Sony)公司和滨松(Hamamatsu)光子学株式会社生产了一系列适用于光谱测量的阵列器件，日立(Hitachi)公司则要求在家用方面实用化，该公司已有 384×484 位的面阵用于彩色摄像机内。

在快速分光光度测色仪器中应用的列阵探测器件可直接安装在分光色散系统的出射狭缝处，这里分光系统的结构已不需要如机械扫描式光谱测色仪那样用出射狭缝把单色辐射分割开来。这种仪器没有出射狭缝机械部件，因此该色散系统实际上是一个多色仪，全部单色光谱辐射都同时从出射狭缝射出并射到光电探测器上，探测器阵列同时获得了整个光谱能量分布的信息。可见，这类仪器以光谱信号的电子扫描代替传统的机械扫描方式，从而实现了对样品颜色的快速测量，因此称为电子扫描式分光光度测色仪。

与常规的用单色器分光实现波长扫描的测色系统相比，电子扫描式多通道系统除了具有快速、高效的优点之外，还大大降低了对测量对象和照明光源的时间稳定性要求，应用快速存取(对不含相关信息的通道快速跳过)和分组处理(通过将相邻通道相加可进一步改善时间分辨率)等技术，在时间分辨率和光谱分辨率两者之间实现有益的兼顾。

多通道快速测色系统的照明光源可以采用脉冲式和直流式两种类型，它们各有利弊，但只要设计合理，应用得当，都能获得满意的结果。脉冲光源大多选用脉冲氙灯，其光谱功率分布与 CIE 标准照明体 D_{65} 比较接近，它的应用大幅度地提高了光源的强度，充分利用了作为光电探测器的列阵图像传感器的灵敏度和线性，没有发热问题，有效地改善了测量精度，但是光脉冲的能量波动直接影响测试系统精度的稳定性，特别是系统的长期重复性。因此，这类仪器的新型产品往往设计成双光路结构，使颜色测量的准确度和重复性都非常令人满意，当然其成本要高一些。直流式照明光源通常都采用其色温接近于 CIE 标准光源 A 的卤钨灯，由仪器内置稳压/稳流电源供电，驱动和控制比较简便，没有充电和放电过程，连续测量时速度更快，光源稳定。但是，卤钨灯光源功率的提高将直接导致明显的光热效应，故需对光源进行周密的散热和隔热考虑，而且由于卤钨灯的光谱功率分布在短波段能量很小，不利于该光谱区的测色精度。

从机械扫描式分光测色仪到电子扫描式多通道快速分光测色仪的发展过程中，曾经出现过一种过渡型快速测色系统，它采用分立的硅光电二极管排列起来组成一个"阵列"作为光电探测器，以接收由光纤束从多色仪的出射面传导过来的光谱信号，由此达到快速光谱扫描测量的目的。例如，德国 Optronik 公司生产的 COLORFLASH 系列光谱光度测色仪就是这样的系统，其中采用 16 根光纤将多色仪输出的光谱能量传送到 16 个硅光电二极管探测器上，实现了在 400～700nm 波长范围内以 20nm 波长间隔的快速测色。显然，这样的仪器其光学结构比较繁复，安装和调试也很麻烦，所以当列阵探测器件迅速发展并被普遍应用后，如此不便的过渡型系统结构也就没有必要了。

在应用列阵探测器的快速分光测色仪器中，有一种比较特别的光学结构在这里作一简要介绍，那就是如日本美能达(Minolta)公司生产的 CM-1000 分光测色计所采用的分光传感器，如图 6-15 所示。光接收部分由两列 SPD 构成，分别用于测定短波长区(400～500nm)和长波长区(500～700nm)。测量光线由上方入射，400～500nm 波长的光经过带通滤光镜 I 和 II 照射到短波长区的 SPD 阵列上，而 500～700nm 波长的光则经过带通滤光镜 I 和 III 射到长波长区的 SPD 阵列上；途中，两者分别通过遮光板的两个窗口入射到分光滤光镜阵列上；最后，由分光滤光镜阵列分出不同波长的光入射到 SPD 阵列的各接收部，再变换成电流输出。这里所用的分光滤光镜阵列是在所测量的波长范围(400～500nm 和 500～700nm)内，其中心波长以 10nm 为间隔连续排列的单色滤光镜阵列，并且在同一个基片上制成，由此来代替分光色散系统，所以这种仪器的测色精度主要取决于其分光滤光镜阵列的质量和性能。

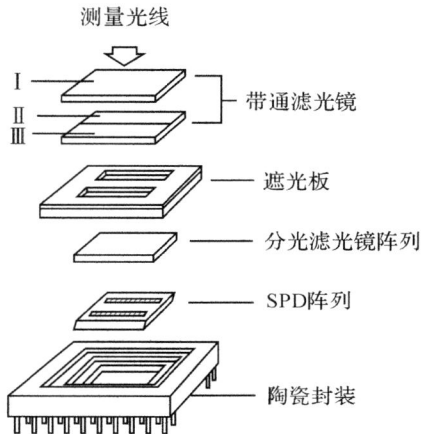

图 6-15　Minolta CM-1000 分光测色计的分光传感器

美国 Macbeth 公司的 Color-Eye 3000 是一种典型的单光束多通道快速测色系统，图 6-16 表示该仪器的功能结构组成。仪器包含(可切换的)di:8°和 de:8°标准照明与测量几何条件，作为照明光源的脉冲氙灯以混色白光闪光照射样品和积分球内壁，由多色仪对样品反射的光辐射进行色散分光以获得反射光谱，然后由 20 单元的列阵探测器在 360～740nm 波长范围内

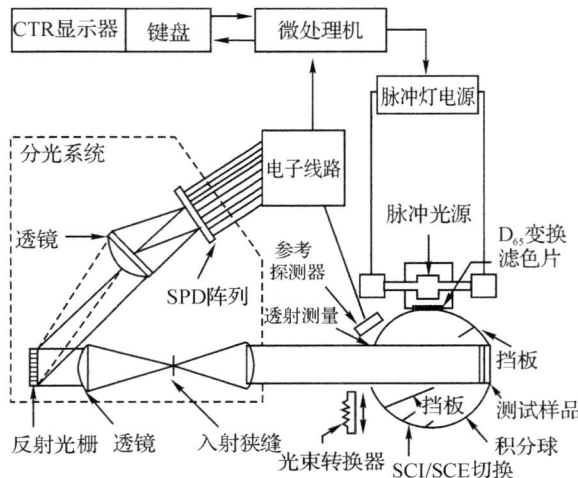

图 6-16　Macbeth Color-Eye 3000 分光光度计(单光束结构)

以 20nm 间隔同时检测其光谱信号,与此同时参考探测器(光电二极管)采集了积分球内壁的漫射照明能量,经电子线路和微处理器后可给出被测样品的各种颜色测量参数。

快速测色系统同样有单光束和双光束两大类结构形式,Macbeth 公司的 Color-Eye 7000A 分光光度计便是具有典型的真双光束光学结构的快速光谱测色仪。该系统采用的照明与测量几何条件仍是(可选择切换的)di:8° 和 de:8°,如图 6-17 所示,其内部对应于双光束的设计应用了两个光谱分析器,其中的列阵探测器均为 40 光敏单元的 SPD,由此在脉冲氙灯的一次闪光照明操作中,同时测量样品和作为参考信号的积分球内壁,这种先进的设计保证了测量过程的时间稳定性,并达到了更快的测量速度(单次测量时间小于 1s)。仪器在 360~750nm 波长范围内的采样间隔为 10nm,波长精度达 0.1nm(400~700nm),光度分辨率是 0.001%,测量重复性(对白板)最大为 0.01 RMS CIELAB 色差单位,并有 4 种不同大小的测量孔径可供选用。

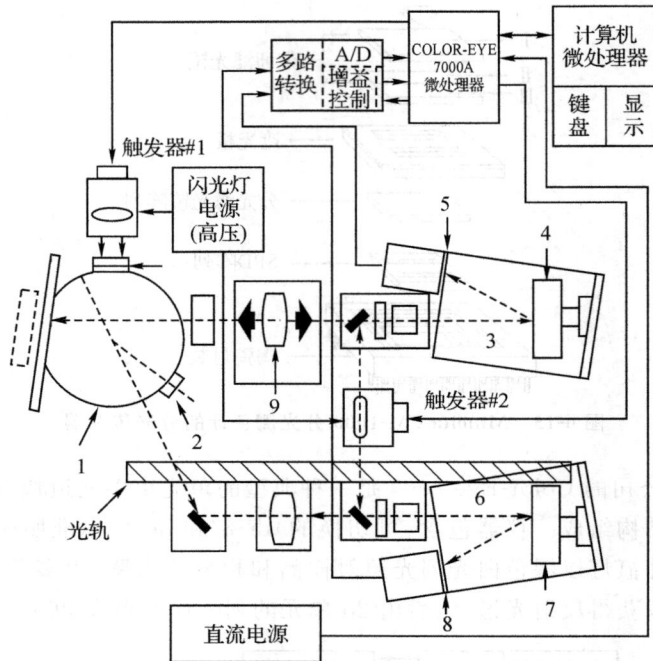

1.积分球;2.积分球镜面反射光泽陷阱;3.测量通道光谱分析器;4.测量通道全息光栅;5.测量通道 40 像元探测器阵列;6.参考通道光谱分析器;7.参考通道全息光栅;8.参考通道 40 像元探测器阵列;9.变焦镜

图 6-17　Macbeth Color-Eye 7000A 分光光度计(双光束结构)

目前,在国际市场上出现的多通道快速分光测色仪器越来越多,但是采用的原理结构大同小异,不外乎单光束和双光束两种类型,并以后者见多;照明光源以脉冲氙灯为主,也有用卤钨灯等恒定光源的;探测器基本上都是自扫描光电二极管阵列(SPD),少数采用 CCD 阵列;样品测量尺寸一般都有几个孔径可供选择,同时系统中都考虑了镜面反射成分的包括与排除(SCI/SCE)切换功能;另外,大多数仪器是可以测量反射和透射特性两用的。表 6-1 列出了在国际上比较流行的一些快速分光测色仪器的产品型号、光学结构、主要性能指标和特点等,以便读者进行对比分析和选用。

表 6-1　有关快速分光测色仪器的主要性能参数

公司	型号	光学结构	测量孔尺寸 /mm	波长范围 /间隔	色度 重复性	光度范围 /分辨率
Gretag Macbeth （美国）	CE-7000A CE-7000	d:8°,脉冲氙灯,双光束,40 元 SPD, SCI/SCE	φ25.4,φ15, 7.5×10, 3×8	360~750nm /10nm	0.01 ΔE CIELAB	0~200% /0.001%
	CE-3100 CE-3000	d:8°,脉冲氙灯,20 元 SPD,SCI/SCE	φ25.4, 5.1×10.1	360~740nm /20nm	0.02 ΔE CIELAB	0~200% /0.01%
	CE-2180UV	d:8°,脉冲氙灯, SCI/SCE	φ10,φ5	360~750nm /10nm	0.04 ΔE CIELAB	0~180% /0.01%
	CE-740GL	15°/45°/75°/110°,脉冲氙灯	φ10	360~750nm /10,20nm	0.10 ΔE CIELAB	0~350% /0.01%
	CE-XTH （便携式） CE-XTS	d:8°,脉冲氙灯,双光束,CCD,SCI/SCE	φ5, φ2(XTH), φ5(XTS)	360~750nm /10nm	0.05 ΔE CIELAB	0~200% /0.01%
	CE-580 （便携式）	d:8°,脉冲氙灯, SCI/SCE	φ10	360~750nm /10nm	0.04 ΔE CIELAB	0~150% /0.01%
DataColor （瑞士）	SF-600 Plus	d:8°,脉冲氙灯, 双光束,128 元 SPD, SCI/SCE	φ2.5,φ5.0, φ26	360~700nm /10,5nm	0.01 ΔE CIELAB	0~200%
	Texflash-2000	d:0°,脉冲氙灯,双光束,128 元 SPD	—	400~700nm	0.03 ΔE CIELAB	—
	MF-200d （便携式）	d:8°,脉冲氙灯,双光束,128 元 SPD	φ18	400~700nm /10nm	0.05 ΔE CIELAB	0~200%
HunterLab （美国）	UltraScan XE	d:8°,脉冲氙灯,双光束,40 元 SPD, SCI/SCE	φ19,φ6.3	360~750nm /10nm	0.02 ΔE CIELAB	0~200% /0.003%
	ColorQuest XE	d:8°,脉冲氙灯,双光束,256 元 SPD, SCI/SCE	φ19,φ6.3	400~700nm /10nm	0.03 ΔE CIELAB	0~200% /0.003%
	LabScan XE	0°:45°x,脉冲氙灯, 双光束,256 元 SPD, SCE	φ50,φ30,φ17, φ10,φ5	400~700nm /10nm	0.09 ΔE CIELAB	0~150% /0.003%
	MiniScan XE Plus （便携式）	di:8°(SCI)和 45°x:0° (SCE),脉冲氙灯,双光束,256 元 SPD	φ25,φ5(45°x:0°), φ20,φ8(di:8°)	400~700nm /10nm	0.05(φ25, φ20, φ8) /0.25(φ5) ΔE CIELAB	0~150%

续 表

公司	型号	光学结构	测量孔尺寸 /mm	波长范围 /间隔	色度 重复性	光度范围 /分辨率
	Color i7	d:8°,脉冲氙灯,三光束(同时 SCI/SCE),2D CCD	$\phi25$,$\phi17$,$\phi10$,$\phi6$(反射),$\phi22$,$\phi17$,$\phi10$,$\phi6$(透射)	360~750nm /10nm	0.01 RMS ΔE CIELAB	0~200% /0.001%
	Color Premier 8000 系列	d:8°,脉冲氙灯,双光束,SPD,SCI/SCE	$\phi4$,$\phi8$,$\phi19$	360~740nm /10nm	0.01(8400),0.02(8200) ΔE CIELAB	0~200% /0.01%
	SP60 (便携式)	d:8°,脉冲式充气钨丝灯,蓝光增强硅光电二极管,SCI/SCE	$\phi8$	400~700nm /10nm	0.10 ΔE CIELAB	0~200%
X-Rite (美国)	SP62 (便携式)	d:8°,脉冲式充气钨丝灯,蓝光增强硅光电二极管,SCI/SCE	$\phi4$,$\phi8$,$\phi14$	400~700nm /10nm	0.05 ΔE CIELAB	0~200%
	SP64 (便携式)	d:8°,脉冲式充气钨丝灯,蓝光增强硅光电二极管,SCI/SCE	$\phi4$,$\phi8$,$\phi14$	400~700nm /10nm	0.05 ΔE CIELAB	0~200%
	SP68 (便携式)	d:8°,卤钨灯	$\phi16$(SP68L),$\phi8$(SP68),$\phi4$(SP68S)	400~700nm /10nm	0.05 ΔE CIELAB	0~200%
	SP88 (便携式)	d:8°,充气钨丝灯,蓝区增强 SPD,SCI/SCE	$\phi8$	400~700nm /10nm	0.03 ΔE CIELAB	0~200%
	CM-3700d	d:8°,脉冲氙灯,双光束,38 元 SPD,SCI/SCE	$\phi25.4$,$\phi8$,3×5	360~740nm /10nm	0.01 ΔE CIELAB	0~200% /0.001%
	CM-3600d	d:8°,脉冲氙灯,双光束,40 元 SPD,SCI/SCE	$\phi25.4$,$\phi8$,$\phi4$	360~740nm /10nm	0.02 ΔE CIELAB	0~200% /0.01%
	CM-3500d	d:8°,脉冲氙灯,18 元 SPD,SCI/SCE	$\phi30$,$\phi8$	400~700nm /20nm	0.05 ΔE CIELAB	0~175% /0.01%
Minolta (日本)	CM-2002 CM-2022 (便携式)	d:8°,脉冲氙灯,分光滤光镜,SPD,SCI/SCE	$\phi8$(2002),$\phi4$(2022)	400~700nm /10nm	0.03 (2002),0.06 (2022) ΔE CIELAB	0~175% /0.01%
	CM-500 系列 (便携式)	d:8°,脉冲氙灯,分光滤光镜,SPD,SCI/SCE(508d),SCI(508i,503i,525i)	$\phi8$(508d,508i),$\phi3$(503i),$\phi25$(525i)	400~700nm /20nm	0.05(508d,503i,525i),0.06 (508i) ΔE CIELAB	0~175%
	CG-404c/411c /420c (便携式)	45°c:0°,10 色 LED	$\phi4$(404c),$\phi20$(420c),$\phi11$(411c)	400~700nm	0.02 ΔE CIELAB	—
Milton Roy (美国)	ColorMate HDS	45°x:0°或 d:8°,脉冲氙灯,双光束	$\phi20$,$\phi8$	400~700nm /20nm	0.02 ΔE CIELAB	0.1%~150%

续　表

公司	型号	光学结构	测量孔尺寸 /mm	波长范围 /间隔	色度 重复性	光度范围 /分辨率
Murakami 颜色技术 研究所 （日本）	CMS-35SP	d:7°.卤素灯. 双光束.SPD	3.5×7. 12×17	390～730nm /10nm	0.025% （反射比）	—
ACS （美国）	CS-5	d:0°.石英卤素灯模拟 D_{65}.双光束	$\phi25.\phi6.\phi3$	400～700nm /10.20nm	—	—
电色工业 株式会社 （日本）	SE-2000	0°:45°x.卤素灯.双光 束.高速硅光电池	$\phi30.\phi10.\phi6$	380～780nm /10nm	—	—
	SQ-300H	d:8°.卤素灯.双光束. 硅光电池.SCI/SCE	$\phi30.\phi10$	400～700nm /20nm	—	—
	PF-10	d:0°.脉冲氙灯. 双光束.SPD	$\phi30$	400～700nm /10nm	—	—

6.5.3　分光光度测色仪器波长标尺的校正

分光光度测色仪器对波长精度有严格的要求。波长精度一般应该在±0.3nm 的误差范围之内,仪器的档次越高,其波长误差就越小。为了检查分光光度测色仪器的波长精度,通常可采用稳定的线光谱发射光源或特定材料的吸收谱线来标定仪器的波长标尺。

作为稳定的线光谱发射光源,在实践中常用汞灯和氙灯。汞灯的亮谱线波长在可见光范围内主要有 404.66nm,435.88nm,546.07nm,576.96nm 和 579.00nm,其中以 435.88nm 和 546.07nm 为最强。氙灯的亮谱线波长在可见光范围内有 486.00nm 和 656.10nm。在进行波长精度检查时,首先用分光光度测色仪器扫描线光谱光源,记录透过仪器的线光谱,然后把仪器的中心波长调整到相应的线光谱波长上。为保证仪器在整个测量波长范围内符合实际应用的波长精度,至少应检查两个以上的波长点,使测色仪器的波长误差在±0.3nm 之内。

检查分光光度测色仪器波长精度的另一种方法是采用特定材料的吸收谱线。例如,标准钕玻璃可用于可见光和近红外区域的波长检查,利用标准钕玻璃的光谱吸收谱线检查仪器的波长标尺,其精度在 1.0nm 之内;也可采用标准钬玻璃来检查测色仪器的波长标尺精度,钬在紫外和可见光范围内有很强的吸收谱线,如图 6-18 所示,所以可以利用这些吸收谱线来校正分光光度测色仪器的波长标尺。

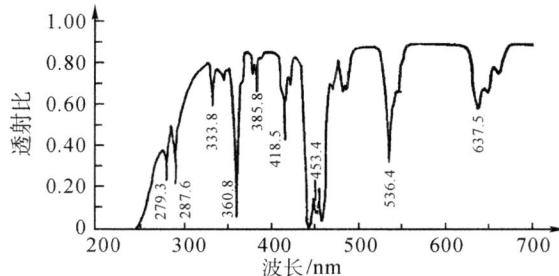

图 6-18　钬玻璃的光谱吸收谱线

6.6 光电积分式测色仪器

光电积分式颜色测量与分光光度测色方法不同,它不是测量各个波长的颜色刺激,而是在整个测量波长范围内对被测颜色的光谱能量进行一次性积分测量。如果能通过三路积分测量分别测得样品颜色的三刺激值 X,Y,Z,那么就能进一步计算出样品颜色的色品坐标及其他相关色度参数。光电积分式测色仪器的光探测器一般是硅光电二极管,在要求仪器具有较高灵敏度的场合下也可采用光电倍增管。

6.6.1 光电积分式色度计

如果能利用有色玻璃等材料覆盖在光探测器上的方法,把探测器的相对光谱灵敏度修正成国际照明委员会(CIE)推荐的标准色度观察者光谱三刺激值函数 $\overline{x}(\lambda),\overline{y}(\lambda),\overline{z}(\lambda)$,那么用这样的三个光探测器接收颜色刺激 $\varphi(\lambda)$ 时,通过一次积分就能测量出样品颜色的三刺激值 X,Y,Z,即

$$\left.\begin{aligned}X &= k\int_{380}^{780}\varphi(\lambda)\,\overline{x}(\lambda)\,\mathrm{d}\lambda = c_x\int_{380}^{780}\varphi(\lambda)S(\lambda)\tau_x(\lambda)\,\mathrm{d}\lambda \\ Y &= k\int_{380}^{780}\varphi(\lambda)\,\overline{y}(\lambda)\,\mathrm{d}\lambda = c_y\int_{380}^{780}\varphi(\lambda)S(\lambda)\tau_y(\lambda)\,\mathrm{d}\lambda \\ Z &= k\int_{380}^{780}\varphi(\lambda)\,\overline{z}(\lambda)\,\mathrm{d}\lambda = c_z\int_{380}^{780}\varphi(\lambda)S(\lambda)\tau_z(\lambda)\,\mathrm{d}\lambda\end{aligned}\right\} \tag{6-12}$$

式中,k 和 c_x,c_y,c_z 是常数,$\tau_x(\lambda),\tau_y(\lambda),\tau_z(\lambda)$ 分别为匹配三个光探测器的有色玻璃的光谱透射比,它们满足光谱匹配关系:

$$\left.\begin{aligned}\overline{x}(\lambda) &= S(\lambda)\tau_x(\lambda) \\ \overline{y}(\lambda) &= S(\lambda)\tau_y(\lambda) \\ \overline{z}(\lambda) &= S(\lambda)\tau_z(\lambda)\end{aligned}\right\} \tag{6-13a}$$

或

$$\left.\begin{aligned}\tau_x(\lambda) &= \frac{\overline{x}(\lambda)}{S(\lambda)} \\ \tau_y(\lambda) &= \frac{\overline{y}(\lambda)}{S(\lambda)} \\ \tau_z(\lambda) &= \frac{\overline{z}(\lambda)}{S(\lambda)}\end{aligned}\right\} \tag{6-13b}$$

式(6-13)称为卢瑟(Luther)条件。

为了进行光电积分式颜色测量,仪器的三个光探测器的光谱响应必须满足卢瑟条件,而能够实现这种要求的方法通常有两种,即模板法和光学滤色片法。

1. 模板法

模板法采用模板(template)使光探测器的光谱响应特性与 CIE 光谱三刺激值函数相匹配,即满足卢瑟条件的要求。图 6-19 是模板法光电积分式色度计的光学系统,光源照明测试样品,由试样表面反射的光辐射通过透镜和棱镜色散成光谱;在光谱面上分别放置 X 模板、Y 模板和 Z 模板,它们使光接收器对等能光谱的光谱响应分别与 CIE 色度匹配函数 $\overline{x}(\lambda),\overline{y}(\lambda)$ 和 $\overline{z}(\lambda)$ 成正比;从模板透过的光谱能量由透镜会聚于光接收器上,即可测出试样的 CIE 三刺

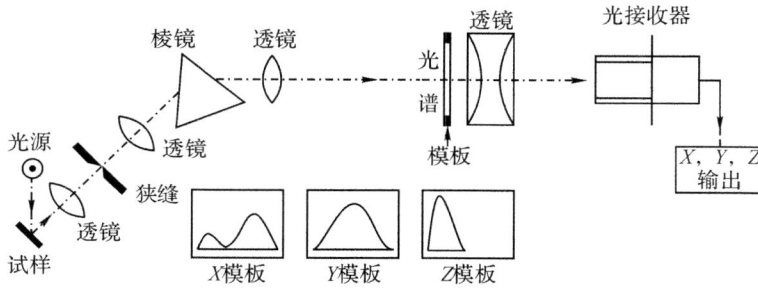

图 6-19　模板法光电积分式色度计的基本构成

激值 X、Y、Z。

由于模板法光电积分式色度计结构比较复杂，成本也高，所以没有得到广泛的实际应用。

2. 光学滤色片法

光学滤色片法不采用色散系统和光谱模板而是利用有色玻璃片的组合来实现卢瑟条件。为使光探测器的相对光谱灵敏度 $S(\lambda)$ 符合 CIE 的色度匹配函数 $\overline{x}(\lambda)$、$\overline{y}(\lambda)$、$\overline{z}(\lambda)$，需要确定合适的滤光片及其厚度，使其光谱透射比 $\tau(\lambda)$ 与探测器的相对光谱灵敏度 $S(\lambda)$ 的组合结果满足卢瑟条件式(6-13)的要求。

（1）吸收滤光片透射比的计算

如图 6-20 所示，设入射到滤色片表面上的辐射通量为 $\Phi_0(\lambda)$，由玻璃表面反射的辐射通量为 $\Phi_R(\lambda)$，进入玻璃表面后的辐射通量为 $\Phi_{in}(\lambda)$，由于玻璃对光的吸收而使通过玻璃到达出射表面前的辐射通量变为 $\Phi_{ex}(\lambda)$，最后透过玻璃射出的辐射通量为 $\Phi_T(\lambda)$，那么吸收滤光片的光谱透射比 $\tau(\lambda)$ 定义为

$$\tau(\lambda) = \frac{\Phi_T(\lambda)}{\Phi_0(\lambda)} \tag{6-14}$$

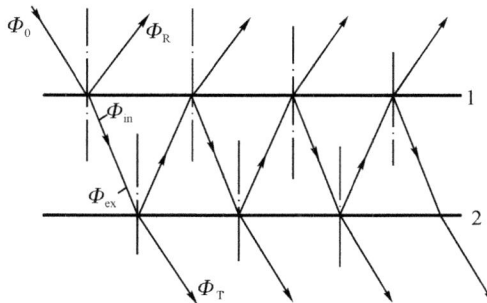

图 6-20　光在有色玻璃滤光片中的传播

光谱内透射比 $\tau_i(\lambda)$ 定义为

$$\tau_i(\lambda) = \frac{\Phi_{ex}(\lambda)}{\Phi_{in}(\lambda)} \tag{6-15}$$

光谱反射比 $\rho(\lambda)$ 定义为

$$\rho(\lambda) = \frac{\Phi_R(\lambda)}{\Phi_0(\lambda)} \tag{6-16}$$

由图 6-20 可以方便地导出经过多次反射后滤色片的光谱透射比为

$$\tau(\lambda) = [1-\rho_1(\lambda)][1-\rho_2(\lambda)]\tau_i(\lambda)[1+\rho_1(\lambda)\rho_2(\lambda)\tau_i^2(\lambda)+\rho_1^2(\lambda)\rho_2^2(\lambda)\tau_i^4(\lambda)+\cdots]$$

$$= \frac{[1-\rho_1(\lambda)][1-\rho_2(\lambda)]\tau_i(\lambda)}{1-\rho_1(\lambda)\rho_2(\lambda)\tau_i^2(\lambda)} \tag{6-17}$$

式中，$\rho_1(\lambda)$ 和 $\rho_2(\lambda)$ 分别为有色玻璃滤光片上下表面的光谱反射比。

根据光通过均匀介质时的布格-朗伯（Bouguer-Lambert）吸收定律，玻璃中的内透射比为

$$\tau_i(\lambda) = e^{-\kappa d} \tag{6-18}$$

式中，d 为滤色片的厚度；κ 为有色玻璃的吸收比，它是波长的函数，在一般吸收的波段内 κ 值接近于一很小的常数，而在选择吸收的波段内 κ 值很大且随波长显著变化。

根据菲涅尔反射定律，在接近于垂直入射时，滤光片表面的反射比为

$$\rho(\lambda) = \frac{(n'-n)^2}{(n'+n)^2} \tag{6-19}$$

式中，n' 为有色玻璃的光学折射率，n 为玻璃周围介质的折射率。

如果玻璃上下表面周围的介质相同，即 $\rho_1(\lambda)=\rho_2(\lambda)=\rho(\lambda)$，那么式(6-17)可以简写成

$$\tau(\lambda) = \frac{[1-\rho(\lambda)]^2\tau_i(\lambda)}{1-\rho^2(\lambda)\tau_i^2(\lambda)} \tag{6-20}$$

由于多数吸收滤光片在可见光波长范围内的光谱反射比为 0.04 的数量级，所以在一般情况下如下的近似关系式已有足够的精度：

$$\tau(\lambda) \approx [1-\rho(\lambda)]^2\tau_i(\lambda) \tag{6-21}$$

将式(6-18)代入式(6-21)并展开，然后略去二次以上的高次项，则对于同一种材料的滤色片，可导出已知厚度 d_1 时的光谱透射比 $\tau_1(\lambda)$ 与任一其他厚度 d_2 时的透射比 $\tau_2(\lambda)$ 之间的关系式为

$$\frac{\ln\left[\dfrac{\tau_2(\lambda)}{1-2\rho(\lambda)}\right]}{\ln\left[\dfrac{\tau_1(\lambda)}{1-2\rho(\lambda)}\right]} = \frac{d_2}{d_1} \tag{6-22}$$

或

$$\ln\tau_2(\lambda) = \ln\tau_1(\lambda) + \alpha'(d_1-d_2) \tag{6-23}$$

式中，系数 α' 为与有色玻璃的吸收比有关的常数。

（2）滤色片的匹配方法

为得到光探测器所要求的滤色器的光谱透射比，通常需要将多块不同材料、不同厚度或不同面积大小的有色玻璃进行组合。因此，根据滤色片组合形式的不同，可以分为分离全滤色片法、密接全滤色片法、部分滤色片法等三种滤色片匹配方法，如图 6-21 所示。

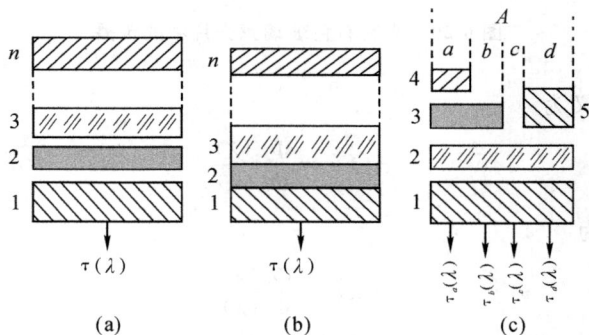

图 6-21　滤色片的匹配方法

图 6-21(a)表示由 n 块滤光玻璃通过分离全滤色片法组合而成的滤色器,设各片玻璃的光谱透射比分别为 $\tau_1(\lambda),\tau_2(\lambda),\cdots,\tau_n(\lambda)$,则该滤色器的总光谱透射比为

$$\tau(\lambda) = \tau_1(\lambda)\tau_2(\lambda)\cdots\tau_n(\lambda) \tag{6-24}$$

图 6-21(b)表示由 n 块滤光玻璃通过密接全滤色片法组合而成的滤色器,密接表面之间的反射损失可以略去不计,只需考虑上下两个表面的反射损失即可。若设各片玻璃的光谱内透射比分别为 $\tau_{i1}(\lambda),\tau_{i2}(\lambda),\cdots,\tau_{in}(\lambda)$,则该滤色器的总光谱透射比为

$$\tau(\lambda) = [1-\rho_1(\lambda)][1-\rho_n(\lambda)]\tau_{i1}\tau_{i2}(\lambda)\cdots\tau_{in}(\lambda) \tag{6-25}$$

如果以 $\rho(\lambda)$ 代表滤光玻璃的平均反射比,那么密接得到的透射比增益为 $[1-\rho(\lambda)]^{2(n-1)}$,可见这是一个相当可观的数量。

在某些情况下,所要求的光谱透射比特性无法用全面积滤光玻璃组合而成,或者用全滤色片法匹配时精度不够,这时需要采用部分滤色片法来实现,如图 6-21(c)所示。在部分滤色片组合的方法中,需要引入面积作为附加的设计参数。设滤光玻璃的总面积为 A,而 a,b,c,d 分别为四个分区的面积,则该滤光器总的光谱透射比为

$$\tau(\lambda) = \frac{a}{A}\tau_a(\lambda) + \frac{b}{A}\tau_b(\lambda) + \frac{c}{A}\tau_c(\lambda) + \frac{d}{A}\tau_d(\lambda) \tag{6-26}$$

式中,$\tau_a(\lambda),\tau_b(\lambda),\tau_c(\lambda),\tau_d(\lambda)$ 分别为 a,b,c,d 各分区的光谱透射比,即

$$\left.\begin{aligned}
\tau_a(\lambda) &= \tau_1(\lambda)\tau_2(\lambda)\tau_3(\lambda)\tau_4(\lambda) \\
\tau_b(\lambda) &= \tau_1(\lambda)\tau_2(\lambda)\tau_3(\lambda) \\
\tau_c(\lambda) &= \tau_1(\lambda)\tau_2(\lambda) \\
\tau_d(\lambda) &= \tau_1(\lambda)\tau_2(\lambda)\tau_5(\lambda)
\end{aligned}\right\} \tag{6-27}$$

式中,$\tau_1(\lambda),\tau_2(\lambda),\tau_3(\lambda),\tau_4(\lambda),\tau_5(\lambda)$ 分别为参与组合匹配的各块滤色玻璃的光谱透射比。

一般来说,按照上述数学公式计算得到的结果与实际情况可能会有一定的差别,所以需要对由计算匹配出的滤色片进行实测,并根据实测结果再予以修正,使其最终的匹配精度在允许的误差范围之内。

综上所述,实际的滤色片匹配过程原则上应该包括以下几个基本步骤:

①利用精确可靠的测试设备或装置测出待配光探测器的实际光谱灵敏度 $S(\lambda)$。

②根据卢瑟条件求出所需滤色片光谱透射比的理论值 $\tau(\lambda)$。

③根据已知有色玻璃种类的典型光谱透射比特性曲线,选择适于匹配目标光谱曲线所需的玻璃种数及其牌号;将选出的有色玻璃加工成一定厚度(如 1mm 或 2mm 等)的平板玻璃片,并测出此特定厚度时各色玻璃的实际光谱透射比 $\tau_1(\lambda),\tau_2(\lambda),\cdots$。

④根据前述公式计算出为匹配 $\tau(\lambda)$ 曲线所需的各种有色玻璃的合适厚度。如果用全滤色片法不能匹配出满意的 $\tau(\lambda)$,则可以考虑采用部分滤色片法,以达到滤色器的总透射比接近于 $\tau(\lambda)$ 特性。

⑤按照实际使用条件,在被测探测器前加上匹配滤色片,测出其组合光谱灵敏度 $S(\lambda)\tau(\lambda)$。如果与匹配目标光谱特性的符合程度达不到允许的误差范围,那么还需根据实测结果再进行修正,修正后再实测,如此反复修正直到满意为止。

由上可见,滤色片的光谱匹配过程是比较麻烦的,尤其是部分滤色片法更为复杂多变。除了要熟练地运用数学公式外,还需要灵活地掌握匹配技巧,反复地测试实验,才能在有限品种的有色玻璃中选择出恰当的材料,确定出合适的厚度和面积,最后达到较为满意的光谱匹配结果。另外,由于 CIE 光谱三刺激值函数中的 $\overline{x}(\lambda)$ 具有两个峰值波长,如图 6-22 所示,所以在实

际的光谱匹配时,常把$\overline{x}(\lambda)$曲线分为长波区域的$\overline{x}_r(\lambda)$响应曲线和短波区域的$\overline{x}_b(\lambda)$响应曲线两个部分,然后分别进行滤色片的光谱匹配。图 6-23 给出了两个匹配 CIE1931 光谱三刺激值函数的例子,其中图 6-23(a)是全滤色片法的匹配结果,图 6-23(b)为部分滤色片法的光谱匹配曲线,可见部分滤色片法的匹配精度高。

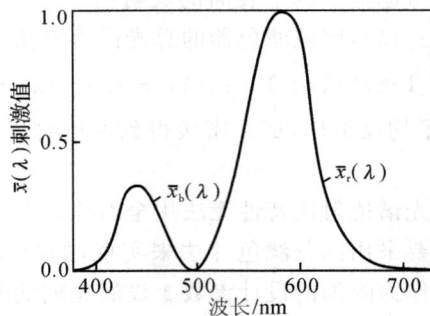

图 6-22 $\overline{x}(\lambda)$的长波部分$\overline{x}_r(\lambda)$和短波部分$\overline{x}_b(\lambda)$

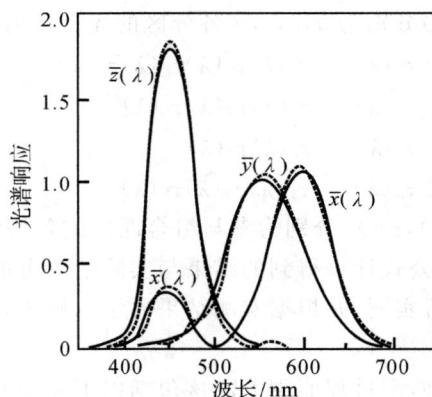

(a) 全滤色片法

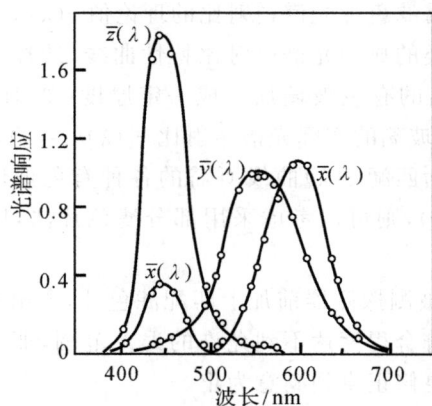

(b) 部分滤色片法

图 6-23   光学滤色片法匹配 CIE1931 光谱三刺激值函数(实线)的实例

图 6-24 是采用光学滤色片法实现卢瑟条件的光电积分式色度计的基本构成,可见这种类型的色度计构造简单,成本较低,因此在工业生产中得到了广泛的应用。采用光电积分式色度计可以方便地测定颜色的三刺激值,而现代电子及计算机技术的发展又使这种仪器具有数据处理功能,可由测得的三刺激值自动计算出 CIELAB 和 CIELUV 等标准色度系统的各种色度参数。

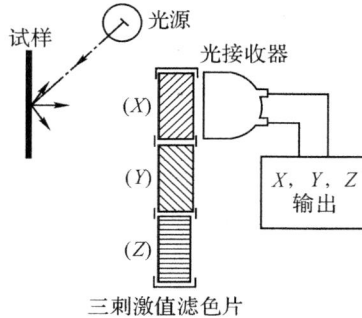

图 6-24　光学滤色片法光电积分式色度计的基本构成

光电积分式测色仪器的测量精度在很大程度上取决于光探测器的光谱匹配精度。由于有色玻璃的品种有限,所以往往在某些波长上会出现光谱匹配误差,同时在测量光探测器的相对光谱灵敏度时也存在一定的测量误差。因此,在进行光谱匹配计算及其制造的过程中,实际光探测器的光谱响应相对于 CIE 标准色度观察者光谱三刺激值曲线存在或大或小的差异。为了提高仪器的测色准确性,一般尽量用与被测光源相类似的标准光源来校正仪器。如果测色仪器的三色光谱曲线匹配不佳,在测量各种不同光谱特性的光源时会导致可观的测量误差。由此可见,普通的光电积分式测色仪器能准确地测出两个具有类似光谱功率分布色源之间的差别,但不能精确测定色源本身的三刺激值和色品坐标。如果应用部分滤色片法匹配技术,有可能使 $\bar{x}(\lambda)$、$\bar{z}(\lambda)$ 曲线的匹配积分误差小于 2%,$\bar{y}(\lambda)$ 曲线的匹配误差小于 0.5%,这样的光电积分式色度计就具有足够的精度用以测量颜色的三刺激值和色品坐标。

6.6.2　彩色亮度计

作为基于光电积分式测色原理的典型色度计,彩色亮度计可以通过望远镜系统对远距离目标进行颜色参数的测量,该被测目标一般为自发光辐射源或被第三方照明下的物体颜色。现代的彩色亮度计是一种智能化的自动测试精密仪器,通过专用微处理机实现对仪器的信号采集、数据处理、自动校正、结果显示等控制和操作。图 6-25 为一种国产彩色亮度计的原理,由物镜、带孔反射镜和目镜等光学元件组成的目视系统使操作者可以清楚地瞄准目标,在带孔反射镜的中间有一组不同大小的孔对应于不同的测量视场,目标的一部分光辐射通过小孔、积分镜进入由光电倍增管(PMT)作为探测器的测量光路。带孔反射镜上的小孔限制了测量光路的视场角,所以它是视场光阑,只要调节不同尺寸的小孔进入测量光路,就可以改变测量视场角的大小。积分镜把固定光阑恰当地成像于光电倍增管的光电阴极上,并形成一个均匀的光斑;在不同的视场条件下,这一光斑的大小基本不变,从而使光电接收系统能获得均匀稳定的光斑。在积分镜与光电倍增管之间设置了滤光片盘和衰减器,滤光片由四组不同牌号的有色玻璃组成,各组滤光片与光电倍增管合成的光谱响应分别匹配成 CIE 光谱三刺激值曲线 $\bar{x}(\lambda)$、$\bar{y}(\lambda)$、$\bar{z}(\lambda)$ 以及暗视觉光谱光视曲线 $V'(\lambda)$,匹配时应考虑到光学系统的光谱透射比特性。这些滤光片组进入测量光路后,光电倍增管输出的光电流信号对应于相应的刺激值,其光电信号经放大和 A/D 变换后输入专用微机存储。当测量完一组三刺激值 X,Y,Z 后,微机内嵌软件自动处理这些测量数据并在显示面板上输出亮度、色品坐标以及相关色温等被测目标的色度参数。

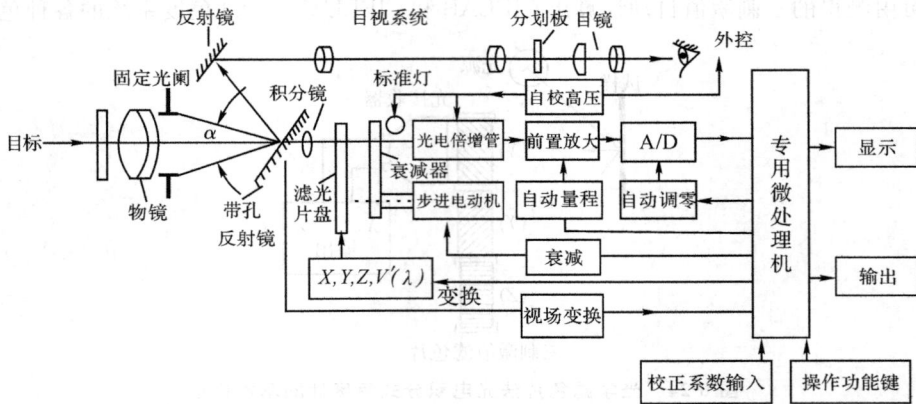

图 6-25　彩色亮度计的原理

考虑到光电积分式测色仪器的测量精度在很大程度上与其探测器光谱响应的匹配精度有关,而其光谱光度定标又通常只在特定的标准光源(如 CIE 标准光源 A)下进行,故当该仪器测量不同色温的光源时会出现测量误差。因此,在彩色亮度计的设计中,为了便于对各种不同色温的标准光源进行定标,一般需要设置色温自动校正功能;通过对标准光源的测量计算出该仪器相对于此标准光源的修正系数,用于对被测目标实际测量时的自动校正,以补偿光谱匹配不完善所带来的误差。

6.6.3　色差计

色差计是典型的光电积分式物体色测量仪器,它广泛应用于工业领域颜色产品的品质管理之中。色差计利用仪器内部的标准光源照明被测物体,经过透射或反射测出物体的三刺激值和色品坐标;在需要测量两种接近的颜色时,可以根据不同的色差公式计算出两个被比较颜色的色差。该类仪器一般都配置专用微机系统,可以对被测颜色样品进行信号采集、数据处理以及测试结果显示打印等输出操作。

在系统结构上,色差计通常由照明光源、光电探测器、信号放大、数据处理单元、结果显示和打印等部分组成,其中光电探测器常用硅光电器件,并且分别带有三个修正滤光片组,使其光谱响应与 CIE 光谱三刺激值曲线 $\bar{x}(\lambda)$、$\bar{y}(\lambda)$、$\bar{z}(\lambda)$ 相匹配。如图 6-26 所示为一种能测量反射或透射颜色样品的色差计的俯视图和侧视图,其照明与测量几何条件相当于 $0°:d$。光源的光束经过会聚透镜(和透射样品)以及 $45°$ 反射镜投射到反射样品上,积分球收集样品表面反射(或透过透射样品)的辐射通量。积分球的内壁涂有氧化镁(MgO)或硫酸钡($BaSO_4$)中性白色漫反射材料。光电探测器 X,Y,Z 分别安装在球壁的三个测量孔上,它们可以同时接收样品的反射或透射辐射通量。在测量透射样品时,在样品测量孔上放置氧化镁或硫酸钡中性白板。这类仪器可用于测量反射或透射颜色样品在某种 CIE 标准光源(如 D_{65},C 等)照明下的三刺激值和色品坐标;如果需要测量荧光物体的荧光相关特性,则应该采用具有紫外辐射的 CIE 标准照明体 D_{65} 作为照明光源(一般为模拟 D_{65} 照明),这样才能真实反映荧光物体的颜色特性。

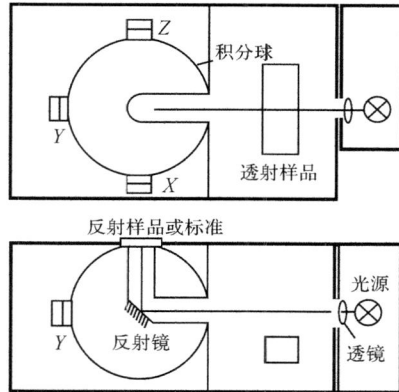

图 6-26　色差计的原理

　　实际上,色差计的照明光源大多是标准光源 A,所以如果欲获得标准照明体 D_{65} 下的物体色参数,必须利用色修正的方法使测色系统满足标准照明体 D_{65} 下的测量要求。这时,可以对三个光探测器 X,Y,Z 的相对光谱灵敏度作必要的光谱修正,使之满足卢瑟条件:

$$
\left.
\begin{aligned}
k_x P_A(\lambda)\tau_x(\lambda)S(\lambda) &= P_{D65}(\lambda)\,\overline{x}(\lambda) \\
k_y P_A(\lambda)\tau_y(\lambda)S(\lambda) &= P_{D65}(\lambda)\,\overline{y}(\lambda) \\
k_z P_A(\lambda)\tau_z(\lambda)S(\lambda) &= P_{D65}(\lambda)\,\overline{z}(\lambda)
\end{aligned}
\right\}
\tag{6-28}
$$

式中,$P_A(\lambda)$ 和 $P_{D65}(\lambda)$ 分别为 CIE 标准照明体 A 和 D_{65} 的相对光谱功率分布,$S(\lambda)$ 为光电探测器的相对光谱灵敏度,$\tau_x(\lambda)$、$\tau_y(\lambda)$、$\tau_z(\lambda)$ 分别为三个光探测器修正滤光片组的光谱透射比,$\overline{x}(\lambda)$、$\overline{y}(\lambda)$、$\overline{z}(\lambda)$ 为 CIE 标准色度观察者光谱三刺激值函数,k_x、k_y、k_z 为三个与波长无关的常数。

　　同样,色差计的精度与其光谱特性符合卢瑟条件的程度有关。一般来说,在色差计探测器的光谱修正中,要使仪器完全符合卢瑟条件是不可能的,只能是近似地匹配。为了减少光探测器光谱修正不完善所带来的误差,应该根据待测样品的颜色选用不同的标准色板或标准滤色片来校正测色仪器。将选定的标准色板或标准滤色片放入仪器,并调节仪器的输出结果,使测得的三刺激值与标准色板或标准滤色片的定标值一致,然后仪器才能用于实际测试。通常,色差计配有 $4\sim10$ 块不同颜色的标准色板或标准滤色片,其三刺激值由高精度分光光度计预先标定。如果被测的反射或透射色样与校正用标准色板或标准滤色片的颜色相近,则可以认为两者具有近似的光谱反射或透射特性,这时色差计测得的色度参数就有较高的可靠性。

　　此外,色差计的测量精度还与仪器的光源、光探测器的稳定性等密切相关。如果在整个测量过程中,由于光源色温的变化,其相对光谱功率分布就会改变,导致卢瑟条件的匹配精度降低,故其测色精度也随之下降;光探测器的光谱灵敏度发生变化也会造成同样的后果,当然如果仪器的光探测器采用硅光电器件,那么该影响就可以大大降低。因此,为了保证测色仪器的长期测量精度,需要定期进行相关检查,必要时应该更换光源等器件。

　　为了消除或减弱在仪器标定之后的测量过程中光源可能发生的变化对测量精度的影响,可以通过双光路光学系统结构的设计来实现。在如图 6-27 所示的双光路色差计中,仪器的积分球壁看作一个过渡的参考标准;仪器定标时,光源经准直透镜射出一束平行光,其中一部分被分束镜 1 和反射镜 2 反射后投向球壁,另一部分光被反射镜 3 反射并照射标准色板,步进电机控制光阑转动,使两束光可以交替入射于球壁或标准色板,这时 X 光电探测器的输出响应

分别为

$$
\left.\begin{array}{l}
i_{r,x} = kP_e\rho_{r,x}S_x \\
i_{s,x} = kP_e\rho_{s,x}S_x
\end{array}\right\} \tag{6-29}
$$

式中，$i_{r,x}$ 和 $i_{s,x}$ 分别为光投射于球壁和标准色板时 X 探测器的响应，P_e 是光源的相对光谱功率分布，$\rho_{r,x}$ 和 $\rho_{s,x}$ 分别为积分球壁和标准色板的反射比，S_x 则为 X 探测器的相对光谱灵敏度。由此可以计算出球壁的反射比为

$$
\rho_{r,x} = \frac{i_{r,x}}{i_{s,x}}\rho_{s,x} \tag{6-30}
$$

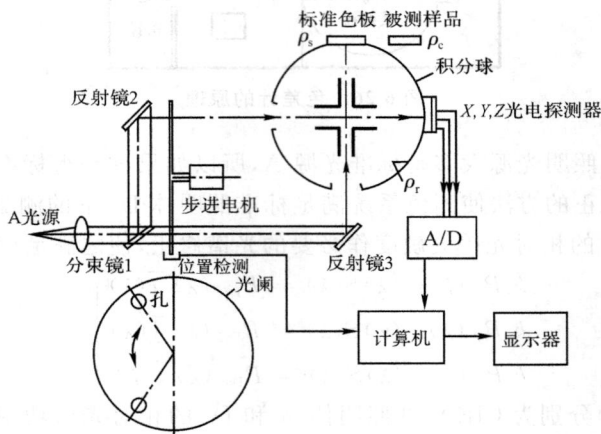

图 6-27 双光路色差计的工作原理

仪器进入测量工作状态后，将被测样品置于测量孔上，由步进电机控制光阑转动，使光束先后照射球壁和测试色样，类似地，此时 X 光电探测器的输出响应分别为

$$
\left.\begin{array}{l}
i_{r,x}' = kP_e\rho_{r,x}S_x \\
i_{c,x} = kP_e\rho_{c,x}S_x
\end{array}\right\} \tag{6-31}
$$

式中，$\rho_{c,x}$ 为被测样品的反射比，即

$$
\rho_{c,x} = \frac{i_{c,x}}{i_{r,x}}\rho_{r,x} = \frac{i_{r,x}}{i_{r,x}'}\frac{i_{c,x}}{i_{s,x}}\rho_{s,x} \tag{6-32}
$$

式中，$\rho_{s,x}$ 代表标准色板的 X 刺激值，所以 $\rho_{c,x}$ 即为被测样品的 X 刺激值。同样，Y,Z 光电探测器的输出响应经过类似的处理后，分别能获得样品的 Y,Z 刺激值。由此，可以进一步计算出颜色样品的色品坐标以及两种被比较样品之间的色差。由于球壁和标准色板或被测样品之间的测量时间相差很短，所以其光源波动的影响比单光束测量方法要小得多。当然，如果采用两组 X,Y,Z 探测器分别同时测量照明光源和颜色样品的三刺激值，则可以按上述同样的原理测出被测样品的色度参数及其色差，而且由于光源与样品测量的同时性其光源波动对测色精度的影响基本得到修正。

为了满足各种实际测量要求，色差计的结构设计可以有各种形式。如图 6-28 所示是便携式色差计的测量部件，其照明与测量条件为 8°：de 方式，X,Y,Z 探测器被漫射照明，标准色板或被测样品的镜面反射成分被光泽陷阱所吸收。该系统特别适用于对纺织品等的颜色测量，因为纺织品的经纬线对不同方向的入射光其反射特性也不同，当样品在测量孔上旋转时会造成反射光的变化，而采用积分球收集反射光的方式则可以减小这些影响。图 6-29 为采用

$45°a:0°$ 照明与测量几何条件的探测部件,利用空腔反射的效果把氙灯的光进行均匀混合,并在 $45°$ 方向上照明被测样品,样品表面的反射经过光导纤维 1 照明 X、Y、Z 光电探测器,光导纤维 2 用以监视氙灯发光强度的变化,从而对光源波动进行修正。

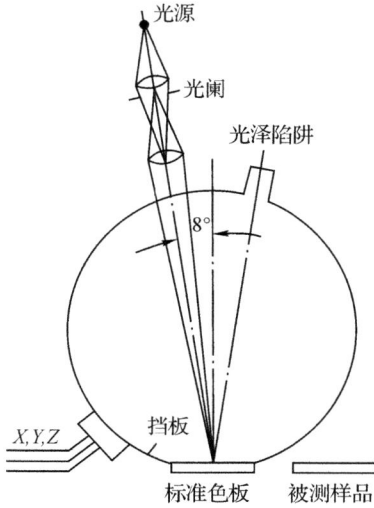

图 6-28　$8°:de$ 几何条件的测量部件

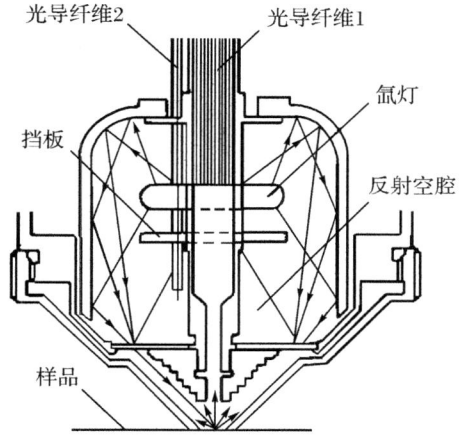

图 6-29　$45°a:0°$ 几何条件的测量部件

6.6.4　光电积分式测色仪器的校正

1. 校正原理

如前所述,由于 CIE 光谱三刺激值函数中的 $\bar{x}(\lambda)$ 具有两个峰值波长,所以 $\bar{x}(\lambda)$ 可以分为长波区域的 $\bar{x}_r(\lambda)$ 和短波区域的 $\bar{x}_b(\lambda)$,并且其 $\bar{x}_b(\lambda)$ 与 $\bar{z}(\lambda)$ 的形状相似,它们之间存在一定的比例关系即 $X_b/Z=K$。因此,光电积分式探测器的光谱匹配可以有两种不同的方法:一种是直接将三个探测器的光谱响应匹配成 $\bar{x}(\lambda)$、$\bar{y}(\lambda)$、$\bar{z}(\lambda)$ 曲线;另一种是将三个探测器的光谱响应分别匹配成 $\bar{x}_r(\lambda)$、$\bar{y}(\lambda)$、$\bar{z}(\lambda)$ 曲线,再利用比例系数 K 求得 X 总刺激值即 $X=X_r+X_b=X_r+KZ$。

不同的光电探测器光谱匹配方式导致对应测色仪器的不同定标方法,下面具体讨论这两种不同的色度校正过程。

(1) 测色仪器三个光电探测器的光谱响应分别匹配成 $\bar{x}(\lambda)$、$\bar{y}(\lambda)$、$\bar{z}(\lambda)$ 曲线

如图 6-30 所示,在光度导轨上把待校正测色仪器的探测器对准已知 X、Y、Z 三刺激值的色源(如标准色板),调节三个作为光电信号处理电路的电流-电压变换器(运算放大器)反馈电阻的大小或其后继放大器的放大倍数,即图 6-31 中的 R_{f1}、R_v、R_{f2} 等,使其显示的读数值与标准色源的三刺激值 X、Y、Z 一致,仪器即达到了校正状态。

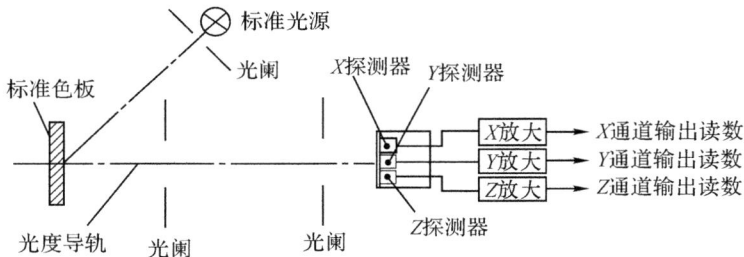

图 6-30　光电积分式测色仪器的定标原理

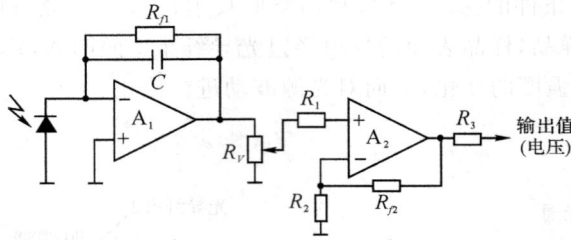

图 6-31   光电流-电压变换及电压放大电路的原理

有些光电积分式色度计的探头做成平面状接收表面,那么其 Y 通道可以采用照度定标的方法进行校正,如图 6-32 所示。这时,可把 Y 通道作为照度计探测器,在光度导轨上利用发光强度标准灯对仪器进行校正,调节 Y 通道的校正电位器(改变放大器的放大倍数),使其显示的读数值 Y 满足

$$Y = \frac{I}{r^2} \tag{6-33}$$

式中,I 为标准灯的发光强度,r 为仪器探头与标准灯的灯丝之间的距离,照度单位为勒克斯(lx)。然后,根据 CIE 标准光源 A 的三刺激值 X, Y, Z 之间的比例关系来校正 X 和 Z 通道,即(在 CIE1931 标准色度系统中)

$$X : Y : Z = 109.85 : 100.00 : 35.58 \tag{6-34}$$

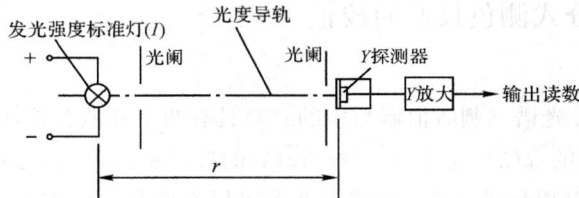

图 6-32   以照度作为光电积分式测色仪器的定标单位

(2) 测色仪器三个光电探测器的光谱响应分别匹配成 $\overline{x}_r(\lambda), \overline{y}(\lambda), \overline{z}(\lambda)$ 曲线

在这类仪器中,假设 $\overline{x}_b(\lambda)$ 与 $\overline{z}(\lambda)$ 的曲线形状是相似的,并考虑到在 CIE 标准光源 A 条件下定标,所以

$$K = \frac{X_b}{Z} = \frac{\int_{380}^{505} P_A(\lambda) \, \overline{x}_b(\lambda) \, \mathrm{d}\lambda}{\int_{380}^{780} P_A(\lambda) \, \overline{z}(\lambda) \, \mathrm{d}\lambda} = 0.151 \tag{6-35}$$

于是,X 的总刺激值为

$$X = X_r + X_b = X_r + KZ = X_r + 0.151Z \tag{6-36}$$

校正仪器时,首先将 Y 通道按第(1)种方法进行校正,而 X_r 和 Z 通道则应根据标准色源相应的 X_r 和 Z 刺激值来校正,其中仪器测量的色源的 X 刺激值可按式(6-36)计算。如果要求 Y 通道以照度作为定标单位,则在光度导轨上校正了 Y 值之后,X_r 和 Z 通道可以根据标准光源 A 的三刺激值 X_r, Y, Z 之比来标定,即(在 CIE1931 标准色度系统中)

$$X_r : Y : Z = 104.47 : 100.00 : 35.58 \tag{6-37}$$

2. 应用举例

下面以彩色亮度计和彩色电视白平衡仪的色度校正为例,说明光电积分式测色仪器的定

标过程。

（1）彩色亮度计的定标

彩色亮度计以亮度作为定标单位，图 6-33 是其采用 CIE 标准光源 A（发光强度为 I）进行校正的定标装置。设仪器与氧化镁（或硫酸钡）白板的距离为 r，则氧化镁白板表面的照度为 $E=I/r^2$。另外，已知氧化镁白板在标准光源 A 照明时的反射比为 ρ，由此便可以计算出在标准光源 A 照明下氧化镁白板的三刺激值 X_r,Y,Z。这里顺便说明一下氧化镁白板的反射比 ρ 的计算方法，首先在分光光度计上测出氧化镁白板与国家计量部门提供的标准白板的光谱反射比之比值，从而获得氧化镁白板的光谱反射比 $\rho(\lambda)$，然后应用色度学理论可以计算出氧化镁白板在 CIE 标准光源 A 照明下的反射比 ρ。

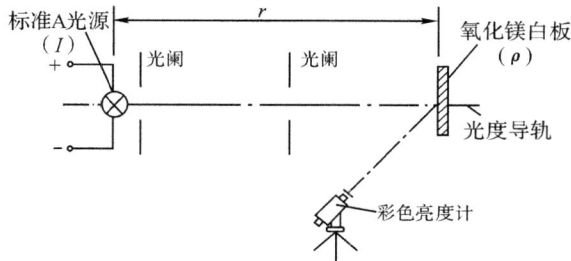

图 6-33　彩色亮度计的定标

当氧化镁白板表面的照度为 E 时，其表面的亮度为

$$L = \frac{\rho E}{\pi} \tag{6-38}$$

校正时，首先调节彩色亮度计的 Y 通道，使其显示的读数值等于 L。一般可以调节标准灯与标准白板之间的距离，使 $L=100\mathrm{cd/m^2}$，以方便校正工作。然后，分别调节相应的 X_r 和 Z 通道，使三刺激值 X_r,Y,Z 符合上述计算出的标准光源 A 照明下氧化镁白板的三刺激值 X_r,Y,Z 之比值，即校正完成。

（2）彩色电视白平衡仪的定标

彩色电视白平衡仪用于彩电生产线上自动测试和调节彩色电视机的白场平衡，通常分为高亮度白平衡和低亮度白平衡。本例仍以 Y 通道作为基准，即以亮度作为定标单位。图 6-34 为彩色电视白平衡仪的定标原理，借助于高精度的彩色亮度计和均匀的中性透过率标准滤光板，在光度导轨上对标准光源 A 进行定标。改变标准灯与滤光板之间的距离 r 可使滤光板表面的照度（$E=I/r^2$）发生变化，而滤光板的透过率 t（其测试方法同前例的 ρ，且 t 与波长 λ 无关，故透过的三刺激值 X_r,Y,Z 之比仍为标准光源 A 的相应比值）一定，所以从滤光板透出的亮度（$L=tE/\pi$）也随之改变。

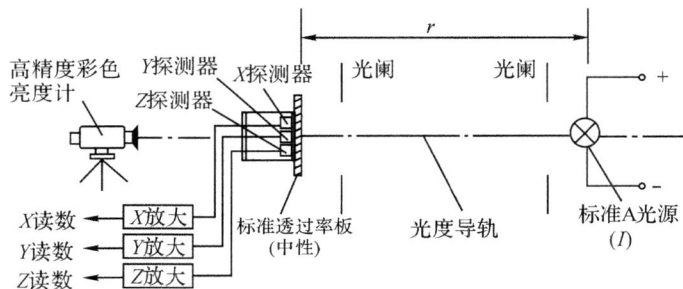

图 6-34　彩色电视白平衡仪的定标

首先调节 r，在彩色亮度计的监视下，使透过滤光板的亮度 L 达到白平衡仪实际使用时要求的值（如高亮度校正时 $L=70.0\mathrm{cd/m^2}$，低亮度时 $L=7.0\mathrm{cd/m^2}$），再调节被校仪器 Y 通道的增益，使其读数与指定值 L 一致或成一定的比例 K_c（后者情况下在定标后的实际测试中乘上此比例系数 K_c 即可），亮度校正完毕。然后，在此同一状态下调节相应的 X_r 和 Z 通道增益，使 X_r,Y,Z 符合如式（6-37）所示的标准光源 A 的三刺激值之比即可。

在本例的定标过程中，由于借助于高精度的彩色亮度计来监测滤光板的透过亮度，故不需要确切知道滤光板的透过率 t，而只要保证此滤光板有效面积内各区域点的 t 一致、恒定并且中性就可以了。这样可以减少辅助测试和数据处理的工作量，给仪器的色度定标方法带来实施的便利性和普遍适用性。

3. 色温修正

前面已多次提到，在光电积分式测试仪器的探测器光谱特性匹配中，偏离卢瑟条件的误差对测量精度的影响很大。前述的实例都只说明了对标准光源 A 的定标，这主要由仪器的硬件（放大电路）实现，而在对其他色温的目标进行实际测量之前，还需要采用色温修正的方法来提高仪器的测色精度。这时，主要利用仪器内置的微机系统并结合软件功能得到相应的修正系数，从而实现对各种色温下目标的精密测试。

设测色仪器在对标准光源 A 定标结束后，其对被测色源的三个通道输出分别为 R_r,G,B，由于光谱匹配的不完善，存在修正系数 c_r,c_b,c_B，所以被测色源的三刺激值应为

$$\left.\begin{array}{l} X=c_r R_r+c_b B \\ Y=G \\ Z=c_B B \end{array}\right\} \tag{6-39}$$

为了求出修正系数 c_r,c_b,c_B，需要有一个与被测色源相近的标准光源（或标准色板），并设其色品坐标为 x_0,y_0；然后将彩色亮度计瞄准标准光源（或标准色板）并进行测量，得到仪器三个通道的测量值分别为 R_{r0},G_0,B_0，它们满足

$$\left.\begin{array}{l} \dfrac{X_0}{G_0}=\dfrac{c_r R_{r0}+c_b B_0}{G_0}=\dfrac{x_0}{y_0} \\[3mm] \dfrac{Z_0}{G_0}=\dfrac{c_B B_0}{G_0}=\dfrac{z_0}{y_0} \\[3mm] \dfrac{X_{b0}}{Z_0}=\dfrac{c_b B_0}{c_B B_0}=0.151 \end{array}\right\} \tag{6-40}$$

式中，X_{b0},X_0,G_0,Z_0 为标准光源（或标准色板）的三刺激值。解式（6-40），可得

$$\left.\begin{array}{l} c_r=\dfrac{G_0}{y_0 R_{r0}}(x_0-0.151 z_0) \\[3mm] c_b=0.151\dfrac{z_0}{y_0}\dfrac{G_0}{B_0} \\[3mm] c_B=\dfrac{z_0}{y_0}\dfrac{G_0}{B_0} \end{array}\right\} \tag{6-41}$$

测色仪器对准标准光源（或标准色板）测得 R_{r0},G_0,B_0 之后，由专用微机利用定标软件按式（6-41）立即计算出修正系数 c_r,c_b,c_B，并存入仪器的存储器中。在以后的实际测量时，仪器便能自动调用这组参数来修正测量值，从而由式（6-39）得到被测目标的三刺激值 X,Y,Z。通过修正系数加权计算后的三刺激值 X,Y,Z 具有较高的精度，同时有效地消除了在硬件定标（标准光源 A 下）时产生的误差和光电探测器的光谱匹配误差。

6.7　其他测色仪器

前面已经介绍了两种最主要的测色仪器,即分光光度计和光电积分式色度计。除此之外,还有多种其他的测色仪器,如光谱辐射计、光度计、滤光光度计、变角光度计以及光泽度仪、成像系统等。

分光光度计主要用来测量材料的光谱性能,而光谱辐射计则主要用以测量光源(包括光环境、CRT 或 LCD 显示器、LED、作为辐射源的投影仪等)的光谱性能,它们与分光光度计相比除了光源明显不同之外,其他主要结构基本相同。CIE 也定义了测量光谱辐亮度和光谱辐照度的标准几何条件,其与光亮度和照度几何条件的定义相同。另外,由于许多光源具有线谱结构,所以光谱辐射计对光谱采样的波长间隔小、带宽窄。

光度计是测量光源的照度或亮度的仪器,其探测器的光谱响应匹配成 CIE 光谱光视函数 $V(\lambda)$。除了光度计为单信号通道结构之外,其设计与色度计相似。根据其定义,按照 CIE 标准色度观察者的 $\bar{y}(\lambda)$ 函数[等效于 CIE 光谱光视函数 $V(\lambda)$]匹配的色度计的 Y 通道也可以测出光亮度 L 或照度 E。

滤光光度计通常采用多个滤光器与探测器的组合方式,在几个分离的不连续的波长上对光谱进行采样,然后通过矩阵化处理,可以测出目标的色度参数。另一种方法是采用单个探测器与多个光源组合的方式,这类光源一般是发光二极管(LED)。将几组不同颜色(不同主波长)的 LED 排列在一个马赛克式的格子中形成 45°环形照明,脉冲式 LED 与一个同步的相位差为零的硅光电二极管探测器相连,并由此记录来自被测样品的反射光,最后通过矩阵化处理将多个光源下的测试数据转换为色度参数。

在颜色测量中常常利用光泽陷阱来消除被测材料的镜面反射,然而物体表面的光泽和纹理等几何特征在定义材料的总体色貌时却是至关重要的。变角光度计就是用来测量材料变角光度性能的仪器,而在确定的光学几何条件下材料的光泽度则可以采用光泽度仪来测定。

作为成像系统,照相的胶卷、广播电视摄影机、扫描仪以及数码相机都可以用来记录作为空间位置函数的颜色信息即图像。例如,利用扫描仪或数码相机可以将所需的图像输入计算机,然后经过图像处理软件按照要求加以处理后,从喷墨或激光打印机或喷绘机输出,或者从纺织品喷墨印花机喷印到织物上。目前,在现代颜色科学和图像技术领域中,扫描仪和数码相机已成为最主要的彩色图像数字输入设备,在信息相关行业以及印刷、包装、纺织等传统的颜色工业中都得到广泛的应用,因此下面将对这两种现代成像系统数字设备作一简要的介绍。

6.7.1　扫描仪

扫描仪是一种图像输入设备,由于其可以迅速地将图像数字化并输入计算机,因而在图文通信、图像处理、模式识别、出版系统等方面得到广泛的应用。扫描仪的类型主要有平板式、透射式、滚筒式以及手持式等,其中基于光电耦合器件的平板式扫描仪是桌面出版和专业化的印前处理过程中应用最为普遍的图像捕获设备。

平板式扫描仪的种类很多,包括从价格低廉的黑白扫描仪到质量上乘具有专业水准的彩色扫描仪等各种档次。高质量的平板扫描仪既能扫描反射原稿也能扫描透射原稿,但是中档的扫描仪则需要另配一个光学装置才能扫描透射稿。

目前市场上扫描仪的接口标准主要有 EPP,SCSI,IEEE1394 和 USB 等四种,其中 SCSI 接口的传输速度很快,但需要在计算机中额外添置价格不菲的 SCSI 连接卡,这不但增加了扫描仪的成本,而且安装复杂,所以目前仅限于专业用户使用;EPP 接口曾经最普及,但其较低的数据传输效率已经极大地限制了它的扫描速度,无法适应现代快节奏的需要;IEEE1394 接口由于其较为昂贵的价格,目前还很难在家用中普及;USB 接口在传输速度、易用性、扩展性以及计算机兼容性等方面均有较好的兼顾,所以当前的主流扫描仪几乎都配置了 USB 数据通信接口。

扫描仪的感光器件一般分为电荷耦合器件(charge coupled device,CCD)和接触式图像传感器(contact image sensor,CIS)两种类型,其中 CCD 占据着当前扫描仪市场的主流。CIS 扫描头价格便宜,更换方便,曾广泛用于传真机和手持式扫描仪;但其极限分辨率只有 600dpi 左右,所以扫描的层次不足。CCD 的扫描速度快,光学分辨率可达 1200dpi 至 2400dpi,有一定的景深,能扫描凹凸不平的实物;但由于 CCD 成像需要采用反射镜和透镜,所以容易产生色差等光学像差,通常需要通过软件进行校正。

扫描仪的分辨率是最重要的技术指标。分辨率高,则扫描精度也自然得到提高,但其扫描速度会相应降低。一般而言,普通办公室文档扫描使用 300dpi×600dpi 的分辨率即可满足基本需求。目前,市场上主流扫描仪的分辨率为 1200dpi×2400dpi。

色彩位数(bit)是扫描仪所能捕获色彩层次信息的重要技术指标,高的色彩位数可得到较大的动态范围,对色彩的表现也更加丰富、自然、逼真。常见的扫描仪其色彩位数有 24 位、30 位、36 位等,而目前市场上的家用扫描仪多为 42 位,但 48 位的扫描仪正在逐渐迈向主流行列。48 位的扫描仪可以捕获到 281 万亿种色彩(42 位只能捕获 4 万亿种色彩),因而其色彩层次信息更充足,即使在一系列的影像处理过程中对色彩信息造成某些损失,也不至于对输出效果产生很大的影响。

1. 扫描仪的选择

目前,在国内市场上流行的扫描仪产品主要有爱普生(Epson)、惠普(HP)、佳能(Canon)、阿克发(Agfa)、柯达(Kodak)、MICROTEK、AVISION、UMAX、N-TEK、Mustek、ScanACE 以及清华紫光等十几种品牌,而每一种品牌都有多种不同型号和档次的产品,少则几款,多则二十多款。

在选择扫描仪的时候,应该考察其所采用的数据接口、感光器件、光学分辨率、色彩位数等技术指标。另外,普通扫描仪大多用来扫描文档或相片,所以幅面一般不超过 A4,而实际上 A4 或 A4 加长幅面的扫描仪已可满足一般用户的需要。

在了解扫描仪硬件的同时,还应注意随机的软件配置。如果没有 OCR、图形编辑、网络支持以及优良的驱动等软件,扫描仪的功能和使用效率都将受到限制。

对于普通的个人用户,通常应将重点放在经济实用性和易用性等方面,而不必过于追求高分辨率;数据接口以 USB 为宜,便于扩展;同时,还应注意安装的便利、扫描软件界面的友好、操作的简单等。

对于一般的办公应用,可根据具体的需要对相应的指标和性能有所侧重。如果只是文本的录入,通常只要选择 600dpi 的光学分辨率即可,但应该配有高识别率并具丰富功能的 OCR 软件,最好能支持简体和繁体中文以及英文;如果经常需要处理的文稿量较大,则对扫描仪的性能应该偏重于扫描速度,以便充分提高工作效率。对于网页制作应用,600dpi 的分辨率一般也能满足需要。由于其图像将在计算机屏幕上显示,所以通常对色彩指标也不必提出过于专业的要求。

对于从事平面设计、广告制作以及印刷排版等领域中图像处理工作的专业应用，往往对扫描仪的各方面性能都有较高的要求。一般需要选择光学分辨率达到 1200dpi 以上的扫描仪，色彩位数也愈高愈好；如果需要扫描胶卷底片等应用，还应有透射稿扫描功能；同时，扫描仪最好配有速度更快的 SCSI 接口或 IEEE1394 接口。但是，通常对于体积、外观等方面的指标则比较次要。

2．扫描仪的使用方法

（1）扫描前的准备

扫描仪应该放置于平坦、稳定的处所，扫描前仔细检查玻璃上方是否有污渍，以免影响扫描效果。在第一次使用扫描仪之前，一定要先开锁，并且在保证电源关闭的情况下才能接入电源插座，这是为了防止在运输中扫描镜头前后撞击而遭受损伤，生产厂商在扫描仪上都安装了一个机械或电子的锁定装置，专门用于锁定扫描仪的镜头组件，确保其不能随意移动。

扫描前，先打开扫描仪预热 5～10min，使仪器内的照明光源达到稳定发光状态，并确保光线均匀地照明整个稿件。

由于扫描仪的局限性，扫描得到的图像多少会有些变形或失真。因此，应尽量使用品质优良的原稿，并且在放置原稿时使扫描对象的一个角对齐扫描仪上的指示箭头，正面向下放平，以得到高质量的扫描图片；对一些尺寸较小的稿件，尽可能放置于扫描仪的中央，以减少变形。在一般情况下，扫描时均应将顶盖合上，但是如果扫描较厚的对象，只能采取开盖方式，这时要注意以适当的力量压紧对象，并通过预扫描来调整位置，以尽量减少漏光空间。

（2）预扫描

利用预扫描功能可以直接确定所需要扫描的图像区域，以减少扫描后对图像的处理工作量；通过观察预扫得到的图像，可以对影响色彩、效果等的扫描参数进行调整和重新设置。

扫描时采用的分辨率应该根据具体的实际需要来决定。分辨率高，可以获得更多更清晰的图像细节，但扫描得到的图像文件会更大，占有较多的存储空间，后继处理难度也增大。一般来说，网页图片的分辨率通常在 75dpi 左右，印刷出版图片要用到 300～600dpi 的分辨率，而需要打印时的扫描分辨率必须综合考虑打印机的分辨率才能决定。对用于打印的彩色图像，扫描分辨率以打印机真实分辨率的 1/4～1/3 为原则进行选择。例如，打印机的分辨率为 720dpi，则扫描分辨率可设为 180～240dpi，具体取值需要通过扫描试印和比较来确定。另外，扫描参数中的缩放比例也很重要。如原稿尺寸为 4in×3in，当希望以 10in×8in 进行打印时，首先按打印机的分辨率将扫描仪的分辨率设定为 180dpi；然后，根据目标尺寸与原稿尺寸之比即宽 10/4＝250％和高 8/3＝267％，决定其缩放比例应为 250％（当宽度和高度方向的缩放比例不同时应取较小者）。

如果原图像是单色的，则应选用线条图像类型进行扫描；对于黑白照片，采用灰度图像类型以得到较小的扫描图像文件；如果希望用黑白打印机输出彩色图像，也应选用灰度图像类型进行扫描。

（3）扫描

在实际扫描时，可以利用扫描仪配置的相关软件中选择"扫描到应用程序"或直接从图像处理软件的"从扫描仪获得文件"功能得到扫描图像。

扫描仪在扫描印刷照片时，会将印刷物上的细微墨点也一同扫描进来，影响图像的质量，这时可以利用除去网纹的技术对有网点的图像进行分析，将其还原成无网点的原稿，以重现原图片的效果。当原图是杂志或覆膜印刷品时应选择"杂志"选项，如果原图是报纸或较粗糙的网点印刷品则选择"报纸",当原图是高品质的精美印刷品且网点非常小时应选择"艺术印刷品"。另外,如果扫描非印刷品,那么应该选择"不设定"即关闭该功能,否则反而会降低扫描图像的质量。

如果原稿的尺寸较大,扫描仪的幅面不能将稿件一次扫描完,那就需要分多次扫描然后拼接起来,这时应根据待扫物品的实际幅面来决定采用横向或竖向扫描方式,使扫描的次数尽量少,以利于后继的拼接处理。在对彩色图像进行扫描时,可以应用如 ScanModule 等扫描软件的校色工具对扫描图像的色彩进行校正,从而得到更为准确的图像色彩。

6.7.2　数码相机

数码相机以其强大的功能、便捷的操作、出色的拍摄效果以及低成本、数字化、防误拍等各种优势,在现代图像相关研究领域和信息产业中得到广泛的应用,同时也已渗透并逐渐普及到人们的日常生活之中。

1. 数码相机的工作原理

简而言之,数码相机的工作过程就是把光信号转化为数字信号的过程,利用图像传感器 CCD(或 CMOS 器件)作为光敏元件,光线通过成像光学系统和滤色器投射到 CCD 上,由此将其光强和色彩转换为电信号并记录在数码相机的存储器中,形成计算机可以直接处理的数字图像。

数码相机的具体工作原理主要包含如下的几个环节和步骤。

（1）开机

打开数码相机的电源后,主控程序首先进行初始化检测,确保机内各部件处于正常工作状态。如果出现故障,系统会自动给出相应信息于其 LCD 显示屏上,并禁止拍摄,否则完成初始化并使相机处于待机状态。

（2）拍摄

拍摄时,只要按下相机快门,光学镜头便将实物画面成像于光敏元件 CCD 上,由此进行光电转换以捕捉景物的光信号,并以红(R)、绿(G)、蓝(B)三色响应存储。数码相机一般都有自动聚焦和测光的功能,当快门按下一半时其主控芯片(MCPU)就会自动测试并确定对焦距离、快门速度以及光圈大小等参数,以实现"傻瓜型"拍摄。

（3）图像处理与保存

由 CCD 各像元感光记录的光电信号以串行的方式传送到相机内部的缓冲存储区,其中要经过如 A/D 转换、白平衡及色彩校正等多项处理,然后再合成一幅完整的数字图像。当数字信号离开缓冲区时还要经过图像压缩处理,压缩的方式和程度取决于按下快门前所选定的拍摄模式;一般来说,标准模式的压缩幅度较大,而高画质模式的压缩幅度较小。最后,由主控程序发出指令,将压缩后的图像转移并保存到相机的存储介质中。

（4）图像编辑与输出

通过数码相机拍摄获得的数字影像资料可以直接下载到个人计算机(PC)中进行编辑处理或保存。现代的数码暗室技术具有丰富强大的数字图像处理功能,不但可以轻松地对数码照片予以常规的编辑,而且可以进行特殊效果的处理,达到对数码照片的再创作。然后,利用数据接口可以将图像从打印机输出,或者输送到电视机上直接观看拍摄的图片,还可以输出到录像机等视频设备以将照片转录到录像带等媒质上,当然如果需要也能通过计算机将数码照片直接从喷墨印花机输出到某些织物上。

数码相机的输出方式通常可以分为接口传送、存储卡传递以及视频传送等几种。在接口传送方式中,数码相机与计算机的早期数据通信接口以 RS-232 和 IrDA1.0 为主,它们的传输速率较慢,所以目前普及型数码相机的标准接口均采用高速便捷的 USB 方式。另外,IEEE1394 接口可以达到 400Mbps 的传输速率,因而可能会代替 SCSI 成为专业数字图像设备的标准接口方式。

2. 数码相机的信号处理

（1）信号捕捉

数码相机与传统相机在捕捉信号的前端结构上是相同的,两者都是使用镜头、光圈和快门来对景物进行成像。但是,传统相机将实物成像在感光银盐胶片上,胶片以光学模拟信号的形式将影像记录下来;数码相机则由半导体图像传感器(CCD 或 CMOS)接收影像,通过扫描产生电子模拟信号,然后进行模数转换(A/D)形成数字信号,再经过图像压缩,最后以数字文件形式保存在内置的存储芯片、可拔插的 PC 卡或软磁盘等介质上。

在数码相机普及之前,扫描仪是数字图像处理的必备工具。但是,随着数字图像技术的发展和数码相机分辨率的提高,数码相机已逐渐取代了扫描仪而成为获取数字图像的最主要设备。扫描仪只是把照片原稿转换为计算机能够处理的数字图像,其获取图像的方式是先将光线照射到待扫描的材料上,由反射成像在 CCD 光敏元上实现光电转换,然后经过 A/D 将模拟信号变换为数字信息,最后由扫描软件读入这些数据并重组成计算机图像文件。当扫描透明材料时,CCD 接收的是透过原稿的光线,所以需要特别的光源补偿,借助透射匹配器(TMA)装置来完成该功能。因此,扫描仪只能扫描表面平整的物体,而数码相机则能拍摄任何景物,对物体表面没有特别的要求;扫描仪只能处理静态的文稿或照片,并且扫描速度也较慢,而数码相机则可以捕捉运动目标。

电荷耦合器件(CCD)和摄像管的工作原理类似,它利用光电效应,首先将入射光转变成对应的光电荷并暂存在像元的微小静电容中,然后通过固体扫描方式将信号读出。CCD 固体图像传感器具有光电转换、光电存储和固体扫描等功能,利用电子的转换、移位来完成扫描过程。在 CCD 的硅基片上镶嵌排列着许多各自独立的像元,通过在电路上施加扫描脉冲将存储在像元上的光电荷按顺序读出。

在数码影像系统中,数码相机和数码摄像机同为数码影像的输入设备,其作用都是生成数码图像。但是,数码相机主要用于捕捉景物的瞬间活动,生成的主要是数码图片影像,而数码摄像机则主要用于捕捉对象的连续活动,生成的主要是数码视频影像。当今,随着数码影像技术的快速发展,数码摄影和数码摄像技术相互交叉融合的趋势日益明显,目前已出现了不仅能摄像而且还能拍摄静止图像的摄像与照相两用机;同时,现在的数码相机大多兼具摄像功能,不仅能拍摄静态图像,而且还能记录短时间的活动图像和声音。

（2）信号存储

传统光学相机以胶卷为主要的信号存储介质。一次成像相机采用特殊的相纸代替化学胶片和印相纸,能直接感受光线并立即生成实物照片;APS 相机则采用带有磁性及光学记录带的专用 APS 胶卷。

数码相机中存储的照片不再是传统意义上的影像而是一个个数字文件,其信号存储体也不是普通的底片而是数字化存储器件。数码相机采用的存储媒体有内置式(存储器)和可移动式(存储卡或软磁盘)之分,其中内置式存储器固化在数码相机内部,不需要另配存储媒体;存储卡或软磁盘可随时装入数码相机或从中取出,存满后可及时更换,使用方便,所以只要备足需用的存储卡或磁盘,就可以连续进行大量的拍摄。

3. 数码相机与传统相机的区别及其优势

数码相机在许多方面有别于传统胶卷相机。在仪器结构上,数码相机中的图像传感器(CCD 或 CMOS)、模数转换器(A/D)、数字信号处理器件(DSP)、液晶(LCD)取景器、电子存储器以及数据接口等都是传统相机所没有的。数码相机与传统相机的本质区别主要在于两者所处理的信号不同,传统相机处理的是光学模拟信号,而数码相机处理的则是电子数字信号,所以两者在信号的捕捉、存储、处理和输出的方式等都有根本的差别,由此导致了在整机结构、系统工作原理等方面的很大不同。

不同于传统相机,数码相机将影像信息以数字方式存储于内存卡或磁盘中,所以其存储能力可以大至无限,而成本却几乎可以忽略;数码相机还能通过存储介质或数据接口直接把数据传送到计算机,并利用各种图像处理软件使自己的想象与创意得到自由的发挥。因此,数码相机的最大优势在于其信息的数字化,由于数字信息可以通过因特网即时传送,故数码相机能实现图像的实时传递;数字化信息又具有易处理性,所以数码相机的图像可在计算机上任意加工,充分体现作者的创造性,同时节省了诸如传统相机的胶卷及其冲洗等大量的后期投资和日常维护费用。

此外,数码相机利用其彩色 LCD 显示屏可随时删除照片而重拍,配上存储卡可免去传统相机频繁换卷的问题,通过亮度补偿或调整 CCD 的灵敏度可适应不同光线强度的场合,使用数据接口或存储卡可直接将图像导入计算机,利用 TV 输出功能可直接在电视上观看拍摄效果,可用专用的数码相机打印机直接输出照片,有些还可配上 PCMCIA-MODEM 卡的移动电话或直接利用 Wi-Fi 将相片通过无线通信网络进行传送。可见,基于数字化技术的数码相机具有传统相机无可比拟的众多优势。

6.8 测量的精确性与准确度

在确定的 CIE 照明与测量几何条件下,分光光度计能复现光谱反射因数和光谱透射比标准,测量材料的光电积分式色度计、滤光光度计和成像系统都相似地依赖于这些标准;测量光源的光谱辐射计、光度计、色度计等则都基于光谱辐亮度和辐照度标准。利用这些国际上统一定义的标准,可以使测量的不确定性达到最小。

测量的不确定性分为精确度和准确度两类,借用投掷飞镖的情况可以方便地解释精确度和准确度的概念,如图 6-35 所示。飞镖分散在靶子周围描述成精确度,聚集的范围越小则精确度越高;所有投掷点离靶心的平均距离表示准确度,越靠近靶心则准确度越高。提高准确度往往比提高精确度容易,因为调整一下视力就可提高准确度,而采用不同的投掷方式或增加投掷次数才可以提高精确度。测试仪器一般都具有精确度与准确度的四种可能的组合。根据统计学原理,精确度差主要是由随机误差产生,而准确度差则主要是因为系统误差而导致的。

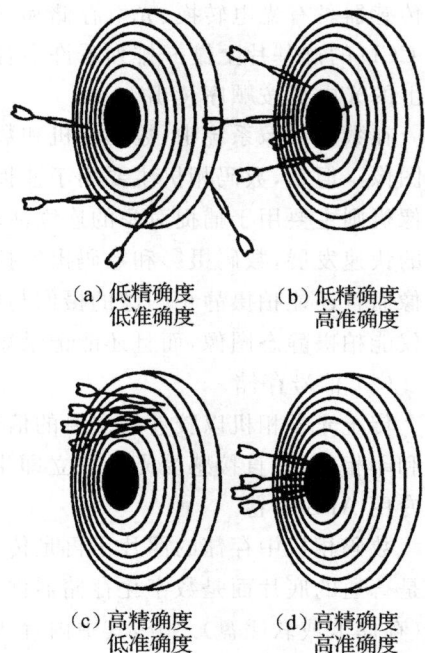

(a) 低精确度 低准确度   (b) 低精确度 高准确度

(c) 高精确度 低准确度   (d) 高精确度 高准确度

图 6-35　精确度与准确度的四种组合

6.8.1　校正与检验

使用测色仪器时,首先打开电源,预热足够的时间使仪器达到稳定状态,然后校正仪器。校正是指利用传递标准(transfer standard)调节仪器的输出值,使之复现国家或国际测量标尺的过程。对于测色仪器,最基本的调节是设定其光度标尺。如以反射因数为例,如果仪器的读数是 100%(或 $Y=100$),那么说明样品的反射比与完全反射漫射体(PRD)的反射比相等,而这种关系在整个光度标尺(100%,90%,…,10%,0)内都成立。光度标尺的校正通常采用两个传递标准,即白板和黑板。每台仪器都配有一块白板,用来传递反射因数接近 100% 处的标尺;反射因数为 0 附近的标尺则用双向几何条件的光泽黑板或积分球几何条件的黑色光泽陷阱来校正。光度白板必须保持良好状态,如表面清洁、无划痕等,否则其对应的特定校正数据就失去意义,因此如果白板受损则应该换上新板并得到其对应的校正数据。

分光光度计测量的反射比或透射比是波长的函数,但是大多数仪器制造商不要求使用者进行波长校正。随着分光系统和多通道阵列探测器系统组合的出现以及移动部件的消失,波长标尺已不需要进行例行校正;有些仪器内置传递标准,如镨钕玻璃或带有线谱的辅助光源。分光光度计光谱光度的校正就是利用黑色光泽陷阱(或黑板)和白板来校正反射因数标尺的过程。

检验是评估仪器精确和准确地复现国家或国际测量标准能力的过程,也就是验证仪器将其标尺传递成测量结果的精确度和准确度可接受的能力。尽管仪器制造商提供了将仪器标尺转换成数据的示踪能力相关信息,但使用者仍有义务检验仪器的性能是否可接受。校正和检验采用相同的技术,其主要区别在于必须使用不同的材料。因此,在以白板校正光度标尺后,必须采用另外不同的样品来测量并比较其反射因数或色品坐标与先前标定的数据是否一致,才能达到检验的目的。

6.8.2　精确度的评估

精确度包含重复性和复现性两个指标。重复性是指同一试样(或从均匀样品中随机抽取的试样)在同一实验室,按相同的测量方法由同一实验者在同一测量仪器上在一定的时间内连续重复测量得到的结果之间一致性的接近程度;复现性是指同一试样(或从均匀样品中随机抽取的试样)在改变诸如实验者、测量仪器、实验室或时间等实验条件后,进行连续测量得到的结果之间一致性的接近程度(条件的改变必须加以清楚说明)。可见,在两个实验室进行测量的结果其吻合程度属于复现性,而进行多次测量的易变性则是对重复性的评估。

评估重复性和复现性最直接的方法依赖于中心极限定理,其中包含的一系列事件应形成正态或高斯分布,并以标准偏差表示精确度。如对于光谱测色,其光谱数据在 $360\sim830$nm 范围内以 1nm 间隔的 471 个标准偏差中应该有一个最大值,这样只要评价最小波长、最大波长和中间波长等就可以了。然而,反射比或透射比的刻度在视觉上是不均匀的,所以要将光谱准确度与目测或仪器测量的公差联系起来是非常困难的。

在如 CIELAB 等均匀颜色空间中可以利用公差来定义精确度,并将标准偏差扩大到三维,使之与 CIELAB 的椭球相对应。当椭球体为球形时,其球半径等于 ΔE_{ab}^*,那么就可以用 ΔE_{ab}^* 来代表 CIELAB 精确度,具体的量度采用均方色差(mean color difference from the mean,MCDM)来表示,即

$$\text{MCDM} = \frac{\sum_{i=1}^{N}\left[(L_i^* - \overline{L^*})^2 + (a_i^* - \overline{a^*})^2 + (b_i^* - \overline{b^*})^2\right]^{1/2}}{N} \tag{6-42}$$

式中，$\overline{L^*}$，$\overline{a^*}$，$\overline{b^*}$ 为一组(共 N 个)CIELAB 测量值的平均坐标值。可见，均方色差是每一次测量与其平均测值之间色差 ΔE_{ab}^* 的平均值，并且均方色差越大，其测量的精确度越差。另外，均方色差的计算可以采用任何色差方程，而不只局限于 CIELAB 公式。

采用均方色差来衡量精确度的有效性取决于颜色测量结果的分布特性接近正态分布的程度。如果分布明显偏离，则平均值可能不是最好的一组代表值，因为其中个别较大的色差就可能大大影响其总平均值。即使一组 CIELAB 坐标可能是正态分布的，但其转换成色差后得到的分布也有可能发生偏离，因为色差总是大于零的。另外，由于色差总是向数据更大的方向偏移，从而导致更大的色差，所以即使对于发生偏移的数据，均方色差在某种程度上仍是合理的，换言之，在确定仪器精确度时通常只会犯下保守的错误。

一般来说，测量的不确定性可以通过取平均值的方法来降低，因为增加测量次数可减小平均值的不确定性即平均估计的标准差(standard error of the mean estimate)。当用仪器测量样品的颜色时，报告的值应给出与之相应的不确定度，而作为对测量不确定度衡量的平均值标准差 S_e 的计算公式为

$$S_e = \frac{S}{\sqrt{N}} \tag{6-43}$$

式中，S 是颜色或色差测量的标准差，N 为测量次数。如图 6-36 所示，以 L^* 为例，当测量次数从 1 增加到 4，然后再增加到 9 时，其平均值的不确定性明显变小，这样报告的值才能真正代表材料的颜色。在一般情况下，假设有一个标准 S 及其两个极限公差 T_L 与 T_U，如图 6-37 所示，如果样品的颜色只依据 1 次测量来确定，那么测量结果极有可能超出公差范围，因为测量次数少，故其平均值的不确定性可能超过公差上限；如果将测量次数增加到 9 次，然后取平均，那么由此得到的结果总是在公差范围之内。因此，增加测量次数是减少测量不确定性的一条准则。当然，采用均方色差来衡量精确度时，应将仪器精度与仪器公差进行比较之后才能确定最佳的采样次数。

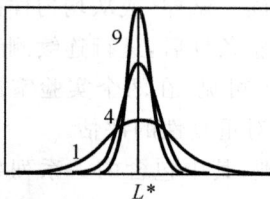

图 6-36　测量偏差随其发生频率的分布曲线　　图 6-37　测量不确定性

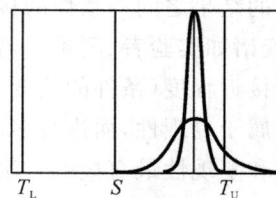

6.8.3　准确度的评估

导致准确性差的系统误差其来源有多种，如分光光度计的光度标尺误差、波长误差、杂光、带宽、极化以及几何误差等，这些因素都可能使测量产生较大的色差。

具体来说，分光光度计的系统误差可以分成三种，即参比白误差、参比黑误差和波长误差。参比白误差主要是与仪器一起提供的校正白板由于老化和损蚀而发生变化时产生的。参比黑误差的产生环节主要有：①足以测量出来的外来杂散光进入仪器；②使用由于老化和损蚀导

致反射因数增加的黑色校正板或黑色光泽陷阱；③电子设备如模数转换过程中的模拟电路发生变化。波长误差的产生通常是由于波长扫描驱动系统的机械磨损，或者是在使用干涉滤光盘的仪器中由于滤光器的分解变质等所导致；另外，如果仪器受到振动，扫描机构或排列在仪器中的光栅准直系统发生变化等也都会产生波长误差。

图 6-38 和图 6-39 分别说明了参比黑误差与参比白误差以及波长误差对反射因数测量的影响。参比白误差主要影响光度标尺的大刻度部分，而对小刻度部分的误差较小；参比黑误差则主要影响光度标尺的小刻度部分，而随着光度标尺刻度的增加其误差减小。所以，这两种误差叠加在一起之后就会接近于直线方程，其中参比白误差影响其斜率，参比黑误差则影响其截距。波长误差主要影响反射因数曲线中变化率（即一阶导数）最大的部分，而在曲线几乎平坦处的误差最小；在曲线略有倾斜的部分有较小的误差，曲线较陡时其误差则较大。可见，由于这些误差对测量反射因数的影响不同，故其对测色准确度的实际影响取决于被测材料的具体光谱性能。

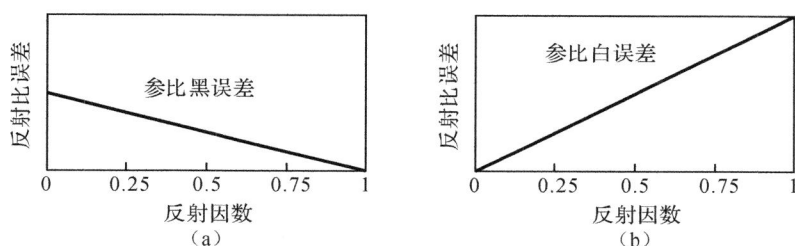

图 6-38　参比黑误差和参比白误差对测量反射因数的影响

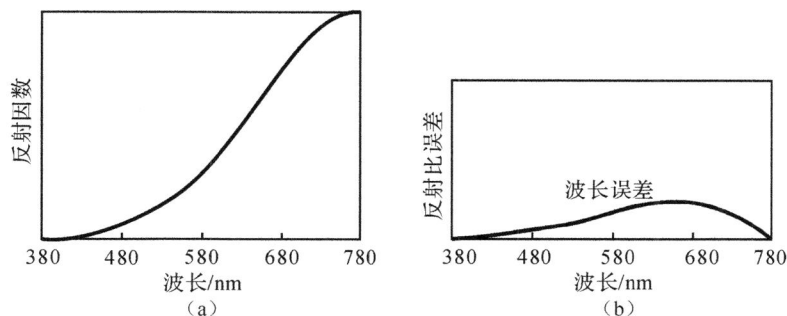

图 6-39　波长误差对测量反射因数的影响

对于大多数使用者而言，通过对实验室及仪器制造商进行标准化的方式来诊断和修正这些系统误差是不切实际的。因此，通常可以根据对一套校正色板的测量，利用统计学技术对测得的光谱反射因数与其标准值的比较和分析来估计误差。另外，该统计技术也可用于修正仪器的系统误差，同时还能改善仪器之间的复现性。可见，准确度的校正是以对一种或一种以上标准参比物质（SRM）的测量和分析为基础的。为此，保持 SRM 的温度恒定是十分重要的，因为所有彩色材料都有热色效应，即温度的改变会导致材料的光谱反射因数改变从而使其颜色产生变化，所以并非所有的材料都适合做标准参比物质。温度的变化一般可以看作波长误差，而在理想情况下 SRM 应该在与校正温度相同的温度下使用。

6.9 荧光材料的颜色测量

目前,荧光物质在荧光增白剂、交通标识以及广告等各种领域得到了广泛的应用,如染料、颜料、塑料、油漆、包装材料等都常常会加入荧光物质。因此,研究和讨论荧光材料的颜色测量具有重要的意义。

根据斯托克思(Stokes)定律,当荧光物质吸收入射的辐射能量之后,被激励的荧光分子在返回正常状态时就会发射出比吸收的入射波长更长的辐射。如图 6-40 所示即为若丹明溶液在吸收短波长的光辐射(虚线曲线)后,在较长波长区域发出的荧光辐射光谱(实线曲线);荧光增白剂还会有光谱选择性,可以增加纸张、纺织品、塑料等的洁白程度。

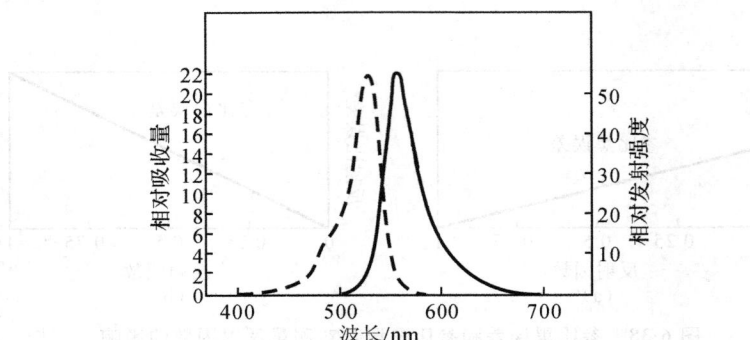

图 6-40　若丹明溶液的吸收与荧光发射光谱

当目视观察被光源照明的荧光材料时,人眼将看到可见区范围内的全部光谱辐射,即同时观察到材料对光源的反射(或透射)光谱以及材料的荧光发射光谱。因此,采用物理方法测量荧光材料的颜色时,其测量结果必须与目视评价一致,否则会得到错误的结论。

按照常规的光谱颜色测量方法,可以采用如图 6-41 所示的两种光学系统结构来测定材料的光谱辐亮度因数 $\beta(\lambda)$,其中图 6-41(a)中的光源通过单色仪照明样品,然后由光探测器接收来自样品的光谱辐射;图 6-41(b)中的光源直接照射样品,来自样品的光辐射经过单色仪后再由光探测器接收。对于非荧光材料,这两种光学结构得到的测量结果是相同的;但如果测量荧光材料,那么在这两种照明条件下测得的数据将完全不同。

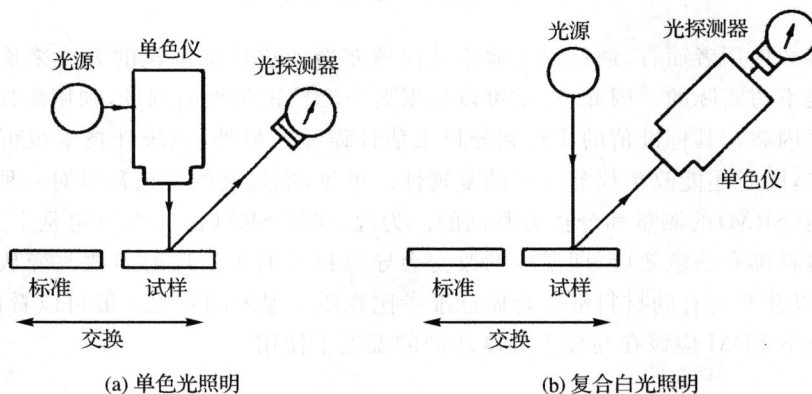

(a) 单色光照明　　　　　　　　　　　　(b) 复合白光照明

图 6-41　光谱测色的光学系统结构

在图 6-41(a)中,被测样品放在单色仪之后,从单色仪出射狭缝射出波长为 λ 的单色辐射,经过样品的反射及其在更长波长的荧光发射将被后继的光探测器误作为波长 λ 单色辐射的反射而同时接收,所以该荧光样品的光谱辐亮度因数为

$$\beta_C(\lambda) = \beta_R(\lambda) + \frac{1}{S(\lambda)}\int d\lambda_m\, y(\lambda_m)\alpha(\lambda_m)S(\lambda_m) \tag{6-44}$$

式中,$\beta_R(\lambda)$ 是样品反射的光谱辐亮度因数,$S(\lambda)$ 为光探测器的光谱灵敏度,λ_m 是荧光发射波长,$\alpha(\lambda_m)$ 为样品的光谱吸收比,$y(\lambda_m)$ 是样品的辐射效率。

当采用图 6-41(b)的测量方法时,样品被复合白光照明,反射的单色辐射和样品的荧光辐射通过单色仪可以进行分离,其中荧光辐射处于长波区域,所以样品的光谱辐亮度因数在长波部分变大了,而其总的光谱辐亮度因数 $\beta_T(\lambda)$ 为

$$\beta_T(\lambda) = \beta_R(\lambda) + \frac{1}{\Phi(\lambda)}\int d\lambda_x\, y(\lambda_x)\alpha(\lambda_x)\Phi(\lambda_x) \tag{6-45}$$

式中,$\Phi(\lambda)$ 是入射的光辐射通量,λ_x 是入射激励波长。

图 6-42 是由上述两种不同的照明光学条件测量鲜艳绿色的荧光材料时所得到的光谱辐亮度因数曲线,其中曲线(a)对应于 $\beta_C(\lambda)$,曲线(b)对应于 $\beta_T(\lambda)$。可见,对于荧光物质的测量,选择不同的测量方法得到的结果很不一样,其中虚线(a)与目视评价完全不同,实线(b)与目视结果一致,而除去荧光成分后该物质的反射比应该是连接图中虚线和实线后形成的曲线,即为实线($\sim$480nm)+点线(480$\sim$510nm)+虚线(510$\sim$680nm)的部分,因此图 6-41(b)的测量方法是合理的。但是,这样测出的光谱辐亮度因数中的荧光成分会受到照明光源光谱功率分布的很大影响,图 6-43 表示在两种不同的照明体(CIE 标准照明体 D_{65} 和 A)照明下同一种

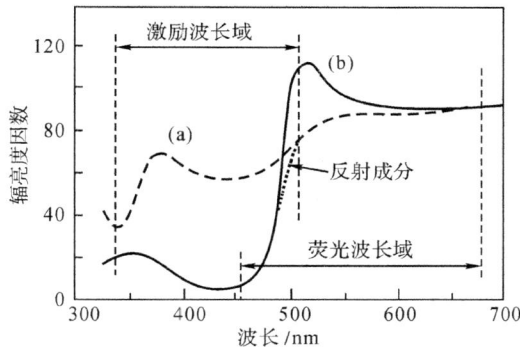

图 6-42　不同的照明光学条件对相同绿色荧光材料测得的光谱辐亮度因数

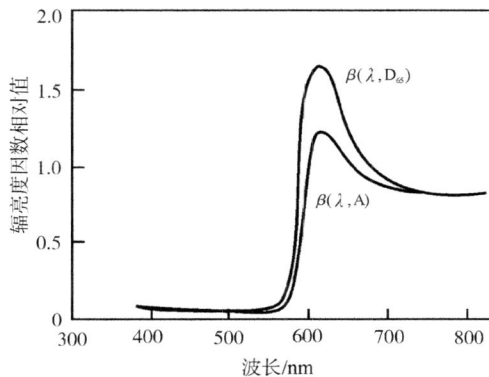

图 6-43　不同照明体下同一荧光物质的光谱辐亮度因数之变化

荧光物质的 $\beta(\lambda)$ 之差别。由于标准照明体 D_{65} 比 A 具有更丰富的紫外辐射，故其能激发出更多的荧光发射，因此在实际测量中通常采用 D_{65} 照明下样品的光谱特性来评价荧光材料的颜色参数。对于 D_{65} 模拟光源，不仅要求其光谱分布在可见光范围内与标准照明体 D_{65} 相同，而且还必须使能激发荧光材料发光的光谱波段（如紫外区）内的光谱分布达到与标准照明体 D_{65} 一致。

采用图 6-41(b) 的测量方法并以 D_{65} 照明所测得的光谱辐亮度因数 $\beta_T(\lambda)$ 称为全光谱辐亮度因数，它等于荧光样品的反射和发射光谱辐亮度因数的总和，即

$$\beta_T(\lambda) = \beta_R(\lambda) + \beta_L(\lambda) \tag{6-46}$$

式中，$\beta_R(\lambda)$ 为波长 λ 处反射引起的辐亮度因数，$\beta_L(\lambda)$ 是荧光发射产生的辐亮度因数。由此，可以进一步计算出荧光材料的 CIE 三刺激值为

$$\left.\begin{array}{l} X = k\displaystyle\int \Phi(\lambda)\beta_T(\lambda)\,\overline{x}(\lambda)\mathrm{d}\lambda \\[2mm] Y = k\displaystyle\int \Phi(\lambda)\beta_T(\lambda)\,\overline{y}(\lambda)\mathrm{d}\lambda \\[2mm] Z = k\displaystyle\int \Phi(\lambda)\beta_T(\lambda)\,\overline{z}(\lambda)\mathrm{d}\lambda \end{array}\right\} \tag{6-47}$$

式中，$\Phi(\lambda)$ 为照明光源的相对光谱功率分布。

实际的荧光材料测色系统可以有各种具体的结构形式，如图 6-44 是利用积分球照明几何条件 d:0° 测量荧光材料全光谱辐亮度因数的系统原理，仪器采用氙灯 D_{65} 模拟器，使标准和样品得到复色光照明，两束测试光由单色仪先后接收，最后获得测量数据；图 6-45 是采用 0°:45°x 光学几何条件的测量系统结构原理，振动反射镜分别把标准测试光束和样品测试光束投射到单色仪的入射狭缝上，以获得标准和样品的比较信号，经过数据处理后可测得荧光样品在实际照明条件下的全光谱辐亮度因数。

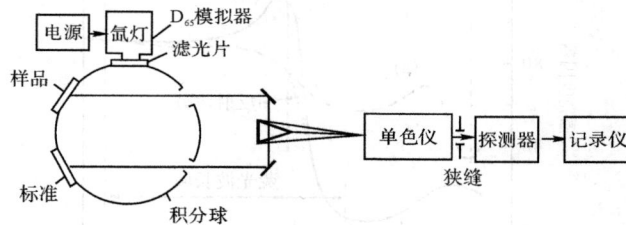

图 6-44　d:0°方式的荧光材料全光谱辐亮度因数测量系统

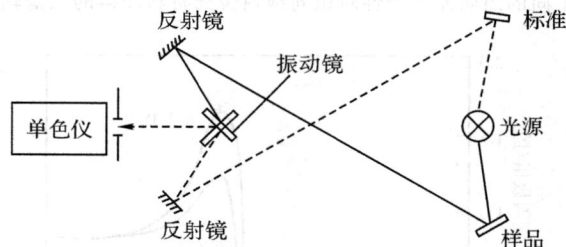

图 6-45　0°:45°x方式的荧光材料全光谱辐亮度因数测量系统

然而，在实际应用中要精确模拟标准照明体的光谱分布并非易事，特别是要模拟标准 D_{65} 则更为困难。因此，以上采用一个单色仪的测量方法精度较低，且其所获得的荧光特性参数还不能全面地反映荧光材料的性能。为了克服上述缺陷，可以采用双单色仪的测量系统，对每一

个由激励单色仪照射于荧光样品的单色辐射所产
生的反射和荧光发射光谱,由分析单色仪进行分光
测量,在测得样品的反射和荧光发射光谱辐亮度因
数之后,可以按式(6-46)和式(6-47)计算出荧光样
品的色度参数。图 6-46 即为采用双单色仪系统测
量荧光材料的例子,该方法需要预先知道分析单色
仪和光电探测器的光谱响应特性,而利用标定过的
光源、标准白板和热电堆探测器就可以确定其光谱
响应特性。用这种双单色仪系统测量某一红色荧

图 6-46　测量荧光材料的双单色仪系统

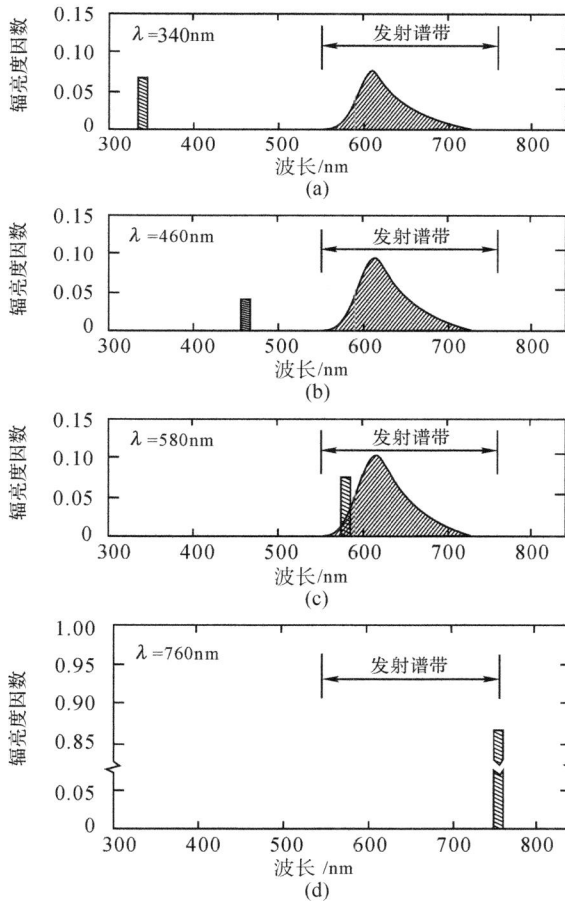

光样品得到的结果如图 6-47 所示,图中给出的入射激励波长分别为 340nm,460nm,580nm,
760nm,由光电探测器接收从分析单色仪出射狭缝射出的光谱辐射,其中包括各激励波长在样
品表面的反射通量和由此在长波区域产生的荧光发射通量。由于该荧光辐射光谱的峰值波长
在 610nm 左右,所以当激励波长大于 610nm 时其荧光发射消失。

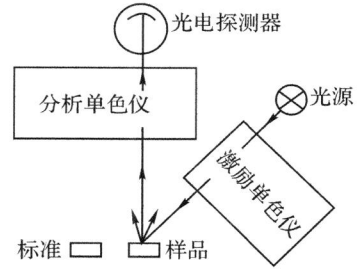

图 6-47　不同激励波长照射红色荧光样品测得的光谱辐亮度因数

　　为了计算荧光样品的颜色参数,首先要确定样品的全光谱辐亮度因数 $\beta_T(\lambda)$,而根据前面
的分析,只要分别测出其反射分量 $\beta_R(\lambda)$ 和荧光分量 $\beta_L(\lambda)$ 就可以计算出 $\beta_T(\lambda)$。考虑到 $\beta_L(\lambda)$
是由很多荧光发射组成的,故可记为 $\beta(\lambda_m,\lambda)$,其中 λ 为激发波长,λ_m 为反射辐射的波长或荧

光发射波长,这样便可将荧光材料的光谱辐亮度因数测量结果列成如表 6-2 所示的矩阵形式,以作进一步的数据处理。

表 6-2　荧光材料的光谱辐亮度因数测量结果

反射和发射波长 λ_m/nm	入射波长 λ/nm						
	300	310	320	⋯	750	760	770
300	$\beta(300,300)$	0	0	⋯	0	0	0
310	$\beta(310,300)$	$\beta(310,310)$	0	⋯	0	0	0
320	$\beta(320,300)$	$\beta(320,310)$	$\beta(320,320)$	⋯	0	0	0
⋮	⋮	⋮	⋮	⋮	⋮	⋮	⋮
750	$\beta(750,300)$	$\beta(750,310)$	$\beta(750,320)$	⋯	$\beta(750,750)$	0	0
760	$\beta(760,300)$	$\beta(760,310)$	$\beta(760,320)$	⋯	$\beta(760,750)$	$\beta(760,760)$	0
770	$\beta(770,300)$	$\beta(770,310)$	$\beta(770,320)$	⋯	$\beta(770,750)$	$\beta(770,760)$	$\beta(770,770)$
	$\beta(\lambda_m,300)$	$\beta(\lambda_m,310)$	$\beta(\lambda_m,320)$	⋯	$\beta(\lambda_m,750)$	$\beta(\lambda_m,760)$	$\beta(\lambda_m,770)$

在表 6-2 中,$\beta(300,300)$ 表示入射波长为 300nm、反射辐射波长也在 300nm,$\beta(760,300)$ 则表示入射波长为 300nm、被激发的荧光发射波长为 760nm。于是,有

$$\beta_T(\lambda) = \beta_R(\lambda) + \beta_L(\lambda) = \beta_R(\lambda) + \sum \beta(\lambda_m,\lambda) \tag{6-48}$$

因此,荧光样品的三刺激值为

$$\left. \begin{aligned} X &= k \int P_e(\lambda) \beta_T(\lambda) \overline{x}(\lambda) d\lambda \\ &= k \int P_e(\lambda) [\beta_R(\lambda) + \sum \beta(\lambda_m,\lambda)] \overline{x}(\lambda) d\lambda \\ Y &= k \int P_e(\lambda) \beta_T(\lambda) \overline{y}(\lambda) d\lambda \\ &= k \int P_e(\lambda) [\beta_R(\lambda) + \sum \beta(\lambda_m,\lambda)] \overline{y}(\lambda) d\lambda \\ Z &= k \int P_e(\lambda) \beta_T(\lambda) \overline{z}(\lambda) d\lambda \\ &= k \int P_e(\lambda) [\beta_R(\lambda) + \sum \beta(\lambda_m,\lambda)] \overline{z}(\lambda) d\lambda \end{aligned} \right\} \tag{6-49}$$

在实际测量中,先用实验方法获得分析单色仪和光电探测器的光谱响应特性,然后由双单色仪系统测定荧光材料的 $\beta_R(\lambda)$ 和 $\beta(\lambda_m,\lambda)$。设当激励单色仪的波长为 λ 时,入射的辐射通量为 $\Phi(\lambda)$,则首先由双单色仪系统测量光谱辐亮度因数为 $\beta_S(\lambda)$ 的标准白板,可得

$$i_S(\lambda) = k\Phi(\lambda)\beta_S(\lambda)\tau(\lambda)S(\lambda) \tag{6-50}$$

式中,$i_S(\lambda)$ 表示入射波长为 λ 时测量系统输出的光电流,$\tau(\lambda)$ 为分析单色仪在波长 λ 处的光谱透射比,$S(\lambda)$ 是光电探测器在波长 λ 处的相对光谱灵敏度。然后测量试样,这时测量系统输出的光电流由反射和荧光发射两部分组成,其中反射部分为

$$i_R(\lambda) = k\Phi(\lambda)\beta_R(\lambda)\tau(\lambda)S(\lambda) \tag{6-51}$$

则比较式(6-50)和式(6-51),有

$$\beta_R(\lambda) = \frac{i_R(\lambda)}{i_S(\lambda)}\beta_S(\lambda) \tag{6-52}$$

式中,$i_R(\lambda)$ 为测量系统在波长 λ 处由样品反射产生的光电流,$\beta_R(\lambda)$ 为对应反射辐射的光谱辐亮度因数;测量系统输出光电流中的荧光发射部分为

$$i_L(\lambda_m, \lambda) = k\Phi(\lambda)\alpha(\lambda)y(\lambda_m)\tau(\lambda_m)S(\lambda_m) \tag{6-53}$$

则比较式(6-50)和式(6-53),有

$$\beta(\lambda_m, \lambda) = \alpha(\lambda)y(\lambda_m) = \frac{i_L(\lambda_m, \lambda)\tau(\lambda)S(\lambda)}{i_S(\lambda)\tau(\lambda_m)S(\lambda_m)}\beta_S(\lambda) \tag{6-54}$$

式中,$i_L(\lambda_m, \lambda)$是测量系统中由荧光发射在波长 λ_m 处所产生的光电流,$\alpha(\lambda)$是荧光样品对波长 λ 处入射辐射的吸收率,$y(\lambda_m)$是荧光发射波长为 λ_m 时的辐射效率,$\tau(\lambda_m)$是波长为 λ_m 时分析单色仪的光谱透射比,$S(\lambda_m)$则为光电探测器在波长为 λ_m 时的相对光谱灵敏度。最后,在确定了 $\beta_R(\lambda)$ 和 $\beta_L(\lambda)$ 的基础上,就可以方便地计算出被测荧光材料的各种颜色参数。

可见,应用双单色仪系统进行荧光材料的颜色测量是一种精确的方法,而且具有明显的优点。该测量方法与仪器照明光源的光谱功率分布无关,同时由所测得的全光谱辐亮度因数可以计算出在任意指定照明体下被测荧光材料的相关色度参数。

6.10　色温的测量

第 2 章已经介绍了分布温度、色温以及相关色温的概念,它们是评价光源及显示器等自发光辐射体颜色特性的重要指标。一般来说,色温不能直接测出,而是根据光源的相对光谱功率分布经计算而求得,所以色温的测量实际上就是测量光源的相对光谱功率分布,其具体的测量方法可以分为光谱功率分布法和双色法两种。

6.10.1　光谱功率分布法

1. 光源相对光谱功率分布的测定

光源在各个波长上发出的辐射功率(能量)与其波长的关系即为光源的光谱功率分布。从光谱功率分布可以知道光源辐射的波长范围、某一波段的辐射功率以及该波段的功率占总辐射功率的百分比等信息。光源的光谱功率分布不同,则其呈现的颜色也不一样。在颜色科学与工程的研究中,通常并不需要知道光谱辐射功率的绝对值,而只要求知道其相对光谱功率的分布,即光谱辐射功率的相对值与波长的关系。相对光谱功率分布的测量可以任取单位,不需对辐射功率进行定标,操作比较简单,而在使用中光谱辐射功率分布的相对值与绝对值是等效的,所以在实际应用中大多采用光源的相对光谱功率分布。

一般利用光谱辐射计来测量光源的光谱功率分布。光谱辐射计在构造原理上与测量材料的光谱反射比和光谱透射比的分光光度计没有太大的差异,通常由光源照明系统、单色仪分光色散系统、光度探测系统、数据处理和结果输出系统等部分组成。

图 6-48 给出了一种最简单的单光路测试系统原理框图,测量时先放上标准光源(一般为辐射强度或辐射照度标准灯),在保持单色仪缝宽不变的条件下,探测器光电流对应各个波长的输出为

$$i_S(\lambda) \propto I_S(\lambda)\tau(\lambda)S(\lambda)\Delta\lambda \tag{6-55}$$

式中,$I_S(\lambda)$ 为标准光源的光谱辐射强度,$\tau(\lambda)$ 为光学系统(包括单色仪和聚光透镜)的光谱透射比,$S(\lambda)$ 是探测器的光谱灵敏度,$\Delta\lambda$ 是波长为 λ 时单色仪出射光的波长带宽。然后,换上待测光源并保持缝宽不变,则对应各个波长的光电流为

$$i_C(\lambda) \propto I_C(\lambda)\tau(\lambda)S(\lambda)\Delta\lambda \tag{6-56}$$

式中,$I_C(\lambda)$ 为待测光源的光谱辐射强度。比较式(6-55)和式(6-56),可得

$$I_C(\lambda) = k \frac{i_C(\lambda)}{i_S(\lambda)} I_S(\lambda) \tag{6-57}$$

式中,各波长的 $i_C(\lambda)$ 和 $i_S(\lambda)$ 可由仪器测出,$I_S(\lambda)$ 为已知,k 是与波长无关的比例常数(在测量相对光谱功率分布时可令 $k=1$),因此由式(6-57)可以求得待测光源的相对光谱辐射强度。最后,将上述获得的各波长相对光谱辐射强度均除以最大相对光谱辐射强度值(对应于辐射峰值波长),即可得到待测光源的相对光谱功率分布 $P(\lambda)$。

图 6-48　单光路光谱辐射计的结构原理

如果将单光路结构中的照明光学系统改为如图 6-49 所示的方式,便成为双光路测量系统。在该系统中,通过摆动反射镜 M 可以让标准光源和待测光源的光辐射交替地进入单色仪和光电探测器,经信号处理可直接获得两个灯的光度量之比。由于双光路系统基本上可以认为标准灯和待测灯是同时测量的,所以其测量精度要高于单光路系统。

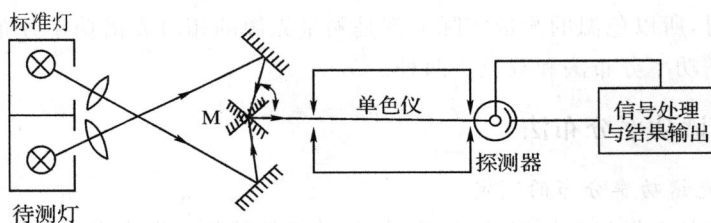

图 6-49　双光路光谱辐射计的结构原理

2. 色温的计算

在测得光源的相对光谱功率分布 $P(\lambda)$ 之后,可以按照色度学中的相关公式计算出光源的三刺激值为(具体请参见第 2 章相关内容)

$$\left. \begin{array}{l} X = k\displaystyle\int P(\lambda)\,\overline{x}(\lambda)\,\mathrm{d}\lambda \\[2mm] Y = k\displaystyle\int P(\lambda)\,\overline{y}(\lambda)\,\mathrm{d}\lambda \\[2mm] Z = k\displaystyle\int P(\lambda)\,\overline{z}(\lambda)\,\mathrm{d}\lambda \end{array} \right\} \tag{6-58}$$

式中,$\overline{x}(\lambda)$,$\overline{y}(\lambda)$,$\overline{z}(\lambda)$ 为 CIE 标准色度观察者光谱三刺激值(2°或 10°),k 为调整因子(常数)。由此,可以进一步计算出对应的光源色品坐标为

$$\left. \begin{array}{l} x = \dfrac{X}{X+Y+Z} \\[3mm] y = \dfrac{Y}{X+Y+Z} \\[3mm] z = 1 - x - y \end{array} \right\} \tag{6-59}$$

根据色品坐标 x,y,可以在如图 6-50 所示的 CIE 色品图上找到该光源的坐标位置点,如

果该点正好位于色品图内的黑体温度轨迹上,则该坐标点对应的黑体温度就是该光源的色温。若光源(尤其是气体放电光源)的色品坐标不在此黑体轨迹上,而是离轨迹有一定的距离,这时就要根据相关色温的定义,分析光源和黑体色品坐标之间的色距离(对应颜色差异的程度),又由于 CIE-xy 色品图的视觉非均匀性,所以要在如图 6-51 所示的 CIE1960 均匀色品标尺图(UCS)中比较两者的色差,并进行色品坐标的转换,其公式为

$$\left.\begin{aligned} u &= \frac{4X}{X + 15Y + 3Z} \\ v &= \frac{6Y}{X + 15Y + 3Z} \end{aligned}\right\} \tag{6-60}$$

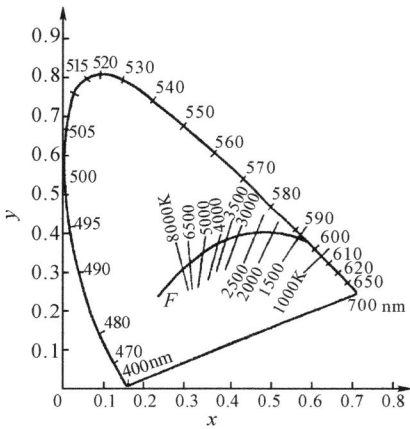

图 6-50　CIE1931-xy 色品图及黑体轨迹　　　　图 6-51　CIE1960-uv 色品图

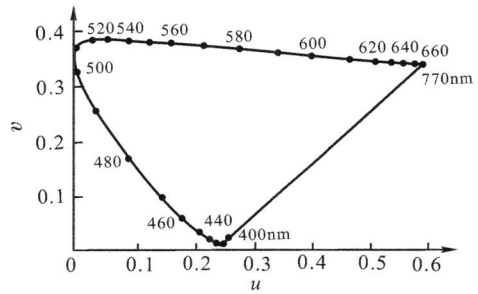

在 CIE1960-uv 色品图中,各种温度的黑体其色品坐标轨迹如图 6-52 所示,在黑体轨迹上与之相交的垂直线上各点与对应交点之间的色距离是最短的(相对于黑体轨迹上的其他点而言),因此垂直交线上各点的相关色温就是对应交点处的黑体温度,由此便可根据被测光源的色品坐标 u,v 确定其相关色温。

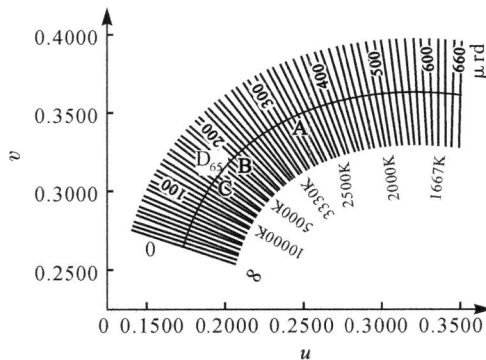

图 6-52　CIE1960 UCS 图中的等相关色温线

光谱功率分布法可适用于任何光源的相关色温测量,尤其对于光谱功率分布不规则的气体放电光源只能采用该方法;而对于如钨丝灯一类其光谱功率分布接近于黑体辐射的热辐射光源,还可以采用下面将要介绍的简便双色法来测量色温。

6.10.2　双色法

双色法不需要测量全波段的光谱功率分布,而只要测量某两个波长的相对光谱功率,所以该方法使用简便,测量速度快,在连续光谱的色温测量方面得到了广泛的应用。测量色温的双色法一般有使用标准光源和不用标准光源之分,其中后者也是光电色温计的工作原理。

1. 采用标准光源的双色法

本方法通过与已知色温 T_S 的标准光源进行比较而求得待测光源的色温 T_C。根据第 1 章关于黑体辐射光谱分布特性的普朗克公式(1-2)可知,当黑体的温度较低或辐射的波长很短时,如白炽灯的温度($T < 3400K$)和可见光波段($\lambda < 0.78\mu m$),其 $\lambda T \ll c_2$,则黑体的光谱辐射出射度($\mathrm{W \cdot cm^{-2} \cdot \mu m^{-1}}$)可以近似地表示为

$$M_{b\lambda} \approx c_1 \lambda^{-5} \mathrm{e}^{\frac{-c_2}{\lambda T}} \tag{6-61}$$

式(6-61)称为黑体辐射的维恩(Wien)定律,其中 λ 为波长(μm),T 为黑体的绝对温度(K),$c_1 = 2\pi hc^2 = 3.741844 \times 10^{-12} \mathrm{W \cdot cm^2}$ 为第一辐射常数,$c_2 = ch/k = 1.438833\mathrm{cm \cdot K}$ 为第二辐射常数。因此,对于色温为 T_S 的标准光源(如钨丝灯、钨带灯、卤钨灯一类的白炽灯),其光谱功率分布可写成

$$P_S(\lambda) \propto \lambda^{-5} \mathrm{e}^{\frac{-c_2}{\lambda T_S}} \tag{6-62}$$

利用前述的光谱辐射计可以分别测出此标准光源在两个特定波长 λ_r(如波长为 650nm 的红光)和 λ_b(如波长为 470nm 的蓝光)处的光电流 $i_S(\lambda_r)$ 和 $i_S(\lambda_b)$ 为

$$\left. \begin{aligned} i_S(\lambda_r) &\propto P_S(\lambda_r)\tau(\lambda_r)S(\lambda_r)\Delta\lambda(\lambda_r) \\ i_S(\lambda_b) &\propto P_S(\lambda_b)\tau(\lambda_b)S(\lambda_b)\Delta\lambda(\lambda_b) \end{aligned} \right\} \tag{6-63}$$

式中,$\tau(\lambda_r)$ 和 $\tau(\lambda_b)$ 分别是仪器对红光 λ_r 和蓝光 λ_b 的光谱透射比,$S(\lambda_r)$ 和 $S(\lambda_b)$ 分别为光电探测器对 λ_r 和 λ_b 的光谱灵敏度,$\Delta\lambda(\lambda_r)$ 和 $\Delta\lambda(\lambda_b)$ 分别相当于仪器在波长 λ_r 和 λ_b 处的出射光波长带宽。将式(6-62)代入式(6-63),可得

$$\left. \begin{aligned} i_S(\lambda_r) &= k\lambda_r^{-5} \mathrm{e}^{\frac{-c_2}{\lambda_r T_S}} \tau(\lambda_r)S(\lambda_r)\Delta\lambda(\lambda_r) \\ i_S(\lambda_b) &= k\lambda_b^{-5} \mathrm{e}^{\frac{-c_2}{\lambda_b T_S}} \tau(\lambda_b)S(\lambda_b)\Delta\lambda(\lambda_b) \end{aligned} \right\} \tag{6-64}$$

式中,k 为比例常数。

然后,将待测光源用同一仪器分别测出其在 λ_r 和 λ_b 时的光电流 $i_C(\lambda_r)$ 和 $i_C(\lambda_b)$ 为

$$\left. \begin{aligned} i_C(\lambda_r) &= k'\lambda_r^{-5} \mathrm{e}^{\frac{-c_2}{\lambda_r T_C}} \tau(\lambda_r)S(\lambda_r)\Delta\lambda(\lambda_r) \\ i_C(\lambda_b) &= k'\lambda_b^{-5} \mathrm{e}^{\frac{-c_2}{\lambda_b T_C}} \tau(\lambda_b)S(\lambda_b)\Delta\lambda(\lambda_b) \end{aligned} \right\} \tag{6-65}$$

式中,T_C 为待测光源的色温,k' 是比例常数。

比较式(6-64)和式(6-65),可得

$$\frac{i_C(\lambda_b)}{i_C(\lambda_r)} \frac{i_S(\lambda_r)}{i_S(\lambda_b)} = \mathrm{e}^{c_2 \left(\frac{1}{\lambda_b} - \frac{1}{\lambda_r}\right)\left(\frac{1}{T_S} - \frac{1}{T_C}\right)} \tag{6-66}$$

式(6-66)两边分别取自然对数后变为

$$\ln\left[\frac{i_C(\lambda_b)}{i_C(\lambda_r)} \frac{i_S(\lambda_r)}{i_S(\lambda_b)}\right] = c_2 \left(\frac{1}{\lambda_b} - \frac{1}{\lambda_r}\right)\left(\frac{1}{T_S} - \frac{1}{T_C}\right)$$

整理后,可得

$$\frac{1}{T_C} = \frac{1}{T_S} - \frac{\ln\left[\dfrac{i_C(\lambda_b)}{i_C(\lambda_r)}\dfrac{i_S(\lambda_r)}{i_S(\lambda_b)}\right]}{c_2\left(\dfrac{1}{\lambda_b} - \dfrac{1}{\lambda_r}\right)} \qquad (6\text{-}67)$$

式中，T_S 是已知的标准光源色温，c_2 为第二辐射常数，λ_r 和 λ_b 是所取的已知波长。因此，只要测出相应的四个光电流值 $i_S(\lambda_r)$、$i_S(\lambda_b)$ 及 $i_C(\lambda_r)$、$i_C(\lambda_b)$，就可以按式（6-67）求得待测光源的色温 T_C。

  2. 不用标准光源的双色法

  如果不用标准光源，则可将被测光源在波长为 650nm 时的光谱辐射功率 $P(650)$ 为基准，然后用其他波长对应的辐射功率对它的比值 $\beta(\lambda)=P(\lambda)/P(650)$ 来表示被测光源的色温，而各种温度黑体的 $\beta(\lambda)$ 随波长变化的情况如图 6-53 所示。

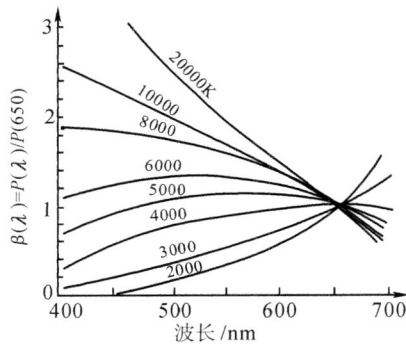

图 6-53　各种色温时 $\beta(\lambda)$ 与波长的关系曲线

  为了更好地反映整个可见光区的情况，可以在可见光范围内取三个波长区域，如分别以 450nm（蓝）、550nm（绿）和 650nm（红）为中心，并分别用 $\beta(450)$ 和 $\beta(550)$ 来表示对应的蓝-红比值和绿-红比值，它们与色温 T_C 的关系曲线绘于图 6-54 中，可见 $\beta(450)$ 和 $\beta(550)$ 均随色温的升高而增大。因此，只要测出待测光源的这些比值，便可求得其色温。在理论上，根据 $\beta(450)$ 和 $\beta(550)$ 确定的色温应该一致，但实际上总会有一定的偏差；如果两者偏差太大，则说明该光源不适合用双色法来测量色温，而应该采用前述的光谱功率分布法进行色温的测量。

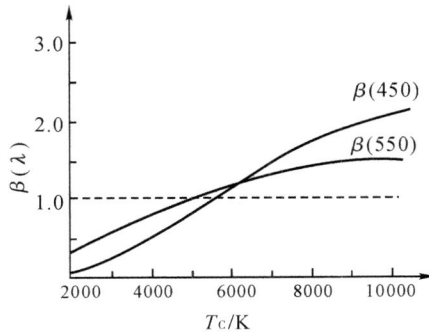

图 6-54　$\beta(\lambda)$ 与色温的关系曲线

  一般的色温计只能测量蓝光对红光的比值即所谓的红蓝比，并由此定出被测光源的色温。较高档的"三色"色温计则可以分别测量蓝光对红光的比值（蓝红比）以及绿光对红光的比值（绿红比），由这两个比值所确定的被测光源色温应该相同。

第 7 章

颜色信息技术的应用

随着现代科学技术的快速发展和人们物质文化生活水平的不断提高,颜色科学在工业、商业、农业、艺术、军事以及科学研究等各个领域均得到广泛的应用,为解决各行各业的颜色相关问题提供了日益重要和有效的工具。现代的彩色显示、彩色摄影、彩色印刷、照明工程、纺织印染、光源研发、交通运输、食品质检、医学诊断以及军事伪装与识别等方面都需要应用颜色信息技术进行参数测试、性能评价和质量控制。

7.1 彩色电视

7.1.1 彩色电视系统的基本原理

彩色电视的颜色复现方法基于最典型的加混色原理,以显像管三原色的混合而获得各种不同的自然色彩,这也是各种彩色 CRT 显示器的基本工作原理。图 7-1 是彩色电视系统工作过程的原理,被摄景物通过摄像机的分色系统而分解为红、绿、蓝三个基色图像,分别投射到三个摄像管的靶面上,故当摄像管的电子束扫描时,各管的靶极上就产生了大小正比于基色图像深浅的红、绿、蓝三个基色信号电压,这三个基色信号在编码器中以一定方式被编成一个统一的彩色全电视信号,然后由发射系统发射出去。当电视接收机的接收系统收到来自发射系统的彩色全电视信号时,通过解码器还原出其中的红、绿、蓝三基色信号电压,并分别去控制彩色显像管的三个扫描电子束,由显像管屏幕上涂有的三基色荧光粉将分解的三基色图像重新合成为对应于原景物的彩色图像。可见,彩色电视系统的整个工作过程包括彩色分解、信号传输和彩色合成等三个阶段。

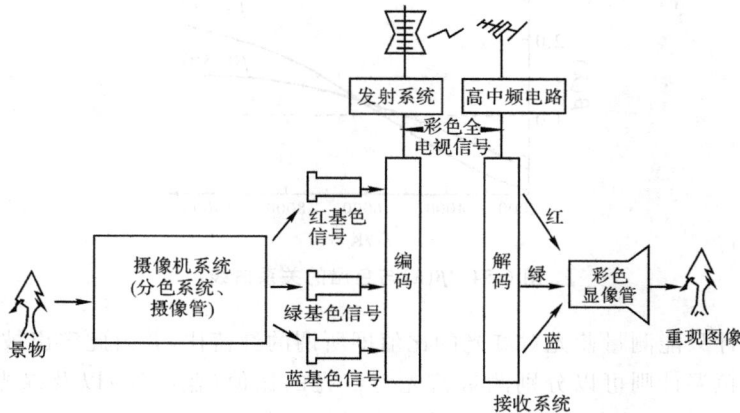

图 7-1 彩色电视系统的工作原理

1. 彩色的分解

摄像机的分色系统是产生三基色图像的关键部件,其分色器件可以采用如薄膜技术等制备出的各种具有特定光谱透射及反射特性膜层的分色镜,将这些分色镜进行适当的组合,就能满足摄像系统的分色要求。图 7-2 即为一组用于彩色电视的分色镜光谱特性,图中 τ 表示透射比,ρ 表示反射比;BS 代表蓝反射镜,RS 代表红反射镜,CyS 代表青反射镜,GeS 代表黄反射镜,GS 代表绿反射镜。图 7-3 给出了获得三基色图像的各种不同分色镜组合方法。

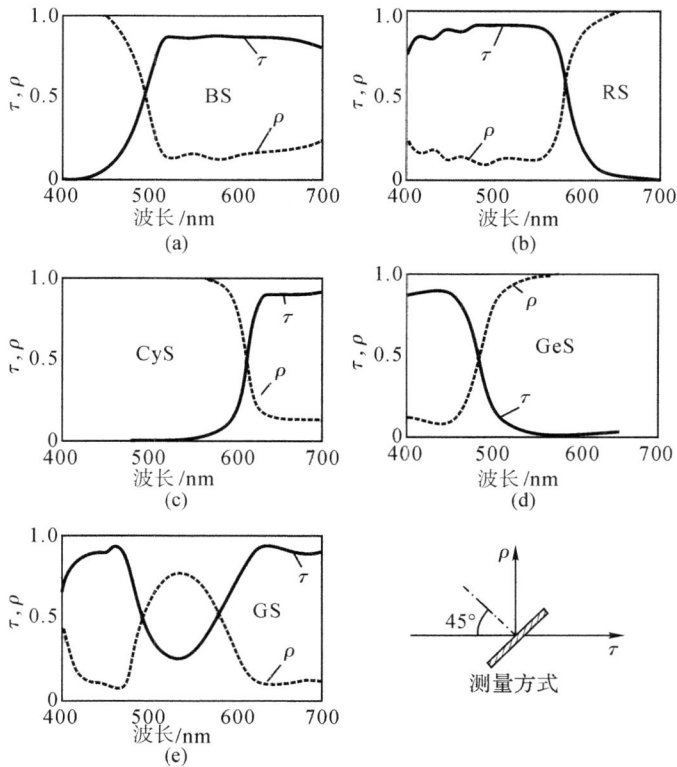

图 7-2 一组分色镜的光谱特性

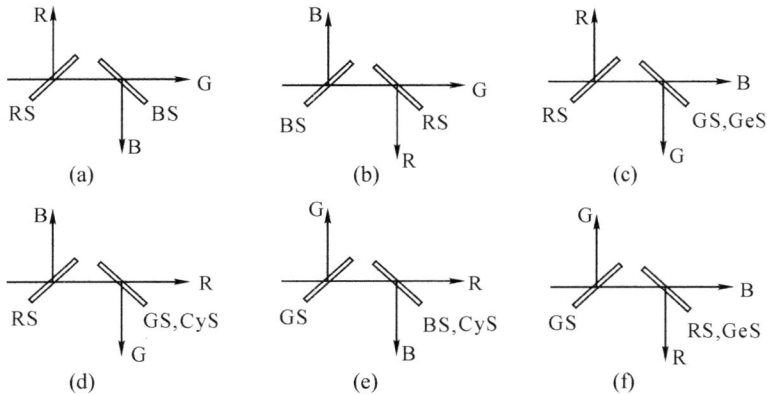

图 7-3 各种分色镜组合方法

    图 7-4 为摄像机内一种分色镜组合的结构实例,其中应用了三个棱镜,在棱镜 I 的 M_b 面上镀有蓝反射膜层(BS),故当白光 F 投射到 M_b 面时,其中的蓝光(B)被反射而其他光则透过,反射出来的蓝光在界面 AB 上产生全反射并通过校正滤色片 F_B,在蓝基色摄像管的靶面上成像;透过 M_b 面的光达到棱镜 II 的 M_r 面上时,其中的红光(R)被该面上镀有的红反射膜层(RS)反射而余下的绿光(G)透过,反射出来的红光在界面 DE 上全反射后透过校正滤色片 F_R,在红基色摄像管靶面上成像,这里的干涉膜面 M_b 与界面 DE 之间留有一个很窄的空气隙,其主要作用是加强红光的反射;透过的绿光(G)经过棱镜 III 后透过校正滤色片 F_G,最后在绿基色摄像管靶面上成像。这样,由被摄实物发出的 F 光被分解成三束基色光,形成了三个基色图像,再通过摄像管将光信号转换成电信号,且该电信号的大小与实际色彩的三色刺激值成比例,最后由发射系统发送出去。

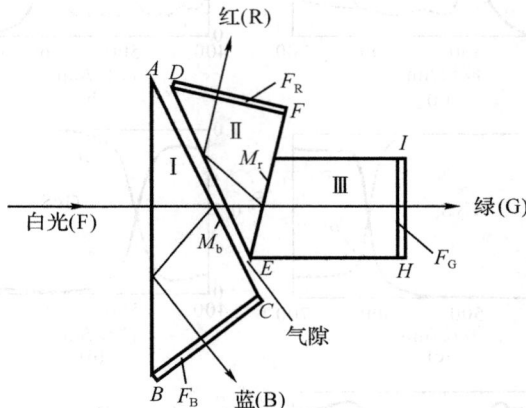

图 7-4　分色棱镜的组合实例

    2. 信号传输

    被摄实物的光信息经过分色并光电转换后形成三个并列的电信号 R(红)、G(绿)、B(蓝),如果采用三个通道将 R,G,B 信号同时传送,则要用三部电视发射机和三部电视接收机同时工作才行,这种方法显然不合理。因此,必须将三基色信号进行重新编码,形成亮度信号和两个色差信号,然后利用频谱编织术进行编码,这样只需一个通道就能轮流地将三个基色信号传送出去。正是这种不同的频谱编码方式形成了不同的电视制式,其中主要包括 NTSC,PAL 和 SECAM 等三种。NTSC 制称为平衡正交制式,由美国于 1954 年首先正式使用,后来日本、加拿大等国家也采用了该制式;PAL 制称为逐行倒相制式,于 20 世纪 60 年代中期出现于联邦德国,我国目前也是采用 PAL 制;最早出现于法国的 SECAM 制其全称为调频轮行传送制式。

    3. 彩色的合成

    彩色电视的颜色复现是利用三原色相加混合的方式实现的,其合成的过程是在彩色电视接收机显像管的荧光屏上完成的。作为彩色合成的核心器件,彩色显像管的结构主要有荫罩管(三枪三束管)、单枪三束管和自会聚管三种形式,其中荫罩管是最早也是广泛使用的显像管,其图像质量较好,但会聚电路相当复杂;单枪三束管是 20 世纪 60 年代出现的,其电子束一字排列,简化了会聚电路;自动会聚彩色显像管出现于 20 世纪 70 年代它不需要复杂的会聚电路,因而代表彩色显像管的发展方向。

    (1)荫罩管

    荫罩式彩色显像管的荧光屏上布满了按"品"字形规则排列的红、绿、蓝荧光粉点,如图 7-5

所示。荧光点的总数大约为 130 万个,其中红、绿、蓝点各占 1/3;在荧光屏的后面安装了一个金属网板即荫罩板,上面约有 40 万个小孔,每一个小孔都与一组红、绿、蓝荧光点相对应。在荫罩管的尾部装有三支独立的电子枪,由此产生三个电子束分别轰击红、绿、蓝三色荧光点使之发光。每支电子枪都由阴极、控制栅极、加速电极和聚焦电极组成,三支电子枪围绕着显像管的中心轴线也排列成"品"字形结构,彼此之间互成120°而形成一个等边三角形,每支电子枪都略向管轴倾斜,使三支枪同时击中一组荧光点。显像管中红、绿、蓝三个电子束从不同的角度射向荫罩板上同一小孔,使红电子束通过小孔后只击中红色荧光点,红荧光点受到激发后在荧光屏上显示红色光点,其亮度与红电子枪中电信号的大小有关,这时绿、蓝两个荧光点正好处于荫罩板的阴影处,所以不会被红电子束击中而发光;同理,绿电子束通过小孔后只击中绿色荧光点,产生亮度与绿电子枪信号相应的绿光点;蓝电子束通过小孔后只击中蓝色荧光点,产生亮度与蓝电子枪信号相应的蓝光点。荧光屏上每一荧光点的面积很小,如以 19 英寸(483mm)荧光屏为例,一个荧光点的直径只有 0.013 英寸(0.33mm),每组红、绿、蓝三个荧光点构成的一个像素其总宽度为 0.025 英寸(0.635mm),所以当在 1.5m 远处观察时每个像素(一组三色荧光点)对眼睛所张的视角约为 1'(若观察距离更远则视角更小),如此小的视角已超越了人眼视觉的空间分辨能力,因此三个空间分立的荧光点在视觉效果上却属于同一空间面积;由每个像素中各荧光点同时刺激视网膜而混合成一种颜色,并且不同亮度的三色荧光点匹配出了各种混合色的效果,可见荧光屏上所显示的颜色实际上是在观察者的眼中混合产生的。

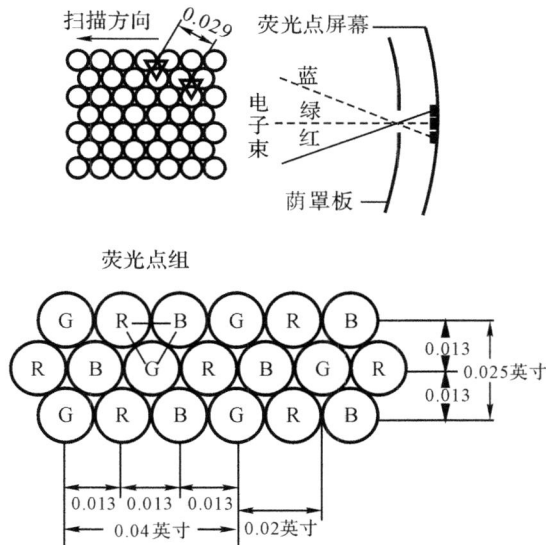

图 7-5　荫罩管的结构原理

(2) 单枪三束显像管

如图 7-6 所示,单枪三束显像管只有一个电子枪,各电子束的阴极是分开的,便于独立调制红、绿、蓝三个电子束的强度;由于在结构上允许采用较大直径的电极,使电子透镜的像差降低,故其所需要的偏转功率也较低。图 7-6 中 $G_1 \sim G_5$ 是三个电子束共用的,其中 G_1 为控制栅,在它的上面有三个小孔分别与阴极的发射表面相对应;在加速极 G_2 上也有相应的三个小孔,使电子能顺利地穿越加速极;$G_3 \sim G_5$ 是聚焦电子的电子透镜,而会聚板的作用是使电子束在荧光屏前会聚成一点,并击中三色荧光粉。单枪三束显像管利用条状的金属栅网把三色电子束隔离开来,虽然它会俘获一部分电子而导致荧光屏亮度降低,但与荫罩管相比其效率还是提高了 30% 左右。

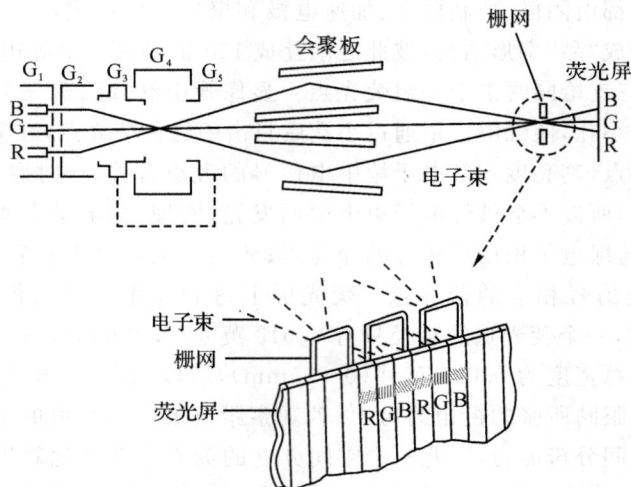

图 7-6　单枪三束显像管的结构原理

三基色荧光粉按 R,G,B 的次序在荧光屏上排列成垂直条状,每一个栅缝对应红、绿、蓝一组荧光粉条,通过栅缝的三色电子束击中一组荧光粉条,便形成了与被摄实物相对应的亮度与色调。

（3）自会聚彩色显像管

如图 7-7 所示,自会聚彩色显像管具有精密的电极结构,三个阴极之间的距离小,各个栅极组成一体,装配精度较高;荫罩板是开槽式的,机械强度大,不易变形;采用了特殊的偏转磁场和管内磁极,不需要会聚电路;结构紧凑,加热快,故启动速度也快。由于自会聚管的荧光粉点排列形式与单枪三束显像管一样,所以其对被摄物的彩色复现原理也与之相同。

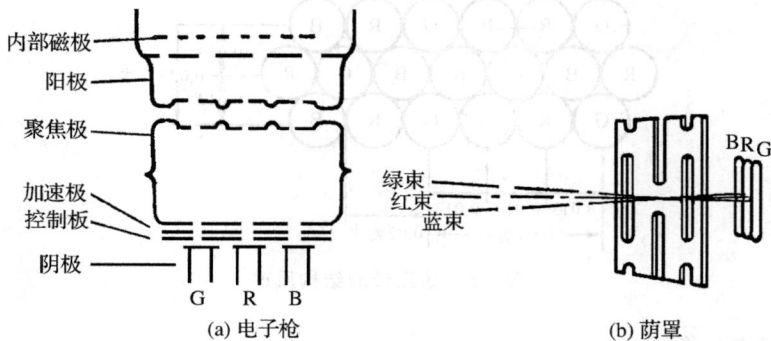

图 7-7　自会聚显像管的电子枪与荫罩结构

7.1.2　彩色电视的白场选择与调试

由于彩色电视所要复现的目标大多为非发光体,需要在外部光源的照明下方能呈现出彩色,可见被摄景物的彩色与照明光源的色温具有密切的关系。因此,在进行光电和色度系统的设计与计算时,首先要明确规定电视系统所采用的标准光源色温以实现理想的颜色复现。

当红、绿、蓝三色荧光粉的单色亮度具有一定比例时,在荧光屏上就合成了白色,即所谓的白场。为了能够得到色彩丰富鲜亮的画面,选择合适的三原色和参照白场非常重要,这是整个彩色电视信号系统设计的基础。人眼对白色适应的范围很宽,当亮度足够时从 2500K 到 10000K 甚至更高的色温范围内黑体发出的光,人眼都可认为是白色的。但是,电视画面的亮度由于受闪烁现象及荧光粉发光效率等的影响,如果白场亮度限制在 100cd/m² 左右,那么在这种亮度水平下人眼在色温为 6000～7000K 范围内更容易获得白色的感觉,因此在综合了人眼的生理因素和目前技术的限制条件下,建议选择 CIE 标准照明体 D_{65} 的色品坐标($x=0.313,y=0.329$)作为彩色电视的白场标准。

早期的 NTSC 制采用黑体普朗克轨迹上 9300K 的色温点($x=0.281,y=0.311$)作为白场的色品点,当时主要是因为红色荧光粉的发光效率较低,不能产生更高的亮度,只能达到 17～34cd/m²,而选用较高色温的白场能够充分利用绿色荧光粉和蓝色荧光粉的发光效率,这样可以得到比低色温白场更高的亮度,但是也因此使皮肤的颜色看起来偏蓝,不太自然。随着红色荧光粉发光效率的提高,NTSC 制改用 CIE 标准照明体 C($x=0.310,y=0.316$)作为白场色温。目前,美国电影电视工程师学会(SMPTE)已改用 D_{65} 作为白场标准,而我国采用的 PAL 制以及欧洲广播联盟(EBU)都规定以 CIE 标准照明体 D_{65} 的色品坐标作为彩色显像管的白场色温标准,并要求白场亮度必须达到 100cd/m²。另外,考虑到人们往往喜爱稍偏蓝的白色,所以目前仍有不少彩色电视显示器采用如 9300K 这样的高色温白场,而且色温的升高也可使白场的亮度增加至 120cd/m²。

在进行白场调试时,通常先使红、绿、蓝三色荧光粉以一定的亮度比例合成某一高亮度(如 100cd/m²)的色品坐标与白场标准色温如 D_{65} 的色品坐标一致,然后再使其合成亮度降至某一低亮度水平(如 5cd/m²),并检查其色品坐标是否满足白场标准的要求,同时调整相应的电路参数使荧光屏的色品坐标在高亮度和低亮度时均与 D_{65} 尽可能一致,这时的状态就称为白场平衡。白场的调试一般需要一个参照标准光源,该标准光源可以在保持色温不变的前提下改变输出亮度(如 100cd/m²,50cd/m²,5cd/m² 等)。这种标准光源通常可以用稳流钨丝灯加滤光片以及衰减器组成,或者也可以采用荧光灯加滤光片及衰减器组成,其中滤光片用以确定色温,衰减器则用来改变光源的亮度。在某些生产调试场合,也可以采用经过仔细装配和标定的电视荧光屏来代替参照标准光源。

7.1.3　彩色电视三原色的选择及其转换

1. 三原色的选择

由色度学的加混色原理可知,彩色电视的颜色复现质量与所选择的原色有很大关系。一般来说,为了获得色品图中的各种颜色,参与混合的原色最好是光谱色,而且如果希望能混合出色品图中各色区的颜色,则需要采用三个以上的原色。另外,利用现有的荧光粉要复现波长在 500～540nm 范围内饱和度较高的颜色十分困难,并且荧光粉的发光效率随着材料的颜色饱和度提高而降低,即亮度会下降,故只能在饱和度与亮度之间综合考虑,使荧光粉材料既具有适当的颜色饱和度又有一定的亮度,并能够大量生产;同时,从电子技术角度看,四色甚至五色或更多的原色其电子束的结构也非常复杂和困难。实际上,可以利用靠近红、绿、蓝三个光谱轨迹顶端的三个原色 R,G,B 组成一个彩色三角形,在该三角形色域内的颜色都可以用 R,G,B 三原色通过加混色方法产生。

　　在 20 世纪 60 年代，NTSC 制与 PAL 制、SECAM 制规定了统一的三原色色品坐标，如表 7-1 所示。欧洲广播联盟于 1970 年新规定了一套如表 7-2 所示的 EBU 荧光粉，其色品坐标与 NTSC 制略有不同。之后，欧洲广播联盟系统内各国都采用了 EBU 荧光粉，我国的 PAL 制也采用了这套荧光粉作为三原色的色品坐标，只有 NTSC 制仍沿用原来的三基色荧光粉。

表 7-1　NTSC 制的参照色刺激色品坐标

参照色刺激		x	y	z	u	v
三原色	红（R）	0.67	0.33	0.00	0.477	0.352
	绿（G）	0.21	0.71	0.08	0.076	0.384
	蓝（B）	0.14	0.08	0.78	0.152	0.130
参照白	C	0.310	0.316	0.374	0.201	0.307
	D_{65}	0.313	0.329	0.358	0.198	0.312

表 7-2　EBU 彩色电视的参照色刺激色品坐标

参照色刺激		x	y	z	u	v
三原色	红（R）	0.64	0.33	0.03	0.451	0.348
	绿（G）	0.29	0.60	0.11	0.121	0.374
	蓝（B）	0.15	0.06	0.79	0.175	0.105
参照白	D_{65}	0.313	0.329	0.358	0.198	0.312

　　EBU 荧光粉与 NTSC 制荧光粉在 CIE1960-uv 色品图上的位置如图 7-8 所示，可见 NTSC 制或 EBU 所采用的三原色都是将色品图上三角形的 RG 边尽量靠近光谱轨迹，而 GB 边可以离开光谱轨迹稍远些。这样，可将实际生活中常见的如鲜艳的红、橙、黄、绿等饱和度较高的颜色能复现出来，而饱和度非常高的蓝、绿附近的颜色在日常生活中并不常见，故可使其复现时的饱和度略低些。事实上，彩色电视三原色荧光粉所形成的色域基本上包括了日常生活中常用的各种颜色，图 7-9 给出了 CIE1931 RGB 色度系统的三原色构成的三角形（虚线）、NTSC 制的 RGB 三原色三角形（实线）以及彩色摄影、彩色印刷和绘画等的颜色复现范围（曲线），可见彩色电视的复现色域已能满足实际色彩重现的要求。

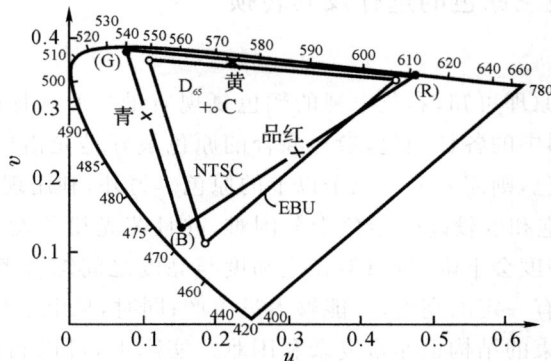

图 7-8　EBU 荧光粉与 NTSC 制荧光粉的色域

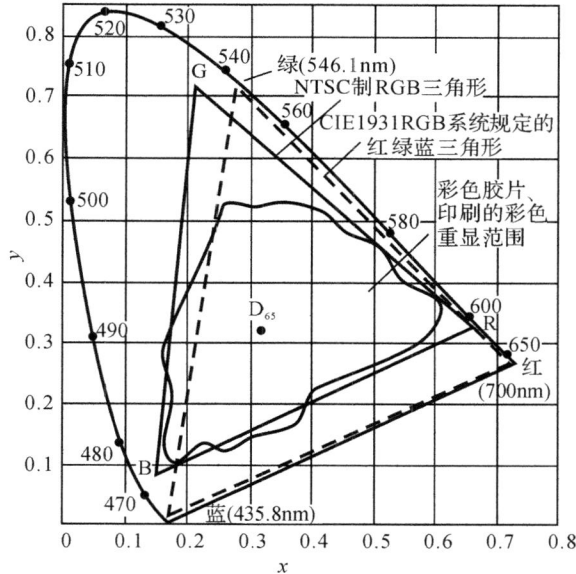

图 7-9　不同系统的色域比较

2. 三原色的转换计算

颜色科学中的标准色度系统 CIE-XYZ 以假想的 (X)、(Y)、(Z) 为三原色，而彩色电视系统中荧光粉的三原色是 (R)、(G)、(B)，并且不同制式的电视系统所采用的荧光粉不同，故其原色也不一样。因此，有必要讨论各种系统之间的颜色转换关系及其计算方法，并以由 CIE1931 XYZ 系统向电视荧光粉 RGB 系统的转换为例加以具体说明。

设 RGB 系统的三原色 (R)、(G)、(B) 在 XYZ 系统中的色品坐标分别为 (x_r, y_r)、(x_g, y_g)、(x_b, y_b)，参照白点 (W) 的色品坐标为 (x_0, y_0)，那么对于 PAL 制电视系统其三原色及参照白等四个参照色刺激在 XYZ 系统中的色品坐标值分别为

R：$x_r = 0.64, y_r = 0.33, z_r = 0.03$

G：$x_g = 0.29, y_g = 0.60, z_g = 0.11$

B：$x_b = 0.15, y_b = 0.06, z_b = 0.79$

W：$x_0 = 0.313, y_0 = 0.329, z_0 = 0.358$

而上述四个参照色刺激在 RGB 系统中的色品坐标分别应为

R：$r = 1, g = 0, b = 0$

G：$r = 0, g = 1, b = 0$

B：$r = 0, g = 0, b = 1$

W：$r = 0.33, g = 0.33, b = 0.33$

由此，利用第 2 章中介绍的色度系统转换方法，可以求出其三刺激值和色品坐标的转换公式，其中 PAL 系统的三刺激值转换公式为

$$\left.\begin{aligned}
R &= 3.0627X - 1.3928Y - 0.4759Z \\
G &= -0.9689X + 1.8756Y + 0.0417Z \\
B &= 0.6770X - 0.2286Y + 1.0690Z
\end{aligned}\right\} \tag{7-1}$$

而 PAL 制的亮度方程则为

$$Y = 0.222R + 0.707G + 0.071B \tag{7-2}$$

由此可知 PAL 制三原色荧光粉的相对发光亮度之比为 0.222 ：0.707 ：0.071 或近似为 0.22 ：0.70 ：0.07。

7.1.4 彩色电视系统理想光谱特性的实现

1. 摄像系统的理想光谱特性

根据彩色电视系统的工作原理,首先必须由摄像机代替人眼将被摄景物的彩色分解成三个分别与实物的三刺激值有一定关系的电信号,然后再将该信号发送出去。如果电信号的传送系统均为线性,则整个摄像系统的光谱灵敏度曲线应该与 CIE 标准色度观察者的光谱三刺激值曲线相似,这样合成的彩色图像才能再现景物的真实色彩。摄像系统的光谱特性由摄像机镜头的光谱透射比、分色镜的光谱特性、特殊设计的校正滤色片光谱透射特性以及摄像管的光谱灵敏度等综合组成,因此这里讨论的光谱特性应该是整个摄像系统总的光谱特性。

以 PAL 制彩色电视系统为例,利用式(7-1)可以求得由 CIE1931 光谱三刺激值 $\bar{x}(\lambda)$, $\bar{y}(\lambda)$, $\bar{z}(\lambda)$ 向彩电荧光粉三原色光谱三刺激值 $\bar{r}(\lambda)$, $\bar{g}(\lambda)$, $\bar{b}(\lambda)$ 的转换方程,即

$$\begin{bmatrix} \bar{r}(\lambda) \\ \bar{g}(\lambda) \\ \bar{b}(\lambda) \end{bmatrix} = \begin{bmatrix} 3.0627 & -1.3928 & -0.4759 \\ -0.9689 & 1.8756 & 0.0417 \\ 0.6770 & -0.2286 & 1.0690 \end{bmatrix} \begin{bmatrix} \bar{x}(\lambda) \\ \bar{y}(\lambda) \\ \bar{z}(\lambda) \end{bmatrix} \qquad (7\text{-}3)$$

由此计算得到的彩色电视荧光粉三原色光谱三刺激值 $\bar{r}(\lambda)$, $\bar{g}(\lambda)$, $\bar{b}(\lambda)$ 曲线如图 7-10 所示,这三条曲线就是彩色摄像系统中红、绿、蓝三色摄像管的理想光谱特性曲线。换言之,如果摄像系统能够实现该理想光谱特性,那么它就模拟了 CIE 标准色度观察者。这样,通过在可见光谱范围内对被摄景物的色刺激函数 $\varphi(\lambda)$ 进行积分,便可计算出景物颜色的实际三刺激值 R, G, B,即

$$\left. \begin{aligned} R &= \int_{380}^{780} \varphi(\lambda)\,\bar{r}(\lambda)\,\mathrm{d}\lambda \\ G &= \int_{380}^{780} \varphi(\lambda)\,\bar{g}(\lambda)\,\mathrm{d}\lambda \\ B &= \int_{380}^{780} \varphi(\lambda)\,\bar{b}(\lambda)\,\mathrm{d}\lambda \end{aligned} \right\} \qquad (7\text{-}4)$$

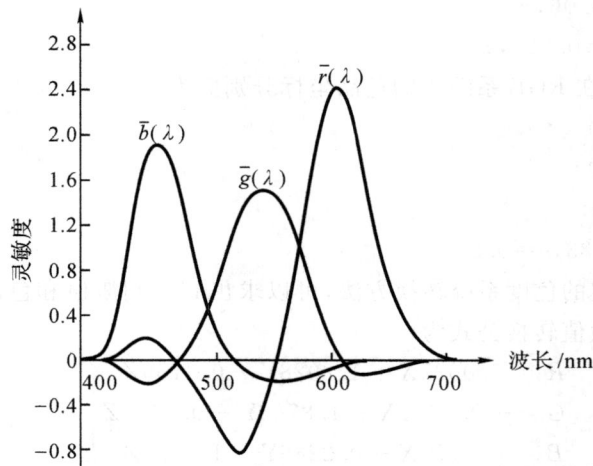

图 7-10　彩色电视理想光谱特性曲线

在假设信号传输系统和接收系统均为线性系统的情况下,只要彩色显像管上为复现被摄景物的颜色所要求的相对信号强度符合 R、G、B 之比,就能真实地复现该景物的色彩。

2. 理想光谱特性的实现

实际上,电视摄像系统要真正实现理想光谱特性是困难的,主要是因为三条曲线都存在负值部分,而摄像系统中的摄像机镜头、分色镜、校正滤光片等光学元件的光谱特性曲线都不可能出现负值。可见,要在物理上实现负值部分的光谱特性,只能在摄像管中转变成电信号后利用其正负极性来模拟。为了使摄像系统能分别模拟出理想光谱特性的正负值部分,需要采用 6 个摄像管,其中每条曲线用两个摄像管来实现。例如,利用两个分别具有 $\overline{r}(\lambda)$ 曲线正值部分和负值部分光谱特性的摄像管输出的差值来模拟 $\overline{r}(\lambda)$ 曲线的总输出;同理,为了模拟 $\overline{g}(\lambda)$ 和 $\overline{b}(\lambda)$ 也各需要两个摄像管,才能满足颜色复现的要求。然而,这样的方案在技术上实现起来非常困难。因此,彩色电视系统都是采用三个摄像管来近似地模拟理想光谱特性,下面对几种具体的实现方法作一简单讨论。

(1)仅模拟光谱特性的正值部分

由于光谱特性的正值部分占据了整个曲线所包含的主要面积,所以仅模拟光谱特性的正值部分就能近似地在显像管上复现被摄景物的色彩,但对于饱和度高的颜色在复现时会带来明显的失真,从而使再现的颜色饱和度降低。美国研制的第一台彩色电视摄像机就是采用这种方式来近似地模拟理想光谱特性的。

(2)对理想光谱特性的正值部分进行修正

在一些彩色工业电视中,对颜色复现的要求不如广播电视那么严格,所以为了简便起见,其摄像系统的光谱特性按理想光谱曲线的正值部分模拟,但对其正值曲线进行了适当的修正。如图 7-11 所示,实线表示理想光谱特性的正值曲线,虚线为修正后的模拟曲线,可见修正曲线的主要部分与原曲线基本相同,只是将曲线的下半部缩小了相当于原曲线中负值部分的面积,使修正后对白色不会产生畸变。采用该方法修正后的彩色电视系统对非饱和色的复现失真会减小,可是饱和色的复现仍存在较大的失真,所以其效果虽优于前一种方法但仍不理想。

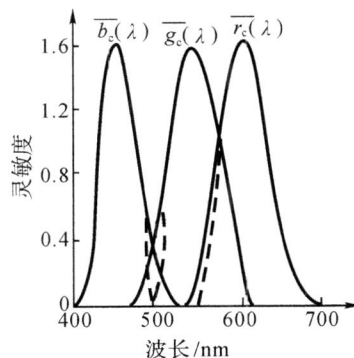

图 7-11 理想光谱特性的修正模拟

(3)颜色校正矩阵

现代彩色电视系统普遍采用颜色校正矩阵的技术来达到理想光谱特性模拟的目标。在摄像机的输出部分加上适当的矩阵电路进行补偿,以弥补理想光谱特性负值部分丢失所造成的损失,从而使经过矩阵电路校正后的输出更接近于理想值。由图 7-10 可见,$\overline{g}(\lambda)$ 曲线在 $\overline{b}(\lambda)$

下的负值信号可用 B 信号倒相后再经分压而获得,而 $\overline{g}(\lambda)$ 曲线在 $\overline{r}(\lambda)$ 下的负值信号可用 R 信号倒相后分压得到;$\overline{r}(\lambda)$ 曲线的负值信号可用 G 信号倒相后分压得到,而 $\overline{r}(\lambda)$ 在 $\overline{b}(\lambda)$ 下的次正值信号则可直接用分压 B 信号获得;$\overline{b}(\lambda)$ 曲线的负值部分在 $\overline{g}(\lambda)$ 与 $\overline{r}(\lambda)$ 之间,可用倒相 G 信号与 R 信号经分压后产生。

设 R_1,G_1,B_1 为校正前的信号,R,G,B 为校正后的信号,则两者之间的关系式应为

$$
\begin{bmatrix} R \\ G \\ B \end{bmatrix} = \begin{bmatrix} a_{rr} & a_{rg} & a_{rb} \\ a_{gr} & a_{gg} & a_{gb} \\ a_{br} & a_{bg} & a_{bb} \end{bmatrix} \begin{bmatrix} R_1 \\ G_1 \\ B_1 \end{bmatrix} = [A] \begin{bmatrix} R_1 \\ G_1 \\ B_1 \end{bmatrix} \tag{7-5}
$$

为了不改变白色的复现,式(7-5)中转换矩阵 $[A]$ 的 9 个系数应满足关系式

$$
\left. \begin{array}{l} a_{rr} + a_{rg} + a_{rb} = 1 \\ a_{gr} + a_{gg} + a_{gb} = 1 \\ a_{br} + a_{bg} + a_{bb} = 1 \end{array} \right\} \tag{7-6}
$$

可见,上述 9 个系数中只有 6 个系数是独立的。转换矩阵 $[A]$ 中的各系数可用优化法进行选择,其原则是选取几种常见的颜色样品,经过内置校正矩阵电路的摄像系统后获得其色度和亮度值,将它们与按理想光谱特性计算得到的结果相比较,求出使其色差最小的最佳校正矩阵系数,并且使这 9 个系数中的最大者不超过 1.5,以免矩阵系数太大会引入过大的杂波,从而影响色彩的复现。

颜色校正矩阵各系数的优选一般是在摄像系统的实际光谱特性已知的情况下进行的,所要确定的是该矩阵中的 6 个独立系数,然后由式(7-6)便可求得剩下的 3 个系数。为确定 $[A]$ 矩阵的系数,可以选用 CIE 评价光源显色性的 14 种试验色作为标准样品。按照理想光谱特性和摄像系统实际光谱特性,分别计算出各个标准样品在选定光源(如 CIE 标准照明体 D_{65} 或 C)照明下的理论三刺激值(R_0,G_0,B_0)、实际系统复现的三刺激值(R_1,G_1,B_1)以及经过转换矩阵 $[A]$ 校正后的真实复现值(R,G,B)。首先,选定一组初始值作为校正矩阵 $[A]$ 的 9 个系数来进行上述计算,并将各个标准样品的(R_0,G_0,B_0)和(R,G,B)经过坐标变换求得对应的(X_0,Y_0,Z_0)和(X,Y,Z),进而计算出各样品在 CIE1964 $W^*U^*V^*$ 颜色空间(也可以采用其他合适的色差公式)中真实复现值与其理论值之间的色差 $\Delta E_i (i=1,2,\cdots,14)$,由此可以得到该 14 种标准样品的均方根误差,即

$$
\overline{\Delta E} = \sqrt{\frac{\sum (\Delta E_i)^2}{n}} \tag{7-7}
$$

式中,n 为测试的样品数。如果 $\overline{\Delta E}$ 较大而不能满足要求,则可以调整 $[A]$ 中各系数的取值,使 $\overline{\Delta E}$ 逐渐减小直至达到要求的允许误差。一般来说,均方根误差达到 5~8 个 NBS 色差单位即可,这时矩阵 $[A]$ 中的各个系数就是要求的校正矩阵电路参数,一组真实的校正矩阵数据实例为

$$
\begin{bmatrix} R \\ G \\ B \end{bmatrix} = \begin{bmatrix} 1.12 & -0.16 & 0.04 \\ -0.02 & 1.23 & -0.21 \\ -0.02 & -0.01 & 1.03 \end{bmatrix} \begin{bmatrix} R_1 \\ G_1 \\ B_1 \end{bmatrix} \tag{7-8}
$$

加入校正矩阵电路能明显提高颜色复现的质量,但是采用该方法的摄像管必须要有高的信噪比以及线性的响应特性,同时显像管的各种荧光粉其颜色特性要尽量稳定且给出其色品的公差范围。

7.1.5　彩色电视颜色复现质量的评价

在彩色电视系统中影响颜色复现质量的因素很多,如光学、电学以及生理和心理的因素等,所以即使摄像系统完全达到了理想的光谱特性要求,其色彩的复现也未必能达到理想的状态。定量地评价彩色电视的颜色复现质量是一个复杂的问题,目前尚无统一的方法,而在实际中通常采用的评价方法可以分为主观评定和客观评定两类。

电视图像的传输质量主要采用主观评定的方法,让一定数量的观察者对样品颜色的复现质量进行视觉评价并定量判分。客观评定则是在严格规定的条件下,采用一套科学选定的标准色板作为试验色样,通过其颜色再现误差的计算来进行彩色电视颜色复现质量的定量评价。选定的试验色样应该包含人们常见而熟悉的一些物体的颜色,如皮肤、蓝天、白云、绿草、树木、房屋等等的颜色,而且应使所选的色样在颜色空间中的分布尽可能均匀,表 7-3 列出了我国彩色电视颜色复现质量评价用的 20 种实物样本在 CIE 标准照明体 D_{65} 下的色品坐标。

表 7-3　中国彩电颜色复现质量评价用实物样本在 CIE 标准照明体 D_{65} 下的色品坐标

编号	色样名称	色品坐标		反射系数 /%
		u	v	
1	中国青年女性面部肤色	0.2470	0.3252	22.12
2	红旗丝质绸	0.3974	0.3317	9.12
3	四川锦橙皮	0.3074	0.3566	34.44
4	国旗五星黄绸	0.2405	0.3605	39.39
5	柠檬黄油墨纸	0.2121	0.3653	72.15
6	玉米叶	0.1853	0.3517	11.86
7	果绿的确良	0.1429	0.3267	31.99
8	湖蓝布	0.1422	0.2925	30.59
9	蓝布	0.1642	0.2341	5.57
10	桃红油墨纸	0.3562	0.2683	16.03
11	我国人面部平均肤色	0.2420	0.3303	22.46
12	深红油墨纸	0.4643	0.3295	7.26
13	茜红的确良	0.3170	0.3283	19.82
14	西红柿	0.2945	0.3385	20.88
15	绿滤色片	0.1425	0.3630	44.91
16	画报蓝天	0.1821	0.3073	60.19
17	青蓝绸	0.1414	0.2703	18.38
18	青莲油墨纸	0.2079	0.1649	2.21
19	藕荷色府绸	0.2059	0.2874	28.90
20	紫茄子	0.2636	0.2727	7.10

当然,在彩色电视系统中要求其接收机屏幕上重现的颜色与被摄景物的原色完全一致是很难做到的,所以通常当皮肤色的复现误差小于 5 个 CIE-W* U* V* 色差单位且平均颜色误差在 5～8 个色差单位以内时,可以认为其基本达到了视觉允许的颜色复现效果。

7.2 彩色摄影与彩色印刷

　　彩色摄影和彩色印刷都是基于颜色的相减混合技术,而减法混色的基本原理及其计算方法已在第 5 章中作了介绍,这里主要讨论减混色方法在彩色摄影与彩色印刷中的应用。

7.2.1 彩色摄影

　　由减色法的原理可知,当白光先后透过两块叠合在一起的蓝滤色片和黄滤色片后,将得到绿色的透射光,如图 7-12 所示。这是因为滤色片组的总光谱透射比是由两块分滤色片的透射比按波长逐个相乘得到的,所以白光相继通过蓝和黄滤色片时,它们分别从入射的白光中吸收了一部分光谱能量,最后能同时透过两块滤色片的只有剩下的绿光。

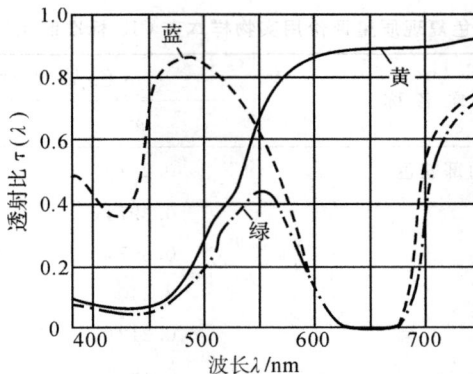

图 7-12　蓝滤色片和黄滤色片的减法混色

　　现代的多层感光材料彩色摄影就是利用减法混色的原理在具有不同感光特性的多层彩色胶片上记录被摄景物各种色彩的过程。多层感光胶片的结构如图 7-13 所示,在片基上涂有三层感光特性不同的乳剂和一个黄滤色层,其中感红乳剂紧贴片基,然后是感绿乳剂层,接着是黄滤色层(其作用是防止蓝光到达感绿乳剂层),最上面是感蓝乳剂层,它们经过曝光及显影后分别能产生如图右侧所示的影像层。彩色摄影胶片的乳剂层是很薄的,每层的厚度约为 $5\sim10\mu m$,故全部乳剂层的总厚度大约为 $0.02\sim0.03mm$。对于彩色相纸,在乳剂层之间用很薄的明胶层隔开,在最上层还涂有用明胶层加固的防护层,所以其总层数达 $8\sim10$ 层,而彩色胶片则只有 $4\sim5$ 层。各乳剂层的感光特性如图 7-14 所示,其中黄滤色层使蓝色区的光透过最上面的感蓝层后被截止而不能再作用于下面的感绿层和感红层,所以图中感绿层和感红层的光谱特性在黄滤色层截止的蓝色区部分实际上不起作用。

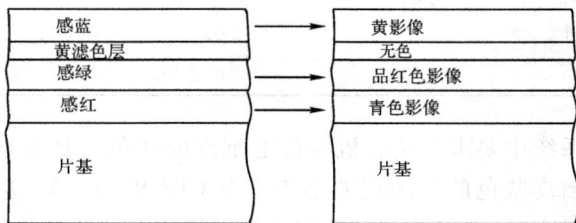

图 7-13　多层感光胶片的结构

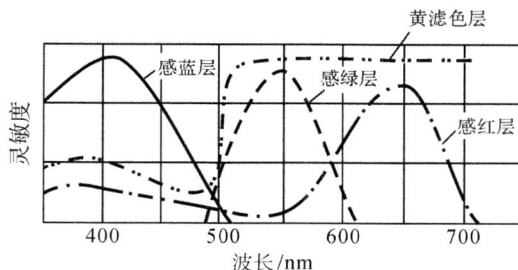

图 7-14　各层感光乳剂的光谱特性

每一乳剂层只对一种基本色(蓝、绿、红)的光谱区产生感光作用,因而来自被摄物的复合光在感光材料的作用下被分成三种光谱成分,其中每种成分只在对应感光乳剂层上形成潜像,实现了彩色分离。在显影时,由摄影过程中得到的潜像生成金属银影像,同时由于成色剂的作用而在金属银影像处生成了染料,该染料的多少与此处析出的金属银的量成正比。通过漂白冲洗,已还原的金属银和未还原的卤化物都离开感光层,于是在感光层上只留下了由染料形成的影像。各感光层影像的颜色不同,其中感蓝层形成黄色影像,感绿层形成品红色影像,感红层形成青色影像,由此将被摄的彩色景物分解成黄、品、青三层分离的影像,而且每层影像的深浅记录了实物原色中对应基本色光的亮度差异。

由三层乳剂形成的影像重叠成一张多色影像,而其中每层染料影像都相当于一种减色滤光片,因此当白光照射时,由于每个染料层的密度不同而导致其吸收照明光的比例也不同,于是人眼就能看到不同的颜色。只要三层影像之间染料密度的比例正确,该胶片就能正确地复现被摄物的色彩。在特殊情况下,如果三层吸收的比例相同,则白光照射后形成的彩色影像为中性的灰色,而当吸收量很大时产生黑色影像,吸收量小或几乎是透明时则得到近似白色的中性色。

感光胶片经过曝光、冲洗后得到负片,其影调与实物相反,即亮的物体在负片上为黑色,而暗的物体在负片上为白色;同时,彩色负片的颜色也是以补色出现的,即红色物体以青色出现,而绿色和蓝色物体则分别以品红色和黄色出现,因此青、品、黄就是减混色中的三原色,它们分别为加混色三原色红、绿、蓝的补色。

要得到与被摄景物一致的照片,还需要经过由负片洗印成正片的过程,并将这种多层片称为负-正片,这是彩色摄影中常用的一种多层片。此外,还有一种多层片称为反转片,它在一次洗印后能直接得到与被摄物色彩相同的透明正片,这种多层片主要用于电影胶片等系统中。

7.2.2　彩色印刷

彩色印刷也是一种减法混色的过程,将三种不同颜色的油墨重叠印在白纸上,由于所用的油墨是透明的,故入射于油墨的光线大部分可以进入油墨的内部;同时,因为油墨本身具有一定的光谱透射特性,所以当光线穿过重叠的油墨层时其光谱组成发生了变化,而且透过油墨到达白纸的光线在其表面上反射后又进入并穿越各层油墨,因此从着色白纸反射光线实际上是经过了两次减法混色的过程。

对于印刷在报纸上的黑白照片,其画面的浓淡对比是通过改变墨点的密度来实现的,其中墨点较密的区域其目视感觉较浓,而墨点较疏的区域则图像较淡,由此使观察者看到各部分明暗变化的照片。彩色印刷也采用了类似的原理,只是需要利用三种不同色彩的油墨即青(c)、品(m)、黄(y)分别通过相应的分色印版在同一白纸的相同区域先后印上这三种彩色,这样在白纸上便可以形成由该三种颜色叠加混合得到的 8 种颜色,如表 7-4 所示。可见,只要适当地设计彩色图像各区域中三种彩色墨点的密度,就能通过彩色套印的方法印刷出这 8 种色彩。另外,利用黑色油墨组成的黑墨点,可以调节画面的明暗对比,从而使印刷出来的彩色图像层次丰富、鲜艳逼真。

表 7-4 彩色印刷的颜色混合

序号	印刷油墨	混合色
1	白纸上未印到油墨的部分	白色(W)
2	m	品红(M)
3	c	青色(C)
4	$c+m$	紫色(P)
5	y	黄色(Y)
6	$y+m$	橙色(O)
7	$c+y$	绿色(G)
8	$c+m+y$	黑色(K)

由上述三种彩色油墨可能混合成的各种颜色决定了三色印刷颜色复现区域的边界,如图 7-15 中的多边形所示,三色印刷只能复现该多边形色域内的所有颜色,因此为了得到尽可能大的复现色域范围,必须合理地选择印刷的原色油墨。

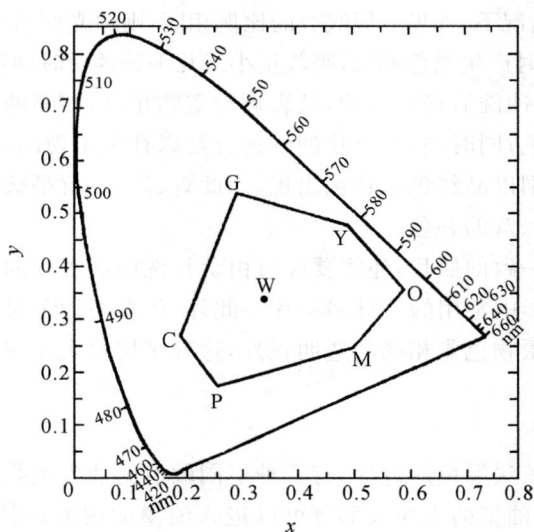

图 7-15 彩色印刷的色域

7.3 颜色灯光信号

随着交通运输技术的现代化和高速化发展,颜色灯光信号在水、陆、空立体交通中的作用越来越重要。为了指导和控制交通运输的秩序并确保其安全,CIE 曾于 1959 年基于 20 世纪 30—40 年代的技术和实践经验并考虑到当时的标准及信号色玻璃的限制,推荐了灯光信号颜色的标准;后来,又根据新的实验和 1959 年推荐标准的实际情况,CIE 于 1975 年出版了"灯光信号颜色"的修订本;1987 年,CIE 第 4 分部(交通照明和信号)的 TC4-14 信号灯颜色技术委员会对信号灯颜色辨认的实验作了细致的分析,在广泛征求了视觉信号方面的专家意见的基础上,于 1994 年出版了 CIE 技术报告 107——"对 CIE 公布的灯光信号颜色推荐标准的回顾",该技术委员会的这一分析结果最终被采纳为 CIE 关于"颜色灯光信号"的最新标准。

　　CIE 的灯光信号颜色最新标准规定了稳定信号灯和闪光信号灯的允许颜色,该标准适用于海洋、公路、航空和铁路运输系统中所使用的信号灯,其中包括在轮船、汽车、飞机和火车上使用的信号灯。同时,该标准也可用于指导颜色的选择,如在汽车、工业控制监测等仪表盘上的信号灯和警示灯以及当辨认颜色信号对于分析所显示的信息很重要时监视器的颜色信号等。

　　根据 CIE 标准的规定,允许的灯光信号颜色为红色、黄色、白色、绿色和蓝色,不得使用其他颜色;并明确指出,由于橙色、紫红色和紫色容易与其他灯光颜色(红色或蓝色)混淆,故不适合作为灯光信号。该标准规定,灯光信号系统通常只能由不超过 4 种颜色构成,灯光信号颜色允许的色品范围如图 7-16 所示。该标准还针对不同人群的色觉条件和观察距离,对有关信号颜色的边界作了限定,并对要求可靠辨认的信号颜色色品范围(A 类)和不要求可靠辨认的信号颜色色品范围(B 类)分别作了限定,以有利于充分发挥灯光信号的作用。为了方便地确定各灯光信号的色度区域,表 7-5 给出各颜色信号的色区边界以及光谱轨迹与紫红线交叉点的色品坐标。

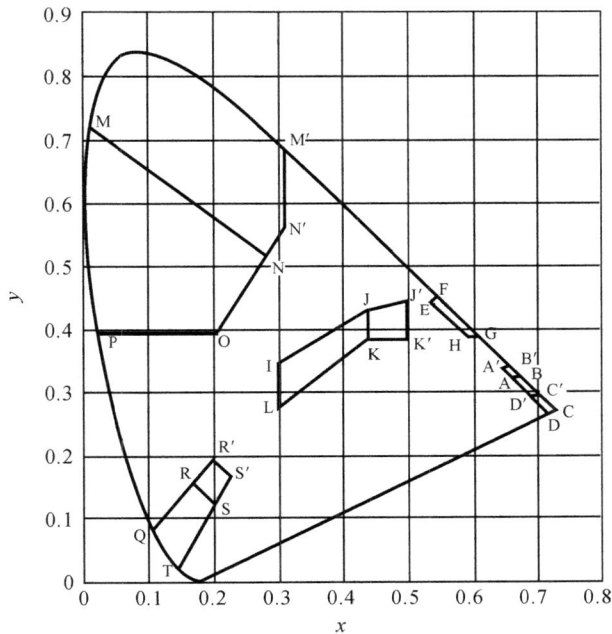

图 7-16　在 CIE1931 色品图上红、黄、绿、蓝和白色灯光信号颜色的允许色度区域

表 7-5　允许色度区域范围的交叉点色品坐标

颜色		色品坐标			
红色光信号颜色					
A 类		A	B	C	D
	x	0.660	0.680	0.735	0.721
	y	0.320	0.320	0.265	0.259
A1 类		A	B	C′	D′
当观察者中包括颜色视觉功能有缺陷的人时	x	0.660	0.680	0.710	0.690
	y	0.320	0.320	0.290	0.290
B 类		A′	B′	C′	D′
当不要求可靠地识别红色时	x	0.645	0.665	0.710	0.690
	y	0.335	0.335	0.290	0.290
黄色光信号颜色		E	F	G	H
	x	0.536	0.547	0.613	0.593
	y	0.444	0.452	0.287	0.387
白色光信号颜色					
A 类		I	J	K	L
	x	0.300	0.440	0.440	0.300
	y	0.342	0.432	0.382	0.276
B 类		I	J	J′	K′
	x	0.300	0.440	0.500	0.500
当信号系统中不包括黄色信号,不会与外来的	y	0.342	0.432	0.440	0.382
背景颜色相互混淆,而且信号不会因为空气污		K	L		
染或天气恶劣而有很大衰减时	x	0.440	0.300		
	y	0.382	0.276		
绿色光信号颜色					
A 类		M	N	O	P
	x	0.009	0.284	0.209	0.028
	y	0.720	0.520	0.400	0.400
B 类		M′	N′	O	P
当观察者中不包括颜色视觉功能有缺陷的人时	x	0.310	0.310	0.209	0.028
	y	0.684	0.562	0.400	0.400
蓝色光信号颜色					
A 类		Q	R	S	T
	x	0.109	0.173	0.208	0.149
	y	0.087	0.160	0.125	0.025
B 类		Q	R′	S′	T
当不需要可靠地识别蓝色信号时	x	0.109	0.204	0.233	0.149
	y	0.087	0.196	0.167	0.025

7.4　计算机自动配色

7.4.1　综　述

1. 引　言

在工业中大量的颜色问题与混合色料的膜层有关。清漆膜层给表面上光并显示下面的颜色和纹理,蜡层也有此功能;纸张形成一个背景,使字迹清晰易读,并防止字迹印入下层;布是纺织纤维层,常需染色,它也许不透明,只显示本色,或在其他用途下可能为半透明,如尼龙长袜;涂料层以本色来遮盖衬底色;珐琅(搪瓷)是加入玻璃介质中的颜料,用本身的永久色在金属上形成不透明覆盖层;陶瓷薄膜层用于着色并使防水黏土和陶瓷产品具有不同的种类和用途;塑料的许多应用中就包括塑料的颜料薄层,如墙纸、墙上开关等。在所有这些工业应用中均需进行色料的混合和配方预测,即需要正确地选择色料及给出各成分色料的浓度比例,以获得要求的颜色匹配。

当色料膜层制造商在进行颜色匹配时可有多种不同的方法。起初,色料的选择和配方预测是采用基于成本、可行性、持久性等基础上的原始的尝试和辨差方法(trial and error)。配色者凭经验选择一定的色料进行小规模混合,记下各成分的权重,逐次加入在混合物中尚缺少的成分以实现匹配。当达到与要求的样品颜色足够接近时,所记录的每种成分的权重就是配方。然后,按此配方进行大规模的混合,这时得到的混合色与要求的样品色如果不完全相同,则配色者往往通过加入少量的高着色强度色料来进行调色,以达到希望的着色目标。这种方法很直接,需要丰富的实际配色经验,否则所用的混合色料种类会很多,既不经济且效率又低下,特别是随着配色者经验的丰富程度不同,直接影响配方质量的一致性和可靠性。

上述尝试和辨差法的根本缺陷在于没有从色料与颜色的本质和机理上来研究两者的基本关系。因此,多年来很多颜色科学家努力寻求色料混合物系统的理论机制,以实现用一组有限种色料的特殊组合来进行多种颜色的匹配。此过程自然地将 CIE 系统引入色料混合工业,每种试样均由光谱光度数据来表示,各种色料也以一定的色度参数来表征其混合特性,利用某种通过对色料的光学特性和相互作用的研究而导出的色料混合光学模型,如 Kubelka-Munk 理论等,进行色料的正确选择和配方的科学预测。在色料混合理论研究的初始阶段,色料的混合预测主要基于手工计算和作图方法,如幂指数算法、双曲线算法等。计算机技术的发展,特别是大容量、高速度的数字计算机的不断开发和升级,为配色预测的计算机控制及其快速发展提供了物质基础和技术手段。计算机自动配色的研究及其在工业控制中的应用日益广泛和普遍,极大地提高了颜色产品的生产效率及其控制的质量,同时又强有力地推动了颜色科学的丰富和完善及其信息技术在工业领域的应用和提升。

2. 国内外发展概况

早在 20 世纪 30 年代初,Kubelka-Munk 理论的提出标志着计算机配色技术发展的开端,但是直到 1958 年才在美国 Sherwin-Willams 出现了由 Davidson、Hemmendinger 和 Landry 研制的第一台用于纺织工业颜色预测的商用模拟计算机 COMIC(colorant mixture computer),并很快于 1961 年被第一台数字计算机系统 Ferranti Pegasus 计算机所代替。从此以后,计算机配色领域十分活跃,迅速发展,特别是 20 世纪 80 年代以来各种相关技术尤其是数字计算机技术及其应用的发展,使投入工业应用的计算机配色系统大量增长,其中色料配方预测在纺织工业中的应用与仪器配色系统几乎同时出现,并且始终是十分重要的应用领域。

发展至今的所有计算机配方预测系统都基于一个实现两种特殊功能的光学模型:

(1) 将单个色料的浓度与色料在使用中的一些可测特性相关联;

(2) 描述色料在混合物中的行为。

最常用的光学模型是 Kubelka-Munk 理论,该理论用 K 和 S 两个参数(分别称为色料的 Kubelka-Munk 吸收系数和散射系数)将测得的光谱反射比值与成分色料的浓度相联系,并假设在色料混合物中用 K 和 S 的加和性来表征各色料在混合时的光学行为。目前的大多数商用计算机颜色匹配系统都是基于 E. Allen 及 Davidson 和 Hemmendinger 于 20 世纪 60 年代在纺织、涂料和塑料工业中所做的工作。

随着颜色工业的发展,人们对颜色质量控制和配方预测的要求也越来越高,在常规系统的使用中遇到的问题越来越多,于是各种更为精确和复杂的光学模型、算法技术及相应的配色系统不断被提出、研制和开发,以满足不同层次、不同应用的各种常规和特殊的需要,如 Saunderson 修正、多光通理论、递归二次逼近及优化算法、混合整型逼近算法、优化系数算法、矩阵分块算法、非凸逼近模型、通用颜色系统数学模型、绝对配色技术、神经网络技术等。

国内在仪器配色的理论和系统的研究领域中尚处于相对落后的状态,许多生产单位的颜色质量控制和配方预测过程仍主要依靠配色人员的经验和目视判断,即采用原始的尝试和辨差法,严重地制约了我国颜色工业的发展。直至 20 世纪 80 年代初,上海纺织科学研究院才从德国 OPTON 公司引进我国的第一台自动测色配色仪器。因此,计算机测色与配色技术在我国的发展和普及还需相关方面的进一步共同努力。

国外有许多研究单位和生产厂商正在从事自动测色与配色系统的研制,相应的产品也不断被开发和更新,如 Gretag Macbeth,DataColor,HunerLab,X-Rite,Minolta 等,并已进入中国市场。但是,由于国内色料的不一致性、印染工艺的不稳定等具体因素,国外的系统在国内实际应用中存在一些问题。纺织工业是中国的传统产业,而且我国的纺织品对国外具有较大的出口优势。因此,为改善国内印染等相关工业的生产条件,改变依赖进口的现状,研究适用于国内颜色产品生产工艺的快速自动测色与配色系统对提高我国颜色工业的自动化水平具有十分重要的意义。

7.4.2 计算机颜色匹配的理论基础

计算机自动配色主要包括三个要素,即得到初始配方的公式、预测任何色料混合物颜色的光学模型、调整配方使之接近目标颜色的算法,其中最重要的是色料混合模型。可以说,各种色料的计算机配色的成功与否主要取决于所应用模型的精确度、实用价值和适应性。至今,应用得最广泛最普遍也是最成功的光学模型便是由 P. Kubelka 和 F. Munk 于 1931 年提出的二光通理论,即通常所称的 Kubelka-Munk 理论。

1. 理论分析

在介绍 Kubelka-Munk 理论之前,应先讨论几个假设条件。这些假设是该理论推导的前提,既是该理论普遍实用的基础,又是该理论在现代的某些特殊应用中不断遇到困难而需要作某些修正的原因。这些假设条件是:

(1) 适用于不透明介质(如涂料、纺织品、纸张和大多数塑料等)和半透明介质;

(2) 膜层在水平方向向二维空间扩展,光通量在水平地通过与之垂直的边缘时的损失与

其上下行进时的损失相比非常小,不必考虑;

(3) 只考虑在膜层中向上和向下行进的漫射光通在膜层中穿行时发生的情形。

如图 7-17 所示,设基底的反射比为 ρ_g,膜层厚度为 X,膜层中存在向下和向上两个光散射方向,即向下通道和向上通道,且向下通道也包含被散射前的原始光。两通道中的光均为漫射光,而不是准直光。这是实际模型在上述假设条件下的抽象和简化。

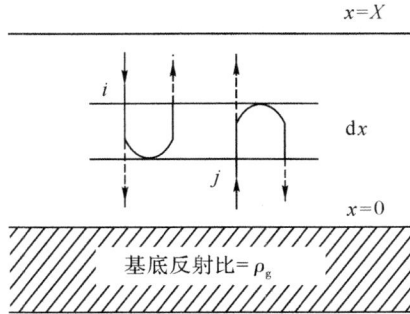

图 7-17　Kubelka-Munk 二光通模型

先从半透明介质模型开始推导。取任意深度处厚度为 $\mathrm{d}x$ 的单元,设下行通道的光强为 i,上行通道的光强为 j。在下行通道中通过厚度单元的光受到的强度衰减为 $\mathrm{d}i$,它与其强度成正比,比例常数由吸收系数 K 和散射系数 S 组成。由于上行通道中的光被散射回去,使下行通道中从单元底部透出的光增强,因而

$$\frac{\mathrm{d}i}{-\mathrm{d}x} = -(K+S)i + Sj \tag{7-9}$$

式中,$\mathrm{d}x$ 前的负号表示下行时沿负方向通过单元(取向上为正方向)。相反方向(上行通道)中的情况类似,只是 $\mathrm{d}x$ 为正,即

$$\frac{\mathrm{d}j}{\mathrm{d}x} = -(K+S)j + Si \tag{7-10}$$

为了求解式(7-9)和式(7-10),定义 $\rho_r = j/i$,则根据微分的商规则可得到以 ρ_r 表示的单个微分方程,即

$$\frac{\mathrm{d}\rho_r}{\mathrm{d}x} = \frac{\mathrm{d}(j/i)}{\mathrm{d}x} = \frac{i(\mathrm{d}j/\mathrm{d}x) - j(\mathrm{d}i/\mathrm{d}x)}{i^2} \tag{7-11}$$

将式(7-9)和式(7-10)代入式(7-11)并以 ρ_r 代替 j/i,可得

$$\frac{\mathrm{d}\rho_r}{\mathrm{d}x} = S - 2(K+S)\rho_r + S\rho_r^2 \tag{7-12}$$

这是一个可以分离变量的一阶微分方程。

为了对式(7-12)进行积分,考虑如下边界条件:由于在任何深度 x 处,ρ_r 表示上行光通与下行光通之比,因此当 $x=0$ 时有 $\rho_r = \rho_g$(基底反射比);而当 $x=X$ 时 $\rho_r = \rho$(膜层反射比)。所以,有

$$\int_0^X \mathrm{d}x = \int_{\rho_g}^{\rho} \frac{\mathrm{d}\rho_r}{S - 2(K+S)\rho_r + S\rho_r^2} \tag{7-13}$$

对式(7-13)积分并对 ρ 解此积分后的方程,得

$$\rho = \frac{1 - \rho_g[a - b\coth(bSX)]}{a - \rho_g + b\coth(bSX)} \tag{7-14}$$

式中，$a = 1 + (K + S)$，$b = (a^2 - 1)^{1/2}$，$\coth(bSX)$ 是双曲余切函数，其具体的定义式为 $\coth(bSX) = [\exp(bSX) + \exp(-bSX)]/[\exp(bSX) - \exp(-bSX)]$。式（7-14）即为 Kubelka-Munk 方程的基本形式，它说明半透明膜层的反射比是吸收系数 K、散射系数 S、层厚 X 以及基底反射比 ρ_g 等 4 个参数的函数。

对于不透明介质，方程（7-14）是很少直接使用的，它只是更简单方程的原始形式。这里先考察当 $S \to 0$ 时方程（7-14）的变化趋势，即

$$\lim_{S \to 0} \rho = \rho_g e^{-2KX} \tag{7-15}$$

式（7-15）其实正好与 Beer-Bouguer 定律一致。考虑方法是光先向里穿过膜层，再从基底反射，最后穿过膜层透出来，于是 Kubelka-Munk 定律便简化为与针对透明样品的 Beer-Bouguer 定律相一致的形式。

在方程（7-14）中，逐渐增大散射系数 S 或膜层厚度 X 时，很快有 $\exp(-bSX)$ 与 $\exp(bSX)$ 相比可忽略不计，故双曲余切函数 $\coth(bSX) \to 1$。于是，可得到该方程的简化形式：

$$\rho_\infty = 1 + (K/S) - [(K/S)^2 + 2(K/S)]^{1/2} \tag{7-16}$$

式中，ρ_∞ 是指无穷大厚度时的膜层反射比，即厚度再增大也不会影响样品的反射比。求解此方程可以得到以 ρ_∞ 表示的 K/S，即

$$\frac{K}{S} = \frac{(1 - \rho_\infty)^2}{2\rho_\infty} \tag{7-17}$$

式（7-16）和式（7-17）是不透明样品普遍使用的方程，如纺织品的配色中就采用这组方程。事实上，在很多文献中就直接以方程（7-17）作为 Kubelka-Munk 方程，其隐含的前提是研究不透明样品。特别值得注意的是，在这两个方程中均没有出现膜层厚度 X 和基底反射比 ρ_g，同时 K 和 S 只以比值 K/S 的形式出现。

根据 Kubelka-Munk 理论，其吸收和散射系数适用加和性原理。设 K 和 S 分别为膜层总的吸收系数和散射系数，各色料的单位吸收和散射系数分别为 $K_1, K_2, \cdots, K_n$ 和 $S_1, S_2, \cdots, S_n$，基质的吸收和散射系数分别为 K_t 和 S_t，则有

$$\left.\begin{array}{l} K = K_t + c_1 K_1 + c_2 K_2 + \cdots + c_n K_n \\ S = S_t + c_1 S_1 + c_2 S_2 + \cdots + c_n S_n \end{array}\right\} \tag{7-18}$$

式中，$c_1, c_2, \cdots, c_n$ 为组成膜层的 n 种色料的浓度。方程组（7-18）中含有两个独立的参数 K 和 S，因此称为 Kubelka-Munk 二常数理论。

在有些情况下，不管色料配方发生什么变化，其散射系数基本不变。如染色纺织品，其光散射受到纺织纤维的影响，加入纺织品中的染料可近似地想象成溶于纤维中而对基质的散射能力无贡献。因此，在这样的膜层中，可以认为每种色料的散射功率（定义为 SX）是相等的，且此量即为基质的散射功率。另外，在制陶等其他工业中也有类似的情况。

将方程组（7-18）中的第一式除以第二式，得

$$\frac{K}{S} = \frac{K_t + c_1 K_1 + c_2 K_2 + \cdots + c_n K_n}{S_t + c_1 S_1 + c_2 S_2 + \cdots + c_n S_n} \tag{7-19}$$

这是用二常数理论来计算色料混合物的 K/S 值时所用的方程。

如果散射系数不变，并等于基质的散射系数，则方程（7-19）可以简化为

$$\frac{K}{S} = \frac{K_t + c_1 K_1 + c_2 K_2 + \cdots + c_n K_n}{S_t}$$

设

$$\left(\frac{K}{S}\right)_t = \frac{K_t}{S_t} , \left(\frac{K}{S}\right)_1 = \frac{K_1}{S_t} , \left(\frac{K}{S}\right)_2 = \frac{K_2}{S_t} , \cdots , \left(\frac{K}{S}\right)_n = \frac{K_n}{S_t}$$

则上式等价于

$$\frac{K}{S} = \left(\frac{K}{S}\right)_t + c_1\left(\frac{K}{S}\right)_1 + c_2\left(\frac{K}{S}\right)_2 + \cdots + c_n\left(\frac{K}{S}\right)_n \qquad (7\text{-}20)$$

上述简化的原因是对于每个波长只需对应一个参数 (K/S) 来表征一种色料,而不是用 K 和 S 两个参数。因此,这种处理方法即方程(7-20)称为 Kubelka-Munk 单常数理论。

2. *Saunderson* 修正

对于不透明反射样品,在空气和膜层之间通常存在折射率的变化,这种不连续性使计算复杂化,故为了得到精确的结果必须予以修正。

设准直光入射膜层,从样品表面反射的部分为 r_1,其余部分光进入膜层并向上弥散反射。当反射光遇到层界时,有 r_2 部分反射回膜层内参与另一次循环过程。菲涅尔(Fresnel)方程表明光束在不同折射率物质之间界面上的入射角愈大,则其反射比也愈大,且当光进入膜层后变为漫射,所以 r_2 比 r_1 大得多。理想漫射光的 r_2 其理论值为 0.6,而修正公式的导出过程列于表 7-6 中。

表 7-6 Saunderson 修正公式的导出过程

周期	离开顶部界面 并继续向上的量	离开顶部界面 并继续向下的量	从下面到达 顶部界面的量
1	r_1	$1-r_1$	$(1-r_1)\rho_\infty$
2	$(1-r_1)(1-r_2)\rho_\infty$	$(1-r_1)r_2\rho_\infty$	$(1-r_1)r_2\rho_\infty^2$
3	$(1-r_1)(1-r_2)r_2\rho_\infty^2$	$(1-r_1)r_2^2\rho_\infty^2$	$(1-r_1)r_2^2\rho_\infty^3$
4	$(1-r_1)(1-r_2)r_2^2\rho_\infty^3$	$(1-r_1)r_2^3\rho_\infty^3$	$(1-r_1)r_2^3\rho_\infty^4$
⋯	⋯	⋯	⋯

将离开顶部界面并向上的光加起来得到被膜层反射的光,即

$$\rho_m = r_1 + (1-r_1)(1-r_2)\rho_\infty(1 + r_2\rho_\infty + r_2^2\rho_\infty^2 + \cdots) = r_1 + \frac{(1-r_1)(1-r_2)\rho_\infty}{1 - r_2\rho_\infty}$$

$$(7\text{-}21)$$

式中,ρ_m 为用光谱光度计测得的反射比值,ρ_∞ 表示用 Kubelka-Munk 理论计算出来的不透明样品的反射比。方程(7-21)被广泛地称为 Saunderson 修正。

7.4.3 色料的配方预测

1. 配方预测原理及技术特点

在计算色料配方时,可以按光谱反射比曲线直接匹配,也可以按三刺激值匹配。与三刺激值匹配方法相比,直接光谱匹配方法可以得到光谱异构性很低(理想情况下为零)的配方,提高了使用几种光谱相似色料的能力,并且可在能得到光谱数据的任何波长区应用该方法,如在红外、紫外等三刺激值匹配法不能适用的光谱区,该方法仍能使用。尽管此方法所用的基础数据与三刺激值匹配法可以通用,但是这种方法要求基础数据库包含的色料范围很广,否则配方预

测成功率较低。同时,建立和求解色料浓度的方式决定了实施匹配的类型,如以产生最小三刺激值差的方法来优化色料浓度方程组,则达到三刺激值匹配;或以产生最小光谱差的方法来优化色料浓度方程组,则达到光谱光度计量的颜色匹配。

对于通常的配色应用,包括纺织印染工业,允许异谱配色(当然对同色异谱指数有要求),显然以使标准和配方之间的三刺激值差最小来优化色料浓度方程组更为方便和合理,所以常采用三刺激值匹配方法。在这种三刺激值匹配法中,用矩阵转换法得到的配方再加以迭代改善,能满足低异谱性匹配,况且在 3 种以上色料混合时可引入附加照明体作为配色条件参与计算,将进一步降低配方的光谱异构程度。

　2. 三刺激值匹配算法

根据对色料混合光学模型的研究,如纺织品等染色层的光散射受到纺织纤维的作用,加入纺织品中的染料似乎溶于纤维中而不影响基质的散射能力,使其中各染料的散射系数相等,且与基质的散射系数一致,因此适用 Kubelka-Munk 单常数理论。

下面将以纺织印染应用中的三染料组合为例,说明采用 Kubelka-Munk 单常数理论进行三刺激值匹配的算法。

（1）变量定义

在讨论具体算法之前,首先定义下列矩阵和矢量:

$$T = \begin{bmatrix} \overline{x}_{400} & \overline{x}_{420} & \cdots & \overline{x}_{700} \\ \overline{y}_{400} & \overline{y}_{420} & \cdots & \overline{y}_{700} \\ \overline{z}_{400} & \overline{z}_{420} & \cdots & \overline{z}_{700} \end{bmatrix}$$

式中,$\overline{x}_\lambda, \overline{y}_\lambda, \overline{z}_\lambda$ 是 CIE 标准色度观察者光谱三刺激值函数(色匹配函数)。这里假定在此配方计算中采用 $400 \sim 700\text{nm}$ 光谱范围内的波长间隔为 20nm,当然也可按具体需要而采用其他的波长范围和间隔。

$$E = \begin{bmatrix} E_{400} & & & 0 \\ & E_{420} & & \\ & & \ddots & \\ 0 & & & E_{700} \end{bmatrix}$$

式中,E_λ 表示在波长 λ(nm)处光源的相对光谱功率分布。

$$f^{(s)} = \begin{bmatrix} f(\rho)_{400}^{(s)} \\ f(\rho)_{420}^{(s)} \\ \vdots \\ f(\rho)_{700}^{(s)} \end{bmatrix}, \quad f^{(t)} = \begin{bmatrix} f(\rho)_{400}^{(t)} \\ f(\rho)_{420}^{(t)} \\ \vdots \\ f(\rho)_{700}^{(t)} \end{bmatrix}$$

式中,ρ 指不透明样品的光谱反射比,上标(s)指被匹配的样品即标准色样,(t)指配色的基质,函数 $f(\rho)$ 具体为不透明样品的 $(1-\rho)^2/2\rho$[见方程(7-17)]。

$$D = \begin{bmatrix} d_{400} & & & 0 \\ & d_{420} & & \\ & & \ddots & \\ 0 & & & d_{700} \end{bmatrix}$$

式中,$d_\lambda = [\mathrm{d}\rho/\mathrm{d}f(\rho)]_\lambda = -2\rho_\lambda^2/(1-\rho_\lambda^2)$。

$$\boldsymbol{\Phi}=\begin{bmatrix} \phi_{400}^{(1)} & \phi_{400}^{(2)} & \phi_{400}^{(3)} \\ \phi_{420}^{(1)} & \phi_{420}^{(2)} & \phi_{420}^{(3)} \\ \vdots & \vdots & \vdots \\ \phi_{700}^{(1)} & \phi_{700}^{(2)} & \phi_{700}^{(3)} \end{bmatrix}$$

式中，$\phi_\lambda^{(i)}$ 表示不透明样品所用染料的单位 K/S 值，其中下标 λ 为波长，上标 (i) 是所用染料的编号（匹配中所用 3 种染料分别标以号码 $i=1,2,3$）。

$$\boldsymbol{C}=\begin{bmatrix} c_1 \\ c_2 \\ c_3 \end{bmatrix}$$

式中，c_1，c_2，c_3 分别代表 3 种参与配色的染料浓度。

（2）初始配方计算

为了便于推导，再定义三个过程矢量：

$$\boldsymbol{t}=\begin{bmatrix} X \\ Y \\ Z \end{bmatrix}$$

式中，X，Y，Z 为三刺激值。

$$\boldsymbol{r}^{(s)}=\begin{bmatrix} \rho_{400}^{(s)} \\ \rho_{420}^{(s)} \\ \vdots \\ \rho_{700}^{(s)} \end{bmatrix}, \quad \boldsymbol{r}^{(m)}=\begin{bmatrix} \rho_{400}^{(m)} \\ \rho_{420}^{(m)} \\ \vdots \\ \rho_{700}^{(m)} \end{bmatrix}$$

式中，ρ_λ 表示在波长 $\lambda(\mathrm{nm})$ 处的光谱反射比，上标 (s) 代表标准色样，(m) 代表配方样品。

对于完善的三刺激值匹配，应有

$$\begin{cases} X^{(s)}=X^{(m)} \\ Y^{(s)}=Y^{(m)} \\ Z^{(s)}=Z^{(m)} \end{cases}$$

故根据色度学理论，可以写出

$$\boldsymbol{t}=\boldsymbol{TE r}^{(s)}=\boldsymbol{TE r}^{(m)}$$

因此，

$$\boldsymbol{TE}\left[\boldsymbol{r}^{(s)}-\boldsymbol{r}^{(m)}\right]=0 \tag{7-22}$$

如果不是存在特别严重的光谱异构性，那么在任何一个波长上配方的反射比与标准色样的对应值相差不会太大，故可相当精确地写出

$$\rho_\lambda^{(s)}-\rho_\lambda^{(m)}=\Delta\rho_\lambda=\left[\mathrm{d}\rho/\mathrm{d}f(\rho)\right]_\lambda \Delta f(\rho)_\lambda$$
$$=\left[\mathrm{d}\rho/\mathrm{d}f(\rho)\right]_\lambda\left[f(\rho)_\lambda^{(s)}-f(\rho)_\lambda^{(m)}\right], \quad i=400,420,\cdots,700$$

即

$$\boldsymbol{r}^{(s)}-\boldsymbol{r}^{(m)}=\boldsymbol{D}\left[\boldsymbol{f}^{(s)}-\boldsymbol{f}^{(m)}\right] \tag{7-23}$$

将式（7-23）代入式（7-22），并移项后，得

$$\boldsymbol{TED f}^{(s)}=\boldsymbol{TED f}^{(m)} \tag{7-24}$$

又根据 Kubelka-Munk 理论的 K/S 加和性原理，有

$$\boldsymbol{f}^{(m)}=\boldsymbol{f}^{(t)}+\boldsymbol{\Phi C} \tag{7-25}$$

将式(7-25)代入式(7-24),并移项和整理后,得

$$\boldsymbol{TED\Phi C} = \boldsymbol{TED}\left[f^{(s)} - f^{(t)}\right] \tag{7-26}$$

由此可得

$$\boldsymbol{C} = (\boldsymbol{TED\Phi})^{-1}\boldsymbol{TED}\left[f^{(s)} - f^{(t)}\right] \tag{7-27}$$

式(7-27)即为计算得到的初始配方,它提供了一个相当接近但可能不是达到完全匹配的染料比例,因此通常尚需进一步迭代改善。

(3) 迭代改善

令

$$\Delta t = \begin{bmatrix} \Delta X \\ \Delta Y \\ \Delta Z \end{bmatrix}, \quad \Delta C = \begin{bmatrix} \Delta c_1 \\ \Delta c_2 \\ \Delta c_3 \end{bmatrix}$$

式中,ΔX,ΔY,ΔZ 为标准色样与初始配方之间的三刺激值误差,Δc_1,Δc_2,Δc_3 是为使 Δt 减小至零时所需初始配方的修正量。

由于

$$\Delta X = \frac{\partial X}{\partial c_1}\Delta c_1 + \frac{\partial X}{\partial c_2}\Delta c_2 + \frac{\partial X}{\partial c_3}\Delta c_3$$

对于 ΔY 和 ΔZ 有相似的关系式,故

$$\Delta t = \boldsymbol{B} \cdot \Delta \boldsymbol{C} \tag{7-28}$$

式中

$$\boldsymbol{B} = \begin{bmatrix} \dfrac{\partial X}{\partial c_1} & \dfrac{\partial X}{\partial c_2} & \dfrac{\partial X}{\partial c_3} \\[2mm] \dfrac{\partial Y}{\partial c_1} & \dfrac{\partial Y}{\partial c_2} & \dfrac{\partial Y}{\partial c_3} \\[2mm] \dfrac{\partial Z}{\partial c_1} & \dfrac{\partial Z}{\partial c_2} & \dfrac{\partial Z}{\partial c_3} \end{bmatrix}$$

若设

$$\boldsymbol{P} = \begin{bmatrix} \dfrac{\partial X}{\partial \rho_{400}^{(m)}} & \dfrac{\partial X}{\partial \rho_{420}^{(m)}} & \cdots & \dfrac{\partial X}{\partial \rho_{700}^{(m)}} \\[2mm] \dfrac{\partial Y}{\partial \rho_{400}^{(m)}} & \dfrac{\partial Y}{\partial \rho_{420}^{(m)}} & \cdots & \dfrac{\partial Y}{\partial \rho_{700}^{(m)}} \\[2mm] \dfrac{\partial Z}{\partial \rho_{400}^{(m)}} & \dfrac{\partial Z}{\partial \rho_{420}^{(m)}} & \cdots & \dfrac{\partial Z}{\partial \rho_{700}^{(m)}} \end{bmatrix}$$

及

$$\boldsymbol{Q} = \begin{bmatrix} \dfrac{\partial \rho_{400}^{(m)}}{\partial c_1} & \dfrac{\partial \rho_{400}^{(m)}}{\partial c_2} & \dfrac{\partial \rho_{400}^{(m)}}{\partial c_3} \\[2mm] \dfrac{\partial \rho_{420}^{(m)}}{\partial c_1} & \dfrac{\partial \rho_{420}^{(m)}}{\partial c_2} & \dfrac{\partial \rho_{420}^{(m)}}{\partial c_3} \\[2mm] \vdots & \vdots & \vdots \\[2mm] \dfrac{\partial \rho_{700}^{(m)}}{\partial c_1} & \dfrac{\partial \rho_{700}^{(m)}}{\partial c_2} & \dfrac{\partial \rho_{700}^{(m)}}{\partial c_3} \end{bmatrix}$$

则

$$\boldsymbol{B} = \boldsymbol{PQ} \tag{7-29}$$

又根据色度学原理,有

$$X = \overline{x}_{400} E_{400} \rho_{400}^{(m)} + \overline{x}_{420} E_{420} \rho_{420}^{(m)} + \cdots + \overline{x}_{700} E_{700} \rho_{700}^{(m)}$$

显然

$$\frac{\partial X}{\partial \rho_{400}^{(m)}} = \overline{x}_{400} E_{400}, \frac{\partial X}{\partial \rho_{420}^{(m)}} = \overline{x}_{420} E_{420}, \cdots, \frac{\partial X}{\partial \rho_{700}^{(m)}} = \overline{x}_{700} E_{700}$$

对于 Y 和 Z 有类似的关系式。因此,可得

$$\boldsymbol{P} = \begin{bmatrix} \overline{x}_{400} E_{400} & \overline{x}_{420} E_{420} & \cdots & \overline{x}_{700} E_{700} \\ \overline{y}_{400} E_{400} & \overline{y}_{420} E_{420} & \cdots & \overline{y}_{700} E_{700} \\ \overline{z}_{400} E_{400} & \overline{z}_{420} E_{420} & \cdots & \overline{z}_{700} E_{700} \end{bmatrix}$$

或

$$\boldsymbol{P} = \boldsymbol{TE} \tag{7-30}$$

考虑 $\boldsymbol{Q}$ 矩阵,

$$\frac{\partial \rho_{400}^{(m)}}{\partial c_1} = \left[\frac{\mathrm{d}\rho}{\mathrm{d}f(\rho)} \right]_{400} \frac{\partial f(\rho)_{400}^{(m)}}{\partial c_1} = d_{400} \frac{\partial f(\rho)_{400}^{(m)}}{\partial c_1}$$

但因为

$$f(\rho)_{400}^{(m)} = f(\rho)_{400}^{(t)} + c_1 \phi_{400}^{(1)} + c_2 \phi_{400}^{(2)} + c_3 \phi_{400}^{(3)}$$

明显有

$$\frac{\partial f(\rho)_{400}^{(m)}}{\partial c_1} = \phi_{400}^{(1)}$$

所以

$$\frac{\partial \rho_{400}^{(m)}}{\partial c_1} = d_{400} \phi_{400}^{(1)}$$

对于其他波长和染料有相似的结论。由此,可将 $\boldsymbol{Q}$ 矩阵表述为

$$\boldsymbol{Q} = \begin{bmatrix} d_{400} \phi_{400}^{(1)} & d_{400} \phi_{400}^{(2)} & d_{400} \phi_{400}^{(3)} \\ d_{420} \phi_{420}^{(1)} & d_{420} \phi_{420}^{(2)} & d_{420} \phi_{420}^{(3)} \\ \vdots & \vdots & \vdots \\ d_{700} \phi_{700}^{(1)} & d_{700} \phi_{700}^{(2)} & d_{700} \phi_{700}^{(3)} \end{bmatrix}$$

或

$$\boldsymbol{Q} = \boldsymbol{D\Phi} \tag{7-31}$$

将式(7-30)和式(7-31)代入式(7-29),得

$$\boldsymbol{B} = \boldsymbol{TED\Phi} \tag{7-32}$$

再将式(7-32)代入式(7-28),得

$$\Delta t = \boldsymbol{TED\Phi} \Delta \boldsymbol{C}$$

变换上式后便得到染料浓度的修正量:

$$\Delta \boldsymbol{C} = (\boldsymbol{TED\Phi})^{-1} \Delta t \tag{7-33}$$

可见,用于染料浓度迭代改善的逆矩阵与在初始配方计算中所用的逆矩阵相同。

最后,由

$$\boldsymbol{C}_{\mathrm{new}} = \boldsymbol{C}_{\mathrm{old}} + \Delta \boldsymbol{C} \tag{7-34}$$

可以计算出修正后新的浓度矢量,再由此确定配方与标样三刺激值的接近程度,或者达到匹配精度要求并输出配方及相关色度参数而结束,或者再次进入下一轮迭代修正直至满足要求。

在大多数情况下，只需要不超过 4～5 次迭代即可得到满意的配方。

7.4.4 颜色匹配的技术条件

1. 色度标准及色差公式的选择

在进行颜色匹配计算中，应合理选用 CIE 标准照明体和 CIE 标准色度系统。Brockes 和 Strocka 等人的分析研究表明，采用 CIE1964 标准色度观察者（$10°$视场）光谱三刺激值函数 $\bar{x}_{10}(\lambda)$，$\bar{y}_{10}(\lambda)$，$\bar{z}_{10}(\lambda)$ 并以 CIE 标准照明体 D_{65} 为配色光源得到的配方比在 CIE1931 标准色度系统（$2°$观察者）和 CIE 标准照明体 C 下得到的结果具有更好的视觉匹配一致性。所以，在许多配色系统中都将 CIE 标准照明体 D_{65} 和 CIE1964 标准色度系统作为缺省的颜色匹配条件。当然，用户也可以根据实际需要选择其他照明光源（如标准照明体 A，C 等）和 CIE1931 标准色度系统。

到目前为止，已出现并被应用的色差评价公式有很多，在第 3 章中已进行详细的介绍。在这些色差公式中，比较常用的如 Hunter Lab，CIELAB，CMC($l:c$)，CIE94，CIEDE2000 等，其中 CMC($l:c$)主要用于纺织印染行业，CIEDE2000 是至今最新的色差公式，而应用得最为普遍的仍然是 CIELAB 公式（尤其对小色差还有相当的优势）。

采用三刺激值匹配方法预测的配方必须进行光谱异构性评价。关于同色异谱程度的评价方法也已在第 3 章中详细述及，而在自动配色计算中一般应用改变照明体的 CIE 同色异谱评价技术，并且通常采用 CIE 标准照明体 A 来评估在 D_{65} 下预测得到的配方的同色异谱指数。

2. 配色计算的波长带宽及过程控制

（1）三刺激值计算的波长带宽

根据色度学原理，在 CIE 三刺激值的实际数字计算过程中，通常以求和来代替理论上的积分运算，因此需要选择适当的求和计算波长带宽 $\Delta\lambda$。Stearns 研究后认为，使用不同的求和波长间隔来计算三刺激值的差别取决于被测样品的光谱特性，$\Delta\lambda$ 的选择应根据光谱反射比的测量波长间隔和具体要求而定。对所需要而没有测量的 $\rho(\lambda)$，可以通过插值来减少因采用大的 $\Delta\lambda$ 而引入的色差；同时，如果 $\rho(\lambda)$ 的测量间隔已定，则求和计算中即使采用小的 $\Delta\lambda$ 也不会提高精度，因为真正决定三刺激值精度的是 $\rho(\lambda)$ 而不是 $\Delta\lambda$。

一般而言，在纺织印染工业的测色配色应用中，采用 20nm 的波长间隔已足够精确，但大多数现代测色配色系统都选择 10nm 的波长间隔，有的甚至提供了 5nm 的测色波长间隔。

（2）配方迭代停止条件

当预测的色料配方与标准色样的色差小于用户指定的阈值，或者迭代次数达到预先设定的值或迭代中出现负值浓度时，就结束配方的迭代修正过程。在上述迭代停止条件中，前者表示达到所要求的色料配方，实现了颜色匹配，属于正常返回；后者说明该配方的迭代序列不收敛或无法达到预定色差阈值条件下的颜色匹配，所以异常中止。

3. Kubelka-Munk 理论的应用分析

（1）多染料组合

在纺织印染的配色应用中，3 种染料的组合是最常用、最普遍的情形。但是，在实际应用中也可能出现需要多种染料组合的情况。这时，通常有两种处理方法：当染料数 $n>6$ 时，需用直接光谱匹配的方法；当 $n\leqslant6$ 时，既可以用直接光谱匹配法，也可以用三刺激值匹配方法，且后者应用更广。在实践中通常应用多至 6 种染料已足够。

对于三刺激值匹配方法，当混合的染料数超过 3 种时就需要引入附加的匹配条件进行配色计算。如 4 种染料组合时，除了匹配在某照明体如 D_{65} 下的 X,Y,Z 以外，再匹配在第二个照明体如 A 下的 X；5 种染料组合时，除了匹配在第一个照明体如 D_{65} 下的 X,Y,Z 以外，再匹配在第二个照明体如 A 下的 X,Z 或在第二个照明体如 A 下的 X 以及在第三个照明体如 C 下的 X；其他以此类推。

在多染料组合情形下，由于多个光源被引入配色计算，故可进一步降低配方的光谱异构程度，提高配方的质量，但计算工作量增大，配方预测速度更慢，满足匹配要求的配方组合数更少，配料成本更高。因此，在一般的实际染色应用中，在满足相关要求的前提下，应尽量减少参与组合的染料种数，以降低成本，提高配方的实用价值。

（2）二常数理论

如前所述，Kubelka-Munk 单常数理论适用于纺织印染等工业的自动配色应用。但是，其二常数理论在很多其他工业领域内也同样具有十分重要的应用价值，并有多种计算吸收系数 K 和散射系数 S 这两个常数以及配方预测的算法技术被提出和研究，而且在涂料、塑料、油墨、印刷、纤维混合物、食品等许多工业的配色预测中已得到广泛而成功的应用。

（3）理论的精确性

Kubelka-Munk 理论隐含下述假设条件：

① 散射介质介于两个平行界面之间，且这两个界面的延伸区域远大于介质的厚度；

② 包括照明在内的边界条件与时间或界面的位置无关；

③ 介质在计算中是均匀的；

④ 辐射限制在窄带内，在此窄带中的吸收系数和散射系数为常数；

⑤ 介质不发生辐射，即具有非荧光性；

⑥ 介质各向同性。

可见，Kubelka-Munk 理论是辐射转换理论的近似情形，且这些假设条件使其在色料工业的许多应用中遇到困难，从而引出了很多修正或更精确的理论研究及应用。但是，也正是这些假设条件导致的简化和易用，才使 Kubelka-Munk 理论为人们所广泛接受和普遍应用。因为该理论给出了色料混合的本质，且在许多情况下预测的配方具有相当的精度。再者，该理论中包含的简单原理对于非专业人员也很容易理解，所以很自然地形成了色料工业研究的基础。事实上，由 Kubelka-Munk 理论的近似条件所引起的误差比染色中色料的称重误差、配色基础数据库准备、所用水质、色料选择、测色误差以及材料因素等各种染色工艺所造成的色差小得多。因此，可以认为 Kubelka-Munk 理论在除了一些特殊应用以外的一般场合下已足够精确。

7.4.5　计算机配色在纺织印染工业中的应用

1. 基础数据库的建立与修正

在配方预测中要用到所选染料的单位 K/S 值，所以在正式进行配方计算前，必须首先确定表征色料特性的单位 K/S 值，这个过程通过定标着色完成，从而建立自动配色的基础数据库。

定标着色包含整个计算机配色系统的重要基本材料，并且必须用与配制颜色配方所用的同样方法来制作定标着色基础色样，同时应使用相同的基质材料，不存在不依赖于基质材料的特殊染料数据。

在进行定标着色时，对每种染料及对应的每种基质材料分别以一定的浓度等级进行梯度着色，即该定标染料的单独染色。根据应用要求来具体确定不同的浓度梯度等级，从理论上来说通常分成 5～8 个级差就可以了，但在实用中一般采用 6～16 个浓度梯级。然后，分两步来分别确定基质材料和定标染料的 K/S 值：

第一步,通过对基质材料样品的"模拟染色",就是让基质样品经过完全的染色工艺过程,但不加入任何色料,由此确定$(K/S)_t$即基质材料的K/S值,其方法是测出基质样品的光谱反射比,再由方程(7-17)转换为K/S值。

第二步,由定标染料的不同梯度着色样品来确定其在不同浓度梯级c下对应的K/S值。对每个梯级的定标着色样品均进行光谱光度测试,并由方程(7-17)将光谱反射比数据转换成K/S值。由于定标着色每次只对一种染料进行单独染色,故根据 Kubelka-Munk 理论的加和性原理,可有

$$K/S = (K/S)_t + c(K/S)_c \tag{7-35}$$

式中,$(K/S)_c$为定标染料在定标浓度c下的单位K/S值。

从理论上说,式(7-35)表示染色样品的K/S值与对应染料浓度c之间的关系,且其应是斜率为色料的单位K/S值的一条直线,但实际上得到的往往是凹向下方的曲线,如图 7-18 所示为纺织品基础色样的K/S值与其染料浓度c之间的关系,图中曲线为未经修正的测值,而直线是经过下述 1.0% 修正后的值。下面针对纺织印染的应用,就造成这种误差的两个主要原因进行简要分析。

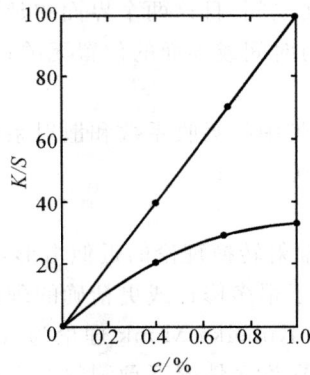

图 7-18 色样的 K/S 与其色料浓度 c 的关系曲线

(1) 存在纤维的表面反射,即使已加入足够多的染料,使纤维的光吸收能力增大到其最高程度,但仍然有一些光从纤维表面反射,这与前面讨论过的 Saunderson 修正中从涂料层的内部反射相似。这种反射的存在显然与$\rho_\infty = \rho_\infty$的近似条件有误差,其解决的方法有:

① 从测得的反射比(ρ_m)中减去作为这种表面反射的小常量反射比值,即

$$\rho_\infty = (1 - \text{percent})\rho_m \tag{7-36}$$

通常取 percent=1.0%。事实上,经过这样的处理后一般都能将曲线修正为直线。如图 7-18 中的直线就是由对应的曲线经过 1.0% 修正后得到的。

② 进行 Saunderson 修正(但这很少适用于纺织品和同时使用r_1和r_2的情况)。寻找所用的合适r_1和r_2值的方法是首先选择一对比较合理的初始值,然后将在所有强烈吸收波长上的所有染料的反射比测量值(ρ_m)转化为ρ_∞,即

$$\rho_\infty = \frac{\rho_m - r_1}{1 - r_1 - r_2 + r_2\rho_m} \tag{7-37}$$

再由方程(7-17)将所有ρ_∞值转化为K/S值。最后,在认为K/S值是浓度的线性函数的情况下,计算出每个波长上的每种染料的最佳直线,并确定出K/S值的点与直线之间的总体平均

平方根差。再使用某种系统迭代步骤选择一对新的 r_1 和 r_2 值，重复上述计算，直到那对给出直线与实验点之间最小的平均平方根差的 r_1 和 r_2 值被寻找到为止。可见，这里的关键是确定系数 r_1 和 r_2 的取值。

（2）定标着色时染料没有完全上染到纤维上。随着染料浓度的增大和纤维饱和值的逼近，可能有越来越多的染料会余留在染槽中。解决的方法是：①控制染色过程和分析染槽溶液，使染料的上染率尽量增大并保持一致；②通过对 K/S 与浓度 c 的关系曲线进行适当的数学处理可以修正这种效应。一种典型的技术是改写方程(7-35)为

$$(K/S)^p = (K/S)_t - c(K/S)_c \qquad (7\text{-}38)$$

式中，p 为稍大于 1 的乘方。另一种数学处理技术是采用多项式，即

$$K/S = a_0 + a_1 c + a_2 c^2 + a_3 c^3 \qquad (7\text{-}39)$$

式中，常量 a_0 即 $(K/S)_t$，a_1 近似地代表单位 K/S 值，另外的常量 a_2 和 a_3 用来修正曲线的凹陷。一般不需要使用高于三阶的多项式。式(7-38)和式(7-39)中的常量均可通过适当的回归程序来拟合得到。

比较上述各种修正方法和式(7-36)～式(7-39)的综合效果，并结合实际染色生产工艺状况，实用配色系统一般可以采用优化控制染色工艺过程，以提高和稳定染料的上染率，并在具体分析造成定标着色基础光学数据误差的实际原因的基础上，选用上述关于 K/S 与 c 关系的修正方法中的一种或多种方法的结合来处理 ρ_{∞} 与 ρ_m 之间的关系，以达到单位 K/S 值对定标染料的精确表征。

对每种所用染料都经过上述染色、光谱光度测试及数据处理就获得了计算机自动配色的基础光学数据，由此结合软件功能可建立相应的定标着色基础数据库，在实际的配色计算中可随时调用，以进行染料配方的自动预测。

2. 配方计算流程

图 7-19 为一种典型的配方计算软件流程实例，其主要功能包括以下几个方面：

（1）根据选定的染料组合和配色技术条件预测初始配方 $[c]$；

（2）由配方 $[c]$ 与标准色样的色差 ΔE 决定是否进一步修正配方；

（3）如果 ΔE 没有达到色差阈值，则进行迭代改善以计算修正的配方 $[c]$；

（4）当配方 $[c]$ 与标准色样的色差 ΔE 小于色差阈值时，①计算配方 $[c]$ 的同色异谱指数 M 以评价该配方的光谱异构程度，②给出配方 $[c]$，③如果为手工选择染料组合模式，则存储配方并返回上一层模块，否则（即为自动组合染料模式）进行下一个染料组合的配方计算；

（5）当符合配色技术条件且色差 ΔE 满足预定阈值的配方数超过 1 个时，采用某种算法来选择最优配方，如应用线性规划选择最小成本配方，并按配方成本从小到大排序所得配方，最后提供给用户自主选用。

3. 自动配色操作步骤

在建立了染料的定标着色基础数据库后，还要设定配方预测的色度环境参数（包括 CIE 标准色度系统、配色及同色异谱评价光源、光谱范围与波长间隔、染色工艺、染料组合模式以及染料配方色差容限等），然后按下述步骤在输入标准色样光谱数据的基础上进行预报配方的计算、小样试染、配方修正及其染色等配色操作。

（1）标准色样的测量

标准色样是配方预测的目标，也是评价配色结果的依据。标准色样的测量尽量在与定标着色基础数据库建立时所用的同一台分光光度计上进行，而且该仪器必须经过精密和准确的

```
┌─────────────────────────────────────────┐
│ 测量或键入光谱反射比 ρ(λ)→(X,Y,Z)等       │
│ 匹配条件: 组合模式、色度系统、标准光源、色差阈值等 │
└─────────────────────────────────────────┘
                    ↓
      ┌─────────────────────────────┐
      │ 按要求选择染料组合(已经定标着色) │
      └─────────────────────────────┘
                    ↓
          ┌─────────────────┐
          │ 建立系数矩阵     │
          └─────────────────┘
                    ↓
         ┌──────────────────┐
         │ 计算初始配方[c]   │
         └──────────────────┘
                    ↓
        ┌─────────────────────┐
        │ 计算配方[c]的反射比曲线 │
        └─────────────────────┘
                    ↓
     ┌──────────────────────────┐
     │ 计算配方[c]的色度参数及其与 │
     │ 标准色样(目标)的色差 ΔE    │
     └──────────────────────────┘
                    ↓
          ◇ ΔE<阈值 ◇ ──Y──→ ┌──────────────────┐
              │N               │ 评价[c]的同色异谱  │
              ↓                │ 指数M,并计算其他  │
  ┌────────────────────────┐   │ 相关色度参数      │
  │ 迭代改善以计算修正的配方[c] │   └──────────────────┘
  └────────────────────────┘            ↓
                              ◇ 染料组合模式 ◇
                         自动  │          │ 手工
              ┌───────────────┘          ↓
              ↓                      ┌────────┐
      ◇ 配方数>5 ◇ ──N──┐            │ 返回   │
          │Y            │            └────────┘
          ↓            ◇ 尽其染料组合 ◇──┐
  ┌──────────────────┐  N │      │Y      ↓
  │ 线性规划以选择最小成本配方 │     └──────┐  ┌──────────┐
  └──────────────────┘            │  │ 输出配方  │
                                  │  │ 并存入配  │
                     ┌────────────┘  │ 方库     │
                     ↓               └──────────┘
              ┌──────────────┐
              │ 按成本评估排列配方 │
              └──────────────┘
```

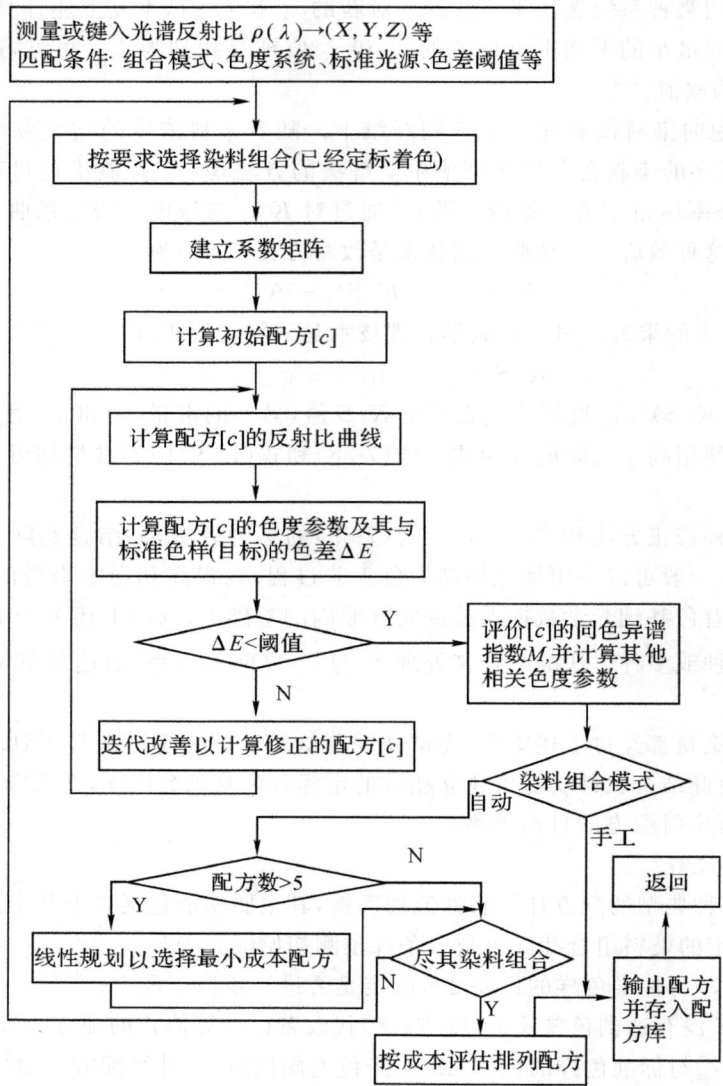

图 7-19 配方计算软件流程的典型实例

波长校正和光度定标,由此获得标准色样的光谱反射比数据及其有关的色度参数和 K/S 值,这些数据为配色预测计算提供了参照标准。

(2)染料配方的预测计算

根据用户设定的配方预测色度环境参数和作为配色目标的标准色样数据,按照软件采用的配色光学模型及其算法,计算出满足要求的一个或若干个预报染料配方,同时给出相应的评价参数如色差、同色异谱指数、配方成本等,供用户结合实际情况进行选择使用。

(3)预报配方的小样试染

根据具体需要并考虑染料的成本、相容性、匀染性、各种色牢度及同色异谱程度等因素,在计算机给出的若干个预报染料配方中选择一个合适的配方进行小样试染。试染小样的基质材料和染色工艺应与大生产相同,以验证该配方能否实际达到与标准色样的真正匹配。由于计算机配色软件以有条件的光学模型和算法来进行配方计算,而实际情况却是千差万别的,与理论适用的假设前提难免有些出入,从而使所预测的配方难以实现一次性百分之百的准确率,因此在预测新配方时必须进行小样试染工序。

（4）配方修正

如果小样试染的结果表明配方与标样的色差没有达到既设的色差容限,则该配方不符合要求,需要进行配方修正。修正的方法是将由小样试染得到的试验色样在同一台分光测色系统上进行光谱测量,然后运行配色软件中相应的配方修正功能,在给计算机指明需要修正配方的试染染料及其浓度后,配色系统就按软件设定的数学模型和算法进行配方修正计算,并立即输出修正过的配方。一般而言,预报配方在小样试染后再经过一次修正就能得到实用的染料配方,但在某些情形下也有不需修正或者需要进行两次甚至更多次修正的配方。

修正配方与初次预报配方所用的染料在大多数情况下是相同的,但是在某些特殊应用场合采用原配方的染料无法实现配方的满意修正,这时就得根据标准色样和试染色样的光谱数据选择合适的染料加入配方计算,使其色差等指标达到要求的阈值。在这种情况下的配方修正操作比较复杂,如果配色人员具有丰富的经验就可以通过部分的人工干预使配方修正结果更为令人满意。

（5）修正配方的染色

初次预报配方经过修正后按新配方进行重新染色,然后再次比较配方色样与标准色样的色差是否在用户认可的容许误差范围之内。如果实际色差满足用户要求,那么该新配方就是本次配色操作所要预测的实用染料配方;否则,还需重复修正该配方直到获得符合要求的染料配方,或者认定配方无效而放弃。

7.4.6　计算机配色在其他行业中的应用

颜色信息是现代信息产业中的一个大类,它对于传统的颜色工业如印刷、纺织、印染、服装、皮革、塑料、建筑、油漆、涂料等和现代 IT 产业中的各种计算机 CAD 系统以及艺术等所涉及的有关彩色图像处理与传递和再现等都是至关重要的,而计算机自动配色则是其中的一个基本而重要的技术环节。

前面已经比较详细地介绍了计算机自动配色的基本原理,并以纺织印染的应用为例讨论了计算机配色预测的工艺过程和操作方法。在工业先进的国家,计算机测色配色系统已是相关颜色工业质量控制和管理的基本设备,以适应小批量、多品种、多色号、颜色质量高指标、交货期短等市场竞争生产方式。因此,计算机自动配色在除了纺织印染之外的其他行业中也得到了普及和应用,其工作原理和实施方法与纺织印染的应用类似,只是具体的色料和染色工艺各有特点。下面将以皮革、毛皮、涂料、塑料等行业为例,简要讨论计算机自动配色的应用特点及其相关技术。

1. 皮革染色

皮革颜色调配中的着色剂主要有染料和颜料两大类,其中染料大多数可溶于水,或者可在染色时转变成可溶状态,对皮革纤维具有一定的亲和力,可通过化学或物理化学的作用而固着在纤维上,主要用于皮革的染色;颜料则不溶于水,它包括有机颜料和无机颜料两种,对于皮革不具有亲和力,必须借助于适当的胶黏剂才能附着在皮革的表面,颜料的结晶状态、颗粒大小及其分布情况等对皮革制品的色泽、鲜艳度、色牢度等应用性能均有很大的影响,主要应用于皮革制品的表面涂饰。

为了建立染料的基础数据库,需要将各单色染料按不同浓度由浅至深分为 12～15 个浓度档,分别染制分级浓度色样,其覆盖范围应略大于该单色染料在实际中使用的最大浓度跨度。由于黑色是皮革制品颜色的大众色,所以可以将黑色系列染料单独建库,用于染制深黑色样品,同时彩色库中也要存入黑色染料数据以便黑色与彩色染料的混色应用。

皮革染色是一个非连续化的批量加工过程,其中由于人工操作因素的参与,即使采用同一处方也可能出现染色差异,所以应尽可能规范工艺处方,并严格操作规程。皮革本身分布不均匀,导致其各部位对光的反射特性不一致,同时染料对皮革的上染率不同也使皮革表面的染色效果不匀,故在建立基础数据库及样品测色时都应规定统一的取样部位以降低配色误差。另外,由于现在大部分皮革生产还是采用铬鞣法,其铬鞣后的皮革带有湖蓝色,所以皮革染色不同于在白底基质上的染色,在测色和配色时必须考虑基质底色的影响,并对铬鞣工艺进行规范化,尽量使基础数据库与配色的工艺一致。最后,考虑到国产染料特性的变化,应尽量使用稳定性好的染料,并对染料的色光与力份的差异进行测定和修正处理。

需要指出的是,由于皮革染色后的干整理及涂饰会影响其表面的颜色,故通过染色工序得到的颜色不一定是成品革的最终颜色。因此,在实际的测色配色过程中,应充分考虑并设法修正涂饰等后处理工序对染制产品颜色的影响。

2. 毛皮染色

毛皮又称裘皮或毛革,是皮革的一个重要组成部分。通过染色增加了毛皮制品的花色品种,满足消费者的个性需求,并可提高毛皮制品的档次和附加值,创造出更大的经济效益。因此,毛皮染色与前述的皮革染色有很多共性特点,但是由于毛皮的表面结构很不均一,这种材质的特殊性使计算机自动配色在毛皮中的应用相对更为复杂和困难。

在毛皮样品的测色过程中,应充分考虑到毛皮表面状态的不均匀性,即使对同一根毛而言其尖部与根部就存在较大的染色差异,因此在建立基础数据库和色样测量时必须严格按照统一确定的取样方法和取样部位来操作,并同时测量毛尖与毛根部分以尽量提高配色精度。

3. 涂料着色

计算机自动配色在涂料工业中的应用与纺织印染等配色技术的最大区别在于所采用的数学模型不同。在纺织印染等的配色应用中,由于染料以分子形态存在于纤维上,且染料分子的尺寸远小于可见光波长,可认为样品的散射作用主要由染色基质材料所致,而染料对样品散射特性的贡献可近似地认为忽略不计,所以其配色预测采用 Kubelka-Munk 单常数理论。而涂料是以粒子形态存在于被着色物质中,故涂料粒子的散射特性在配色中起着极其重要的作用;同时,涂料可用于各种着色介质,有的要求有完全遮盖力,有的对透明度有一定的要求,导致涂料的自动配色计算比较复杂。因此,涂料的计算机配色预测需要将着色膜层的吸收系数 K 和散射系数 S 分离,即采用 Kubelka-Munk 理论的二常数模型。

在建立基础数据库时,首先要确定合理的着色剂浓度。在所有的颜料中,钛白的反射比最高,炭黑的反射比最低,所以为了提高分辨率和准确度,每种颜料需要准备 5~8 个浓度点的样板。不同浓度点的样板做好后,先测量并输入白样板、黑样板和黑色中间样板等三个参照样板的光谱反射比数据,然后分别测入各档不同浓度样板的光谱反射比,由此计算出对应的 K 和 S 值,从而建立其颜料基础光学数据库。

通过计算机配色的应用,可以定量地评价涂料着色的微小色差,避免手工目视配色中观察者和照明光源的影响,保证产品质量的稳定性,提高产品档次和配色工作效率,为相关工业生产和企业管理提供科学有效的技术手段。

4. 塑料着色

近年来,塑料、合成纤维、树脂等高分子有机聚合材料得到广泛的应用,其着色产品外观优美,满足了各种工程材料、轻工业日用品、化学纤维等的发展需要。随着工业的进步和生活水平的提高,不仅要求颜料生产商提供多种高档着色剂颜料品种,使之具有优良的耐热稳定性、耐溶性、耐迁移性以及耐气候色牢度,而且需要应用先进的着色技术,以确保各种塑料、合成纤维、合成树脂具有理想的着色效果。

许多塑料本身具有各种不同的颜色,所以在设计塑料的着色配方时必须充分考虑到其本身的颜色对配色的作用;同时,塑料的透明性、耐光性以及其加工成型过程中的各种添加剂等也都会影响最终的着色效果。塑料着色时,选用的颜料品种应尽量少,以免不同颜料的分散性、着色力等因素给配色试样带来较大的系统误差;针对不同的配色目标,应选择不同着色力的颜料以尽可能减小配色误差,如配制深色样品时应选用着色力高的颜料,而当配制浅色样品时则应采用着色力低的颜料品种;同时,配色颜料的选择应注意尽量使用日晒牢度和耐候性相近的品种,否则形成的塑料制品因性能差异太大而容易变色;此外,在配色过程中还要考虑颜料的热色效应以及耐热牢度等应用性能。

塑料制品的计算机配色原理仍然是基于 Kubelka-Munk 单常数理论,其着色剂基础数据库的建立方法与其他应用类似,其中应包括黑色、白色和灰色,然后是各种彩色着色剂分别与黑、白混合的基础色样数据。在完成了基础数据库的建立之后,就可以根据要求的标准色样进行光谱测色和着色剂配方的自动预测,同时对塑料制品的颜色质量予以控制和管理。

7.5　颜色信息管理

在成像系统中采用合适的硬件、软件和算法来控制和调整颜色的过程称为颜色管理(color management)。目前,彩色扫描仪、数码照相机、CRT 和 LCD 显示器、喷墨打印机、电子照相术打印机、热染料转移和热蜡转移打印机等都是颜色管理的应用领域,如与主机相连的扫描仪、显示器和打印机所构成的彩色成像系统就是为系统的预期应用提供满意颜色质量的颜色管理系统。

任何产生高质量且稳定的有色产品的染色体系都必须对颜色进行管理。人们希望颜色管理系统能够通过软件调整来对调节不当的仪器、误用的材料、不可控的和常常为未知的照明与测量条件以及由于缺乏相关专业知识而引起的其他问题进行校正;颜色管理系统评价颜色正确性的方法应该是简单的;颜色管理系统应适用于不同媒介如显示器、投影仪或打印纸等之间原件与复制品颜色的转换及其评价;当然,通过颜色管理系统的应用还应使各种颜色设备之间得到的颜色都是一致且正确的。

7.5.1　图像的颜色匹配

图像的配色范围很广,所以为了更好地理解和讨论图像配色的问题,有必要根据对材料配色的描述对各种颜色复现的目标进行简化定义。首先假设颜色复现的目标为产生匹配,即不考虑喜好色复现。这样,图像的配色主要有光谱匹配、色度匹配和色貌匹配三种,其中前面两种适用于在相似介质中的配色,如多油墨印刷就属于光谱匹配,而彩色复印往往是有条件的色度匹配。事实上,大多数对相似介质的颜色匹配是有条件的匹配,如图 7-20 给出了实际的树

叶和人体皮肤在 D_{65} 照明下的光谱分布与在 CRT 显示器上它们对应的复制品的光谱分布,可见其光谱性质是完全不同的,这时的匹配通常是在一定照明与测量条件下的三刺激值匹配,所以它们的原件与复制品之间一般都是同色异谱的。

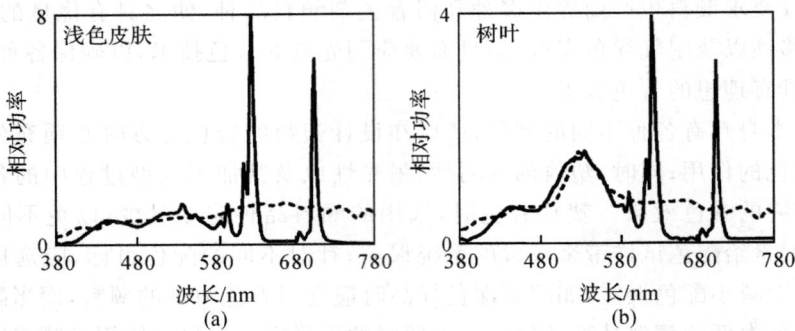

图 7-20　树叶和人体皮肤(虚线)与其在 CRT 显示器上的复制品(实线)的光谱分布比较

对于图像配色的第三种情况即色貌匹配,它适用于非相似介质,如 CRT 图像的台式印刷。这时,需要对不同条件下观察到的图像进行匹配,如通过对 CRT 的三个信道进行调整,使显示器的白场满足在相关色温 5000~10000K 范围内的白昼光色品,而对应印刷品的观察可能在办公室照明条件下进行,即相关色温在 4000K 左右的荧光照明且其亮度远大于 CRT 显示器。在这种具有很大差别的照明条件下进行的匹配即为色貌匹配。为了进行色貌的科学匹配,近年来发展了色貌理论,即采用色貌模型(color appearance model,CAM)来预测在各种照明与测量条件下观察到的颜色刺激,并常用色调、色浓度和明度或者色调、色品和光亮度等来定义色貌。利用色貌模型,可以将一定条件下图像的色貌复制到另一个不同的照明与测量条件下,而且这种色貌的匹配一般也是有条件的匹配。

7.5.2　设备无关色与设备相关色

图 7-21 表示一个包含数码相机、计算机和显示器的成像系统,其中数码相机记录景物的图像,并将这种向颜色复现系统中输入颜色信息的阶段称为分析阶段;经过计算机相关软件的适当处理,图像在显示器上被复现,并且具有与原景物匹配的色貌,这个过程称为颜色复现的合成阶段。

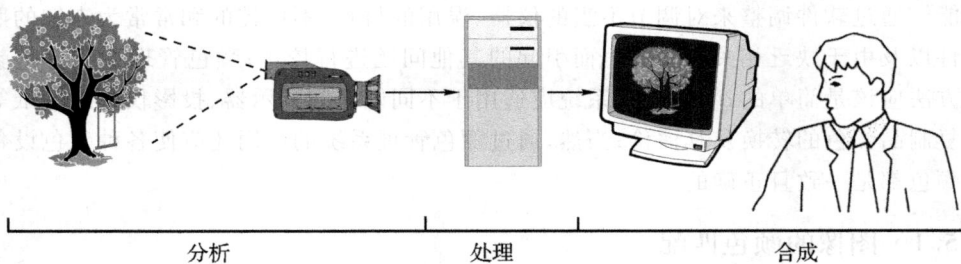

图 7-21　成像系统颜色复现的基本过程

如果上述分析阶段采用成像的色度计,即采用光谱灵敏度与 CIE 配色函数等价的传感器对景物进行影像传输,那么该系统就对景物以色度值的形式进行了编码。这样,由于颜色的定义基于标准观察者,故对于实际的观察者其准确的色度和色貌匹配仍会产生相近的视觉匹配;

同时，由于色度值是基于国际标准的，所以是可比较和可传递的。可见，色度计的采用使彩色成像系统的开放结构变得容易，即可以替换不同的设备仍能保持颜色的匹配。这种由任何输入设备在标准色度系统下得到的原件的色度编码，并可由任何输出设备通过适当的解码而进行复现的编码方式，使图像颜色的定义不依赖于任何颜色设备，因此称为设备无关色（device-independent color）。与此相对，依赖于设备本身的 R,G,B 值等对颜色的描述则称为设备相关色（device-dependent color）。

不依赖具体设备的颜色编码能与 CIE 标准观察者联系起来，因而是合适而有效的。如图 7-22 所示为分别采用设备无关色编码和设备相关色编码两种方式下颜色转换连接的情况比较，其中图 7-22(a) 为采用不依赖于设备的基于色度的编码方式，需要 10 个连接分别对应于 5 个输入设备加上 5 个输出设备；图 7-22(b) 为采用依赖于设备的编码方式，则需要 25 个连接，即 5 个输入设备乘以 5 个输出设备。可见，当分析（输入）和合成（输出）设备数目增加时，采用设备无关色编码具有明显的优势。

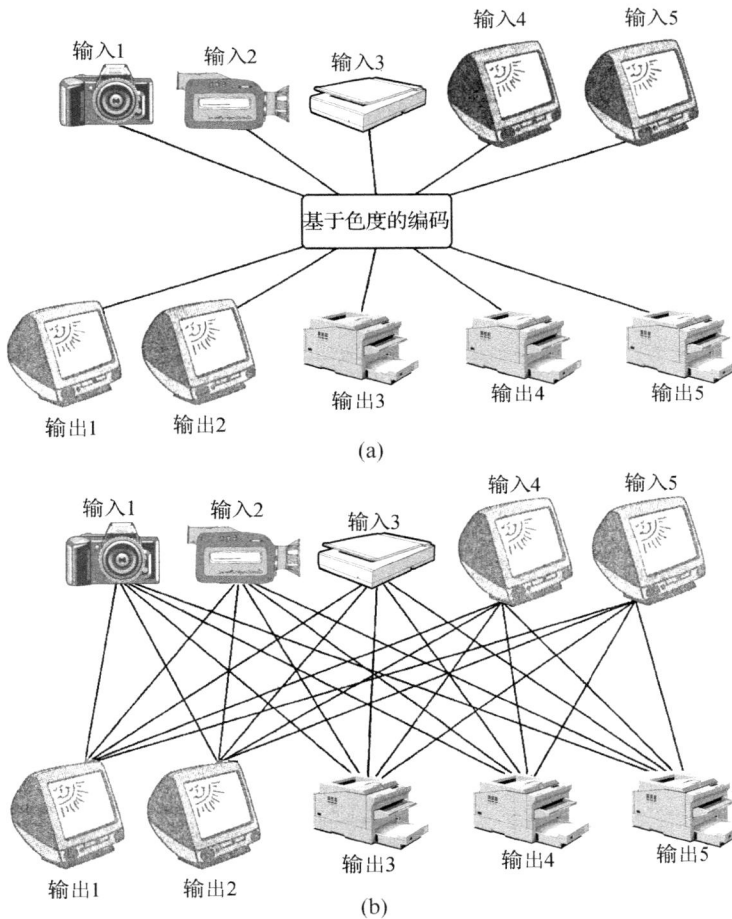

图 7-22　设备无关色编码和设备相关色编码的比较

7.5.3　颜色管理系统

国际照明委员会（CIE）定义的三刺激值是最基本的标准色度值，所以这应该是构成不依赖于设备的颜色即设备无关色的基础，但是匹配三刺激值仅适用于在相似介质中的颜色匹配，换言之,只有在相同的照明与测量条件下相同的色貌才相应于相等的三刺激值。如果照明与测量条件不同,必须采用色貌表示法来定义图像才能解决其颜色匹配的问题。因此,颜色管理系统与基于色度的表色模型相结合可以简化相似和不相似介质的配色问题。

一个成功的颜色管理开放式结构系统应包括软件、硬件、照明与测量条件、测量几何条件、色貌模型、参照介质、编码描述空间以及质量尺度等的标准,这些标准可以为影像工业提供工作框架。1993 年成立的国际颜色协会(International Color Consortium,ICC)负责制定该框架,至今在世界范围内已有超过 70 个公司和组织成为 ICC 的成员。

按照 ICC 的框架,采用描述连接空间(profile connection space,PCS)来代替图 7-22 中基于色度的编码,由设备描述(device profile)将依赖于设备的编码转换成对应于 PCS 的编码。因此,在这样的颜色管理系统(color management system,CMS)中需要三个子系统,即设备的色度表征、色貌模拟以及色域映射(color gamut mapping),如图 7-23 所示。基于 ICC 的颜色管理系统的核心是描述连接空间(PCS),而在这个空间中为了使色度值与视觉观察具有良好的相关性,必须对其照明与测量条件给予明确且一致的定义,其中包括双向的仪器测量几何条件如 $45°\text{x}:0°$ 或 $0°:45°\text{x}$,标准的照明体和观察者如 D_{50} 和 CIE1931 标准色度观察者等。然而,对于如在充满散射光的房间中,对分别印在高度光滑和不光滑的纸(如光滑的照片与新闻纸)上的图像进行匹配时,即使其色度值相等,它们的视觉评价差异仍然非常大,这里除了测量几何条件与实际观察环境的不同之外,由 CIE 照明体和真实光源之间的差异所引起的同色异谱

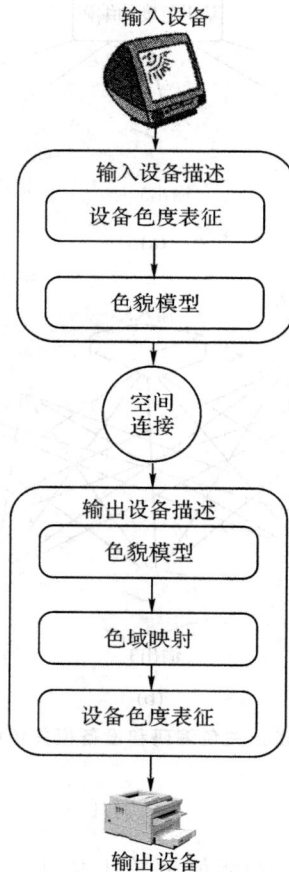

图 7-23　颜色管理系统

问题也是其中的一个重要原因。因此,PCS 需要有明确定义的观察条件、测量条件、色度计算方法和成像介质。ICC 规定,对于在参照介质上复现并在参照环境下观察的颜色,PCS 代表了 CIE 色度学中的理想色貌。对观察条件的定义包括观察者的适应状态、照明水平、环境和几何系统;对测量条件的定义包括其几何结构和光源的光谱功率分布等;对色度计算方法的定义包括照明体、观察者、三刺激值积分法以及颜色空间等;对参照介质的定义包括其最小和最大反射因数、测角光度特性及介质类型。

在严格定义了 PCS 之后,要将依赖于设备的输入信号转换为 PCS 信号,其中包括设备的色度表征和色貌的建模两个步骤。设备的色度表征主要是将设备的颜色信号转换成色度值。例如,在扫描照片的印刷品时,假设该印刷品被 D_{50} 照明且被 CIE1931 观察者观察,那么扫描仪的 R,G,B 信号将被转换成对于照明体 D_{50} 和 CIE1931 观察者的三刺激值;当采用数码相机记录在相关色温为 2856K 的白炽灯照明下画的颜色时,相机的 R,G,B 信号将被转换为对应于照明体 A 和 CIE1931 观察者的三刺激值。在后面的例子中,如果照相机的光谱灵敏度设计合适,则色度表征就能得到与由线性转换产生的灰度(gamma)校正相似的简单非线性转换,其信号的处理也类似于显示器的色度测量;如果相机的光谱灵敏度设计得不理想,则这些转换就会非常复杂。色貌的建模主要是利用色貌模型把基于颜色输入设备的照明与测量环境下的色度值转换成 PCS 条件(通常采用 CIE 标准照明体 D_{50})下的颜色参数。这一步骤对于如图画成像等应用非常重要,其具体方法的详细内容可以参考 CIE 推荐的色貌模型 CIECAM97s 及其修订版 CIECAM02 等相关文献,这里由于篇幅所限而不再展开。

颜色输出设备需要三个步骤,即色貌建模、色域映射和设备的色度表征。色貌模型用于将参照介质从 PCS 条件转换成输出设备的照明与测量条件,如在办公室条件下观察喷墨打印品等。色域映射是以一系列可接受的原则重新绘制图像的算法。ICC 定义了包括饱和的、色度的和感性的等几种不同的算法来表现图像复制的意向。一般来说,饱和表现意向用于图画的复制,其中输入设备的原色和次级色被重新绘制成输出设备的原色和次级色,其目的不是颜色的准确性;色度表现意向保持常见色域颜色的正确性,而重新绘制无法复现的颜色,如含有商标或其他特定的重要临界颜色的图像就是用这种色域映射算法来复制的;感性表现意向则力图匹配色貌,并重新绘制常见色域和无法复现的颜色,这种算法通常用于不含临界颜色的图像复制。当然,对于色域映射的算法,还有许多其他的方法。由于每种算法往往都是基于某些图像经过优化而提出,而当其应用于其他不同的图像时产生的效果可能并不满意,因而至今未能通过标准化而获得普适的色域映射算法。

在了解颜色信息管理的基本过程以后,下面以制作一个合理的互联网艺术品如绘画的图像为例,采用数学方法简要描述颜色管理的基本原理。彩色成像系统包括可控照明、数码相机以及典型的客户端计算机系统,由该系统来实现原件的同色异谱匹配。即使该系统能得到对于 CIE 标准观察者的完美匹配,但由于实际观察者的同色异谱仍会产生不匹配的情况,况且其匹配的介质是不相似的,所以该系统将达到色貌的匹配。

如前所述,颜色管理需要进行设备的色度表征、色貌建模以及色域映射。在本例中,为了简化数学方法,需要作几个假设:①假设绘画图像和显示器环境在照明水平上的差别可以忽略,以便色适应转换算法的应用;②假设在大多数情况下显示器的色域大于绘画图像的色域,以省去色域映射的应用。图 7-24 为本例的颜色管理流程,数码相机记录绘画图像照明条件下的颜色信号,并由相机的色度表征将相机信号转换成三刺激值;色适应转换计算出绘画图像和显示器观察条件之间的对应色;最后,由显示器的色度表征将三刺激值转换为显示器的颜色信号。

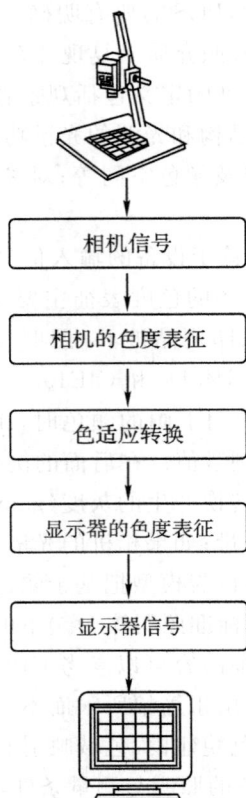

图 7-24　颜色管理流程

　　一般来说,数码相机都会产生非线性的光度响应,以使光学和数字处理所造成的对视觉对象的限制减至最小。因此,需要对归一化的数字响应值 d_r/d_{max} 与照明因数 Y/Y_n(被测颜色与参照照明体的反射因数之比)之间的关系进行拟合,以获得转移函数 $f(x)$,红色信号的转移函数为

$$R_{camera} = f(d_r/d_{max}) \tag{7-40}$$

式中,d_r 为数码相机的数字响应,d_{max} 为其数字响应的最大值(如对于 8 位的系统 $d_{max}=255$),并且 $0 \leqslant R_{camera} \leqslant 1$。对于绿色和蓝色的相机信号,可以写出 G_{camera} 和 B_{camera} 的相似表达式。该转移函数适用于采用解析法或多项式方法以及建立由校正的灰度标尺进行分段线性插值或三次插值得到的一维查表法等情况。

　　将经线性化的相机信号转换成三刺激值的最简单方法是采用转换矩阵,即

$$
\begin{bmatrix} \hat{X}_{camera} \\ \hat{Y}_{camera} \\ \hat{Z}_{camera} \end{bmatrix} = \begin{bmatrix} \beta_{11} & \beta_{12} & \beta_{13} \\ \beta_{21} & \beta_{22} & \beta_{23} \\ \beta_{31} & \beta_{32} & \beta_{33} \end{bmatrix} \begin{bmatrix} R_{camera} \\ G_{camera} \\ B_{camera} \end{bmatrix} \tag{7-41}
$$

对于如数码相机等大多数三色图像记录设备,其光谱灵敏度与 CIE 配色函数不成线性关系,所以上述转换是基于对参照色板的色度和数字化测量所得到的转换矩阵而实现的。因此,当设备的光谱灵敏度与 CIE 配色函数之间具有明显差别时,式(7-41)估算的三刺激值可能会有相当大的误差。这时,可以将式(7-41)扩展到包含平方和以及协方差项以改进其预测性能,即

$$
\begin{bmatrix} \hat{X}_{\text{camera}} \\ \hat{Y}_{\text{camera}} \\ \hat{Z}_{\text{camera}} \end{bmatrix} = \begin{bmatrix} \beta_{11} & \beta_{12} & \beta_{13} & \beta_{14} & \beta_{15} & \beta_{16} & \beta_{17} & \beta_{18} & \beta_{19} \\ \beta_{21} & \beta_{22} & \beta_{23} & \beta_{24} & \beta_{25} & \beta_{26} & \beta_{27} & \beta_{28} & \beta_{29} \\ \beta_{31} & \beta_{32} & \beta_{33} & \beta_{34} & \beta_{35} & \beta_{36} & \beta_{37} & \beta_{38} & \beta_{39} \end{bmatrix} \begin{bmatrix} R_{\text{camera}} \\ G_{\text{camera}} \\ B_{\text{camera}} \\ R^2_{\text{camera}} \\ G^2_{\text{camera}} \\ B^2_{\text{camera}} \\ R_{\text{camera}}G_{\text{camera}} \\ R_{\text{camera}}B_{\text{camera}} \\ G_{\text{camera}}B_{\text{camera}} \end{bmatrix} \qquad (7\text{-}42)
$$

在式(7-42)的转换矩阵中,仔细分析各个系数的统计学意义十分重要,对于测试无作用的系数应该从模型中删除,并重复优化过程;另外,减少非零矩阵系数的数目可以降低噪声。值得指出的是,当成像材料的光谱性质相似时,如对扫描照片或本例中艺术家所用颜料的色度表征,采用更高次幂的矩阵其效果将更好。

在有些情况下,使用颜色校正矩阵会使无彩色略微带色,这称为灰度平衡(gray balance)误差。这时,可以在对颜色校正矩阵的系数进行优化或限制的时候,通过对明度标尺进行加权处理来避免这种误差的发生,如基于对中性刺激的假设($R_{\text{camera}} = G_{\text{camera}} = B_{\text{camera}}$)就可以设定下述限制:

$$
\left.\begin{aligned}
\beta_{11} + \beta_{12} + \beta_{13} &= X_{\text{n}} \\
\beta_{21} + \beta_{22} + \beta_{23} &= Y_{\text{n}} \\
\beta_{31} + \beta_{32} + \beta_{33} &= Z_{\text{n}} \\
\beta_{14} + \beta_{15} + \cdots + \beta_{19} &= 0.0 \\
\beta_{24} + \beta_{25} + \cdots + \beta_{29} &= 0.0 \\
\beta_{34} + \beta_{35} + \cdots + \beta_{39} &= 0.0
\end{aligned}\right\} \qquad (7\text{-}43)
$$

前述矩阵的优化是基于平方和三刺激值误差最小化的原则,但是三刺激值差与视觉评价差别是非线性关系,因而这样得到的颜色校正矩阵可能不会产生最佳的视觉准确性。如果需要和可能的话,可以采用如 CIE94 或 CIEDE2000 等先进色差公式来优化转换矩阵,以使平均色差趋于最小。

从相机颜色信号到三刺激值的转换定义了数码相机的色度表征,然后采用如 Bradford 等适当的色适应转换模型将数码相机的三刺激值从绘画图像照明条件下的 $\begin{bmatrix} \hat{X}_{\text{camera}} & \hat{Y}_{\text{camera}} & \hat{Z}_{\text{camera}} \end{bmatrix}^{\text{T}}$ 转换到显示器白场色温下的 $\begin{bmatrix} \hat{X}_{\text{c.camera}} & \hat{Y}_{\text{c.camera}} & \hat{Z}_{\text{c.camera}} \end{bmatrix}^{\text{T}}$。以 Bradford 色适应转换为例,首先将绘画图像的三刺激值转化为人眼的锥体响应 R, G, B,即

$$
\begin{bmatrix} R \\ G \\ B \end{bmatrix} = \begin{bmatrix} 0.8951 & 0.2664 & -0.1614 \\ -0.7502 & 1.7135 & 0.0367 \\ 0.0389 & -0.0685 & 1.0296 \end{bmatrix} \begin{bmatrix} \hat{X}_{\text{camera}}/\hat{Y}_{\text{camera}} \\ \hat{Y}_{\text{camera}}/\hat{Y}_{\text{camera}} \\ \hat{Z}_{\text{camera}}/\hat{Y}_{\text{camera}} \end{bmatrix} \qquad (7\text{-}44)
$$

在一般情况下,由于数码相机色度表征时的照明条件与显示器的白场色温不同,如数码相机对应于 CIE 标准照明体 D_{50},而显示器参照白场为 D_{65},因此需要计算出绘画图像的锥体响应 R, G, B 在显示器白场下的对应色 R_{c}, G_{c}, B_{c},用公式表达为

$$\left.\begin{array}{l} R_c = \dfrac{R_{D65}}{R_{D50}} R \\[3mm] G_c = \dfrac{G_{D65}}{G_{D50}} G \\[3mm] B_c = \dfrac{B_{D65}}{B_{D50}^p} \mid B \mid^p \end{array}\right\} \qquad (7\text{-}45)$$

式中，$p = (B_{D50}/B_{D65})^{0.0834}$，且如果 B 是负数，则 B_c 也为负数；R_{D50}，G_{D50}，B_{D50} 和 R_{D65}，G_{D65}，B_{D65} 分别表示所选择的观察者如 CIE1931 标准色度观察者对于 CIE 标准照明体 D_{50} 和 D_{65} 的锥体响应值。然后将锥体响应 R_c，G_c，B_c 转换为对应于显示器白场色温的 CIE 三刺激值，从而完成色适应转换，用公式表达为

$$\begin{bmatrix} \hat{X}_{c,\text{camera}} \\ \hat{Y}_{c,\text{camera}} \\ \hat{Z}_{c,\text{camera}} \end{bmatrix} = \begin{bmatrix} 0.98699 & -0.14705 & 0.15996 \\ 0.43231 & 0.51836 & 0.04929 \\ -0.00853 & 0.04004 & 0.96849 \end{bmatrix} \begin{bmatrix} R_c Y_{D65} \\ G_c Y_{D65} \\ B_c Y_{D65} \end{bmatrix} \qquad (7\text{-}46)$$

式中，Y_{D65} 表示 CIE 标准照明体 D_{65}（即本例中显示器白场色温）的三刺激值之 Y。

为了达到绘画图像和显示器环境下色度值的匹配，数码相机和显示器对应的三刺激值应该相等，即

$$\begin{bmatrix} X_{\text{display}} \\ Y_{\text{display}} \\ Z_{\text{display}} \end{bmatrix} = \begin{bmatrix} \hat{X}_{c,\text{camera}} \\ \hat{Y}_{c,\text{camera}} \\ \hat{Z}_{c,\text{camera}} \end{bmatrix} \qquad (7\text{-}47)$$

再通过对显示器的色度表征把三刺激值转换成显示器的颜色信号，即

$$\begin{bmatrix} R_{\text{display}} \\ G_{\text{display}} \\ B_{\text{display}} \end{bmatrix} = \begin{bmatrix} X_{r,\max} & X_{g,\max} & X_{b,\max} \\ Y_{r,\max} & Y_{g,\max} & Y_{b,\max} \\ Z_{r,\max} & Z_{g,\max} & Z_{b,\max} \end{bmatrix}^{-1} \begin{bmatrix} X_{\text{display}} \\ Y_{\text{display}} \\ Z_{\text{display}} \end{bmatrix} \qquad (7\text{-}48)$$

最后，在考虑了 CRT 显示器的 γ 特性、电子枪放大器的增益和补偿以及真空管内在的非线性等条件下，将显示器的颜色信号转化为其三色数字缓冲激励值，如对于红色信号通道有

$$d_r = \left(\dfrac{d_{\max}}{k_{a,r}}\right)(R_{\text{display}}^{1/\gamma_r} - k_{0,r}), \quad 0 \leqslant R_{\text{display}} \leqslant 1 \qquad (7\text{-}49)$$

式中，γ_r 为 CRT 显示器红色电子枪响应的 γ 指数，$k_{a,r}$ 和 $k_{0,r}$ 分别为红色电子枪放大器的增益和补偿。对于绿色和蓝色信道，可以写出与式（7-49）类似的表达式。由此，完成了绘画图像颜色从数码相机到显示器的色貌复制，当然也可以进行逆向转换，从而实现颜色信息的管理。

参考文献

1　［日］池田光男.視覚の心理物理学.東京：森北出版株式会社.1975.

2　荆其诚等.色度学.北京：科学出版社.1979.

3　［日］池田光男.色彩工学の基礎.東京：朝倉書店.1980.

4　［日］納谷嘉信.産業色彩学.東京：朝倉書店.1980.

5　李在清等.颜色测量基础.北京：技术标准出版社.1980.

6　薛君敖等.光辐射测量原理和方法.北京：计量出版社.1981.

7　束越新.颜色光学基础理论.山东：山东科学技术出版社.1981.

8　张远程.彩色电视机的原理与调试.上海：上海科学技术出版社.1981.

9　林仲贤,孙秀如.视觉与测色应用.北京：科学出版社.1987.

10　王之江.光学技术手册.北京：机械工业出版社.1987.

11　郝允祥等.光度学.北京：北京师范大学出版社.1988.

12　叶鸿盎.颜色科学.北京：轻工业出版社.1988.

13　汤顺青.色度学.北京：北京理工大学出版社.1990.

14　吴继宗,叶关荣.光辐射测量.北京：机械工业出版社.1992.

15　高永清等.简明印刷色彩学.北京：印刷工业出版社.1992.

16　陈晓光等.色盲矫正导论.长春：吉林科学技术出版社.1992.

17　徐海松,叶关荣.光电积分式色度仪器的定标研究.仪器仪表学报.1992.13(1)：36-41.

18　［俄］Б. А. 沙什洛夫.色彩和色彩复制原理.北京：印刷工业出版社.1993.

19　徐海松,叶关荣.彩色电视白场平衡自动调试仪.计量学报.1993.14(3)：224-227,240.

20　全国颜色标准化技术委员会.GSB A26003-1994 中国颜色体系样册.1994.

21　李亨.颜色技术原理及其应用.北京：科学出版社.1994.

22　［日］大田登.色彩工学.刘中本译.西安：西安交通大学出版社.1997.

23　董振礼等.测色及电子计算机配色.北京：中国纺织出版社.1996.

24　徐海松,叶关荣.计算机自动配色预测算法研究.光学学报.1996.16(11)：1657-1661.

25　徐海松.Kubelka-Munk 理论在纺织印染自动配色中的应用研究.光子学报.1998.27(4)：338-341.

26　徐海松.计算机测色与配色新技术.北京：中国纺织出版社.1999.

27　［日］大田登.色再现工学の基礎.東京：コロナ社.2000.

28　［美］伯恩斯(R. S. Berns).颜色技术原理.李小梅等译.北京：化学工业出版社.2002.

29　徐海松,项震.基于SPD的物体色快速分光测试系统设计.光电工程.2002.29(3)：39-42.

30　薛朝华.颜色科学与计算机测色配色实用技术.北京：化学工业出版社.2004.

31　张浩,徐海松.光源相关色温算法的比较研究.光学仪器.2006.28(1)：54-58.

32　汪哲弘,徐海松.颜色视觉匹配中明度阈值的评价.光学学报.2006.26(8)：1274-1278.

33　牟晶晶,徐海松等.在线色差检测的误差修正方案设计.光电工程.2007.34(2)：37-40.

34　王勇,徐海松.液晶显示器颜色特征化的S模型算法.中国图象图形学报.2007.12(3)：491-494.

35　徐芙姗,徐海松等.孟塞尔色序系统与CIE1931标准色度系统转换新算法.光子学报.2007.36(4)：

650-654.

36 汪哲弘，徐海松.用阴极射线管显示器研究辨色阈值Ⅱ：典型色差公式评价.光学学报，2007，27(7)：1344-1348.

37 张显斗，徐海松.液晶显示器颜色特征化的分段分空间模型.光学学报，2007，27(9)：1719-1724.

38 黄建丰，徐海松.硅双结色敏型器件波长测量中环境光影响的研究.光电子·激光，2007，18(10)：1184-1187.

39 陈凌云，徐海松等.基于 ICC 规范的显示设备颜色管理研究.光电子·激光，2008，19(3)：322-325.

40 王寒，徐海松等.基于物体表面色的人眼阈值水平微小色差评价.光学学报，2008，28(8)：1628-1632.

41 徐海松，张显斗.数字图像设备颜色特征化反向变换算法.浙江大学学报(工学版)，2008，42(12)：2199-2201，2232.

42 陈奕艺，徐海松等.基于数码相机的光谱重构研究.光学学报，2009，29(5)：1416-1419.

43 王寒，徐海松等.基于物体表面色的超大色差评价.光学学报，2009，29(7)：1801-1806.

44 汪哲弘，徐海松.基于视觉容差与色调角相关性的色差公式评价.光学学报，2009，29(7)：1838-1841.

45 曾旺，徐海松等.基于不同颜色背景的人眼辨色阈值特性研究.光学学报，2011，31(1)：0133001.

46 吕玮阁，徐海松.基于不同颜色方向和空间频率的彩色对比灵敏度特性研究.光学学报，2011，31(1)：0133002.

47 宫睿，徐海松等.液晶显示器色度特征化的分空间补偿模型.光学学报，2011，31(4)：0433001.

48 卢沧龙，徐海松等.不同环境参数下 CIECAM02 的跨媒体颜色复现性能.光学学报，2012，32(7)：0733001.

49 E. Q. Adams. A theory of color vision. Psychol. Rev., 1923, 30: 56-76.

50 J. V. Alderson, E. Atherton, A. N. Derbyshire. Modern physical techniques in colour formulation. J. Soc. Dyers Colourists, 1961, 77: 657-668.

51 J. V. Alderson, E. Atherton, C. Preston, et al. The practical exploitation of instrumental match prediction. J. Soc. Dyers Colourists, 1963, 79: 723-729.

52 R. L. Alfvin, M. D. Fairchild. Observer variability in metameric color matches using color reproduction media. Color Res. Appl., 1997, 22: 174-188.

53 E. Allen. Basic equations used in computer color matching. J. Opt. Soc. Am., 1966, 56: 1256-1259.

54 E. Allen. Separation of the spectral radiance factor curve of fluorescent substances into reflected and fluoresced components. Appl. Opt., 1973, 12: 289-293.

55 E. Allen. Basic equations used in computer color matching, Ⅱ. Tristimulus matching, two-constant theory. J. Opt. Soc. Am., 1974, 64: 991-993.

56 E. Allen. Colorant formulation and shading. in F. Grum, C. J. Bartleson, eds. Optical Radiation Measurements, Vol. 2: Color Measurement. New York: Academic Press, 1980: 290-336.

57 D. H. Alman, F. W. Billmeyer, Jr. Integrating-sphere errors in the colorimetry of fluorescent materials. Color Res. Appl., 1976, 1: 141-145.

58 D. H. Alman. Computer simulation of the error sensitivity of colorant mixtures. Color Res. Appl., 1986, 11: 153-159.

59 D. H. Alman, C. G. Pfeifer. Empirical colorant mixture models. Color Res. Appl., 1987, 12: 210-222.

60 D. H. Alman, R. S. Berns, G. D. Snyder, et al. Performance testing of color-difference metrics using a color tolerance dataset. Color Res. Appl., 1989, 14: 139-151.

61 D. H. Alman. CIE technical committee 1-29 industrial color difference evaluation progress report. Color Res. Appl., 1993, 18: 137-139.

62 W. G. K. Backhaus, R. Kliegl, J. S. Werner. Color Vision Perspectives from Different Disciplines.

Berlin: Walter de Gruyter, 1998.

63   C. J. Bartleson, F. Grum. Optical Radiation Measurements. Vol. 5: Visual Measurements. Orlando: Academic Press, 1984.

64   W. Baumann, B. Groebel, M. Krayer, et al. Determination of relative colour strength and residual colour difference by reflectance measurement. J. Soc. Dyers Colourists, 1987, 103: 100-105.

65   P. R. Bélanger. Linear-programming approach to color-recipe formulations. J. Opt. Soc. Am., 1974, 64: 1541-1544.

66   A. Berger-Schunn. Practical Color Measurement. New York: John Wiley & Sons, 1994.

67   R. S. Berns, F. W. Billmeyer, Jr. Development of the 1929 Munsell Book of Color: A historical review. Color Res. Appl., 1985, 10: 246-250.

68   R. S. Berns, K. H. Petersen. Empirical modeling of systematic spectrophotometric errors. Color Res. Appl., 1988, 13: 243-256.

69   R. S. Berns, D. H. Alman, L. Reniff, et al. Visual determination of suprathreshold color difference tolerances using probit analysis. Color Res. Appl., 1991, 16: 297-316.

70   R. S. Berns, R. J. Motta, M. E. Gorzynski. CRT colorimetry. Part I: Theory and practice. Color Res. Appl., 1993, 18: 299-314.

71   R. S. Berns, M. E. Gorzynski, R. J. Motta. CRT colorimetry. Part II: Metrology. Color Res. Appl., 1993, 18: 315-325.

72   R. S. Berns, M. J. Shyu. Colorimetric characterization of a desktop drum scanner using a spectral model. J. Electronic Imag., 1995, 4: 360-372.

73   R. S. Berns. Methods for characterizing CRT displays. Displays, 1996, 16: 173-182.

74   R. S. Berns. A generic approach to color modeling. Color Res. Appl., 1997, 22: 318-325.

75   R. S. Berns. Challenges for colour science in multimedia imaging. in L. MacDonald, M. R. Luo, eds. Colour Imaging: Vision and Technology. Chichester: John Wiley & Sons, 1999: 99-127.

76   R. S. Berns. BILLMEYER and SALTZMAN's Principle of Color. New York: John Wiley & Sons, 2000.

77   F. W. Billmeyer, Jr., J. K. Beasley, J. A. Sheldon. Formulation of transparent colors with a digital computer. J. Opt. Soc. Am., 1960, 50: 70-72.

78   F. W. Billmeyer, Jr., M. Saltzman. Observer metamerism. Color Res. Appl., 1980, 5: 72.

79   F. W. Billmeyer, Jr., M. Saltzman. Principles of Color Technology. 2nd ed. New York: John Wiley & Sons, 1981.

80   F. W. Billmeyer, Jr., P. J. Alessi. Assessment of color-measuring instruments. Color Res. Appl., 1981, 6: 195-202.

81   F. W. Billmeyer, Jr., H. S. Fairman. CIE method for calculating tristimulus values. Color Res. Appl., 1987, 12: 27-36.

82   F. W. Billmeyer, Jr. Survey of color order systems. Color Res. Appl., 1987, 12: 173-186.

83   F. W. Billmeyer, Jr. Intercomparison on measurement of (total) spectral radiance factor of luminescent specimens. Color Res. Appl., 1988, 13: 318-326.

84   F. Birren. J. C. LeBlon. Discoverer and developer of the red-yellow-blue principle of color printing and color mixture. Color Res. Appl., 1981, 6: 85-90.

85   J. M. Bishop, M. J. Bushnell, S. Westland. Application of neural networks to computer recipe prediction. Color Res. Appl., 1991, 16: 3-9.

86   J. S. Bonham. Fluorescence and Kubelka-Munk theory. Color Res. Appl., 1986, 11: 223-230.

87   P. R. Boyce. Human Factors in Lighting. 2nd ed. London: Taylor & Francis, 2003.

88   R. W. Boyd. Radiometry and the Detection of Optical Radiation. New York: John Wiley & Sons, 1983.

89   R. M. Boynton. A system of photometry and colorimetry based on cone excitations. Color Res. Appl. , 1986, 11: 244-252.

90   D. H. Brainard. Calibration of a computer controlled color monitor. Color Res. Appl. , 1989, 14: 23-34.

91   M. H. Brill, G. Derefeldt. Comparison of reference-white standards for video display units. Color Res. Appl. , 1991, 16: 26-30.

92   J. A. Bristow. The calibration of instruments for the measurement of paper whiteness. Color Res. Appl. , 1994, 19: 475-483.

93   W. R. J. Brown, D. L. MacAdam. Visual sensitivities to combined chromaticity and luminance differences. J. Opt. Soc. Am. , 1949, 39: 808-834.

94   W. R. Brown, W. G. Howe, J. E. Jackson, et al. Multivariate normality of the color-matching process. J. Opt. Soc. Am. , 1956, 46: 46-49.

95   P. K. Brown, G. Wald. Visual pigments in single rods and cones of the human retina. Science, 1964, 144: 45-51.

96   W. Budde. Optical Radiation Measurements, Physical Detectors of Optical Radiation. New York: Academic Press, 1983.

97   D. A. Burlone. Theoretical and practical aspects of selected fiberblend color-formulation functions. Color Res. Appl. , 1984, 9: 213-219.

98   A. Chapanis. The dark adaptation of the color anomalous measured with lights of different hues. J. Gen. Physiol. , 1947, 30: 423-437.

99   K. D. Chickering. FMC Color-Difference Formulas: Clarification Concerning Usage. J. Opt. Soc. Am. , 1971, 61: 118-122.

100 A. K. R. Choudhury, S. M. Chatterjee. Evaluation of the performance of metameric indices. Color Res. Appl. , 1996, 21: 26-34.

101 CIE Publication No. 2.2, Colours of Light Signals. 2nd ed. Vienna: Central Bureau of the Commission Internationale de l'Eclairage, 1975.

102 CIE Publication No. 38, Radiometric and Photometric Characteristics of Materials and Their Measurement. Vienna: Central Bureau of the Commission Internationale de l'Eclairage, 1977.

103 CIE Publication No. 51, A Method for Assessing the Quality of Daylight Simulators for Colorimetry. Vienna: Central Bureau of the Commission Internationale de l'Eclairage, 1981.

104 CIE Publication No. 63, The Spectroradiometric Measurement of Light Sources. Vienna: Central Bureau of the Commission Internationale de l'Eclairage, 1984.

105 CIE Publication No. 15.2, Colorimetry. 2nd ed. Vienna: Central Bureau of the Commission Internationale de l'Eclairage, 1986.

106 CIE Publication No. 68, CIE Standard on Colorimetry. Vienna: Central Bureau of the Commission Internationale de l'Eclairage, 1986.

107 CIE S002-1986, CIE Standard Colorimetric Observers. Vienna: Central Bureau of the Commission Internationale de l'Eclairage, 1986(Published also as CIE/ISO 10527: 1991).

108 CIE Publication No. 17.4, International Lighting Vocabulary. 4th ed. Vienna: Central Bureau of the Commission Internationale de l'Eclairage, 1987(Joint publication IEC/CIE).

109 CIE Publication No. 18.2, The Basis of Physical Photometry. Vienna: Central Bureau of the Commission Internationale de l'Eclairage, 1987.

110 CIE Publication No. 80, Special Metamerism Index: Change in Observer. Vienna: Central Bureau of the Commission Internationale de l'Eclairage, 1989.

111 CIE Publication No. 101. Parametric Effects in Colour-Difference Evaluation. Vienna: Central Bureau of the Commission Internationale de l'Eclairage. 1993.

112 CIE Publication No. 107. Review of the Official Recommendations of the CIE for the Colours of Signal Lights. Vienna: Central Bureau of the Commission Internationale de l'Eclairage. 1994.

113 CIE Publication No. 114. CIE Collection in Photometry and Radiometry. Vienna: Central Bureau of the Commission Internationale de l'Eclairage. 1994.

114 CIE Publication No. 13.3. Method of Measuring and Specifying Colour Rendering of Light Sources. New ed. Vienna: Central Bureau of the Commission Internationale de l'Eclairage. 1995.

115 CIE Publication No. 116. Industrial Colour-Difference Evaluation. Vienna: Central Bureau of the Commission Internationale de l'Eclairage. 1995.

116 CIE Publication No. 122. The Relationship Between Digital and Colorimetric Data for Computer-controlled CRT Displays. Vienna: Central Bureau of the Commission Internationale de l'Eclairage. 1996.

117 CIE Publication No. 130. Practical Methods for the Measurement of Reflectance and Transmittance. Vienna: Central Bureau of the Commission Internationale de l'Eclairage. 1998.

118 CIE Publication No. 131. The CIE 1997 Interim Colour Appearance Model (Simple Version) CIECAM97s. Vienna: Central Bureau of the Commission Internationale de l'Eclairage. 1998.

119 CIE S005/E-1998. CIE Standard Illuminants for Colorimetry. Vienna: Central Bureau of the Commission Internationale de l'Eclairage. 1998(Published also as ISO 10526/CIE S 005/E-1999).

120 CIE Publication No. 142. Improvement to Industrial Color-Difference Evaluation. Vienna: Central Bureau of the Commission Internationale de l'Eclairage. 2001.

121 CIE Publication 15: 2004. Colorimetry. 3rd ed. Vienna: Central Bureau of the Commission Internationale de l'Eclairage. 2004.

122 CIE DS 014-2.2: 2004. Colorimetry—Part 2: CIE Standard Illuminants. Vienna: Central Bureau of the Commission Internationale de l'Eclairage. 2004.

123 CIE Publication No. 159. A Colour Appearance Model for Colour Management Systems: CIECAM02. Vienna: Central Bureau of the Commission Internationale de l'Eclairage. 2004.

124 CIE S010/E: 2004/ISO 23539: 2005(E). Joint ISO/CIE Standard: Photometry—The CIE System of Physical Photometry. Vienna: Central Bureau of the Commission Internationale de l'Eclairage. 2004.

125 CIE S014-2/E: 2006/ISO 11664-2: 2007 (E). Joint ISO/CIE Standard: Colorimetry—Part 2: CIE Standard Illuminants for Colorimetry. Vienna: Central Bureau of the Commission Internationale de l'Eclairage. 2006.

126 CIE S014-4/E: 2007/ISO 11664-4: 2008(E). Joint ISO/CIE Standard: Colorimetry—Part 4: CIE 1976 $L^* a^* b^*$ Colour Space. Vienna: Central Bureau of the Commission Internationale de l'Eclairage. 2007.

127 CIE S014-1/E: Colorimetry—Part 1: CIE Standard Colorimetric Observers. Vienna: Central Bureau of the Commission Internationale de l'Eclairage. 2008(Published also as CIE/ISO 11664-1).

128 CIE Publication No. 184. Indoor Daylight Illuminants. Vienna: Central Bureau of the Commission Internationale de l'Eclairage. 2009.

129 CIE S014-5/E: 2009/ISO 11664-5: 2009(E). Joint ISO/CIE Standard: Colorimetry—Part 5: CIE 1976 $L^* u^* v^*$ Colour Space and u', v' Uniform Chromaticity Scale Diagram. Vienna: Central Bureau of the Commission Internationale de l'Eclairage. 2009.

130 CIE Publication No. 191. Recommended System for Mesopic Photometry Based on Visual Performance. Vienna: Central Bureau of the Commission Internationale de l'Eclairage. 2010.

131 CIE S014-3/E: 2011. Colorimetry – Part 3: CIE Tristimulus Values. Vienna: Central Bureau of the Commission Internationale de l'Eclairage. 2011.

132 CIE S017: 2011. International Lighting Vocabulary. Vienna: Central Bureau of the Commission Internationale de l'Eclairage, 2011.

133 CIE Publication No. 204. Methods for Re-Defining CIE D Illuminants. Vienna: Central Bureau of the Commission Internationale de l'Eclairage, 2013.

134 CIE/ISO 11664-6: 2014. Joint ISO/CIE Standard: Colorimetry—Part 6: CIEDE 2000 Colour-Difference Formula. Vienna: Central Bureau of the Commission Internationale de l'Eclairage, 2014.

135 F. J. J. Clarke, R. McDonald, B. Rigg. Modification to the JPC79 colour-difference formula. J. Soc. Dyers Colourists, 1984, 100: 128-132.

136 E. Coates, K. Y. Fong, B. Rigg. Uniform lightness scales. J. Soc. Dyers Colourists, 1981, 97: 179-183.

137 J. A. Cogno, D. Jungman, J. C. Conno. Linear and quadratic optimization algorithms for computer color matching. Color Res. Appl. , 1988, 13: 40-42.

138 J. A. Cogno. Recursive quadratic programming algorithm for color matching. Color Res. Appl. , 1988, 13: 124-126.

139 H. R. Condit, F. Grum. Spectral energy distribution of daylight. J. Opt. Soc. Am. , 1964, 54: 937-944.

140 W. B. Cowan, N. Rowell. On the gun independence and phosphor constancy of colour video monitors. Color Res. Appl. , 1986, 11: S33-S38.

141 F. Crescitelli, H. J. A. Dartnall. Human visual purple. Nature, 1953, 172: 195-196.

142 H. R. Davidson. Prediction of the color of dye mixtures on textiles. J. Opt. Soc. Am. , 1952, 42: 331-332.

143 H. R. Davidson, E. Friede. The size of acceptable color differences. J. Opt. Soc. Am. , 1953, 43: 581-589.

144 H. R. Davidson, H. Hemmendinger, J. L. R. Landry. A system of instrumental color control for the textile industry. J. Soc. Dyers Colourists, 1963, 79: 577-589.

145 H. R. Davidson, H. Hemmendinger. Color prediction using the two-constant turbid-media theory. J. Opt. Soc. Am. , 1966, 56: 1102-1109.

146 H. R. Davidson. Advantages of a semiautomatic color-control computer program. Color Res. Appl. , 1977, 2: 38-40.

147 T. Deguchi, N. Katoh, R. S. Berns. Colorimetric characterization of CRT monitors. SID Digest, 1999, 30: 786-789.

148 F. Ebner, M. D. Fairchild. Gamut mapping from below: Finding the minimum perceptual distances for colors outside the gamut volume. Color Res. Appl. , 1997, 22: 402-413.

149 M. Ebner. Color Constancy. Chichester: John Wiley & Sons, 2007.

150 P. G. Engeldrum, J. L. Ingraham. Analysis of white point and phosphor set differences of CRT displays. Color Res. Appl. , 1990, 15: 151-155.

151 W. Erb, M. Krystek, W. Budde. A method for improving the accuracy of tristimulus colorimeters. Color Res. Appl. , 1984, 9: 84-88.

152 M. D. Fairchild. Color Appearance Models. 3rd ed. Chichester: John Wiley & Sons, 2013.

153 H. S. Fairman. On analytical versus numerical integration in tristimulus calculations. Color Res. Appl. , 1983, 8: 245-246.

154 L. Fu, H. Xu, et al. Estimating color appearance of pearlescent bottles using digital camera. Chin. Opt. Lett. , 2009, 7(8): 744-747.

155 E. Ganz. Whiteness: Photometric specification and colorimetric evaluation. Appl. Opt. , 1976, 15: 2039-2058.

156 E. Ganz. Whiteness perception: Individual differences and common trends. Appl. Opt. , 1979, 18:

2963-2970.

157　Z. Gao, et al. Realization of the Candela by Electrically Calibrated Radiometers. Metrologia. 1983. 19: 85-92.

158　I. H. Godlove. Improved color-difference formula, with applications to the perceptibility of fading. J. Opt. Soc. Am.. 1951. 41: 760-772.

159　R. Gong, H. Xu, et al. Colorimetric characterization models based on colorimetric characteristics evaluation for active matrix organic light emitting diode panels. Appl. Opt.. 2012. 51(30): 7255-7261.

160　R. Gong, H. Xu, et al. Investigation of perceptual attributes for mobile display image quality. Opt. Eng.. 2013. 52(8): 083104.

161　R. Gong, H. Xu. Impacts of appearance parameters on perceived image quality for mobile-phone displays. Optik. 2014. 125(11): 2554-2559.

162　R. Gong, H. Xu, et al. Comprehensive model for predicting perceptual image quality of smart mobile devices. Appl. Opt.. 2015. 54(1): 85-95.

163　F. Grum, C. J. Bartleson. Optical Radiation Measurements. New York: Academic Press. 1980.

164　D. Gundlach, H. Terstiege. Problems in measurement of fluorescent materials. Color Res. Appl.. 1988. 19: 427-436.

165　J. Guo, H. Xu, et al. Novel spectral characterization method for color printer based on the cellular Neugebauer model. Chin. Opt. Lett.. 2010. 8(11): 1106-1109.

166　J. Guo, H. Xu, et al. Spectral characterisation of colour printer based on a novel grey component replacement method. Chin. Opt. Lett.. 2011. 9(7): 073301.

167　S. L. Guth, R. W. Massof, T. Benzschawel. Vector model for normal and dichromatic color vision. J. Opt. Soc. Am.. 1980. 70: 197-212.

168　A. Hård, L. Sivik. NCS, natural color system: A Swedish standard for color notation. Color Res. Appl.. 1981. 6: 129-138.

169　A. Hård, L. Sivik, G. Tonnquist. NCS, natural color system—From concepts to research and applications. Part Ⅰ. Color Res. Appl.. 1996. 21: 180-205.

170　A. Hård, L. Sivik, G. Tonnquist. NCS, natural color system—From concepts to research and applications. Part Ⅱ. Color Res. Appl.. 1996. 21: 206-220.

171　A. C. Hardy. A new recording spectrophotometer. J. Opt. Soc. Am.. 1935. 25: 305-311.

172　A. C. Hardy, F. L. Wurzburg. The theory of three-color reproduction. J. Opt. Soc. Am.. 1937. 27: 227-240.

173　A. C. Hardy. History of the design of the recording spectrophotometer. J. Opt. Soc. Am.. 1938. 28: 360-364.

174　H. N. Harvey, J. Park. Automation in the dyeing laboratory and its influence on accuracy in batch dyeing. J. Soc. Dyers Colourists. 1989. 105: 207-211.

175　H. Hemmendinger. Industrial applications of formulation computations: Is the computer the enemy? Color Res. Appl.. 1996. 21: 138-141.

176　H. W. Holdaway. Matrix partitioning applied to colorant formulation with four or more dyers. Color Res. Appl.. 1980. 5: 93-98.

177　L. Holtzschue. Understanding Color: An Introduction for Designers. 4th ed. Hoboken: John Wiley & Sons. 2011.

178　S.-W. Hsiao. Fuzzy set theory on car-color design. Color Res. Appl.. 1994. 19: 202-213.

179　Z. Huang, H. Xu, et al. Assessing total differences for effective samples having variations in color, coarseness, and glint. Chin. Opt. Lett.. 2010. 8(7): 717-720.

180　Z. Huang, H. Xu, et al. Camera-based model to predict the total difference between effect coatings under directional illumination. Chin. Opt. Lett. , 2011, 9(9): 093301.

181　R. W. G. Hunt. The Reproduction of Colour. Chichester: John Wiley & Sons, 2004.

182　D. Jameson, L. M. Hurvich. Some quantitative aspects of an opponent-colors theory: I. Chromatic responses and spectral saturation. J. Opt. Soc. Am. , 1955, 45: 546-552.

183　D. B. Judd, G. Wyszecki. Color in Business, Science and Industry. 3rd ed. New York: John Wiley & Sons, 1975.

184　P. K. Kaiser, R. M. Boynton. Human Color Vision. 2nd ed. Washington DC: Optical Society of America, 1996.

185　R. J. Keyes. Optical and Infrared Detectors. Berlin: Springer-Verlag, 1977.

186　D. H. Kim, J. H. Nobbs. New weighting functions for the weighted CIELAB colour difference formula. Proc. 8th Cong. of AIC, 1997: 446-449.

187　S. J. Kishner. Effect of spectrophotometric errors on color difference. J. Opt. Soc. Am. , 1977, 67: 772-778.

188　G. A. Klein. Industrial Color Physics. New York: Springer, 2010.

189　M. Krystek. An algorithm to calculate correlated color temperature. Color Res. Appl. , 1984, 10: 38-40.

190　P. Kubelka, F. Munk. Ein Beitrag zur Optik der Farbanstriche. Z. Tech. Phys. , 1931, 12: 593-601.

191　P. Kubelka. New contributions to the optics of intensely light scattering materials, Part I. J. Opt. Soc. Am. , 1948, 38: 448-457, 1067.

192　P. Kubelka. New contributions to the optics of intensely light-scattering materials, Part II, Nonhomogeneous layers. J. Opt. Soc. Am. , 1954, 44: 330-355.

193　R. G. Kuehni. Color-tolerance data and the tentative CIE1976 L* a* b* formula. J. Opt. Soc. Am. , 1976, 66: 497-499.

194　R. G. Kuehni. Advances in color-difference formulas. Color Res. Appl. , 1982, 7: 19-23.

195　R. G. Kuehni. Industrial color difference: Progress and problems. Color Res. Appl. , 1990, 15: 261-265.

196　R. G. Kuehni. Towards an improved uniform color space. Color Res. Appl. , 1999, 24: 253-265.

197　R. G. Kuehni. Color Space and Its Divisions: Color Order from Antiquity to the Present. Hoboken: John Wiley & Sons, 2003.

198　H. Liu, H. Xu, et al. Visual perception of textiles using surface and display samples. Chin. Opt. Lett. , 2013, 11(12): 123301.

199　R. D. Lozano. Evaluation of different color-difference formulae by means of an experiment on color scaling—preliminary report. Color Res. Appl. , 1977, 2: 13-18.

200　W. Lu, H. Xu, et al. Testing performance of CIECAM02 in predicting perceptual contrast. Chin. Opt. Lett. , 2012, 10(3): 033301.

201　W. Lu, H. Xu, et al. Evaluation of contrast metrics for liquid-crystal displays under different viewing conditions. J. Soc. Inf. Display, 2012, 20(5): 259-265.

202　M. P. Lucassen, J. Walraven. Evaluation of a simple method for color monitor recalibration. Color Res. Appl. , 1990, 15: 321-326.

203　M. R. Luo, B. Rigg. BFD(l : c) colour-difference formula, Part 1—Development of the formula. J. Soc. Dyers Colourists, 1987, 103: 86-94.

204　M. R. Luo, M. C. Lo, W. G. Kuo. The LLAB(l : c) colour model. Color Res. Appl. , 1996, 21: 412-429.

205 M. R. Luo, R. W. G. Hunt. The structure of the CIE 1997 colour appearance model(CIECAM97s). Color Res. Appl., 1998, 23: 138-146.

206 M. R. Luo, G. Cui, B. Rigg. The development of the CIE 2000 colour-difference formula: CIEDE2000. Color Res. Appl., 2001, 26: 340-350.

207 J. Ma, H. Xu, et al. Color appearance and visual measurements for color samples with gloss effect. Chin. Opt. Lett., 2009, 7(9): 869-872.

208 D. L. MacAdam. Photographic aspects of the theory of three-color reproduction. J. Opt. Soc. Am., 1938, 28: 399-418.

209 D. L. MacAdam. Visual sensitivities to color differences in daylight. J. Opt. Soc. Am., 1942, 32: 247-274.

210 D. L. MacAdam. Chromatic adaptation. J. Opt. Soc. Am., 1956, 46: 500-513.

211 D. L. MacAdam. Uniform color scales. J. Opt. Soc. Am., 1974, 64: 1619-1702.

212 D. L. MacAdam. Colorimetric data for samples of OSA uniform color scales. J. Opt. Soc. Am., 1978, 68: 121-130.

213 R. T. Marcus. Determining dimensioned values of Kubelka-Munk scattering and absorption coefficients. Color Res. Appl., 1978, 3: 183-187.

214 C. S. McCamy. Physical exemplification of color order systems. Color Res. Appl., 1985, 10: 20-25.

215 C. S. McCamy. Munsell value as explicit functions of CIE luminance factor. Color Res. Appl., 1992, 17: 205-207.

216 C. S. McCamy. Correlated color temperature as an explicit function of chromaticity coordinates. Color Res. Appl., 1992, 17: 142-144.

217 C. S. McCamy. Simulation of daylight for viewing and measuring color. Color Res. Appl., 1994, 19: 437-445.

218 R. McDonald. The effect of non-uniformity in the ANLAB color space on the interpretation of visual colour differences. J. Soc. Dyers Colourists, 1974, 90: 189-198.

219 R. McDonald. Industrial pass/fail colour matching. Part I—Preparation of visual colour-matching data. J. Soc. Dyers Colourists, 1980, 96: 372-376.

220 R. McDonald. Industrial pass/fail colour matching. Part II—Methods of fitting tolerance ellipsoids. J. Soc. Dyers Colourists, 1980, 96: 418-433.

221 R. McDonald. Industrial pass/fail colour matching. Part III—Development of pass/fail formula for use with instrumental measurement of colour difference. J. Soc. Dyers Colourists, 1980, 96: 486-495.

222 R. McDonald. European practices and philosophy in industrial colour-difference evaluation. Color Res. Appl., 1990, 15: 249-260.

223 R. McDonald. Colour Physics for Industry. 2nd ed. Bradford: Society of Dyers and Colourists, 1997.

224 M. Melgosa, E. Hita, A. J. Poza, et al. Suprathreshold color-difference ellipsoids for surface colors. Color Res. Appl., 1997, 22: 148-155.

225 M. Melgosa, M. M. Pérez, A. El Moraghi, et al. Color discrimination results from a CRT device: Influence of luminance. Color Res. Appl., 1999, 24: 38-44.

226 I. Mendez-Diaz, J. A. Cogno. Mixed-integer programming algorithm for computer color matching. Color Res. Appl., 1988, 13: 43-45.

227 K. D. Mielenz. Optical Radiation Measurements. Vol. 3: Measurement of Photoluminescence. Orlando: Academic Press, 1982.

228 H. Minato, M. Nanjo, Y. Nayatani. Colorimetry and its accuracy in the measurement of fluorescence by the two-monochromator method. Color Res. Appl., 1985, 10: 84-91.

229 E. Montag, M. D. Fairchild. Psychophysical evaluation of gamut mapping techniques using simple rendered images and artificial gamut boundaries. IEEE Trans. Image Processing, 1997, 6: 977-989.

230 E. D. Montag, R. S. Berns. Visual determination of hue suprathreshold color-difference tolerances using CRT-generated stimuli. Color Res. Appl. , 1999, 24: 164-176.

231 J. Morovic. Color Gamut Mapping. Chichester: John Wiley & Sons, 2008.

232 P. S. Mudgett, L. W. Richards. Multiple scattering calculations for technology. Appl. Opt. , 1971, 10: 1485-1502.

233 P. S. Mudgett, L. W. Richards. Multiple scattering calculations for technology Ⅱ. J. Colloid Interface Sci. , 1972, 39: 551-567.

234 P. S. Mudgett, L. W. Richards. Kubelka-Munk scattering and absorption coefficients for use with glossy, opaque objects. J. Paint Technology, 1973, 45: 43-53.

235 A. H. Munsell. Atlas of the Munsell Color System. Malden: Wadsworth-Howland & Company, 1915.

236 D. Nickerson. History of the Munsell color system and its scientific application. J. Opt. Soc. Am. , 1940, 30: 575-580; reprinted in Color Res. Appl. , 1976, 1: 69-77.

237 D. Nickerson. Munsell renotations for samples of OSA uniform color scales. J. Opt. Soc. Am. , 1978, 68: 1343-1347.

238 D. Nickerson. OSA uniform color scales samples—A unique set. Color Res. Appl. , 1981, 6: 7-33.

239 D. G. Nickols, S. E. Orchard. Precision of determination of Kubelka and Munk coefficients from opaque colorant mixture. J. Opt. Soc. Am. , 1965, 55: 162-164.

240 J. H. Nobbs. Review of Progress in Coloration. Bradford: Society of Dyers and Colourists, 1986.

241 J. H. Nobbs. Colour-match prediction for pigmented materials. in R. McDonald, ed. Colour Physics for Industry. 2nd ed. Bradford: Society of Dyers and Colourists, 1997: 292-372.

242 N. Ohta. Fast computing of color matching by means of matrix representation, Part 1: Transmission-type colorant. Appl. Opt. , 1971, 10: 2183-2187.

243 N. Ohta. Fast computing of color matching by means of matrix manipulation, Ⅱ. Reflection type color print. J. Opt. Soc. Am. , 1972, 62: 129-136.

244 N. Ohta. Practical transformations of CIE color-matching functions. Color Res. Appl. , 1982, 7: 53-56.

245 N. Ohta. Formulation of a standard deviate observer by a nonlinear optimization technique. Color Res. Appl. , 1985, 10: 156-164.

246 N. Ohta, A. R. Robertson. Colorimetry: Fundamentals and Applications. Chichester: John Wiley & Sons, 2005.

247 M. Pearson. Image reproduction colorimetry. Color Res. Appl. , 1986, 11: 47.

248 D. G. Phillips. Color differences resulting from pigment concentration errors. Color Res. Appl. , 1982, 7: 28-30.

249 M. H. Pirenne. Vision and the Eye. London: Chapman and Hall, 1948.

250 M. R. Pointer. The gamut of real surface colours. Color Res. Appl. , 1980, 5: 145-155.

251 D. L. Post, C. S. Calhoun. An evaluation of methods for producing desired colors on CRT monitors. Color Res. Appl. , 1989, 14: 172-186.

252 Y. Qiao, R. S. Berns, L. Reniff, et al. Visual determination of hue suprathreshold color-difference tolerances. Color Res. Appl. , 1998, 23: 302-313.

253 X. Z. Qiu. Formulas for computing correlated color temperature. Color Res. Appl. , 1987, 12: 285-287.

254 A. Raggi, G. Barbiroli. Colour-difference measurement: The sensitivity of various instruments

compared. Color Res. Appl. ,1993,18: 11-27.

255　R. M. Rich, F. W. Billmeyer, Jr. , W. G. Howe. Method for deriving color-difference-perceptibility ellipses for surface-color samples. J. Opt. Soc. Am. ,1975,65: 956-959,1389.

256　D. C. Rich, F. W. Billmeyer, Jr. Small and moderate color differences IV. Color difference ellipses in surface color space. Color Res. Appl. ,1983,8: 31-39.

257　D. C. Rich. The effect of measuring geometry on computer color matching. Color Res. Appl. ,1988, 13: 113-118.

258　M. Richter, K. Witt. The story of the DIN color system. Color Res. Appl. ,1986,11: 138-145.

259　B. Rigg. Colorimetry and the CIE system. in R. McDonald, ed. Colour Physics for industry. Bradford: Society of Dyers and Colourists,1987.

260　A. R. Robertson. Colorimetric significance of spectrophotometric errors. J. Opt. Soc. Am. ,1967,57: 691-698.

261　A. R. Robertson. Computation of correlated color temperature and distribution temperature. J. Opt. Soc. Am. ,1968,58: 1528-1535.

262　A. R. Robertson. The CIE 1976 color-difference formulae. Color Res. Appl. ,1977,2: 7-11.

263　A. R. Robertson. CIE guidelines for coordinated research on colour-difference evaluation. Color Res. Appl. ,1978,3: 149-151.

264　A. R. Robertson. Historical development of CIE recommended color difference equations. Color Res. Appl. ,1990,15: 167-170.

265　J. Rodgers, K. Wolf, N. Willis, et al. A comparative study of color measurement instrumentation. Color Res. Appl. ,1994,19: 322-331.

266　A. Ryer. Light Measurement Handbook. Newburyport: International Light Inc. ,1998.

267　D. Saunders, J. Cupitt, R. Pillay, et al. Maintaining colour accuracy in images transferred across the Internet. in L. MacDonald, M. R. Luo, eds. Colour Imaging: Vision and Technology. Chichester: John Wiley & Sons,1999: 215-231.

268　J. L. Saunderson. Calculation of the color of pigmented plastics. J. Opt. Soc. Am. ,1942,32: 727-736.

269　J. Schanda, M. Mészáros, G. Czibula. Calculating correlated color temperature with a desktop programmable calculator. Color Res. Appl. ,1978,3: 65-69.

270　J. Schanda. Colorimetry: Understanding the CIE System. Hoboken: John Wiley & Sons,2007.

271　H. S. Shah, F. W. Billmeyer, Jr. Kubelka-Munk analysis of absorption in the presence of scattering, including surface-reflection correction to transmittance. Color Res. Appl. ,1985,10: 26-31.

272　S. K. Shevell. The Science of Color. 2nd ed. Oxford: Elsevier,2003.

273　F. T. Simon. Small color difference computation and control. Farbe,1961,10: 225-234.

274　M. L. Simpson, J. F. Jansen. Imaging colorimetry: A new approach. Appl. Opt. ,1991,30: 4666-4671.

275　B. Sluban. Comparison of colorimetric and spectrophotometric algorithms for computer match prediction. Color Res. Appl. ,1993,18: 74-79.

276　B. Sluban, J. H. Nobbs. The colour sensitivity of a colour matching recipe. Color Res. Appl. ,1995, 20: 226-234.

277　K. J. Smith. Colour-order systems, colour spaces, colour difference and colour scales. in R. McDonald, ed. Colour Physics for Industry. 2nd ed. Bradford: Society of Dyers and Colourists,1997: 121-208.

278　W. N. Sproson. Colour Science in Television and Display Systems. Bristol: Adam Hilger,1983.

279 R. Stanziola. Color differences caused by dye weighing errors. Color Res. Appl. , 1980, 5: 129-131.

280 E. I. Stearns. Notes on tristimulus calculation. Color Res. Appl. , 1984, 9: 173-174.

281 E. I. Stearns. The influence of spectral bandpass on accuracy of tristimulus data. Color Res. Appl. , 1987, 12: 282-284.

282 W. S. Stiles, J. M. Burch. N. P. L. colour matching investigation: final report (1958). Optica Acta, 1959, 6: 1-26.

283 Y. Talmi. Multichannel image detectors. ACS Symposium Series, 1979: 102.

284 P. E. Tobias. Color correction process. J. Opt. Soc. Am. , 1955, 45: 535-538.

285 T. Tomita. Electrical activity in the vertebrate retina. J. Opt. Soc. Am. , 1963, 53: 49-57.

286 T. Tomita. Spectral response curves of single cones in the carp. Vision Res. , 1967, 7: 519-531.

287 Q. Tong, H. Xu, et al. Testing color difference evaluation methods for color digital images. Chin. Opt. Lett. , 2013, 11(7): 073301.

288 P. W. Trezona, R. P. Parkins. Derivation of the 1964 colorimetric standards. Color Res. Appl. , 1998, 23: 221-225.

289 H. Uchida. A new whiteness formula. Color Res. Appl. , 1998, 23: 202-209.

290 H. Uchikawa, K. Uchikawa, R. M. Boynton. Influence of achromatic surrounds on categorical perception of surface colors. Vision Res. , 1989, 29: 881-890.

291 A. Valberg. Light, Vision, Color. Chichester: John Wiley & Sons, 2005.

292 J. J. Vos, P. L. Walraven. On the derivation of the foveal receptor primaries. Vision Res. , 1971, 11: 799-818.

293 E. Walowit, C. J. McCarthy, R. S. Berns. An algorithm for the optimization of Kubelka-Munk absorption and scattering coefficients. Color Res. Appl. , 1987, 12: 340-343.

294 E. Walowit, C. J. McCarthy, R. S. Berns. Spectrophotometric color matching based on two-constant Kubelka-Munk theory. Color Res. Appl. , 1988, 13: 358-362.

295 J. W. T. Walsh. Photometry. London: Constable & Co. Ltd, 1958.

296 Y. Wang, H. Xu. Spectral characterization of scanner based on PCA and BP ANN. Chin. Opt. Lett. , 2005, 3(12): 725-728.

297 Y. Wang, H. Xu. Colorimetric characterization of liquid crystal display using an improved two-stage model. Chin. Opt. Lett. , 2006, 4(7): 432-434.

298 Z. Wang, H. Xu. Investigations of suprathreshold color-difference tolerances with different visual scales and different perceptual correlates using CRT colors. J. Opt. Soc. Am. A, 2008, 25(12): 2908-2917.

299 B. Wang, H. Xu, et al. Maintaining accuracy of cellular Yule-Nielsen spectral Neugebauer models for different ink cartridges using principal component analysis. J. Opt. Soc. Am. A, 2011, 28(7): 1429-1435.

300 B. Wang, H. Xu, et al. Color separation criteria for spectral multi-ink printer characterization. Chin. Opt. Lett. , 2012, 10(1): 013301.

301 Z. Wang, H. Xu. Evaluation of small suprathreshold color differences under different background colors. Chin. Opt. Lett. , 2014, 12(2): 023301.

302 R. A. Weale. Trichromatic ideas in the seventeenth and eighteenth centuries. Nature, 1957, 179: 648-651.

303 E. Wich. The colour index. Color Res. Appl. , 1977, 2: 77-80.

304 S. J. Williamson, H. Z. Cummins. Light and Color in Nature and Art. New York: John Wiley & Sons, 1983.

305 K. Witt. Three-dimensional threshold color-difference perceptibility in painted samples: Variability of

observers in four CIE color regions. Color Res. Appl. ，1987，12：128-134.

306　K. Witt. Parametric effects on surface color-difference evaluation at threshold. Color Res. Appl.，1990，15：189-199.

307　K. Witt. CIE guidelines for coordinated future work on industrial colour-difference evaluation. Color Res. Appl.，1995，20：399-406.

308　K. Witt. Geometric relations between scales of small colour differences. Color Res. Appl.，1999，24：78-92.

309　H. Wright，C. L. Sanders，D. Ginac. Design of glass filter combinations for photometers. Appl. Opt.，1969，8：2449-2455.

310　D. R. Wyble，R. S. Berns. A critical review of spectral models applied to binary color printing. Color Res. Appl.，2000，25：4-19.

311　G. Wyszecki. Proposal for a new color-difference formula. J. Opt. Soc. Am.，1963，53：1318-1319.

312　G. Wyszecki，G. H. Fielder. New color-matching ellipses. J. Opt. Soc. Am.，1971，61：1135-1152.

313　G. Wyszecki，W. S. Stiles. Color Science. 2nd ed. New York：John Wiley & Sons，1982.

314　H. Xu，H. Yaguchi，S. Shioiri. Estimation of color-difference formulae at color discrimination threshold using CRT-generated stimuli. Opt. Rev.，2001，8(2)：142-147.

315　H. Xu，H. Yaguchi，S. Shioiri. Testing CIELAB-based color-difference formulae using large color differences. Opt. Rev.，2001，8(6)：487-494.

316　H. Xu，H. Yaguchi，S. Shioiri. Correlation between visual and colorimetric scales ranging from threshold to large color difference. Color Res. Appl.，2002，27(5)：349-359.

317　H. Xu，H. Yaguchi. Visual evaluation at scale of threshold to large color difference. Color Res. Appl.，2005，30(3)：198-208.

318　J. A. C. Yule. The theory of subtractive color photography. Ⅰ. The conditions for perfect color rendering. J. Opt. Soc. Am.，1938，28：419-430.

319　J. A. C. Yule. The theory of subtractive color photography. Ⅱ. Prediction of errors in color rendering under given conditions. J. Opt. Soc. Am.，1938，28：481-492.

320　J. A. C. Yule. Principles of Color Reproduction. New York：John Wiley & Sons，1967.

321　X. Zhang，H. Xu. Reconstructing spectral reflectance by dividing spectral space and extending the principal components in principal component analysis. J. Opt. Soc. Am. A，2008，25(2)：371-378.

322　X. Zhang，H. Xu. An adaptively spatial color gamut mapping algorithm. Chin. Opt. Lett.，2009，7(9)：873-877.

323　W. Zou，H. Xu，et al. Radiometric compensation algorithm for color reproduction of projection display on patterned surface. Chin. Opt. Lett.，2010，8(4)：388-391.

324　W. Zou，H. Xu. Colorimetric color reproduction framework for screen relaxation of projection display. Displays，2011，32(5)：313-319.

325　W. Zou，H. Xu，et al. Efficient and accurate local model for colorimetric characterization of liquid-crystal displays. Opt. Lett.，2012，37(1)：31-33.

326　D. M. Zwick. Television reference white color：A comparison of picture quality with white references of 9300K and D6500. J. Soc. Motion Pict. Televis. Eng.，1973，82：284-287.

附 表

附表 1-1　在不同明视觉亮度及一系列光源 S/P 比值下的适应系数 m 值

S/P 比值	明视觉亮度/$(\mathrm{cd \cdot m^{-2}})$						
	0.01	0.03	0.1	0.3	1	3	4.5
0.25	0.0000	0.1542	0.3830	0.5644	0.7538	0.9225	0.9841
0.35	0.0000	0.1804	0.3920	0.5688	0.7558	0.9230	0.9842
0.45	0.0000	0.1992	0.4000	0.5730	0.7576	0.9235	0.9843
0.55	0.0190	0.2140	0.4073	0.5770	0.7594	0.9240	0.9844
0.65	0.0459	0.2265	0.4139	0.5808	0.7612	0.9245	0.9845
0.75	0.0655	0.2373	0.4201	0.5844	0.7629	0.9249	0.9846
0.85	0.0812	0.2468	0.4258	0.5878	0.7646	0.9254	0.9846
0.95	0.0943	0.2553	0.4311	0.5911	0.7662	0.9258	0.9847
1.05	0.1057	0.2631	0.4361	0.5942	0.7678	0.9263	0.9848
1.15	0.1157	0.2702	0.4408	0.5972	0.7693	0.9267	0.9849
1.25	0.1247	0.2767	0.4452	0.6001	0.7708	0.9272	0.9850
1.35	0.1329	0.2828	0.4494	0.6029	0.7723	0.9276	0.9851
1.45	0.1404	0.2885	0.4534	0.6056	0.7737	0.9280	0.9852
1.55	0.1473	0.2939	0.4573	0.6082	0.7751	0.9284	0.9853
1.65	0.1538	0.2990	0.4609	0.6107	0.7764	0.9289	0.9853
1.75	0.1598	0.3038	0.4645	0.6131	0.7778	0.9293	0.9854
1.85	0.1654	0.3083	0.4678	0.6155	0.7791	0.9297	0.9855
1.95	0.1708	0.3126	0.4711	0.6178	0.7803	0.9301	0.9856
2.05	0.1758	0.3168	0.4742	0.6200	0.7816	0.9304	0.9857
2.15	0.1806	0.3207	0.4772	0.6221	0.7828	0.9308	0.9857
2.25	0.1852	0.3245	0.4801	0.6242	0.7840	0.9312	0.9858
2.35	0.1895	0.3282	0.4830	0.6263	0.7852	0.9316	0.9859
2.45	0.1937	0.3317	0.4857	0.6283	0.7863	0.9319	0.9860
2.55	0.1977	0.3351	0.4883	0.6302	0.7875	0.9323	0.9860
2.65	0.2015	0.3383	0.4909	0.6321	0.7886	0.9327	0.9861
2.75	0.2052	0.3415	0.4934	0.6339	0.7896	0.9330	0.9862

附表 1-2　　在不同明视觉亮度及一系列光源 *S*/*P* 比值下中间视觉系统的 L_{mes} 值

S/*P* 比值	明视觉亮度/(cd · m⁻²)						
	0.01	0.03	0.1	0.3	1	3	4.5
0.25	0.0025	0.0145	0.0705	0.2467	0.9130	2.9265	4.4782
0.35	0.0035	0.0174	0.0750	0.2545	0.9253	2.9367	4.4812
0.45	0.0045	0.0198	0.0793	0.2620	0.9373	2.9468	4.4842
0.55	0.0057	0.0220	0.0834	0.2693	0.9492	2.9568	4.4872
0.65	0.0069	0.0239	0.0873	0.2764	0.9608	2.9666	4.4901
0.75	0.0079	0.0258	0.0911	0.2833	0.9722	2.9763	4.4929
0.85	0.0088	0.0275	0.0947	0.2901	0.9835	2.9859	4.4958
0.95	0.0096	0.0292	0.0983	0.2967	0.9945	2.9953	4.4986
1.05	0.0104	0.0308	0.1017	0.3032	1.0054	3.0046	4.5014
1.15	0.0111	0.0323	0.1051	0.3096	1.0161	3.0139	4.5041
1.25	0.0118	0.0338	0.1083	0.3158	1.0267	3.0230	4.5068
1.35	0.0125	0.0353	0.1115	0.3220	1.0371	3.0319	4.5095
1.45	0.0132	0.0367	0.1147	0.3280	1.0473	3.0408	4.5122
1.55	0.0138	0.0381	0.1178	0.3339	1.0575	3.0496	4.5148
1.65	0.0145	0.0395	0.1208	0.3398	1.0674	3.0582	4.5174
1.75	0.0151	0.0408	0.1238	0.3455	1.0773	3.0668	4.5200
1.85	0.0157	0.0421	0.1267	0.3512	1.0870	3.0753	4.5225
1.95	0.0163	0.0434	0.1295	0.3568	1.0966	3.0836	4.5250
2.05	0.0169	0.0446	0.1324	0.3623	1.1060	3.0919	4.5275
2.15	0.0174	0.0459	0.1352	0.3677	1.1154	3.1001	4.5299
2.25	0.0180	0.0471	0.1379	0.3731	1.1246	3.1082	4.5323
2.35	0.0185	0.0483	0.1406	0.3784	1.1338	3.1162	4.5347
2.45	0.0191	0.0495	0.1433	0.3836	1.1428	3.1241	4.5371
2.55	0.0196	0.0506	0.1459	0.3888	1.1517	3.1319	4.5395
2.65	0.0201	0.0518	0.1485	0.3939	1.1605	3.1396	4.5418
2.75	0.0207	0.0529	0.1511	0.3989	1.1693	3.1473	4.5441

附表 2-1　CIE1931 RGB 系统标准色度观察者色品坐标和光谱三刺激值

波长 λ/nm	色 品 坐 标			三 刺 激 值		
	$r(\lambda)(700.0\text{nm})$	$g(\lambda)(546.1\text{nm})$	$b(\lambda)(435.8\text{nm})$	$\bar{r}(\lambda)$	$\bar{g}(\lambda)$	$\bar{b}(\lambda)$
380	0.0272	−0.0115	0.9843	0.0000	0.0000	0.0012
390	0.0263	−0.0114	0.9851	0.0001	0.0000	0.0036
400	0.0247	−0.0112	0.9865	0.0003	−0.0001	0.0121
410	0.0225	−0.0109	0.9884	0.0008	−0.0004	0.0371
420	0.0181	−0.0094	0.9913	0.0021	−0.0011	0.1154
430	0.0088	−0.0048	0.9960	0.0022	−0.0012	0.2477
440	−0.0084	0.0048	1.0036	−0.0026	0.0015	0.3123
450	−0.0390	0.0218	1.0172	−0.0121	0.0068	0.3167
460	−0.0909	0.0517	1.0392	−0.0261	0.0149	0.2982
470	−0.1821	0.1175	1.0646	−0.0393	0.0254	0.2299
480	−0.3667	0.2906	1.0761	−0.0494	0.0391	0.1449
490	−0.7150	0.6996	1.0154	−0.0581	0.0569	0.0826
500	−1.1685	1.3905	0.7780	−0.0717	0.0854	0.0478
510	−1.3371	1.9318	0.4053	−0.0890	0.1286	0.0270
520	−0.9830	1.8534	0.1296	−0.0926	0.1747	0.0122
530	−0.5159	1.4761	0.0398	−0.0710	0.2032	0.0055
540	−0.1707	1.1628	0.0079	−0.0315	0.2147	0.0015
550	0.0974	0.9051	−0.0025	0.0228	0.2118	−0.0006
560	0.3164	0.6881	−0.0045	0.0906	0.1970	−0.0013
570	0.4973	0.5067	−0.0040	0.1677	0.1709	−0.0014
580	0.6449	0.3579	−0.0028	0.2453	0.1361	−0.0011
590	0.7617	0.2402	−0.0019	0.3093	0.0975	−0.0008
600	0.8475	0.1537	−0.0012	0.3443	0.0625	−0.0005
610	0.9059	0.0949	−0.0008	0.3397	0.0356	−0.0003
620	0.9425	0.0580	−0.0005	0.2971	0.0183	−0.0002
630	0.9649	0.0354	−0.0003	0.2268	0.0083	−0.0001
640	0.9797	0.0205	−0.0002	0.1597	0.0033	0.0000
650	0.9888	0.0113	−0.0001	0.1017	0.0012	0.0000
660	0.9940	0.0061	−0.0001	0.0593	0.0004	0.0000
670	0.9966	0.0035	−0.0001	0.0315	0.0001	0.0000
680	0.9984	0.0016	0.0000	0.0169	0.0000	0.0000
690	0.9996	0.0004	0.0000	0.0082	0.0000	0.0000
700	1.0000	0.0000	0.0000	0.0041	0.0000	0.0000
710	1.0000	0.0000	0.0000	0.0021	0.0000	0.0000
720	1.0000	0.0000	0.0000	0.0011	0.0000	0.0000
730	1.0000	0.0000	0.0000	0.0005	0.0000	0.0000
740	1.0000	0.0000	0.0000	0.0003	0.0000	0.0000
750	1.0000	0.0000	0.0000	0.0001	0.0000	0.0000
760	1.0000	0.0000	0.0000	0.0001	0.0000	0.0000
770	1.0000	0.0000	0.0000	0.0000	0.0000	0.0000
780	1.0000	0.0000	0.0000	0.0000	0.0000	0.0000

附表 2-2　　CIE1931 标准色度观察者光谱三刺激值 $\overline{x}(\lambda),\overline{y}(\lambda),\overline{z}(\lambda)$ 及相应的色品坐标 $x(\lambda),y(\lambda)$

波长 λ/nm	光 谱 三 刺 激 值			色品坐标	
	$\overline{x}(\lambda)$	$\overline{y}(\lambda)$	$\overline{z}(\lambda)$	$x(\lambda)$	$y(\lambda)$
380	0.001368	0.000039	0.006450	0.17411	0.00496
385	0.002236	0.000064	0.010550	0.17401	0.00498
390	0.004243	0.000120	0.020050	0.17380	0.00492
395	0.007650	0.000217	0.036210	0.17356	0.00492
400	0.014310	0.000396	0.067850	0.17334	0.00480
405	0.023190	0.000640	0.110200	0.17302	0.00478
410	0.043510	0.001210	0.207400	0.17258	0.00480
415	0.077630	0.002180	0.371300	0.17209	0.00483
420	0.134380	0.004000	0.645600	0.17141	0.00510
425	0.214770	0.007300	1.039050	0.17030	0.00579
430	0.283900	0.011600	1.385600	0.16888	0.00690
435	0.328500	0.016840	1.622960	0.16690	0.00856
440	0.348280	0.023000	1.747060	0.16441	0.01086
445	0.348060	0.029800	1.782600	0.16110	0.01379
450	0.336200	0.038000	1.772110	0.15664	0.01770
455	0.318700	0.048000	1.744100	0.15099	0.02274
460	0.290800	0.060000	1.669200	0.14396	0.02970
465	0.251100	0.073900	1.528100	0.13550	0.03988
470	0.195360	0.090980	1.287640	0.12412	0.05780
475	0.142100	0.112600	1.041900	0.10959	0.08684
480	0.095640	0.139020	0.812950	0.09129	0.13270
485	0.057950	0.169300	0.616200	0.06871	0.20072
490	0.032010	0.208020	0.465180	0.04539	0.29498
495	0.014700	0.258600	0.353300	0.02346	0.41270
500	0.004900	0.323000	0.272000	0.00817	0.53842
505	0.002400	0.407300	0.212300	0.00386	0.65482
510	0.009300	0.503000	0.158200	0.01387	0.75019
515	0.029100	0.608200	0.111700	0.03885	0.81202
520	0.063270	0.710000	0.078250	0.07430	0.83380
525	0.109600	0.793200	0.057250	0.11416	0.82621
530	0.165500	0.862000	0.042160	0.15472	0.80586
535	0.225750	0.914850	0.029840	0.19288	0.78163
540	0.290400	0.954000	0.020300	0.22962	0.75433
545	0.359700	0.980300	0.013400	0.26578	0.72432
550	0.433450	0.994950	0.008750	0.30160	0.69231
555	0.512050	1.000000	0.005750	0.33736	0.65885
560	0.594500	0.995000	0.003900	0.37310	0.62445
565	0.678400	0.978600	0.002750	0.40874	0.58961
570	0.762100	0.952000	0.002100	0.44406	0.55471
575	0.842500	0.915400	0.001800	0.47877	0.52020

波长 λ/nm	光 谱 三 刺 激 值			色 品 坐 标	
	$\overline{x}(\lambda)$	$\overline{y}(\lambda)$	$\overline{z}(\lambda)$	$x(\lambda)$	$y(\lambda)$
580	0.916300	0.870000	0.001650	0.51249	0.48659
585	0.978600	0.816300	0.001400	0.54479	0.45443
590	1.026300	0.757000	0.001100	0.57515	0.42423
595	1.056700	0.694900	0.001000	0.60293	0.39650
600	1.062200	0.631000	0.000800	0.62704	0.37249
605	1.045600	0.566800	0.000600	0.64823	0.35139
610	1.002600	0.503000	0.000340	0.66576	0.33401
615	0.938400	0.441200	0.000240	0.68008	0.31975
620	0.854450	0.381000	0.000190	0.69150	0.30834
625	0.751400	0.321000	0.000100	0.70061	0.29930
630	0.642400	0.265000	0.000050	0.70792	0.29203
635	0.541900	0.217000	0.000030	0.71403	0.28593
640	0.447900	0.175000	0.000020	0.71903	0.28093
645	0.360800	0.138200	0.000010	0.72303	0.27695
650	0.283500	0.107000	0.000000	0.72599	0.27401
655	0.218700	0.081600	0.000000	0.72827	0.27173
660	0.164900	0.061000	0.000000	0.72997	0.27003
665	0.121200	0.044580	0.000000	0.73109	0.26891
670	0.087400	0.032000	0.000000	0.73199	0.26801
675	0.063600	0.023200	0.000000	0.73272	0.26728
680	0.046770	0.017000	0.000000	0.73342	0.26658
685	0.032900	0.011920	0.000000	0.73405	0.26595
690	0.022700	0.008210	0.000000	0.73439	0.26561
695	0.015840	0.005723	0.000000	0.73459	0.26541
700	0.011359	0.004102	0.000000	0.73469	0.26531
705	0.008111	0.002929	0.000000	0.73469	0.26531
710	0.005790	0.002091	0.000000	0.73469	0.26531
715	0.004109	0.001484	0.000000	0.73469	0.26531
720	0.002899	0.001047	0.000000	0.73469	0.26531
725	0.002049	0.000740	0.000000	0.73469	0.26531
730	0.001440	0.000520	0.000000	0.73469	0.26531
735	0.001000	0.000361	0.000000	0.73469	0.26531
740	0.000690	0.000249	0.000000	0.73469	0.26531
745	0.000476	0.000172	0.000000	0.73469	0.26531
750	0.000332	0.000120	0.000000	0.73469	0.26531
755	0.000235	0.000085	0.000000	0.73469	0.26531
760	0.000166	0.000060	0.000000	0.73469	0.26531
765	0.000117	0.000042	0.000000	0.73469	0.26531
770	0.000083	0.000030	0.000000	0.73469	0.26531
775	0.000059	0.000021	0.000000	0.73469	0.26531
780	0.000042	0.000015	0.000000	0.73469	0.26531

$$\sum \overline{x}(\lambda) = 21.371524, \quad \sum \overline{y}(\lambda) = 21.371327, \quad \sum \overline{z}(\lambda) = 21.371540$$

附表 2-3　CIE1964 标准色度观察者光谱三刺激值 $\bar{x}_{10}(\lambda)$，$\bar{y}_{10}(\lambda)$，$\bar{z}_{10}(\lambda)$ 及其相应的色品坐标 $x_{10}(\lambda)$，$y_{10}(\lambda)$

波长 λ/nm	光　谱　三　刺　激　值			色品坐标	
	$\bar{x}_{10}(\lambda)$	$\bar{y}_{10}(\lambda)$	$\bar{z}_{10}(\lambda)$	$x_{10}(\lambda)$	$y_{10}(\lambda)$
380	0.000160	0.000017	0.000705	0.18133	0.01969
385	0.000662	0.000072	0.002928	0.18091	0.01954
390	0.002362	0.000253	0.010482	0.18031	0.01935
395	0.007242	0.000769	0.032344	0.17947	0.01904
400	0.019110	0.002004	0.086011	0.17839	0.01871
405	0.043400	0.004509	0.197120	0.17712	0.01840
410	0.084736	0.008756	0.389366	0.17549	0.01813
415	0.140638	0.014456	0.656760	0.17323	0.01781
420	0.204492	0.021391	0.972542	0.17063	0.01785
425	0.264737	0.029497	1.282500	0.16790	0.01871
430	0.314679	0.038676	1.553480	0.16503	0.02028
435	0.357719	0.049602	1.798500	0.16217	0.02249
440	0.383734	0.062077	1.967280	0.15902	0.02573
445	0.386726	0.074704	2.027300	0.15539	0.03002
450	0.370702	0.089456	1.994800	0.15100	0.03644
455	0.342957	0.106256	1.900700	0.14594	0.04522
460	0.302273	0.128201	1.745370	0.13892	0.05892
465	0.254085	0.152761	1.554900	0.12952	0.07787
470	0.195618	0.185190	1.317560	0.11518	0.10904
475	0.132349	0.219940	1.030200	0.09573	0.15909
480	0.080507	0.253589	0.772125	0.07278	0.22924
485	0.041072	0.297665	0.570060	0.04519	0.32754
490	0.016172	0.339133	0.415254	0.02099	0.44011
495	0.005132	0.395379	0.302356	0.00730	0.56252
500	0.003816	0.460777	0.218502	0.00559	0.67454
505	0.015444	0.531360	0.159249	0.02187	0.75258
510	0.037465	0.606741	0.112044	0.04954	0.80230
515	0.071358	0.685660	0.082248	0.08502	0.81698
520	0.117749	0.761757	0.060709	0.12524	0.81019
525	0.172953	0.823330	0.043050	0.16641	0.79217
530	0.236491	0.875211	0.030451	0.20706	0.76628
535	0.304213	0.923810	0.020584	0.24364	0.73987
540	0.376772	0.961988	0.013676	0.27859	0.71130
545	0.451584	0.982200	0.007918	0.31323	0.68128
550	0.529826	0.991761	0.003988	0.34730	0.65009
555	0.616053	0.999110	0.001091	0.38116	0.61816
560	0.705224	0.997340	0.000000	0.41421	0.58579
565	0.793832	0.982380	0.000000	0.44692	0.55308
570	0.878655	0.955552	0.000000	0.47904	0.52096
575	0.951162	0.915175	0.000000	0.50964	0.49036

波长 λ/nm	光 谱 三 刺 激 值			色品坐标	
	$\overline{x}_{10}(\lambda)$	$\overline{y}_{10}(\lambda)$	$\overline{z}_{10}(\lambda)$	$x_{10}(\lambda)$	$y_{10}(\lambda)$
580	1.014160	0.868934	0.000000	0.53856	0.46144
585	1.074300	0.825623	0.000000	0.56544	0.43456
590	1.118520	0.777405	0.000000	0.58996	0.41004
595	1.134300	0.720353	0.000000	0.61160	0.38840
600	1.123990	0.658341	0.000000	0.63063	0.36937
605	1.089100	0.593878	0.000000	0.64713	0.35287
610	1.030480	0.527963	0.000000	0.66122	0.33878
615	0.950740	0.461834	0.000000	0.67306	0.32694
620	0.856297	0.398057	0.000000	0.68266	0.31734
625	0.754930	0.339554	0.000000	0.68976	0.31024
630	0.647467	0.283493	0.000000	0.69548	0.30452
635	0.535110	0.228254	0.000000	0.70099	0.29901
640	0.431567	0.179828	0.000000	0.70587	0.29413
645	0.343690	0.140211	0.000000	0.71025	0.28975
650	0.268329	0.107633	0.000000	0.71371	0.28629
655	0.204300	0.081187	0.000000	0.71562	0.28438
660	0.152568	0.060281	0.000000	0.71679	0.28321
665	0.112210	0.044096	0.000000	0.71789	0.28211
670	0.081261	0.031800	0.000000	0.71873	0.28127
675	0.057930	0.022602	0.000000	0.71934	0.28066
680	0.040851	0.015905	0.000000	0.71976	0.28024
685	0.028623	0.011130	0.000000	0.72002	0.27998
690	0.019941	0.007749	0.000000	0.72016	0.27984
695	0.013842	0.005375	0.000000	0.72030	0.27970
700	0.009577	0.003718	0.000000	0.72036	0.27964
705	0.006605	0.002565	0.000000	0.72032	0.27968
710	0.004553	0.001768	0.000000	0.72023	0.27977
715	0.003145	0.001222	0.000000	0.72009	0.27991
720	0.002175	0.000846	0.000000	0.71991	0.28009
725	0.001506	0.000586	0.000000	0.71969	0.28031
730	0.001045	0.000407	0.000000	0.71945	0.28055
735	0.000727	0.000284	0.000000	0.71919	0.28081
740	0.000508	0.000199	0.000000	0.71891	0.28109
745	0.000356	0.000140	0.000000	0.71861	0.28139
750	0.000251	0.000098	0.000000	0.71829	0.28171
755	0.000178	0.000070	0.000000	0.71796	0.28204
760	0.000126	0.000050	0.000000	0.71761	0.28239
765	0.000090	0.000036	0.000000	0.71724	0.28276
770	0.000065	0.000025	0.000000	0.71686	0.28314
775	0.000046	0.000018	0.000000	0.71646	0.28354
780	0.000033	0.000013	0.000000	0.71606	0.28394

$$\sum \overline{x}_{10}(\lambda) = 23.329353, \quad \sum \overline{y}_{10}(\lambda) = 23.332036, \quad \sum \overline{z}_{10}(\lambda) = 23.334153$$

附表 2-4　用于计算 CIE 标准照明体 D 光谱分布的三个特征矢量 $S_0(\lambda),S_1(\lambda),S_2(\lambda)$ 值

波长 λ/nm	$S_0(\lambda)$	$S_1(\lambda)$	$S_2(\lambda)$	波长 λ/nm	$S_0(\lambda)$	$S_1(\lambda)$	$S_2(\lambda)$
300	0.04	0.02	0.00	515	108.65	10.90	-1.25
305	3.02	2.26	1.00	520	106.50	8.60	-1.20
310	6.00	4.50	2.00	525	107.65	7.35	-1.10
315	17.80	13.45	3.00	530	108.80	6.10	-1.00
320	29.60	22.40	4.00	535	107.05	5.15	-0.75
325	42.45	32.20	6.25	540	105.30	4.20	-0.50
330	55.30	42.00	8.50	545	104.85	3.05	-0.40
335	56.30	41.30	8.15	550	104.40	1.90	-0.30
340	57.30	40.60	7.80	555	102.20	0.95	-0.15
345	59.55	41.10	7.25	560	100.00	0.00	0.00
350	61.80	41.60	6.70	565	98.00	-0.80	0.10
355	61.65	39.80	6.00	570	96.00	-1.60	0.20
360	61.50	38.00	5.30	575	95.55	-2.55	0.35
365	65.15	40.20	5.70	580	95.10	-3.50	0.50
370	68.80	42.40	6.10	585	92.10	-3.50	1.30
375	66.10	40.45	4.55	590	89.10	-3.50	2.10
380	63.40	38.50	3.00	595	89.80	-4.65	2.65
385	64.60	36.75	2.10	600	90.50	-5.80	3.20
390	65.80	35.00	1.20	605	90.40	-6.50	3.65
395	80.30	39.20	0.05	610	90.30	-7.20	4.10
400	94.80	43.40	-1.10	615	89.35	-7.90	4.40
405	99.80	44.85	-0.80	620	88.40	-8.60	4.70
410	104.80	46.30	-0.50	625	86.20	-9.05	4.90
415	105.35	45.10	-0.60	630	84.00	-9.50	5.10
420	105.90	43.90	-0.70	635	84.55	-10.20	5.90
425	101.35	40.50	-0.95	640	85.10	-10.90	6.70
430	96.80	37.10	-1.20	645	83.50	-10.80	7.00
435	105.35	36.90	-1.90	650	81.90	-10.70	7.30
440	113.90	36.70	-2.60	655	82.25	-11.35	7.95
445	119.75	36.30	-2.75	660	82.60	-12.00	8.60
450	125.60	35.90	-2.90	665	83.75	-13.00	9.20
455	125.55	34.25	-2.85	670	84.90	-14.00	9.80
460	125.50	32.60	-2.80	675	83.10	-13.80	10.00
465	123.40	30.25	-2.70	680	81.30	-13.60	10.20
470	121.30	27.90	-2.60	685	76.60	-12.80	9.25
475	121.30	26.10	-2.60	690	71.90	-12.00	8.30
480	121.30	24.30	-2.60	695	73.10	-12.65	8.95
485	117.40	22.20	-2.20	700	74.30	-13.30	9.60
490	113.50	20.10	-1.80	705	75.35	-13.10	9.05
495	113.30	18.15	-1.65	710	76.40	-12.90	8.50
500	113.10	16.20	-1.50	715	69.85	-11.75	7.75
505	111.95	14.70	-1.40	720	63.30	-10.60	7.00
510	110.80	13.20	-1.30	725	67.50	-11.10	7.30

续　表

波长 λ/nm	$S_0(\lambda)$	$S_1(\lambda)$	$S_2(\lambda)$	波长 λ/nm	$S_0(\lambda)$	$S_1(\lambda)$	$S_2(\lambda)$
730	71.70	−11.60	7.60	785	65.50	−10.50	6.90
735	74.35	−11.90	7.80	790	66.00	−10.60	7.00
740	77.00	−12.20	8.00	795	63.50	−10.15	6.70
745	71.10	−11.20	7.35	800	61.00	−9.70	6.40
750	65.20	−10.20	6.70	805	57.15	−9.00	5.95
755	56.45	−9.00	5.95	810	53.30	−8.30	5.50
760	47.70	−7.80	5.20	815	56.10	−8.80	5.80
765	58.15	−9.50	6.30	820	58.90	−9.30	6.10
770	68.60	−11.20	7.40	825	60.40	−9.55	6.30
775	66.80	−10.80	7.10	830	61.90	−9.80	6.50
780	65.00	−10.40	6.80				

附表 2-5　CIE 标准照明体 A、C、D_50、D_55、D_65、D_75 的相对光谱功率分布

波长 λ/nm	A	C	D_{50}	D_{55}	D_{65}	D_{75}
300	0.93		0.02	0.02	0.03	0.04
305	1.13		1.03	1.05	1.66	2.59
310	1.36		2.05	2.07	3.29	5.13
315	1.62		4.91	6.65	11.77	17.47
320	1.93	0.01	7.78	11.22	20.24	29.81
325	2.27	0.20	11.26	15.94	28.64	42.37
330	2.66	0.40	14.75	20.65	37.05	54.93
335	3.10	1.55	16.35	22.27	38.50	56.09
340	3.59	2.70	17.95	23.88	39.95	57.26
345	4.14	4.85	19.48	25.85	42.43	60.00
350	4.74	7.00	21.01	27.82	44.91	62.74
355	5.41	9.95	22.48	29.22	45.78	62.86
360	6.14	12.90	23.94	30.62	46.64	62.98
365	6.95	17.20	25.45	32.46	49.36	66.65
370	7.82	21.40	26.96	34.31	52.09	70.31
375	8.77	27.50	25.72	33.45	51.03	68.51
380	9.80	33.00	24.49	32.58	49.98	66.70
385	10.90	39.92	27.18	35.34	52.31	68.33
390	12.09	47.40	29.87	38.09	54.65	69.96
395	13.35	55.17	39.59	49.52	68.70	85.95
400	14.71	63.30	49.31	60.95	82.75	101.93
405	16.15	71.81	52.91	64.75	87.12	106.91
410	17.68	80.60	56.51	68.55	91.49	111.89
415	19.29	89.53	58.27	70.07	92.46	112.35
420	20.99	98.10	60.03	71.58	93.43	112.80
425	22.79	105.80	58.93	69.75	90.06	107.94
430	24.67	112.40	57.82	67.91	86.68	103.09

续　表

波长 λ/nm	A	C	D_{50}	D_{55}	D_{65}	D_{75}
435	26.64	117.75	66.32	76.76	95.77	112.14
440	28.70	121.50	74.82	85.61	104.86	121.20
445	30.85	123.45	81.04	91.80	110.94	127.10
450	33.09	124.00	87.25	97.99	117.01	133.01
455	35.41	123.60	88.93	99.23	117.41	132.68
460	37.81	123.10	90.61	100.46	117.81	132.36
465	40.30	123.30	90.99	100.19	116.34	129.84
470	42.87	123.80	91.37	99.91	114.86	127.32
475	45.52	124.09	93.24	101.33	115.39	127.06
480	48.24	123.90	95.11	102.74	115.92	126.80
485	51.04	122.92	93.54	100.41	112.37	122.29
490	53.91	120.70	91.96	98.08	108.81	117.78
495	56.85	116.90	93.84	99.38	109.08	117.19
500	59.86	112.10	95.72	100.68	109.35	116.59
505	62.93	106.98	96.17	100.69	108.58	115.15
510	66.06	102.30	96.61	100.70	107.80	113.70
515	69.25	98.81	96.87	100.34	106.30	111.18
520	72.50	96.90	97.13	99.99	104.79	108.66
525	75.79	96.78	99.61	102.10	106.24	109.55
530	79.13	98.00	102.10	104.21	107.69	110.44
535	82.52	99.94	101.43	103.16	106.05	108.37
540	85.95	102.10	100.75	102.10	104.41	106.29
545	89.41	103.95	101.54	102.53	104.23	105.60
550	92.91	105.20	102.32	102.97	104.05	104.90
555	96.44	105.67	101.16	101.48	102.02	102.45
560	100.00	105.30	100.00	100.99	100.00	100.00
565	103.58	104.11	98.87	98.61	98.17	97.81
570	107.18	102.30	97.74	97.22	96.33	95.62
575	110.80	100.15	98.33	97.48	96.06	94.91
580	114.44	97.80	98.92	97.75	95.79	94.21
585	118.08	95.43	96.21	94.59	92.24	90.60
590	121.73	93.20	93.50	91.43	88.69	87.00
595	125.39	91.22	95.59	92.93	89.35	87.11
600	129.04	89.70	97.69	94.42	90.01	87.23
605	132.70	88.83	98.48	94.78	89.80	86.68
610	136.35	88.40	99.27	95.14	89.60	86.14
615	139.99	88.19	99.16	94.68	88.65	84.86
620	143.62	88.10	99.04	94.22	87.70	83.58
625	147.24	88.06	97.38	92.33	85.49	81.16
630	150.84	88.00	95.72	90.45	83.29	78.75

波长 λ/nm	A	C	D_{50}	D_{55}	D_{65}	D_{75}
635	154.42	87.86	97.29	91.39	83.49	78.59
640	157.98	87.80	98.86	92.33	83.70	78.43
645	161.52	87.99	97.26	90.59	81.86	76.61
650	165.03	88.20	95.67	88.85	80.03	74.80
655	168.51	88.20	96.93	89.59	80.12	74.56
660	171.96	87.90	98.19	90.32	80.21	74.32
665	175.38	87.22	100.60	92.13	81.25	74.87
670	178.77	86.80	103.00	93.95	82.28	75.42
675	182.12	85.30	101.07	91.95	80.28	73.50
680	185.43	84.00	99.13	89.96	78.28	71.58
685	188.70	82.21	93.26	84.82	74.00	67.71
690	191.93	80.20	87.38	79.68	69.72	63.85
695	195.12	78.24	89.49	81.26	70.67	64.46
700	198.26	76.30	91.60	82.84	71.61	65.08
705	201.36	74.36	92.25	83.84	72.98	66.57
710	204.41	72.40	92.89	84.84	74.35	68.07
715	207.41	70.40	84.87	77.54	67.98	62.26
720	210.36	68.30	76.85	70.24	61.60	56.44
725	213.27	66.30	81.68	74.77	65.74	60.34
730	216.12	64.40	86.51	79.30	69.89	64.24
735	218.92	62.80	89.55	82.15	72.49	66.70
740	221.67	61.50	92.58	84.99	75.09	69.15
745	224.36	60.20	85.40	78.44	69.34	63.89
750	227.00	59.20	78.23	71.88	63.59	58.63
755	229.59	58.50	67.96	62.34	55.01	50.62
760	232.12	58.10	57.69	52.79	46.42	42.62
765	234.59	58.00	70.31	64.36	56.61	51.98
770	237.01	58.20	82.92	75.93	66.81	61.35
775	239.37	58.50	80.60	73.87	65.09	59.84
780	241.68	59.10	78.27	71.82	63.38	58.32
785	243.92		78.91	72.38	63.84	58.73
790	246.12		79.55	72.94	64.30	59.14
795	248.25		76.48	70.14	61.88	56.94
800	250.33		73.40	67.35	59.45	54.73
805	252.35		68.66	63.04	55.71	51.32
810	254.31		63.92	58.73	51.96	47.92
815	256.22		67.35	61.86	54.70	50.42
820	258.07		70.78	64.99	57.44	52.92
825	259.86		72.61	66.65	58.88	54.23
830	261.60		74.44	68.31	60.31	55.54

附表 2-6　CIE 推荐室内日光照明体 ID65 和 ID50 的相对光谱功率分布

波长 λ/nm	ID65	ID50	波长 λ/nm	ID65	ID50	波长 λ/nm	ID65	ID50
300	0.00	0.00	465	115.89	90.64	630	80.13	92.09
305	0.00	0.00	470	114.62	91.18	635	80.05	93.28
310	0.00	0.00	475	115.30	93.17	640	79.97	94.45
315	0.00	0.00	480	115.97	95.14	645	77.97	92.64
320	0.03	0.01	485	112.55	93.69	650	75.97	90.82
325	0.33	0.13	490	109.12	92.23	655	75.83	91.74
330	1.60	0.64	495	109.48	94.19	660	75.69	92.65
335	4.17	1.77	500	109.82	96.13	665	76.44	94.65
340	8.76	3.94	505	109.12	96.65	670	77.15	96.58
345	15.61	7.16	510	108.41	97.16	675	74.94	94.35
350	24.24	11.34	515	106.93	97.44	680	72.77	92.14
355	31.93	15.68	520	105.42	97.71	685	68.58	86.42
360	37.94	19.48	525	106.84	100.18	690	64.42	80.74
365	43.65	22.50	530	108.25	102.63	695	65.04	82.37
370	47.99	24.84	535	106.54	101.90	700	65.62	83.94
375	47.23	23.81	540	104.83	101.16	705	66.60	84.18
380	46.01	22.55	545	104.57	101.87	710	67.57	84.42
385	49.19	25.56	550	104.29	102.56	715	61.51	76.80
390	52.63	28.77	555	102.16	101.29	720	55.50	69.24
395	67.11	38.67	560	100.00	100.00	725	59.00	73.31
400	81.45	48.53	565	98.03	98.73	730	62.46	77.32
405	85.97	52.21	570	96.01	97.41	735	64.50	79.68
410	90.20	55.72	575	95.50	97.75	740	66.48	81.97
415	90.96	57.33	580	94.97	98.07	745	61.13	75.30
420	91.75	58.95	585	91.19	95.12	750	55.83	68.69
425	88.40	57.84	590	87.44	92.18	755	48.09	59.42
430	85.08	56.75	595	87.84	93.98	760	40.41	50.23
435	93.98	65.08	600	88.27	95.80	765	49.09	60.97
440	102.94	73.45	605	87.86	96.35	770	57.70	71.62
445	109.14	79.73	610	87.41	96.85	775	56.00	69.34
450	115.49	86.12	615	86.16	96.37	780	54.30	67.06
455	116.30	88.09	620	84.90	95.88			
460	117.08	90.05	625	82.50	93.97			

附表 2-7　用于导出室内日光照明体的窗玻璃光谱透射比

波长 λ/nm	τ(λ)	波长 λ/nm	τ(λ)	波长 λ/nm	τ(λ)
300	0.000000	465	0.887368	630	0.856991
305	0.000000	470	0.888930	635	0.854055
310	0.000000	475	0.890116	640	0.851117
315	0.000091	480	0.891128	645	0.848424
320	0.001372	485	0.892273	650	0.845656
325	0.010203	490	0.893355	655	0.843095
330	0.038484	495	0.894047	660	0.840536
335	0.096565	500	0.894604	665	0.838121
340	0.195357	505	0.895236	670	0.835229
345	0.327635	510	0.895807	675	0.831549
350	0.480805	515	0.896073	680	0.827995
355	0.621454	520	0.896113	685	0.825466
360	0.724667	525	0.895835	690	0.823109
365	0.787643	530	0.895454	695	0.819881
370	0.820665	535	0.894973	700	0.816261
375	0.824353	540	0.894388	705	0.812887
380	0.820164	545	0.893707	710	0.809534
385	0.837629	550	0.892884	715	0.806034
390	0.857912	555	0.891950	720	0.802512
395	0.870103	560	0.890796	725	0.799444
400	0.876778	565	0.889535	730	0.796176
405	0.879026	570	0.887797	735	0.792632
410	0.878250	575	0.885584	740	0.788722
415	0.876370	580	0.883167	745	0.785389
420	0.874743	585	0.880718	750	0.782109
425	0.874393	590	0.878246	755	0.778832
430	0.874372	595	0.875777	760	0.775590
435	0.874124	600	0.873586	765	0.772467
440	0.874427	605	0.871506	770	0.769417
445	0.876391	610	0.869078	775	0.766322
450	0.879277	615	0.865775	780	0.763141
455	0.882410	620	0.862373		
460	0.885280	625	0.859553		

附表 3-1　典型荧光灯的光谱功率分布

波长 λ/nm	标准型						宽带型			窄带型		
	F_1	F_2^*	F_2	F_4	F_5	F_6	F_7^*	F_8	F_9	F_{10}	F_{11}^*	F_{12}
380	1.87	1.18	0.82	0.57	1.87	1.05	2.56	1.21	0.90	1.11	0.91	0.96
385	2.36	1.48	1.02	0.70	2.35	1.31	3.18	1.50	1.12	0.80	0.63	0.64
390	2.94	1.84	1.26	0.87	2.92	1.63	3.84	1.81	1.36	0.62	0.46	0.45
395	3.47	2.15	1.44	0.98	3.45	1.90	4.53	2.13	1.60	0.57	0.37	0.33
400	5.17	3.44	2.57	2.01	5.10	3.11	6.15	3.17	2.59	1.48	1.29	1.19
405	19.49	15.69	14.36	13.75	18.91	14.80	19.37	13.08	12.80	12.16	12.68	12.48
410	6.13	3.85	2.70	1.95	6.00	3.43	7.37	3.83	3.05	2.12	1.59	1.12
415	6.24	3.74	2.45	1.59	6.11	3.30	7.05	3.45	2.56	2.70	1.79	0.94
420	7.01	4.19	2.73	1.76	6.85	3.68	7.71	3.86	2.86	3.74	2.46	1.08
425	7.79	4.62	3.00	1.93	7.58	4.07	8.41	4.42	3.30	5.14	3.33	1.37
430	8.56	5.06	3.28	2.10	8.31	4.45	9.15	5.09	3.82	6.75	4.49	1.78
435	43.67	34.98	31.85	30.28	40.76	32.61	44.14	34.10	32.62	34.39	33.94	29.05
440	16.94	11.81	9.47	8.03	16.06	10.74	17.52	12.42	10.77	14.86	12.13	7.90
445	10.72	6.27	4.02	2.55	10.32	5.48	11.35	7.68	5.84	10.40	6.95	2.65
450	11.35	6.63	4.25	2.70	10.91	5.78	12.00	8.60	6.57	10.76	7.19	2.71
455	11.89	6.93	4.44	2.82	11.40	6.03	12.58	9.46	7.25	10.67	7.12	2.65
460	12.37	7.19	4.59	2.91	11.83	6.25	13.08	10.24	7.86	10.11	6.72	2.49
465	12.75	7.40	4.72	2.99	12.17	6.41	13.45	10.84	8.35	9.27	6.13	2.33
470	13.00	7.54	4.80	3.04	12.40	6.52	13.71	11.33	8.75	8.29	5.46	2.10
475	13.15	7.62	4.86	3.08	12.54	6.58	13.88	11.71	9.06	7.29	4.79	1.91
480	13.23	7.65	4.87	3.09	12.58	6.59	13.95	11.98	9.31	7.91	5.66	3.01
485	13.17	7.62	4.85	3.09	12.52	6.56	13.93	12.17	9.48	16.64	14.29	10.83
490	13.13	7.62	4.88	3.14	12.47	6.56	13.82	12.28	9.61	16.73	14.96	11.88
495	12.85	7.45	4.77	3.06	12.20	6.42	13.64	12.32	9.68	10.44	8.97	6.88
500	12.52	7.28	4.67	3.00	11.89	6.28	13.43	12.35	9.74	5.94	4.72	3.43
505	12.20	7.15	4.62	2.98	11.61	6.20	13.25	12.44	9.88	3.34	2.33	1.49
510	11.83	7.05	4.62	3.01	11.33	6.19	13.08	12.55	10.04	2.35	1.47	0.92
515	11.50	7.04	4.73	3.14	11.33	6.30	12.93	12.68	10.26	1.88	1.10	0.71
520	11.22	7.16	4.99	3.41	10.96	6.60	12.78	12.77	10.48	1.59	0.89	0.60
525	11.05	7.47	5.48	3.90	10.97	7.12	12.60	12.72	10.63	1.47	0.83	0.63
530	11.03	8.04	6.25	4.69	11.16	7.94	12.44	12.60	10.76	1.80	1.18	1.10
535	11.18	8.88	7.34	5.81	11.54	9.07	12.33	12.43	10.96	5.71	4.90	4.56
540	11.53	10.01	8.78	7.32	12.12	10.49	12.26	12.22	11.18	40.98	39.59	34.40
545	27.74	24.88	23.82	22.59	27.78	25.22	29.52	28.96	27.71	73.69	72.84	65.40
550	17.05	16.64	16.14	15.11	17.73	17.46	17.05	16.51	16.29	33.61	32.61	29.48
555	13.55	14.59	14.59	13.88	14.47	15.63	12.44	11.79	12.28	8.24	7.52	7.16
560	14.33	16.16	16.63	16.33	15.20	17.22	12.58	11.76	12.74	3.38	2.83	3.08
565	15.01	17.56	18.49	18.68	15.77	18.53	12.72	11.77	13.21	2.47	1.96	2.47
570	15.52	18.62	19.95	20.64	16.10	19.43	12.83	11.84	13.65	2.14	1.67	2.27
575	18.29	21.47	23.11	24.28	18.54	21.97	15.46	14.61	16.57	4.86	4.43	5.09

波长 λ/nm	标准型						宽带型			窄带型		
	F_1	F_2^*	F_3	F_4	F_5	F_6	F_7^*	F_8	F_9	F_{10}	F_{11}	F_{12}
580	19.55	22.79	24.69	26.26	19.50	23.01	16.75	16.11	18.14	11.45	11.28	11.96
585	15.48	19.29	21.41	23.28	15.39	19.41	12.83	12.34	14.55	14.79	14.76	15.32
590	14.91	18.66	20.85	22.94	14.64	18.56	12.67	12.53	14.65	12.16	12.73	14.27
595	14.15	17.73	19.93	22.14	13.72	17.42	12.45	12.72	14.66	8.97	9.74	11.86
600	13.22	16.54	18.67	20.91	12.69	16.09	12.19	12.92	14.61	6.52	7.33	9.28
605	12.19	15.21	17.22	19.43	11.57	14.64	11.89	13.12	14.50	8.31	9.72	12.31
610	11.12	13.80	15.65	17.74	10.45	13.15	11.60	13.34	14.39	44.12	55.27	68.53
615	10.03	12.36	14.04	16.00	9.35	11.68	11.35	13.61	14.40	34.55	42.58	53.02
620	8.95	10.95	12.45	14.42	8.29	10.25	11.12	13.87	14.47	12.09	13.18	14.67
625	7.96	9.65	10.95	12.56	7.32	8.95	10.95	14.07	14.62	12.15	13.16	14.38
630	7.02	8.40	9.51	10.93	6.41	7.74	10.76	14.20	14.72	10.52	12.26	14.71
635	6.20	7.32	8.27	9.52	5.63	6.69	10.42	14.16	14.55	4.43	5.11	6.46
640	5.42	6.31	7.11	8.18	4.90	5.71	10.11	14.13	14.40	1.95	2.07	2.57
645	4.73	5.43	6.09	7.01	4.26	4.87	10.04	14.34	14.58	2.19	2.34	2.75
650	4.15	4.68	5.22	6.00	3.72	4.16	10.02	14.50	14.88	3.19	3.58	4.18
655	3.64	4.02	4.45	5.11	3.25	3.55	10.11	14.46	15.51	2.77	3.01	3.44
660	3.20	3.45	3.80	4.36	2.83	3.02	9.87	14.00	15.47	2.29	2.48	2.81
665	2.81	2.96	3.23	3.69	2.49	2.57	8.65	12.58	13.20	2.00	2.14	2.42
670	2.47	2.55	2.75	3.13	2.19	2.20	7.27	10.99	10.57	1.52	1.54	1.64
675	2.18	2.19	2.33	2.64	1.93	1.87	6.44	9.98	9.18	1.35	1.33	1.36
680	1.93	1.89	1.99	2.24	1.71	1.60	5.83	9.22	8.25	1.47	1.46	1.49
685	1.72	1.64	1.70	1.91	1.52	1.37	5.41	8.62	7.57	1.79	1.94	2.14
690	1.67	1.53	1.55	1.70	1.43	1.29	5.04	8.07	7.03	1.74	2.00	2.34
695	1.43	1.27	1.27	1.39	1.26	1.05	4.57	7.39	6.35	1.02	1.20	1.42
700	1.29	1.10	1.09	1.18	1.13	0.91	4.12	6.71	5.72	1.14	1.35	1.61
705	1.19	0.99	0.96	1.03	1.05	0.81	3.77	6.16	5.25	3.32	4.10	5.04
710	1.08	0.88	0.83	0.88	0.96	0.71	3.46	5.63	4.80	4.49	5.58	6.98
715	0.96	0.76	0.71	0.74	0.85	0.61	3.08	5.03	4.29	2.05	2.51	3.19
720	0.88	0.68	0.62	0.64	0.78	0.54	2.73	4.46	3.80	0.49	0.57	0.71
725	0.81	0.61	0.54	0.54	0.72	0.48	2.47	4.02	3.43	0.24	0.27	0.30
730	0.77	0.56	0.49	0.49	0.68	0.44	2.25	3.66	3.12	0.21	0.23	0.26
735	0.75	0.54	0.46	0.46	0.67	0.43	2.06	3.36	2.86	0.21	0.21	0.23
740	0.73	0.51	0.43	0.42	0.65	0.40	1.90	3.09	2.64	0.24	0.24	0.28
745	0.68	0.47	0.39	0.37	0.61	0.37	1.75	2.85	2.43	0.24	0.24	0.28
750	0.69	0.47	0.39	0.37	0.62	0.38	1.62	2.65	2.26	0.21	0.20	0.21
755	0.64	0.43	0.35	0.33	0.59	0.35	1.54	2.51	2.14	0.17	0.24	0.17
760	0.68	0.46	0.38	0.35	0.62	0.39	1.45	2.37	2.02	0.21	0.32	0.21
765	0.69	0.47	0.39	0.36	0.64	0.41	1.32	2.15	1.83	0.22	0.26	0.19
770	0.61	0.40	0.33	0.31	0.55	0.33	1.17	1.89	1.61	0.17	0.16	0.15

续　表

波长 λ/nm	标准型						宽带型			窄带型		
	F_1	F_2^*	F_3	F_4	F_5	F_6	F_7^*	F_8	F_9	F_{10}	F_{11}^*	F_{12}
775	0.52	0.33	0.28	0.26	0.47	0.26	0.99	1.61	1.38	0.12	0.12	0.10
780	0.43	0.27	0.21	0.19	0.40	0.21	0.81	1.32	1.12	0.09	0.09	0.05
色品　x	0.3131	0.3721	0.4091	0.4402	0.3138	0.3779	0.3129	0.3458	0.3741	0.3458	0.3805	0.4370
坐标　y	0.3371	0.3751	0.3941	0.4031	0.3452	0.3882	0.3292	0.3586	0.3727	0.3588	0.3769	0.4042
相关色温	6430	4230	3450	2940	6350	4150	6500	5000	4150	5000	4000	3000
显色指数	76	64	57	51	72	59	90	95	90	81	83	83

注：1. 相对光谱分布值为光谱辐射通量值(单位：μW/nm)除以该灯的全光通量值(单位：lm)；

2. 在该表规定的波长范围外的相对光谱分布值为 0.00；

3. 本表的相对光谱分布值是将水银亮线的值按比例加在与其相邻的波长间隔为 5nm 处的相对光谱分布值上得到的；

4. CIE 推荐优先选用"＊"表示的灯。

附表 3-2　用于计算观察者同色异谱指数的偏差函数 $\Delta \bar{x}(\lambda)$，$\Delta \bar{y}(\lambda)$，$\Delta \bar{z}(\lambda)$

波长 λ/nm	$\Delta \bar{x}(\lambda)$	$\Delta \bar{y}(\lambda)$	$\Delta \bar{z}(\lambda)$	波长 λ/nm	$\Delta \bar{x}(\lambda)$	$\Delta \bar{y}(\lambda)$	$\Delta \bar{z}(\lambda)$
380	−0.0001	0.0000	−0.0002	505	0.0133	−0.0059	0.0117
385	−0.0003	0.0000	−0.0010	510	0.0118	−0.0060	0.0096
390	−0.0009	−0.0001	−0.0036	515	0.0094	−0.0025	0.0062
395	−0.0026	−0.0004	−0.0110	520	0.0061	0.0010	0.0029
400	−0.0069	−0.0009	−0.0294	525	0.0017	0.0005	0.0005
405	−0.0134	−0.0015	−0.0558	530	−0.0033	−0.0011	−0.0012
410	−0.0197	−0.0019	−0.0829	535	−0.0085	−0.0020	−0.0020
415	−0.0248	−0.0022	−0.1030	540	−0.0139	−0.0028	−0.0022
420	−0.0276	−0.0021	−0.1140	545	−0.0194	−0.0039	−0.0024
425	−0.0263	−0.0017	−0.1079	550	−0.0247	−0.0044	−0.0024
430	−0.0216	−0.0009	−0.0872	555	−0.0286	−0.0027	−0.0021
435	−0.0122	0.0005	−0.0455	560	−0.0334	−0.0022	−0.0017
440	−0.0021	0.0015	−0.0027	565	−0.0426	−0.0073	−0.0015
445	0.0036	0.0008	0.0171	570	−0.0517	−0.0127	−0.0014
450	0.0092	−0.0003	0.0342	575	−0.0566	−0.0129	−0.0013
455	0.0186	−0.0005	0.0703	580	−0.0600	−0.0126	−0.0013
460	0.0263	−0.0011	0.0976	585	−0.0637	−0.0162	−0.0011
465	0.0256	−0.0036	0.0859	590	−0.0650	−0.0196	−0.0009
470	0.0225	−0.0060	0.0641	595	−0.0638	−0.0199	−0.0008
475	0.0214	−0.0065	0.0547	600	−0.0595	−0.0187	−0.0006
480	0.0205	−0.0060	0.0475	605	−0.0530	−0.0170	−0.0005
485	0.0197	−0.0045	0.0397	610	−0.0448	−0.0145	−0.0004
490	0.0187	−0.0031	0.0319	615	−0.0346	−0.0112	0.0000
495	0.0167	−0.0037	0.0228	620	−0.0242	−0.0077	0.0002
500	0.0146	−0.0047	0.0150	625	−0.0155	−0.0048	0.0000

续　表

波长 λ/nm	$\Delta \bar{x}(\lambda)$	$\Delta \bar{y}(\lambda)$	$\Delta \bar{z}(\lambda)$	波长 λ/nm	$\Delta \bar{x}(\lambda)$	$\Delta \bar{y}(\lambda)$	$\Delta \bar{z}(\lambda)$
630	−0.0085	−0.0025	−0.0002	705	0.0001	0.0000	0.0000
635	−0.0044	−0.0012	−0.0002	710	0.0001	0.0000	0.0000
640	−0.0019	−0.0006	0.0000	715	0.0001	0.0000	0.0000
645	−0.0001	0.0000	0.0000	720	0.0000	0.0000	0.0000
650	0.0010	0.0003	0.0000	725	0.0000	0.0000	0.0000
655	0.0016	0.0005	0.0000	730	0.0000	0.0000	0.0000
660	0.0019	0.0006	0.0000	735	0.0000	0.0000	0.0000
665	0.0019	0.0006	0.0000	740	0.0000	0.0000	0.0000
670	0.0017	0.0006	0.0000	745	0.0000	0.0000	0.0000
675	0.0013	0.0005	0.0000	750	0.0000	0.0000	0.0000
680	0.0009	0.0003	0.0000	755	0.0000	0.0000	0.0000
685	0.0006	0.0002	0.0000	760	0.0000	0.0000	0.0000
690	0.0004	0.0001	0.0000	765	0.0000	0.0000	0.0000
695	0.0003	0.0001	0.0000	770	0.0000	0.0000	0.0000
700	0.0002	0.0001	0.0000	775	0.0000	0.0000	0.0000
				780	0.0000	0.0000	0.0000

附表 3-3a　用于光源显色指数计算的 1～8 号试验色的光谱辐亮度因数

波长 λ/nm	1	2	3	4	5	6	7	8
360	0.116	0.053	0.058	0.057	0.143	0.079	0.150	0.075
365	0.136	0.055	0.059	0.059	0.187	0.081	0.177	0.078
370	0.159	0.059	0.061	0.062	0.233	0.089	0.218	0.084
375	0.190	0.064	0.063	0.067	0.269	0.113	0.293	0.090
380	0.219	0.070	0.065	0.074	0.295	0.151	0.378	0.104
385	0.239	0.079	0.068	0.083	0.306	0.203	0.459	0.129
390	0.252	0.089	0.070	0.093	0.310	0.265	0.524	0.170
395	0.256	0.101	0.072	0.105	0.312	0.339	0.546	0.240
400	0.256	0.111	0.073	0.116	0.313	0.410	0.551	0.319
405	0.254	0.116	0.073	0.121	0.315	0.464	0.555	0.416
410	0.252	0.118	0.074	0.124	0.319	0.492	0.559	0.462
415	0.248	0.120	0.074	0.126	0.322	0.508	0.560	0.482
420	0.244	0.121	0.074	0.128	0.326	0.517	0.561	0.490
425	0.240	0.122	0.073	0.131	0.330	0.524	0.558	0.488
430	0.237	0.122	0.073	0.135	0.334	0.531	0.556	0.482
435	0.232	0.122	0.073	0.139	0.339	0.538	0.551	0.473
440	0.230	0.123	0.073	0.144	0.346	0.544	0.544	0.462
445	0.226	0.124	0.073	0.151	0.352	0.551	0.535	0.450
450	0.225	0.127	0.074	0.161	0.360	0.556	0.522	0.439
455	0.222	0.128	0.075	0.172	0.369	0.556	0.506	0.426
460	0.220	0.131	0.077	0.186	0.381	0.554	0.488	0.413

续　表

波长 λ/nm	1	2	3	4	5	6	7	8
465	0.218	0.134	0.080	0.205	0.394	0.549	0.469	0.397
470	0.216	0.138	0.085	0.229	0.403	0.541	0.448	0.382
475	0.214	0.143	0.094	0.254	0.410	0.531	0.429	0.366
480	0.214	0.150	0.109	0.281	0.415	0.519	0.408	0.352
485	0.214	0.159	0.126	0.308	0.418	0.504	0.385	0.337
490	0.216	0.174	0.148	0.332	0.419	0.488	0.363	0.325
495	0.218	0.190	0.172	0.352	0.417	0.469	0.341	0.310
500	0.223	0.207	0.198	0.370	0.413	0.450	0.324	0.299
505	0.225	0.225	0.221	0.383	0.409	0.431	0.311	0.289
510	0.226	0.242	0.241	0.390	0.403	0.414	0.301	0.283
515	0.226	0.253	0.260	0.394	0.396	0.395	0.291	0.276
520	0.225	0.260	0.278	0.395	0.389	0.377	0.283	0.270
525	0.225	0.264	0.302	0.392	0.381	0.358	0.273	0.262
530	0.227	0.267	0.339	0.385	0.372	0.341	0.265	0.256
535	0.230	0.269	0.370	0.377	0.363	0.325	0.260	0.251
540	0.236	0.272	0.392	0.367	0.353	0.309	0.257	0.250
545	0.245	0.276	0.399	0.354	0.342	0.293	0.257	0.251
550	0.253	0.282	0.400	0.341	0.331	0.279	0.259	0.254
555	0.262	0.289	0.393	0.327	0.320	0.265	0.260	0.258
560	0.272	0.299	0.380	0.312	0.308	0.253	0.260	0.264
565	0.283	0.309	0.365	0.296	0.296	0.241	0.258	0.269
570	0.298	0.322	0.349	0.280	0.284	0.234	0.256	0.272
575	0.318	0.329	0.332	0.263	0.271	0.227	0.254	0.274
580	0.341	0.335	0.315	0.247	0.260	0.225	0.254	0.278
585	0.367	0.339	0.299	0.229	0.247	0.222	0.259	0.284
590	0.390	0.341	0.285	0.214	0.232	0.221	0.270	0.295
595	0.409	0.341	0.272	0.198	0.220	0.220	0.284	0.316
600	0.424	0.342	0.264	0.185	0.210	0.220	0.302	0.348
605	0.435	0.342	0.257	0.175	0.200	0.220	0.324	0.384
610	0.442	0.342	0.252	0.169	0.194	0.220	0.344	0.434
615	0.448	0.341	0.247	0.164	0.189	0.220	0.362	0.482
620	0.450	0.341	0.241	0.160	0.185	0.223	0.377	0.528
625	0.451	0.339	0.235	0.156	0.183	0.227	0.389	0.568
630	0.451	0.339	0.229	0.154	0.180	0.233	0.400	0.604
635	0.451	0.338	0.224	0.152	0.177	0.239	0.410	0.629
640	0.451	0.338	0.220	0.151	0.176	0.244	0.420	0.648
645	0.451	0.337	0.217	0.149	0.175	0.251	0.429	0.663
650	0.450	0.336	0.216	0.148	0.175	0.258	0.438	0.676
655	0.450	0.335	0.216	0.148	0.175	0.263	0.445	0.685
660	0.451	0.334	0.219	0.148	0.175	0.268	0.452	0.693

波长 λ/nm	1	2	3	4	5	6	7	8
665	0.451	0.332	0.224	0.149	0.177	0.273	0.457	0.700
670	0.453	0.332	0.230	0.151	0.180	0.278	0.462	0.705
675	0.454	0.331	0.238	0.154	0.183	0.281	0.466	0.709
680	0.455	0.331	0.251	0.158	0.186	0.283	0.468	0.712
685	0.457	0.330	0.269	0.162	0.189	0.286	0.470	0.715
690	0.458	0.329	0.288	0.165	0.192	0.291	0.473	0.717
695	0.460	0.328	0.312	0.168	0.195	0.296	0.477	0.719
700	0.462	0.328	0.340	0.170	0.199	0.302	0.483	0.721
705	0.463	0.327	0.366	0.171	0.200	0.313	0.489	0.720
710	0.464	0.326	0.390	0.170	0.199	0.325	0.496	0.719
715	0.465	0.325	0.412	0.168	0.198	0.338	0.503	0.722
720	0.466	0.324	0.431	0.166	0.196	0.351	0.511	0.725
725	0.466	0.324	0.447	0.164	0.195	0.364	0.518	0.727
730	0.466	0.324	0.460	0.164	0.195	0.376	0.525	0.729
735	0.466	0.323	0.472	0.165	0.196	0.389	0.532	0.730
740	0.467	0.322	0.481	0.168	0.197	0.401	0.539	0.730
745	0.467	0.321	0.488	0.172	0.200	0.413	0.546	0.730
750	0.467	0.320	0.493	0.177	0.203	0.425	0.553	0.730
755	0.467	0.318	0.497	0.181	0.205	0.436	0.559	0.730
760	0.467	0.316	0.500	0.185	0.208	0.447	0.565	0.730
765	0.467	0.315	0.502	0.189	0.212	0.458	0.570	0.730
770	0.467	0.315	0.505	0.192	0.215	0.469	0.575	0.730
775	0.467	0.314	0.510	0.194	0.217	0.477	0.578	0.730
780	0.467	0.314	0.516	0.197	0.219	0.485	0.581	0.730
785	0.467	0.313	0.520	0.200	0.222	0.493	0.583	0.730
790	0.467	0.313	0.524	0.204	0.226	0.500	0.585	0.731
795	0.466	0.312	0.527	0.210	0.231	0.506	0.587	0.731
800	0.466	0.312	0.531	0.218	0.237	0.512	0.588	0.731
805	0.466	0.311	0.535	0.225	0.243	0.517	0.589	0.731
810	0.466	0.311	0.539	0.233	0.249	0.521	0.590	0.731
815	0.466	0.311	0.544	0.243	0.257	0.525	0.590	0.731
820	0.465	0.311	0.548	0.254	0.265	0.529	0.590	0.731
825	0.464	0.311	0.552	0.264	0.273	0.532	0.591	0.731
830	0.464	0.310	0.553	0.274	0.280	0.535	0.592	0.731
405	0.254	0.116	0.073	0.121	0.315	0.464	0.555	0.416
436	0.232	0.122	0.073	0.140	0.341	0.539	0.550	0.471
546	0.247	0.277	0.400	0.352	0.340	0.290	0.257	0.251
578	0.332	0.333	0.321	0.254	0.264	0.226	0.254	0.276
589	0.365	0.340	0.287	0.217	0.234	0.221	0.267	0.292

附表 3-3b　　用于光源显色指数计算的 9～14 号试验色的光谱辐亮度因数

波长 λ/nm	9	10	11	12	13	14
360	0.069	0.042	0.074	0.189	0.071	0.036
365	0.072	0.043	0.079	0.175	0.076	0.036
370	0.073	0.045	0.086	0.158	0.082	0.036
375	0.070	0.047	0.098	0.139	0.090	0.036
380	0.066	0.050	0.111	0.120	0.104	0.036
385	0.062	0.054	0.121	0.103	0.127	0.036
390	0.058	0.059	0.127	0.090	0.161	0.037
395	0.055	0.063	0.129	0.082	0.211	0.038
400	0.052	0.066	0.127	0.076	0.264	0.039
405	0.052	0.067	0.121	0.068	0.313	0.039
410	0.051	0.068	0.116	0.064	0.341	0.040
415	0.050	0.069	0.112	0.065	0.352	0.041
420	0.050	0.069	0.108	0.075	0.359	0.042
425	0.049	0.070	0.105	0.093	0.361	0.042
430	0.048	0.072	0.104	0.123	0.364	0.043
435	0.047	0.073	0.104	0.160	0.365	0.044
440	0.046	0.076	0.105	0.207	0.367	0.044
445	0.044	0.078	0.106	0.256	0.369	0.045
450	0.042	0.083	0.110	0.300	0.372	0.045
455	0.041	0.088	0.115	0.331	0.374	0.046
460	0.038	0.095	0.123	0.346	0.376	0.047
465	0.035	0.103	0.134	0.347	0.379	0.048
470	0.033	0.113	0.148	0.341	0.384	0.050
475	0.031	0.125	0.167	0.328	0.389	0.052
480	0.030	0.142	0.192	0.307	0.397	0.055
485	0.029	0.162	0.219	0.282	0.405	0.057
490	0.028	0.189	0.252	0.257	0.416	0.062
495	0.028	0.219	0.291	0.230	0.429	0.067
500	0.028	0.262	0.325	0.204	0.443	0.075
505	0.029	0.305	0.347	0.178	0.454	0.083
510	0.030	0.365	0.356	0.154	0.464	0.092
515	0.030	0.416	0.353	0.129	0.466	0.100
520	0.031	0.465	0.346	0.109	0.469	0.108
525	0.031	0.509	0.333	0.090	0.471	0.121
530	0.032	0.546	0.314	0.075	0.474	0.133
535	0.032	0.581	0.294	0.062	0.476	0.142
540	0.033	0.610	0.271	0.051	0.483	0.150
545	0.034	0.634	0.248	0.041	0.490	0.154
550	0.035	0.653	0.227	0.035	0.506	0.155
555	0.037	0.666	0.206	0.029	0.526	0.152
560	0.041	0.678	0.188	0.025	0.553	0.147

波长 λ/nm	9	10	11	12	13	14
565	0.044	0.687	0.170	0.022	0.582	0.140
570	0.048	0.693	0.153	0.019	0.618	0.133
575	0.052	0.698	0.138	0.017	0.651	0.125
580	0.060	0.701	0.125	0.017	0.680	0.118
585	0.076	0.704	0.114	0.017	0.701	0.112
590	0.102	0.705	0.106	0.016	0.717	0.106
595	0.136	0.705	0.100	0.016	0.729	0.101
600	0.190	0.706	0.096	0.016	0.736	0.098
605	0.256	0.707	0.092	0.016	0.742	0.095
610	0.336	0.707	0.090	0.016	0.745	0.093
615	0.418	0.707	0.087	0.016	0.747	0.090
620	0.505	0.708	0.085	0.016	0.748	0.089
625	0.581	0.708	0.082	0.016	0.748	0.087
630	0.641	0.710	0.080	0.018	0.748	0.086
635	0.682	0.711	0.079	0.018	0.748	0.085
640	0.717	0.712	0.078	0.018	0.748	0.084
645	0.740	0.714	0.078	0.018	0.748	0.084
650	0.758	0.716	0.078	0.019	0.748	0.084
655	0.770	0.718	0.078	0.020	0.748	0.084
660	0.781	0.720	0.081	0.023	0.747	0.085
665	0.790	0.722	0.083	0.024	0.747	0.087
670	0.797	0.725	0.088	0.026	0.747	0.092
675	0.803	0.729	0.093	0.030	0.747	0.096
680	0.809	0.731	0.102	0.035	0.747	0.102
685	0.814	0.735	0.112	0.043	0.747	0.110
690	0.819	0.739	0.125	0.056	0.747	0.123
695	0.824	0.742	0.141	0.074	0.746	0.137
700	0.828	0.746	0.161	0.097	0.746	0.152
705	0.830	0.748	0.182	0.128	0.746	0.169
710	0.831	0.749	0.203	0.166	0.745	0.188
715	0.833	0.751	0.223	0.210	0.744	0.207
720	0.835	0.753	0.242	0.257	0.743	0.226
725	0.836	0.754	0.257	0.305	0.744	0.243
730	0.836	0.755	0.270	0.354	0.745	0.260
735	0.837	0.755	0.282	0.401	0.748	0.277
740	0.838	0.755	0.292	0.446	0.750	0.294
745	0.839	0.755	0.302	0.485	0.750	0.310
750	0.839	0.756	0.310	0.520	0.749	0.325
755	0.839	0.757	0.314	0.551	0.748	0.339
760	0.839	0.758	0.317	0.577	0.748	0.353

续　表

波长 λ/nm	9	10	11	12	13	14
765	0.839	0.759	0.323	0.599	0.747	0.366
770	0.839	0.759	0.330	0.618	0.747	0.379
775	0.839	0.759	0.334	0.633	0.747	0.390
780	0.839	0.759	0.338	0.645	0.747	0.399
785	0.839	0.759	0.343	0.656	0.746	0.408
790	0.839	0.759	0.348	0.666	0.746	0.416
795	0.839	0.759	0.353	0.674	0.746	0.422
800	0.839	0.759	0.359	0.680	0.746	0.428
805	0.839	0.759	0.365	0.686	0.745	0.434
810	0.838	0.758	0.372	0.691	0.745	0.439
815	0.837	0.757	0.380	0.694	0.745	0.444
820	0.837	0.757	0.388	0.697	0.745	0.448
825	0.836	0.756	0.396	0.700	0.745	0.451
830	0.836	0.756	0.403	0.702	0.745	0.454
405	0.052	0.067	0.121	0.068	0.313	0.039
436	0.047	0.074	0.104	0.169	0.366	0.044
546	0.034	0.638	0.244	0.040	0.493	0.155
578	0.056	0.700	0.130	0.017	0.668	0.122
589	0.096	0.704	0.107	0.016	0.714	0.107

附表 3-4   可供选择的参照照明体从 P2300K 到 D$_{25000}$ 的 CIE1960 UCS 参数

参照照明体	$\dfrac{1}{色温} \times 10^6$（麦勒德）	u_r	v_r	c_r	d_r
P2300K	435	0.2836	0.3563	0.4292	1.6630
P2350K	426	0.2806	0.3558	0.4537	1.6756
P2400K	417	0.2777	0.3552	0.4784	1.6877
P2450K	408	0.2749	0.3547	0.5034	1.6994
P2500K	400	0.2722	0.3541	0.5286	1.7106
P2550K	392	0.2696	0.3535	0.5540	1.7213
P2600K	385	0.2671	0.3528	0.5795	1.7317
P2650K	377	0.2648	0.3522	0.6052	1.7417
P2700K	370	0.2625	0.3516	0.6310	1.7514
P2750K	364	0.2603	0.3509	0.6569	1.7607
P2800K	357	0.2582	0.3503	0.6828	1.7696
P2850K	351	0.2562	0.3496	0.7088	1.7783
P2900K	345	0.2542	0.3489	0.7349	1.7867
P2950K	339	0.2524	0.3483	0.7609	1.7948
P3000K	333	0.2506	0.3476	0.7870	1.8027
P3050K	328	0.2488	0.3469	0.8130	1.8103
P3100K	323	0.2472	0.3462	0.8390	1.8176
P3150K	317	0.2455	0.3456	0.8649	1.8248
P3200K	313	0.2440	0.3449	0.8908	1.8317
P3250K	308	0.2425	0.3442	0.9166	1.8384
P3300K	303	0.2410	0.3435	0.9423	1.8449
P3350K	299	0.2396	0.3429	0.9679	1.8512
P3400K	294	0.2383	0.3422	0.9934	1.8574
P3450K	290	0.2370	0.3415	1.0188	1.8633
P3500K	286	0.2357	0.3408	1.0441	1.8691
P3550K	282	0.2345	0.3402	1.0693	1.8147
P3600K	278	0.2333	0.3395	1.0943	1.8802
P3700K	270	0.2311	0.3382	1.1439	1.8907
P3800K	263	0.2289	0.3369	1.1930	1.9007
P3900K	256	0.2270	0.3356	1.2413	1.9102
P4000K	250	0.2251	0.3344	1.2890	1.9192
P4100K	244	0.2234	0.3332	1.3360	1.9277
P4200K	238	0.2217	0.3319	1.3822	1.9359
P4300K	233	0.2202	0.3308	1.4278	1.9437
P4400K	227	0.2187	0.3296	1.4725	1.9511
P4500K	222	0.2173	0.3285	1.5166	1.9581
P4600K	217	0.2160	0.3273	1.5598	1.9649
P4700K	213	0.2148	0.3262	1.6023	1.9714
P4800K	208	0.2136	0.3252	1.6440	1.9776
P4900K	204	0.2125	0.3241	1.6850	1.9836
D$_{5000}$	200	0.2092	0.3254	1.6497	1.9975
D$_{5100}$	196	0.2081	0.3244	1.6903	2.0033

续　表

参照照明体	$\dfrac{1}{\text{色温}}\times 10^6$（麦勒德）	u_r	v_r	c_r	d_r
D_{5200}	192	0.2071	0.3234	1.7295	2.0087
D_{5300}	189	0.2062	0.3224	1.7681	2.0140
D_{5400}	185	0.2053	0.3214	1.8059	2.0190
D_{5500}	182	0.2044	0.3205	1.8431	2.0239
D_{5600}	179	0.2036	0.3196	1.8796	2.0285
D_{5700}	175	0.2029	0.3187	1.9155	2.0330
D_{5800}	172	0.2022	0.3178	1.9506	2.0373
D_{5900}	170	0.2021	0.3169	1.9851	2.0415
D_{6000}	167	0.2008	0.3161	2.0190	2.0455
D_{6100}	164	0.2001	0.3153	2.0522	2.0494
D_{6250}	160	0.1992	0.3141	2.1007	2.0549
D_{6600}	154	0.1978	0.3122	2.1785	2.0636
D_{6750}	148	0.1966	0.3104	2.2525	2.0715
D_{7000}	143	0.1955	0.3087	2.3228	2.0789
D_{7250}	138	0.1945	0.3071	2.3898	2.0857
D_{7500}	133	0.1935	0.3057	2.4536	2.0920
D_{7750}	129	0.1927	0.3042	2.5141	2.0979
D_{8000}	125	0.1919	0.3029	2.5717	2.1034
D_{8250}	121	0.1912	0.3016	2.6265	2.1085
D_{8500}	118	0.1906	0.3005	2.6787	2.1133
D_{9000}	111	0.1894	0.2983	2.7758	2.1220
D_{9500}	105	0.1884	0.2963	2.8642	2.1297
D_{10000}	100	0.1876	0.2945	2.9449	2.1365
D_{10500}	95	0.1868	0.2929	3.0187	2.1427
D_{11000}	91	0.1862	0.2914	3.0863	2.1483
D_{12000}	83	0.1850	0.2889	3.2059	2.1579
D_{13000}	77	0.1841	0.2867	3.3080	2.1658
D_{14000}	71	0.1834	0.2849	3.3959	2.1726
D_{15000}	67	0.1828	0.2833	3.4722	2.1783
D_{17000}	59	0.1819	0.2808	3.5978	2.1876
D_{20000}	50	0.1809	0.2780	3.7381	2.1978
D_{25000}	40	0.1798	0.2749	3.8946	2.2088
A	350	0.2560	0.3495	0.7124	1.7791
D_{55}	182	0.2044	0.3205	1.8427	2.0240
D_{65}	154	0.1978	0.3122	2.1787	2.0636
D_{75}	133	0.1935	0.3057	2.4518	2.0920

附表 4-1　孟塞尔新标系统中色卡标号与 CIE1931 色度值(Y,x,y)之间的对应关系

V/C	Y	红							
		2.5R		5.0R		7.5R		10.0R	
		x	y	x	y	x	y	x	y
9/6	0.7866	0.3665	0.3183	0.3734	0.3256	0.3812	0.3348	0.3880	0.3439
4		0.3445	0.3179	0.3495	0.3226	0.3551	0.3283	0.3600	0.3348
2		0.3210	0.3168	0.3240	0.3188	0.3263	0.3210	0.3284	0.3233
8/10	0.5910	0.4125	0.3160	0.4249	0.3270	0.4388	0.3419	0.4490	0.3589
8		0.3900	0.3171	0.4001	0.3263	0.4118	0.3385	0.4212	0.3526
6		0.3671	0.3175	0.3743	0.3248	0.3830	0.3335	0.3910	0.3442
4		0.3460	0.3177	0.3510	0.3224	0.3564	0.3279	0.3621	0.3349
2		0.3236	0.3169	0.3254	0.3186	0.3277	0.3211	0.3301	0.3237
7/16	0.4306	0.4885	0.3039			0.5341	0.3452	0.5519	0.3729
14		0.4660	0.3082	0.4848	0.3238	0.5059	0.3450	0.5234	0.3700
12		0.4435	0.3119	0.4595	0.3252	0.4777	0.3435	0.4930	0.3659
10		0.4183	0.3144	0.4320	0.3260	0.4470	0.3413	0.4600	0.3596
8		0.3961	0.3160	0.4067	0.3256	0.4196	0.3382	0.4308	0.3533
6		0.3728	0.3170	0.3805	0.3244	0.3888	0.3336	0.3984	0.3452
4		0.3499	0.3171	0.3552	0.3222	0.3611	0.3282	0.3671	0.3360
2		0.3284	0.3170	0.3306	0.3190	0.3335	0.3220	0.3360	0.3253
6/18	0.3005	0.5262	0.2928	0.5552	0.3138	0.5829	0.3396	0.6009	0.3720
16		0.5041	0.2983	0.5297	0.3179	0.5560	0.3420	0.5741	0.3713
14		0.4790	0.3041	0.5020	0.3212	0.5265	0.3431	0.5468	0.3697
12		0.4568	0.3082	0.4760	0.3234	0.4961	0.3428	0.5150	0.3667
10		0.4320	0.3118	0.4480	0.3250	0.4655	0.3412	0.4812	0.3619
8		0.4065	0.3144	0.4187	0.3251	0.4318	0.3383	0.4449	0.3550
6		0.3832	0.3158	0.3921	0.3244	0.4000	0.3340	0.4103	0.3473
4		0.3566	0.3163	0.3628	0.3221	0.3692	0.3291	0.3768	0.3381
2		0.3318	0.3166	0.3343	0.3190	0.3381	0.3228	0.3417	0.3268
5/20	0.1977	0.5784	0.2719	0.6142	0.2970	0.6388	0.3216		
18		0.5540	0.2804	0.5918	0.3038	0.6161	0.3277	0.6297	0.3642
16		0.5300	0.2880	0.5637	0.3102	0.5901	0.3331	0.6037	0.3657
14		0.5047	0.2950	0.5341	0.3158	0.5590	0.3370	0.5771	0.3664
12		0.4820	0.3002	0.5071	0.3194	0.5280	0.3389	0.5481	0.3660
10		0.4533	0.3058	0.4747	0.3227	0.4927	0.3399	0.5113	0.3630
8		0.4252	0.3101	0.4413	0.3240	0.4563	0.3387	0.4713	0.3575
6		0.3960	0.3130	0.4078	0.3238	0.4180	0.3348	0.4299	0.3499
4		0.3660	0.3148	0.3740	0.3220	0.3806	0.3294	0.3879	0.3398
2		0.3360	0.3158	0.3392	0.3192	0.3425	0.3229	0.3465	0.3278
4/20	0.1200					0.6806	0.2988		
18		0.5898	0.2622	0.6329	0.2881	0.6538	0.3100		
16		0.5620	0.2724	0.6039	0.2978	0.6260	0.3192	0.6409	0.3533
14		0.5369	0.2810	0.5734	0.3057	0.5959	0.3269	0.6154	0.3568
12		0.5072	0.2897	0.5385	0.3129	0.5603	0.3321	0.5801	0.3588
10		0.4774	0.2969	0.5043	0.3176	0.5235	0.3351	0.5418	0.3580
8		0.4472	0.3031	0.4690	0.3209	0.4850	0.3359	0.4995	0.3557
6		0.4141	0.3085	0.4299	0.3226	0.4415	0.3340	0.4535	0.3500
4		0.3806	0.3125	0.3916	0.3223	0.3990	0.3300	0.4078	0.3412
2		0.3461	0.3150	0.3508	0.3200	0.3538	0.3236	0.3582	0.3294

续　表

V/C	Y	红							
		2.5R		5.0R		7.5R		10.0R	
		x	y	x	y	x	y	x	y
3/16	0.06555	0.6116	0.2456	0.6520	0.2660	0.6817	0.2872		
14		0.5828	0.2579	0.6204	0.2789	0.6492	0.3012	0.6703	0.3249
12		0.5536	0.2691	0.5884	0.2904	0.6158	0.3129	0.6322	0.3361
10		0.5191	0.2811	0.5500	0.3024	0.5730	0.3240	0.5871	0.3440
8		0.4821	0.2918	0.5064	0.3114	0.5251	0.3297	0.5393	0.3477
6		0.4409	0.3009	0.4592	0.3168	0.4738	0.3316	0.4854	0.3467
4		0.4021	0.3076	0.4148	0.3190	0.4240	0.3302	0.4308	0.3412
2		0.3591	0.3130	0.3645	0.3190	0.3690	0.3248	0.3728	0.3314
2/14	0.03126	0.5734	0.2083	0.6302	0.2287	0.6791	0.2520	0.7165	0.2734
12		0.5438	0.2254	0.5930	0.2465	0.6392	0.2704	0.6732	0.2937
10		0.5122	0.2428	0.5557	0.2633	0.5952	0.2874	0.6247	0.3120
8		0.4776	0.2593	0.5143	0.2800	0.5433	0.3027	0.5713	0.3259
6		0.4390	0.2760	0.4642	0.2934	0.4875	0.3123	0.5095	0.3331
4		0.4021	0.2900	0.4184	0.3032	0.4335	0.3169	0.4481	0.3330
2		0.3614	0.3033	0.3692	0.3111	0.3751	0.3181	0.3811	0.3274
1/10	0.01210	0.5058	0.1900	0.5604	0.2100	0.6111	0.2290	0.6661	0.2499
8		0.4812	0.2103	0.5282	0.2297	0.5722	0.2487	0.6178	0.2713
6		0.4515	0.2329	0.4885	0.2515	0.5235	0.2698	0.5584	0.2921
4		0.4166	0.2569	0.4420	0.2728	0.4660	0.2888	0.4933	0.3068
2		0.3768	0.2816	0.3908	0.2929	0.4020	0.3034	0.4128	0.3154

V/C	Y	黄红							
		2.5YR		5.0YR		7.5YR		10.0YR	
		x	y	x	y	x	y	x	y
9/8	0.7866					0.4220	0.3930	0.4199	0.4069
6		0.3927	0.3550	0.3948	0.3659	0.3950	0.3763	0.3941	0.3877
4		0.3641	0.3422	0.3668	0.3509	0.3679	0.3585	0.3677	0.3668
2		0.3320	0.3273	0.3353	0.3325	0.3380	0.3377	0.3392	0.3430
8/20	0.5910					0.5391	0.4518	0.5245	0.4709
18						0.5316	0.4480	0.5179	0.4670
16						0.5195	0.4424	0.5079	0.4613
14				0.5088	0.4145	0.5025	0.4338	0.4940	0.4530
12		0.4852	0.3847	0.4849	0.4050	0.4816	0.4332	0.4753	0.4414
10		0.4552	0.3761	0.4576	0.3938	0.4568	0.4100	0.4527	0.4268
8		0.4275	0.3662	0.4310	0.3320	0.4306	0.3952	0.4280	0.4102
6		0.3960	0.3547	0.3988	0.3663	0.4000	0.3770	0.3994	0.3896
4		0.3667	0.3429	0.3690	0.3510	0.3699	0.3586	0.3701	0.3674
2		0.3334	0.3276	0.3373	0.3330	0.3395	0.3379	0.3407	0.3434
7/20	0.4306	0.5824	0.4046	0.5657	0.4298				
18		0.5695	0.4024	0.5564	0.4267	0.5417	0.4492	0.5276	0.4700
16		0.5522	0.3989	0.5437	0.4228	0.5319	0.4449	0.5188	0.4650
14		0.5297	0.3938	0.5252	0.4168	0.5174	0.4381	0.5074	0.4581
12		0.5001	0.3861	0.5007	0.4081	0.4970	0.4282	0.4900	0.4480
10		0.4671	0.3768	0.4711	0.3972	0.4704	0.4151	0.4667	0.4335
8		0.4371	0.3679	0.4402	0.3842	0.4415	0.3996	0.4399	0.4164
6		0.4053	0.3570	0.4091	0.3701	0.4107	0.3820	0.4102	0.3960

续　表

		黄红							
V/C	Y	2.5YR		5.0YR		7.5YR		10.0YR	
		x	y	x	y	x	y	x	y
4		0.3715	0.3439	0.3750	0.3530	0.3772	0.3613	0.3778	0.3719
2		0.3392	0.3298	0.3421	0.3349	0.3437	0.3397	0.3443	0.3454
6/18	0.3005	0.5879	0.4021	0.5715	0.4270				
16		0.5698	0.3990	0.5597	0.4239	0.5468	0.4478		
14		0.5488	0.3947	0.5423	0.4188	0.5320	0.4412	0.5200	0.4623
12		0.5215	0.3887	0.5199	0.4119	0.5145	0.4331	0.5050	0.4536
10		0.4891	0.3806	0.4921	0.4022	0.4904	0.4220	0.4843	0.4416
8		0.4533	0.3708	0.4592	0.3900	0.4596	0.4064	0.4570	0.4249
6		0.4180	0.3600	0.4229	0.3750	0.4242	0.3876	0.4240	0.4030
4		0.3806	0.3467	0.3840	0.3564	0.3860	0.3652	0.3861	0.3767
2		0.3453	0.3321	0.3474	0.3373	0.3487	0.3421	0.3491	0.3483
5/16	0.1977	0.5933	0.3989						
14		0.5731	0.3953	0.5642	0.4201	0.5506	0.4450		
12		0.5482	0.3909	0.5422	0.4141	0.5335	0.4378	0.5211	0.4600
10		0.5175	0.3844	0.5161	0.4064	0.5108	0.4276	0.5025	0.4489
8		0.4795	0.3758	0.4830	0.3960	0.4820	0.4141	0.4770	0.4338
6		0.4365	0.3640	0.4420	0.3808	0.4440	0.3954	0.4428	0.4128
4		0.3925	0.3494	0.3968	0.3614	0.3991	0.3714	0.3995	0.3840
2		0.3506	0.3337	0.3530	0.3395	0.3540	0.3445	0.3546	0.3514
4/12	0.1200	0.5809	0.3910	0.5729	0.4169				
10		0.5475	0.3856	0.5432	0.4097	0.5356	0.4342	0.5250	0.4573
8		0.5071	0.3777	0.5070	0.3994	0.5038	0.4204	0.4965	0.4414
6		0.4612	0.3674	0.4651	0.3859	0.4655	0.4029	0.4618	0.4213
4		0.4141	0.3539	0.4187	0.3679	0.4208	0.3809	0.4189	0.3948
2		0.3624	0.3367	0.3651	0.3442	0.3662	0.3504	0.3660	0.3590
3/10	0.06555	0.5941	0.3818						
8		0.5475	0.3771	0.5456	0.4040	0.5390	0.4306	0.5305	0.4559
6		0.4954	0.3692	0.4966	0.3908	0.4930	0.4116	0.4872	0.4326
4		0.4360	0.3563	0.4376	0.3715	0.4378	0.3865	0.4341	0.4018
2		0.3757	0.3391	0.3771	0.3476	0.3771	0.3549	0.3747	0.3630
2/8	0.03126	0.5995	0.3590						
6		0.5280	0.3581	0.5426	0.3925	0.5475	0.4271		
4		0.4598	0.3508	0.4674	0.3738	0.4690	0.3964	0.4676	0.4168
2		0.3852	0.3365	0.3880	0.3476	0.3889	0.3590	0.3872	0.3688
1/8	0.01210	0.6721	0.3058						
6		0.6048	0.3270						
4		0.5311	0.3371	0.5660	0.3795				
2		0.4258	0.3344	0.4377	0.3580	0.4430	0.3775	0.4446	0.3982
		黄							
V/C	Y	2.5Y		5.0Y		7.5Y		10.0Y	
		x	y	x	y	x	y	x	y
9/20	0.7866			0.4830	0.5092				
18				0.4782	0.5049	0.4663	0.5188	0.4540	0.5320
16				0.4711	0.4977	0.4595	0.5104	0.4477	0.5225

续　表

V/C	Y	黄							
		2.5Y		5.0Y		7.5Y		10.0Y	
		x	y	x	y	x	y	x	y
14				0.4602	0.4869	0.4503	0.4993	0.4393	0.5101
12		0.4569	0.4527	0.4455	0.4719	0.4369	0.4829	0.4271	0.4920
10		0.4370	0.4369	0.4275	0.4529	0.4201	0.4622	0.4120	0.4694
8		0.4154	0.4186	0.4080	0.4319	0.4019	0.4392	0.3957	0.4450
6		0.3910	0.3972	0.3858	0.4071	0.3811	0.4123	0.3761	0.4155
4		0.3655	0.3738	0.3621	0.3799	0.3591	0.3832	0.3558	0.3852
2		0.3390	0.3472	0.3378	0.3504	0.3365	0.3527	0.3349	0.3537
8/20	0.5910	0.5091	0.4900						
18		0.5033	0.4855	0.4847	0.5069	0.4709	0.5220	0.4570	0.5366
16		0.4957	0.4800	0.4791	0.5012	0.4658	0.5158	0.4525	0.5295
14		0.4842	0.4712	0.4699	0.4920	0.4574	0.5062	0.4450	0.5181
12		0.4678	0.4589	0.4562	0.4788	0.4455	0.4917	0.4341	0.5020
10		0.4469	0.4423	0.4376	0.4601	0.4283	0.4712	0.4190	0.4791
8		0.4231	0.4231	0.4158	0.4378	0.4088	0.4466	0.4008	0.4520
6		0.3969	0.4009	0.3913	0.4117	0.3862	0.4175	0.3803	0.4216
4		0.3684	0.3751	0.3650	0.3826	0.3622	0.3861	0.3581	0.3883
2		0.3406	0.3484	0.3394	0.3518	0.3379	0.3540	0.3359	0.3552
7/16	0.4306	0.5049	0.4843	0.4875	0.5047	0.4728	0.5215	0.4582	0.5375
14		0.4950	0.4773	0.4791	0.4965	0.4652	0.5128	0.4516	0.5277
12		0.4806	0.4666	0.4677	0.4857	0.4547	0.5005	0.4420	0.5131
10		0.4606	0.4516	0.4509	0.4696	0.4400	0.4830	0.4289	0.4937
8		0.4353	0.4312	0.4271	0.4462	0.4184	0.4568	0.4090	0.4641
6		0.4073	0.4073	0.4009	0.4198	0.3943	0.4264	0.3864	0.4305
4		0.3761	0.3800	0.3718	0.3885	0.3677	0.3925	0.3624	0.3951
2		0.3436	0.3507	0.3419	0.3540	0.3396	0.3558	0.3369	0.3569
6/14	0.3005	0.5061	0.4829	0.4905	0.5038	0.4754	0.5220	0.4593	0.5392
12		0.4928	0.4730	0.4780	0.4920	0.4638	0.5087	0.4488	0.5237
10		0.4760	0.4607	0.4639	0.4790	0.4512	0.4943	0.4372	0.5068
8		0.4517	0.4421	0.4426	0.4588	0.4321	0.4719	0.4201	0.4812
6		0.4203	0.4176	0.4140	0.4305	0.4060	0.4400	0.3960	0.4452
4		0.3840	0.3867	0.3794	0.3955	0.3745	0.4004	0.3679	0.4033
2		0.3480	0.3540	0.3457	0.3580	0.3431	0.3601	0.3398	0.3611
5/12	0.1977	0.5082	0.4812	0.4932	0.5019	0.4767	0.5208	0.4590	0.5390
10		0.4905	0.4683	0.4777	0.4876	0.4632	0.5057	0.4468	0.5209
8		0.4685	0.4524	0.4579	0.4692	0.4450	0.4850	0.4307	0.4967
6		0.4380	0.4292	0.4302	0.4435	0.4199	0.4551	0.4072	0.4621
4		0.3968	0.3954	0.3915	0.4057	0.3850	0.4120	0.3762	0.4158
2		0.3534	0.3570	0.3500	0.3620	0.3470	0.3640	0.3422	0.3648
4/10	0.1200	0.5120	0.4800						
8		0.4865	0.4625	0.4745	0.4810	0.4595	0.4990	0.4430	0.5153
6		0.4542	0.4391	0.4451	0.4550	0.4331	0.4688	0.4190	0.4795
4		0.4138	0.4076	0.4069	0.4188	0.3982	0.4272	0.3871	0.4321
2		0.3633	0.3654	0.3590	0.3701	0.3542	0.3727	0.3476	0.3732
3/6	0.06555	0.4784	0.4531	0.4670	0.4711	0.4526	0.4889	0.4345	0.5026
4		0.4277	0.4166	0.4191	0.4283	0.4086	0.4379	0.3961	0.4452

V/C	Y	黄							
		2.5Y		5.0Y		7.5Y		10.0Y	
		x	y	x	y	x	y	x	y
2		0.3703	0.3700	0.3646	0.3748	0.3589	0.3778	0.3513	0.3789
2/4	0.0316	0.4627	0.4392	0.4543	0.4573	0.4401	0.4723	0.4188	0.4789
2		0.3825	0.3785	0.3757	0.3839	0.3660	0.3858	0.3556	0.3848
1/2	0.01210	0.4362	0.4177	0.4230	0.4265	0.4042	0.4287	0.3802	0.4212

V/C	Y	绿黄							
		2.5GY		5.0GY		7.5GY		10.0GY	
		x	y	x	y	x	y	x	y
9/18	0.7866	0.4354	0.5508	0.4108	0.5699	0.3602	0.5920	0.3032	0.5748
16		0.4288	0.5383	0.4058	0.5541	0.3581	0.5654	0.3079	0.5440
14		0.4212	0.5237	0.3993	0.5329	0.3551	0.5339	0.3115	0.5129
12		0.4108	0.5028	0.3911	0.5082	0.3518	0.5042	0.3139	0.4829
10		0.3973	0.4761	0.3810	0.4791	0.3471	0.4735	0.3155	0.4558
8		0.3834	0.4490	0.3698	0.4497	0.3414	0.4415	0.3157	0.4259
6		0.3670	0.4178	0.3572	0.4179	0.3351	0.4111	0.3153	0.4008
4		0.3499	0.3866	0.3437	0.3861	0.3274	0.3793	0.3144	0.3711
2		0.3321	0.3539	0.3284	0.3534	0.3198	0.3500	0.3124	0.3454
8/24	0.5910							0.2781	0.6840
22								0.2846	0.6564
20				0.4127	0.5855	0.3592	0.6235	0.2918	0.6255
18		0.4371	0.5557	0.4104	0.5785	0.3585	0.6063	0.2987	0.5919
16		0.4327	0.5475	0.4061	0.5641	0.3569	0.5798	0.3043	0.5578
14		0.4261	0.5344	0.4011	0.5468	0.3546	0.5490	0.3091	0.5247
12		0.4154	0.5133	0.3924	0.5199	0.3511	0.5144	0.3124	0.4926
10		0.4021	0.4869	0.3816	0.4879	0.3463	0.4791	0.3140	0.4601
8		0.3858	0.4550	0.3696	0.4542	0.3408	0.4452	0.3149	0.4284
6		0.3690	0.4230	0.3573	0.4214	0.3339	0.4129	0.3150	0.4014
4		0.3504	0.3887	0.3433	0.3872	0.3266	0.3809	0.3140	0.3727
2		0.3327	0.3555	0.3284	0.3542	0.3194	0.3502	0.3121	0.3459
7/22	0.4306							0.2728	0.6893
20								0.2816	0.6563
18						0.3555	0.6242	0.2905	0.6186
16		0.4366	0.5578	0.4076	0.5783	0.3549	0.6000	0.2981	0.5835
14		0.4309	0.5459	0.4027	0.5615	0.3532	0.5700	0.3047	0.5458
12		0.4213	0.5270	0.3949	0.5367	0.3502	0.5328	0.3092	0.5095
10		0.4091	0.5030	0.3852	0.5051	0.3461	0.4950	0.3123	0.4732
8		0.3919	0.4684	0.3722	0.4669	0.3406	0.4558	0.3140	0.4387
6		0.3728	0.4316	0.3581	0.4291	0.3341	0.4191	0.3142	0.4058
4		0.3534	0.3953	0.3437	0.3929	0.3267	0.3848	0.3133	0.3764
2		0.3328	0.3569	0.3284	0.3559	0.3190	0.3516	0.3117	0.3469
6/20	0.3005							0.2648	0.7004
18								0.2763	0.6616
16						0.3498	0.6282	0.2872	0.6199
14		0.4354	0.5594	0.4042	0.5788	0.3498	0.5985	0.2962	0.5802
12		0.4269	0.5414	0.3980	0.5564	0.3488	0.5596	0.3037	0.5358
10		0.4159	0.5190	0.3891	0.5264	0.3463	0.5196	0.3086	0.4949

续　表

V/C	Y	绿黄							
		2.5GY		5.0GY		7.5GY		10.0GY	
		x	y	x	y	x	y	x	y
8		0.4006	0.4885	0.3772	0.4880	0.3418	0.4768	0.3116	0.4563
6		0.3799	0.4470	0.3622	0.4438	0.3351	0.4321	0.3128	0.4175
4		0.3572	0.4038	0.3461	0.4008	0.3275	0.3922	0.3124	0.3822
2		0.3342	0.3607	0.3288	0.3592	0.3193	0.3550	0.3112	0.3496
5/18	0.1977							0.2549	0.7179
16								0.2702	0.6700
14						0.3429	0.6335	0.2838	0.6208
12		0.4333	0.5602	0.4011	0.5802	0.3450	0.5949	0.2940	0.5751
10		0.4224	0.5369	0.3928	0.5485	0.3451	0.5490	0.3028	0.5237
8		0.4088	0.5068	0.3815	0.5093	0.3412	0.4976	0.3080	0.4759
6		0.3879	0.4646	0.3663	0.4614	0.3354	0.4483	0.3108	0.4301
4		0.3621	0.4143	0.3482	0.4097	0.3274	0.3994	0.3111	0.3881
2		0.3352	0.3636	0.3289	0.3612	0.3188	0.3560	0.3110	0.3508
4/16	0.1200							0.2422	0.7360
14								0.2590	0.6858
12						0.3348	0.6468	0.2758	0.6282
10				0.3983	0.5850	0.3395	0.5913	0.2908	0.5672
8		0.4174	0.5300	0.3868	0.5384	0.3400	0.5348	0.3008	0.5095
6		0.3968	0.4857	0.3718	0.4852	0.3355	0.4739	0.3069	0.4550
4		0.3708	0.4329	0.3538	0.4284	0.3281	0.4157	0.3100	0.4018
2		0.3382	0.3706	0.3312	0.3678	0.3185	0.3604	0.3109	0.3550
3/14	0.06555							0.2283	0.7423
12								0.2531	0.6700
10						0.3266	0.6448	0.2724	0.6026
8				0.3924	0.5832	0.3341	0.5700	0.2887	0.5361
6		0.4069	0.5110	0.3750	0.5109	0.3333	0.4967	0.2992	0.4717
4		0.3772	0.4484	0.3554	0.4429	0.3270	0.4288	0.3053	0.4123
2		0.3412	0.3768	0.3319	0.3729	0.3180	0.3644	0.3088	0.3578
2/12	0.03126							0.1907	0.7798
10								0.2307	0.6814
8						0.3160	0.6509	0.2628	0.5837
6				0.3839	0.5748	0.3260	0.5379	0.2852	0.4972
4		0.3881	0.4752	0.3582	0.4650	0.3248	0.4457	0.2986	0.4240
2		0.3421	0.3803	0.3309	0.3743	0.3165	0.3650	0.3069	0.3580
1/6	0.01210							0.2232	0.6392
4				0.3765	0.5942	0.3133	0.5380	0.2722	0.4903
2		0.3540	0.4088	0.3359	0.3982	0.3154	0.3840	0.3006	0.3720

V/C	Y	绿							
		2.5G		5.0G		7.5G		10.0G	
		x	y	x	y	x	y	x	y
9/16	0.7866	0.2630	0.4966						
14		0.2711	0.4726						
12		0.2786	0.4491	0.2528	0.4160	0.2419	0.3985	0.2325	0.3796
10		0.2851	0.4275	0.2639	0.4001	0.2545	0.3855	0.2457	0.3702

V/C	Y	绿							
		2.5G		5.0G		7.5G		10.0G	
		x	y	x	y	x	y	x	y
8		0.2912	0.4051	0.2735	0.3854	0.2652	0.3738	0.2574	0.3618
6		0.2966	0.3846	0.2832	0.3697	0.2763	0.3607	0.2703	0.3513
4		0.3018	0.3606	0.2933	0.3519	0.2882	0.3461	0.2840	0.3402
2		0.3058	0.3400	0.3017	0.3357	0.2987	0.3323	0.2965	0.3293
8/24	0.5910	0.2091	0.6033						
22		0.2221	0.5799	0.1821	0.4940				
20		0.2339	0.5561	0.1956	0.4806	0.1845	0.4492	0.1734	0.4164
18		0.2451	0.5309	0.2103	0.4652	0.1980	0.4372	0.1866	0.4086
16		0.2563	0.5045	0.2240	0.4500	0.2120	0.4252	0.2012	0.3992
14		0.2661	0.4780	0.2368	0.4348	0.2254	0.4125	0.2148	0.3903
12		0.2743	0.4554	0.2489	0.4191	0.2380	0.4002	0.2282	0.3811
10		0.2829	0.4301	0.2613	0.4026	0.2515	0.3867	0.2430	0.3710
8		0.2896	0.4065	0.2723	0.3865	0.2639	0.3733	0.2564	0.3611
6		0.2952	0.3851	0.2822	0.3702	0.2754	0.3608	0.2693	0.3512
4		0.3009	0.3614	0.2924	0.3523	0.2874	0.3464	0.2828	0.3403
2		0.3053	0.3404	0.3009	0.3359	0.2981	0.3326	0.2957	0.3293
7/26	0.4306	0.1689	0.6549	0.1397	0.5312	0.1303	0.4858		
24		0.1875	0.6265	0.1521	0.5200	0.1415	0.4778	0.1310	0.4377
22		0.2029	0.6017	0.1659	0.5074	0.1539	0.4683	0.1434	0.4306
20		0.2181	0.5744	0.1805	0.4933	0.1688	0.4570	0.1589	0.4220
18		0.2328	0.5467	0.1967	0.4771	0.1841	0.4448	0.1734	0.4135
16		0.2448	0.5203	0.2111	0.4616	0.1982	0.4330	0.1881	0.4049
14		0.2568	0.4931	0.2262	0.4450	0.2139	0.4199	0.2033	0.3956
12		0.2672	0.4667	0.2416	0.4267	0.2295	0.4058	0.2195	0.3854
10		0.2775	0.4395	0.2554	0.4087	0.2445	0.3914	0.2352	0.3748
8		0.2861	0.4129	0.2637	0.3901	0.2595	0.3764	0.2513	0.3635
6		0.2933	0.3873	0.2801	0.3721	0.2728	0.3622	0.2662	0.3526
4		0.2992	0.3644	0.2902	0.3548	0.2850	0.3482	0.2803	0.3415
2		0.3047	0.3413	0.3001	0.3366	0.2972	0.3333	0.2945	0.3297
6/28	0.3005	0.1145	0.7122	0.0908	0.5695	0.0858	0.5127		
26		0.1340	0.6871	0.1079	0.5560	0.1010	0.5018	0.0941	0.4520
24		0.1536	0.6605	0.1252	0.5408	0.1159	0.4910	0.1070	0.4458
22		0.1739	0.6318	0.1432	0.5252	0.1325	0.4795	0.1230	0.4378
20		0.1922	0.6035	0.1609	0.5091	0.1485	0.4677	0.1382	0.4299
18		0.2102	0.5737	0.1785	0.4924	0.1654	0.4551	0.1551	0.4208
16		0.2278	0.5430	0.1960	0.4751	0.1832	0.4414	0.1722	0.4113
14		0.2426	0.5133	0.2130	0.4751	0.2001	0.4278	0.1895	0.4015
12		0.2574	0.4814	0.2293	0.4390	0.2171	0.4138	0.2060	0.3914
10		0.2690	0.4530	0.2466	0.4181	0.2350	0.3979	0.2247	0.3796
8		0.2799	0.4239	0.2612	0.3990	0.2510	0.3829	0.2420	0.3679
6		0.2892	0.3963	0.2748	0.3795	0.2662	0.3672	0.2591	0.3558
4		0.2967	0.3695	0.2868	0.3595	0.2807	0.3522	0.2749	0.3443
2		0.3039	0.3437	0.2988	0.3382	0.2958	0.3344	0.2929	0.3303
5/28	0.1977	0.0794	0.7385	0.0609	0.5898	0.0585	0.5224	0.0572	0.4590
26		0.0992	0.7155	0.0784	0.5761	0.0730	0.5131	0.0690	0.4542

续　表

V/C	Y	绿							
		2.5G		5.0G		7.5G		10.0G	
		x	y	x	y	x	y	x	y
24		0.1188	0.6918	0.0953	0.5628	0.0878	0.5039	0.0811	0.4491
22		0.1377	0.6674	0.1144	0.5463	0.1050	0.4927	0.0958	0.4428
20		0.1579	0.6392	0.1318	0.5321	0.1212	0.4817	0.1120	0.4360
18		0.1782	0.6095	0.1489	0.5171	0.1372	0.4705	0.1275	0.4288
16		0.2005	0.5759	0.1695	0.4981	0.1571	0.4561	0.1469	0.4192
14		0.2211	0.5411	0.1912	0.4773	0.1776	0.4415	0.1671	0.4089
12		0.2385	0.5071	0.2104	0.4578	0.1964	0.4271	0.1852	0.3992
10		0.2565	0.4705	0.2329	0.4331	0.2200	0.4082	0.2095	0.3853
8		0.2710	0.4380	0.2511	0.4107	0.2395	0.3915	0.2297	0.3730
6		0.2841	0.4045	0.2690	0.3860	0.2598	0.3724	0.2519	0.3587
4		0.2943	0.3735	0.2841	0.3628	0.2775	0.3545	0.2711	0.3455
2		0.3030	0.3445	0.2978	0.3392	0.2945	0.3355	0.2910	0.3310
4/26	0.1200	0.0528	0.7502	0.0407	0.6010	0.0392	0.5258	0.0400	0.4545
24		0.0760	0.7250	0.0614	0.5857	0.0581	0.5151	0.0553	0.4492
22		0.1009	0.6975	0.0841	0.5684	0.0770	0.5040	0.0702	0.4440
20		0.1230	0.6706	0.1018	0.5543	0.0928	0.4942	0.0850	0.4388
18		0.1446	0.6431	0.1188	0.5400	0.1086	0.4842	0.1006	0.4330
16		0.1682	0.6111	0.1402	0.5214	0.1293	0.4703	0.1212	0.4245
14		0.1909	0.5779	0.1627	0.5015	0.1500	0.4562	0.1398	0.4168
12		0.2128	0.5425	0.1843	0.4807	0.1706	0.4419	0.1602	0.4070
10		0.2355	0.5006	0.2115	0.4532	0.1989	0.4219	0.1876	0.3933
8		0.2561	0.4597	0.2359	0.4266	0.2232	0.4022	0.2124	0.3799
6		0.2735	0.4215	0.2581	0.3992	0.2467	0.3822	0.2374	0.3655
4		0.2891	0.3821	0.2781	0.3704	0.2702	0.3602	0.2628	0.3498
2		0.3012	0.3470	0.2959	0.3417	0.2919	0.3371	0.2880	0.3327
3/22	0.06555	0.0390	0.7468	0.0340	0.6011	0.0332	0.5206	0.0333	0.4444
20		0.0720	0.7127	0.0620	0.5802	0.0568	0.5082	0.0528	0.4393
18		0.1049	0.6766	0.0882	0.5605	0.0798	0.4954	0.0718	0.4340
16		0.1341	0.6420	0.1120	0.5414	0.1023	0.4818	0.0925	0.4275
14		0.1626	0.6052	0.1382	0.5197	0.1262	0.4667	0.1161	0.4192
12		0.1902	0.5642	0.1660	0.4948	0.1516	0.4505	0.1411	0.4095
10		0.2170	0.5211	0.1935	0.4682	0.1800	0.4310	0.1688	0.3974
8		0.2435	0.4752	0.2228	0.4380	0.2088	0.4101	0.1970	0.3841
6		0.2642	0.4342	0.2471	0.4100	0.2346	0.3901	0.2240	0.3699
4		0.2836	0.3915	0.2711	0.3780	0.2618	0.3667	0.2525	0.3537
2		0.2999	0.3500	0.2935	0.3439	0.2890	0.3391	0.2844	0.3337
2/16	0.03126	0.0329	0.7358	0.0277	0.5986	0.0276	0.5153	0.0285	0.4327
14		0.0820	0.6860	0.0688	0.5691	0.0629	0.4973	0.0599	0.4270
12		0.1307	0.6308	0.1120	0.5358	0.1022	0.4759	0.0934	0.4183
10		0.1773	0.5698	0.1560	0.4981	0.1442	0.4505	0.1321	0.4059
8		0.2192	0.5042	0.1979	0.4583	0.1842	0.4244	0.1705	0.3911
6		0.2493	0.4522	0.2318	0.4231	0.2200	0.3983	0.2092	0.3739
4		0.2763	0.3998	0.2640	0.3845	0.2540	0.3705	0.2442	0.3559
2		0.2978	0.3507	0.2918	0.3450	0.2869	0.3400	0.2820	0.3341
1/8	0.01210	0.0620	0.6896	0.0559	0.5710	0.0530	0.4943	0.0511	0.4158
6		0.1711	0.5619	0.1468	0.4996	0.1344	0.4505	0.1249	0.4019
4		0.2454	0.4489	0.2290	0.4218	0.2159	0.3967	0.2040	0.3724
2		0.2910	0.3634	0.2833	0.3564	0.2758	0.3484	0.2689	0.3407

| V/C | Y | 蓝绿 | | | | | | | |
| | | 2.5BG | | 5.0BG | | 7.5BG | | 10.0BG | |
		x	y	x	y	x	y	x	y
9/10	0.7866	0.2382	0.3568	0.2301	0.3405	0.2215	0.3226		
8		0.2509	0.3507	0.2437	0.3378	0.2361	0.3225		
6		0.2652	0.3433	0.2599	0.3338	0.2543	0.3220	0.2501	0.3118
4		0.2805	0.3349	0.2768	0.3287	0.2728	0.3208	0.2700	0.3140
2		0.2947	0.3267	0.2930	0.3232	0.2911	0.3188	0.2907	0.3159
8/18	0.5910	0.1759	0.3782						
16		0.1915	0.3732	0.1814	0.3450	0.1721	0.3168		
14		0.2057	0.3681	0.1958	0.3432	0.1868	0.3179	0.1788	0.2936
12		0.2196	0.3630	0.2101	0.3412	0.2010	0.3188	0.1937	0.2978
10		0.2352	0.3566	0.2264	0.3383	0.2184	0.3196	0.2120	0.3025
8		0.2500	0.3500	0.2419	0.3352	0.2352	0.3198	0.2302	0.3063
6		0.2647	0.3429	0.2588	0.3318	0.2525	0.3198	0.2489	0.3099
4		0.2791	0.3351	0.2752	0.3278	0.2718	0.3200	0.2686	0.3130
2		0.2940	0.3268	0.2919	0.3228	0.2900	0.3183	0.2894	0.3152
7/22	0.4306	0.1334	0.3870						
20		0.1490	0.3827	0.1380	0.3412				
18		0.1626	0.3788	0.1515	0.3410	0.1427	0.3076		
16		0.1788	0.3739	0.1675	0.3401	0.1584	0.3101	0.1489	0.2768
14		0.1932	0.3694	0.1838	0.3390	0.1751	0.3129	0.1671	0.2832
12		0.2102	0.3636	0.1997	0.3379	0.1914	0.3148	0.1841	0.2892
10		0.2264	0.3576	0.2163	0.3361	0.2094	0.3165	0.2035	0.2956
8		0.2439	0.3508	0.2354	0.3335	0.2292	0.3178	0.2235	0.3014
6		0.2608	0.3430	0.2543	0.3302	0.2490	0.3186	0.2448	0.3069
4		0.2764	0.3354	0.2712	0.3269	0.2671	0.3189	0.2642	0.3109
2		0.2927	0.3269	0.2898	0.3225	0.2878	0.3182	0.2869	0.3143
6/22	0.3005	0.1120	0.3860						
20		0.1269	0.3829	0.1168	0.3344				
18		0.1428	0.3790	0.1325	0.3345	0.1248	0.2981	0.1181	0.2581
16		0.1600	0.3748	0.1491	0.3345	0.1408	0.3017	0.1337	0.2651
14		0.1779	0.3699	0.1662	0.3343	0.1585	0.3052	0.1518	0.2729
12		0.1954	0.3645	0.1844	0.3337	0.1762	0.3081	0.1698	0.2802
10		0.2148	0.3584	0.2037	0.3329	0.1961	0.3110	0.1909	0.2881
8		0.2332	0.3522	0.2236	0.3311	0.2171	0.3138	0.2116	0.2950
6		0.2526	0.3448	0.2441	0.3290	0.2384	0.3155	0.2335	0.3015
4		0.2702	0.3369	0.2648	0.3262	0.2604	0.3169	0.2578	0.3078
2		0.2902	0.3268	0.2872	0.3219	0.2849	0.3172	0.2837	0.3132
5/24	0.1977	0.0738	0.3851						
22		0.0861	0.3832	0.0781	0.3211				
20		0.1005	0.3814	0.0904	0.3231				
18		0.1165	0.3785	0.1046	0.3244	0.0982	0.2828		
16		0.1348	0.3750	0.1243	0.3261	0.1167	0.2880	0.1108	0.2489
14		0.1559	0.3708	0.1448	0.3275	0.1364	0.2932	0.1308	0.2582
12		0.1735	0.3668	0.1614	0.3280	0.1537	0.2976	0.1485	0.2662
10		0.1980	0.3606	0.1850	0.3280	0.1776	0.3032	0.1716	0.2760
8		0.2205	0.3537	0.2100	0.3280	0.2030	0.3082	0.1970	0.2860

续　表

V/C	Y	蓝绿							
		2.5BG		5.0BG		7.5BG		10.0BG	
		x	y	x	y	x	y	x	y
6		0.2448	0.3452	0.2360	0.3270	0.2292	0.3125	0.2234	0.2952
4		0.2659	0.3369	0.2591	0.3246	0.2550	0.3150	0.2512	0.3040
2		0.2880	0.3270	0.2841	0.3210	0.2812	0.3161	0.2796	0.3111
4/24	0.1200	0.0510	0.3800						
22		0.0636	0.3788						
20		0.0768	0.3773	0.0675	0.3075				
18		0.0915	0.3754	0.0828	0.3108	0.0768	0.2667		
16		0.1102	0.3720	0.0992	0.3141	0.0992	0.2718	0.0888	0.2298
14		0.1283	0.3688	0.1170	0.3170	0.1092	0.2774	0.1033	0.2376
12		0.1492	0.3649	0.1379	0.3198	0.1298	0.2840	0.1248	0.2484
10		0.1738	0.3600	0.1618	0.3219	0.1540	0.2910	0.1480	0.2600
8		0.2006	0.3540	0.1890	0.3234	0.1815	0.2985	0.1760	0.2730
6		0.2278	0.3463	0.2182	0.3240	0.2113	0.3052	0.2065	0.2863
4		0.2552	0.3375	0.2480	0.3232	0.2429	0.3108	0.2384	0.2984
2		0.2840	0.3270	0.2799	0.3208	0.2764	0.3148	0.2740	0.3091
3/20	0.06555	0.0482	0.3695						
18		0.0648	0.3682	0.0580	0.2940				
16		0.0843	0.3667	0.0735	0.2979	0.0691	0.2559		
14		0.1051	0.3648	0.0940	0.3027	0.0874	0.2627	0.0798	0.2151
12		0.1288	0.3620	0.1158	0.3071	0.1086	0.2706	0.1018	0.2281
10		0.1552	0.3580	0.1410	0.3118	0.1326	0.2784	0.1250	0.2411
8		0.1845	0.3531	0.1703	0.3159	0.1620	0.2872	0.1551	0.2571
6		0.2132	0.3468	0.2020	0.3188	0.1928	0.2958	0.1861	0.2722
4		0.2437	0.3386	0.2343	0.3200	0.2272	0.3041	0.2221	0.2886
2		0.2799	0.3271	0.2742	0.3192	0.2699	0.3120	0.2660	0.3050
2/14	0.03126	0.0555	0.3588						
12		0.0851	0.3576	0.0769	0.2880	0.0724	0.2478		
10		0.1190	0.3551	0.1050	0.2956	0.0991	0.2582	0.0929	0.2133
8		0.1557	0.3517	0.1405	0.3037	0.1325	0.2710	0.1258	0.2331
6		0.1971	0.3452	0.1843	0.3110	0.1747	0.2853	0.1669	0.2570
4		0.2343	0.3378	0.2234	0.3150	0.2162	0.2981	0.2096	0.2790
2		0.2765	0.3271	0.2697	0.3175	0.2651	0.3098	0.2606	0.3010
1/8	0.01210	0.0476	0.3458						
6		0.1169	0.3452	0.1093	0.2360	0.1059	0.2485	0.1074	0.2129
4		0.1883	0.3406	0.1753	0.3201	0.1702	0.2768	0.1658	0.2496
2		0.2600	0.3289	0.2500	0.3141	0.2430	0.3023	0.2362	0.2882

V/C	Y	蓝							
		2.5B		5.0B		7.5B		10.0B	
		x	y	x	y	x	y	x	y
9/4	0.7866	0.2680	0.3073	0.2675	0.3005	0.2688	0.2961	0.2712	0.2924
2		0.2909	0.3125	0.2919	0.3102	0.2937	0.3087	0.2949	0.3076
8/12	0.5910	0.1877	0.2752						
10		0.2066	0.2839						
8		0.2264	0.2923	0.2237	0.2761	0.2252	0.2668	0.2294	0.2587
6		0.2462	0.3000	0.2457	0.2888	0.2472	0.2821	0.2512	0.2760

V/C	Y	蓝							
		2.5B		5.0B		7.5B		10.0B	
		x	y	x	y	x	y	x	y
4		0.2668	0.3067	0.2671	0.2998	0.2688	0.2956	0.2718	0.2911
2		0.2897	0.3124	0.2908	0.3096	0.2922	0.3077	0.2935	0.3062
7/16	0.4306	0.1435	0.2472						
14		0.1624	0.2581	0.1615	0.2307				
12		0.1797	0.2672	0.1778	0.2430	0.1818	0.2303	0.1883	0.2203
10		0.1994	0.2775	0.1986	0.2579	0.2016	0.2466	0.2078	0.2382
8		0.2208	0.2871	0.2204	0.2729	0.2225	0.2631	0.2277	0.2559
6		0.2418	0.2960	0.2410	0.2854	0.2436	0.2787	0.2478	0.2728
4		0.2629	0.3038	0.2633	0.2972	0.2651	0.2927	0.2685	0.2886
2		0.2867	0.3110	0.2875	0.3078	0.2888	0.3058	0.2908	0.3039
6/16	0.3005	0.1294	0.2348	0.1310	0.2048	0.1376	0.1879	0.1454	0.1778
14		0.1480	0.2459	0.1496	0.2193	0.1556	0.2043	0.1629	0.1947
12		0.1660	0.2561	0.1685	0.2339	0.1734	0.2203	0.1803	0.2114
10		0.1879	0.2682	0.1883	0.2487	0.1934	0.2374	0.2000	0.2298
8		0.2080	0.2789	0.2088	0.2635	0.2132	0.2537	0.2189	0.2468
6		0.2312	0.2899	0.2320	0.2789	0.2352	0.2708	0.2399	0.2650
4		0.2571	0.3008	0.2579	0.2938	0.2602	0.2881	0.2637	0.2840
2		0.2835	0.3097	0.2842	0.3063	0.2854	0.3037	0.2871	0.3012
5/18	0.1977							0.1203	0.1505
16		0.1090	0.2166	0.1132	0.1863	0.1230	0.1711	0.1326	0.1632
14		0.1283	0.2292	0.1320	0.2021	0.1404	0.1878	0.1492	0.1797
12		0.1461	0.2406	0.1505	0.2172	0.1584	0.2042	0.1666	0.1964
10		0.1697	0.2549	0.1729	0.2347	0.1792	0.2230	0.1860	0.2149
8		0.1947	0.2687	0.1958	0.2519	0.2007	0.2417	0.2067	0.2344
6		0.2210	0.2823	0.2215	0.2701	0.2248	0.2612	0.2299	0.2548
4		0.2492	0.2954	0.2493	0.2879	0.2511	0.2808	0.2547	0.2757
2		0.2791	0.3071	0.2794	0.3032	0.2803	0.3000	0.2821	0.2966
4/16	0.1200	0.0900	0.1973					0.1155	0.1416
14		0.1027	0.2057	0.1098	0.1785	0.1204	0.1655	0.1310	0.1580
12		0.1247	0.2209	0.1299	0.1963	0.1393	0.1837	0.1487	0.1760
10		0.1463	0.2354	0.1512	0.2148	0.1601	0.2028	0.1681	0.1954
8		0.1737	0.2524	0.1759	0.2345	0.1821	0.2232	0.1893	0.2160
6		0.2048	0.2708	0.2060	0.2572	0.2102	0.2470	0.2157	0.2407
4		0.2360	0.2872	0.2363	0.2782	0.2388	0.2704	0.2429	0.2648
2		0.2727	0.3038	0.2723	0.2992	0.2733	0.2947	0.2753	0.2910
3/14	0.06555							0.1065	0.1285
12		0.0989	0.1963	0.1042	0.1681	0.1131	0.1542	0.1228	0.1460
10		0.1220	0.2132	0.1259	0.1879	0.1343	0.1756	0.1432	0.1675
8		0.1511	0.2331	0.1527	0.2119	0.1583	0.1987	0.1658	0.1905
6		0.1826	0.2536	0.1835	0.2375	0.1875	0.2258	0.1933	0.2173
4		0.2183	0.2748	0.2176	0.2632	0.2200	0.2536	0.2246	0.2467
2		0.2636	0.2983	0.2617	0.2921	0.2616	0.2857	0.2631	0.2801
2/10	0.03126	0.0911	0.1828	0.0965	0.1558	0.1051	0.1422	0.1157	0.1346
8		0.1230	0.2076	0.1245	0.1827	0.1313	0.1692	0.1396	0.1603
6		0.1621	0.2358	0.1617	0.2162	0.1658	0.2026	0.1716	0.1937

续　表

V/C	Y	蓝							
		2.5B		5.0B		7.5B		10.0B	
		x	y	x	y	x	y	x	y
4		0.2060	0.2649	0.2048	0.2518	0.2063	0.2400	0.2102	0.2313
2		0.2578	0.2940	0.2559	0.2874	0.2545	0.2799	0.2558	0.2725
1/8	0.01210					0.0968	0.1280	0.1077	0.1218
6		0.1118	0.1908	0.1212	0.1745	0.1303	0.1639	0.1392	0.1563
4		0.1649	0.2324	0.1667	0.2168	0.1716	0.2048	0.1783	0.1974
2		0.2322	0.2781	0.2291	0.2677	0.2291	0.2579	0.2309	0.2491

V/C	Y	紫蓝							
		2.5PB		5.0PB		7.5PB		10.0PB	
		x	y	x	y	x	y	x	y
9/4	0.7866							0.2910	0.2850
2		0.2975	0.3063	0.2991	0.3057	0.3015	0.3052	0.3038	0.3054
8/8	0.5910							0.2677	0.2443
6		0.2562	0.2709	0.2614	0.2670	0.2702	0.2648	0.2792	0.2649
4		0.2758	0.2879	0.2798	0.2861	0.2856	0.2846	0.3011	0.2848
2		0.2957	0.3047	0.2974	0.3039	0.3003	0.3034	0.3027	0.3035
7/12	0.4306							0.2465	0.2058
10		0.2162	0.2309	0.2254	0.2267	0.2410	0.2224	0.2563	0.2240
8		0.2352	0.2498	0.2427	0.2458	0.2546	0.2418	0.2670	0.2425
6		0.2538	0.2677	0.2596	0.2643	0.2687	0.2612	0.2776	0.2612
4		0.2729	0.2848	0.2773	0.2828	0.2833	0.2809	0.2886	0.2801
2		0.2932	0.3025	0.2952	0.3011	0.2982	0.3003	0.3005	0.3000
6/16	0.3005							0.2265	0.1671
14		0.1754	0.1868	0.1873	0.1822	0.2119	0.1799	0.2352	0.1839
12		0.1913	0.2038	0.2026	0.1999	0.2241	0.1975	0.2440	0.1998
10		0.2095	0.2225	0.2197	0.2188	0.2378	0.2168	0.2540	0.2176
8		0.2274	0.2406	0.2360	0.2365	0.2505	0.2347	0.2637	0.2352
6		0.2465	0.2599	0.2533	0.2558	0.2638	0.2531	0.2740	0.2533
4		0.2684	0.2804	0.2734	0.2778	0.2798	0.2752	0.2863	0.2747
2		0.2897	0.2991	0.2923	0.2978	0.2955	0.2963	0.2988	0.2961
5/22	0.1977							0.2082	0.1225
20						0.1794	0.1239	0.2121	0.1329
18		0.1363	0.1410	0.1518	0.1365	0.1862	0.1365	0.2174	0.1444
16		0.1495	0.1559	0.1638	0.1521	0.1945	0.1511	0.2224	0.1555
14		0.1642	0.1728	0.1773	0.1689	0.2042	0.1661	0.2299	0.1698
12		0.1793	0.1894	0.1918	0.1858	0.2157	0.1830	0.2384	0.1857
10		0.1968	0.2078	0.2080	0.2041	0.2285	0.2020	0.2478	0.2030
8		0.2157	0.2278	0.2255	0.2239	0.2417	0.2204	0.2572	0.2211
6		0.2365	0.2488	0.2447	0.2449	0.2563	0.2417	0.2686	0.2412
4		0.2600	0.2720	0.2662	0.2687	0.2739	0.2666	0.2821	0.2659
2		0.2847	0.2942	0.2882	0.2923	0.2918	0.2908	0.2959	0.2905
4/30	0.1200							0.1952	0.0778
28								0.1971	0.0840
26						0.1659	0.0825	0.1994	0.0904
24						0.1684	0.0899	0.2020	0.0985

续　表

V/C	Y	紫蓝							
		2.5PB		5.0PB		7.5PB		10.0PB	
		x	y	x	y	x	y	x	y
22						0.1713	0.0980	0.2048	0.1064
20				0.1288	0.1027	0.1742	0.1058	0.2075	0.1140
18		0.1218	0.1208	0.1392	0.1167	0.1798	0.1185	0.2120	0.1256
16		0.1336	0.1349	0.1504	0.1317	0.1861	0.1316	0.2170	0.1373
14		0.1473	0.1513	0.1627	0.1479	0.1941	0.1468	0.2220	0.1503
12		0.1634	0.1698	0.1773	0.1659	0.2037	0.1629	0.2298	0.1659
10		0.1805	0.1888	0.1925	0.1843	0.2158	0.1811	0.2388	0.1837
8		0.1995	0.2094	0.2103	0.2050	0.2304	0.2023	0.2497	0.2038
6		0.2235	0.2343	0.2325	0.2300	0.2471	0.2266	0.2618	0.2263
4		0.2487	0.2597	0.2562	0.2560	0.2657	0.2528	0.2759	0.2522
2		0.2782	0.2876	0.2816	0.2842	0.2861	0.2819	0.2911	0.2804
3/34	0.06555					0.1608	0.0480	0.1918	0.0503
32						0.1612	0.0511	0.1926	0.0542
30						0.1621	0.0556	0.1938	0.0599
28						0.1632	0.0609	0.1950	0.0650
26						0.1642	0.0655	0.1963	0.0708
24						0.1658	0.0711	0.1982	0.0772
22						0.1677	0.0782	0.2004	0.0847
20						0.1702	0.0867	0.2030	0.0930
18				0.1228	0.0895	0.1730	0.0948	0.2060	0.1020
16				0.1318	0.1024	0.1765	0.1048	0.2092	0.1118
14		0.1251	0.1218	0.1431	0.1184	0.1824	0.1188	0.2142	0.1250
12		0.1398	0.1395	0.1557	0.1356	0.1903	0.1353	0.2206	0.1407
10		0.1576	0.1600	0.1718	0.1562	0.2005	0.1536	0.2278	0.1565
8		0.1780	0.1833	0.1908	0.1799	0.2149	0.1761	0.2387	0.1786
6		0.2022	0.2101	0.2122	0.2052	0.2311	0.2010	0.2511	0.2031
4		0.2312	0.2405	0.2393	0.2361	0.2520	0.2319	0.2660	0.2319
2		0.2663	0.2756	0.2708	0.2719	0.2777	0.2687	0.2847	0.2670
2/38	0.03126					0.1623	0.0280		
36						0.1628	0.0310		
34						0.1630	0.0340	0.1911	0.0344
32						0.1635	0.0373	0.1918	0.0379
30						0.1640	0.0409	0.1925	0.0420
28						0.1647	0.0451	0.1937	0.0471
26						0.1653	0.0492	0.1949	0.0520
24						0.1660	0.0538	0.1962	0.0578
22						0.1670	0.0594	0.1978	0.0643
20						0.1685	0.0666	0.1998	0.0718
18						0.1701	0.0742	0.2021	0.0808
16						0.1728	0.0839	0.2052	0.0910
14				0.1253	0.0873	0.1762	0.0955	0.2087	0.1026
12		0.1166	0.1076	0.1363	0.1048	0.1813	0.1094	0.2139	0.1170
10		0.1332	0.1278	0.1500	0.1240	0.1882	0.1258	0.2200	0.1330
8		0.1540	0.1530	0.1685	0.1491	0.2005	0.1495	0.2294	0.1551
6		0.1825	0.1857	0.1942	0.1811	0.2189	0.1790	0.2440	0.1840
4		0.2175	0.2245	0.2263	0.2192	0.2420	0.2148	0.2600	0.2162

续 表

V/C	Y	紫蓝							
		2.5PB		5.0PB		7.5PB		10.0PB	
		x	y	x	y	x	y	x	y
2		0.2592	0.2675	0.2638	0.2624	0.2712	0.2582	0.2803	0.2567
1/38	0.01210					0.1680	0.0140		
36						0.1681	0.0160		
34						0.1682	0.0180		
32						0.1682	0.0202		
30						0.1684	0.0234	0.1928	0.0240
28						0.1686	0.0270	0.1936	0.0281
26						0.1689	0.0309	0.1912	0.0326
24						0.1691	0.0352	0.1952	0.0380
22						0.1696	0.0402	0.1965	0.0436
20						0.1701	0.0454	0.1976	0.0493
18						0.1709	0.0518	0.1991	0.0564
16						0.1720	0.0583	0.2008	0.0638
14						0.1738	0.0688	0.2038	0.0745
12						0.1763	0.0804	0.2070	0.0869
10				0.1285	0.0870	0.1804	0.0950	0.2120	0.1029
8		0.1273	0.1157	0.1447	0.1124	0.1872	0.1141	0.2190	0.1228
6		0.1539	0.1491	0.1678	0.1447	0.2000	0.1422	0.2290	0.1470
4		0.1895	0.1911	0.2012	0.1867	0.2232	0.1821	0.2459	0.1828
2		0.2360	0.2420	0.2427	0.2368	0.2547	0.2310	0.2677	0.2280

V/C	Y	紫							
		2.5P		5.0P		7.5P		10.0P	
		x	y	x	y	x	y	x	y
9/6	0.7866					0.3120	0.2788	0.3218	0.2845
4		0.2963	0.2865	0.3003	0.2870	0.3117	0.2928	0.3176	0.2966
2		0.3050	0.3051	0.3067	0.3060	0.3107	0.3081	0.3128	0.3094
8/11	0.5910							0.3312	0.2349
12						0.3117	0.2370	0.3312	0.2470
10				0.2870	0.2380	0.3116	0.2497	0.3282	0.2582
8		0.2800	0.2188	0.2914	0.2534	0.3116	0.2626	0.3250	0.2700
6		0.2881	0.2671	0.2963	0.2704	0.3114	0.2785	0.3213	0.2829
4		0.2962	0.2850	0.3012	0.2868	0.3114	0.2915	0.3175	0.2955
2		0.3018	0.3040	0.3065	0.3047	0.3107	0.3070	0.3131	0.3084
7/22	0.4306							0.3430	0.1883
20								0.3410	0.1988
18						0.3093	0.1962	0.3391	0.2088
16						0.3099	0.2074	0.3368	0.2192
14				0.2801	0.2068	0.3101	0.2192	0.3341	0.2308
12		0.2664	0.2127	0.2833	0.2197	0.3104	0.2320	0.3314	0.2423
10		0.2729	0.2289	0.2872	0.2343	0.3108	0.2442	0.3288	0.2531
8		0.2799	0.2159	0.2918	0.2504	0.3109	0.2584	0.3256	0.2654
6		0.2873	0.2633	0.2961	0.2663	0.3111	0.2730	0.3221	0.2786
4		0.2950	0.2810	0.3009	0.2831	0.3111	0.2880	0.3181	0.2920
2		0.3031	0.3000	0.3059	0.3010	0.3109	0.3037	0.3138	0.3054

V/C	Y	紫							
		2.5P		5.0P		7.5P		10.0P	
		x	y	x	y	x	y	x	y
6/26	0.3005							0.3457	0.1604
24						0.3058	0.1547	0.3441	0.1698
22						0.3062	0.1638	0.3426	0.1785
20				0.2702	0.1621	0.3069	0.1745	0.3409	0.1882
18		0.2504	0.1658	0.2731	0.1738	0.3075	0.1870	0.3388	0.1995
16		0.2548	0.1768	0.2761	0.1852	0.3080	0.1976	0.3370	0.2095
14		0.2593	0.1909	0.2794	0.1979	0.3084	0.2095	0.3349	0.2203
12		0.2647	0.2052	0.2829	0.2121	0.3090	0.2222	0.3321	0.2329
10		0.2703	0.2204	0.2862	0.2260	0.3092	0.2350	0.3293	0.2450
8		0.2770	0.2372	0.2905	0.2421	0.3099	0.2502	0.3259	0.2584
6		0.2842	0.2550	0.2950	0.2585	0.3101	0.2650	0.3226	0.2716
4		0.2932	0.2759	0.3001	0.2778	0.3107	0.2831	0.3181	0.2871
2		0.3016	0.2960	0.3050	0.2967	0.3107	0.2993	0.3146	0.3018
5/30	0.1977					0.3010	0.1170	0.3490	0.1308
28				0.2618	0.1135	0.3018	0.1253	0.3478	0.1388
26		0.2348	0.1140	0.2635	0.1224	0.3022	0.1331	0.3468	0.1460
24		0.2372	0.1223	0.2652	0.1304	0.3030	0.1423	0.3450	0.1555
22		0.2402	0.1315	0.2673	0.1398	0.3038	0.1500	0.3437	0.1644
20		0.2438	0.1419	0.2694	0.1499	0.3042	0.1606	0.3422	0.1735
18		0.2476	0.1532	0.2718	0.1604	0.3052	0.1711	0.3401	0.1840
16		0.2515	0.1644	0.2744	0.1718	0.3060	0.1830	0.3382	0.1951
14		0.2560	0.1774	0.2775	0.1847	0.3068	0.1951	0.3360	0.2066
12		0.2608	0.1913	0.2806	0.1977	0.3071	0.2080	0.3335	0.2187
10		0.2665	0.2075	0.2845	0.2137	0.3080	0.2230	0.3308	0.2328
8		0.2728	0.2240	0.2885	0.2296	0.3087	0.2375	0.3280	0.2464
6		0.2806	0.2444	0.2932	0.2487	0.3093	0.2555	0.3243	0.2630
4		0.2898	0.2667	0.2986	0.2699	0.3100	0.2750	0.3198	0.2807
2		0.3000	0.2912	0.3045	0.2928	0.3103	0.2959	0.3148	0.2986
4/32	0.1200	0.2265	0.0774	0.2574	0.0833	0.2962	0.0906		
30		0.2285	0.0847	0.2588	0.0907	0.2969	0.0979	0.3440	0.1080
28		0.2302	0.0909	0.2600	0.0971	0.2979	0.1062	0.3432	0.1172
26		0.2322	0.0978	0.2618	0.1052	0.2986	0.1135	0.3428	0.1248
24		0.2348	0.1062	0.2635	0.1132	0.2993	0.1225	0.3421	0.1337
22		0.2371	0.1143	0.2652	0.1218	0.3001	0.1306	0.3411	0.1424
20		0.2394	0.1221	0.2670	0.1300	0.3010	0.1396	0.3400	0.1500
18		0.2430	0.1332	0.2693	0.1408	0.3016	0.1500	0.3386	0.1626
16		0.2467	0.1452	0.2718	0.1520	0.3028	0.1621	0.3370	0.1756
14		0.2509	0.1585	0.2747	0.1660	0.3035	0.1755	0.3351	0.1875
12		0.2559	0.1730	0.2778	0.1808	0.3045	0.1905	0.3331	0.2014
10		0.2619	0.1903	0.2814	0.1967	0.3056	0.2060	0.3306	0.2162
8		0.2685	0.2089	0.2855	0.2150	0.3066	0.2228	0.3280	0.2318
6		0.2763	0.2300	0.2903	0.2347	0.3076	0.2416	0.3248	0.2493
4		0.2855	0.2531	0.2958	0.2565	0.3084	0.2622	0.3210	0.2686
2		0.2962	0.2807	0.3022	0.2825	0.3093	0.2859	0.3162	0.2902
3/34	0.06555	0.2230	0.0543						
32		0.2242	0.0587	0.2557	0.0630				

续　表

V/C	Y	紫							
		2.5P		5.0P		7.5P		10.0P	
		x	y	x	y	x	y	x	y
30		0.2252	0.0638	0.2568	0.0690	0.2922	0.0750		
28		0.2268	0.0698	0.2579	0.0750	0.2930	0.0812		
26		0.2286	0.0765	0.2590	0.0822	0.2938	0.0892	0.3343	0.0978
24		0.2305	0.0832	0.2602	0.0891	0.2944	0.0967	0.3341	0.1055
22		0.2329	0.0911	0.2620	0.0978	0.2953	0.1057	0.3340	0.1146
20		0.2354	0.1003	0.2639	0.1074	0.2961	0.1151	0.3332	0.1240
18		0.2380	0.1094	0.2657	0.1163	0.2969	0.1239	0.3329	0.1332
16		0.2410	0.1198	0.2680	0.1272	0.2981	0.1356	0.3320	0.1456
14		0.2449	0.1325	0.2707	0.1397	0.2992	0.1475	0.3309	0.1572
12		0.2498	0.1480	0.2739	0.1539	0.3003	0.1618	0.3301	0.1715
10		0.2548	0.1638	0.2772	0.1707	0.3020	0.1794	0.3286	0.1889
8		0.2615	0.1845	0.2819	0.1910	0.3037	0.1981	0.3269	0.2075
6		0.2691	0.2072	0.2870	0.2135	0.3057	0.2208	0.3243	0.2293
4		0.2792	0.2342	0.2928	0.2386	0.3072	0.2448	0.3214	0.2517
2		0.2922	0.2680	0.2997	0.2700	0.3088	0.2740	0.3170	0.2790
2/30	0.03126	0.2231	0.0432						
28		0.2245	0.0491	0.2559	0.0525				
26		0.2260	0.0555	0.2569	0.0594				
24		0.2277	0.0621	0.2582	0.0669	0.2882	0.0719		
22		0.2298	0.0696	0.2597	0.0750	0.2890	0.0799	0.3230	0.0861
20		0.2320	0.0779	0.2612	0.0838	0.2902	0.0901	0.3231	0.0962
18		0.2345	0.0873	0.2632	0.0935	0.2912	0.0995	0.3233	0.1063
16		0.2372	0.0980	0.2652	0.1045	0.2922	0.1106	0.3235	0.1181
14		0.2406	0.1100	0.2676	0.1163	0.2938	0.1235	0.3235	0.1317
12		0.2449	0.1245	0.2709	0.1320	0.2956	0.1392	0.3233	0.1477
10		0.2501	0.1422	0.2748	0.1500	0.2979	0.1569	0.3230	0.1659
8		0.2570	0.1635	0.2791	0.1707	0.3000	0.1781	0.3219	0.1862
6		0.2661	0.1921	0.2850	0.1992	0.3025	0.2058	0.3207	0.2132
4		0.2758	0.2208	0.2908	0.2261	0.3048	0.2321	0.3189	0.2390
2		0.2892	0.2583	0.2984	0.2612	0.3071	0.2647	0.3161	0.2691
1/26	0.01210	0.2251	0.0355						
24		0.2266	0.0418						
22		0.2279	0.0473	0.2590	0.0509				
20		0.2295	0.0542	0.2601	0.0586	0.2831	0.0625		
18		0.2312	0.0618	0.2612	0.0667	0.2841	0.0706	0.3069	0.0748
16		0.2331	0.0696	0.2625	0.0746	0.2852	0.0790	0.3078	0.0839
14		0.2361	0.0810	0.2645	0.0863	0.2868	0.0903	0.3084	0.0952
12		0.2394	0.0940	0.2670	0.1006	0.2884	0.1059	0.3094	0.1110
10		0.2441	0.1112	0.2701	0.1178	0.2905	0.1229	0.3102	0.1282
8		0.2496	0.1303	0.2742	0.1375	0.2932	0.1429	0.3114	0.1481
6		0.2570	0.1559	0.2794	0.1628	0.2960	0.1682	0.3126	0.1737
4		0.2668	0.1874	0.2854	0.1927	0.2991	0.1974	0.3132	0.2032
2		0.2808	0.2296	0.2936	0.2330	0.3030	0.2361	0.3132	0.2404

续　表

V/C	Y	红紫							
		2.5RP		5.0RP		7.5RP		10.0RP	
		x	y	x	y	x	y	x	y
9/6	0.7866	0.3322	0.2910	0.3431	0.2988	0.3512	0.3052	0.3590	0.3118
4		0.3234	0.3010	0.3301	0.3060	0.3350	0.3099	0.3400	0.3140
2		0.3149	0.3108	0.3172	0.3126	0.3190	0.3141	0.3205	0.3155
8/14	0.5910	0.3621	0.2496						
12		0.3552	0.2594	0.3818	0.2742	0.4002	0.2859		
10		0.3479	0.2699	0.3685	0.2828	0.3830	0.2930	0.3983	0.3049
8		0.3406	0.2793	0.3570	0.2900	0.3682	0.2983	0.3800	0.3082
6		0.3327	0.2898	0.3440	0.2978	0.3521	0.3042	0.3600	0.3112
4		0.3239	0.3000	0.3308	0.3052	0.3360	0.3092	0.3412	0.3135
2		0.3154	0.3100	0.3180	0.3120	0.3200	0.3136	0.3218	0.3152
7/20	0.4306	0.3811	0.2143						
18		0.3751	0.2241	0.4186	0.2459				
16		0.3688	0.2342	0.4076	0.2540	0.4346	0.2689	0.4648	0.2878
14		0.3620	0.2448	0.3958	0.2628	0.4195	0.2762	0.4456	0.2931
12		0.3555	0.2545	0.3841	0.2710	0.4040	0.2834	0.4260	0.2980
10		0.3487	0.2648	0.3713	0.2798	0.3871	0.2906	0.4040	0.3030
8		0.3417	0.2745	0.3603	0.2869	0.3722	0.2963	0.3851	0.3067
6		0.3338	0.2854	0.3470	0.2949	0.3562	0.3022	0.3648	0.3098
4		0.3254	0.2971	0.3332	0.3032	0.3389	0.3079	0.3446	0.3125
2		0.3170	0.3076	0.3206	0.3104	0.3232	0.3125	0.3258	0.3148
6/24	0.3005	0.3927	0.1892						
22		0.3877	0.1978	0.4449	0.2219				
20		0.3833	0.2056	0.4368	0.2283	0.4735	0.2464		
18		0.3773	0.2158	0.4245	0.2382	0.4581	0.2549	0.4961	0.2751
16		0.3718	0.2251	0.4136	0.2467	0.4448	0.2622	0.4781	0.2812
14		0.3652	0.2355	0.4023	0.2552	0.4285	0.2705	0.4552	0.2881
12		0.3582	0.2462	0.3900	0.2646	0.4125	0.2784	0.4360	0.2936
10		0.3509	0.2578	0.3769	0.2738	0.3960	0.2860	0.4150	0.2989
8		0.3437	0.2688	0.3648	0.2820	0.3791	0.2929	0.3930	0.3038
6		0.3362	0.2799	0.3520	0.2904	0.3635	0.2987	0.3740	0.3074
4		0.3272	0.2929	0.3371	0.3001	0.3439	0.3056	0.3508	0.3112
2		0.3188	0.3048	0.3232	0.3085	0.3261	0.3113	0.3292	0.3141
5/26	0.1997	0.4011	0.1652						
24		0.3965	0.1738	0.4683	0.1978				
22		0.3924	0.1814	0.4581	0.2068	0.5045	0.2248		
20		0.3873	0.1909	0.4484	0.2150	0.4915	0.2330	0.5396	0.2535
18		0.3821	0.2007	0.4372	0.2242	0.4761	0.2421	0.5185	0.2620
16		0.3763	0.2108	0.4261	0.2331	0.4617	0.2506	0.4986	0.2695
14		0.3703	0.2211	0.4142	0.2428	0.4454	0.2596	0.4767	0.2776
12		0.3635	0.2325	0.4022	0.2523	0.4303	0.2675	0.4579	0.2841
10		0.3560	0.2452	0.3880	0.2630	0.4108	0.2773	0.4332	0.2918
8		0.3490	0.2570	0.3748	0.2729	0.3932	0.2852	0.4105	0.2980
6		0.3396	0.2718	0.3585	0.2842	0.3726	0.2941	0.3851	0.3039
4		0.3298	0.2869	0.3421	0.2954	0.3515	0.3024	0.3594	0.3090
2		0.3199	0.3019	0.3256	0.3065	0.3296	0.3098	0.3332	0.3131

续　表

V/C	Y	红紫							
		2.5RP		5.0RP		7.5RP		10.0RP	
		x	y	x	y	x	y	x	y
4/26	0.1200	0.4048	0.1428						
24		0.4011	0.1504						
22		0.3967	0.1593	0.4656	0.1821				
20		0.3926	0.1679	0.4571	0.1906	0.5130	0.2101	0.5674	0.2319
18		0.3865	0.1802	0.4455	0.2023	0.4965	0.2217	0.5466	0.2424
16		0.3807	0.1923	0.4339	0.2139	0.4799	0.2329	0.5234	0.2530
14		0.3748	0.2039	0.4225	0.2249	0.4629	0.2437	0.5020	0.2623
12		0.3683	0.2162	0.4104	0.2361	0.4450	0.2541	0.4789	0.2717
10		0.3608	0.2301	0.3960	0.2489	0.4259	0.2651	0.4528	0.2811
8		0.3533	0.2438	0.3833	0.2600	0.4072	0.2750	0.4282	0.2890
6		0.3442	0.2595	0.3671	0.2733	0.3850	0.2859	0.3999	0.2972
4		0.3340	0.2770	0.3491	0.2872	0.3612	0.2963	0.3715	0.3042
2		0.3231	0.2951	0.3310	0.3010	0.3371	0.3061	0.3417	0.3106
3/22	0.06555	0.4018	0.1304						
20		0.3969	0.1413	0.4577	0.1593				
18		0.3929	0.1506	0.4503	0.1695	0.5130	0.1893		
16		0.3876	0.1629	0.4418	0.1809	0.4991	0.2011	0.5628	0.2241
14		0.3818	0.1758	0.4313	0.1944	0.4831	0.2140	0.5380	0.2369
12		0.3754	0.1898	0.4199	0.2089	0.4654	0.2273	0.5139	0.2489
10		0.3681	0.2054	0.4073	0.2235	0.4445	0.2419	0.4851	0.2618
8		0.3598	0.2233	0.3930	0.2395	0.4234	0.2556	0.4552	0.2741
6		0.3501	0.2425	0.3765	0.2569	0.3990	0.2708	0.4218	0.2864
4		0.3400	0.2624	0.3586	0.2742	0.3739	0.2851	0.3889	0.2969
2		0.3272	0.2861	0.3370	0.2940	0.3450	0.3001	0.3526	0.3068
2/20	0.03126	0.3802	0.1080						
18		0.3778	0.1188	0.4338	0.1340				
16		0.3748	0.1310	0.4269	0.1454	0.4744	0.1595		
14		0.3711	0.1449	0.4180	0.1598	0.4624	0.1737	0.5129	0.1888
12		0.3668	0.1618	0.4080	0.1764	0.4481	0.1903	0.4911	0.2060
10		0.3617	0.1800	0.3971	0.1939	0.4321	0.2082	0.4678	0.2237
8		0.3555	0.2003	0.3858	0.2140	0.4137	0.2276	0.4428	0.2419
6		0.3470	0.2259	0.3708	0.2380	0.3918	0.2490	0.4139	0.2608
4		0.3382	0.2496	0.3558	0.2597	0.3702	0.2683	0.3850	0.2778
2		0.3279	0.2754	0.3383	0.2829	0.3459	0.2892	0.3532	0.2957
1/16	0.01210	0.3368	0.0902						
14		0.3368	0.1020	0.3811	0.1138				
12		0.3361	0.1181	0.3722	0.1283	0.4240	0.1400	0.4668	0.1514
10		0.3354	0.1351	0.3727	0.1458	0.4132	0.1580	0.4521	0.1710
8		0.3342	0.1551	0.3660	0.1662	0.4005	0.1793	0.4357	0.1921
6		0.3321	0.1811	0.3588	0.1920	0.3865	0.2036	0.4151	0.2169
4		0.3290	0.2095	0.3503	0.2196	0.3705	0.2300	0.3920	0.2423
2		0.3240	0.2459	0.3378	0.2542	0.3498	0.2617	0.3629	0.2710

附表 5-1a　麦克白色卡(Macbeth colorchecker Classic)的光谱反射比(色块 1~12)

波长 λ/nm	1 暗肤色	2 亮肤色	3 天空色	4 草 色	5 蓝花色	6 蓝绿色	7 橙 色	8 紫蓝色	9 中红色	10 紫 色	11 黄绿色	12 橙黄色
380	0.048	0.103	0.113	0.048	0.123	0.110	0.053	0.099	0.096	0.101	0.056	0.060
385	0.051	0.120	0.138	0.049	0.152	0.133	0.054	0.120	0.108	0.115	0.058	0.061
390	0.055	0.141	0.174	0.049	0.197	0.167	0.054	0.150	0.123	0.135	0.059	0.063
395	0.060	0.163	0.219	0.049	0.258	0.208	0.054	0.189	0.135	0.157	0.059	0.064
400	0.065	0.182	0.266	0.050	0.328	0.252	0.054	0.231	0.144	0.177	0.060	0.065
405	0.068	0.192	0.300	0.049	0.385	0.284	0.054	0.268	0.145	0.191	0.061	0.065
410	0.068	0.197	0.320	0.049	0.418	0.303	0.053	0.293	0.144	0.199	0.061	0.064
415	0.067	0.199	0.330	0.050	0.437	0.314	0.053	0.311	0.141	0.203	0.061	0.064
420	0.064	0.201	0.336	0.050	0.446	0.322	0.052	0.324	0.138	0.206	0.062	0.064
425	0.062	0.203	0.337	0.051	0.448	0.329	0.052	0.335	0.134	0.198	0.063	0.064
430	0.059	0.205	0.337	0.052	0.448	0.336	0.052	0.348	0.132	0.190	0.064	0.064
435	0.057	0.208	0.337	0.053	0.447	0.344	0.052	0.361	0.132	0.179	0.066	0.065
440	0.055	0.212	0.335	0.054	0.444	0.353	0.052	0.373	0.131	0.168	0.068	0.065
445	0.054	0.217	0.334	0.056	0.440	0.363	0.052	0.383	0.131	0.156	0.071	0.066
450	0.053	0.224	0.331	0.058	0.434	0.375	0.052	0.387	0.129	0.144	0.075	0.067
455	0.053	0.231	0.327	0.060	0.428	0.390	0.052	0.383	0.128	0.132	0.079	0.068
460	0.052	0.240	0.322	0.061	0.421	0.408	0.052	0.374	0.126	0.120	0.085	0.069
465	0.052	0.251	0.316	0.063	0.413	0.433	0.052	0.361	0.126	0.110	0.093	0.073
470	0.052	0.262	0.310	0.064	0.405	0.460	0.053	0.345	0.125	0.101	0.104	0.077
475	0.053	0.273	0.302	0.065	0.394	0.492	0.054	0.325	0.123	0.093	0.118	0.084
480	0.054	0.282	0.293	0.067	0.381	0.523	0.055	0.301	0.119	0.086	0.135	0.092
485	0.055	0.289	0.285	0.068	0.372	0.548	0.056	0.275	0.114	0.080	0.157	0.100
490	0.057	0.293	0.276	0.070	0.362	0.566	0.057	0.247	0.109	0.075	0.185	0.107
495	0.059	0.296	0.268	0.072	0.352	0.577	0.059	0.223	0.105	0.070	0.221	0.115
500	0.061	0.301	0.260	0.078	0.342	0.582	0.061	0.202	0.103	0.067	0.269	0.123
505	0.062	0.310	0.251	0.088	0.330	0.583	0.064	0.184	0.102	0.063	0.326	0.133
510	0.065	0.321	0.243	0.106	0.314	0.580	0.068	0.167	0.100	0.061	0.384	0.146
515	0.067	0.326	0.234	0.130	0.294	0.576	0.076	0.152	0.097	0.059	0.440	0.166
520	0.070	0.322	0.225	0.155	0.271	0.569	0.086	0.137	0.094	0.058	0.484	0.193
525	0.072	0.310	0.215	0.173	0.249	0.560	0.101	0.125	0.091	0.056	0.516	0.229
530	0.074	0.298	0.208	0.181	0.231	0.549	0.120	0.116	0.089	0.054	0.534	0.273
535	0.075	0.291	0.203	0.182	0.219	0.535	0.143	0.110	0.090	0.053	0.542	0.323
540	0.076	0.292	0.198	0.177	0.211	0.519	0.170	0.106	0.092	0.052	0.545	0.374
545	0.078	0.297	0.195	0.168	0.209	0.501	0.198	0.103	0.096	0.052	0.541	0.418
550	0.079	0.300	0.191	0.157	0.209	0.480	0.228	0.099	0.102	0.053	0.533	0.456
555	0.082	0.298	0.188	0.147	0.207	0.458	0.260	0.094	0.106	0.054	0.524	0.487
560	0.087	0.295	0.183	0.137	0.201	0.436	0.297	0.090	0.108	0.055	0.513	0.512
565	0.092	0.295	0.177	0.129	0.196	0.414	0.338	0.086	0.109	0.055	0.501	0.534
570	0.100	0.305	0.172	0.126	0.196	0.392	0.380	0.083	0.112	0.054	0.487	0.554
575	0.107	0.326	0.167	0.125	0.199	0.369	0.418	0.083	0.126	0.053	0.472	0.570
580	0.115	0.358	0.163	0.122	0.206	0.346	0.452	0.083	0.157	0.052	0.454	0.584
585	0.122	0.397	0.160	0.119	0.215	0.324	0.481	0.085	0.208	0.052	0.436	0.598
590	0.129	0.435	0.157	0.115	0.223	0.302	0.503	0.086	0.274	0.053	0.416	0.609
595	0.134	0.468	0.153	0.109	0.229	0.279	0.520	0.087	0.346	0.055	0.394	0.617
600	0.138	0.494	0.150	0.104	0.235	0.260	0.532	0.087	0.415	0.059	0.374	0.624
605	0.142	0.514	0.147	0.100	0.241	0.245	0.543	0.086	0.473	0.065	0.358	0.630
610	0.146	0.530	0.144	0.098	0.245	0.234	0.552	0.085	0.517	0.074	0.346	0.635
615	0.150	0.541	0.141	0.097	0.245	0.226	0.560	0.084	0.547	0.086	0.337	0.640

续　表

波长 λ/nm	1 暗肤色	2 亮肤色	3 天空色	4 草　色	5 蓝花色	6 蓝绿色	7 橙　色	8 紫蓝色	9 中红色	10 紫　色	11 黄绿色	12 橙黄色
620	0.154	0.550	0.137	0.098	0.243	0.221	0.566	0.084	0.567	0.099	0.331	0.645
625	0.158	0.557	0.133	0.100	0.243	0.217	0.572	0.085	0.582	0.113	0.328	0.650
630	0.163	0.564	0.130	0.100	0.247	0.215	0.578	0.088	0.591	0.126	0.325	0.654
635	0.167	0.569	0.126	0.099	0.254	0.212	0.583	0.092	0.597	0.138	0.322	0.658
640	0.173	0.574	0.123	0.097	0.269	0.210	0.587	0.098	0.601	0.149	0.320	0.662
645	0.180	0.582	0.120	0.096	0.291	0.209	0.593	0.105	0.604	0.161	0.319	0.667
650	0.188	0.590	0.118	0.095	0.318	0.208	0.599	0.111	0.607	0.172	0.319	0.672
655	0.196	0.597	0.115	0.095	0.351	0.209	0.602	0.118	0.608	0.182	0.320	0.675
660	0.204	0.605	0.112	0.095	0.384	0.211	0.604	0.123	0.607	0.193	0.324	0.676
665	0.213	0.614	0.110	0.097	0.417	0.215	0.606	0.126	0.606	0.205	0.330	0.677
670	0.222	0.624	0.108	0.101	0.446	0.220	0.608	0.126	0.605	0.217	0.337	0.678
675	0.231	0.637	0.106	0.110	0.470	0.227	0.611	0.124	0.605	0.232	0.345	0.681
680	0.242	0.652	0.105	0.125	0.490	0.233	0.615	0.120	0.605	0.248	0.354	0.685
685	0.251	0.668	0.104	0.147	0.504	0.239	0.619	0.117	0.604	0.266	0.362	0.688
690	0.261	0.682	0.104	0.174	0.511	0.244	0.622	0.115	0.605	0.282	0.368	0.690
695	0.271	0.697	0.103	0.210	0.517	0.249	0.625	0.115	0.606	0.301	0.375	0.693
700	0.282	0.713	0.103	0.247	0.520	0.252	0.628	0.116	0.606	0.319	0.379	0.696
705	0.294	0.728	0.102	0.283	0.522	0.252	0.630	0.118	0.604	0.338	0.381	0.698
710	0.305	0.745	0.102	0.311	0.523	0.250	0.633	0.120	0.602	0.355	0.379	0.698
715	0.318	0.753	0.102	0.329	0.522	0.248	0.633	0.124	0.601	0.371	0.376	0.698
720	0.334	0.762	0.102	0.343	0.521	0.244	0.633	0.128	0.599	0.388	0.373	0.698
725	0.354	0.774	0.102	0.353	0.521	0.245	0.636	0.133	0.598	0.406	0.372	0.700
730	0.372	0.783	0.102	0.358	0.522	0.245	0.637	0.139	0.596	0.422	0.375	0.701
735	0.392	0.788	0.104	0.362	0.521	0.251	0.639	0.149	0.595	0.436	0.382	0.701
740	0.409	0.791	0.104	0.364	0.521	0.260	0.638	0.162	0.593	0.451	0.392	0.701
745	0.420	0.787	0.104	0.360	0.516	0.269	0.633	0.178	0.587	0.460	0.401	0.695
750	0.436	0.789	0.104	0.362	0.514	0.278	0.633	0.197	0.584	0.471	0.412	0.694
755	0.450	0.794	0.106	0.364	0.514	0.288	0.636	0.219	0.584	0.481	0.422	0.696
760	0.462	0.801	0.106	0.368	0.517	0.297	0.641	0.242	0.586	0.492	0.433	0.700
765	0.465	0.799	0.107	0.368	0.515	0.301	0.639	0.259	0.584	0.495	0.436	0.698
770	0.448	0.771	0.110	0.355	0.500	0.297	0.616	0.275	0.566	0.482	0.426	0.673
775	0.432	0.747	0.115	0.346	0.491	0.296	0.598	0.294	0.551	0.471	0.413	0.653
780	0.421	0.734	0.120	0.341	0.487	0.296	0.582	0.316	0.540	0.467	0.404	0.639

附表 5-1b 麦克白色卡(Macbeth colorchecker Classic)的光谱反射比(色块 13～24)

波长 λ/nm	13 蓝色	14 绿色	15 红色	16 黄色	17 品红色	18 青色	19 白色	20 灰色8	21 灰色6.5	22 灰色5	23 灰色3.5	24 黑色
380	0.069	0.055	0.052	0.054	0.118	0.093	0.153	0.150	0.138	0.113	0.074	0.032
385	0.081	0.056	0.052	0.053	0.142	0.110	0.189	0.184	0.167	0.131	0.079	0.033
390	0.096	0.057	0.052	0.054	0.179	0.134	0.245	0.235	0.206	0.150	0.084	0.033
395	0.114	0.058	0.052	0.053	0.228	0.164	0.319	0.299	0.249	0.169	0.088	0.034
400	0.136	0.058	0.051	0.053	0.283	0.195	0.409	0.372	0.289	0.183	0.091	0.035
405	0.156	0.058	0.051	0.053	0.322	0.220	0.536	0.459	0.324	0.193	0.093	0.035
410	0.175	0.059	0.050	0.053	0.343	0.238	0.671	0.529	0.346	0.199	0.094	0.036
415	0.193	0.059	0.050	0.052	0.354	0.249	0.772	0.564	0.354	0.201	0.094	0.036
420	0.208	0.059	0.049	0.052	0.359	0.258	0.840	0.580	0.357	0.202	0.094	0.036
425	0.224	0.060	0.049	0.052	0.357	0.270	0.868	0.584	0.358	0.203	0.094	0.036
430	0.244	0.062	0.049	0.053	0.350	0.281	0.878	0.585	0.359	0.203	0.094	0.036
435	0.265	0.063	0.049	0.053	0.339	0.296	0.882	0.587	0.360	0.204	0.095	0.036
440	0.290	0.065	0.049	0.053	0.327	0.315	0.883	0.587	0.361	0.205	0.095	0.035
445	0.316	0.067	0.049	0.054	0.313	0.334	0.885	0.588	0.362	0.205	0.095	0.035
450	0.335	0.070	0.049	0.055	0.298	0.352	0.886	0.588	0.362	0.205	0.095	0.035
455	0.342	0.074	0.048	0.056	0.282	0.370	0.886	0.587	0.361	0.205	0.094	0.035
460	0.338	0.078	0.048	0.059	0.267	0.391	0.887	0.586	0.361	0.204	0.094	0.035
465	0.324	0.084	0.047	0.065	0.253	0.414	0.888	0.585	0.359	0.204	0.094	0.035
470	0.302	0.091	0.047	0.075	0.239	0.434	0.888	0.583	0.358	0.203	0.094	0.035
475	0.273	0.101	0.046	0.093	0.225	0.449	0.888	0.582	0.358	0.203	0.093	0.035
480	0.239	0.113	0.045	0.121	0.209	0.458	0.888	0.581	0.357	0.202	0.093	0.034
485	0.205	0.125	0.045	0.157	0.195	0.461	0.888	0.580	0.356	0.202	0.093	0.034
490	0.172	0.140	0.044	0.202	0.182	0.457	0.888	0.580	0.356	0.202	0.093	0.034
495	0.144	0.157	0.044	0.252	0.172	0.447	0.888	0.580	0.356	0.202	0.092	0.034
500	0.120	0.180	0.044	0.303	0.163	0.433	0.887	0.580	0.356	0.202	0.092	0.034
505	0.101	0.208	0.044	0.351	0.155	0.414	0.887	0.580	0.356	0.202	0.093	0.034
510	0.086	0.244	0.044	0.394	0.146	0.392	0.887	0.580	0.356	0.202	0.093	0.034
515	0.074	0.286	0.044	0.436	0.135	0.366	0.887	0.581	0.356	0.202	0.093	0.034
520	0.066	0.324	0.044	0.475	0.124	0.339	0.887	0.581	0.357	0.202	0.093	0.034
525	0.059	0.351	0.044	0.512	0.113	0.310	0.887	0.852	0.357	0.202	0.093	0.034
530	0.054	0.363	0.044	0.544	0.106	0.282	0.887	0.582	0.357	0.203	0.093	0.034
535	0.051	0.363	0.044	0.572	0.102	0.255	0.887	0.582	0.358	0.203	0.093	0.034
540	0.048	0.355	0.045	0.597	0.102	0.228	0.887	0.583	0.358	0.203	0.093	0.034
545	0.046	0.342	0.046	0.615	0.105	0.204	0.886	0.583	0.358	0.203	0.093	0.034
550	0.045	0.323	0.047	0.630	0.107	0.180	0.886	0.583	0.358	0.203	0.093	0.034
555	0.044	0.303	0.048	0.645	0.107	0.159	0.887	0.584	0.358	0.203	0.092	0.034
560	0.043	0.281	0.050	0.660	0.106	0.141	0.887	0.584	0.359	0.203	0.093	0.033
565	0.042	0.260	0.053	0.673	0.107	0.126	0.887	0.585	0.359	0.203	0.093	0.033
570	0.041	0.238	0.057	0.686	0.112	0.114	0.888	0.586	0.360	0.204	0.093	0.033
575	0.041	0.217	0.063	0.698	0.123	0.104	0.888	0.587	0.361	0.204	0.093	0.033
580	0.040	0.196	0.072	0.708	0.141	0.097	0.887	0.588	0.361	0.205	0.093	0.033
585	0.040	0.177	0.086	0.718	0.166	0.092	0.886	0.588	0.361	0.205	0.093	0.033
590	0.040	0.158	0.109	0.726	0.198	0.088	0.886	0.588	0.361	0.205	0.093	0.033
595	0.040	0.140	0.143	0.732	0.235	0.083	0.886	0.588	0.361	0.205	0.092	0.033
600	0.039	0.124	0.192	0.737	0.279	0.080	0.887	0.588	0.360	0.204	0.092	0.033
605	0.039	0.111	0.256	0.742	0.333	0.077	0.888	0.587	0.360	0.204	0.092	0.033
610	0.040	0.101	0.332	0.746	0.394	0.075	0.889	0.586	0.359	0.204	0.092	0.033
615	0.040	0.094	0.413	0.749	0.460	0.074	0.890	0.586	0.358	0.203	0.091	0.033

续　表

波长 λ/mm	13 蓝　色	14 绿　色	15 红　色	16 黄　色	17 品红色	18 青　色	19 白　色	20 灰色 8	21 灰色 6.5	22 灰色 5	23 灰色 3.5	24 黑　色
620	0.040	0.089	0.486	0.753	0.522	0.073	0.891	0.585	0.357	0.203	0.091	0.033
625	0.040	0.086	0.550	0.757	0.580	0.073	0.891	0.584	0.356	0.202	0.091	0.033
630	0.041	0.084	0.598	0.761	0.628	0.073	0.891	0.583	0.355	0.201	0.090	0.033
635	0.041	0.082	0.631	0.765	0.666	0.073	0.891	0.581	0.354	0.201	0.090	0.033
640	0.042	0.080	0.654	0.768	0.696	0.073	0.890	0.580	0.353	0.200	0.090	0.033
645	0.042	0.078	0.672	0.772	0.722	0.073	0.889	0.579	0.352	0.199	0.090	0.033
650	0.042	0.077	0.686	0.777	0.742	0.074	0.889	0.578	0.351	0.198	0.089	0.033
655	0.043	0.076	0.694	0.779	0.756	0.075	0.889	0.577	0.350	0.198	0.089	0.033
660	0.043	0.075	0.700	0.780	0.766	0.076	0.889	0.576	0.349	0.197	0.089	0.033
665	0.043	0.075	0.704	0.780	0.774	0.076	0.889	0.575	0.348	0.197	0.088	0.033
670	0.044	0.075	0.707	0.781	0.780	0.077	0.888	0.574	0.346	0.196	0.088	0.033
675	0.044	0.077	0.712	0.782	0.785	0.076	0.888	0.573	0.346	0.195	0.088	0.033
680	0.044	0.078	0.718	0.785	0.791	0.075	0.888	0.572	0.345	0.195	0.087	0.033
685	0.044	0.080	0.721	0.785	0.794	0.074	0.888	0.571	0.344	0.194	0.087	0.033
690	0.045	0.082	0.724	0.787	0.798	0.074	0.888	0.570	0.343	0.194	0.087	0.032
695	0.046	0.085	0.727	0.789	0.801	0.073	0.888	0.569	0.342	0.193	0.087	0.032
700	0.048	0.088	0.729	0.792	0.804	0.072	0.888	0.568	0.341	0.192	0.086	0.032
705	0.050	0.089	0.730	0.792	0.806	0.072	0.887	0.567	0.340	0.192	0.086	0.032
710	0.051	0.089	0.730	0.793	0.807	0.071	0.886	0.566	0.339	0.191	0.086	0.032
715	0.053	0.090	0.729	0.792	0.807	0.073	0.886	0.565	0.338	0.191	0.086	0.032
720	0.056	0.090	0.727	0.790	0.807	0.075	0.886	0.564	0.337	0.190	0.085	0.032
725	0.060	0.090	0.728	0.792	0.810	0.078	0.885	0.562	0.336	0.189	0.085	0.032
730	0.064	0.089	0.729	0.792	0.813	0.082	0.885	0.562	0.335	0.189	0.085	0.032
735	0.070	0.092	0.729	0.790	0.814	0.090	0.885	0.560	0.334	0.188	0.085	0.032
740	0.079	0.094	0.727	0.787	0.813	0.100	0.884	0.560	0.333	0.188	0.085	0.032
745	0.091	0.097	0.723	0.782	0.810	0.116	0.884	0.558	0.332	0.187	0.084	0.032
750	0.104	0.102	0.721	0.778	0.808	0.133	0.883	0.557	0.331	0.187	0.084	0.032
755	0.120	0.106	0.724	0.780	0.811	0.154	0.882	0.556	0.330	0.186	0.084	0.032
760	0.138	0.110	0.728	0.782	0.814	0.176	0.882	0.555	0.329	0.185	0.084	0.032
765	0.154	0.111	0.727	0.781	0.813	0.191	0.881	0.554	0.328	0.185	0.084	0.032
770	0.168	0.112	0.702	0.752	0.785	0.200	0.880	0.553	0.327	0.184	0.083	0.032
775	0.186	0.112	0.680	0.728	0.765	0.208	0.880	0.551	0.326	0.184	0.083	0.032
780	0.204	0.112	0.664	0.710	0.752	0.214	0.879	0.550	0.325	0.183	0.083	0.032